Linux
核心除錯實務

獻給在前線領導抗疫的勇士、

開放原始碼與整個 *Linux* 社群，

以及由 *Santhosh* 領導的超棒 *Runner's High* 社群，

我很榮幸成為其中一份子。

參與者

關於作者

Kaiwan N Billimoria 於 1983 年在父親的個人電腦上自學程式設計；到 90 年代初期，他已經領會在 Unix 寫程式的樂趣；到了 1997 年，Linux 帶給他更大的寫程式樂趣！

Kaiwan 在 Linux 系統程式設計的各方面都貢獻良多，包括 Bash、C 語言的系統程式設計、Kernel 內部研究、裝置驅動程式與嵌入式 Linux 系統。他積極地參與商業 / 自由和開放原始碼軟體專案，貢獻包括主線 Linux 作業系統的驅動程式，以及許多放在 GitHub 的小型專案。他在 Linux 上的付出也讓他有更多動力向工程師傳授這些主題，現已從事相關工作將近 30 年，著有《Hands-On System Programming with Linux and Linux Kernel Programming》。同時，他也是一個業餘跑者。

> 首先獻給我美好的家庭：父母 Nads 與 Diana、老婆 Dilshad、孩子 Sheroy 和 Danesh、兄弟 Darius 和其他家人。謝謝你們一直都在。如同和往常一般，Packt 出版社的團隊以無比耐心協助我出色地完成這項工作，我要特別提到 Romy Dias，感謝你這位全心投入的超強編輯！

關於審閱者

Chi-Thanh Hoang 是 Dell 公司的資深軟體技術人員，目前正在開發 O-RAN 5G 無線電。他擁有超過 29 年的軟體開發經驗，主要專注於嵌入式網路系統，如網路交換機、路由器、Wi-Fi 和行動網路，從晶片集到通訊協定，當然還有 kernel/RTOS。他第一次使用 Linux Kernel 的時間是 1993 年，而至今他仍然親手在 Kernel 內部實際除錯。他擁有加拿大 Sherbrooke 大學的電機學士學位。他也是一名熱愛網球的運動員，並一直研究各類電子設備跟軟體。

目錄

CHAPTER 7 Oops！解讀 kernel 的 bug 診斷

CHAPTER 8 鎖的除錯

PART 3 額外的 Kernel 除錯工具與技術

CHAPTER 9 追蹤 Kernel 流程

前言

Linux Kernel Debugging 是目前主要探討關於 kernel 和 kernel module 以 debug 的最新書籍。我們詳細介紹各種強大的開源（open source）工具，以及許多進階技巧，不只是 printk，還有更多可以運用於 debug kernel、kernel module 與 device driver。這是每個專業開發人員都必須學習和掌握的關鍵技能。

本書適用的對象

本書適合 Linux kernel 的開發者、module、device driver 的開發人員，以及想要在 kernel 層進行除錯工作與加強 Linux 系統能力的測試人員；對於想要理解並對 Linux kernel 內部架構除錯的系統管理員來說，這本書也很實用；想要掌握 C 語言程式設計以及 Linux 指令的人也會很有用。總之，學點 kernel（跟 module）的開發經驗，對你肯定是有益而無害的。

本書涵蓋的內容

〈第 1 章：軟體除錯概論〉，引領我們踏上這趟旅程，探討何謂軟體除錯，以及它如何結合科學與藝術。幾個精選的軟體「恐怖故事」將強調精心設計、良好且安全地撰寫程式碼，以及解決問題的除錯能力重要性。在更實際的層面上，你將在自己的 Linux 系統或 VM 上設置所需的工作區（workspace），以便可以跟著後面的範例和作業一起練習；這點非常重要。

〈第 2 章：Debug Kernel 的方法〉，涵蓋各種以 kernel 程式碼層級的角度來進行對 kernel 除錯的方法。這將讓你建立觀念，了解如何根據特定情況和系統限制，選擇最佳或最可行的方法。

〈第 3 章：透過檢測除錯：使用 printk 與其族類〉，重新回顧常用的 `printk()` kernel API 基本知識。接下來，將深入探討如何利用它來實現 kernel / device driver 的除錯方法。本章的重點在於「了解 kernel 強大的動態除錯框架（dynamic debug framework），以及如何在產品化的軟體使用」。

〈第 4 章：透過 Kprobes 儀器進行 debug〉，本章會說明 kernel 的強大 Kprobes 框架，這是不同於其他方法操控 kernel 和 module 的方式，幾乎可以掛入（hook）到任何 kernel 或 module 的函式，即使是工廠製造過程中的產品，這個實用方法可以在生產過程中用來除錯系統。

〈第 5 章：Kernel 記憶體除錯問題初探〉。探討記憶體（memory）的 bug 與毀損（corruption），在 C 這類型的語言，像這種記憶體類型的問題很常發生。本章會先讓你了解發生這種事的原因，然後切入重點：這類系統中容易出現的典型記憶體問題。接下來，你將學習如何運用強大的、基於編譯器的（compiler-based）KASAN 技術，以及 kernel 之基於編譯器的 UBSAN 技術，來迎頭痛擊這些記憶體問題。

〈第 6 章：再論 Kernel 記憶體除錯問題〉。繼續介紹 kernel 的記憶體除錯問題，深入探討常見的 slab（SLUB）記憶體除錯問題細節，接著使用 kmemleak 來檢測困難的 kernel 記憶體洩漏（memory leakage）bug。在第 5 章與第 6 章的結尾會詳細比較各種記憶體損毀問題與相對應的檢測工具。

〈第 7 章：Oops！解讀 kernel 的 bug 診斷〉，本章的關鍵主題為：何謂 kernel 的「Oops」診斷訊息，以及更重要的，如何深入解讀？在這趟有趣的旅程中，會讓你產生一個簡單的 kernel Oops，並用最完整的方式解讀。此外，還將示範（demo）幾個有助於完成此任務的工具和技巧。深入了解 Oops 通常是有助於找出 kernel bug 的根本原因（root cause）！本章也會顯示一些實際的 Oops 訊息。

〈第 8 章：鎖的除錯〉。本章探討的重點是上鎖（lock），上鎖是設計穩健與可靠的 kernel 或 device driver 程式碼的關鍵。不幸的是，上鎖很容易出錯，如造成死結（dead lock）等問題，而且事後很難除錯。本章會簡介對上鎖問題除錯的基本知識，大部分的篇幅則用來說明一個極為強大的現代化工具，**KCSAN（Kernel Concurrent Sanitizer）**，這個工具有助於揭露深層的上鎖問題，即資料競爭（data race）。你在本章將學習如何為（debug）kernel 設定 KCSAN 組態，以及使用方法。在深入探討幾個實際的 kernel bug 案例後，會歸納出這些 bug 的根本原因都是上鎖問題的結論。

〈第 9 章：追蹤 Kernel 流程〉。本章介紹強大技術，讓你可以詳細追蹤 kernel 程式碼流程，精細到如何使用每個函式的呼叫！首先介紹主要的 kernel 追蹤基礎工具 ftrace 以及它的使用方式。接下來，你將學習如何使用 ftrace 的強大前端工具：trace-cmd、KernelShark GUI（Graphic User Interface），以及 perf-tools 工具集。最後介紹如何使用 LLTng 以及視覺化工具 TraceCompass GUI，來追蹤與分析 kernel 層。

〈第 10 章：Kernel Panic、Lockup 以及 Hang〉。本章會詳細解釋 kernel panic 的意思，以及發生 kernel panic 時，kernel 裡的程式碼執行路徑。最重要的是，你將學會如何編寫自定的 kernel panic handler，以便在 kernel panic 時，讓你的程式碼還能夠保持運作。此外，這章的相關主題還有：檢測 kernel 中的鎖死和 CPU / 工作佇列（work queue）停滯，以及 hang（卡住不動）。

〈第 11 章：使用 Kernel GDB（KGDB）〉，本章介紹強大的 KGDB，這是一個 kernel 原始碼層的除錯框架。你將學會如何配置和設定 KGDB，以及如何在程式碼的層面實際利用 KGDB 對 kernel / module 的程式碼除錯、設置 breakpoint、硬體觀察點（hardware watchpoint），以及使用 GDB Python 腳本等。

〈第 12 章：再談談一些 kernel debug 方法〉。這個龐大的 kernel 除錯主題會在本章劃上休止符。建議你可以、而且你有時應該自己也會想要使用一些其他方法，包括：什麼是功能強大且資源密集的 Kdump / crash 工具，有時它會是你的救急神器。接著，介紹靜態分析（static analysis）之所以非常重要的原因，以及用於分析 Linux kernel / module / device driver 程式碼的合適工具，也會介紹程式碼覆蓋率（code coverage）和 kernel 測試框架。章節最後還會透過 journalctl 介紹日誌、kernel assertion（核心斷言）和警告巨集（warning macro）。

如何充分利用本書

如果你很熟悉 C 語言程式設計，而且可以駕輕就熟的操作 Linux 命令列（command line）與 shell，那就太好了。但即使只有最基本的撰寫 kernel 程式碼或 module（device driver）經驗，也肯定有所幫助，不過這不是必要的。

至於軟體工作環境的設定方面，第 1 章〈軟體除錯概論〉與設定工作區的相關章節部分會詳細介紹。

軟體設計以及像軟體除錯這樣相當講究實作的活動，強烈建議你一定要自己動手做，從做中學的方式來閱讀這本書，一邊試著操作書中介紹的範例與展示。也別忘了完成章節中提到的練習。你讀完這本書的時候，真正的旅程才正要開始！希望透過這本書，你能獲得我們所期待，尤其是重點強調的關鍵知識，讓你的學習過程變得更加輕鬆愉快。

下載範例程式碼

你可以從 `https://github.com/PacktPublishing/Linux-Kernel-Debugging` 下載本書範例程式，如果程式碼更新，GitHub repository 裡的資料也會同步更新。

你還可以在 `https://github.com/PacktPublishing/` 找到其他豐富的書籍資源。心動不如馬上行動，趕快去看看！

下載彩色圖片

本書中使用的彩色截圖和圖表，可以在 `https://packt.link/2zUIX` 下載。

本書的排版樣式

本書使用許多文字樣式。

`Code in text`：表示文字中的程式碼、資料庫表格名稱、資料夾名稱、檔案名稱、檔案副檔名、路徑名稱、虛擬網址、使用者的輸入和 Twitter（現在的 X）帳號。舉個例子：「最後的結果就是將 kernel 配置檔案保存為 `.config`，放在 kernel 原始碼樹的根目錄底下。」

一段程式碼會設置如下：

```
#include <linux/init.h>
#include <linux/module.h>
#include <linux/kernel.h>
[...]
static int __init printk_loglevels_init(void)
```

當需要你將注意力引導到程式碼區塊的某個特定部分時，相關的行或項目會設定為**粗體**：

```
    if (lotype & (1<<5)) {
       pr_emerg("CPU#%d: Possible thermal failure (CPU on fire ?).\n", smp_processor_
id());
    }
```

任何命令列輸入或輸出都會用這樣的方式呈現：

```
sudo apt update
sudo apt upgrade
sudo apt install build-essential dkms linux-headers-$(uname -r) ssh -y
```

粗體：表示一個新名詞、重要字樣或是你在螢幕上看到的字樣，例如，選單或對話框中的字樣會以**粗體**顯示，如下：「從管理面板選擇**系統資訊**。」

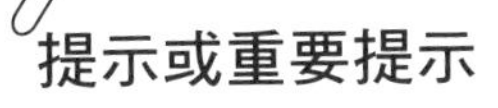

提示或重要提示

就像這樣。

PART 1

Kernel 除錯的簡介與方法

你將會在 PART 1 了解軟體除錯的真諦，以及幾個軟體錯誤的實例，並學會設定 Linux kernel 除錯的工作區，包括建立 kernel 的 debug 版本與 production 版本。也會深入研究各種 kernel 除錯方法。

這個部分將涵蓋下列章節：

- *第 1 章：軟體除錯概論*
- *第 2 章：Debug Kernel 的方法*

CHAPTER 1

軟體除錯概論

哈囉你好！歡迎加入這趟學習之旅，**Linux Kernel** 是一個非常高深、龐大且複雜的軟體，適用於大企業、小型嵌入式系統以及介於兩者之間的一切規模；知道如何對這個軟體除錯（debug）是至關重要的。

從第 1 章以及 kernel 除錯之旅開始吧，首先要了解一點，**bug** 到底是什麼？以及術語 **debug** 的起源和由來。接下來，透過旁敲側擊一些存在於現實生活中的軟體錯誤，將有望提供所需的靈感和動機；當然，首先要避免 bug，然後還要發現並修復 bug。以下將指導你如何設定一個適當的工作區，以處理自訂 kernel 以及除錯問題，包括設定完整的 *debug kernel*。最後總結一些關於 debug 的實用提示。

本章將涵蓋下列幾個主題：

- 軟體除錯（software debug）：定義、起源與由來
- 軟體錯誤（software bug）：幾個真實案例
- 設定工作區
- Debug：一些快速提示

1.1 技術需求

你需要一台功能強大的新型桌上型電腦或筆記型電腦，建議使用在 x86_64 Oracle VirtualBox Virtual Machine（VM）上運行的 **Ubuntu 20.04 LTS**，作為本書的主要平台。Ubuntu Desktop 對於安裝與使用發行版本的最低系統需求建議是：`https://help.ubuntu.com/community/Installation/SystemRequirements`；請務必參考這些規格來確認你的系統是否符合需求，即使是以 guest 的方式運行，「以 guest OS 的方式運行 Linux」的相關章節會詳細介紹資訊。

Clone 本書程式碼的儲存庫

本書的完整原始程式碼可在 GitHub 網站上免費取得[1]，可以使用下列指令複製取得 GIT tree：

```
git clone https://github.com/PacktPublishing/Linux-Kernel-Debugging
```

原始程式碼架構是依照章節組織而成。在儲存庫（repository）裡，每一個章節都是一個目錄：例如，`ch1/` 表示包含第 1 章的原始程式碼。有關安裝系統的詳細說明，請參閱「設定工作區」章節。

1.2 軟體除錯 — 定義、起源與由來

軟體工程師口中所說的「bug」（臭蟲），指的是程式碼中的缺失或錯誤。軟體開發者的其中一個工作重心，其實通常也占據了他們大部分的工時，就是像獵人一樣追蹤並修復 bug，以便在人類能力所及的範疇內，讓軟體不會出事並按照設計邏輯精準執行。

當然，要修復一個 bug，首先得找到問題。實際上，真正難解的 bug，通常在事情發生之前都不會暴露出來，你根本不知道某個或是某些 bug(s) 的存在！在發表產品或專案之前，難道不應該有一個嚴謹的方法來找出錯誤嗎？當然！

---

1 *https:// github.com/PacktPublishing/Linux-Kernel-Debugging*

的確是有，這就是品質保證（QA）的過程，更常見的說法是測試。雖然有時會忽略，但測試仍然是軟體生命週期中最重要的一部分；我就問，你敢搭乘從來沒有通過測試的新飛機嗎？嗯，除非你是幸運的試飛員……。

好了，我們回到 bug 這個話題，只要找到 bug 並且將它記錄下來，作為軟體開發者，你的工作就是確認，究竟導致這些根本問題的真正原因在哪。這本書絕大多數的內容都是在探討工具、技巧，以及思考如何找出根本原因。一旦找到，並且清楚地理解潛在問題，就很有機會解決 bug，水啦！

使用工具、技術和經過苦思之後去找出漏洞根源，再修復漏洞的整個過程，都叫做「debug」。1947 年 9 月 9 日星期二，哈佛大學海軍上將 Grace Hopper 的團隊，發現有一隻飛蛾（bug）卡在馬克二號電腦的繼電器面板，系統因此失效，他們於是移除飛蛾，對系統進行 de-bug。不過事實上，首先，Hopper 上將自己說過，她沒有使用過 debug 這個詞；其次，該詞起源似乎源自於航空學。但無論如何，「debug」這個名詞都已經深植人心了。

以下圖片是這個故事的關鍵畫面，這隻不幸但死後聲名大噪的飛蛾，在不經意間捲入了那個需要 debug 的系統裡！

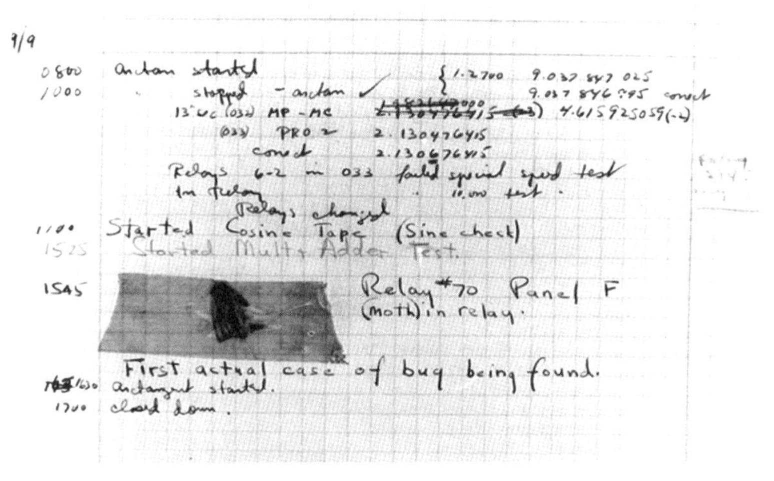

圖 1.1　著名的飛蛾。維吉尼亞州達爾格倫海軍水面作戰中心
（Naval Surface Warfare Center, Dahlgren）提供，1988 年
U.S. Naval Historical Center Online Library Photograph NH 96566-KN. Public Domain,
https://commons.wikimedia.org/w/index.php?curid=165211)

既然我們已經了解 bug 和 debug 的基本概念，那就開始來講些有趣又重要的事情吧，以下將簡單回顧幾個現實生活中的案例，因為軟體的 bug 所導致的一些不幸與悲慘事件。

1.3 軟體錯誤：真實案例

利用軟體來控制機電系統在現在的世界不僅普遍，而且無所不在。只是現實是殘酷的，因為軟體工程是一個相對年輕的領域，而且只要是人就會犯錯。這些因素一旦結合在一起，當軟體無法按照設計執行時，就會導致不幸的意外，也就稱為**有 bug（buggy）**。

發生在真實世界中的許多例子都可以說明這一點，以下章節將重點介紹其中一部分，但只能用非常簡短的方式概述：要真正理解這些失敗背後的複雜問題，確實需要花時間詳細研究技術性錯誤的調查報告，可參閱本章節「深入閱讀」相關連結，這裡只會簡單扼要地提出並總結這些案例，一來是為了強調，即使是大型、經過大量測試的系統，也會出現軟體錯誤；二來是為了激勵曾經參與過軟體生命週期開發期間的每個人，要多加注意也不要有預設立場，並進一步設計、實現和測試手上所從事的軟體工作。

愛國者飛彈故障

在波斯灣戰爭期間，美國在沙烏地阿拉伯的達蘭（Dharan）部署愛國者飛彈，它的任務是追蹤、攔截和摧毀來自伊拉克的飛毛腿飛彈。但是，在 1991 年 2 月 25 日，由於一個愛國者飛彈系統的問題，導致 28 名士兵死亡，大約 100 人受傷。調查結果顯示，問題的根源在於軟體追蹤系統的核心。簡單來說，系統的啟動時間（uptime）是以單調遞增的整數值追蹤。透過將整數乘以 1/10，這是一個循環的二進位制表達式，評估為 0.0001100110011001100110011001100110011001100……，可以利用快速線上計算機將其轉換為實數（浮點數）[2]。問題在

2 *http://www.easysurf.cc/fracton2.htm*

於，電腦在這裡的轉換只使用一個 24 位元的（整數）暫存器，導致運算在超出 24 位元時慘遭截斷，而導致精度損失，這個問題只有在系統執行時間過久時才會發生。

那天的情況正是如此。愛國者系統已經運行大約 100 個小時，因此，在轉換過程中精度的損失導致誤差約為 0.34 秒。聽起來不是很多，但要知道，飛毛腿飛彈的速度大約是每秒 1,676 公尺，這樣的誤差所導致的追蹤誤差大約是 570 公尺，已經足以讓飛毛腿飛彈超出愛國者追蹤系統的射程範圍，因此無法追蹤。再次強調，這個例子是將整數值轉換為實數（浮點數）值的過程中，造成精度損失的結果。

歐洲太空總署的 Ariane 5 無人火箭

1996 年 6 月 4 日的早晨，**歐洲太空總署（ESA）**的亞莉安（Ariane）五號無人火箭發射器，從南美洲海岸的法屬圭亞那太空中心起飛。在飛行 40 秒後，火箭就失去控制並爆炸。最終調查報告顯示，主要原因可歸納為發生軟體溢位（software overflow）錯誤。

這可不是件簡單的事情，讓我來簡單地說一下導致火箭失敗的一連串事件吧；通常在這種情況下，不會是單一事件導致的事故，而是一系列事件。溢位錯誤發生在將 64 位元的浮點值轉換為 16 位元有號整數的程式碼執行過程，一個未受保護的轉換導致發生異常，**運算元錯誤**，程式語言是 **Ada**。加上由於一個比預期高得多的內部變數值（BH - 水平偏差）所導致的，這個異常導致**慣性參考系統（SRIs）**關閉，而導致**機載電腦（onboard computer, OBC）**向噴嘴偏轉器發送錯誤指令，導致助推器和主 Vulcain 引擎的噴嘴全部偏轉，使得火箭偏離了原定的航道。

諷刺的是，根據預設行為，SRI 根本不應該在發射後繼續動作；但由於發射視窗延遲，設計規定它們要在發射後的 50 秒內持續保持動作！以下是一個有趣的分析[3]，能解釋為何這個軟體反常地在開發和測試期間都沒有發現錯誤，結論可歸納為**重複使用程式碼錯誤（reuse error）**：

這個 *SRI* 水平偏差模組是從 *10* 年前的軟體裡抄來的，那是亞莉安四號的軟體。

火星拓荒者號的重置問題

1997 年 7 月 4 日，美國太空總署（NASA）的「拓荒者」(Pathfinder) 登陸器成功降落在火星表面，並繼續部署它的小型機器人表親，「旅居者」(Sojourner) 號火星車，這可是第一個在其他星球上探險的有輪子裝置呢！然而，這個登陸器卻遭遇定期重新啟動的問題，經診斷，發現這是一個典型的**優先權反轉（priority inversion）**問題，也就是高優先權任務被迫等待低優先權任務。雖然這本身可能不會造成問題，但麻煩的是，高優先級任務從 CPU 離開的時間，已經久到足以讓「看門狗計時器」(*watchdog timer*) 超時，因而導致系統重新啟動。

諷刺的是，其實已經有一個眾所周知的解決方案，只要啟用號誌物件（semaphore object）的**優先權繼承（priority inheritance）**功能即可，也就是允許已經取得號誌鎖的那個任務，在持有鎖的期間，將其優先權提升到系統的最高優先，因而使其能夠快速完成臨界區間的工作並解鎖，防止高優先級任務餓死（starvation）。在這裡使用的 VxWorks RTOS 預設是將優先權繼承關閉，而**噴氣推進實驗室（Jet Propulsion Laboratory, JPL）**團隊也保持了這種狀態。由於他們可說是非常刻意地允許機器人持續將遙測除錯資料（debug data）傳送回地球，所以得以正確地找到根本原因，並透過啟用號誌優先權繼承功能來解決問題。團隊負責人 Glenn Reeves 提到的一個重要教訓為：

安全是飛行的唯一標準，測試是安全的保障。

我敢說，這些文章對於任何系統軟體開發者而言都是非讀不可的！請參考「深入閱讀」部分。

3 *https://archive.eiffel.com/doc/manuals/technology/contract/ariane/*

波音 737 MAX 飛機：MCAS 與飛行組員訓練不足

兩起不幸的事故，總共奪走 346 條人命，使波音 737 MAX 成為眾人矚目的焦點：一起是從雅加達（Jakarta）起飛的獅子航空 610 航班，於 2018 年 10 月 29 日墜入爪哇海；另一起是從奈洛比（Nairobi）起飛的衣索比亞航空 302 航班，於 2019 年 3 月 10 日墜入沙漠。這兩起事件分別發生在飛機起飛後 13 分鐘和 6 分鐘。

當然，這種情況很複雜。在某種程度上，導致這些事故的原因可能如下：波音公司認定 737 MAX 的氣動特性有待改進，於是以硬體方法來解決這個問題。當這還不夠時，工程師想出了一個看似高雅且相對簡單的軟體解決方案：**機動特性增強系統（maneuvering characteristics augmentation system, MCAS）**。飛機機頭上的兩個感應器不斷測量飛機的**攻角（angle of attack, AoA）**，攻角判定過高時，這通常意味著即將失速（危險！）這時 MCAS 就會啟動，且積極移動尾翼升降舵上的控制面（control surface），使機頭下降，並穩定飛機。但是，無論出於什麼原因，MCAS 設計為只使用其中一個感應器！如果感應器失效，MCAS 可能會自動啟動，導致機鼻下降，飛機迅速下墜；而這似乎正是導致兩起事故中的真正情況。

此外，許多飛行員團隊並未明確接受 MCAS 的管理培訓，有些人甚至聲稱他們根本不知道！那些不幸航班的飛行員顯然無法在實際失速未發生的情況下，成功地關閉 MCAS。

其他案例

以下是一些其他類似案例：

- 2002 年 6 月，達拉姆堡（Fort Drum）：美國陸軍一份報告指出，一個軟體問題導致兩名士兵死亡，事發時，他們正在接受砲彈射擊訓練時，原來，除非將目標高度明確輸入系統，否則軟體會預設為 0，但達拉姆堡位於海拔 679 英尺。

- 2001 年 11 月，一位英國工程師 John Locker 發現他竟然能輕易地攔截美國軍事衛星的訊號，即時影像顯示美國間諜飛機正在巴爾幹半島上空監視。令人難以置信的原因在於，這個訊號完全沒有加密，這意味著幾乎所有在歐洲擁有普通衛星電視接收器的人都能看到它！以今天的情況來說，許多物聯網裝置也有類似問題……
- Jack Ganssle 是一位資深且知名的嵌入式系統開發者和寫作者，每兩個月出版一期精彩絕倫的《The Embedded Muse》電子報；每期都有一個名為〈本週失敗大賞〉（Failure of the Week）的專欄，通常會突顯一個硬體和（或）軟體的失敗案例，千萬別錯過囉！
- 以下網頁提供的「軟體恐怖故事」，雖然有點老舊，但有許多軟體出錯的例子，有時甚至帶來悲劇。[4]
- 在 Google 上快速搜尋 Linux Kernel 的 bug 故事，你會發現結果相當有趣。[5]

再次強調，如果有興趣深入研究，我強烈建議你閱讀有關這些事故和故障的詳細官方報告，可參考「深入閱讀」章節的相關連結。

現在，你應該已經迫不及待想要在 Linux 上 debug 了，那就來吧！先從設定工作區（workspace）開始。

1.4 設定工作區

首先，你要先決定將測試的 Linux 系統以 native（原生）系統的方式安裝在裸機上，還是以 guest（客體）作業系統的形式安裝，這裡會介紹幫助你決策的因素。接下來，先簡單地介紹在使用 guest Linux 作業系統的情況下安裝一些軟體，即 guest 附加元件，以及需要安裝的軟體套件。

---

4 *http://www.cs.tau.ac.il/~nachumd/horror.html*

5 *https://www.google.com/search?q=linux+kernel+bug+story*

以 native 或 guest OS 運行 Linux

在理想情況下，你應該在 native（原生）的硬體上運行最新的 Linux 發行版，如 Ubuntu、Fedora 等，本書傾向於使用 Ubuntu 20.04 LTS 作為主要的實驗系統，你的系統越強大，效果就會越好！無論是指 RAM、處理器的效能還是磁碟空間等方面。當然，由於我們將在 kernel 層 debug，因此可能會發生崩潰（crash）甚至遺失資料，儘管後者機會很小，還是有機會……；因此，這個系統應該要是一個單純的測試系統，上面沒有任何有價值的資料。

在裸機上執行 Linux 系統不太適合你，一個實用且方便的替代方案，是以 guest OS（客體作業系統）的方式，安裝 Linux 發行版以使用，即虛擬機器（VM）。能安裝最新的 Linux 發行版可說是相當重要。

在 VM 中運行 Linux guest 當然是可行的，但（總是有「但」，不是嗎？！）這樣幾乎肯定會比直接在 native 主機上運行 Linux 慢得多，不過，如果你一定要運行 Linux guest，它確實也是可以運行。當然，你的主機系統越強大，效能體驗就會越好。將測試系統作為 guest 作業系統運行也有一個可說嘴的優點：即使它崩潰了，你也不需要重新啟動硬體，只需要重置運行 guest 的 hypervisor（虛擬化管理程序），通常是使用 Oracle VirtualBox。相信我，這種情況一定會發生，因為我們就是在研究如何 de-bug ！

可替代的硬體 - 使用樹莓派（Raspberry PI）以及其他基於 ARM 的系統

最近的 Linux 發行版只要是 x86_64 系統，就可以作為 native 系統或 guest VM 運行。雖然這樣就足夠了，但為了從這本書獲得更多且更有趣的體驗，強烈建議嘗試執行範例程式碼，並在其他架構上執行（存在 bug 的）測試案例。儘管不是絕對，但許多現代嵌入式 Linux 系統都基於 ARM（32 位元 ARM 和 64 位元的 AArch64 處理器），Raspberry PI 硬體非常受歡迎，而且相對便宜，並且擁有龐大的社群支援，而成為理想的測試平台。接下來的章節中，我偶爾會使用它，建議你也這樣做！

> 在全部的細節裡，包含安裝、設定等，都可以參考 Raspberry PI 的文件。[6]
>
> 同樣地，另一個受歡迎的嵌入式原型板是 TI 的 BeagleBone Black，又稱為 BBB，介給一個開始使用 BBB 的好地方。[7]

以 guest OS 的方式運行 Linux

如果你真的決定要將 Linux 作為 x86_64 guest 運行，我會推薦使用 Oracle VirtualBox 6.x 或最新的穩定版本，作為適用於桌上型或筆記型電腦的完整且強大多功能 GUI VM 管理應用程式；其他虛擬化軟體，如 VMware Workstation 或 QEMU，也應該沒問題，這些全部都是免費提供並且開放原始碼。只是這本書的程式碼已經在 Oracle VirtualBox 6.1 上測試。Oracle VirtualBox 也是**開放原始碼軟體（Open Source Software, OSS）**，並與 Linux kernel 相同，使用 GPL v2 授權。你可以從 `https://www.virtualbox.org/wiki/Downloads` 下載，檔案在此：`https://www.virtualbox.org/wiki/End-user_documentation`。

Host（主機）系統可以是 MS Windows 10 或更新版本，當然，就算是 Windows 7 也能運作啦；新版的 Linux 發行版，例如 Ubuntu、Fedora，或 macOS。

Guest 或 native 的 Linux 發行版可以是任何夠新的版本。為了與本書介紹的教材和範例保持一致，我建議你安裝 **Ubuntu 20.04 LTS**，這是我在本書主要使用的系統。

要如何快速檢查目前安裝和運行的 Linux 發行版本呢？

在 Debian/Ubuntu 上，`lsb_release -a` 指令應該就能搞定；舉例來說，我的 Linux guest：

6 *https://www.raspberrypi.org/documentation/*

7 *https://beagleboard.org/black*

```
$ lsb_release -a 2> /dev/null
Distributor ID: Ubuntu
Description:    Ubuntu 20.04.2 LTS
Release:        20.04
Codename:       focal
$
```

如何檢查目前運行的 Linux 是在 native 硬體上，還是 guest VM 或「容器」（container）呢？方法有很多，之後要安裝的 Script `virt-what` 就是其中之一。其他指令包括在 x86 上的 `hostnamectl(1)`、`dmidecode(8)`、如果 systemd 是初始化框架的 `systemd-detect-virt(1)`、x86、IA-64、PPC 的 `lshw(1)`、搜尋 `Hypervisor detected`，透過 `dmesg(1)` 的原始方式，以及透過 `/proc/cpuinfo`。

本書從 kernel debug 的角度來看，只會著重於設定的關鍵點，因此不會在這裡討論如何詳細安裝 guest VM，但通常是在運行 Oracle VirtualBox 的 Windows 主機上。如果你需要幫助，請參考本章「深入閱讀」章節中關於這方面的眾多教學連結。此外，這些安裝細節以及更多內容也可以參考我之前寫的書《Linux Kernel Programming》，〈第 1 章：Kernel 工作區設定〉中有詳細介紹。

提示：使用預先建好的 VirtualBox 映像檔

OSBoxes 專案讓你可以免費下載並使用預先建置好的 VirtualBox 以及 VMware 映像檔，適用於熱門的 Linux 發行版，快點進去他們的網站瞧瞧吧！[8]

以本書為例，你可以在此處下載預先建置的 x86_64 Ubuntu 20.04.3 以及其他 Linux 映像檔：`https://www.osboxes.org/ubuntu/`。它已經預先安裝了附加元件 guest addition，預設的使用者名稱 / 密碼是 `osboxes` / `osboxes.org`。

當然，對於老手而言，你可以自己決定要怎麼做。在標準 PC 的模擬器（Qemu）上運行一個輕量級的 guest Linux 系統也一種選擇。

8 *https://www.osboxes.org/virtualbox-images/*

請注意，如果你的 Linux 系統是直接安裝在原生的硬體平台上，或者你正在使用預先安裝 VirtualBox guest 附加元件的 OSBoxes Linux 發行版，或者你正在使用 Qemu 模擬的 PC，則可以直接跳過下一節。

安裝 Oracle VirtualBox 的 guest Addition

Guest addition 基本上是軟體半虛擬化加速器（para-virtualization accelerators），它們可以大幅提升在 host（主機）系統上運行 guest 作業系統的效能，以及外觀和使用感受；所以建議可以安裝 addition。除了加速之外，guest addition 的功能還包括：能夠有效縮放 GUI 視窗和共享設施，如資料夾、剪貼簿以及在 host 和 guest 之間拖放的便利度。

如前所述，在開始這個任務之前，請確保你已經裝好了 guest VM。此外，在第一次登入時，系統可能會提示更新與重新開機，請照著做。然後就可以跟著以下步驟一起玩了：

1. 請登入你的 Linux guest VM，我使用的登入名稱是 `letsdebug`；猜得出原因嗎？接著，在終端機視窗（一個 shell 上）先執行以下指令：

   ```
   sudo apt update
   sudo apt upgrade
   sudo apt install build-essential dkms linux-headers-$(uname -r) ssh -y
   ```

   （請確保前面的每個指令你都有依序執行。）

2. 安裝 Oracle VirtualBox 的 guest addition。請參考 *How to Install VirtualBox Guest Addition in Ubuntu*。[9]

3. 在 Oracle VirtualBox 上，為了確保你可以使用可能設定的任何共享資料夾，你需要將 guest 帳戶設定為屬於 `vboxsf` 群組；操作如下。完成後，你需要再次登入，或者甚至需要重新開機，才能生效。

   ```
   sudo usermod -G vboxsf -a ${USER}
   ```

9 *https://www.tecmint.com/install-virtualbox-guest-additions-in-ubuntu/*

指令（步驟 *1*）更新後，安裝 `build-essential` 套件以及其他幾個套件，能確保安裝 gcc 編譯器（compiler）、make 和其他必要的建構工具程式，以便在接下來的步驟 2 中可以直接正確安裝 Oracle VirtualBox Guest Addition。

安裝需要的軟體套件

為了安裝所需的軟體套件（package），請執行以下步驟，請注意，這裡假設 Linux 發行版是慣用版本，也就是 Ubuntu 20.04 LTS：

1. 不管是 native 還是 guest 作業系統，在你的 Linux 系統裡面如此操作：

   ```
   sudo apt update
   ```

   現在，若要安裝 build kernel 所需的其他套件，請執行下列這行指令：

   ```
   sudo apt install bison flex libncurses5-dev ncurses-dev xz-utils libssl-dev
   libelf-dev util-linux tar -y
   ```

   （-y 選項開關會讓 apt 對所有的提示都假設為回應 yes；要小心的是，這在其他情況下可能會很危險。）

2. 若要安裝本書其他部分所需的套件，請將下列這些指令以一行的方式執行：

   ```
   sudo apt install bc bpfcc-tools bsdmainutils clang cmake cppcheck cscope curl \
   dwarves exuberant-ctags fakeroot flawfinder git gnome-system-monitor gnuplot \
   hwloc indent kernelshark libnuma-dev libjson-c-dev linux-tools-$(uname -r) \
   net-tools numactl openjdk-16-jre openssh-server perf-tools-unstable psmisc \
   python3-distutils rt-tests smem sparse stress sysfsutils tldr-py trace-cmd \
   tree tuna virt-what -y
   ```

該注意的是：上面提到的套件在這本書不一定都會用到，有些只是偶爾用個一、兩次而已。

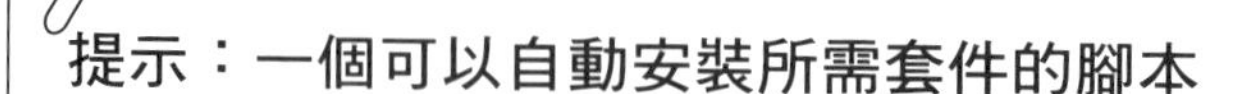

提示：一個可以自動安裝所需套件的腳本

為了讓剛剛提到的套件安裝任務變得更簡單，你可以使用這本書 GitHub repository 的一個簡單 bash 腳本（script）：`pkg_install4ubuntu_lkd.sh`，這已經在 x86_64 OSBoxes Ubuntu 20.04.3 LTS VM（運行在 Oracle VirtualBox 6.1 上）上測試過了。

接下來僅供參考，如果要檢查哪些套件占用最多空間，可以安裝 wajig 套件，然後執行這個指令：`sudo wajig large`。

太棒啦；現在這些套件都安裝好了，繼續來了解後續的工作區設定：我們會需要兩個 kernel！

1.5 兩個 kernel 的故事

當進行一個專案或產品時，顯然整個系統裡只會放一個 Linux kernel。

用來工作的 Linux 系統需求

快速說明：一個運作中的 Linux 系統至少需要一個開機載入器（bootloader）、一個 kernel 以及根檔案系統映像檔（root filesystem image）。此外，典型的 arm/arm64/ppc 系統還需要一個 **device tree blob（DTB）**。

這個部署到外面世界的系統，通常稱為 **production system（生產系統）**，而 kernel 則稱為 **production kernel（生產核心）**。這裡將只討論 kernel，毫無疑問，production kernel 的配置、建構、測試、debug 和部署（deployment）都是整個專案的關鍵。

請注意，在許多系統，尤其是企業級系統中，production kernel 通常只是供應商提供的預設 kernel，如 RedHat、SUSE、Canonical 或其他公司等。然而，在大多數嵌入式 Linux 專案和產品中，情況可能並非如此：platform（平台）

或稱為 **BSP（Board Support Package）**團隊、供應商會選擇一個基本的主線 kernel，通常來自 `kernel.org`，並將其客製化，可能包括擴充增強功能、細心配置、以及部署客製化的 production kernel。

為了討論的目的，以下假設需要配置並編譯一個客製化的 kernel。

一個 production kernel 與一個 debug kernel

在閱讀之前的「軟體錯誤：真實案例」後，相信你也意識到，即使是 kernel 也會存在著隱藏錯誤，即 bug 的可能性，更別說你和團隊新增的程式碼，包括 kernel module、驅動程式和介面元件。為了能夠在系統出錯之前抓到問題，徹底的測試與品質保證（testing / QA）可以說是重中之重！

現在的問題在於：除非在 kernel 本身啟用某些更深入的檢查，否則你在測試過程可能無法發現這些問題。所以，為什麼不直接打開它們呢？沒錯，首先，這些更深入的檢查通常在 production kernel 的配置中會預設為關閉；其次，打開時，確實會導致效能降低，有時甚至有顯著的影響。

所以，該怎麼辦才好呢？其實很簡單啦，你應該預計要準備用到至少 2 個，甚至可能是 3 個的 kernel：

- 第一個：經過精心調校的 production kernel，以效率、資訊安全和效能為主。
- 第二個：一個精心配置的 **debug kernel**，專門用來捕捉幾乎所有類型的（kernel）bug！這裡著重的不是效能，而是 debug。
- 第三個：視情況而定，一個有打開一個或多個特定 debug 選項的 production kernel，其他選項全部都關閉。

第二個，所謂的 **debug kernel**，是以開啟所有必要或建議的 **debug option** 來配置的，讓你能抓到那些隱藏的 bug，希望如此！當然，這可能會影響效能，但沒關係；抓住並修復 kernel 層的 bug 非常值得。事實上，一般來說，在開發和（單元）測試期間，效能並非最重要的；找出並修復深藏不露的 bug 才是重點！說真的，有時候，需要在 production kernel 上重現並識別 bug。上面提到的第三個選項在這裡可能是救命稻草。

Debug kernel 僅用於開發、測試，而且很可能在稍後實際出現 bug 時使用，本書絕對會在之後探討它如何使用。

此外，這點非常關鍵：在一般情況下，你的自定義 kernel 所基於的主線（或 *vanilla*）kernel 是可以正常運行的；通常是透過自定義擴充增強功能和 **kernel module** 來引入 bug。如你所知，我們通常利用 kernel 的**可載入核心模組（Loadable Kernel Module, LKM）**框架來構建自定義的 kernel 程式碼，最常見的是裝置驅動程式。它也可以是其他任何東西：如自定義的網路過濾器 / 防火牆（network filter / firewall）、新的檔案系統或 I/O 排程器（scheduler）。這些是 Kernel tree 以外的 kernel 元件，通常是一些 .ko 檔案，它們會成為根檔案系統（root filesystem）的一部分，通常安裝在 `/lib/modules/$(uname -r)`。Debug kernel 肯定會在執行測試案例時，協助攔截到 kernel module 的 bug。

介於前兩者之間的第三個 kernel 選項當然是可行的。從實際應用的角度來看，這可能正是某個給定設定所需要的東西。當開啟某些 kernel debug 系統時，為了捕捉你正在追蹤或預期的特定類型 bug，並關閉其他的 debug 功能，這是個實用方法，即使在 production 系統上 debug，也能保持足夠的效能。

基於實務原因，本書只會設定、建立並使用前兩個 kernel：一個自訂的 production kernel 和一個自訂的 debug kernel；至於第三個選項，就留給你在熟悉 kernel debug 功能和工具，以及你的特定產品或專案之後自行配置使用。

應該使用哪個 kernel 版本？

Linux kernel 專案常公認為有史以來最成功的開源專案，實際上有數百個發行版本，而且對於如此龐大的專案來說，它的發行節奏真的令人驚嘆，平均每 6 到 8 週就會有一個新的發行版本！在這麼多版本中，應該選擇哪一個版本呢？或是說，應該如何開始？

使用最新且穩定的 kernel 版本真的很重要，因為它將包含所有最新效能和資訊安全（security）修正。不僅如此，kernel 社群有不同的發行類型，這些類型決定了給定的 kernel 發行版本的維護時間，通常會隨著套用的 bug 和 security 修復而定。對於典型的專案或產品，選擇最新的**長期穩定（Long Term Stable, LTS）**kernel 發行版本最為合理。當然，正如前面提到的，在許多專案上，尤其是伺服器 / 企業級別的專案，供應商如 RedHat、SUSE 等可能會提供要使用的 production kernel；此處為了學習目的，會從零開始，從頭配置和編譯一個自訂的 Linux kernel，正如嵌入式專案上經常遇到的情況那樣。

截至我寫這一章時，最新的 LTS Linux kernel 是 5.10；更精確的說，是 5.10.60 版本；我將在這本書使用這版 kernel。但你會發現，等你讀到這裡時，最新的 LTS kernel 很可能已經進化到一個更新的版本，事實上，幾乎可以肯定一定會如此。

重要 — 資訊安全

當然，這已經發生了。現在是 2022 年 3 月，我正在寫第 10 章，最新的 LTS kernel 是 5.10.104，猜猜怎麼了？最近的 Linux kernel（包括 5.10.60 ！）出現了一個嚴重而且關鍵的弱點（*vuln*），戲稱為骯髒管線（Dirty Pipe）。詳細資料如下：新的 *Linux bug* 使所有的主要發行版獲得 *root* 權限，已發布漏洞（2022 年 3 月）[10]。發現並提報這個漏洞的人解釋如下：*The Dirty Pipe Vulnerability*，Max Kellerman[11]，必讀！

（而有趣的是，解決方式只要兩行程式碼：將區域變數初始化為 `0` ！[12]）

10 *https://www.bleepingcomputer.com/news/security/new-linux-bug-gives-root-on-all-major-distros-exploit-released/*

11 *https://dirtypipe.cm4all.com/*

12 *https://lore.kernel.org/lkml/20220221100313.1504449-1-max.kellermann@ionos.com/*

> 總結：我建議你使用修復的 kernel 版本；截至目前，kernel 版本 5.16.11、5.15.25 和 5.10.102 都已經修復。由於本書是基於 5.10 LTS kernel，因此我強烈建議你**使用 5.10 LTS kernel 版本，特別是 5.10.102 或更高版本**。（當然，教材仍然是基於 5.10.60；除了資訊安全方面的影響，這在實際生產系統上的確也很重要，技術細節則保持不變。）

此外，還有一個相對有利的關鍵點：*5.10 LTS kernel 將在社群的支援下一直持續到 2026 年 12 月，所以它將在相當長的時間內都保有相關性和有效性！*

太棒了！開始配置和建立自定義的 production 與 debug 的 5.10 kernel 吧！先從 production 版本開始。

設定客製化 production kernel

我預想你已經熟悉從源碼構建 Linux kernel 的一般過程：即取得 kernel 原始碼樹、組態配置並編譯完成。如果你想複習一下這方面的知識，可以參考《Linux Kernel Programming》，這本書詳細介紹這方面的內容。此外，也請參考本章節「深入閱讀」中的教學課程與連結。

雖然這個是 production kernel，但我們將從一個相當簡單的預設值開始，這個預設值是基於現有的系統，這種方法有時會稱**透過 localmodconfig 調整 kernel config**。下列資料提供參考，更多內容都可見《Linux Kernel Programming》一書。一旦有了一個合理的起點，就可以進一步調整 kernel 以提高安全性。以下先進行一些基本組態配置：

1. 建立一個新目錄，供你處理即將到來的 production kernel：

   ```
   mkdir -p ~/lkd_kernels/productionk
   ```

   輸入你選擇的 kernel source tree 結構。在此，如「應該使用哪個 kernel 版本？」的內容所述，將使用撰寫本文時最新的 **LTS Linux Kernel 5.10.60 版本**：

```
cd ~/lkd_kernels
wget https://mirrors.edge.kernel.org/pub/linux/kernel/v5.x/linux-5.10.60.tar.xz
```

請注意，在這裡只是使用了 wget 工具來下載壓縮過的 kernel 原始碼樹；其實還有幾種其他方法，包括使用 git。

注意

如你所知，指令名稱後面括號內的數字，例如 wget(1)，可在手冊或 man 頁面中找到關於此指令的文件部分。

2. 解開 kernel 原始碼樹：

```
tar xf linux-5.10.60.tar.xz --directory=productionk/
```

3. 使用 cd linux-5.10.60 切換到剛剛解壓縮出來的目錄，然後簡單確認 kernel 的版本資訊，如下圖所示：

```
$ pwd
/home/letsdebug/lkd_kernels/productionk/linux-5.10.60
$ ls
COPYING        Kbuild     MAINTAINERS     README certs/   fs/      ipc/    mm/      scripts/  tools/
CREDITS        Kconfig    Makefile        arch/  crypto/  include/ kernel/ net/     security/ usr/
Documentation/ LICENSES/  Module.symvers  block/ drivers/ init/    lib/    samples/ sound/    virt/
$ head Makefile
# SPDX-License-Identifier: GPL-2.0
VERSION = 5
PATCHLEVEL = 10
SUBLEVEL = 60
EXTRAVERSION =
NAME = Dare mighty things

# *DOCUMENTATION*
# To see a list of typical targets execute "make help"
# More info can be located in ./README
$
```

圖 1.2 LTS kernel 來源樹的螢幕截圖

每個 kernel 版本都有一個可說是相當奇特的名字；如 5.10.60 LTS kernel 就有一個恰如其分的好名字：**挑戰一切的可能**（*Dare mighty things*），有道理吧！

4. 設定適當的預設值。這是你可以根據目前的 config，為 kernel config 取得適當調整起始點的方法：

```
lsmod > /tmp/lsmod.now
make LSMOD=/tmp/lsmod.now localmodconfig
```

注意

前面的指令可能會以互動方式要求你指定一些選項；僅需要選取預設值，按下 Enter 鍵即可。最後的結果是將 Kernel config 儲存為 .config，位於 kernel 原始碼樹的根目錄，也就是當前目錄。

備份組態檔，如下所示：

```
cp -af .config ~/lkd_kernels/kconfig_prod01
```

提示

你隨時可以「提供協助」的方式，檢視各種可用的選項，包括配置；有經驗的讀者可以使用更適合其專案的替代配置選項。

在開始打造 production kernel 之前，最重要的是考量資訊安全方面的問題，才能將 kernel 設定地更為安全且**強大**。

保護你的 production kernel

隨著資訊安全問題的日益突出，現代 Linux kernel 具有許多資訊安全和 kernel 強化功能。問題是，在資訊安全和便利性 / 效能之間總是存在取捨。因此，許多強化功能在預設情況下都是**關閉的**；其中一些功能設計為選擇加入的方式：如果你需要，請透過熟悉的 `make menuconfig` UI，從 kernel config 功能表中選取以開啟。對 production kernel 來說，這樣做很合理。

問題是：我要如何確切知道在安全性方面要開啟或關閉哪些配置功能呢？關於這個問題有文獻可以參考，或者更好的辦法是，有一些實用的 script 可以檢查你現有的 kernel config，並根據現有最先進的安全最佳實務提出建議！其中一個工具就是 Alexander Popov 的 kconfig-hardened-check Python 腳本[13]。以下截圖來自我安裝並運行它的過程，以及檢查我的自定義 kernel 配置檔時的部分輸出結果：

```
$ git clone https://github.com/a13xp0p0v/kconfig-hardened-check
Cloning into 'kconfig-hardened-check'...
remote: Enumerating objects: 1339, done.
remote: Counting objects: 100% (123/123), done.
remote: Compressing objects: 100% (87/87), done.
remote: Total 1339 (delta 62), reused 90 (delta 35), pack-reused 1216
Receiving objects: 100% (1339/1339), 1.57 MiB | 880.00 KiB/s, done.
Resolving deltas: 100% (806/806), done.
$
$ ls kconfig-hardened-check/
LICENSE.txt  MANIFEST.in  README.md  bin/  contrib/  default.nix  kconfig_hardened_check/  setup.cfg  setup.py*
$ ls kconfig-hardened-check/bin/
kconfig-hardened-check*
$
$ cd kconfig-hardened-check
$ bin/kconfig-hardened-check -p X86_64 -c ~/lkd_kernels/kconfig_prod01
[+] Config file to check: /home/letsdebug/lkd_kernels/kconfig_prod01
[+] Detected architecture: X86_64
[+] Detected kernel version: 5.10
=========================================================================================================================
          option name                    | desired val | decision |       reason      |   check result
=========================================================================================================================
CONFIG_BUG                               |      y      |defconfig | self_protection   |   OK
CONFIG_SLUB_DEBUG                        |      y      |defconfig | self_protection   |   OK
CONFIG_GCC_PLUGINS                       |      y      |defconfig | self_protection   |   FAIL: not found
CONFIG_STACKPROTECTOR_STRONG             |      y      |defconfig | self_protection   |   OK
CONFIG_STRICT_KERNEL_RWX                 |      y      |defconfig | self_protection   |   OK
CONFIG_STRICT_MODULE_RWX                 |      y      |defconfig | self_protection   |   OK
CONFIG_REFCOUNT_FULL                     |      y      |defconfig | self_protection   |   OK: version >= 5.5
CONFIG_IOMMU_SUPPORT                     |      y      |defconfig | self_protection   |   OK
CONFIG_RANDOMIZE_BASE                    |      y      |defconfig | self_protection   |   OK
CONFIG_THREAD_INFO_IN_TASK               |      y      |defconfig | self_protection   |   OK
CONFIG_VMAP_STACK                        |      y      |defconfig | self_protection   |   OK
```

圖 1.3 部分的螢幕截圖 — kconfig-hardened-check script 的部分內容

（這裡不打算詳細介紹好用的 kconfig-hardened-check script，因為它超出本書範圍。請查看提供的 GitHub 連結以查看詳情。）在遵循這個 script 的大部分建議後，會產生一個 kernel 的配置檔：

13 *https://github.com/a13xp0p0v/kconfig-hardened-check*

```
$ ls -l .config
-rw-r--r-- 1 letsdebug letsdebug 156781 Aug 19 13:02
.config
$
```

注意

這個 production kernel 的 kernel config 檔案，可以在本書的 GitHub 程式碼 repository（儲存庫）中找到[14]。僅供參考，在下一節產生的自訂 debug kernel 的 kernel config 檔案，也會位於相同資料夾。

現在已經適當地設定了自定義的 production kernel，那就可以開始編譯。下列指令應該會達到這個效果，使用 nproc 可協助判斷內建 CPU 核心的數量：

```
$ nproc
4
$ make -j8
[ ... ]
BUILD   arch/x86/boot/bzImage
Kernel: arch/x86/boot/bzImage is ready  (#1)
$
```

跨平台編譯 Kernel

如果你正在進行一個典型的嵌入式 Linux 專案，需要安裝適當的工具鏈（toolchain）並跨平台編譯（cross-compile）kernel。此外，你還需要將環境變數 ARCH 設定為機器類型，例如 `ARCH=arm64`；以及環境變數 `CROSS_COMPILE` 設為跨平台編譯器前綴（cross-compiler prefix），例如 `CROSS_COMPILE=aarch64-none-linux-gnu-`。典型的嵌入式 Linux 建構系統，如常見的 Yocto 和 Buildroot，幾乎都會自動處理這些事情，讓你省心又省力。

14 *https://github.com/PacktPublishing/Linux-Kernel-Debugging/blob/main/ch1/kconfig_prod01*

如你所見，根據經驗法則，可透過 make 選項參數 -j，將要執行的工作數設定為可用 CPU 核心數的兩倍。編譯過程應該在幾分鐘內完成，之後，請檢查是否已產生壓縮和未壓縮的核心映像檔（kernel image）：

```
$ ls -lh arch/x86/boot/bzImage vmlinux
-rw-r--r-- 1 letsdebug letsdebug 9.1M Aug 19 17:21
arch/x86/boot/bzImage
-rwxr-xr-x 1 letsdebug letsdebug  65M Aug 19 17:21 vmlinux
$
```

請注意，永遠只能從第一個檔案，壓縮的 kernel image `bzImage` 開機。那第二個映像檔 `vmlinux` 的用途為何？就在這：需要進行 kernel debug 時，就會經常用到它！畢竟，它是包含所有符號資訊的檔案。

Production kernel 配置通常會在 kernel 原始碼樹中生成多個 kernel module。它們必須安裝在廣為人知的位置（`/lib/ modules/$(uname -r)`）；這是透過 root 身分執行下列操作實現的：

```
$ sudo make modules_install
[sudo] password for letsdebug: xxxxxxxxxxxxxxxx
  INSTALL arch/x86/crypto/aesni-intel.ko
  INSTALL arch/x86/crypto/crc32-pclmul.ko
[ ... ]
   DEPMOD  5.10.60-prod01
$ ls /lib/modules/
5.10.60-prod01/  5.11.0-27-generic/  5.8.0-43-generic/
$ ls /lib/modules/5.10.60-prod01/
build@  modules.alias.bin modules.builtin.bin modules.dep.bin  modules.softdep source@
kernel/        modules.builtin  modules.builtin.modinfo  modules.devname  modules.
symbols modules.alias  modules.builtin.alias.bin  modules.dep modules.order modules.
symbols.bin
$
```

最後一步，利用一個內部的 script 來產生 initramfs 映像檔，並使用以下指令輕鬆設定 bootloader；這個例子中，x86_64 用的是 GRUB：

```
sudo make install
```

有關初始化 RAM 磁碟的詳細資訊和概念，以及一些基本的 GRUB 微調，請參閱《Linux Kernel Programming》；本章的「深入閱讀」章節也有提供一些實用的參考資料。

現在唯一要做的事情，就是重新啟動你的 guest / native 系統，中斷 bootloader，通常是在一開機時按住 *Shift* 鍵；不過，如果你是透過 UEFI 開機，可能會有所不同。然後選擇新編譯好的 production kernel：

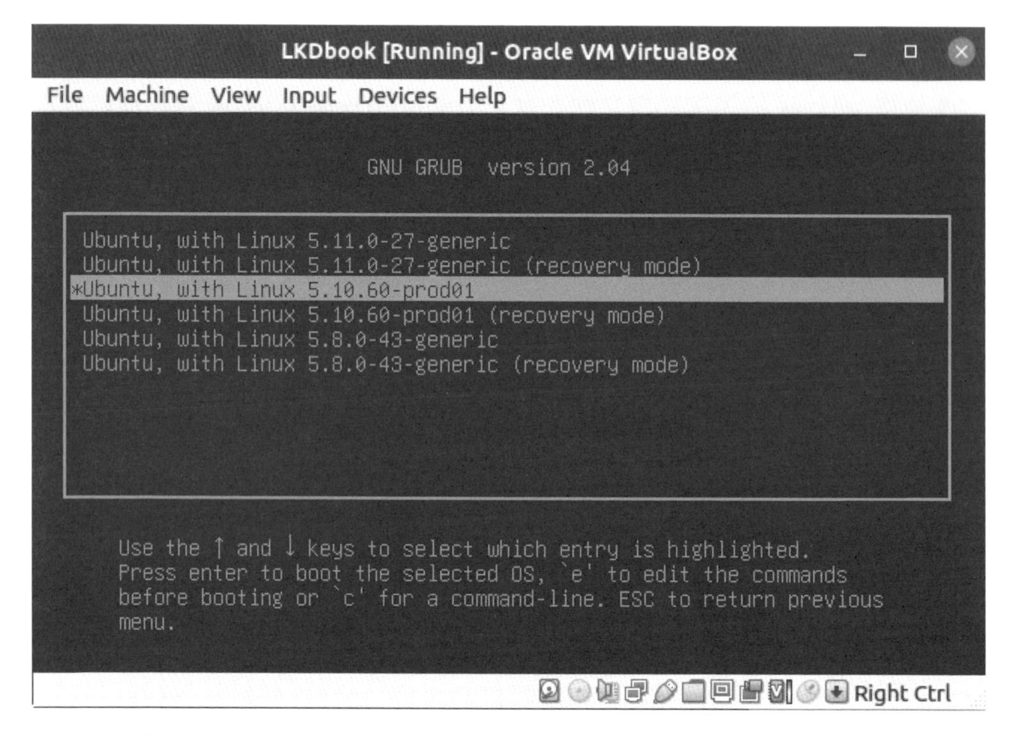

圖 1.4 螢幕截圖展示了 GRUB bootloader 的畫面，以及要啟動的新 production kernel

正如你在上面的截圖所看到的，我透過 Oracle VirtualBox 將系統以 guest 作業系統運行，選擇新的 production kernel，並按下 Enter 繼續載入。

現在，使用的是全新的 production kernel（guest）系統：

```
$ uname -a
Linux dbg-LKD 5.10.60-prod01 #1 SMP PREEMPT Thu Aug 19 17:10:00 IST 2021 x86_64 x86_64
x86_64 GNU/Linux
$
```

透過 SSH 在 guest 系統工作

新的 Linux kernel 應該和現有的 root 檔案系統一起運行，而函式庫（library）和應用程式會與作業系統鬆散耦合，允許使用不同版本的 kernel 簡單地裝載 root 檔案系統並使用，但當然，一次只用一個版本。此外，你也可能無法獲得全部的花俏功能，例如，在我的 guest 作業系統上使用新的 production kernel，螢幕大小調整、共用資料夾等功能，就可能無法正常運作。為什麼會這樣？因為它們依賴於 guest 的附加元件（addition），而尚未為這個自定義的 kernel 構建這些 addition（kernel module）。在這種情況下，我發現*透過 SSH 在 guest 上使用 console 會簡單很多*。為此，我將輕量級的 **dropbear** SSH server 安裝在 guest 系統上，然後從主機系統透過 SSH 登入。Windows 使用者可能會嘗試使用 **putty** 這類的 SSH client（客戶端）。（此外，你可能需要在 Linux guest 系統上設定另一個橋接模式 [bridge mode] 的網路卡。）

你可以使用指令 `/boot/config-$(uname -r)` 來再次檢查目前的 kernel config 設定。在這種情況下，它應該符合 production kernel 設定，已經針對資訊安全與效能方向調整。

提示

若要在開機時總是顯示 GRUB bootloader 的提示畫面：請先複製一份 `/etc/default/grub`，以防萬一；然後以 root 身分編輯，加入這行 `GRUB_HIDDEN_TIMEOUT_QUIET=false`，並可能需要把這行 `GRUB_TIMEOUT_STYLE=hidden` 註解掉。

將 `GRUB_TIMEOUT` 的數值從 0 改成 3（秒）。執行 `sudo update-grub` 以使改動生效，然後重新開機試試看。

很好，你現在已經讓你的 guest / native Linux 作業系統運行一個新的 production kernel。在本書中，你將在運行此 kernel 時遇到各種 kernel 層級錯誤，判斷並找出這些錯誤通常會需要使用 debug kernel 開機。所以，現在繼續為系統做一個客製化的 debug kernel 吧，請往下閱讀！

設定客製化 debug kernel

如上一節所詳述，由於你已設定 production kernel，因此我不會在這裡詳細重複每一個步驟，只會強調不一樣的步驟：

1. 首先，請用上一節構建的 production kernel 開機，好確保 debug kernel 組態會使用它作為起點：

```
$ uname -r
5.10.60-prod01
```

2. 建立新的工作目錄，然後再次解開相同的 kernel 版本。在與 production 版本不同的工作區中建立 debug kernel 非常重要。沒錯，這樣會占用更多磁碟空間，但是可以保持乾淨，避免你在修改它們的組態時一直踩到對方的腳：

```
mkdir -p ~/lkd_kernels/debugk
```

3. 已經有 kernel 的原始碼樹，因為之前使用 wget 把 5.10.60 的原始碼放進來了。再次利用它，這次將它解壓縮到 debug kernel 的工作資料夾：

```
cd ~/lkd_kernels
tar xf linux-5.10.60.tar.xz --directory=debugk/
```

4. 切換到 debug kernel 的目錄，並透過 localmodconfig 的方法設定 kernel 配置的起點，就像在 production kernel 做的那樣。不過這次的組態配置會以客製的 production kernel 組態為基礎，因為目前就正在使用它：

```
cd ~/lkd_kernels/debugk/linux-5.10.60
lsmod > /tmp/lsmod.now
make LSMOD=/tmp/lsmod.now localmodconfig
```

5. 因為這是一個 debug kernel，所以我們現在要**對它配置，明確的目的就是開啟 *kernel* 的 *debug* 基礎功能**，使其發揮最大作用。（雖然這裡不是很在意效能和資訊安全，但事實上，因為是從 production kernel 繼承的組態設定，所以預設就會啟用資訊安全的功能。）

   用來設定 debug kernel 的介面就是常用的：

```
make menuconfig
```

就算不是絕對，大部分的 kernel debug 基礎設施，也都可以在這裡的最後一個主選單項目中找到，即「Kernel hacking」選項：

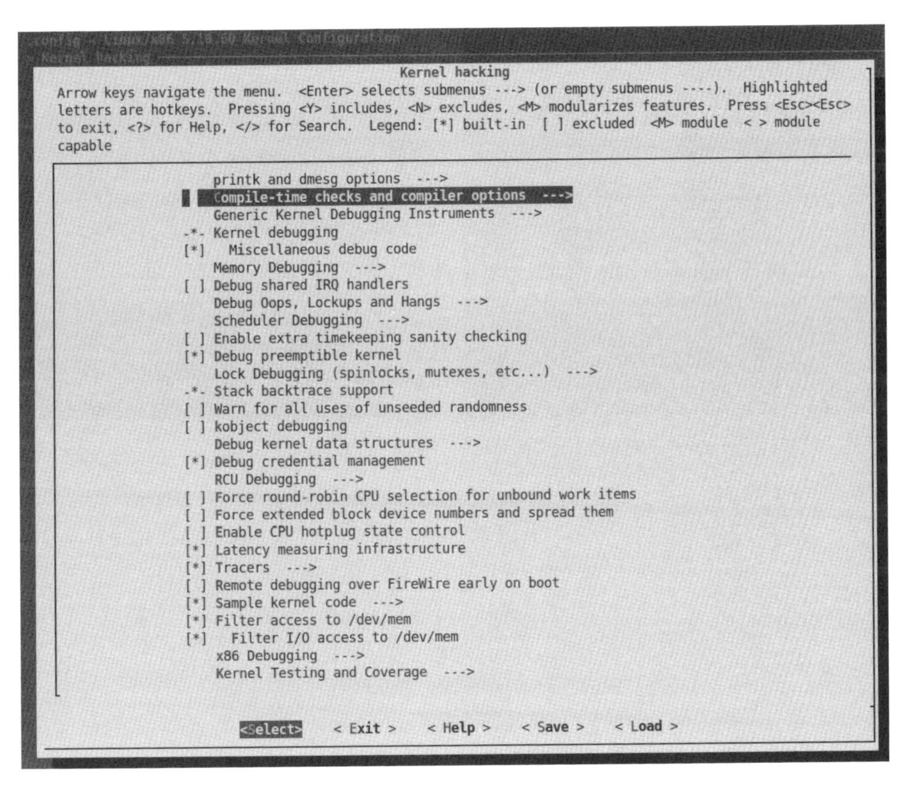

圖 1.5 螢幕截圖：make menuconfig / Kernel hacking - 大部分的 kernel debug 都在這裡

與 debug 相關的 kernel 配置太多了，逐一討論實在是太繁瑣；其中有一些重要的 kernel debug 功能將在後面的章節中詳細解釋和使用。下表 1.1 總結一些設定或取消的 kernel 配置變數，具體取決於配置是用於 debug kernel 還是 production kernel。當然，這絕對不是全部的參數。

並非每個配置更改都會出現在 Kernel hacking 的選單內；其他部分也會有所更改。請參考表格中的合併行列，例如，第一個是 *General setup*：*init/Kconfig*，它指定它們源自哪個選單，以及源自哪個 Kconfig 檔案。

此外，在典型設定值……等行中的 <D>，表示由你或 platform / BSP 團隊決定，因為要使用的具體值確實取決於實際產品或專案、其**高可用性（High Availability, HA）**特性、資安狀況等。

提示

你可以在 make menuconfig 的使用者介面中，先輸入代表 vi 的按鍵 /，再輸入要搜尋的字串，來搜尋特定的 config 變數（CONFIG_XXX）。

表 1.1：簡述幾個 kernel config 變數、含義與值

Kernel Config 選項	含義	Production kernel 的典型設定值	Debug kernel 的典型設定值
General setup: init/Kconfig			
CONFIG_LOCALVERSION	在 kernel 的版號附加一個字串，這很實用（例如：-kdbg01）	<D>	<D>
CONFIG_IKCONFIG	允許將完整的 kernel config 儲存在 kernel 裡面，可以透過 scripts/extract-ikconfig 解開，或是請參考下一個選項。這很好用	On（m 為：module）	On
CONFIG_IKCONFIG_PROC	透過 /proc/config.gz 存取 kernel 內的 config 檔案（例如：以這個指令解開：gunzip -c /proc/config.gz）	On	On

Kernel Config 選項	含義	Production kernel 的典型設定值	Debug kernel 的典型設定值
CONFIG_KALLSYMS_ALL	載入全部的符號到 kernel image	<D>	On
Processor type and features: arch/<arch>/Kconfig			
CONFIG_CRASH_DUMP	啟用這個功能：如果 kernel 發生 crash，則會觸發 crash-dump。	<D>	On
CONFIG_RANDOMIZE_BASE	支援 **Kernel 位址空間布局隨機化（Kernel Address Space Layout Randomization, KASLR）**的功能，在解壓縮 kernel image 時，會隨機化實體位址，這個安全功能有助於避免企圖利用漏洞的問題	On	<D>
General architecture-dependent options: arch/Kconfig			
CONFIG_KPROBES	通用的架構相依選項 / Kprobes：允許你寄生在幾乎是任何 kernel 函式 / 位址上，適用於非侵入式檢測及偵錯	<D>	On
CONFIG_STACKPROTECTOR_STRONG	有智慧地透過編譯器新增 stack-protection canary 邏輯，可用於檢測**緩衝區溢位（Buffer overflow, BoF）**攻擊	<D>	On
CONFIG_ARCH_MMAP_RND_BITS	用來決定行程記憶體區域的基底位址之隨機偏移的位元數，位元數越高則越安全	32	28
CONFIG_VMAP_STACK	可以使用防護分頁作為 vmapped（以 vmalloc() 配置的）kernel stack	On	On
Executable file formats / CONFIG_COREDUMP	啟用 core dump 功能	<D>	On

Kernel Config 選項	含義	Production kernel 的典型設定值	Debug kernel 的典型設定值
Enable loadable module support: init/Kconfig			
CONFIG_MODULE_SIG_FORCE	只載入具備有效簽名（valid signature）的模組，用於 kernel lockdown LSM	<D>	Off
CONFIG_MODULE_SIG_ALL	在 make module_install 步驟期間自動簽署全部的 kernel module	On	On
CONFIG_UNUSED_SYMBOLS	啟用未使用但已經匯出的 kernel 符號，應該要盡快移除橋接（a bridge）	Off	On
Device Drivers / Network device support: drivers/net/Kconfig			
CONFIG_NETCONSOLE	支援網路控制台（netconsole）日誌功能，透過網路記錄 kernel 的 printk 輸出	On	On
CONFIG_NETCONSOLE_DYNAMIC	能夠動態地重新設定日誌目標	<D>	On
Kernel Hacking: lib/Kconfig.debug, lib/Kconfig.*			
printk and dmesg options: lib/Kconfig.debug			
CONFIG_DYNAMIC_DEBUG	提供 debug printk + logging 的動態除錯功能（這也會自動選取基礎的 CONFIG_DYNAMIC_DEBUG_CORE 功能）	On	On
Compile-time checks and compiler options: lib/Kconfig.debug			
CONFIG_DEBUG_INFO	使用夾帶 debug 資訊的（gcc -c）選項來編譯 kernel 與模組	Off	On
CONFIG_DEBUG_BUGVERBOSE	BUG() 巨集會印出檔名、行號、指令指標暫存器與 Oops 追蹤	<D>	On

Kernel Config 選項	含義	Production kernel 的典型設定值	Debug kernel 的典型設定值
CONFIG_DEBUG_INFO_BTF	產生重複資料刪除的 BPF Type Format（BTF）資訊，在未來執行 eBPF 時很有用。需要安裝 pahole v1.16 版本，或是更新的版本。請參考以下註解。	<D>	On
Generic Kernel Debugging Instruments: lib/Kconfig[.debug|.kgdb|.ubsan]			
CONFIG_MAGIC_SYSRQ_DEFAULT_ENABLE	透過設定此位元遮罩（0x0=off，0x1=all on，預設為 0x01b6），啟用全部的 magic SysRq 功能	<D>	0x1
CONFIG_DEBUG_FS_DISALLOW_MOUNT	在 production 上，Debugfs 的額外保護層，這樣 API 可以運作，但 debugfs 檔案系統不可見（檔案系統未掛載）	On	Off
CONFIG_KGDB	透過 GDB 進行遠端 debug kernel	Off	On
CONFIG_UBSAN	啟用未定義行為健全性檢查器	<D>	On
CONFIG_KCSAN	啟用 Kernel Concurrency Sanitizer，這是在執行期偵測 kernel 中資料競爭的強大方式，條件式的。*如需詳細資訊，請參考第 8 章*	<D>	On
Memory Debugging: lib/Kconfig[.debug|.kasan|.kgdb]			
CONFIG_DEBUG_PAGEALLOC	追蹤分頁記憶體配置，有助於偵測幾種記憶體毀損類型	Off	On
CONFIG_DEBUG_WX	開機時出現的任何 W+X 記憶體映射警告（可寫入的記憶體通常應該是不可執行的，亦即應套用 W^X）	On	On

Kernel Config 選項	含義	Production kernel 的典型設定值	Debug kernel 的典型設定值
CONFIG_DEBUG_KMEMLEAK	Kernel 記憶體洩漏偵測器	Off	On
CONFIG_SCHED_STACK_END_CHECK	呼叫 schedule() 時，堆疊跑過頭檢查；最小的執行期開銷	On	On
CONFIG_KASAN	啟用 Kernel Address SANitizer - 新增編譯期檢測；非常適用於捕捉很多的記憶體問題（OOB、UAF 等）	Off	On
Debug Oops, Lockups, and Hangs: lib/Kconfig.debug			
CONFIG_PANIC_ON_OOPS	啟用功能：任何的 Oops（kernel bug）都會引發 kernel panic	On	Off
CONFIG_PANIC_TIMEOUT	在系統重新開機之後 timeout（n，以秒為單位），需要 arch 層級的 reboot 支援。值 n == 0 時表示永久等待，而 n 表示在 n 秒之後重新開機	<D>	0
CONFIG_BOOTPARAM_SOFTLOCKUP_PANIC and CONFIG_BOOTPARAM_HARDLOCKUP_PANIC	啟用功能：在 soft/hard lockup 時產生 kernel panic（也已經啟用 soft/hard lockup 偵測）	<D>	Off
CONFIG_BOOTPARAM_HUNG_TASK_PANIC	啟用功能：在偵測到 hung task 時產生 kernel panic（表示已有啟用 hung task 偵測）	<D>	Off
Lock debugging (spinlocks, mutexes, and so on): lib/Kconfig.debug			
CONFIG_PROVE_LOCKING	透過非常複雜的 lockdep 鎖驗證器以證明上鎖的正確性；也會檢測死結（deadlock）的可能性	Off	On

Kernel Config 選項	含義	Production kernel 的典型設定值	Debug kernel 的典型設定值
CONFIG_LOCK_STAT	追蹤上鎖競爭的程式碼區域	<D>	On
CONFIG_DEBUG_ATOMIC_SLEEP	在程式碼的原生區段內執行任何睡眠的噪音警告	<D>	On
<Various>: lib/Kconfig.debug			
CONFIG_BUG_ON_DATA_CORRUPTION	Debug kernel 資料結構：如果在 kernel 結構中發現資料損毀，請呼叫 BUG()	On	On
CONFIG_DEBUG_CREDENTIALS	Debug 認證管理：對 struct cred 進行偵錯檢查；對安全性也很有幫助	On	On
CONFIG_LATENCYTOP	延遲量測基礎架構：啟用以使用 latencyTOP 工具	<D>	On
CONFIG_STRICT_DEVMEM	存取 /dev/mem 需要經過篩選：如果關閉，則使用者空間的應用程式可以映射任何記憶體區域 — user 與 kernel	On	On
Tracers: kernel/trace/Kconfig			
CONFIG_FUNCTION_TRACER	Enable ftrace - 追蹤每個 kernel 函式；預設在執行期關閉	<D>	On
CONFIG_FUNCTION_GRAPH_TRACER	啟用 call graph 的追蹤；對 profile / debug 很有用	<D>	On
CONFIG_DYNAMIC_FTRACE	動態函式追蹤；當停用函式追蹤時，不會產生效能負擔（預設值）	<D>	On
<Early printk> : arch-dependent; CONFIG_EARLY_PRINTK on x86	x86 debugging：對於在 console 裝置初始化之前，想要看到早期的 kernel printk 輸出很有用	Off	On

Kernel Config 選項	含義	Production kernel 的典型設定值	Debug kernel 的典型設定值
Kernel Testing and Coverage: lib/Kconfig*, lib/kunit/Kconfig			
CONFIG_FAULT_INJECTION	啟用 kernel 的 fault-injection 框架	Off	On
Security: security/Kconfig, security/*/Kconfig*			
CONFIG_SECURITY_DMESG_RESTRICT	如果是 on，則只有 root 可以透過 dmesg(1) 讀取 kernel 的 printk 輸出	On	Off
LOCK_DOWN_KERNEL_FORCE_CONFIDENTIALITY	Kernel 處於上鎖狀態（透過 LSM），模式設定為機密性（confiedntiality）；如果設定為 on，則無法（載入 / 卸載）模組	<D>	Off
<several>	由（例如）kconfig-hardened-check script 指定的幾個與安全相關的 kernel config 設定	<D>	Off

除了 <D> 值之外，前面表格顯示的其他數值只是我的建議：它們也不一定都適合你的特定使用情境。

[1] 安裝 pahole v1.16 或更新版本：pahole 是 dwarves 套件的一部分。然而，在 Ubuntu 20.04 或更舊版本，它的版本是 1.15，這會在啟用 CONFIG_DEBUG_INFO_BTF 時，導致編譯 kernel 失敗，因為需要 pahole 版本 1.16 以上。為了解決 Ubuntu 20.04 上的這個問題，我們在 GitHub 原始碼樹的根目錄提供 v1.17 的 Debian 套件。請手動安裝，如下所示：

```
sudo dpkg -i dwarves_1.17-1_amd64.deb
```

檢視目前的 kernel config

能檢視或查詢當前運行的 kernel 配置是非常實用的方法，特別是在 production 系統上。這可以藉由查閱（grep）/proc/config.gz 達成；通常典型範例是一個

簡單的 zcat /proc/config.gz | grep CONFIG_<FOO>。虛擬檔案 /proc/config.gz 包含了整個 kernel 的組態，實際上等同於 kernel source tree 中的 .config 檔。現在，此虛擬檔只能透過設定 CONFIG_IKCONFIG=y 來產生。作為 production 系統的安全措施，在 production 中將此配置值設定為 m，意思是它是一個 kernel 模組，名為 configs。只有當你載入此模組後，/proc/config.gz 檔案才會顯示；當然，若要載入它，你需要 root 存取權限……

以下這個範例，將針對這項功能示範如何載入 configs kernel 模組，然後查詢 kernel config：

```
$ ls -l /proc/config.gz
ls: cannot access '/proc/config.gz': No such file or directory
```

好，首先，它在 production 時並不會出現。所以要這樣：

```
$ sudo modprobe configs
$ ls -l /proc/config.gz
-r--r--r-- 1 root root 34720 Oct  5 19:35 /proc/config.gz
$ zcat /proc/config.gz |grep IKCONFIG
CONFIG_IKCONFIG=m
CONFIG_IKCONFIG_PROC=y
```

你看，它現在好好的在運作著！

請仔細思考

你有注意到嗎？在表 1.1 中，我將 production kernel 的 CONFIG_KALLSYMS_ALL 值設為 <D>，這意味著是否保持開啟或關閉，將取決於系統架構。為什麼呢？在 production 系統中，查看*所有 kernel 符號*（*symbol*）的功能不是應該禁用或關閉嗎？嗯，沒錯，這是常見的決定。然而，回想一下火星拓荒者號（Mars Pathfinder）任務的故事，它最初由於優先權反轉（priority inversion）問題而失敗。JPL 軟體團隊的技術主管 Glenn Reeves 在他回覆 Mike Jones 的信件中，有一段非常有趣且著名的陳述：*在火星探測器上運行的軟體具有幾個 debug 功能，這些功能在實驗室中使用過，但未在飛行太空船上使用，因為它們產生的訊息比我們可以發回地球的訊息更多。*

> 這些功能並非「偶然」保持啟用，而是根據設計保留在軟體中。我們堅信「安全是飛行的唯一標準，測試是安全的保障。」理念。[15]
>
> 有時，在系統的 production 版本中保持開啟 debug 功能會非常有用，當然還有日誌記錄！

目前還不用過於擔心每個 kernel debug 選項的意義，以及使用它們的方式；接下來的章節將會討論大部分的 kernel debug 選項。表 1.1 中的條目是用於啟動 production 和 debug kernel 的配置，並簡要說明其效果。

當你完成產生新的 debug kernel 組態之後，可按以下方式備份：

```
cp -af .config ~/lkd_kernels/kconfig_dbg01
```

像之前一樣編譯：根據電腦上的 CPU 核心數量來調整 -j 參數的數值，完成 `make -j8 all` 後，取出壓縮和未壓縮的 kernel image 檔案：

```
$ ls -lh arch/x86/boot/bzImage vmlinux
-rw-r--r-- 1 letsdebug letsdebug  18M Aug 20 12:35 arch/x86/boot/bzImage
-rwxr-xr-x 1 letsdebug letsdebug 1.1G Aug 20 12:35 vmlinux
$
```

注意到了嗎？ vmlinux 這個解壓縮過的 kernel 二進位映像檔的體積非常龐大。為什麼會這樣？所有 debug 功能加上 kernel 符號，可以解釋這個超大的尺寸……

最後安裝 kernel 模組、initramfs 和 bootloader 更新完成，如前所述：

```
sudo make modules_install && sudo make install
```

15 *https://www.cs.unc.edu/~anderson/teach/comp790/papers/mars_pathfinder_long_version.html*

很好，現在你已經完成 production kernel 和 debug kernel 的配置，可以簡要了解配置之間的區別。

檢視差異：production 與 debug 的 kernel 配置

看原始的 production 與剛編譯的 debug kernel 組態之間的差異，極具啟發意義，事實上，這也是這個主題的關鍵。有了 script/diffconfig 這個 script，事情就變得容易多了；從 debug kernel 的原始碼樹中，執行下列指令很容易就可以產生差異比較：

```
scripts/diffconfig ~/lkd_kernels/kconfig_prod01 ~/lkd_kernels/kconfig_dbg01 >  ../../
kconfig_diff_prod_to_debug.txt
```

在編輯器檢視輸出的檔案，親自檢視對組態所做的變更，的確有許多差異；在我的系統上，差異檔超過 200 行，以下是我系統上的部分相同內容（[...] 表示略過某些輸出）：

```
$ cat kconfig_diff_prod_to_debug.txt
-BPF_LSM y
-DEFAULT_SECURITY_APPARMOR y
-DEFAULT_SECURITY_SELINUX n
-DEFAULT_SECURITY_SMACK n
[ … ]
```

前面幾行開頭的減號（-），表示已在 debug kernel 移除此 kernel 組態功能。輸出結果如下：

```
DEBUG_ATOMIC_SLEEP n -> y
DEBUG_BOOT_PARAMS n -> y
DEBUG_INFO n -> y
DEBUG_KMEMLEAK n -> y
DEBUG_LOCK_ALLOC n -> y
DEBUG_MUTEXES n -> y
DEBUG_PLIST n -> y
DEBUG_RT_MUTEXES n -> y
DEBUG_RWSEMS n -> y
DEBUG_SPINLOCK n -> y
[ … ]
```

在前面的程式碼片段中，你可以清楚地看到從 production kernel 到 debug kernel 所做的更改；例如，第一行說明，名為 DEBUG_ATOMIC_SLEEP 的 kernel config 已在 production kernel 關閉。而我們尚未在 debug kernel 中啟用（n->y）！（請注意，它會以 CONFIG_ 作為字首，也就是說，它將在 kernel config 檔本身顯示為 CONFIG_DEBUG_ATOMIC_SLEEP。）

在這裡可以看到 kernel 名稱的尾碼，名為 CONFIG_LOCALVERSION 的組態指令在兩個 kernel 之間已經改變了，此外還有下列情況：

```
LKDTM n -> m
LOCALVERSION "-prod01" -> "-dbg01"
LOCK_STAT n -> y
MMIOTRACE n -> y
MODULE_SIG y -> n
[ … ]
```

每行開頭的 +. 前綴符號表示已新增至 debug kernel 的功能：

```
+ARCH_HAS_EARLY_DEBUG y
+BITFIELD_KUNIT n
[ … ]
+IKCONFIG m
+KASAN_GENERIC y
[ … ]
```

最後，還有幾點要注意：

- 這裡執行的 kernel 組態配置細節，包括 production 和 debug kernel，只是代表；而你的專案或產品需求可能會有不同的配置。
- 就算不是絕對，但許多現代的嵌入式 Linux 專案通常會使用複雜的編譯工具或環境，Yocto 和 Buildroot 就是兩個常見的實例。在這種情況下，你必須調整此處給出的說明，以適應這些構建環境使用，以 Yocto 為例，透過 BB-append-style 方法指定一個可替代的 kernel 配置，就是很好的做法。

現在，我默默希望你們已經消化吸收這些知識，而且確實為自己打造兩個客製化的 kernel：production 和 debug。否則請在往下進行之前完成。

太棒了，做得好！現在，你已經準備好之後要當作教材的自訂 5.10 LTS production 和 debug kernel；在接下來的章節一定會用到。這裡先用一些 debug「小提示」來結束這一章，希望對你有所幫助。

1.6 幾個簡單的 Debug 技巧提示

首先我要說的是：debug 既是一門科學，也是一門藝術，它藉由經驗以臻完善；一般人的實際做法是持續深入，以複製和識別出一個錯誤及其根本問題（root casue），並找有機會修復它。而我認為，以下的幾條 debug 小提示實際上並不是什麼新鮮事；也就是說，我們確實容易被趕上，並且往往錯過一些顯而易見的資訊。但希望你會發現這些提示很有幫助，並且能經常複習！

- **拒絕假設！**

  邱吉爾（Churchill）有句名言：「絕不、絕不、絕不放棄」。而我們是說「絕不、絕不、絕不假設」。

  假設常常是許多錯誤和缺陷背後的根源。回想一下，重新閱讀「軟體錯誤：真實案例」那一章節！

  實際上，看看「假設（assume）」這個詞，它就是在懇求說，「老兄，別讓我們出糗」！（嘿，開個小玩笑）

  在程式碼中使用斷言（assertions）是捕捉假設的絕佳方法。在使用者空間（userspace）的方式是使用巨集（assert() macro），線上手冊（man page）上有詳細記載，第 12 章〈再談談一些 kernel debug 方法〉會詳細介紹在 kernel 內的 macro 使用狀況。

- **不要為了幾顆樹而失去整片森林！**

  我們有時確實會迷失在複雜的程式碼路徑迷宮中，處在這樣的情況下，很容易忽視大的格局，即程式碼的目標。試著縮小並思考大局，這通常會有助於發現導致問題的錯誤假設；好文件可以避免浪費生命。

- **限縮範圍**

 當遇到困難的 bug 時，請嘗試：建立 / 設定 / 取得你精簡過最小化的問題（陳述式），透過執行來引發你目前面臨的問題或浮出水面的 bug，通常可以幫助你找到問題的根本原因。實際上，以我自己的經驗來看，很多時候光是這樣做，或者只是詳細記下你所面臨的問題，就足以讓你在腦中看到實際問題及其解決方案！

- **「Debug 一段程式碼要花的腦力，是寫出這段程式碼的兩倍」**

 這句話源自 Brian Kernighan 所著的《The Elements of Programming Style》。所以，是否不應該在寫程式碼的時候充分運用我們的腦力呢？哈，你當然應該要⋯⋯，但是，debug 通常要比寫程式更難。真正的要點是：首先仔細做好基礎工作：在高度抽象化之下，用高階的設計角度簡單寫一個文件，然後寫下你期待程式碼如何運作，接著再談細節問題（即所謂的低階設計文件）。好的文件總有一天會拯救你，畢竟，有拜有保佑！

 這讓我想起另一句名言：一盎司的設計就值得花一磅去重構（*refactor*）— Karl Wiegers。

- **運用「禪意，初學者的心態」**

 有時，程式碼會變得過於複雜，就像是義大利麵條狀（spaghetti），由於缺乏結構，而難以閱讀或維護。在許多情況下，如果可行，請放棄並從頭開始，或許才是最好的辦法。

 這種禪意，初學者的心態（*Zen-Beginner's Mind*）意味著，至少暫時停止或許過於自大的思維模式：我的程式寫得這麼好，怎麼可能出錯呢？並把心態歸零，從一個完全新手的觀點來看問題。事實上，這就是一個關鍵點，一個同事在稽核你的程式碼時，可能會發現你從未見過的缺陷！此外，好好休息一下也會帶來奇蹟。

- **命名變數、寫註解**

 我記得在 Quora 的一次問答中，我發現當一個程式設計師最困難的工作，就是幫變數取個好名字！這是很實在的問題。變數名稱是根深蒂固的；請謹慎選擇名稱。與註釋一樣，不要越界：一個用於迴圈索引

（loop index）的區域變數（local variable）該怎麼命名？`int i` 會比較適合；因為寫 `int theloopindex` 看起來很痛苦。同樣的道理也適用於註解：會有註解是因為要解釋基本原理、程式碼背後的設計、目的和實現目標，而不是程式碼的運作方式，因為任何一個有能力的程式設計師都該搞懂這個。

- **忽略日誌會危及你的安全！**

  這或許不言自明，但人在壓力之下往往會忽略顯而易見的事實……。請仔細檢查 kernel，或甚至應用程式的日誌，通常可以看出你可能面臨的問題根源。日誌通常可以按時間反序顯示，並讓你了解實際發生的情況；Linux 的 systemd `journalctl(1)` 工具很強大，要學習如何使用！

- **測試可以證明錯誤存在，但不能找到錯誤的缺失**

  很遺憾，這是老生常談。不過，測試與品質保證只是軟體程式最關鍵的部分之一，忽視它將會帶來危險！撰寫正反面的詳盡測試案例既費時又費力，但是從長遠來看會產生巨大的紅利，有助於使產品或專案獲得巨大成功。負面的測試案例和*模糊處理*，對於程式碼庫中的安全漏洞暴露，以及隨後修復至關重要；同樣，運行時測試只會測試實際執行的程式碼部分，花點時間執行程式碼涵蓋範圍分析；而且 100% 涵蓋，並且執行階段測試才能達到目標！（第 12 章〈再談談一些 kernel debug 的方法〉的「Kernel code coverage 工具和測試框架簡介」一節會再次詳述）。

- **產生技術債**

  你三不五時就會在內心深處意識到，雖然寫了一些程式碼，但做得還不夠好；也許仍然會有 corner 案例引發 bug，或者是未定義的行為。那種惱人的感覺是，也許這種設計和實作不是最好的作法，想要趕快找出來並期盼能做到盡善盡美的誘惑力可能很大，尤其是在專案的期限快到時！請先不要這樣，有種東西叫做**技術債**，它之後會來找你算帳的。

- **低級錯誤**

  如果我在開發程式碼時每犯一次愚蠢錯誤就賺一分錢，那我早就發財了。例如，我曾經花了近半天時間絞盡腦汁，想弄清楚為什麼 C 程式無法正常執行，直到我意識到自己雖然改的是對的程式碼，但卻編譯到另一個舊版本的程式碼，而把內部版本放到錯誤目錄中！我確信你應該也遇過這種惱人的挫折，通常只要休息一下，好好睡一覺，奇蹟自然就會發生。

- **經驗模型**

  經驗這個詞意味著透過實際和直接的觀察或經驗，而非依靠理論來驗證某事，或可說任何事。

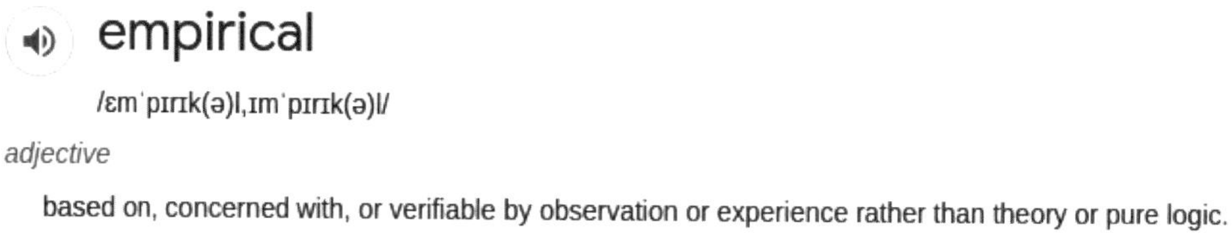

empirical

/ɛmˈpɪrɪk(ə)l,ɪmˈpɪrɪk(ə)l/

adjective

based on, concerned with, or verifiable by observation or experience rather than theory or pure logic.

圖 1.6 重視經驗！

因此，盡信書不如無書，不要相信教學課程、文章、部落格、導師或作者：**要注重經驗，自己試試看吧！**當然，這本書值得信賴啦！

好幾年前，其實是幾十年前，在我加入一家公司工作的第一天，一位同事發給我一份文件，Henry Spencer 的〈The Ten Commandings for C Programmers〉[16]，可以參考看看，我現在仍然相當珍惜，以下是我用類似但較顯笨拙方式所提供的簡短版清單。

程式設計師的檢查清單：七大守則

非常重要！你還記得要這樣做嗎？

- 檢查全部 API 的失敗案例。

16 *https://www.electronicsweekly.com/open-source-engineering/linux/the-ten-commandments-for-c-programmers-2009-04/*

- 編譯時顯示警告，絕對要使用 `-Wall`，並可能使用 `-Wextra` 或甚至是 `-Werror`。也要將警告視為會在 kernel 發生問題的錯誤！請盡可能地消除每個警告訊息。
- 永遠不要信任（使用者的）輸入資料，一定要驗證檢查。
- 立即清除程式碼庫（code base）中沒有使用或無效的程式碼。
- 完整測試：目標是涵蓋 100% 的程式碼範圍。花點時間和精力學習如何使用功能強大的工具：如記憶體檢查器、靜態和動態分析器、資訊安全檢查器，如 `checksec`、`lynis` 和其他幾個工具、模糊器（fuzzer）、程式碼涵蓋工具（code coverage tool）、故障注入框架（fault injection framework）等，請不要忽視資訊安全！
- 至於 kernel，尤其是驅動程式，在消除軟體問題之後請注意，週邊硬體問題可能是錯誤的根本原因。不要太輕易地放水！不然你會以慘痛的代價學到這一點。
- 不要假設任何情況（*assume*：*make an ASS out of U and ME*）；使用 assertion 有助於捕捉假設，進而捕捉錯誤。

後續章節會詳細闡述其中幾點。

結論

首先，恭喜你完成第 1 章。好的開始是成功的一半！你已經學到 **debug** 這個詞的來龍去脈、由來、傳說和真相⋯⋯。

主要部分在簡述一些複雜真實世界中的軟體出錯案例，甚至有幾個是非常不幸的悲劇，其中一個或多個軟體錯誤已經證明是導致災難的關鍵因素。

你知道我們使用的是撰寫本文時最新的 5.10 LTS kernel，以及設定工作區的方法：在 x86_64 上，使用 native Linux 系統或 Linux 作為 guest 作業系統。我們講述兩個客製化 kernel 的配置和構建，包含 **production** kernel 與 **debug** kernel，其中 production 著重高效能和資訊安全，而 debug kernel 則配置為開啟絕大多數 kernel debug 功能，用於幫助捕捉錯誤。我假設你已經完成這件事，因為接下來的章節都是以此為基礎往下進行。

最後，我認為非常重要的一點是，本章總結一些除錯技巧和一張簡易的檢查清單，建議你經常回來看這些提示和檢查清單。

在下一章中，你將了解到實際上還有各種方法可以用於 debug Linux kernel 及其模組，並學到這些方法以及要使用的模組。

深入閱讀

- 軟體出錯的真實故事：軟體恐怖故事：
  - *SOFTWARE HORROR STORIES*：老資料，但大部分仍然有效，非常有趣！這裡報導過很多很多事件，供大家思考：http://www.cs.tau.ac.il/~nachumd/horror.html
  - Patriot missile battery failure：https://www-users.cse.umn.edu/~arnold/disasters/patriot.html
  - 亞莉安 5 號發射器墜毀：
    - 調查委員會的正式報告：*ARIANE 5 - Flight 501 Failure*：http://sunnyday.mit.edu/nasa-class/Ariane5-report.html
    - 相同問題的好文章：*Design by Contract : The Lessons of Ariane*, Jean-Marc Jézéquel, Bertrand Meyer（Eiffel 程式語言之父）：https://archive.eiffel.com/doc/manuals/technology/contract/ariane/
  - Mars Pathfinder 重設問題：
    - *Priority Inversion*：https://en.wikipedia.org/wiki/Priority_inversion
    - *What really happened on Mars?* Glenn Reeves 針對 Mike Jones 對這個問題的總結所做的詳細回應：https://www.cs.unc.edu/~anderson/teach/comp790/papers/mars_pathfinder_long_version.html

  - *What the Media Couldn't Tell You About Mars Pathfinder*，Tom Durkin，1998。PDF: https://people.cis.ksu.edu//~hatcliff/842/Docs/Course-Overview/pathfinder-robotmag.pdf

- *Now showing on satellite TV: secret American spy photos*，The Guardian，2022 年 6 月 13 日：https://www.theguardian.com/media/2002/jun/13/terrorismandthemedia.broadcast
- *Software problem kills soldiers in training incident*，2002 年 6 月 13 日：http://catless.ncl.ac.uk/Risks/22.13.html#subj2.1
- 波音 737 MAX 和 MCAS：
  - *The inside story of MCAS: How Boeing's 737 MAX system gained power and lost safeguards*，The Seattle Times，2019 年 6 月 22 日：https://www.seattletimes.com/seattle-news/times-watchdog/the-inside-story-of-mcas-how-boeings-737-max-system-gain-power-and-lost-defendations/
  - *Boeing 737 Max: why was it grounded, what has been fixed and is it enough?*，The Conversation，2020 年 11 月 28 日：https://theconversation.com/boeing-737-max-why-was-it-grounded-what-has-been-fixed-and-is-it-enough-150688
  - 此外，也請看國家地理頻道的「Air Crash Investigation」系列：https://www.natgeotv.com/in/air-crash-investigation/about
  - 近期：*DOWNFALL*：*The Case Against Boeing | Official Trailer | Netflix*，2022 年 2 月：https://www.youtube.com/watch?v=vt-IJkUbAxY

- Jack Ganssle 的 *TEM*（*The Embedded Muse*）新聞稿 — back issues：http://www.ganssle.com/tem-back.htm。
- Kernel 與系統工作區設定：
  - 有關在 Oracle VirtualBox 上將 Linux 作為 guest 虛擬機器以安裝的各種優質線上文章和教學，可參見 https://github.com/PacktPublishing/Linux-Kernel-Programming/blob/master/Further_Reading.md#chapter-1-kernel-development-workspace-setup--further-reading

- Easy way to determine the virtualization technology of a Linux machine?, StackExchange: https://unix.stackexchange.com/questions/89714/easy-way-to-determine-the-virtualization-technology-of-a-linux-machine
- Ubuntu Linux – the System Requirements page: https://help.ubuntu.com/community/Installation/SystemRequirements
- Kernel documentation: *Configuring the kernel* (https://www.kernel.org/doc/html/latest/admin-guide/README.html#configuring-the-kernel)
- Article: *How to compile a Linux kernel in the 21st century*, S Kenlon, Aug 2019: https://opensource.com/article/19/8/linux-kernel-21st-century
- Information on initrd / initramfs and the GRUB bootloader: from the *Further reading notes from the Linux Kernel Programming* book's GitHub repository: https://github.com/PacktPublishing/Linux-Kernel-Programming/blob/master/Further_Reading.md#chapter-3-building-the-linux-kernel-from-source---further-reading

- Customizing the GRUB bootloader: *How do I add a kernel boot parameter ?* https://askubuntu.com/questions/19486/how-do-i-add-a-kernel-boot-parameter. Do realize, this tends to be x86_64- and Ubuntu-specific...
- *The Ten Commandments for C Programmers*，Henry Spencer: https://www.electronicsweekly.com/open-source-engineering/linux/the-ten-commandments-for-c-programmers-2009-04/
- 有趣的資料：
  - 這本書非讀不可：*The Mythical Man-Month*，Fred Brooks，1975
  - *What is a coder's worst nightmare?*, Quora; answer by Mick Stute: https://www.quora.com/What-is-a-coders-worst-nightmare
  - *Reflections on Trusting Trust*, Ken Thompson: https://www.cs.cmu.edu/~rdriley/487/papers/Thompson_1984_ReflectionsonTrustingTrust.pdf

CHAPTER 2

Debug Kernel 的方法

只要對 kernel debug（除錯）的相關主題有稍微一點仔細的了解，就可以很快察覺到有很多方法可以解決 bug，也有許多相對應的工具和技術都可以應用到這個問題中。這個相對之下較短的章節，將先了解一些依類型（type）分類 bug 的方法。依 type 分類瑕疵或 bug 將會協助你深入了解它們，及其所在位置，有時這些位置還會重疊。以下將按照各種 type 或視角（view）分類 bug：典型視角包含記憶體問題、資訊安全等，以及在 Linux kernel 中引起的典型問題等分類。

接下來會探討 kernel debug 的各種方法，然後具體總結這些方法內容，以及使用各種方法的適合時機。這些主題將為本書其餘部分奠定基礎，帶人深入學習使用這些 debug kernel 的方法或技術。

本章將涵蓋下列主題：

- 將 bug 依照 type 分類
- 為什麼有許多方法可以對 kernel 除錯
- 總結針對 kernel 的幾種除錯方法

2.1 技術需求

第 1 章〈軟體除錯概論〉的探討「技術需求」和「設定工作區」章節內容已經介紹過了。

2.2 分類 bug type

如你所知，bug 可以很容易地分類為不同的 type。我在此的嘗試發現一些小變化：應該從不同角度或觀點來看待常見的 bug type，首先以經典的典型、學術方式，然後聚焦在記憶體類型的 bug，接著是與資訊安全相關的 bug 觀點；但其實，這也不是什麼新鮮事了。如此之後，將進一步將此分類細化為使用 Linux kernel 時通常看到的內容。請注意，這些分類內可能會重疊，而且也常常發生。以下先從第一個「以傳統方式分類缺陷 / bug」開始。

Bug type：經典視角

要檢視軟體程式中可能發生的缺陷或 bug 類型，有以下經典做法：

- **邏輯或實作錯誤：**
    - 包含一位偏移的（off-by-one）錯誤、無限迴圈 / 遞迴。
    - **運算錯誤：**包括精度損失，如召回愛國者飛彈和亞莉安 5 號事件、算術不足或溢位，除以 0。
    - **語法缺陷**：這是顯而易見的缺陷，例如在 C 語言使用等於 = 運算元，而不是 == 比較運算元，現代編譯器和靜態分析工具當然應該都要能捕捉到這些問題。
- **資源洩漏（resource leakage）與資源的通用瑕疵：**
    - 包含經典的提取空指標（NULL pointer）問題，以及記憶體問題：包含**未初始化的記憶體讀取（uninitialized memory read, UMR）**、洩漏（leakage）、重複釋放記憶體（double-free）、釋放記憶體之後又**再次使用（Use After Free, UAF）**、**超出範圍（Out Of Bound, OOB）**、

緩衝區溢位錯誤（buffer overflow error），包含讀取 / 寫入、反向溢位（underflow）/ 溢位（overflow）、堆疊記憶體溢位（stack memory overflow）、違規存取（access violation）等。

    - **硬體（hardware）：**別忘了硬體！故障的 RAM、DMA 問題、硬體凍結（hardware freeze）、微碼錯誤（microcode bug）、硬體中斷遺失（hardware interrupt miss）/ 假性中斷（spurious interrupt）、金鑰彈跳（key bouncing）、資料位元順序錯誤（data endian error）、資料封裝 / 填補問題、指令錯誤等等（如需相關資訊，請參閱「深入閱讀」一節）。

- **競速問題（race）：**資料競速（data race）、上鎖問題導致死結（deadlock）、活結（livelock），或稱活鎖，如在太短的時間內發生太多次硬體中斷；在網路驅動程式層通常會使用所謂的 **New API「NAPI」**來精準緩解此問題。

- **效能缺陷：**

    - 包括資料（cache line，快取列）的對齊問題、資料競速、deadlock 與 livelock。

    - 不當選擇 API，例如，盲目使用 kernel 的 page/slab allocator API，像是 `__get_free_pages()/kmalloc()`。由於大量的內部碎片問題（internal fragmentation issue）造成實質上的浪費而導致極其不理想的記憶體使用情況。另一個情況是：使用中度到高度競爭的鎖，以及較長的臨界區間（critical section），而這只會引發效能問題。（使用「無鎖定」（lock-free）演算法和 API 會有所幫助！可透過 Linux kernel 的 **percpu** 與 **Read Copy Update（RCU）**這種 lock-free 的做法。）

    - 數據競爭（data race），如前述，在 bug 分類中可能會發生重疊。

    - **Input/Output（I/O）**：不理想（suboptiomal）和大量讀取與寫入會造成主要效能瓶頸；這同時適用於檔案系統和網路層；要知道，實際效能瓶頸通常與不理想的 I/O 使用量有關，而且通常與 CPU 無關。

- 還有其他方法可以分類 bug，這裡不詳述，僅需簡單提及：根據基於介面的（interface-based），甚至是基於團隊合作（teamwork-based）的副作用。

墨爾本舉行的軟體工程會議（ICSE，1992 年）曾發表一篇有趣論文，指出缺陷（或 bug）會在 SDLC 的不同點以不同速率引入和移除；有趣的是，在設計和寫程式階段都出現相對較高的錯誤插入率（insertion rate）；它有助於強調改進系統設計 / 架構的必要性，可參考「深入閱讀」章節的論文連結以及其他資料。

以下換個方式來看看 bug，記憶體缺陷（*memory defect*）。

Bug type：記憶體視角

與記憶體有關的 bug 所造成的瑕疵，在像例如 C 這種不可管控的程序式程式語言來說很常見，現在先從**記憶體損毀（memory corruption）**的視角來看問題：

- 不正確的記憶體存取：
  - 使用未初始化的變數；又稱為 UMR bug
  - 超出範圍的記憶體存取（讀取 / 寫入反向溢位 / 溢位的 bug）
  - 釋放後使用記憶體 / 或返回之後使用記憶體（超出範圍）的 bug
  - 重複釋放記憶體（Double-free）
- 記憶體洩漏（Memory leakage）
- Data race
- 內部的實作碎片（fragmentation）問題：
  - 內部（internal）
  - 外部（external）

除了碎片化之外，所有這些常見的記憶體問題通常都會歸類為**「未定義行為」（undefined behavior, UB）**。雖然碎片化是一種記憶體問題，但在某種意義上，它並非這裡關心的 bug，因此不會進一步深入探討。

你會發現先前分類中有許多重複的 bug 類別。我之所以透過記憶體損毀重新分類 bug，是為了強調：這絕對是軟體問題最常見的其中一個根本原因！

接下來是資訊安全相關的 bug。

Bug type：CVE/CWE 資訊安全相關視角

有一個公開披露的安全弱點（vulns）與議題（issue）的開放資料庫；資訊安全研究人員、學者與業界都應該使用這個資料庫追蹤相關弱點 / bug，並幫助大家研究和討論這些問題，建立緩解的修正、修補程式，進而以一致的方式回應這些弱點 / bug。每個資訊安全的 bug 會指定一個編號，稱為**「Common Vulnerabilities and Exposures」（CVE）**，或是**「Common Weaknesses and Enumeration」（CWE）**，有時一整串的 bug 可以形成一個分類。

有幾個網站將 CWE 和 CVE 分類，其中包括位於美國的**國家標準與技術研究所（National Institute of Standards and Technology, NIST）**，之中的**國家弱點資料庫（National Vulnerability Database, NVD）**提供完整的軟體缺陷分類，強烈建議參考此網站[1]，尤其是顯示 CWE 結構子集的網頁：`https://nvd.nist.gov/vuln/categories/cwe-layout`。

不只是 NIST 的 NVD；還有幾個網站也將 CVE 分類，包括 **CVE 的詳細資訊網站**[2]，除了提供 CVE 編號，還有提供極佳的解釋說明。MITRE 也提供這項服務，可參考它的常見問題集（FAQ）[3]。

許多安全漏洞 bug 都可以追溯到某種實作上的問題或漏洞。其中一個很常見的漏洞就是**基於堆疊的緩衝區溢位攻擊（Buffer Overflow, BoF）**。CWE MITRE

1 *https://nvd.nist.gov/vuln/full-listing*

2 *https://www.cvedetails.com/*

3 *https://www.cve.org/ResourcesSupport/FAQs*

網站在此提供詳細的說明：*CWE-120*：複製資料到緩衝區時沒有檢查輸入的資料大小（典型緩衝區溢位問題）[4]，以及示範漏洞的範例程式碼，請參考！

請務必明白，許多資訊安全本質上都是軟體的缺陷，也就是 *bug* ！

Bug type：Linux kernel

從 Linux kernel 自身視角來看 bug type 也很有用。Sergio Prado 在 *Linux Kernel Debugging: Going Beyond Printk Messages*[5] 的簡報中，將 Linux kernel 的 bug 分成下列幾類：

- 導致系統鎖住（lock）或卡住（hang）的缺陷（bug）
- 導致系統當機（crash）以及（或）panic 的缺陷
- 邏輯或實作缺陷
- 資源洩漏缺陷
- 效能問題

好了，針對 bug 分類的任務已經完成了，也許相當枯燥，我知道你或許在想：「這些只是偏學術的，也許沒什麼意義？」嗯，這個想法就是現在你已經了解如何分類 bug，接下來將討論重點：基於分類和其他方法，你可以用哪些工具 / 技術除錯。

但首先，我們還需要了解，並非全部除錯技術或方法都適合該任務；下一節將向你簡要介紹這點。

4 *https://cwe.mitre.org/data/definitions/120.html*

5 *https://www.youtube.com/watch?v=NDXYpR_m1CU*

2.3 Debug Kernel：方法不同的原因

當 kernel 出現錯誤或 bug 時，無論再怎麼簡單或是艱困，整個系統都將視為處於無法恢復的錯誤狀態，通常會發生 **kernel panic** 狀態，這是一種致命情況，在這種情況下，系統會產生一個簡易的診斷，然後就停止了；或者可以配置為在超時後重新開機。本質上很難對這些情況除錯，因為連表面上看來都似乎沒有可用的診斷資訊，就算有，系統也沒有反應，基本上就是死當了。所以，該如何獲取診斷資訊以分析呢？

你很快就會意識到，雖然有幾種技術、工具和方法可用於 kernel 的除錯，但它們並不完全適用於任一場景，要使用的工具或技術通常由所處的特定場景決定。

但是要怎麼判斷呢？概括地說，它們包括以下內容：

- **專案的開發階段：**你正在開發程式碼，並且正在積極開發。這包括使用自訂的 debug kernel 與 production kernel。
- **單元測試（unit test）、或開發人員測試、以及 QA，即整合 / 系統 / 接受測試階段：**你已經開發模組或元件，需要測試。這包括使用自訂的 debug kernel 與 production kernel。
- **事後分析：**kernel 已經損毀；你必須嘗試找出根本原因並加以修正。這涉及使用自訂的 debug kernel 與 production kernel。
- **現場或生產：**系統發生 bug 與或效能問題，需要使用適當的工具來了解根本原因，這涉及使用自訂的 production kernel，其中也有某些工具需要 debug kernel 的 symbol。

最後來了解最基本的內容：以下將為你簡要介紹 debug Linux kernel 的各種不同方法、真實工具、技術與如果適用的 API。

2.4 概述 debug kernel 的不同方法

對 kernel 除錯的方法有很多種，要使用的一個或多個選項取決於情境而定。這裡介紹了上述幾種情況以及其中對 kernel 除錯的一些方法。

開發階段

你目前是否處於專案的**開發階段**？如果是，下列方法與技巧可能有所幫助：

- 基於程式碼的除錯技術可以立即派上用場，其實之後使用也很好用。其中包括：
  - 使用 printk() 與它的同類以程式碼層級進行檢測
  - 動態 debug printk
  - 產生 kernel-mode 的堆疊傾印（stack dump）並解讀
  - 在程式碼中使用斷言（assertion）
  - 在程式碼庫（code base）內設定與使用除錯掛鉤（debug hook），有兩種典型的方法可以執行此操作：
    - 透過 **debugfs** 虛擬檔案系統（pseudo file system）
    - 透過用於 debug 目的之特殊 **ioctl(2)** hook 函式
- 單步的執行 kernel 或模組的 C 程式碼、設定中斷點（breakpoint）、觀察點（watchpoint）、檢查資料內容等：透過知名的 **Kernel GDB（KGDB）** 框架。

單元測試及（或）QA 階段

在**單元測試及（或）QA 階段**，即單元測試和整合 / 系統 / 接受度測試中，你身為專案的個人開發人員，通常會對已開發的程式碼運行單元測試。除此之外，你的團隊和（或）專門的 QA 團隊可能會針對專案的（暫時）版本執行完整測試，可能是自動化的，並發現錯誤以及向開發團隊報告。應使用下列工具和技術來嘗試和捕捉在這些階段中可能發生的錯誤：

- **動態分析：**你可以執行能在該系統運作的工具，這些工具會在程式碼路徑（code path）執行時進行檢查，包括：
  - 記憶體檢查程式：偵測記憶體問題或記憶體損毀很關鍵，尤其記憶體損毀通常是 bug 的根本原因。
  - **未定義的行為（undefined behavior, UB）**檢查器：UB 包含算術下溢位（underflow）/ 溢位（overflow），包括已知的**整數溢位（Integer overFlow, IoF）**缺陷、無效的位元位移（invalid bit shift）、未對齊存取（misaligned access）等。
  - 鎖定除錯工具和儀器設計（Instrumentation）。
- **靜態分析：**涉及使用在專案原始程式碼上運作的工具，類似編譯器。它們可以讓人深入了解遭到忽視、可能充滿漏洞，以及資安方面的風險與程式碼。
- **程式碼涵蓋範圍分析：**這並不是真正的除錯技術，而是為了確保在測試時會確實執行每一行程式碼。這點很重要，只有這樣，我們才能對產品持有高度信心。此時，你通常會使用程式碼涵蓋範圍工具，例如 **gcov**，來檢查在指定測試回合期間實際執行的那幾行程式碼。（這些技術通常更適用於單一開發者做單元測試，而不是系統級別的測試；不過，當然，它們也可用於系統級別）。
- **監測與追蹤工具：**這些工具可用於開發和測試 / QA 階段，甚至可能用於第一線的生產線：
  - Kernel 追蹤基礎結構，這是一個範圍廣大的領域，包括：
    - **Ftrace 與 trace-cmd**
    - **事件追蹤**
    - **Linux 追蹤工具組：**下一代（LTTng），Trace Compass 和 KernelShark GUI

- **Perf**
- **擴展的柏克萊封包過濾器（Berkeley Packet Filter, eBPF）**
- **SystemTap**
- 使用者模式追蹤基礎結構，通常使用功能強大的 **strace** 與 **ltrace** 公用程式

- Kernel 探測（Kprobes），包含靜態與動態
- 看門狗（watchdog）
- 自訂的 kernel panic 處理常式（handler）
- 偵測軟式與硬式鎖
- 偵測停滯（hung）的任務
- Magic SysRq 處理常式

- **事後分析（Post-mortem analysis）**：大多數開發人員最常碰到的案例是「在當機之後」：（擷取與）分析 Kernel 診斷，稱為 kernel **Oops**：
  - 分析（kernel 日誌檔）Oops
  - 使用 **kdump** 蒐集 kernel 的 dump image，大致相當於處理程式在損毀時產生的 kernel dump，並使用強大的**損毀**應用程式解譯它
- **在產品正在執行時的現場中（為了完整度而提及）**：
  - 之前分項中提過的任一監視和追蹤工具
  - 程式碼內的除錯掛載點（透過 debugfs、ioctl）
  - 正規（regular）和動態的 debug printk
  - 透過 **systemd** journal 和應用程式記錄的日誌
  - 自訂的 panic 處理常式

要使用哪種 kernel 除錯技術，不僅取決於軟體生命週期的各個階段；有些 kernel 除錯技術還需要倚賴大量硬體和（或）軟體資源可用性的技術：

- **硬體限制：**某些 kernel 除錯技術需要大量的硬體資源可用性，但你不一定能負擔這些成本！例如，使用 **kdump** 技術需要大量的記憶體（RAM）、網路頻寬及（或）磁碟空間。有些受到嚴格限制的嵌入式 Linux 系統根本負擔不起，而一般的伺服器系統卻能輕鬆做到。知名的 userspace Valgrind 工具套件也是如此，**Address Sanitizer（ASAN）**使用的資源較少……。
- **軟體限制：**如同硬體一樣，有些系統對 kernel config 中啟用的功能會自我設限，這可能會排除某些除錯技術。同樣地，kdump 和追蹤基礎架構都是這方面的例子。

關鍵點在於：動態分析工具只能捕獲實際看到和執行程式碼中的 bug。這表示，讓測試案例覆蓋所有程式碼非常關鍵，正如第 1 章簡介除錯軟體時所提，100% 的程式碼覆蓋是目標所在！

請注意，雖然我已經明確分類工具和技巧，但是在某些情況下你可以也應該使用與上述不同的技巧，因為確實會出現這種情況。總之，要保持靈活性，並使用適合當前情況的功能。

以不同情境分類

下列的表格試圖包含 kernel 的除錯方法、工具與技術的總和，這些方法會根據不同情境加以分類，以便使用。

請注意下列事項：

- 目前，你只需檢視可用的工具 / 技巧 / 技術 / API，即可了解不同的情景和使用情境；不必擔心準確使用這些工具的方法，這是本書和後續章節的重點。目的是要涵蓋這裡提到的大多數問題。

- 如前所述，使用給定工具或技術的情景雖然典型，但非絕對，你可能會發現不同的使用案例。我建議你不要墨守成規，而是要使用任何看上去合適的技巧。

從摘錄表（表 2.1）開始，介紹的情境是你**正在開發 kernel，或 kernel / 驅動程式模組程式碼**的寫程式階段：

表 2.1：開發 / 寫程式碼階段的 kernel 除錯技術摘要

除錯方法	工具 / 技術	特定的 / API / 工具名稱 / 前端
基於程式碼的除錯技術：可在 kernel 或模組的程式碼中使用	透過 `printk()` 與同族類的 API 的檢測	`printk()`、`printk_ratelimited()`、`trace_printk()` 等…
	動態 debug printk (`CONFIG_DYNAMIC_DEBUG`)	`pr_debug()/dev_dbg()`：可以在每次的呼叫點進行動態啟用 / 關閉
	產生一個 kernel-mode 的堆疊傾印並加以解讀	`[trace_] dump_stack`，kernel mode stack call trace interpretation
	使用自訂的判斷提示（assertions）	`WARN[_ON[_ONCE]`、`WARN_TAINT[_ONCE]()`、或是自訂的 `assert()` 巨集
	Debug hooks	透過 debugfs API、透過一個自訂的 `ioctl()` method
互動式除錯	使用 GDB、KGDB、KDB 進行互動式除錯	透過對 kernel 或 kernel 模組的 C 程式碼單步測試，設定 breakpoint、設置硬體監視點，檢測資料結構等，以及可以透過 kernel 的 KGDB，以及（或）KDB 框架完成。在 GDB 中使用 `CONFIG_GDB_SCRIPTS` 可以提供額外有用的 Python scripts（`1x*` 指令動詞）。

現在，讓我們來看看可在**測試和 QA 階段**使用的 kernel 除錯工具和技術的摘錄表：

表 2.2：單元測試 / QA 階段 kernel 除錯技術摘錄

除錯方法	工具 / 技術	特定的 / API / 工具名稱 / 前端
動態分析	Kernel 記憶體檢查工具	**Kernel Address SANitizer（KASAN）**，**Undefined Behavior SaNitizer（UbSAN）**，**SLUB** 除錯技術，**kmemleak**
	Undefined Behavior（UB）檢查器（運算溢位 / 反向溢位等）	**UBSAN**
	對於 lock 的除錯技術	**Lockdep**（Kernel lock 驗證器）是一種 kernel lock 的除錯工具，還有其他各種用於 lock 除錯的 kernel config 與 lock 統計
靜態分析	對 kernel（或 kernel 模組）的程式碼進行靜態分析	**checkpath.pl, sparse, smatch, Coccinelle, cppcheck, flawfinder, gcc 等**
程式碼涵蓋範圍（Code coverage）	進行程式碼涵蓋範圍分析	**kcov** 與 **gcov**

目前已經依據情境檢視了幾個 kernel 的除錯工具與技術，下面會從其他幾個**追蹤**、**監視與分析工具**類別中檢視它們：

表 2.3：與系統監控和追蹤相關的 kernel 除錯技術概述

工具 / 技術	特定的 / API / 工具名稱 / 前端
追蹤基礎架構	**Ftrace, LTTng, perf-events, 與 Perf, eBPF, SystemTap**
User space 的追蹤工具	`strace` 與 `ltrace`, `uprobe*`
分析工具	`perf`, `perf-tools`, 與 `*bpfcc`（eBPF）
生產時期使用的工具	靜態與動態探測（**Kprobes** 與 **kretprobes**），**kprobe-perf** 公用程式 script；kernel 事件追蹤
全系統的監視、panic 處理常式	Kernel 看門狗、userspace **看門狗**常駐行程
	Magic SysRq 處理常式

這裡只剩下 **kernel image capture、Oops 和事後毀損分析的工具與技術**：

表 2.4：kernel image capture、Oops 和事後毀損分析，以及記錄相關的 debug kernel 技術摘要

工具 / 技術	特定的 / API / 工具名稱 / 前端
Kernel image 傾印的生成與擷取	**kdump**
Kernel image 傾印分析（或 live kernel 分析）	**crash** 與 **GDB**（受限的）
以 kernel 日誌分析 kernel 的 **Oops**	Kernel **Oops** 分析
記錄日誌	Kernel 與 user mode 的日誌分析：透過 **systemd journal** 截取，前端是 journalctl
	Netconsole：透過網路傳送 kernel 的日誌訊息
Kernel/driver live patching	**KGraft**。例如，可以使用 live patching 來新增檢測

記錄與日誌分析已包括在表 2.4，不會以單獨表格呈現；日誌是確定當機後系統上所發生情況，對於使用者和 kernel 層級的除錯而言，這是極為重要的方法。

最後，下表顯示哪些 debug kernel 的工具、技術或 API，對哪些種類的 kernel 缺陷有效：

表 2.5：kernel 除錯工具 / 技術相對於 kernel 缺陷型別的摘要

Kernel 缺陷的類型，與對應使用的除錯技術及工具	Lockup Hang	Crash / Panic	邏輯 / 實作	資源洩漏	效能議題
基於程式碼的 / 互動式（動態的）除錯：printk、netconsole、assertion、debugfs hook、GDB、KGDB	Y	Y	Y	?	N
動態分析：記憶體檢查器：KASAN、UBSAN、SLUB debug、kmemleak；上鎖：lockdep、lock stat 等	Y	N	N	Y	Y
靜態分析工具：Coccinelle、checkpatch.pl、sparse、smatch、cppcheck	N	N	Y	?	N

Kernel 缺陷的類型，與對應使用的除錯技術及工具	Lockup Hang	Crash / Panic	邏輯 / 實作	資源洩漏	效能議題
監看與追蹤工具：Ftrace、事件追蹤、LTTng、perf、eBPF、Kprobes、看門狗、panic 處理常式、magic SysRq	Y	?	?	?	Y
事後分析：日誌：kernel 日誌分析、systemd 日誌；Oops 解譯、kdump、crash、GDB	?	Y	?	N	N

Legned:

- **Y：**是，可以 / 應該可以使用
- **N：**不行，避免使用
- **?：**取決於**每個人的情況而定（Your Mileage May Vary, YMMV）**

同樣，這些準則絕非一成不變；你應該運用自己的判斷力，並視需要嘗試不同的技巧。

在實際執行 kernel 上啟用的 kernel 除錯工具和技術，通常是你或平台 / BSP 團隊必須根據硬體和軟體的系統限制、效能考量等來決定。可以從第 1 章〈軟體除錯概論〉「兩個 kernel 的故事」章節部分開始，詳細說明如何配置自訂 production 與自訂的 debug kernel。

結論

在本章中，你學到許多方法 debug kernel，並以適當方式加以分類，協助你快速決定要在何種情況下使用哪一種。這是關鍵點之一，**並非每個工具或技術都會在每個案例或狀況中派上用場**。例如，採用功能強大的記憶體檢查器（如 KASAN）來幫助發現記憶體錯誤，在開發和單元測試階段非常有用，但在系統測試和生產階段通常不可行；例如 production kernel 的組態配置不會啟用 KASAN，但 debug kernel 則會進行啟用配置。

你也會發現硬體與軟體的限制條件在決定要開啟哪些 kernel debug 功能時都有其意義。

此外，這章還將 debug kernel 的各種方法、工具和技術，有時甚至是 API 或工具名稱分類到多個表格中，這能幫助你縮小軍火庫：在何種情況下都可以使用其中的哪一種武器。

決定專案僅根據此處顯示的表格使用哪些 debug kernel 工具 / 技術時，**注意不要過於死板**；請務必保持靈活性，並嘗試針對你的狀況使用不同方法，直到找到最適合的為止。

可以完成本章真的太好了！下一章將深入了解基本要點，並學習如何透過檢測方式除錯！

深入閱讀

- *Estimating software fault content before coding*，Eick, Loader 等人，國際軟體工程會議紀錄，墨爾本，1992 年 6 月：`https://dl.acm.org/doi/10.1145/143062.143090`
- 2017 年的一篇關於未定義行為深入且有趣的學術文章，*Undefined Behavior*，Regehr，Cuoq：`https://blog.regehr.org/archives/1520`
- *NASA Study on Flight Software Complexity*，2009 年 3 月：`https://www.nasa.gov/pdf/418878main_FSWC_Final_Report.pdf`。有深度而且有趣的讀物。
- 透過 CWE/CVE 追蹤資訊安全相關的弱點；對於追蹤資訊安全相關缺陷並了解它們非常有用：
  - NIST NVD 資料庫 — 完整清單：`https://nvd.nist.gov/vuln/full-listing`
  - CVE 詳細資料：`https://www.cvedetails.com/`
  - CVE MITER：`https://cve.mitre.org/`

  - 2021 CWE 25 大最危險的軟體弱點：https://cwe.mitre.org/top25/archive/2021/2021_cwe_top25.html

- Hardware bug! *How a broken memory module hid in plain sight - and how I blamed the Linux Kernel and two innocent hard drives*，C Hollinger，2020 年 2 月：https://towardsdatascience.com/how-a-broken-memory-module-hid-in-sight-and-how-i-blamed-the-linux-kernel-and-two-innocent-ef8ce7560ecc

- *Linux Kernel Debugging*：*Going Beyond Printk Message - Sergio Prado*，*Embedded Labworks*，OSS/ELC Europe，2020 年 5 月，YouTube：https://www.youtube.com/watch?v=NDXYpR_m1CU。Kernel 層級的完整 bug 分類

- *Debugging kernel and modules via gdb*，Linux kernel 文件：https://www.kernel.org/doc/html/latest/dev-tools/gdb-kernel-debugging.html#debugging-kernel-and-modules-via-gdb

- *The kernel debugging techniques for a device driver developer on arm64*，Christina Jacob，2019 年 10 月，Medium：https://medium.com/@christina.jacob.koikara/the-kernel-debugging-technologies-for-a-device-driver-developer-on-arm64-fa984e4d2a09

Kernel 與驅動程式的除錯工具與技術

這一部分，你將親身學習到一些強大的 kernel 和驅動程式層級除錯工具與技巧。包括基本的 printk 使用，到如何使用 Kprobes、對 kernel 記憶體損毀除錯、生成與解讀 Oops，最後會以功能強大的上鎖除錯（lock debugging）技術結束。

這個部分將涵蓋下列章節：

CHAPTER 3

透過檢測除錯：使用 printk 與其族類

快速回想一下，你有多常在程式中使用 printf() 來追蹤程式執行時的進度？而且實際上會為用它來了解大概會在哪個位置點可能當機？我通常是用猜的！這不用覺得不好意思啊，其實這真的是很好用的除錯技術！它還有一個比較專業的名詞：**檢測（instrumentation）**。

你一直在做的事情就是檢測程式碼，允許你檢視流程（取決於 print 陳述句的精緻度）；這允許你了解所在位置。通常除錯需要的就是要知道位置。不過，請記得上一章討論的內容，像檢測這樣的技術通常在某些情況下很有用，但也不是都能一體適用。例如，記憶體洩漏（memory leak）這類型的資源洩漏缺陷就很困難，就算不是完全不可能，但也很難利用檢測除錯。不過對於大多數其他情況來說，這個技術還是滿好用的！

本章將學習如何檢測 kernel 或驅動程式的程式碼，主要是使用功能強大的 `printk()`，和其族類相關 API。此外，下一章會繼續沿用這個思維，將工作重點放在可用於 production 系統檢測的其他 kernel 技術，也就是 **kprobes**。

本章將重點討論並涵蓋以下主題：

- 無所不在的 kernel printk
- 利用 kernel printk 除錯
- 使用 kernel 強大的動態除錯功能

這些極為實用的主題很重要：了解如何透過檢測有效除錯，可以快速解決惱人的 bug！

3.1 技術需求

技術需求和工作區可以參考第 1 章〈軟體除錯概論〉，也可以在本書的 GitHub repository[1] 找到程式碼範例。

3.2 無所不在的 kernel printk

享有盛名且眾人皆知的 **Kernighan 與 Ritchie**（**K&R**），以他們第一個 C 程式使用 `printf()` API 輸出 *Hello, world* 不是沒有原因的：因為 printf 是常用的 API，任何的輸出都要利用它來發布到螢幕上。從技術上而言，當行程（process）呼叫 printf 時，printf 會將資訊寫入到行程的**標準輸出**通道：**stdout**。畢竟這是可以實際看到正在執行的程式，不是嗎？

在寫第一個 C 程式時，你一定還記得有用過 printf 這個 API。你是不是會寫程式碼來整合 `printf()` 函式？並沒有，當然不會，那它在哪裡？你知道的：printf 是標準 C 函式庫且通常相當龐大的一部分，即 Linux 上的 **GNU libc**

1 *https://github.com/PacktPublishing/Linux-Kernel-Debugging*

（**glibc**）。幾乎每一個 Linux 系統上的二進位執行檔，都會自動且動態連結至這個函式庫；因此 printf() 在使用上幾乎都沒問題啦！（在 x86 上，執行 ldd $(which ps) 有實用的 ldd script 會顯示 ps 這個程式所連結的函式庫；其中一個函式庫就是標準的 C 函式庫 libc.so.*，你可以試試。）

只是，kernel 裡面不能使用 printf()！為什麼？關鍵點在於，Linux kernel 並不是使用者空間（userspace）的應用程式，也無法使用動態或靜態函式庫。有些功能或許可以參考 kernel source tree 的 lib/ branch[2]，包含許多已經在 kernel 映像檔內建的實用 API。此外，用於撰寫模組的 kernel 框架，可掛載的 **kernel 模組（Loadable Kernel Module, LKM）**，具有類似使用者模式的函式庫功能：**模組堆疊（module stacking）**方法，以及將數個原始檔案連結到單個 kernel 模組物件檔（kernel module object, .ko）的能力。

> **重要注意事項**
>
> 這些工具，包含使用 LKM 框架設計的 kernel 模組、模組堆疊方法、printk() API 的使用等，我的另一本書《Linux Kernel Programming》都有詳細介紹。

所以，該如何讓 kernel 或驅動程式開發者送出可視化訊息，以及更好的日誌方式？答案就是透過無所不在的 printk() API！之所以這樣說，是因為 printk() 與其族類的 API 可以在**任何地方**使用，包含中斷處理常式（全部類型：hardirq / softirq / tasklet）、行程內容（process context），在需要持有鎖時；這些都是 SMP-safe 的。

對於本書的讀者來說，我假設你已經知道 printk() API 的基本使用方式，因此以下會略過一些基本法則，直接解釋簡要的典型基本用法，以及 kernel 程式碼的一些範例。

2 有興趣的話，請參考：*https://github.com/torvalds/linux/tree/master/lib*。

printk() API 的特徵如下所示：

```
// include/linux/printk.h
int printk(const char *fmt, ...);
```

如果你覺得好奇，實際的實作可以參考 kernel 程式碼：kernel/printk/printk.c:printk()。

提示：瀏覽原始碼樹

有效率地瀏覽大型的程式碼庫（code base）是個重要技能，現代 Linux kernel 原始碼樹（source tree）的**原始碼行數（source line of code, SLOC）**已經超過 2000 萬行！雖然你可以使用一般的搜尋方法 find <ksrc>/ -name "*.[ch]" | xargs grep -Hn "<pattern>"，但很快就會覺得不耐煩。

所以要請你幫自己一個大忙，學習使用功能強大且有效率的工具，專門建構來瀏覽程式碼，如（很熱門的）**ctags** 和 **cscope**；你在依照第 1 章〈軟體除錯概論〉的指示時，都已經安裝好了。實際上，對於 Linux kernel 來說，它們是內建於 Makefile 最頂層的 target，下列是建立 kernel 索引檔的步驟：

```
cd <kernel-src-tree>
make -j8 tags
make -j8 cscope
```

若要建立特定處理器架構的索引，請將環境變數 ARCH 設定為處理器的架構名稱；例如，建立 AArch64（ARM 64-bit）的 cscope 索引：

```
make ARCH=arm64 cscope
```

本章的「深入閱讀」可以找到關於 ctags 和 cscope 的教學課程連結。

太棒啦，就來使用有名的 printk() 吧；為了達到這個目的，將從檢測能夠發出訊息的日誌層級開始。

使用 printk API 的日誌層級

語法方面，printk API 的使用方式與大家熟悉的 printf(3) 幾乎完全相同；最直觀的差異在於 printk 會使用前綴字格式 KERN_<foo> 作為日誌的層級。以下是 printk 的範例程式，其日誌層級設定為 KERN_INFO：

```
printk(KERN_INFO "Hello, kernel debug world\n");
```

首先，請注意 KERN_INFO 不是一個單獨的參數；它是作為參數傳遞的部分字串格式。再者，它並不是一個高優先權的層級；它只是一個標籤，用於指定這個 printk 正在以資訊（*informational*）層級進行日誌記錄。接著，可使用檢視日誌檔的公用程式，例如 dmesg(1)、journalctl(1)、甚至是 GUI 工具，例如 gnome-logs(1)，依照日誌層級篩選日誌訊息。

從 0 到 7，printk 有 8 個日誌層級可以使用，你需要選用適合目前情況的日誌層級，以下直接顯示源頭。每個日誌層級右方的註解會說明預期可以使用的典型情況：

```
// include/linux/kern_levels.h
[...]
#define KERN_EMERG   KERN_SOH "0" /* system is unusable */
#define KERN_ALERT   KERN_SOH "1" /* action must be taken immediately */
#define KERN_CRIT    KERN_SOH "2" /* critical conditions */
#define KERN_ERR     KERN_SOH "3" /* error conditions */
#define KERN_WARNING KERN_SOH "4" /* warning conditions */
#define KERN_NOTICE  KERN_SOH "5" /* normal but significant condition */
#define KERN_INFO    KERN_SOH "6" /* informational */
#define KERN_DEBUG   KERN_SOH "7" /* debug-level messages */
#define KERN_DEFAULT ""           /* the default kernel log level */
[...]
```

你可以看到 KERN_<FOO> 日誌層級只是字串："0"、"1"、……、"7"，做為 printk 所發出的 kernel 訊息前綴字而已。KERN_SOH 就只是 kernel 的**表頭起始**（**Start Of Header, SOH**）位置，其值為 \001。在 ASCII code 的線上手冊 ascii(1) 顯示的數字 1 或是 \001 指的就是 SOH 字元，在此也是依循這個慣例。

printk 的預設日誌層級為何？

在 printk() 中，如果未明確指定日誌層級，則列印時會使用哪個日誌層級？預設值為 4，也就是 KERN_WARNING。不過，請注意，使用 printk 時，你應該一律指定適當的日誌層級，或者，最好使用 pr_<foo>() 格式的巨集封裝（macro wrapper），其中 <foo> 指定之後要顯示的日誌層級。

此外，kern_levels.h 表頭（header）裡面包含的整數與剛才看到的字串 loglevel(KERN_<FOO>) 相同，即 macro 的 LOGLEVEL_<FOO>，接下來的第一個範例會用到它。

透過快速簡介 pr_*() 這種便利的 macro，可以讓我們更了解程式碼。走吧！

利用好用的 pr_<foo> macro

為了方便起見，kernel 在 pr_<foo>（或 pr_*()）格式的 printk 上提供簡易的 wrapper macro，其中 <foo> 指定了日誌層級；例如，取代了如下所示的程式碼：

```
printk(KERN_INFO "Hello, kernel debug world\n");
```

你可以改成下列方式，而且建議最好這麼處理：

```
pr_info("Hello, kernel debug world\n");
```

Kernel 表頭 include/linux/printk.h 定義了下列的 pr_<foo> 這些好用的 macro；建議你用它們來取代傳統的 printk()：

- pr_emerg()：在 KERN_EMERG 日誌層級的 printk()
- pr_alert()：在 KERN_ALERT 日誌層級的 printk()
- pr_crit：在 KERN_CRIT 日誌層級的 printk()
- pr_err()：在 KERN_ERR 日誌層級的 printk()

- pr_warn()：在 KERN_WARNING 日誌層級的 printk()
- pr_notice()：在 KERN_NOTICE 日誌層級的 printk()
- pr_info()：在 KERN_INFO 日誌層級的 printk()
- pr_debug() 或 pr_devel()：在 KERN_DEBUG 日誌層級的 printk()

以下是使用 emergency printk 的範例：

```
// arch/x86/kernel/cpu/mce/p5.c
[...]
/* Machine check handler for Pentium class Intel CPUs: */
static noinstr void pentium_machine_check(struct pt_regs *regs)
{
    [...]
    if (lotype & (1<<5)) {
       pr_emerg("CPU#%d: Possible thermal failure (CPU on fire ?).\n", smp_processor_
id());
    }
[...]
```

處理器快燒掉了嗎？糟糕，總之重點是：前述訊息會以 KERN_EMERG 層級記錄。

關於使用 pr_*() macro 的主題，有一個稱為 pr_cont()，它的工作是做為連接字串，延續之前的 printk！這很實用，以下是它的使用範例說明：

```
// kernel/module.c
   if (last_unloaded_module[0])
        pr_cont(" [last unloaded: %s]",
                last_unloaded_module);
   pr_cont("\n");
```

一般會確保只有最後的 pr_cont() 包含換行字元。好，現在來學習如何自動為發出的每個 printk 加上字首（prefix）！

固定字首

此外，還有相當特殊的 pr_fmt() macro。它會用來為 pr_*() macro 以及任何 printk() 產生統一格式的字串。因此，藉由覆載（overriding）其定義，以（重新）將其定義為來源檔案的第一行，但非註解，可以確保將指定的格式做為後續這些 pr_*() macro 和 printk() API 的前綴字首。這很好用，尤其是在除錯時，可以自動為每一個 prinkt 加上前綴字，例如 kernel 模組名稱、函式名稱和行號之類！

來看看範例：這個 printk_loglevels kernel 模組簡單示範了以下幾點：

- 使用 pr_fmt() macro 將自訂字串設定為每一個 printk 的字首
- 使用 pr_<foo>() macro 以不同日誌層級執行 printk

切記

此軟體的程式碼，以及本書中的所有 kernel / 驅動程式模組與範例，都可在其 GitHub repo. 中取得。對於此特定範例，你可以在此處找到程式碼：https://github.com/PacktPublishing/Linux-Kernel-Debugging/tree/main/ch3/printk_loglevels

接著，在試用這裡的 kernel 模組時，請確定你已開機並進入自訂的 *debug kernel*，或是最新版的預設 kernel 也行。嘗試使用自訂的 production kernel 可能會失敗，為什麼？也許是因為 production kernel 的資訊安全配置非常嚴格：甚至可能不允許你嘗試使用未經簽署的 kernel 模組，或者簽名無法通過驗證；詳情請參閱「在自訂的 production kernel 試試 kernel 模組」。

從 ch3/printk_loglevels/printk_loglevels.c 檔案中快速找出相關的程式碼：

```
#define pr_fmt(fmt) "%s:%s():%d: " fmt, KBUILD_MODNAME, __func__, __LINE__
#include <linux/init.h>
#include <linux/module.h>
#include <linux/kernel.h>
[...]
static int __init printk_loglevels_init(void)
{
	pr_emerg("Hello, debug world @ log-level KERN_EMERG   [%d]\n", LOGLEVEL_EMERG);
	pr_alert("Hello, debug world @ log-level KERN_ALERT   [%d]\n", LOGLEVEL_ALERT);
	pr_crit("Hello, debug world @ log-level KERN_CRIT    [%d]\n", LOGLEVEL_CRIT);
	pr_err("Hello, debug world @ log-level KERN_ERR     [%d]\n", LOGLEVEL_ERR);
	pr_warn("Hello, debug world @ log-level KERN_WARNING [%d]\n", LOGLEVEL_WARNING);
```

```
        pr_notice("Hello, debug world @ log-level KERN_NOTICE  [%d]\n", LOGLEVEL_NOTICE);
        pr_info("Hello, debug world @ log-level KERN_INFO    [%d]\n", LOGLEVEL_INFO);
        pr_debug("Hello, debug world @ log-level KERN_DEBUG   [%d]\n", LOGLEVEL_DEBUG);
        pr_devel("Hello, debug world via the pr_devel() macro (eff @KERN_DEBUG) [%d]\n",
LOGLEVEL_DEBUG);
        return 0;               /* success */
}
static void __exit printk_loglevels_exit(void)
{
        pr_info("Goodbye, debug world @ log-level KERN_INFO    [%d]\n", LOGLEVEL_DEBUG);
}
```

執行這個程式碼的（部分）螢幕截圖顯示如下，請仔細研究輸出：

```
------------------------------
sudo insmod ./printk_loglevels.ko && lsmod|grep printk_loglevels
------------------------------

Message from syslogd@dbg-LKD at Sep  8 16:23:49 ...
 kernel:[53143.115411] printk_loglevels:printk_loglevels_init():34: Hello, debug world @ log-level KERN_EMERG   [0]
printk_loglevels       20480  0
------------------------------
sudo dmesg
------------------------------
[53143.115411] printk_loglevels:printk_loglevels_init():34: Hello, debug world @ log-level KERN_EMERG   [0]
[53143.115629] printk_loglevels:printk_loglevels_init():35: Hello, debug world @ log-level KERN_ALERT   [1]
[53143.115802] printk_loglevels:printk_loglevels_init():36: Hello, debug world @ log-level KERN_CRIT    [2]
[53143.115975] printk_loglevels:printk_loglevels_init():37: Hello, debug world @ log-level KERN_ERR     [3]
[53143.116148] printk_loglevels:printk_loglevels_init():38: Hello, debug world @ log-level KERN_WARNING [4]
[53143.116154] printk_loglevels:printk_loglevels_init():39: Hello, debug world @ log-level KERN_NOTICE  [5]
[53143.116160] printk_loglevels:printk_loglevels_init():40: Hello, debug world @ log-level KERN_INFO    [6]
[53143.116167] printk_loglevels:printk_loglevels_init():41: Hello, debug world @ log-level KERN_DEBUG   [7]
[53143.116173] printk_loglevels:printk_loglevels_init():42: Hello, debug world via the pr_devel() macro (eff @KERN_DEBUG) [7]
$ sudo rmmod printk_loglevels ; sudo dmesg |tail -n1
[53160.019525] printk_loglevels:printk_loglevels_exit():49: Goodbye, debug world @ log-level KERN_INFO    [6]
$
```

圖 3.1　此螢幕截圖顯示 printk_loglevels kernel 模組的執行輸出結果

（順帶一提，我經常使用一種名為 lkm 的簡單 bash script wrapper，用於自動化編譯與載入 insmod(8)、lsmod(8) 與 dmesg(1) kernel 模組。但是，在之前的螢幕截圖中看不到 script 的處理過程。）

在前面的程式碼和螢幕截圖中，請注意下列事項：

- 由於程式碼第一行 pr_fmt() macro 的緣故，每個 printk 都會加上模組名稱、函式名稱及行號作為字首。
- pr_<foo>() macro 已在相關日誌層級發出 printk。即使是對等的日誌層級整數也是列印在最右邊的括號裡面。

- 任何一個緊急（*emergency*）（KERN_EMERG）日誌層級的 printk，都會立刻顯示在控制台（console）上面。你可以在前面的螢幕截圖中看到輸出結果（請參閱 Message from syslog@dbg-LKD at … 那行上面的部分訊息）。
- dmesg 公用程式能夠方便地對日誌輸出進行色彩編碼，以捕捉更重要的 kernel 訊息；功能強大的 journalctl 公用程式也是如此。
- 為了避免嚴重的**資訊洩漏**資訊安全問題，許多最近的發行套件將 CONFIG_SECURITY_DMESG_RESTRICT 的預設值設定為啟用，因此要求使用 sudo(8) 或設定適當的能力位元（capability bit），以透過 dmesg 檢視 kernel log。

好的，現在已經了解如何使用 printk() API 以及 pr_*() macro，接下來要找出一個關鍵點：執行之後，到底哪裡可以看到 printk()/ pr_*()/ dev_*() 的輸出？

了解 printk 輸出的位置

不用再深入太多的細節，畢竟這些在我那本《Linux Kernel Programming》都談過了。快速總結一下重點：執行一些 printk 後，實際輸出到哪裡去了？下表能精確地說明這點。

首先需要了解的重點是，不像使用者空間（user space）的 printf API 系列那樣，printk 的輸出不會送到 stdout（標準輸出）：

表 3.1：摘錄 printk 的輸出位置

printk()（與其族類）會輸出到	何時	額外的資訊
記憶體中的日誌緩衝區（RAM）	一直都會	static char __log_buf[__LOG_BUF_LEN]。在 RAM 裡面，可揮發的（volatile）。設計為環狀緩衝區（ring buffer），在溢位時會覆寫。透過 CONFIG_LOG_BUF_SHIFT（init/Kconfig）進行配置，預設值 17 代表日誌緩衝區的大小是 128 KB（也會受到 CONFIG_LOG_CPU_MAX_BUF_SHIFT 的影響）

printk()（與其族類）會輸出到	何時	額外的資訊
日誌檔：現代的	一直都會，這是大多數系統的預設值（需要配置）	現代的 **systemd** 框架的日誌設施，有 `journalctl(1)` 前端、為非揮發性的（non-volatile）
日誌檔：傳統的	一直都會，這是大多數系統的預設值（需要配置）	傳統的 **system logger daemon (syslogd)**，伴隨著 **kernel log daemon (klogd)** 進行日誌記錄，`dmesg(1)` 前端、非揮發性的（non-volatile）
Console 裝置（見 console 裝置的介紹）	在大多數的系統上，日誌層級的預設值是小於 4（即 `emerg/alert/crit/err`）（需要配置）	可透過可調控的 kernel `/proc/sys/kernel/printk` 控制

在現代的 Linux 發行版本，包括我們的 x86_64 Ubuntu 20.04 LTS，**系統常駐程式（systemd, system daemon）**就是所使用的初始化框架。Systemd 是一個相當強大而且具有侵入性的架構，可接管作業系統的許多工作。其中包括啟動系統服務、日誌記錄、核心傾印（core dump）操作、kernel / userspace udev 功能等。日誌架構包括複雜的功能，例如日誌反轉、封存等。

此外，在許多現代發行版本，傳統風格的日誌也和現代化日誌並行。此處，記錄 kernel printk 的檔案取決於發行版本類型而定：

- Debian/Ubuntu 類型的發行版本在 `/var/log/syslog`
- Red Hat/Fedora/CentOS 類型的發行版本在 `/var/log/messages`

我還要強調，kernel printk 輸出到 console 裝置的結果取決於其使用的日誌層級。`/proc/sys/kernel/printk` 內容的第一個數字表示小於此值的所有訊息都會出現在 console 裝置。回想一下，日誌層級的數值越低，是不是其相對重要性就越高？例如，這是在我們的 x86_64 Ubuntu 20.04 LTS 上的設定：

```
$ cat /proc/sys/kernel/printk
4	4	1	7
```

第一個數字是 4，代表日誌層級，低於此層級的訊息會出現在 console，並記錄到 kernel log 緩衝區以及日誌檔。在此狀況下可以得出結論，日誌層級小於 4（`KERN_WARNING`）的每次 printk 都會輸出到 console。換句話說，全部發出的 printk 都屬於 `KERN_EMERG`、`KERN_ALERT`、`KERN_CRIT` 以及 `KERN_ERR` 的日誌層級。此選項很有用，因為它只會顯示比較重要的日誌訊息。當然，以 root 身分，你可以隨心所欲地變更此設定。

實際演練使用 printk 的格式特定字符：一些快速提示

以下是幾個編寫可攜式程式碼時，需要記住的常用 printk 格式特定字符：

- 請分別使用 `%zu` 和 `%zd` 格式特定字符，分別代表帶正負號和無正負號整數的 `size_t` 和 `ssize_t` 的 typedef。
- 在核心空間（kernel space）印出一個記憶體位址「指標，pointer」時：
  - **非常重要**：為了資安考量請使用 `%pK`，它只會輸出雜湊值，有助於防止資訊洩漏，這是嚴重的資安問題。
  - 將 `%px` 應用於實際的 pointer，以檢視實際的位址，**請勿在 *production* 環境中執行！**
  - 使用 `%pa` 列印出實體位址，必須以參考「pass by reference」的方式傳遞。
- 若要將原始緩衝區以十六進位的字元字串列印，請使用 `%*ph`，其中 `*` 由字元數取代；請對字元數少於 65 個字元的緩衝區使用此選項，對於字元數多的緩衝區可使用 `print_hex_dump_bytes()` 常式。其他可用的變形常式請參閱下方 kernel 文件連結。
- 若要列印 IPv4 位址，請使用 `%pI4`；若要列印 IPv6 位址，請使用 `%pI6`，這會有一些差別。

官方的 kernel 文件有比較完整的 printk 格式特定字符可以參考，包含範例，建議稍微看一下。[3]

3 *https://www.kernel.org/doc/Documentation/printk-formats.txt*

現在你已經了解如何使用 printk() 以及相關的 pr_*() / dev_*() macro，我們繼續了解使用 printk 除錯的細節。

3.3 將 printk 用於除錯目的

你可以想像一下，若要發送 debug 訊息到 kernel 日誌，只需在 printk 使用 KERN_DEBUG 日誌層級即可。其實還有很多其他功能，在打開 kernel 的**動態 debug** 選項時，pr_debug() 和 dev_dbg() macro 實際上的設計並不是只當做輸出的功能而已。下一節「使用 kernel 強大的動態 debug 功能」將了解這個強大的能力。

本節先來了解關於發出 debug 輸出的更多資訊，接下來是一些進階方法，可協助將 debug 訊息送到 kernel 日誌檔。

將 debug 訊息寫入 kernel 日誌

上一節（printk_loglevel）所介紹的簡單 kernel 模組，曾重新檢視 kernel printk 在 debug 日誌層級執行時的兩行程式碼：

```
pr_debug("Hello, debug world @ log-level KERN_DEBUG   [%d]\n", LOGLEVEL_DEBUG);
pr_devel("Hello, debug world via the pr_devel() macro (eff @KERN_DEBUG) [%d]\n",
LOGLEVEL_DEBUG);
```

只在有定義 DEBUG 這個符號（或稱 macro）時，pr_debug() 與 pr_devel() 這兩個 macro 才會將 KERN_DEBUG 層級的日誌輸出到 kernel 日誌。如果未經定義，則它們會保持安靜，不會輸出任何的 debug 訊息。而這正是我們所需要的！

Module 的開發作者應該要避免使用 pr_devel() macro。它是用來在 kernel 內部針對 printk 的實體進行 debug 用途的，它的輸出永遠不應該出現在 production 系統中。

圖 5.1 顯示，pr_debug() 和 pr_devel() macro 的訊息確實有存入 kernel log，但回想一下，為了讓此運作生效，需要定義 DEBUG 符號。我們要在哪裡定義

呢？尤其是當程式碼沒有特別定義的時候。答案就是：在 module 的 Makefile 中定義。請看看我在此特別標示的關鍵處，下列的 Makefile 程式碼片段會盡量簡單，無條件地設定 ccflags-y。在程式碼中使用變數 MYDEBUG 有條件地設定 ccflags-y：

```
$ cd ch3/printk_loglevels ; cat Makefile
[ ... ]
# Set FNAME_C to the kernel module name source filename (without .c)
FNAME_C := printk_loglevels
PWD          := $(shell pwd)
obj-m        += ${FNAME_C}.o
# EXTRA_CFLAGS deprecated; use ccflags-y
  ccflags-y   += -DDEBUG -g -ggdb -gdwarf-4 -Og -Wall -fno-omit-frame-pointer -fvar-
tracking-assignments
  # man gcc: "...-Og may result in a better debugging experience"
[ ... ]
```

將 -DDEBUG 的值附加到 ccflags-y 變數之後，便會**定義其作用**，-D 表示**定義這個符號**，這很實用。同樣，-U 也意味著不要定義此符號。我們通常在 Makefile 的 target 中分別針對應用程式的 debug 版本與 production 版本使用這些功能，或在此情況下針對 kernel 模組。因此，若要產生 production 版本，只要將 Makefile 變數 MYDEBUG 的值從 n 變更為 y，即可以啟用 debug 模式。

重要事項：建置用於 debug 或 production 的 kernel 模組

Kernel 模組的建置方式受到 DEBUG_CFLAGS 變數設定值的影響。此變數主要設定在 kernel 原始碼最上層的 Makefile。此處，它的值取決於 kernel 組態 CONFIG_DEBUG_INFO。當它開啟時（則使用 debug kernel），將各種 debug 旗標配置到 DEBUG_CFLAGS，因此你的 kernel 模組也會隨著建立。實際上，這裡要強調的是，kernel 模組的 Makefile 中是否存在著 -DDEBUG 字串，對於 kernel 模組的編譯方式沒有什麼影響，如同這裡所顯示。

實際上，當你透過 debug kernel 啟動並編譯 kernel 模組時，這些模組在編譯時會自動使用符號資訊，並開啟各種 kernel debug 選項。另一方面，當透過 production kernel 啟動並重新編譯 kernel 模組時，你的 kernel 模組最後不會有 debug 資訊 / 符號。

來看範例，在 debug kernel 上編譯這個 kernel 模組（ch3/printk_loglevels）時，printk_loglevels.ko 的檔案大小為 221 KB，但在 production kernel 上編譯時，大小降到 8 KB 以下！因為少了 debug 符號和資訊、KASAN 儀器等，都是造成這個重大差異的原因之一。

快速提示：使用 make V=1 來檢視實際傳遞給編譯器的全部選項非常具有啟發性！

此外，利用 readelf(1) 來判斷內嵌在二進位**可執行檔與連結器格式（Executable and Linker Format, ELF）**檔案中的 DWARF 格式除錯資訊，也非常有用。這對確切了解使用何種編譯器旗標來編譯二進位可執行檔或 kernel 模組時能派上用場，可以依照下列方式執行：

```
readelf --debug-dump <module_dbg.ko> | grep producer
```

請注意，這項技術通常只有在啟用 debug 資訊時才能運作。此外，當使用不同的 target 架構例如 ARM 時，你將需要執行該 toolchain 的版本：${CROSS_COMPILE}readelf。請參閱「深入閱讀」章節，以取得 **GNU Debugger (GDB)** 上一系列文章的連結，這些文章詳述這些及其相關內容，其中的第二部分就是目前這裡。

來看一下 dev_dbg() 在 kernel（驅動程式）內實際使用的範例。在典型的嵌入式專案中，以**有機發光二極體（Organic Light-Emitting Diode, OLED）**裝置發射輸出是很有趣、簡單且非常酷的方法。它們通常使用**內部整合電路（Inter-Integrated Circuit, I2C）**匯流排，幾乎總是可用於嵌入式設備，如流行的藍莓派（Raspberry Pi）或 BeagleBone。這裡將採用 SSD1307 OLED framebuffer 驅動程式，從 kernel source tree 內的這個驅動程式來源檔案做為範例：

```
// drivers/video/fbdev/ssd1307fb.c
static int ssd1307fb_init(struct ssd1307fb_par *par)
{
  [...]
        /* Enable the PWM */
        pwm_enable(par->pwm);
        dev_dbg(&par->client->dev, "Using PWM%d with a %lluns period.\n",
            par->pwm->pwm, pwm_get_period(par->pwm));
    }
```

如你所見，`dev_dbg()` macro 的第一個參數是一個指向裝置結構的 pointer（指標）。在這裡，它碰巧嵌入在 `i2c_client` structure，因為這個裝置是透過熱門的 I2C 通訊協定驅動的，它本身會嵌入在驅動程式的 context structure，即上下文結構，名為 `ssd1307fb_par`。這種事在驅動程式中很常見。

有個更有趣的事情，這裡有一張 SSD1306 OLED 顯示面板運作時的照片，`ssd1307fb` 驅動程式也可以驅動它：

圖 3.2　SSD1306 OLED 顯示面板

如前所述，還可以利用 kernel 的動態 debug 框架執行更多操作……。在此之前，你已了解使用 printk 來 debug 的基本知識，接下來就針對 printk 與其族類的 debug 功能提供一些更實用的祕訣。

列印除錯訊息是快速且好用的祕訣

在開發專案或產品時，你可能需要 printk 一些 debug 資訊。`pr_debug()` macro 將會完成工作；當然，要先定義 `DEBUG` 符號。但請想一想：若要查詢 debug 的列印，你需要一遍又一遍地執行 `dmesg`。以下是幾種在此情況下可以執行的祕訣：

1. 使用 `sudo dmesg -C` 清除 kernel 日誌（在 RAM 中）的緩衝區。或者，`sudo dmesg -c` 會先輸出內容，然後清除環狀緩衝區（ring buffer）。如此一來，過期的訊息就不會堵塞系統，而當你執行 `dmesg` 時，只會看到最新的訊息。

2. 使用 `journalctl -f` 在 kernel 日誌上保留一個 *watch*；這方式類似於在檔案上使用 `tail -f`。你可以試試！

3. **讓 printk 的運作方式如同 printf，並在 console 檢視輸出！**可以透過將 console 的日誌層級設定為 8 來執行此操作，進而確保 console 裝置上會顯示全部 printk，即日誌層級從 0 到 7 的輸出：

```
sudo sh -c "echo \"8 4 1 7\" > /proc/sys/kernel/printk "
```

在 debug kernel 內容時，我經常在開機啟動腳本（startup script）執行此操作。例如，在 Raspberry Pi 保留包含下列這行的 startup script：

```
[ $(id -u) -eq 0 ] && echo "8 4 1 7" > /proc/sys/kernel/printk
```

因此，當它以 root 身分執行時就會生效，而且所有 printk 實體都會直接出現在 `minicom(1)` 或任何一個 console，就像 printf 輸出所顯示的那樣。

這有用嗎？有用！但別忘了一個很常見的案例，即你正在一個驅動程式上工作。這正是下一節會深入探討的建議方法：使用 `dev_dbg()` macro。

裝置驅動程式：使用 dev_dbg() macro

給驅動程式開發者的關鍵建議：在撰寫裝置驅動程式時，必須使用 `dev_dbg()` macro 送出 debug 訊息；而不是一般的 `pr_debug()`。

為什麼？這個 macro 的第一個參數是 `struct device *dev`，也就是指向 `struct device` 的 pointer。此裝置的結構在寫入驅動程式時必須存在，並用來詳細描述裝置。它通常嵌入到一種包裹結構（wrapper structure），這種結構特別適用於正在寫入的驅動程式。透過 `dev_dbg()` macro 列印輸出，不僅可讓 debug 的

printk 跨越並進入 kernel 日誌（可能還有 console），而且通常也會有些實用的資訊前綴於訊息之前，例如裝置名稱、有時是類別，以及如果適合的話，還有主要：次要編號等。

來自 kernel 的**網路區塊裝置（Network Block Device, nbd）**驅動程式範例將顯示它的使用方法。我透過 cscope 搜尋了在 5.10.60 kernel 上呼叫 dev_dbg() 的 kernel 程式碼，找到超過 22,000 個！很快就能看出，關鍵原因在於它能用在動態 debug：

```
// drivers/block/nbd.c
dev_dbg(nbd_to_dev(nbd), "request %p: got reply\n", req);
```

可知，nbd_to_dev() 行內函式（inline function）會從 nbd_device 結構取得裝置結構的 pointer，也就是它的內嵌位置。

請記住，撰寫驅動程式時，請使用等價的 *dev_*() macro* 取代 *pr_*() macros*! 在 include/linux/dev_printk.h 表頭檔有包含它們的定義：dev_emerg()、dev_crit()、dev_alert()、dev_err()、dev_warn()、dev_notice()、dev_info()。當然，如前所述，請將其定義為 dev_dbg()。除了第一個參數是裝置結構的指標外，其餘所有的內容都與 pr_*() macro 相同。

在自訂的 production kernel 試試 kernel 模組

做個實驗，開機第 1 章〈軟體除錯概論〉所打造的自訂 production 除錯軟體 kernel。在這個 production kernel 上執行時，建置 kernel 模組，然後試著載入 kernel 模組。請注意，這裡是以 root 身分執行：

```
# make
[...]
# dmesg -C; insmod ./printk_loglevels.ko ; dmesg
insmod: ERROR: could not insert module ./printk_loglevels.ko: Operation not permitted
[ 1933.232266] Lockdown: insmod: unsigned module loading is restricted; see man kernel_
lockdown.7
#
```

它之所以失敗，是因為在自訂的 production kernel 組態中，啟用 kernel 核心鎖定模式（**lockdown** mode）是近期一項 kernel 功能，來自 5.4 kernel，可以透過 `CONFIG_SECURITY_LOCKDOWN_LSM=y` 啟用。這個及其相關的組態選項**不允許載入任何未簽署的** ***kernel*** **模組，或是** ***kernel*** **無法驗證簽章的** ***kernel*** **模組**。

這表示甚至無法在 production kernel 上測試 kernel 模組。你可以在下列兩個方法中擇一：

- 實際簽署 kernel 模組，可參考官方的 kernel 文件〈Kernel module signing facility〉。[4]

  （亦僅供參考，在 `CONFIG_MODULE_SIG_ALL=y` 的情況下，在安裝時自動簽署全部的 kernel 模組，即在編譯 kernel 時的 `make modules_install` 期間安裝）。

- 或者，你隨時都可以停用這些 kernel config、重新編譯 kernel、使用該 kernel 重新開機再測試。隨後的「停用 kernel lockdown 功能」一節中會如實執行這項作業。

此參考資訊可見 kernel lockdown 功能的線上手冊（man page）連結[5]。

除了 debug 列印，當有多個龐大的資料需要 printks 時，尤其是在大量的程式碼路徑（code path）中，你該怎麼辦？下一節會為你介紹。

限制 printk 的輸出速率

假設你正在撰寫某些晶片組或週邊裝置的驅動程式……，尤其在開發期間，有時為了在生產過程中除錯，你當然會用現在熟悉的 dev_dbg() 或類似 macro 來穿插驅動程式的運作。除非有包含 debug 輸出的程式碼會經常執行，否則這個方法可以持續正常運作。這樣發生什麼事？這非常直觀：

4 *https://www.kernel.org/doc/html/v5.0/admin-guide/module-signing.html#kernel-module-signing-facility*

5 *https://man7.org/linux/man-pages/man7/kernel_lockdown.7.html*

- Kernel 的環狀緩衝區（ring buffer）沒有很大，通常介於 64 KB 到 256 KB 之間，可在 build kernel 時設定。一旦緩衝區滿了，它就會回到起點，這可能會導致你遺失珍貴的 debug 輸出。
- 在大量的程式碼做 debug 或其他列印輸出時，例如中斷處理常式與計時器，可能會大幅降低速度，特別是在列印跨越序列線的嵌入式系統；甚至導致列印進入活結（livelock）狀況，如處理器忙於記錄資料，例如輸出到 console、framebuffer scrolling、增添日誌檔等時，系統會變得沒有反應。
- 同樣的 debug 或其他 printk 訊息在重複十幾次之後，例如在迴圈中多次出現警告或 debug 訊息，實際上已無任何用處。
- 另外，請務必了解，導致日誌問題和失敗的不只是 printk 及類似 API；在大容量程式碼路徑上使用 kprobes 或甚至任何類型的事件追蹤，也都可能出現相同的問題。下一章將介紹 kprobes，並在後面幾章介紹其追蹤功能。

在這種情況下，你會注意到以下訊息或類似情況，通常來自 `systemd-journald` process：

```
/dev/kmsg buffer overrun, some messages lost.
```

（另外，如果你想了解 `/dev/kmsg` 字元裝置節點（character device node）意義，請參考 kernel 文件[6]。）

為了緩解這些情況，社群推出了限制列印速率的方法：當超過某些（可調的）門檻值（threshold）時，可降低列印輸出的速度，避免列印這些相同或不同的內容！

稍後會再討論這些門檻值。Kernel 提供下列 macro，協助你限制列印 / 記錄日誌的速率（`#include<linux/kernel.h>`）：

6 *https://www.kernel.org/doc/Documentation/ABI/testing/dev-kmsg*

- printk_ratelimited()：警告！不要使用，kernel 會發出警告。
- pr_*_ratelimited()：其中萬用字元 * 可以取代成慣用的 emerg、alert、crit、err、warn、notice、info 或 debug。
- dev_*_ratelimited()：其中萬用字元 * 可以取代為慣用的 emerg、alert、crit、err、warn、notice、info 或 dbg。

要確保優先使用 pr_*_ratelimited() macro，而不是 printk_ratelimited()。驅動程式的開發者應該要使用 dev_*_ratelimited() macro。

但是要如何設定輸出的速率限制？ Kernel 透過位於 /proc/sys/kernel 資料夾的 procfs 內常用的控制檔案介面，提供兩個可調整的門檻值，分別名為 printk_ratelimit 和 printk_ratelimit_burst，以滿足此目的。在此，我們直接節錄 sysctl 文件[7]。這裡會解釋這兩個虛擬（pseudo）檔的真正意義：

```
printk_ratelimit:
Some warning messages are rate limited. printk_ratelimit specifies the minimum length
of time between these messages (in jiffies), by default we allow one every 5 seconds.
A value of 0 will disable rate limiting.
==============================================================
printk_ratelimit_burst:
While long term we enforce one message per printk_ratelimit seconds, we do allow a
burst of messages to pass through. printk_ratelimit_burst specifies the number of
messages we can send before ratelimiting kicks in.
```

在我的 x86_64 Ubuntu 20.04 LTS guest 系統上，發現其預設值如下：

```
$ cat /proc/sys/kernel/printk_ratelimit
5
$ cat /proc/sys/kernel/printk_ratelimit_burst
10
```

這意味著，根據預設，在 *5* 秒時間的間隔內會發生高達 *10* 個 *printk* 訊息，可使其在速率限制動作之前通過，並抑制其他訊息直到下一個時間間隔。

7 來自 *https://www.kernel.org/doc/Documentation/sysctl/kernel.txt*。

printk rate-limiter 程式碼會在抑制 kernel printk 時發出有用的訊息，確切說明之前抑制多少個前期的 printk callback。

接著來撰寫一個簡單的 kernel 模組，以測試 printk 的速率限制。同樣地，此處只顯示相關片段：

```
// ch3/ratelimit_test/ratelimit_test.c
#define pr_fmt(fmt) "%s:%s():%d: " fmt, KBUILD_MODNAME, __func__, __LINE__
[…]
#include <linux/kernel.h>
#include <linux/delay.h>
[...]
static int num_burst_prints = 7;
module_param(num_burst_prints, int, 0644);
MODULE_PARM_DESC(num_burst_prints, "Number of printks to generate in a burst (defaults
to 7).");
static int __init ratelimit_test_init(void)
{
    int i;
    pr_info("num_burst_prints=%d. Attempting to emit %d printks in a burst:\n", num_
burst_prints, num_burst_prints);
    for (i=0; i<num_burst_prints; i++) {
        pr_info_ratelimited("[%d] ratelimited printk @ KERN_INFO [%d]\n", i, LOGLEVEL_
INFO);
        mdelay(100); /* the delay helps magnify the rate-limiting effect, triggering
the kernel's "'n' callbacks suppressed" message... */
    }
    return 0;   /* success */
}
```

如果你使用預設值建立並執行此模組，而沒有修改預設值為 7 的 `num_burst_prints` 模組參數，儘管延遲 100 毫秒，你還是會看到短時間內發出 7 次的速率限制列印；且這種延遲是特意造成的，很快就能看到效果。

現在來試試看：傳遞模組參數 `num_burst_prints` 以測試，將其值設定為大於允許的最大 burst 數值，`/proc/sys/kernel/printk_ratelimit_burst` 的預設值是 10，這裡設定為 60。螢幕截圖顯示執行階段的情況：

```
# make; rmmod ratelimit_test; dmesg -C; insmod ./ratelimit_test.ko num_burst_prints=60 ; dmesg ; echo -n "# of printk's actually se
en: " ; dmesg |grep "ratelimited printk @"|wc -l

--- Building : KDIR=/lib/modules/5.10.60-prod01/build ARCH= CROSS_COMPILE= EXTRA_CFLAGS=-DDEBUG -g -ggdb -gdwarf-4 -Wall -fno-omit-
frame-pointer -DDYNAMIC_DEBUG_MODULE ---

make -C /lib/modules/5.10.60-prod01/build M=/home/letsdebug/Linux-Kernel-Debugging/ch5/ratelimit_test modules
make[1]: Entering directory '/home/letsdebug/lkd_kernels/productionk/linux-5.10.60'
make[1]: Leaving directory '/home/letsdebug/lkd_kernels/productionk/linux-5.10.60'
[14855.679081] ratelimit_test:ratelimit_test_init():40: num_burst_prints=60. Attempting to emit 60 printk's in a burst:
[14855.681387] ratelimit_test:ratelimit_test_init():44: [0] ratelimited printk @ KERN_INFO [6]
[14855.782887] ratelimit_test:ratelimit_test_init():44: [1] ratelimited printk @ KERN_INFO [6]
[14855.883286] ratelimit_test:ratelimit_test_init():44: [2] ratelimited printk @ KERN_INFO [6]
[14855.983924] ratelimit_test:ratelimit_test_init():44: [3] ratelimited printk @ KERN_INFO [6]
[14856.084340] ratelimit_test:ratelimit_test_init():44: [4] ratelimited printk @ KERN_INFO [6]
[14856.184749] ratelimit_test:ratelimit_test_init():44: [5] ratelimited printk @ KERN_INFO [6]
[14856.285232] ratelimit_test:ratelimit_test_init():44: [6] ratelimited printk @ KERN_INFO [6]
[14856.385645] ratelimit_test:ratelimit_test_init():44: [7] ratelimited printk @ KERN_INFO [6]
[14856.486079] ratelimit_test:ratelimit_test_init():44: [8] ratelimited printk @ KERN_INFO [6]
[14856.586458] ratelimit_test:ratelimit_test_init():44: [9] ratelimited printk @ KERN_INFO [6]
[14860.688772] ratelimit_test_init: 40 callbacks suppressed
[14860.688773] ratelimit_test:ratelimit_test_init():44: [50] ratelimited printk @ KERN_INFO [6]
[14860.789403] ratelimit_test:ratelimit_test_init():44: [51] ratelimited printk @ KERN_INFO [6]
[14860.889742] ratelimit_test:ratelimit_test_init():44: [52] ratelimited printk @ KERN_INFO [6]
[14860.990279] ratelimit_test:ratelimit_test_init():44: [53] ratelimited printk @ KERN_INFO [6]
[14861.090667] ratelimit_test:ratelimit_test_init():44: [54] ratelimited printk @ KERN_INFO [6]
[14861.191045] ratelimit_test:ratelimit_test_init():44: [55] ratelimited printk @ KERN_INFO [6]
[14861.291560] ratelimit_test:ratelimit_test_init():44: [56] ratelimited printk @ KERN_INFO [6]
[14861.391897] ratelimit_test:ratelimit_test_init():44: [57] ratelimited printk @ KERN_INFO [6]
[14861.492243] ratelimit_test:ratelimit_test_init():44: [58] ratelimited printk @ KERN_INFO [6]
[14861.592568] ratelimit_test:ratelimit_test_init():44: [59] ratelimited printk @ KERN_INFO [6]
# of printk's actually seen: 20
```

圖 3.3　此螢幕截圖畫面顯示 `ratelimit_test` LKM 的實際運作

前面的螢幕截圖應該能說明在螢幕上一口氣印出 60 筆輸出的嘗試。不過，當然這是有使用速率限制的 printk 版本（透過 `pr_info_ratelimited()` macro）。只要在 10 次的 printk 之後，也就是 `/proc/sys/kernel/printk_ratelimit_burst` 的預設值，就會達到 kernel 限制，因此，kernel 會防止或抑制之後的列印。這一點顯而易見：你可以看到正在輸出的 [0] 到 [9]，也就是 10 筆輸出，然後就出現訊息：

```
40 callbacks suppressed
```

之後，經過規定時間，如 `/proc/sys/kernel/printk_ratelimit` 的預設值 5 秒，就會繼續列印！這裡使用 `mdelay(100)` 有助於產生足夠的延遲，讓列印得以恢復……。所以，在 60 次嘗試列印中，只有 20 次真正進入日誌或 console。這是一件好事，而且清楚顯示以 root 的身分可以修改速率限制 sysctl 參數，以符合個人需求。

ftrace trace_printk() API

Kernel 功能強大的 ftrace 子系統（可見第 9 章的詳細介紹）為了緩解高容量輸出的日誌問題，提供了另一種方法：trace_printk() API。語法與一般常規的 printf() API 相同，而非 printk()!。相較於一般的列印輸出，這個 API 有兩個主要優點：一是它非常快，因為它只寫到 RAM 緩衝區；二是追蹤緩衝區的大小預設值較大，可使用 root 權限來調整。

所以總而言之，如果你的程式碼路徑（code path）包含大量列印，就可以採用有速率限制的 printk 與（或）macro，或是使用 `trace_printk()` 來緩解潛在的不良影響，詳細資訊請參考第 9 章〈追蹤 Kernel 流程〉「使用 trace_printk() 除錯」。

因此，你現在已具備了執行 debug printk 的技巧與知識，一般是透過 `pr_*[_ratelimited]()` 或 `dev_*[_ratelimited]()` macro！這似乎已經足夠了，但還是需要了解並開始使用 kernel 的絕佳動態 debug 框架。而這就是接下來的內容，請繼續閱讀並學習！

3.4 使用 kernel 強大的動態 debug 功能

可用於 debug 的檢測方法，將你的 kernel 和模組程式碼穿插著許多列印，這確實是很好的技術。它可以協助你縮小範圍與 debug！但毫無疑問地，正如你可以想像的，這樣做可能會付出相當高昂的成本：

- 當日誌填入時，它會占用磁碟或 flash 空間。在資源有限的嵌入式系統上，這個問題更為嚴重。此外，寫入磁碟的速度也比寫入 RAM 慢得多。
- 在 RAM 中速度很快，但環狀緩衝區並不大，因此很快就會覆蓋過去，所以舊的輸出馬上就會不見。
- 更重要的是，在許多 production 系統中，大量的輸出將對效能產生不利的影響，造成瓶頸甚至可能陷入困境！從某種程度上講，速率限制將有助於解決這個問題……

解決方法是使用 pr_debug() 和（或）dev_dbg() API！在開發和測試期間，它們特別有用，因為開啟或關閉這些 debug printk 非常容易：如果存在 DEBUG 符號定義，則表示將執行並記錄 debug printk；如果沒有這個符號，則表示不執行。

這樣做很好，不過請想一想：當在 production 環境，也就是使用 production kernel 中執行時，依照預設，幾乎可以肯定不會定義 DEBUG 符號。假設你在 production 環境中執行時需要為一個 kernel 模組使用 debug 輸出，並且將訊息記錄下來。這需要修改程式碼或 Makefile，以定義 DEBUG 符號，然後要在 production 期間重新編譯並重新安裝，這是無法接受的。

所以除了放棄之外，還能怎麼辦呢？動態切換 debug 輸出有兩種常見的方法：一種是透過模組參數，另一種是透過 kernel 功能強大的內建動態 debug 功能。後者比較高明，也是本節的重點。不過首先，先來大概了解一下第一個選項。

透過模組參數進行動態 debug

一種方法是使用**模組參數（module parameter）**儲存 debug 述詞，將其保持預設值為 0 的預設狀態。可以將其定義如下：

```
static int debug;
module_param(debug, int, 0644);
```

這要求 kernel 設定模組參數，位於 sysfs 虛擬檔案系統中名為 debug 的模組參數（在 /sys/module/<module_name>/parameters/debug，owner 和 group 都是 root，而且將第三欄的八進位權限參數指定給 module_param macro）。

有趣的是，常出現在基於 x86 筆記型電腦中的 i8042 鍵盤和滑鼠控制器驅動程式正是這麼做的，它定義了這個模組參數：

```
// drivers/input/serio/i8042.c
static bool i8042_debug;
module_param_named(debug, i8042_debug, bool, 0600);
MODULE_PARM_DESC(debug, "Turn i8042 debugging mode on and off");
```

這會讓作業系統設定一個稱為 debug 的模組參數。請注意！要使用 module_param_named() macro 來達成此目的。預設值是布林（Boolean）型別的 off（false）數值。利用 modinfo(8) 公用程式可輕鬆看到特定模組的參數；例如，以下查詢你可以提供給 kernel 之 hid 驅動程式的參數：

```
$ modinfo -p /lib/modules/5.10.60-prod01/kernel/drivers/hid/hid.ko
debug:toggle HID debugging messages (int)
ignore_special_drivers:Ignore any special drivers and handle all devices by generic
driver (int)
```

好，回到 i8042 驅動程式，一旦載入完成，你就可以看出它在 sysfs 底下是個 debug 參數，如下所示：

```
$ ls -l /sys/module/i8042/parameters/debug
-rw------- 1 root root 4096 Oct  3 07:42 /sys/module/i8042/parameters/debug
```

當然，只有在將模組載入記憶體後，才會看到這個基於 sysfs 的虛擬檔案。

請注意權限（permission），在這種情況下，只有 root 權限可以讀取或寫入 debug 虛擬檔案：

```
$ sudo cat /sys/module/i8042/parameters/debug
[sudo] password for letsdebug: xxxxxxxxxx
N
```

root 使用者一律可以動態開啟，方法是將 Y 值或 1 寫入這個 sysfs 虛擬檔案！如此一來，你可以動態開啟或關閉 debug。因此，若要在執行階段開啟 debug，請執行以下動作，當然要有 root 權限：

```
# echo "Y" > /sys/module/i8042/parameters/debug
```

並以下列方式再次關閉它：

```
# echo "N" > /sys/module/i8042/parameters/debug
```

簡單吧。實際上，再仔細想一下就可以很容易地擴展這個概念：其中一個方式是使用整數的 debug 參數，讓模組根據這個值發出不同層級的 debug 訊息。例如，`0` 表示關閉全部的 debug 訊息，`1` 表示僅發出一些重要的 debug 輸出，`2` 表示輸出更多的 debug 詳細資訊等。

這個通用方法確實有效，但有明顯的缺點，尤其是與 kernel 的動態 debug 功能相比：

- 效能：你需要某種類型的條件陳述式，`if`、`switch` 等，來檢查是否每次都要發出 debug 訊息輸出。若有多層詳細資訊，則需要更多檢查。
- 使用 kernel 的動態 debug 框架（後續將介紹），會獲得以下優勢：
  - 以有用資訊為字首的 debug 訊息格式是功能集的一部分，具有平緩的學習曲線。
  - 效能仍然很高，在關閉 debug 時，幾乎沒有任何額外負荷，通常也就是生產時的預設值。這是透過 kernel 採用的精良動態程式碼修補技術而實現，在 ftrace 也是如此。
  - 它一直都是主線 kernel 的一部分，最早從 2.6.30 kernel 就開始，不需要內建的解決方案來處理可能的維護、可用度或運行。

因此，本節其餘部分將重點學習如何使用，以及利用 kernel 的強大**動態除錯框架（dynamic debug framework）**，該架構自 2.6.30 kernel 起就已可用。請繼續加油！

啟用 kernel 組態選項 `CONFIG_DYNAMIC_DEBUG` 時，*可讓你動態開啟或關閉已在 kernel image 以及 kernel module 中編譯的 debug 輸出*，方法是讓 kernel 一律在所有 `pr_debug()` 和 `dev_dbg()` 呼叫點中編譯來完成。現在，真正強大的功能是，你不僅能夠啟用或禁用這些 debug 輸出，而且還可以在不同範圍層級啟用這些列印輸出，如給定的原始檔、kernel 模組、函式，甚至行號範圍內。

這表示 kernel image 將會成長，但不會增加太多，kernel text 大小會增加大約 2%。如果這是需要考慮的問題，尤其是嚴格限制的嵌入式 Linux 上，你依然可以只設定 kernel 配置 CONFIG_DYNAMIC_DEBUG_CORE。這樣會啟用 kernel 的動態 printk 支援，但編譯時，只有已定義 DYNAMIC_DEBUG_MODULE 符號的 kernel module 會生效。因此，我們的模組 Makefile 會一直定義這個符號，隨時可以寫出來。這裡是此模組 Makefile 裡的一些相關內容：

```
# We always keep the dynamic debug facility enabled; this
# allows us to turn dynamically turn on/off debug printks
# later... To disable it simply comment out the following
# line
ccflags-y   += -DDYNAMIC_DEBUG_MODULE
```

實際上，不只是 pr_debug()；以下全部 API 都可以分別在個別呼叫點動態啟用 / 停用：pr_debug()、dev_dbg()、print_hex_dump_debug() 和 print_hex_dump_bytes()。

指定要輸出的 debug 訊息及方法

與許多裝置一樣，**控制檔（control file）**會控制 kernel 動態 debug 框架，並決定啟用哪些 debug 輸出，以及用哪些無關資訊作為前綴字。但控制檔在哪裡？這就視情況而定。如果已經有在 kernel config，一般就是 CONFIG_DEBUG_FS=y，且啟用 debugfs 虛擬檔案系統，kernel config 選項 CONFIG_DEBUG_FS_ALLOW_ALL=y 和 CONFIG_DEBUG_FS_DISALLOW_MOUNT=n 通常就是 debug kernel，則控制檔位於：

```
/sys/kernel/debug/dynamic_debug/control
```

但是，在許多生產環境中，出於資訊安全的考量，debugfs 檔案系統可以透過 CONFIG_DEBUG_FS_DISALLOW_MOUNT=y 啟用，使得檔案系統即使存在，也就是有功能，但是不可見，無法掛載。

在這種情況下，debugfs API 運作正常，但檔案系統並未掛載，實際上是看不見。或者，也可以將 kernel config 的選項 CONFIG_DEBUG_FS_ALLOW_NONE 設定為 y，以完全停用 debug 功能。在上述任一狀況中，都應該使用虛擬的 proc 檔案系統（procfs）中，用於動態 debug 的同名控制檔作為替代方式：

```
/proc/dynamic_debug/control
```

如同其他虛擬檔案系統一樣，這個在 debugfs 或 procfs 裡的控制檔也是虛擬檔案；它只存在於 RAM，由 kernel 程式碼填入和操作。讀取其內容會得到 kernel 內所有 debug printk，和（或）`print_hex_dump_*()` 呼叫位置的完整清單。因此，通常會有相當龐大的輸出內容。這裡位於自訂的 debug kernel，因此可以使用 debugfs 位置的控制檔，以下開始試驗：

```
# ls -l /sys/kernel/debug/dynamic_debug/control
-rw-r--r-- 1 root root 0 Sep 16 12:26 /sys/kernel/debug/dynamic_debug/control
# wc -l /sys/kernel/debug/dynamic_debug/control
3217 /sys/kernel/debug/dynamic_debug/control
```

請注意，只能以 root 身分寫入且以 root 身分執行。查閱前幾行輸出：

```
# head -n5 /sys/kernel/debug/dynamic_debug/control
# filename:lineno [module]function flags format
drivers/powercap/intel_rapl_msr.c:151 [intel_rapl_msr]rapl_msr_probe =_ "failed to
register powercap control_type.\012"
drivers/powercap/intel_rapl_msr.c:94 [intel_rapl_msr]rapl_msr_read_raw =_ "failed to
read msr 0x%x on cpu %d\012"
sound/pci/intel8x0.c:3160 [snd_intel8x0]check_default_spdif_aclink =_ "Using integrated
SPDIF DMA for %s\012"
sound/pci/intel8x0.c:3156 [snd_intel8x0]check_default_spdif_aclink =_ "Using SPDIF over
AC-Link for %s\012"
#
```

會先顯示每個條目（entry）格式，並節錄在這裡：

```
filename:lineno [module]function flags format
```

除了 `flag`（旗標）成員之外，一切都顯而易見。最後一個 `format` 是 debug 輸出所使用的實際 printf 樣式格式字串。所以，放大第一個實際看到的 entry，並仔細檢視，附上一張圖表，希望有用：

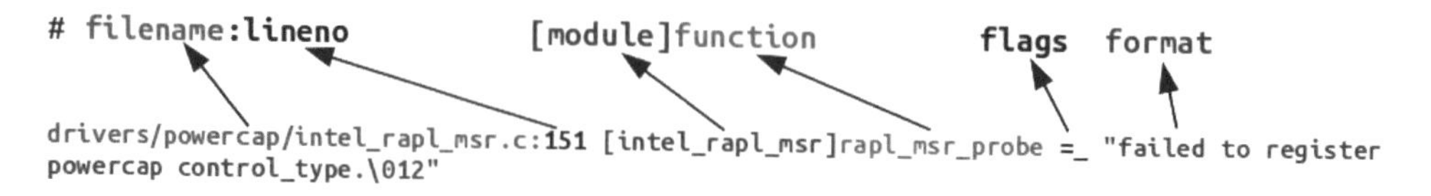

圖 3.4　動態 debug 控制檔格式規範

以下將控制檔的輸出格式拆解說明：

- filename: drivers/powercap/intel_rapl_msr.c: 這是來源檔的完整路徑名稱。
- lineno:151: 這是原始程式檔中的行號，在程式碼中 debug 輸出所在的位置（真是複雜！沒錯，我也可以講得很詳細吧！）
- [module]: [intel_rapl_msr]: debug 輸出程式所在的 kernel 模組名稱。這是選擇性的：如果 debug 輸出的呼叫位置位於 kernel 模組中，該模組名稱會以中括弧 [ ] 顯示。
- function: rapl_msr_probe: debug 輸出所在的函式。
- flags: =_: 啊，這有趣了，真是香甜可口，請容許稍後於表 3.2 解釋。
- format: "failed to register powercap control_type.\012": 這是要輸出 / 記錄日誌的實際 printf 樣式格式字串。

為了完整地驗證這一點，以下是來自 kernel 程式碼庫的範例實際程式碼片段。5.10.60 版：我已標出關鍵的那一行，在下面的 # 151：

```
// drivers/powercap/intel_rapl_msr.c
149     rapl_msr_priv.control_type = powercap_register_control_type(NULL, "intel-rapl",
NULL);
150     if (IS_ERR(rapl_msr_priv.control_type)) {
151         pr_debug("failed to register powercap control_type.\n");
152         return PTR_ERR(rapl_msr_priv.control_type);
153     }
```

你可以看到它是怎麼完美地與控制檔心靈契合。

（有趣的是，你也可以使用 Bootlin 的線上 kernel 程式碼瀏覽器來查詢[8]，很實用吧！）

真正的魔力在於所謂的 `flags` 指定符號，你可以使用 `flags` 對動態 debug 架構進行程式化規劃，透過各種有用的前綴字首發動 debug 輸出，或進而記錄為日誌。下表摘錄出如何可程式化以及解譯 `flags` 指定符號：

表 3.2：動態 debug 框架的 flag 指定符號

動態 debug 控制檔：flags 指定符號	代表的意義
_	現已關閉 debug 輸出，通常這就是預設值。
P	現已開啟 debug 輸出，而且會在執行期輸出以及記錄日誌。可以遵循左方欄位新增一個指定符號：
m	如果是在 kernel module 裡執行的話，模組名稱會在字首。
f	函式名稱會在字首。
l	在原始碼檔案中的行號，行的範圍可以用 from-to 格式指定。
t	若是在行程上下文（process context）之內，而不是在任何類型的 interrupt 之內，則是正在執行這段程式碼的 thread 之 PID。

此外，你可以非常直覺地使用下列符號：

- +：新增指定的 flag(s)。
- -：移除指定的 flag(s)。
- =：設定為指定的 flag(s)。

快速實測：搭配使用 `grep`，算出目前在 kernel 中啟用的 debug printk 呼叫點數量。請注意我如何使用 `sed` 去除第一行，因為它是格式字串的說明，而非實際項目：

8 *https://elixir.bootlin.com/linux/v5.10.60/source/drivers/powercap/intel_rapl_msr.c#L151*

```
# cat /sys/kernel/debug/dynamic_debug/control |sed '1d' |wc -l
3216
```

所以，這裡總共有 3,216 個可透過 kernel 的動態 debug 架構辨識的 debug 輸出。現在來 grep flags，只比對已經關閉的 flags：

```
# grep " =_ " /sys/kernel/debug/dynamic_debug/control |sed '1d' |wc -l
3174
```

在 kernel 目前的 3,216 個 debug 輸出中，已關閉 3,174 個，3216 - 3174 = 42，所以僅留下 42 個透過 kernel / 驅動程式 / 其他等已開啟的 debug。透過 grep 的反向設定來驗證一下：

```
# grep -n -v " =_ " /sys/kernel/debug/dynamic_debug/control |wc -l
42
```

已經確認完成了。在開啟的 flags 之中，以下是最後 3 個：

```
# grep -v " =_ " /sys/kernel/debug/dynamic_debug/control |tail -n3
init/main.c:1340 [main]run_init_process =p "  with arguments:\012"
init/main.c:1129 [main]initcall_blacklisted =p "initcall %s blacklisted\012"
init/main.c:1090 [main]initcall_blacklist =p "blacklisting initcall %s\012"
```

因此，當它們的 `flags` 值是 `=p` 時，就在那行程式碼執行，會發出 debug 輸出並記錄日誌，它的前面不會加上任何字首。

接下來，你要如何編寫動態 debug 架構的程式？非常簡單：只要將指令寫入控制檔即可！通常透過簡單的 echo 陳述式。不用說，它也只能用 root 權限存取；或者使用更好且更現代的 capbility 模型，設定如 `CAP_SYS_ADMIN` 的 capability bit。指令語法如下所示：

```
echo -n <match-spec* flags> > <control-file>
```

match-spec 是下列其中之一：

```
match-spec ::= 'func' string |
               'file' string |
```

```
             'module' string |
             'format' string |
             'line' line-range

line-range ::= lineno    | '-'lineno |
             lineno'-' | lineno'-'lineno
lineno ::= unsigned-int
```

顯示的 match-spec 語法直接取自有關動態 debug 的 kernel 文件。[9]

請參考表 3.2，已涵蓋 flags 指定符號。以下表格摘要說明如何使用 match-spec 來形成一個指令，並包含範例：

表 3.3：動態 debug 框架 match-spec 規範以及範例

match-spec	一個指令字串範例 [format: matc-spec* flags]	代表的意義
func string	func run_init_process +p	打開在 run_init_process() kernel 函式中的全部 debug print
file string	file init/main.c +pf	將 kernel 原始碼 init/main.c 的 debug print 全部打開，以 function name 作為 debug print 的前綴字
module string	module usbhid =pmflt	將名為 usbhid 的 kernel module 中的 debug print 全部打開，debug print 的前綴字包含：模組名稱、函式名稱、行號以及 thread context 的 PID（若在 process context 之內執行時）
format string	format "Parser recognised the format (ret %d)\012" +p	printf 風格的格式字串是「Parser recoginsed the format (ret %d)\012」時，啟用全部的 debug print（\012 是換行符號「\n」）
line string	file kexec_file.c line 90-446 +pf	將檔名為 kexec_file.c 且行號範圍在 90 到 446（包含）時的 debug print 全部打開

9 *https://www.kernel.org/doc/html/latest/admin-guide/dynamic-debug-howto.html#command-language-reference*

以下列方式發出指令或程式：

```
# echo -n "<command string>" > <control-file>
```

其中 echo 的 `<command string>` 參數要顯示的是 `match-spec* flags` 格式形成的指令，而 `<control-file>` 若非 `<debugfs-mount>/dynamic_debug/control` 則是 `/proc/dynamic_debug/control`。

除此之外，你可以在單一指令中指定多個比對規格，可以將它們視為隱含的 AND 邏輯運算，以形成與 debug 輸出子集的比對。甚至可以將數個指令批次處理成檔案，並將檔案寫入控制檔。更多範例可在動態 debug 的 kernel 文件頁面上找到。[10]

在 production kernel 上對 kernel 模組進行動態 debug

對於大多數的模組設計者而言，在 kernel 模組上使用這種功能強大的動態 debug 框架很有用。以下示範可協助你了解如何進行，為了讓示範更顯真實，將透過自訂的 production kernel 開機來模擬實際生產環境。

停用 kernel lockdown 功能

假設如第 1 章所建議，你已經因為資安考量，而以設定 `CONFIG_LOCK_DOWN_KERNEL_FORCE_CONFIDENTIALITY=y` 的方式，預設啟用（以及其他的）kernel lockdown。若情況並非如此，而且你可以在 production kernel 上載入你或其他第三方 kernel 模組，則此實驗一切正常，你可以跳過此部分。

此 lockdown 模式適用於資訊安全，可防止你載入未簽署的 kernel 模組及其他安全措施。但是現在要在 production kernel 上測試 kernel 模組，因此必須調整實際 production kernel 的組態，可在 `make menuconfig` UI 中設定下列項目：

10 *https://www.kernel.org/doc/html/latest/admin-guide/dynamic-debug-howto.html#examples*

1. 在 **Security options | Basic module for enforcing kernel lockdown:**

   A. 將 **Enable lockdown LSM early in init:** 設定為 `n`（off）。

   B. 將 **Kernel default lockdown mode:** 設定為 `None`。

2. 接著，儲存 config、重新編譯，然後透過新的 production kernel 重新開機。

3. 在（GRUB）bootloader 的開機選單中，按一個鍵並編輯 kernel 指令參數，附加 `lockdown=none`。這會停用核心 lockdown 模式。

如需更多詳細資訊，請參閱 kernel lockdown 的線上手冊。[11]

現在，讓 debug printk 以動態方式運作！

在簡易複合功能的驅動程式示範動態除錯

為了示範，將從我的另一本著作《Linux Kernel Programming - Part 2》擷取一個簡單的 misc class 字元裝置的驅動程式，原始程式碼位於：`https://github.com/PacktPublishing/Linux-Kernel-Programming-Part-2/tree/main/ch1/miscdrv_rdwr`。當然，這本書的 GitHub repo. 中也會保留一份副本……。

檢視程式碼，你會注意到幾個正受到呼叫的 `dev_dbg()` macro 實體。很顯然，這些 debug 輸出只有在定義 `DEBUG`，或使用 kernel 的動態 debug 工具時才會記錄下來，而後者正是此次示範的全部內容！

以下是在驅動程式中的 debug 輸出範例。由於篇幅有限，我當然不會在這裡顯示全部的程式碼，只會顯示幾個相關的片段）：

```
// ch3/miscdrv_rdwr/miscdrv_rdwr.c
#define pr_fmt(fmt) "%s:%s(): " fmt, KBUILD_MODNAME, __func__
static int open_miscdrv_rdwr(struct inode *inode, struct file *filp)
{
```

11 *https://man7.org/linux/man-pages/man7/kernel_lockdown.7.html*

```
    struct device *dev = ctx->dev;
    char *buf = kzalloc(PATH_MAX, GFP_KERNEL);
    [...]
    dev_dbg(dev, " opening \"%s\" now; wrt open file:
            f_flags = 0x%x\n",
 file_path(filp, buf, PATH_MAX), filp->f_flags);
    kfree(buf);
    [...]
}
static ssize_t write_miscdrv_rdwr(struct file *filp, const char __user *ubuf, size_t
count, loff_t *off)
{
    int ret = count;
    void *kbuf = NULL;
    [...]
    dev_dbg(dev, "%s wants to write %zu bytes\n",
            get_task_comm(tasknm, current), count);
    [...]
    ret = count;
    dev_dbg(dev, " %zu bytes written, returning...
           (stats: tx=%d, rx=%d)\n",
            count, ctx->tx, ctx->rx);
    [...]
}
[...]
```

請注意，此模組的 Makefile 檔案會視情況，將 DEBUG 符號設定為 undefined；如同我們在生產模式設定那樣。因此，debug 輸出無法進入 console 或 kernel 日誌。

快速執行 mount |grep -w debugfs 沒有顯示任何輸出，這表示 debugfs 檔案系統是不可見的。這也是我們刻意為自訂 production kernel 啟用的資訊安全功能，方法是設定 CONFIG_DEBUG_FS_DISALLOW_MOUNT=y。先別用 panic，時機還未到；正如之前所提，有一個解決辦法。只要利用此處提供的控制檔即可：/proc/dynamic_debug/control。

在將模組插入記憶體之前，先找尋我們的模組，這時候應該不會有任何資料：

```
# grep miscdrv_rdwr /proc/dynamic_debug/control
#
```

好了，現在可以讓它運行了。下列擷取畫面透過 `ls` 顯示的原始碼檔案、build（透過便利的 `lkm` script）、產生的 `dmesg` 輸出，以及此驅動程式建立的裝置節點：

```
# ls
Makefile  miscdrv_rdwr.c  rdwr_test_secret.c
# ../../lkm miscdrv_rdwr
Version info:
Distro:         Ubuntu 20.04.3 LTS
Kernel: 5.10.60-prod01
------------------------------
sudo rmmod miscdrv_rdwr 2> /dev/null
------------------------------
------------------------------
sudo dmesg -C
------------------------------
------------------------------
make || exit 1
------------------------------

--- Building : KDIR=/lib/modules/5.10.60-prod01/build ARCH= CROSS_COMPILE= EXTRA_CFLAGS=-UDEBUG -DDYNAMIC_DEBUG_MODULE ---

make -C /lib/modules/5.10.60-prod01/build M=/home/letsdebug/Linux-Kernel-Debugging/ch5/miscdrv_rdwr modules
make[1]: Entering directory '/home/letsdebug/lkd_kernels/productionk/linux-5.10.60'
  CC [M]  /home/letsdebug/Linux-Kernel-Debugging/ch5/miscdrv_rdwr/miscdrv_rdwr.o
  MODPOST /home/letsdebug/Linux-Kernel-Debugging/ch5/miscdrv_rdwr/Module.symvers
  CC [M]  /home/letsdebug/Linux-Kernel-Debugging/ch5/miscdrv_rdwr/miscdrv_rdwr.mod.o
  LD [M]  /home/letsdebug/Linux-Kernel-Debugging/ch5/miscdrv_rdwr/miscdrv_rdwr.ko
make[1]: Leaving directory '/home/letsdebug/lkd_kernels/productionk/linux-5.10.60'
------------------------------
sudo insmod ./miscdrv_rdwr.ko && lsmod|grep miscdrv_rdwr
------------------------------
miscdrv_rdwr           20480  0
------------------------------
sudo dmesg
------------------------------
[ 9177.333822] miscdrv_rdwr:miscdrv_rdwr_init(): LLKD misc driver (major # 10) registered, minor# = 58, dev node is /dev/llkd_m
iscdrv_rdwr
# ls -l /dev/llkd_miscdrv_rdwr
crw-rw-rw- 1 root root 10, 58 Sep 16 10:17 /dev/llkd_miscdrv_rdwr
#
```

圖 3.5　在自訂的 production kernel 載入 miscdrv_rdwr 的螢幕截圖

另外，針對這個螢幕截圖請注意下列各點：

- Kernel 版本為 `5.10.60-prod01`，表示我們正在自訂的 production kernel 上執行。
- `ccflags-y` 或較舊的 `EXTRA_CFLAGS`，變數值將如預期般為 `-UDEBUG -DDYNAMIC_DEBUG_MODULE`。

使用目前的設定時，不會記錄 debug 輸出。讓我們試試看，謹記「重視經驗」：

```
# echo "DEBUG undefined, no logging?" > /dev/llkd_miscdrv_rdwr
# dmesg
[ 9177.333822] miscdrv_rdwr:miscdrv_rdwr_init(): LLKD misc driver (major # 10)
```

```
registered, minor# = 58, dev node is /dev/llkd_miscdrv_rdwr
#
```

如同預期的那樣，透過 dmesg 看到的 kernel 日誌只會顯示舊版的 printk，不會出現 pr_info()；也不會顯示任何 *debug* 輸出。所以，現在就設定，好讓它們出現！

既然 kernel 模組已載入，就再次 grep 動態 debug 控制檔：

```
# grep "miscdrv_rdwr" /proc/dynamic_debug/control
<…>/miscdrv_rdwr.c:303 [miscdrv_rdwr]miscdrv_rdwr_init =_ "A sample print via the dev_
dbg(): driver initialized\012"
<…>/miscdrv_rdwr.c:242 [miscdrv_rdwr]close_miscdrv_rdwr =_ " filename: \042%s\042\012"
<…>/miscdrv_rdwr.c:239 [miscdrv_rdwr]close_miscdrv_rdwr =_ "%03d) %c%s%c:%d   |
%c%c%c%u   /* %s() */\012"
[...]
#
```

顯然，動態 debug 控制知道我們的模組有 debug 輸出。它目前是關閉的，=_ 的 flags 值證明了這點（為了便於閱讀，我截斷路徑名稱，而且只顯示前幾行輸出）。

現在來設定，使用 miscdrv_rdwr kernel 模組中的全部 debug 輸出，都會透過動態 debug 框架進行日誌記錄：

```
# echo -n "module miscdrv_rdwr +p" > /proc/dynamic_debug/control
```

每個作業階段（session）僅需執行一次。這個值會一直保留，直到移除模組，或電源重新啟動、重新開機為止。現在重試 grep 指令，下列擷取畫面顯示 debug 輸出的設定使用 +p 旗標指定符語法，後續的 grep 會顯示相關的行數與設定：

```
# echo "module miscdrv_rdwr +p" > /proc/dynamic_debug/control
# grep "miscdrv_rdwr" /proc/dynamic_debug/control
/home/letsdebug/Linux-Kernel-Debugging/ch5/miscdrv_rdwr/miscdrv_rdwr.c:303 [miscdrv_rdwr]miscdrv_rdwr_init =p "A sample print via the dev_dbg(): driver initialized\012"
/home/letsdebug/Linux-Kernel-Debugging/ch5/miscdrv_rdwr/miscdrv_rdwr.c:242 [miscdrv_rdwr]close_miscdrv_rdwr =p " filename: \042%s\042\012"
/home/letsdebug/Linux-Kernel-Debugging/ch5/miscdrv_rdwr/miscdrv_rdwr.c:239 [miscdrv_rdwr]close_miscdrv_rdwr =p "%03d) %c%s%c:%d   |  %c%c%c%u   /* %s() */\012"
/home/letsdebug/Linux-Kernel-Debugging/ch5/miscdrv_rdwr/miscdrv_rdwr.c:217 [miscdrv_rdwr]write_miscdrv_rdwr =p " %zu bytes written, returning... (stats: tx=%d, rx=%d)\012"
/home/letsdebug/Linux-Kernel-Debugging/ch5/miscdrv_rdwr/miscdrv_rdwr.c:181 [miscdrv_rdwr]write_miscdrv_rdwr =p "%s wants to write %zu bytes\012"
/home/letsdebug/Linux-Kernel-Debugging/ch5/miscdrv_rdwr/miscdrv_rdwr.c:175 [miscdrv_rdwr]write_miscdrv_rdwr =p "%03d) %c%s%c:%d   |  %c%c%c%u   /* %s() */\012"
/home/letsdebug/Linux-Kernel-Debugging/ch5/miscdrv_rdwr/miscdrv_rdwr.c:152 [miscdrv_rdwr]read_miscdrv_rdwr =p " %d bytes read, returning... (stats: tx=%d, rx=%d)\012"
/home/letsdebug/Linux-Kernel-Debugging/ch5/miscdrv_rdwr/miscdrv_rdwr.c:118 [miscdrv_rdwr]read_miscdrv_rdwr =p "%s wants to read (upto) %zu bytes\012"
/home/letsdebug/Linux-Kernel-Debugging/ch5/miscdrv_rdwr/miscdrv_rdwr.c:117 [miscdrv_rdwr]read_miscdrv_rdwr =p "%03d) %c%s%c:%d   |  %c%c%c%u   /* %s() */\012"
/home/letsdebug/Linux-Kernel-Debugging/ch5/miscdrv_rdwr/miscdrv_rdwr.c:94 [miscdrv_rdwr]open_miscdrv_rdwr =p " opening \042%s\042 now; wrt open file: f_flags = 0x%x\012"
/home/letsdebug/Linux-Kernel-Debugging/ch5/miscdrv_rdwr/miscdrv_rdwr.c:91 [miscdrv_rdwr]open_miscdrv_rdwr =p "%03d) %c%s%c:%d   |  %c%c%c%u   /* %s() */\012"
#
```

圖 3.6　此螢幕截圖畫面顯示 miscdrv_rdwr 模組的 debug 輸出設定

重新列印並研究第一行輸出：

```
# grep "miscdrv_rdwr" /proc/dynamic_debug/control
<…>/miscdrv_rdwr.c:303 [miscdrv_rdwr]miscdrv_rdwr_init =p "A sample print via the dev_
dbg(): driver initialized\012"
```

會顯示下列資訊：

- 原始碼第 303 行是 debug 輸出的呼叫位置。它也會顯示原始碼檔案的路徑名稱、模組和函式名稱，然後才是實際的列印格式字串。
- 更重要的是，在函式名稱和格式字串之間，你可以看到 =p。這當然表示這個除錯列印的呼叫位置是已知的，而且當這行程式碼在執行階段叫用時，將會執行輸出並記錄日誌！

為了確認這是否有效，現在就來鍛鍊一下驅動程式這懶惰的傢伙：

```
# echo "DEBUG undefined, dynamic debug now ON for this module" > /dev/llkd_miscdrv_rdwr
# dmesg
[  608.317065] miscdrv_rdwr:miscdrv_rdwr_init(): LLKD misc driver (major # 10) registered, minor# = 58, dev node is /dev/llkd_miscdrv_rdwr
[ 1010.813690] miscdrv_rdwr:open_miscdrv_rdwr(): 001)  bash :1080   |  ...0   /* open_miscdrv_rdwr() */
[ 1010.813705] misc llkd_miscdrv_rdwr:  opening "/dev/llkd_miscdrv_rdwr" now; wrt open file: f_flags = 0x8241
[ 1010.813744] miscdrv_rdwr:write_miscdrv_rdwr(): 001)  bash :1080   |  ...0   /* write_miscdrv_rdwr() */
[ 1010.813750] misc llkd_miscdrv_rdwr: bash wants to write 54 bytes
[ 1010.813758] misc llkd_miscdrv_rdwr:  54 bytes written, returning... (stats: tx=0, rx=54)
[ 1010.813772] miscdrv_rdwr:close_miscdrv_rdwr(): 001)  bash :1080   |  ...0   /* close_miscdrv_rdwr() */
[ 1010.813777] misc llkd_miscdrv_rdwr:  filename: "/dev/llkd_miscdrv_rdwr"
#
```

圖 3.7　動態 debug 正在執行！

確實有效！之前的螢幕截圖清楚顯示 debug 輸出實際上已經執行並記錄成日誌。

現在關掉它：

```
# echo -n "module miscdrv_rdwr -p" > /proc/dynamic_debug/control
# grep "miscdrv_rdwr" /proc/dynamic_debug/control |head -n1
<…>/miscdrv_rdwr.c:303 [miscdrv_rdwr]miscdrv_rdwr_init =_ "A sample print via the dev_
dbg(): driver initialized\012"
```

再試一次：

```
# echo "DEBUG undefined, dynamic debug now OFF for this module" > /dev/llkd_miscdrv_rdwr
# dmesg
[…]
[ 1010.813777] misc llkd_miscdrv_rdwr:  filename: "/dev/llkd_miscdrv_rdwr"
```

如同預期那樣，沒有出現 debug 輸出（日誌中的輸出是稍早時列印的，請參閱時間戳記）。

另一個實驗：開啟顯示模組名稱（m）和 thread context 的 PID（t：顯示在 process context 中執行此驅動程式的 thread 之 PID）：

```
# echo -n "module miscdrv_rdwr +ptm" > /proc/dynamic_debug/control
```

寫入裝置節點並檢查 dmesg：

```
# echo "DEBUG undefined, dynamic debug now ON for this module" > /dev/llkd_miscdrv_rdwr
# dmesg
[…]
[ 1010.813777] misc llkd_miscdrv_rdwr:  filename: "/dev/llkd_miscdrv_rdwr"
[ 1457.376915] [1080] miscdrv_rdwr: miscdrv_rdwr:open_miscdrv_rdwr(): 001)  bash :1080
|  ...0   /* open_miscdrv_rdwr() */
[ 1457.376931] [1080] miscdrv_rdwr: misc llkd_miscdrv_rdwr:  opening "/dev/llkd_
miscdrv_rdwr" now; wrt open file: f_flags = 0x8241
[…]
#
```

啊哈！這次你可以看到，在中括號中有執行寫入操作的 thread PID：[1080]，它實際上是我們 bash shell 的 PID，因為 echo 是 bash 內建的！後面並加上模組名稱。

超棒的，你現在知道如何使用 kernel 的動態 debug 框架，來啟動及停用實際環境執行系統上的 debug 輸出。

在開機和模組初始化時啟用 debug 輸出

請務必理解，任何在早期 kernel 初始化（開機）期間的程式碼，或 kernel 模組的初始化程式碼內，都**不會自動啟用** *debug* **輸出**。若要啟用，必須執行下列步驟：

- 對於 kernel 程式碼和任何內建的 kernel 模組，也就是開機期間啟動 debug 輸出，傳遞 kernel command line 參數 `dyndbg="QUERY"` 或 `module.dyndbg="QUERY"`。其中，如同之前的說明，`QUERY` 是動態 debug 語法。例如，`dyndng="module myfoo +pmft"` 會使用 `flags` 指定符 `pmft` 所設定的顯示，啟動全部名為 `myfoo*` 的 kernel 模組內的 debug 輸出。
- 若要在 kernel 模組初始化時啟動 debug 輸出，也就是執行 `modprobe myfoo` 時（可能是由 `systemd` 呼叫），有數種方法可透過傳遞模組參數（使用範例）來啟動：
  - 透過 `/etc/modprobe.d/*.conf`，將其置於 `/etc/modprobe.d/myfoo.conf` 檔案：`options myfoo dyndbg=+pmft`
  - 透過 kernel 的 command line：`myfoo.dyndbg="file myfoobar.c +pmf; func goforit +mpt"`
  - 透過 `modprobe` 本身自帶的參數：`modprobe myfoo dyndbg==pmft`。在這裡是 `=` 而不是 `+`，這會覆寫所有之前設定！

有趣的是：`dyndbg` 是永遠可用的 kernel 模組參數，即使你看不到它，就連在 `/sys/module/<modname>/parameters` 也一樣。你可以透過擷取動態 debug 控制檔或 `/proc/cmdline` 來檢視它。

（關於將參數傳送至 kernel 模組及自動載入 kernel 模組的詳細資訊，可參考我的另一本書《Linux Kernel Programming》，內容相當完整。）

動態 debug 的官方 kernel 文件的確非常完整，請務必參考。[12]

12 *https://www.kernel.org/doc/html/latest/admin-guide/dynamic-debug-howto.html#dynamic-debug*

Kernel 的開機參數

還有一點很重要，kernel 有數量龐大而且非常實用的 kernel 參數！你可以選擇在開機時透過 bootloader 傳遞。請參閱文件中的完整清單：*The kernel's command-line parameters*[13]。

在 kernel 的命令列主題上，有幾個與基於 printk 的 debug 有關的實用選項，可以協助我們找到 kernel 初始化時，debug 相關問題的解答。例如，kernel 在這方面提供下列參數，可直接從連結取得：

```
debug
 [KNL] Enable kernel debugging (events log level).
[...]
initcall_debug
 [KNL] Trace initcalls as they are executed. Useful for working out where the kernel is
dying during startup.
[...]
ignore_loglevel
 [KNL] Ignore loglevel setting - this will print /all/ kernel messages to the console.
Useful for debugging. We also add it as printk module parameter, so users could change
it dynamically, usually by /sys/module/printk/parameters/ignore_loglevel.
```

這確實有用，請試試看！張貼的資訊量之大實在令人吃驚，請仔細耐心地分析。

快完成了。以下使用一些與 printk 相關的其他實用日誌功能和 macro 來完成本章節。

3.5 剩下的 printk 雜項字元

現在，你已經熟悉使用 kernel 大多數典型和實用的方法，包含強大且無所不在的 printk 及其相關 API、macro 和框架。當然，創新永遠不會停止，開源領域尤其如此。業界已經想出更多方法和技術，來使用這個簡單而強大的工具。

---

13 *https://www.kernel.org/doc/html/v5.10/admin-guide/kernel-parameters.html*，此處顯示 5.10 kernel 文件連結。

雖然沒辦法完全涵蓋所有內容，但以下是我推薦的相關工具，只是之前沒有機會介紹；請仔細看看，有朝一日可能會派上用場！

在 console 初始化之前輸出：早期的 printk

你已經知道，printk 輸出當然可以傳送至 console 裝置；「了解 printk 輸出的位置」那節也介紹了相關內容，可參閱表 *3.1*。根據大部分系統的預設值，會設定為輸出日誌層級 3 及以下（<4）的全部 printk 訊息，也會自動輸出到 console 裝置。實際上，全部以日誌層級 `emerg/alert/crit/err` 發出的 kernel printk 都會輸出到 console 裝置。

究竟 console 裝置是為何物？

在進一步說明之前，最好先了解一下 console 裝置究竟是什麼？傳統上，console 裝置是純粹的 kernel 功能，即超級使用者（superuser）在非圖形化環境中登入（`/dev/console`）的初始終端機視窗。有趣的是，Linux 上可以定義幾種 console：一個 **teletype terminal**（**tty**）視窗（例如 `/dev/console`）、一個明碼模式的 VGA、一個訊框緩衝區（framebuffer），甚至一個透過 USB 服務的序列埠（serial port），這在嵌入式系統開發期間很常用到。

例如，透過 USB-to-RS232 TTL UART（USB-to-serial）纜線將 Raspberry Pi 連線到 x86_64 筆記型電腦，可以參考本章「深入閱讀」一節，了解這個非常有用的配件，以及它如何在 Raspberry Pi 上設定的相關部落格文章。然後，使用 `minicom(1)` 或 `screen(1)` 取得 serial console 時，就會顯示為 `tty` 裝置，這就是 serial port：

```
rpi # tty
/dev/ttyS0
```

這樣會有什麼問題嗎？讓我們看下去！

前期的 init - 問題與解決方案

你可以透過 printk，將訊息傳送至 console 以及 kernel 日誌。沒錯，但請先想一想：在開機程式的最早階段，當 kernel 本身初始化時，console 裝置尚未就緒也尚未初始化，所以無法使用。很顯然，早期啟動時間發出的任何輸出，螢幕（console）上都看不到，即使它可能記錄在 kernel 的日誌緩衝區內，但是此時還沒有可查詢的 shell。

通常，尤其是在帶板子如帶起嵌入式主板期間，硬體故障或異常會導致開機當機，無窮地探查某些不存在或故障的裝置，甚至會整台當機！令人沮喪的是，這些問題在沒有 console - printk - output 的情況下，真的很難 debug！如果看得到 console - printk - output，它可以檢測 kernel 的開機過程，並非常清楚地顯示問題的發生位置。回想一下 kernel 的命令列參數 debug 和 initcall_debug，在這種情況下可能非常有用；有需要的話，就回過頭再看一次 Kernel boot-time 參數的章節。

誰都知道，需求是創造之母：kernel 社群提出一個解決此問題的可能方案，即所謂的「**early printk**」。設定之後，kernel 的 printk 仍可傳送至 console 裝置。怎麼辦到的？雖然它有很明顯的 arch 和裝置特性，但是最廣泛和一般的想法是執行最基本的 console 初始化，這個 console 裝置叫做 early_console。而要顯示在其上的字串實際上是逐位相加的，對序列線執行一個迴圈，每次一個字元，一般位元速率範圍介於 9,600 到 115,200 bps 之間。想使用這個設施，需要做到以下 3 件事：

- 設定並建置 kernel，以支援 early printk（set `CONFIG_EARLY_PRINTK=y`），只能一次。
- 使用適當的 kernel 命令列參數啟動目標 kernel `earlyprintk=<value>`。
- 用來執行 early printk 的 API 稱為 `early_printk()`，其語法與 `printf()` 的語法相同。

讓我們簡單說明上述各點，首先，為 early printk 配置 kernel。

此功能的 kernel 設定通常與 arch 相依（arch-dependent）。在 x86 上，你必須使用 `CONFIG_EARLY_PRINTK=y`，它位於 `Kernel Hacking | kernel | x86 Debugging | Early printk` menu。或者，你可以透過 USB debug port 來啟用 early printk 功能。可以透過常見的 `make menuconfig` 使用 Kernel config 的 UI 選單系統，而 kernel debug 選項可以參考 `arch/x86/Kconfig.debug` 這個檔案。我們將在此顯示它的程式碼片段，early printk 的 menu 選項所在區段為：

```
config EARLY_PRINTK
    bool "Early printk" if EXPERT
    default y
    help
      Write kernel log output directly into the VGA buffer or to a serial
      port.

      This is useful for kernel debugging when your machine crashes very
      early before the console code is initialized. For normal operation
      it is not recommended because it looks ugly and doesn't cooperate
      with klogd/syslogd or the X server. You should normally say N here,
      unless you want to debug such a crash.
```

圖 3.8　顯示 Kconfig.debug 檔案 early printk 部分的螢幕截圖

閱讀這裡的螢幕輸出確實有所幫助！如前所述，由於輸出的格式不正確且可能會干擾正常的日誌，因此預設不建議使用這個選項。通常只會用它來偵錯前期的初始化問題。如果你感興趣，可以在我的另一本書《Linux Kernel Programming》找到有關 kernel *Kconfig* 的文法和用法細節。

另一方面，在 ARM（AArch32）系統上，kernel config 的選項位於 `Kernel Hacking | Kernel low-level debugging functions (read help!)`，與 config 選項 `CONFIG_DEBUG_LL`。如同 Kernel 明確強調的那樣，讓我們閱讀 help 畫面：

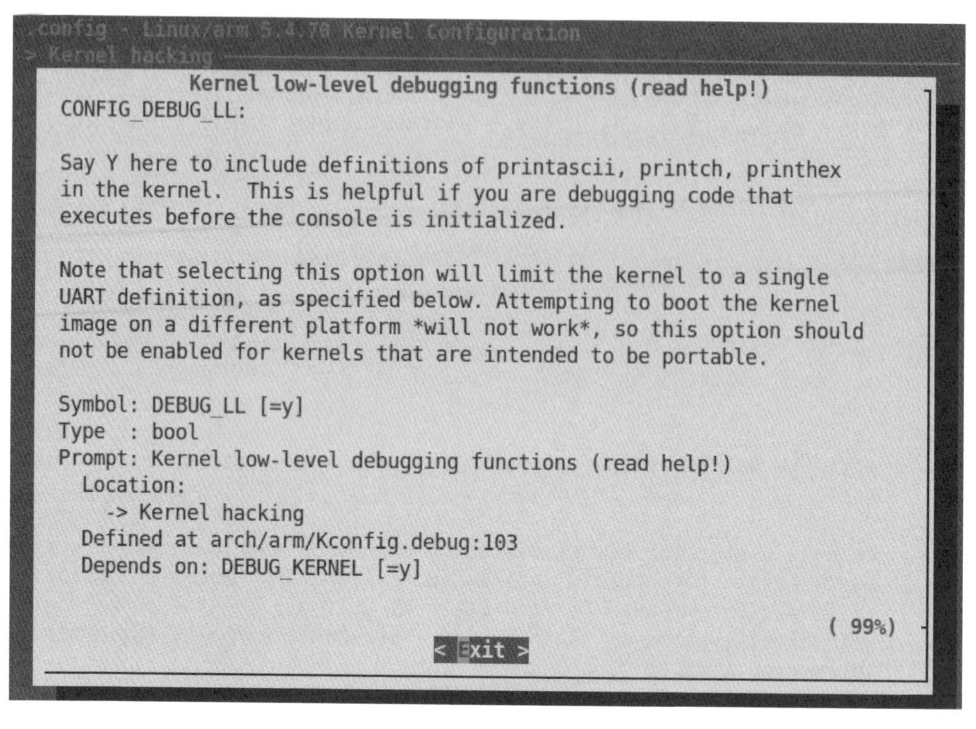

.config - Linux/arm 5.4.70 Kernel Configuration
> Kernel hacking
Kernel low-level debugging functions (read help!)
CONFIG_DEBUG_LL:
Say Y here to include definitions of printascii, printch, printhex
in the kernel. This is helpful if you are debugging code that
executes before the console is initialized.
Note that selecting this option will limit the kernel to a single
UART definition, as specified below. Attempting to boot the kernel
image on a different platform *will not work*, so this option should
not be enabled for kernels that are intended to be portable.
Symbol: DEBUG_LL [=y]
Type : bool
Prompt: Kernel low-level debugging functions (read help!)
Location:
-> Kernel hacking
Defined at arch/arm/Kconfig.debug:103
Depends on: DEBUG_KERNEL [=y]
(99%)
< Exit >

圖 3.9 此螢幕截圖顯示 ARM-32 上 early printk 的 make menuconfig UI 功能表

請注意上面寫的內容！此外，其後的子功能表可讓你配置低階的除錯埠（low-level debug port）預設為 EmbeddedICE DCC 通道，如果你有可用的 serial UART，也可以變更為 serial UART。

好了，這就是 kernel config，這事只做一次。接著，傳遞適當的 kernel 命令列參數「earlyprintk=<value>」來啟用它。官方的 kernel 文件有顯示傳遞它的所有可能方式[14]：

```
earlyprintk=    [X86,SH,ARM,M68k,S390]
                earlyprintk=vga
                earlyprintk=sclp
                earlyprintk=xen
                earlyprintk=serial[,ttySn[,baudrate]]
                earlyprintk=serial[,0x...[,baudrate]]
```

14 *https://www.kernel.org/doc/html/latest/admin-guide/kernel-parameters.html*

```
               earlyprintk=ttySn[,baudrate]
               earlyprintk=dbgp[debugController#]
earlyprintk=pciserial[,force],bus:device.function[,baudrate
              earlyprintk=xdbc[xhciController#]
```

（kernel 文件的其餘段落也很適合閱讀。）

有個選擇性的 keep 參數，意味著即使在 VGA 子系統或任何真實 console 開始運作之後，透過 early printk 裝置傳送的 printk 訊息也不會停用。當傳遞 earlyprintk= 這個參數之後，kernel 已準備好可以使用，基本上會將 printk 重新導向至 serial、VGA，或透過此參數指定的任何 console。若要進行 print 輸出，只要執行 early_printk() API 即可。以下是 kernel code base 中的範例：

```
// kernel/events/core.c
    if (!irq_work_queue(&perf_duration_work)) {
        early_printk("perf: interrupt took too long (%lld > %lld), lowering "
                "kernel.perf_event_max_sample_rate to %d\n",
                  __report_avg, __report_allowed,
                  sysctl_perf_event_sample_rate);
    }
```

上面描述的大多是與架構無關的東西。作為範例，（僅限）在 x86 上，你可以利用 USB debug 埠；前提是你的系統有提供。如下所示，傳遞 kernel 的命令列參數 earlyprintk=dbgp。請注意，它需要（x86）主機系統上的 USB debug 埠，以及 NetChip USB2 debug port 金鑰 / 纜線（key/cable）連線至 client 或目標系統。可見詳述此功能的 Kernel 文件[15]。

指定輸出至某些已知的預設集（preset）

Kernel 提供的 macro 可為輸出的訊息加上前綴字（prefix），進而將 printk 指定為韌體 bug 或警告、硬體錯誤、與過時功能相關的訊息等輸出，這是由某些 kernel 定義的 macro 所指定。Macro 的值是一個字串，就是在你發出的訊息加上的前綴字，例如 "[Firmware Bug]: "：

15 *https://www.kernel.org/doc/html/latest/x86/earlyprintk.html#early-printk*

```
// include/linux/printk.h
#define FW_BUG      "[Firmware Bug]: "
#define FW_WARN     "[Firmware Warn]: "
#define FW_INFO     "[Firmware Info]: "
[…]
/*
 * HW_ERR
 * Add this to a message for hardware errors, so that user can report it to hardware
vendor instead of LKML or software vendor.
 */
#define HW_ERR      "[Hardware Error]: "
/*
 * DEPRECATED
 * Add this to a message whenever you want to warn userspace about the use of a
deprecated aspect of an API so they can stop using it
 */
#define DEPRECATED  "[Deprecated]: "
```

請務必閱讀這些頁面頂端的註解，非常有用。

下列是這些用法的其中一兩個範例：

```
// drivers/acpi/thermal.c
static int acpi_thermal_trips_update(struct acpi_thermal *tz, int flag)
{
[…]
/*
 * Treat freezing temperatures as invalid as well; some
 * BIOSes return really low values and cause reboots at startup. Below zero (Celsius)
values clearly aren't right for sure..
[…] */
} else if (tmp <= 2732) {
      pr_warn(FW_BUG "Invalid critical threshold (%llu)\n", tmp);
```

以下是發布過時警告（deprecated warning）的 printk 範例，請注意也要使用限速：

```
// net/batman-adv/debugfs.c
pr_warn_ratelimited(DEPRECATED "%s (pid %d) Use of debugfs file \"%s\".\n%s", current-
>comm, task_pid_nr(current), name, alt);
```

讓我們繼續看下去……

僅列印一次

若只要發出一次 printk，請使用 macro printk_once()。它保證無論你叫用多少次，都只會發出一次訊息。因此它有點類似 macro，例如 WARN_[ON]_ONCE()。

與一般的 pr_*() macro 一樣，其對應項會定義成只列印訊息一次：pr_*_once()。萬用字元 * 由一般的日誌層級取代（emerg、alert、crit、err、warn、notice、info 和 debug）。

IPv4 TCP 程式碼有使用 pr_err_once() 的範例：

```
// net/ipv4/tcp.c
[...]
if (unlikely(TCP_SKB_CB(skb)->tcp_flags & TCPHDR_SYN))
pr_err_once("%s: found a SYN, please report !\n", __func__); [...]
```

對驅動程式作者來說，你會發現在 include/linux/dev_printk.h 中有相同的 macro。你必須使用 dev_*_once() macro，以取代 pr_*_once()。以下範例在 i.MX53 **Real Time Clock**（**RTC**）晶片驅動程式有使用它：

```
// drivers/rtc/rtc-mxc_v2.c
if (!--timeout) {
    dev_err_once(dev, "SRTC_LPSCLR stuck! Check your hw.\n");
    return;
```

然後，親愛的驅動程式作者，請務必注意，其中包含 dev_WARN() 和 dev_WARN_ONCE() macro；kernel 註解有清楚說明此 macro：

```
// include/linux/dev_printk.h
/*
 * dev_WARN*() acts like dev_printk(), but with the key difference of using WARN/WARN_
ONCE to include file/line information and a backtrace.
 */
```

在使用這些 [pr|dev]_*_once() macro 之前請務必三思，當你真的只發出一次訊息時，才可以使用它們。

練習

你可以在 5.10.60 的程式碼中找到多少使用 dev_WARN_ONCE() 的實體呢？
（提示：使用 cscope！）

從使用者空間發出 printk

測試是 SDLC 的關鍵組成部分。在測試時，你通常會透過 script 執行自動化批次（或套件）的測試案例。現在，假設你的測試腳本（bash script）已經對驅動程式初始化一項測試，方法是執行以下內容：

```
echo "test data 123<...>" > /dev/mydevnode
```

這沒有問題，但是你會希望看到 script 透過輸出某種不同的（簽名）訊息，以便在 kernel 模組內初始某些動作。假設希望日誌看起來像以下這樣，實際範例為：

```
my_test_script:------------- start testcase 1
my_driver_module:
msg1, ..., msgn, msgn+1, ..., msgn+m
my_test_script:------------- end testcase 1
[...]
```

你可以讓在使用者空間的測試 script 將訊息寫入 kernel 的日誌緩衝區，就像 kernel printk 一樣，將指定的訊息寫入字元裝置檔 /dev/kmsg：

```
sudo bash -c "echo \"my_test_script: start testcase 1\" > /dev/kmsg"
```

（請注意我們寫程式的方式，並使用 root 權限執行。）

透過特殊的 /dev/kmsg 裝置檔寫入 kernel 日誌的訊息，將會以目前的預設日誌層級列印，通常為 4: KERN_WARNING。可以透過將所需的日誌層級置於訊息前面，在小括號內以字串格式的數字形式來覆寫此設定。例如，若要從使用者空間寫入日誌層級 6:KERN_INFO 的 kernel log，請使用此選項：

```
sudo bash -c "echo \"<6>my_test_script: start testcase 1\" > /dev/kmsg"
$ sudo dmesg --decode |tail -n1
user  :info  : [33561.862960] my_test_script: start testcase 1
```

請注意，我有使用 --decode 參數執行 dmesg，以提供更易於閱讀的輸出。此外，你也可以看出後面的訊息，是按照 echo 語句中指定的日誌層級 6 所發出的。

真的很難區分使用者產生的 kernel 訊息，與由 printk() 產生的 kernel 訊息。所以，當然，它可能很簡單，就像在訊息中字首某個特殊的簽名位元組（signature byte）或字串一樣，例如 @myapp@，可協助你區分這些使用者產生的輸出與 kernel 輸出。

輕鬆傾印緩衝區內容

有一次，我在開發網路驅動程式時，費盡心思來寫 C 程式碼，用於傾印乙太網路（link）的表頭、IP 表頭等內容，以便準確分析和了解其工作原理……。我的程式碼做了典型的事：在一個迴圈裡面，傾印表頭結構的每個位元組，以十六進位列印，如果你想要冒險一下，也可以在列印時，於右邊印出 ASCII code。當然，這些事情都是辦得到的，但請不要浪費時間，因為 kernel 會做！

而 macro print_hex_dump_bytes() 正是用於這類工作的對象；它是一個類似 macro 的 wrapper。其程式碼中的註解清楚地顯示了它 4 個參數的個別含義，以及如何使用它來有效地傾印記憶體緩衝區內容：

```
// include/linux/printk.h
/**
 * print_hex_dump_bytes - shorthand form of print_hex_dump() with default params
 * @prefix_str: string to prefix each line with; caller supplies trailing spaces for
alignment if desired
 * @prefix_type: controls whether prefix of an offset, address, or none is printed
(%DUMP_PREFIX_OFFSET, %DUMP_PREFIX_ADDRESS, %DUMP_PREFIX_NONE)
 * @buf: data blob to dump
 * @len: number of bytes in the @buf
 * Calls print_hex_dump(), with log level of KERN_DEBUG, rowsize of 16, groupsize of 1,
and ASCII output included.
 */
#define print_hex_dump_bytes(prefix_str, prefix_type, buf, len) \
    print_hex_dump_debug(prefix_str, prefix_type, 16, 1, buf, len, true)
```

很好，但是為什麼 macro 知道要叫用 debug 版本？啊，因為它和 kernel 的動態 debug 迴路緊密相連！因此，如「使用 kernel 強大的動態 debug 功能」章節所述，每個 print_hex_dump_debug() 和 print_hex_dump_bytes() 呼叫位置都可以透過動態 debug 控制檔進行動態切換，很實用！

以下是 Qualcomm 無線網路驅動程式內的此 macro 執行範例：

```
// drivers/net/wireless/ath/ath6kl/debug.c
void ath6kl_dbg_dump(enum ATH6K_DEBUG_MASK mask,
            const char *msg, const char *prefix,
            const void *buf, size_t len)
{
    if (debug_mask & mask) {
        if (msg)
            ath6kl_dbg(mask, "%s\n", msg);
            print_hex_dump_bytes(prefix,
                DUMP_PREFIX_OFFSET, buf, len);
    }
[…]
```

好了，都完成了！嗯，事實上還沒，離真正完成還有一段距離，不是嗎……？

剩下的重點：啟動 bootloader 日誌檢視、LED 閃爍等

Debug kernel crash 時的一個常見問題是，一旦 kernel crash 或 kernel panic，系統就會無法使用，因為通常就沒反應了。讀取 kernel 日誌非常有用，因為幾乎可以肯定說會找出根本原因在哪……，但是，相信你也知道，系統就已經掛了，是要怎麼檢視 kernel 日誌？！而且無法保證一定能在系統掛掉之前，就將日誌資料從 RAM 寫到不可揮發的日誌檔。

因此，有時需要更先進的 debug 技術。其中一個就是系統當機或 panic 之後，以「暖開機」啟動或重置回到 bootloader 的提示選單。假設真的有辦法這樣做，就先這樣假設看看吧。

要如何暖開機（warm reset）？

暖開機或重新開機是指對主機板重新開機（reboot），但保留 RAM 內容的狀態。我曾在 TI PandaBoard 上做過一個原型專案。它有一個軟重置按鈕；按下它後，主機板就會執行暖開機。

相當於個人電腦的 *Ctrl + Alt + Delete*，也就是著名的三指敬禮，很想說「在字裡行間閱讀」，再加上一個笑臉，那就真是太棒了！但 Linux 上通常不會設定這個組態配置；你可以使用 kernel 的 Magic SysRq 功能，請假設它有配置的情況下來執行此操作。不用擔心，第 10 章〈Kernel Panic、Lockup 以及 Hang〉的「Magic SysRq 到底是怎樣的魔法？」會介紹此配置。

在 bootloader 的提示選單時，使用它的智慧功能來傾印 kernel 日誌緩衝區記憶體區域，你就會看到 kernel 輸出！例如，許多嵌入式系統都使用功能強大且優雅的 **Das U-Boot** 做為 bootloader；傾印記憶體區域的指令是記憶體顯示器（memory display）`md`。但請稍等一下，有個關鍵點：即使你知道 kernel 日誌緩衝區位址，其實非常簡單：執行 `sudo grep log_buf /proc/kallsyms` 即可，但它也不是實體位址，而是 kernel 的虛擬位址（virtual address）。你必須先弄清楚如何將其轉譯為實體對應位址；也就是 bootloader 看到的那樣。這通常會參考你正在使用的主機板或平台的技術參考手冊（**Technical Reference Manual, TRM**）。取得實體位址後，只要發出 `md` 指令以傾印記憶體內容即可，或 GRUB 有 `dump` 指令也一樣，這樣你就會看到 kernel 日誌！

在此推薦一些實際的範例，雖然這個資訊舊了點但還是很讚：`https://elinux.org/Debugging_by_printing#Debugging_early_boot_problems`。

利用閃爍 LED 以進行 debug

有時候，尤其是在帶板子的初期階段，我們只要知道有執行某一行程式碼就可以了。你就可以開啟 / 關閉 LED，或在執行某行程式碼時閃爍！開發者有時會操縱系統的 GPIO 腳位（pin），並在 kernel 中插入自訂程式碼以觸發 LED。這真的不是什麼了不起的事情，就是窮人的 *printf*。

（有趣的是，Raspberry Pi 在開機失敗時確實會閃爍 LED，它會在主機板上的 LED 閃爍指定次數，如短閃爍跟長閃爍……以下是解讀 LED 閃爍意思的說明，並進而了解導致開機問題原因的文件 [16]）。

更棒的是，你甚至可以安裝之前提到的 OLED 顯示器之類的裝置，以顯示 debug 訊息。當然，這需要初始化 I2C。

還有一點：你可能聽說過 kernel 的**網路控制台（netconsole）**功能。這難道不值得深入研究嗎？當然值得！ netconsole 功能強大，可將 kernel printk 透過網路傳送到目標系統，以供日後使用！第 7 章 會詳細說明在 ARM Linux 系統的 Oops，可以使用 netconsole 區段來解譯 Kernel Bug Diagnostic；請保持關注！

結論

你很棒！在許多 kernel debug 技巧當中，你剛完成第一個技巧。儘管檢測技術看似簡單，但一直以來都可證實這是一種有用且強大的 debug 技術。

本章一開始會學習無所不在的 kernel `printk()`、`pr_*()` 和 `dev_*()` 常式與 macro 的基本知識。然後詳細地介紹這些常式的具體用法，以協助 debug 情況，這在 debug（驅動程式）模組時是很有用的祕訣與技巧，包括利用 kernel 限制列印的能力，對高容量程式碼路徑來說通常有其必要性。

Kernel 優雅而強大的動態 debug 框架是本章的重點。你在這裡學到，也知道如何利用它來切換你以及實際上 kernel 的 debug print，即使在生產系統上也是如此，關閉時幾乎不會導致效能變差。

本章最後一部分是使用 printk macro 的其他方法，這些 macro 一定會在你的 kernel / 驅動程式旅程的某個時間點發揮作用。

---

16 *https://www.raspberrypi.com/documentation/computers/configuration.html#led-warning-flash-codes*

有了這些工具，下一章將繼續使用另一項強大的技術：kernel 的 kprobes 框架，除了學會使用它以外，也會用來協助我們進行 debug，主要是以檢測方法。到時候見！

深入閱讀

- 檢視程式碼的工具教學：
  - Ctag Tutorial: `https://courses.cs.washington.edu/courses/cse451/10au/tutorials/tutorial_ctags.html`
  - Vim/Cscope tutorial: `http://cscope.sourceforge.net/cscope_vim_tutorial.html`
- The printk and /dev/kmsg: `https://www.kernel.org/doc/Documentation/ABI/testing/dev-kmsg`
- Debugging by printing: https://elinux.org/Debugging_by_printing; covers useful info on debugging with the early printk facility, even debugging by dumping the kernel log from the bootloader as well!
- Signing kernel modules; official kernel documentation: Kernel module signing facility: `https://www.kernel.org/doc/html/v5.0/admin-guide/module-signing.html#kernel-module-signing-facility`
- Red Hat Developer series on GDB：
  - The GDB developer's GNU Debugger tutorial, Part 1: Getting started with the debugger, Seitz, RedHat Developer, Apr 2021: `https://developers.redhat.com/blog/2021/04/30/the-gdb-developers-gnu-debugger-tutorial-part-1-getting-started-with-the-debugger#`
  - The GDB developer's GNU Debugger tutorial, Part 2: All about debuginfo, Seitz, RedHat Developer, Jan 2022: `https://developers.redhat.com/articles/2022/01/10/gdb-developers-gnu-debugger-tutorial-part-2-all-about-debuginfo`

- Printf-style debugging using GDB, Part 3, Buettner, RedHat Developer, Dec 2021: https://developers.redhat.com/articles/2021/12/09/printf-style-debugging-using-gdb-part-3#

- Dynamic debug：
    - Official kernel doc: Dynamic debug: https://www.kernel.org/doc/html/latest/admin-guide/dynamic-debug-howto.html#dynamic-debug
    - The dynamic debugging interface, Jon Corbet, LWN, March 2011: https://lwn.net/Articles/434833/

透過 Kprobes 儀器進行 debug

Kprobe，也就是核心探測器（**kernel probe**），是除錯 / 效能 / 可觀測軍火庫其中的強大武器！在此將以 debug 情境為主軸，讓你了解它究竟有什麼能耐，以及該如何使用。你會知道有一種所謂的靜態和動態探測方法可以使用它們……，我們還會說明如何透過 **kernel return probe**（**kretprobe**）找出任何函式的傳回值！

整個過程中將帶你了解何謂**應用程式二進位介面**（**Application Binary Interface, ABI**），以及了解處理器 ABI 的基本概念為何如此重要。

不要錯過深入了解動態 kprobes 或基於 kprobes 的事件追蹤的部分，以及使用 `perf-tools`，尤其是現代 eBPF BCC 前端，它會讓一切都變得容易許多！

本章中將涵蓋下列主要主題：

- 了解 kprobes 基本概念
- 使用靜態 kprobes：傳統的探測方法
- 了解 ABI 的基本概念
- 使用靜態 kprobes：demo 3 與 demo 4
- 開始使用 kretprobes
- Kprobes：限制與缺點
- 更簡單的方法：動態 kprobes 或基於 kprobe 的事件追蹤
- 透過 perf 和 eBPF 工具將 execve() API 加上陷阱（trap）

4.1 了解 kprobes 基礎

Kernel probe 也稱 **Kprobe** 或 **kprobe**，也可簡稱為 **probe**。這個方式是攔截或 trap kernel 本身或幾乎 kernel 模組中的全部函式方法，包括中斷處理常式。你可以將 kprobes 視為動態分析 / 檢測工具組，甚至可以在生產系統上使用此工具組來蒐集 debug，和 / 或與效能相關的遙測（telemetry），並在稍後分析。

若要使用它，必須在 kernel 中啟用 kprobes。先將 kernel config 的 `CONFIG_KPROBES` 設為 y，通常可在 `General architecture-dependent options` 選單中找到它；選取之後也會自動選取 `CONFIG_KALLSYMS=y`。你可以使用 kprobes 設定三種 trap 或 hook（掛鉤點），全部都是選配的。舉例來說，假設你想要對 kernel 函式 `do_sys_open()` 設定 trap，這個函式是在使用者空間的行程（process）或執行緒（thread）發出 `open(2)` 系統呼叫（system call）時呼叫的 kernel 函式，可參閱 *system call*，以及它們在 kernel 部分中的位置以取得詳細資料。現在可以透過 kernel kprobes 基礎架構設定以下功能：

- **前置處理常式（pre-handler routine）**：在呼叫 `do_sys_open()` 之前叫用。
- **後置處理常式（post-handler routine）**：在呼叫 `do_sys_open()` 之後叫用。

- **錯誤處理常式（fault-handler routine）**：在執行前置處理程式或後置處理程式時，如果產生處理器錯誤（processor fault/exception）或 kprobes 是單步指令時，就會叫用這個常式。通常會在發生分頁錯誤（page fault）時觸發錯誤處理程式。

這是選擇性的，你可以自行設定一個或多個選項。此外，你可以註冊兩種廣泛的 kprobe 類型（type），之後撤銷註冊也行：

- **正規的 kprobe（regular kprobe）**：透過 `[un]register_kprobe[s]()` 這個 kernel API。

- **Return probe 或 kretprobe**：透過 `[un]register_kretprobe[s]()` 這個 kernel API，提供存取要探測的函式傳回值。

我們先使用一般正規的 kprobe，之後再用 kretprobe……。若要在 kernel 或模組函式中設定 trap，要發起這個 kernel API：

```
#include <linux/kprobes.h>
int register_kprobe(struct kprobe *p);
```

參數 p 是指向 struct kprobe 的指標（pointer），包含詳細資訊。需要注意的關鍵成員如下：

- `const char *symbol_name`：要設 trap 的 kernel 或模組函式名稱。內部框架會使用 `kallsyms_lookup()` API 或它的變形體，將符號名稱解析為**核心虛擬位址（kernel virtual address, KVA）**，然後將其儲存在名為 `addr` 的成員之中）。能否對函式設定 trap 是有例可循的，相關說明請見「Kprobes：限制性與不利因素」章節內容。

- `kprobe_pre_handler_t pre_handler`：前置處理常式的函式指標（function pointer），在執行 `addr` 之前呼叫。

- `kprobe_post_handler_t post_handler`：後置處理常式的 function pointer，在執行 `addr` 之後就會呼叫。

- `kprobe_fault_handler_t fault_handler`：錯誤處理常式的 function pointer，如果執行 `addr` 造成任何類型的錯誤，就會呼叫此常式。必須傳回 `0` 以通知 kernel 讓它實際處理錯誤，一般來說都是這樣；但如果有處理錯誤就要傳回 1，不常見就是了。

不必再深入探討血淋淋的細節，有趣的是，你甚至可以在函式內設定一個特定偏移（*offset*）的 probe！可以將想要設定的值寫到 `kprobe` 結構的 `offset` 成員。不過請注意：要小心使用 offset，尤其是**複雜指令集計算（Complex Instruction Set Computing, CISC）**的機器。

完成後，你需要撤銷註冊常式才能釋放 trap 或 probe，這通常會在模組結束時：

```
void unregister_kprobe(struct kprobe *p);
```

若未執行此動作，將導致 kernel bug，並在下次觸發該 kprobe 時凍結卡住，這是某種形式的資源洩漏（resource leak）問題。

Kprobe 的運作方式？

很可惜，這個主題不在本書的討論範圍。有興趣的讀者當然可以參考頂尖的 kernel 文件〈Concepts: Kprobes and Return Probes〉，解釋 kprobes 實際上是如何工作的基本概念。[1]

想做的事

這種設定 probe 的方法稱為 **static kprobe**，如果要探測的函式或輸出格式要做出任何變更，則需要重新編譯模組的程式碼，所以還有其他辦法嗎？實際上，現代的 Linux kernel 具有基礎結構：主要是藉由深層的 ftrace 和追蹤點框架，

1 *https://www.kernel.org/doc/html/latest/trace/kprobes.html#concepts-kprobes-and-return-probes*

也可稱為**動態探測**或基於 kprobe 的事件追蹤來實現，不用寫 C 程式處理，也不用重新編譯！

接下來的幾節將介紹不同的設定方法，從傳統的「手動」設定靜態探測介面（static kprobes interface），到更新、甚至是更高階的動態 kernel 探測 / 追蹤點。為了讓這個過程有趣一些，我們會寫一些範例，大部分都會將 trap 設定到 kernel 檔案的 open 程式碼路徑：

- **範例 1、最簡單的例子是傳統且手動的方法**：用硬編碼（hardcode）的方式，附加一個 static kprobe trap 到 open 系統呼叫；程式碼位於 `ch4/kprobes/1_kprobe`。
- **範例 2、傳統和手動的方法**：透過模組參數附加一個 static kprobe 設定到 open 系統呼叫，這樣會比範例 1 稍微高明一點。程式碼位於 `ch4/kprobes/2_kprobe`。
- **範例 3、傳統且手動的方法**：透過模組參數附加 static kprobe 到 open 系統呼叫，並增加擷取所要開啟的檔案之路徑名稱，超實用！程式碼位於 `ch4/kprobes/3_kprobe`。
- **範例 4、傳統、半自動化方法**：會有一個 helper script 為 kernel 模組的 C 程式碼和 `Makefile` 產生樣板，啟用將一個 static kprobe 附加到模組參數指定的任意函式；程式碼位於 `ch4/kprobes/4_kprobe_helper`。
- 接著，我們會馬上明白什麼是返回探測（return probe，即 *kretprobe*）以及如何使用它（static）。
- **現代化、簡易的動態事件追蹤方法**：將動態的 kprobe（以及 kretprobe）附加到 `open` 與 `execve` 系統呼叫，擷取正要開啟 / 執行的檔案路徑名稱。
- **現代化、簡易且強大的 eBPF 方法**：追蹤檔案的 `open` 與 `execve` 系統呼叫。

很好，以下就從傳統的 static kprobes 方法開始吧！

4.2 使用 static kprobes — 傳統的探測方法

在本節中，我們將介紹如何編寫 kernel 模組，以便用傳統方式（靜態方式）探測 kernel 或模組功能。任何修改都需要重新編譯原始碼。

範例 1：static kprobe，最簡單的例子是將 trap 設定到 file open，傳統的 static kprobes 方法

好，讓我們看看如何透過植入一個 kprobe，而將 trap 設定或攔截到 do_sys_open() kernel 常式。此程式碼片段通常位於 kernel 模組的 init 函式內，你可以在此找到這個範例的程式碼：ch4/kprobes/1_kprobe：

```
// ch4/kprobes/1_kprobe/1_kprobe.c
#include "<...>/convenient.h"
#include <linux/kprobes.h>
[...]
static struct kprobe kpb;
[...]
/* Register the kprobe handler */
kpb.pre_handler = handler_pre;
kpb.post_handler = handler_post;
kpb.fault_handler = handler_fault;
kpb.symbol_name = "do_sys_open";
if (register_kprobe(&kpb)) {
    pr_alert("register_kprobe on do_sys_open() failed!\n");
    return -EINVAL;
}
pr_info("registering kernel probe @ 'do_sys_open()'\n");
```

kprobes 的一個有趣用途，是能用來大致上了解 kernel / 模組函式的執行時間。想搞清楚這事……，拜託，這不用我來跟你說吧！

1. 在前置處理常式中加上時間戳記，稱為 tm_start。可以使用 ktime_get_real_ns() 常式來執行此操作。

2. 做為後置處理常式中的第一個動作，使用另一個時間戳記，稱為 tm_end。

3. tm_end - tm_start 就是花費的時間。請仔細檢視 convenient.h:SHOW_DELTA() macro，以了解如何正確執行計算。

前置處理常式與後置處理常式如下，先從前置處理常式開始：

```
static int handler_pre(struct kprobe *p, struct pt_regs *regs)
{
    PRINT_CTX(); // uses pr_debug()
    spin_lock(&lock);
    tm_start = ktime_get_real_ns();
    spin_unlock(&lock);
    return 0;
}
```

後置處理常式如下：

```
static void handler_post(struct kprobe *p, struct pt_regs *regs, unsigned long flags)
{
    spin_lock(&lock);
    tm_end = ktime_get_real_ns();
    PRINT_CTX(); // uses pr_debug()
    SHOW_DELTA(tm_end, tm_start);
    spin_unlock(&lock);
}
```

這很直覺，對吧？擷取時間戳記，並使用 `SHOW_DELTA()` macro 計算時間差，只是它在哪裡？就在好用又便利的表頭檔中，名稱是……，驚不驚喜！就是 `convenient.h`！同樣地，在該處定義的 `PRINT_CTX()` macro 會提供一個良好的單行摘要，是執行這個 macro 的 kernel 其內部的 process/interrupt context 狀態，詳細資訊如下所示。在共用可寫入資料項目上操作時，當然會將自旋鎖（spinlock）用來做 thread 的同步控制。

正如 `PRINT_CTX()` macro 旁的註解所述，它在內部使用 `pr_debug()` 以輸出到 kernel log。因此，只有在下列任一情況適用時，才會出現：

- 已定義 `DEBUG` 符號。
- 更有用的是，`DEBUG` 刻意保留為未定義，在 production 中通常如此。而你使用 kernel 的動態 debug 功能來開啟 / 關閉這些 print，如第 3 章〈透過檢測除錯：使用 printk 與其族類〉的「使用 kernel 強大的動態 debug 功能」這個章節的詳細討論內容。

在一個錯誤處理常式的範例也有定義。這裡只會是發出一條指明故障發生原因的 printk，將實際故障處理這項複雜的任務留給 core kernel；此處只需從 kernel 樹中複製故障處理常式的程式碼 samples/kprobes/kprobe_example.c：

```
static int handler_fault(struct kprobe *p, struct pt_regs *regs, int trapnr)
{
    pr_info("fault_handler: p->addr = 0x%p, trap #%dn",
            p->addr, trapnr);
    /* Return 0 because we don't handle the fault. */
    return 0;
}
NOKPROBE_SYMBOL(handler_fault);
```

請注意以下幾點：

- 錯誤處理常式的回呼函式（callback）第三個參數是 trapnr，它是發生 trap 的數值，這隨著架構而定。例如，在 x86 上，14 表示分頁錯誤；同樣地，你隨時可以查閱手冊，以找出其他處理器家族的名稱和意義。
- NOKPROBE_SYMBOL(foo) macro 用來表示不可探測 foo 這個函式。在此已指出，以避免發生遞回或雙重錯誤。

既然看到了程式碼，就讓它自旋（spin）一下吧！

牛刀小試

在 test.sh 和 run 這兩個 bash script（在同一目錄內）是簡單的 wrapper（test.sh 被包在 run script 裡面），可簡化對這些 kernel 模組範例的測試。以下讓你看看它們的運作方式：

```
$ cd <lkd-src-tree>/ch4/kprobes/1_kprobe ; ls
1_kprobe.c Makefile run test.sh
$ cat run
KMOD=1_kprobe
echo "sudo dmesg -C && make && ./test.sh && sleep 5 && sudo
rmmod ${KMOD} 2>/dev/null ; sudo dmesg"
sudo dmesg -C && make && ./test.sh && sleep 5 && sudo rmmod
${KMOD} 2>/dev/null ; sudo dmesg
$
```

名為 run 的這個 wrapper script 會用到 `test.sh` wrapper script，它會執行 insmod 並設定動態 debug 控制檔，以啟用 debug 輸出。我們允許 probe 保持活動狀態 5 秒，大量的檔案開啟系統呼叫，會導致呼叫 `do_sys_open()` 以及運行產生的前置處理常式與後置處理常式，因而可以在該時間區段內完成。

讓我們針對執行自訂的 x86_64 Ubuntu VM 進行第一次 production kernel 展示：

```
$ ./run
sudo dmesg -C && make && ./test.sh && sleep 5 && sudo rmmod 1_kprobe 2>/dev/null ; sudo dmesg

--- Building : KDIR=/lib/modules/5.10.60-prod01/build ARCH= CROSS_COMPILE= EXTRA_CFLAGS=-DDYNAMIC_DEBUG_MODULE ---

make -C /lib/modules/5.10.60-prod01/build M=/home/letsdebug/Linux-Kernel-Debugging/ch5/kprobes/1_kprobe modules
make[1]: Entering directory '/home/letsdebug/lkd_kernels/productionk/linux-5.10.60'
make[1]: Leaving directory '/home/letsdebug/lkd_kernels/productionk/linux-5.10.60'
Module 1_kprobe: function to probe: do_sys_open()

-- Module 1_kprobe now inserted, turn on any dynamic debug prints now --
Wrt module 1_kprobe, one or more dynamic debug prints are On
/home/letsdebug/Linux-Kernel-Debugging/ch5/kprobes/1_kprobe/1_kprobe.c:68 [1_kprobe]handler_post =p "\012"
/home/letsdebug/Linux-Kernel-Debugging/ch5/kprobes/1_kprobe/1_kprobe.c:65 [1_kprobe]handler_post =p "%03d) %c%s%c:%d   |  %c%c
%c%u   /* %s() */\012"
/home/letsdebug/Linux-Kernel-Debugging/ch5/kprobes/1_kprobe/1_kprobe.c:49 [1_kprobe]handler_pre =p "%03d) %c%s%c:%d   |  %c%c%
c%u   /* %s() */\012"
--   All set, look up kernel log with, f.e., journalctl -k -f   --
```

圖 4.1　Kprobes 範例一，執行 run script

你可以看到 `run` script（執行 test.sh script）正在設定……，大約 5 秒之後，透過 `sudo dmesg` 可以看到輸出的片段：

```
[81970.137707] 1_kprobe:handler_post(): 002)  rmmod :8183    |  ...1   /* handler_post() */
[81970.138152] 1_kprobe:handler_pre(): 003)  systemd-journal :395   |  ...1   /* handler_pre() */
[81970.138589] 1_kprobe:handler_post(): delta: 195 ns (~ 0 us ~ 0 ms)
[81970.139587] 1_kprobe:handler_post():
[81970.139588] 1_kprobe:handler_post(): 003)  systemd-journal :395   |  ...1   /* handler_post() */
[81970.139589] 1_kprobe:handler_post(): delta: 142 ns (~ 0 us ~ 0 ms)
[81970.141131] 1_kprobe:handler_post():
[81970.141752] 1_kprobe:handler_pre(): 003)  systemd-journal :395   |  ...1   /* handler_pre() */
[81970.142245] 1_kprobe:handler_post(): 003)  systemd-journal :395   |  ...1   /* handler_post() */
[81970.143010] 1_kprobe:handler_post(): delta: 100 ns (~ 0 us ~ 0 ms)
[81970.143545] 1_kprobe:handler_post():
[81970.175571] 1_kprobe:kprobe_lkm_exit(): bye, unregistering kernel probe @ 'do_sys_open()'
$ 
```

圖 4.2　Kprobes 範例一，部分的 dmesg 輸出

太棒了！我們的 static kprobe 在進入 `do_sys_call()` kernel 函式之前和之後都會命中，會執行模組中的前置和後置處理常式，並產生你在上個螢幕截圖看到的輸出。這裡需要解譯 `PRINT_CTX()` macro 的輸出。

解譯 PRINT_CTX() macro 的輸出

在圖 4.2 中，請注意我們從 PRINT_CTX() macro 取得的有用輸出（定義於 convenient.h 表頭）。我在這裡複製其中三行相關的部分，用深淺顏色標註，以幫助你清楚理解：

```
[81970.141752] 1_kprobe:handler_pre(): 003)  systemd-journal :395   |  ...1   /*
handler_pre() */
[81970.142245] 1_kprobe:handler_post(): 003)  systemd-journal :395
|  ...1   /* handler_post() */
[81970.143010] 1_kprobe:handler_post(): delta: 100 ns (~ 0 us ~ 0 ms)
```

圖 4.3　Kprobes 範例一，前置與後置處理常式的 kernel printk 輸出範例

來看看這三行的輸出內容：

- **第一行**：前置處理常式的 PRINT_CTX() macro 之輸出。
- **第二行**：後續處理常式的 PRINT_CTX() macro 之輸出。
- **第三行**：delta 是在 do_sys_open() 執行所花費的時間，這只是概略的值，但通常相當準確；也可在後置處理常式中看到。很快，不是嗎？！
- **另外請注意**：dmesg 的時戳是從開機起算的時間，以 seconds.microseconds 為單位，但不能完全信任它的絕對精準度！另外，由於啟用了 debug 輸出，而且它使用 pr_fmt() 來覆寫 macro，所以模組名稱：function_name() 也是字首，例如，後面兩行前面會加上下列字元：

  ```
  1_kprobe:handler_post():
  ```

此外，下列的螢幕截圖會示範如何完整解讀實用的 PRINT_CTX() macro 輸出：

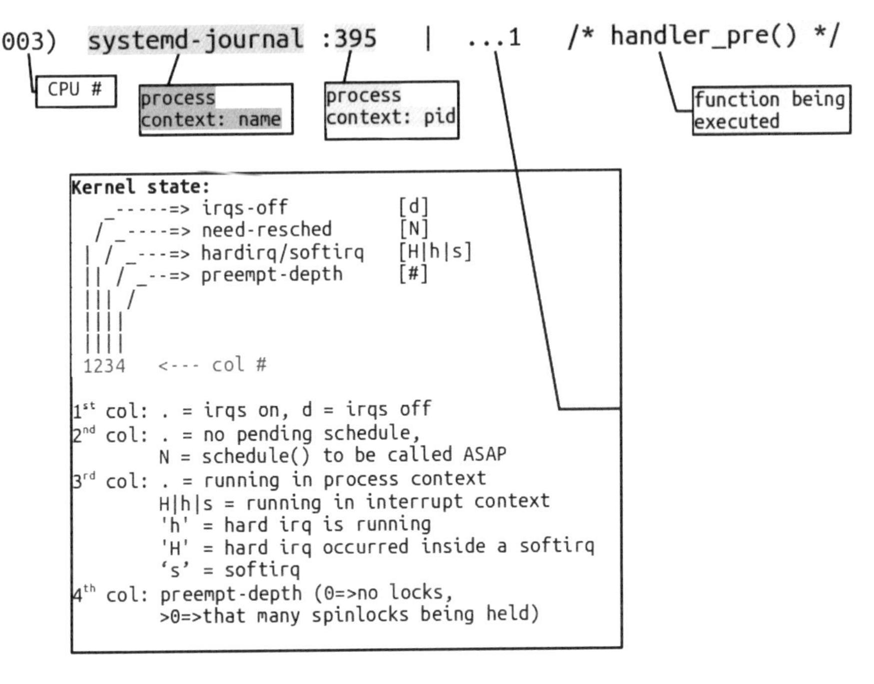

圖 4.4　解譯 PRINT_CTX() macro 的輸出

請務必仔細研究和理解這一點，在深度 *debug* 情況中，它非常有用。實際上，我大部分都是從 kernel 的 *ftrace* 基礎結構的延遲格式顯示（latency format display）來模仿這個常見的格式。可見 ftrace 文件的說明 [2]。

Ftrace 和 latency 追蹤資訊欄位

別擔心，第 9 章〈追蹤 *kernel* 流程〉會詳細處理追蹤作業，該章節的深入了解延遲追蹤資訊，會詳細介紹所謂的延遲追蹤資訊欄位。有興趣的話請自問：如果 `PRINT_CTX()` macro 在中斷的上下文（interrupt context）裡面執行會怎樣？在這種情況下，行程的上下文名稱（process context name）和 **process ID（PID）** 欄位的值又是什麼？簡單回答，這是剛好受到中斷攔截（搶占 / 中斷）的 process（或 thread）！

2　*https://www.kernel.org/doc/Documentation/trace/ftrace.txt*，置於 *Output format* 之下。

重點還是親自試用本軟體，以及下列的示範模組！它有助你實驗以及學習有效地使用 kprobes 的方法。

kprobes 的黑名單，不能設定 trap ！

有些 kernel 函式無法透過 kprobes 介面設定 trap，主要是因為它們是在 kprobes 的實作內部使用。你可以快速檢查有哪些檔案，可以在以下黑名單虛擬檔找到：`<debugfs-mount>/kprobes/blacklist`（**debug 檔案系統**通常掛載於 `/sys/kernel/debug`）。Kernel 文件在此[3]討論此限制及其他 kprobe 限制，快去看看。

你可以做一些很酷甚至看起來危險的事情，例如修改前置處理常式的參數！不過要小心，如果操作不當，可能會導致當機，或是徹底的 kernel panic。故意插入錯誤對於測試來說可能很有用，關於這一點，先跟你說，kernel 有一個完善的故障注入框架，後續章節會有詳細介紹。

範例 2：static kprobe，透過模組參數指定要探測的函式

第二個 kprobes 範例與第一個範例非常類似，但差別如下。

一是現在新增使用兩個模組參數：一個是字串，即所要探測的函式名稱；另一個是確定詳細程度的一個整數值：

```
// ch4/kprobes/2_kprobe/2_kprobe.c
#define MAX_FUNCNAME_LEN  64
static char kprobe_func[MAX_FUNCNAME_LEN];
module_param_string(kprobe_func, kprobe_func, sizeof(kprobe_func), 0);
MODULE_PARM_DESC(kprobe_func, "function name to attach a kprobe to");

static int verbose;
module_param(verbose, int, 0644);
MODULE_PARM_DESC(verbose, "Set to 1 to get verbose printks (defaults to 0).");
```

3 *https://www.kernel.org/doc/html/latest/trace/kprobes.html#kprobes-features-and-limitations*

kprobe_func 這個模組參數很實用！它可以讓我們傳遞任何有效的函式作為探測目標，進而避免用 hardcode 寫死程式碼。當然，現在要將 kprobe structure 的 symbol_name 成員設定為此參數：

```
kpb.symbol_name = kprobe_func;
```

此外，模組的初始程式碼會檢查 kprobe_func 字串是否不為空（non-NULL）。

如果有設定 verbose 參數的話，則會使用後置處理常式呼叫 PRINT_CTX() macro。此範例將對 test.sh wrapper 設定以下模組參數：

```
// ch4/kprobes/2_kprobe/test.sh
FUNC_TO_KPROBE=do_sys_open
VERBOSE=1
[...]
sudo insmod ./${KMOD}.ko kprobe_func=${FUNC_TO_KPROBE} verbose=${VERBOSE} || exit 1
```

使用 kprobes 探測儀器時，你很快就會發現一個問題：產生的列印量太大了！實際上，對於許多種類的探測器和追蹤而言，這個問題相當常見。為了限制這種現象進而減少 kernel ring buffer 溢位，我們引入一個名為 SKIP_IF_NOT_VI 的 macro。如果有定義，則當 process context 是 vi process 時，只會在前置處理常式和後置處理常式中記錄資訊：

```
#ifdef SKIP_IF_NOT_VI
/* For the purpose of this demo, we only log information when the process context is
'vi' */
    if (strncmp(current->comm, "vi", 2))
        return 0;
#endif
```

當然，這只是一個 demo，你可以隨意將它更改為任何合適的或是未定義的。差不多就這樣了，剩下的我留給你去試，別忘了執行 vi 看擷取到的輸出！

練習

這裡有一個小練習：

a) 請嘗試透過 kprobe_ func 模組參數來傳遞其他函式給 probe。

b) 將 hardcode 的 SKIP_IF_NOT_VI macro 轉換為模組參數。

好，很棒，你現在知道如何利用 kernel 的 kprobes 框架撰寫（簡單的）kernel 模組。若要在一般 debug context 中更深入了解，就必須了解更多有深度的內容……，例如要怎麼使用處理器的**通用目的暫存器（General Purpose Register, GPR）**、處理器如何解譯堆疊訊框（stack frame）、以及傳遞函式參數等……。這是**應用程式二進位介面（Application Binary Interface, ABI）**的領域！接下來的章節將協助你了解這項功能，這些資訊在深入的 debug 階段作業中會非常有用。請繼續閱讀！

4.3 了解 ABI 的基本概念

為了存取函式參數，你至少要先了解編譯器（compiler）安排傳遞參數的基本知識。在元件的層級，假設是 C 語言好了，你會發現正是編譯器會產生所需的元件，而它實際上實作了函式呼叫、參數傳遞、區域變數實體以及返回（return）！

但編譯器如何做到這一點呢？編譯器作者必須了解電腦的運作原理……當然，這些都是取決於架構而定的（arch specific）。關於如何*精確呼叫函式慣例、放置傳回值、stack（堆疊）和暫存器（register）的使用*等精確規範，是由稱為 ABI 文件的微處理器文件提供的。

簡而言之，ABI 傳達了在機器層面的下列基本細節：

- CPU 暫存器的使用
- 函式程序呼叫與傳回慣例

- 記憶體中的精確堆疊訊框（stack frame）布局
- 有關資料表示、連結、物件檔案格式等詳細資訊

例如，x86-32 處理器在發出 CALL 機器指令之前，都是使用 stack 來儲存函式參數。另一方面，ARM-32 處理器同時使用 CPU **GPR** 和 stack，詳細資料如下。

在此，我們將只關注 ABI 的一個主要方面：在幾個關鍵架構上的函式呼叫慣例，以及相關暫存器用法：

表 4.1：幾個處理器家族的函式呼叫與暫存器用法的 ABI 資訊摘錄

Arch (CPU) family	如何傳遞參數給函式	其他實用的資訊（典型用途）
IA-32 (x86-32)	全部的參數都透過堆疊傳遞。 存取參數的方式是透過堆疊指標（Stack Pointer, SP）的 offset，與基底指標（Base Pointer, BP）暫存器。	• 堆疊訊框的布局 參數 ← 較高的位址 RET 位址 [SFP]：選配，若有啟用訊框指標（Frame Pointer, FP） 區域變數← 較低的位址（堆疊頂部） • 返回值：通常位於 accumulator（EAX）
ARM-32（Aarch32）	遵循 ARM Procedure Call Standard（APCS），帶給函式的前 4 個參數是透過這些 32-bit 的 CPU 暫存器：`r0`、`r1`、`r2`、`r3`。 其他參數是透過 stack 傳遞（堆疊訊框布局同 x86-32）。	• r4 到 r9：臨時暫存器（通常用於區域變數） • r7：若有執行系統呼叫，則是用於統呼叫（syscall）# • r11：若有打開，則是 FP • r13：堆疊指標 • r14：連結暫存器（Link Register, LR），儲存 return 位址，在函式結束時使用 • r15：程式計數器（Program Counter, PC） • 傳回值：通常在 `r0`

Arch (CPU) family	如何傳遞參數給函式	其他實用的資訊（典型用途）
x86_64	傳遞給函式的前 6 個參數是用這些 64-bit 的 CPU 暫存器：`RDI`、`RSI`、`RDX`、`RCX`、`R8`、`R9`。 其他參數是透過 stack 傳遞（堆疊訊框布局同 x86-32），除了 64-bit 的對齊會用到以及 RBP 用為 base pointer register）。	• RAX：Accumulator（累加器），當有 syscall 時，儲存 syscall # • RBP：基底指標即堆疊起點 • RSP：堆疊指標（堆疊目前的位置） • 傳回值：通常是放在 accumulator（`RAX`） • PSR：處理器狀態暫存器（Processor Status Register）
Aarch64 (ARMv8)	APCS：傳遞給函式的前 8 個參數是用這些 64-bit 的 CPU 暫存器：`X0` 到 `X7`。 其他的參數是透過堆疊傳遞。	• X8：（間接暫存器）傳回值的位址 • X9 到 X16：區域變數，呼叫者儲存的 • X29（FP）：訊框指標 • X30（LR）：連結暫存器，在函式結束值用於返回 • X31（SP）：堆疊指標或零暫存器（zero register），取決於上下文（context）而定 • 傳回值：通常存在 `X0`

還有兩點需要注意：

- 幾乎所有現代處理器的 stack 都呈現向下成長的趨勢：stack 從較高的虛擬位址長到較低的虛擬位址。如果有興趣，可在位於這幾點之後，下方的部落格文章中查詢更多細節，建議閱讀！事情並非總是那麼簡單：在有編譯器最佳化的前提之下，表 4.1 中的一些細節可能會沒有作用，例如，在 x86-32 上，`gcc` 和 Windows FASTCALL 會將前兩個函式參數一起打包放到到暫存器 ECX 和 EDX。因此，請一再檢查確認，**每個人的狀況可能會有所不同（Your Mileage May Vary, YMMV）**……

- 此處提及的 ABI 詳細資料適用於 C 編譯器（gcc/clang）的一般工作方式，所以適用於 C 語言，使用整數或指標參數而非浮點參數或傳回值。此外，我們也不會在此進一步介紹被呼叫者 / 呼叫者儲存的暫存器、所謂的紅區（red zone）最佳化、異常情況等。如需參考連結，請參閱「深入閱讀」章節。

你可以在我的部落格這篇文章中找到各種處理器系列的 ABI 文件連結，及其基本詳細資訊：〈APPLICATION BINARY INTERFACE (ABI) DOCS AND THEIR MEANING〉。[4]

現在，我們至少已經掌握了處理器的 ABI 基本知識，以及在 Linux 上使用編譯器（gcc/clang）的方法，接著來開始運用這些新發現的專門技術吧。下一節將學習如何執行一些非常有用的操作：「透過基於 kprobe 的開放系統呼叫 trap（open system call trap），以確認已開啟的檔案之路徑名稱」。更白話地說，我們會真的學到如何擷取所要 trap（probed）的函式之參數！

4.4 使用 static kprobes — 範例 3 與範例 4

請回想一下，static 一詞表示任何變更都需要程式碼重新編譯。繼續使用傳統的 static kprobes 方法，來學習使用 kprobes 執行更多的操作，這些實用且實務上的內容在 debug 時真的很有幫助。取得所探測的函式之參數，當然算得上是一種非常有用的技巧！

後面兩個範例程式，即範例 3 和 4 將為你示範如何精確地執行此操作，範例 4 將使用一種有趣的方法：透過 bash script 生成 kprobe C 程式碼（和 Makefile 檔案）。一起進行並來了解吧！

4 *https://kaiwantech.wordpress.com/2018/05/07/application-binary-interface-abi-docs-and-their-meaning/*

範例 3，static kprobe，探測 file open syscall 與擷取檔案名稱參數

我想你會同意範例 2 比範例 1 還好，因為作為模組參數，它允許檢驗任何要探測的函式。現在繼續探測 do_sys_open() 的範例，你已經從前兩個範例中看到我們確實可以對它探測。但在典型的 debug / 疑難排解情況下，這還差遠了：能夠**擷取所探測函式的參數**真的很重要，而且能證明是否找出問題根本原因的差異。

> **提示**
>
> 許多 bug 的根本原因是未正確傳遞參數，通常是無效或損毀的指標。請小心檢查並重新驗證你的假設！

根據我們的示範，這是要探查 do_sys_open() 常式的簽章（signature）：

```
long do_sys_open(int dfd, const char __user *filename, int flags, umode_t mode);
```

獲得存取前置處理常式中的參數極有幫助！上一節有關 ABI 的基本知識已重點介紹精確執行此任務的方法。最後，我們會示範可以獲得存取並印出已開啟檔案的路徑名稱：第二個參數，filename。

> **Jumper probes（jprobes）**
>
> 有一組 kernel 介面可讓你直接存取任何探測的函式之參數，稱為**跨接器探測器（jprobe, jumpber probe）**。但是，jprobe 介面在 kernel 4.15 時已遭到淘汰，它的基本原理是你可以使用其他更簡單的方法，主要是透過 kernel 的追蹤基礎架構，存取已探測或已追蹤的函式參數。
>
> 本書確實介紹使用 kernel 追蹤基礎架構，在不同時間點執行各種有用操作的基本知識。在此，請注意以下內容的手動捕獲參數方法，以及本章在 kernel 事件追蹤一節中所介紹更為簡單的自動方式：「更簡單的方法：動態

> kprobes 或基於 kprobes 的事件追蹤」。值得一提的是，如果你的專案或產品使用低於 4.15 的 kernel 版本，利用 jprobes 介面確實很有用！以下是此檔案的 kernel 文件：https://www.kernel.org/doc/html/latest/trace/kprobes.html?highlight=kretprobes#deprecated-features。

所以，讓我們利用對處理器 ABI 的理解，現在，可以在第 3 個 kprobes 範例中存取到探測函式的第二個參數，即正在開啟的檔案。很有趣，對吧？請繼續看下去！

擷取檔名

這是第 3 個範例程式碼中的幾個片段；當然，由於篇幅有限，我不會在這裡顯示所有內容，可從該書的 GitHub repo. 中安裝與查詢。讓我們在程式碼的關鍵部分，即 kernel 模組的前置處理常式程式碼路徑選擇動作：

```
// ch4/kprobes/3_kprobe/3_kprobe.c
static int handler_pre(struct kprobe *p, struct pt_regs *regs)
{
    char *param_fname_reg;
```

請注意前置處理常式的參數：

- 第一：有個指向 kprobe 結構的指標
- 第二：有個指向名為 pt_regs 結構的指標

我們要注意的是這個 struct pt_regs：封裝 CPU 的暫存器，顯然是依照架構的方式封裝。因此，其定義位於特定的架構（arch）表頭檔。以範例說明的話，假設你要在基於 ARM-32（AArch32）的系統，例如 Raspberry Pi 0W 或 BeagleBone Black 上運行此 kernel 模組。ARM-32 的 pt_regs 結構定義於：arch/arm/include/asm/ptrace.h，且（或）位於 arch/arm/include/uapi/asm/ptrace.h。對於 ARM（AArch32），處理器的 CPU 暫存器儲存在名為 uregs 的陣列成員中。ptrace.h 表頭有一個 macro：

```
#define ARM_r1      uregs[1]
```

從 ARM-32 的 ABI 可知，函式的前四個參數會在 CPU GPR `r0` 到 `r3` 之間傳遞，請參見表 4.1。第二個參數因此巧妙地鑲嵌到 `r1` 暫存器。因此，程式碼能存取它的原因是：

```
#ifdef CONFIG_ARM
/* ARM-32 ABI:
* First four parameters to a function are in the foll GPRs: r0, r1, r2, r3
* See the kernel's pt_regs structure - rendition of the CPU registers here:
https://elixir.bootlin.com/linux/v5.10.60/source/arch/arm/include/asm/ptrace.h#L135
*/
param_fname_reg = (char __user *)regs->ARM_r1;
#endif
```

在完全類似的方式中，對於 x86 和 AArch64 使用基於 CPU 架構的條件式編譯，將第二個參數的值擷取到我們的區域變數 `param_fname_reg`，如下所示：

```
#ifdef CONFIG_X86
    param_fname_reg = (char __user *)regs->si;
#endif
[...]
#ifdef CONFIG_ARM64
/* AArch64 ABI:
* First eight parameters to a function (and return val) are in the foll GPRs: x0 to x7
(64-bit GPRs)
* See the kernel's pt_regs structure - rendition of the CPU registers here:
https://elixir.bootlin.com/linux/v5.10.60/source/arch/arm64/include/asm/ptrace.h#L173
*/
    param_fname_reg = (char __user *)regs->regs[1];
#endif
```

如表 4.1 所示，顯然，在 x86_64 上，第二個參數是保留在 `[R]SI` 暫存器，而 ARM64（AArch64）是在 `X1` 暫存器；我們的程式碼會用 ABI 取值！

現在只需要執行 printk 來顯示要開啟的檔案名稱即可。但請稍等……，kernel 中複雜的程式設計，暗示你不能在區域變數 `param_fname_reg` 所參照的指標上擷取記憶體內容。為什麼不行呢？要小心，這個指標指向 *userspace*（使用者空間）的記憶體，而我們目前是在 kernel space 執行，因此會使用 strncpy_from_user() 這個 kernel API，將指標所指向的記憶體內容複製到 fname 這個我們已經配置的 kernel space 記憶體（在模組的 init 程式碼路徑使用 kzalloc() 配置的）：

```
if (!strncpy_from_user(fname, param_fname_reg, PATH_MAX))
    return -EFAULT;
pr_info("FILE being opened: reg:0x%px   fname:%s\n",
(void *)param_fname_reg, fname);
```

有趣的是，只有在 *debug kernel* 上測試這個 kernel 模組時，才會執行會擲回警告 printk 的 strncpy_from_user() 函式：

```
BUG: sleeping function called from invalid context at lib/strncpy_from_user.c:117
```

此時的程式碼行是 **might_fault()** 函式，如 5.10.60 kernel 中的 lib/strncpy_from_user.c:117。簡單來說，此函式會檢查 kernel config 的 CONFIG_PROVEN_LOCKING 或 CONFIG_DEBUG_ATOMIC_SLEEP 是否已啟用，它會呼叫 **might_sleep()** 常式，此常式的註解（include/linux/kernel.h）會清楚說明原因；這是 *debug* 輔助功能，確認 *sleep* 不會發生在任何類型的原子內容：

```
/**
 * might_sleep - annotation for functions that can sleep
 * this macro will print a stack trace if it is executed in an atomic
 * context (spinlock, irq-handler, ...). Additional sections where blocking is
 * not allowed can be annotated with non_block_start() and non_block_end()
 * pairs.
 * This is a useful debugging help to be able to catch problems early and not be bitten
later when the calling function happens to sleep when it is not supposed to.
 */
```

我要特別強調這段註解的關鍵點。我們發現 CONFIG_PROVEN_LOCKING 和 CONFIG_DEBUG_ATOMIC_SLEEP 在 debug kernel 中均已啟用；這就是發出此警告的原因。只是就目前而言，我們對此束手無策，只能把它留在那裡：這是一個需要處理的警告，清單上的一項「待辦事項」。

好了，剩下的模組程式碼和我們的 2_kprobe 模組大同小異，所以這裡略過顯示。執行 run wrapper script，與 2_kprobe 之前的範例一樣，為了減少空間，只在 process context 是 vi 時進行列印輸出。wrapper script 的最後一個 sudo dmesg 會揭示 kernel 日誌緩衝區的內容。此處的螢幕截圖會顯示輸出的結尾部分，見圖 4.5：

```
[138698.587054] 3_kprobe:handler_pre(): 003)  vi :20612   |  ...1   /* handler_pre() */
[138698.588181] 3_kprobe:handler_pre(): FILE being opened: reg:0x000061bfeaedda10   fname:/etc/vim/after/syntax/sh/
[138698.590315] 3_kprobe:handler_post(): delta: 190 ns (~ 0 us ~ 0 ms)
[138698.591400] 3_kprobe:handler_pre(): 003)  vi :20612   |  ...1   /* handler_pre() */
[138698.592480] 3_kprobe:handler_pre(): FILE being opened: reg:0x000061bfeaedda10   fname:/var/lib/vim/addons/after/syntax/sh/
[138698.594687] 3_kprobe:handler_post(): delta: 190 ns (~ 0 us ~ 0 ms)
[138698.595773] 3_kprobe:handler_pre(): 003)  vi :20612   |  ...1   /* handler_pre() */
[138698.596914] 3_kprobe:handler_pre(): FILE being opened: reg:0x000061bfeaefbc80   fname:/home/letsdebug/.vim/after/syntax/sh/
[138698.599127] 3_kprobe:handler_post(): delta: 176 ns (~ 0 us ~ 0 ms)
[138700.289318] 3_kprobe:handler_pre(): 003)  vi :20612   |  ...1   /* handler_pre() */
[138700.292977] 3_kprobe:handler_pre(): FILE being opened: reg:0x000061bfeaed7980   fname:/home/letsdebug/.viminfo
[138700.300213] 3_kprobe:handler_post(): delta: 855 ns (~ 0 us ~ 0 ms)
[138700.303410] 3_kprobe:handler_pre(): 003)  vi :20612   |  ...1   /* handler_pre() */
[138700.306711] 3_kprobe:handler_pre(): FILE being opened: reg:0x000061bfeaf06640   fname:/home/letsdebug/.viminfo.tmp
[138700.313252] 3_kprobe:handler_post(): delta: 552 ns (~ 0 us ~ 0 ms)
[138700.374248] 3_kprobe:kprobe_lkm_exit(): bye, unregistering kernel probe @ 'do_sys_open'
```

圖 4.5　x86_64 VM 上 3_kprobe 範例所輸出的 dmesg kernel 日誌緩衝區的結尾部分，經過篩選後僅顯示 vi process 的內容

請看前面的螢幕截圖。所開啟檔案的路徑名稱，會清楚顯示要探測的 do_sys_open() 函式的第二個參數！

在 Raspberry PI 4（AArch64）上試試看

為了體會不同點和樂趣，我還在 Raspberry Pi 4 運行 64 位元的 Ubuntu 系統上執行這個 kernel 模組，因而完全配置為利用 Aarch64 - arm64 - 的架構。先建立模組，然後使用 insmod 載入：

```
rpi4 # sudo dmesg -C; insmod ./3_kprobe.ko kprobe_func=do_sys_open ; sleep 1 ;
dmesg|tail -n5
[ 3893.514219] 3_kprobe:kprobe_lkm_init(): FYI, skip_if_not_vi is on, verbose=0
[ 3893.525200] 3_kprobe:kprobe_lkm_init(): registering kernel probe @ 'do_sys_open'
```

輸出的結果清楚顯示（新的）模組參數 skip_if_not_vi 預設為開啟，表示只有開啟 vi process context 的檔案時，才會讓我們的模組擷取到。好，這裡做個

實驗：修改正在使用中的參數，這是很有用的東西。不過，首先，別忘了以動態方式開啟全部的 debug 輸出：

```
rpi4 # echo -n "module 3_kprobe +p" > /sys/kernel/debug/dynamic_debug/control
rpi4 # grep 3_kprobe /sys/kernel/debug/dynamic_debug/control
<...>/3_kprobe.c:98 [3_kprobe]handler_pre =p "%03d) %c%s%c:%d    |  %c%c%c%u    /* %s()
*/\012"
<...>/3_kprobe.c:158 [3_kprobe]handler_post =p "%03d) %c%s%c:%d    |  %c%c%c%u    /* %s()
*/\012"
rpi4 #
```

現在，查詢並修改模組參數 skip_if_not_vi，將其值修改為 0：

```
rpi4 # cat /sys/module/3_kprobe/parameters/skip_if_not_vi
1
rpi4 # echo -n 0 > /sys/module/3_kprobe/parameters/skip_if_not_vi
```

現在，全部的開啟檔案系統呼叫（open file system call）都會經過我們的模組進行 trap，可見以下的螢幕截圖，能夠清楚看到 dmesg 和 systemd-journal 程式開啟各種檔案：

```
[ 4410.773412] 3_kprobe:handler_pre(): 001)  dmesg :10746   |  d..1   /* handler_pre() */
[ 4410.779891] systemd-journald[890]: /dev/kmsg buffer overrun, some messages lost.
[ 4410.787758] 3_kprobe:handler_pre(): FILE being opened: reg:0x0000aaaac84c6be8   fname:/etc/terminal-color
s.d
[ 4410.787762] 3_kprobe:handler_post(): delta: 1888 ns (~ 1 us ~ 0 ms)
[ 4410.787859] 3_kprobe:handler_pre(): 001)  dmesg :10746   |  d..1   /* handler_pre() */
[ 4410.795365] 3_kprobe:handler_pre(): 003)  systemd-journal :890   |  d..1   /* handler_pre() */
[ 4410.805236] 3_kprobe:handler_pre(): FILE being opened: reg:0x0000aaaac84c5e60   fname:/dev/kmsg
[ 4410.811591] 3_kprobe:handler_pre(): FILE being opened: reg:0x0000aaab01cb3b10   fname:/run/log/journal/be
ef23d9925c4395a56932e79c3b6d4d/system.journal
[ 4410.819616] 3_kprobe:handler_post(): delta: 2407 ns (~ 2 us ~ 0 ms)
[ 4410.857187] 3_kprobe:handler_post(): delta: 2018 ns (~ 2 us ~ 0 ms)
[ 4410.863792] 3_kprobe:handler_pre(): 003)  systemd-journal :890   |  d..1   /* handler_pre() */
[ 4410.872539] 3_kprobe:handler_pre(): FILE being opened: reg:0x0000aaab01cb3b10   fname:/run/log/journal/be
ef23d9925c4395a56932e79c3b6d4d/system.journal
[ 4410.886218] 3_kprobe:handler_post(): delta: 5260 ns (~ 5 us ~ 0 ms)
[ 4410.892820] systemd-journald[890]: /dev/kmsg buffer overrun, some messages lost.
[ 4410.900428] 3_kprobe:handler_pre(): 003)  systemd-journal :890   |  d..1   /* handler_pre() */
rpi4 #
```

圖 4.6 部分的擷取畫面顯示 Raspberry Pi 4（AArch64）的 3_kprobe，顯示全部已經開啟的檔案

很好，它在這裡也能完美地運行，還好我們在模組程式碼有將 AArch64 架構考慮在內；可回想一下在 3_kprobe.c 模組的 #ifdef CONFIG_ARM64 ... 這行程式碼！

好啦！我們已經有全部已開啟檔案的名稱，請務必自行試用本軟體，至少在你的 x86_64 Linux VM 試試。

範例 4，透過協助腳本（helper script）的半自動化 static kprobe

這裡會更好玩了！有一個 shell（bash）script（`kp_load.sh`）會接收參數，包括我們要探測的函式名稱，以及這個函式的 kernel 模組，只要 kernel 模組中要探測的函式有在使用。然後，它會為 kernel 模組的 C 程式碼和 `Makefile` 生成樣板（template），進而藉由模組參數，將一個 kprobe 附加到指定的函式。

由於版面有限，這裡無法顯示全部的 script 和 kernel 模組（`helper_kp.c`）程式碼，只能提供它的用法。當然，我期望你能自行查閱程式碼並試試看：`ch4/kprobes/4_kprobe_helper`。

Helper script 會先執行一些基本功能測試，它會先驗證目前 kernel 確實支援 kprobes。執行時以 root 身分不帶參數，可顯示其用法或使用說明：

```
$ cd ch4/kprobes/4_kprobe_helper
$ sudo ./kp_load.sh
[sudo] password for letsdebug: xxxxxxxxxxxx
[+] Performing basic sanity checks for kprobes support...  OK
kp_load.sh: minimally, a function to be kprobe'd has to be specified (via the
--probe=func option)
Usage: kp_load.sh [--verbose] [--help] [--mod=module-pathname] --probe=function-to-
probe
       --probe=probe-this-function  : if module-pathname
         is not passed, then we assume the function to be
         kprobed is in the kernel itself.
       [--mod=module-pathname]       : pathname of kernel
              module that has the function-to-probe
       [--verbose]                   : run in verbose mode;
                                  shows PRINT_CTX() o/p, etc
       [--showstack]                 : display kernel-mode
                                 stack, see how we got here!
       [--help]                      : show this help
                                       screen
$
```

來執行一些有趣的工作：**探測系統網路卡的硬體中斷處理常式**。後續步驟會執行此作業，使用我們的 kp_load.sh helper script 實際完成作業。**平台**：Ubuntu 20.04 LTS，在 x86_64 guest VM 上執行自訂的 production kernel（5.10.60-prod01）：

1. 識別裝置上的網路驅動程式，如我的系統是 enp0s8 介面。ethtool 公用程式可以查詢網路卡上許多底層（low-level）的詳細資訊。在此，我們將使用它來查詢驅動**網路介面卡（NIC）**或 enp0s8 介面網卡的驅動程式：

```
# ethtool -i enp0s8 |grep -w driver
driver: e1000
```

ethtool 的 -i 參數可指定網路介面。此外，可以用 lsmod 確認 e1000 的裝置驅動程式確實存在於 kernel 記憶體（它配置為模組）：

```
# lsmod |grep -w e1000
e1000                 135168  0
```

2. 找出 e1000 驅動程式在 kernel 內的程式碼位置，並識別硬體中斷處理常式的函式。就算不是全部，大部分乙太網路（Ethernet）**原始裝置製造商（Original Equipment Manufacturer, OEM）**的 NIC 裝置驅動程式程式碼，皆位於 drivers/net/ethernet 資料夾。e1000 的網路驅動程式也位於此：drivers/net/ethernet/intel/e1000/。

   好，以下是設定網路介面卡硬體中斷的程式碼：

```
// drivers/net/ethernet/intel/e1000/e1000_main.c
static int e1000_request_irq(struct e1000_adapter *adapter)
{
    struct net_device *netdev = adapter->netdev;
    irq_handler_t handler = e1000_intr;
    [...]
    err = request_irq(adapter->pdev->irq, handler,
              irq_flags, netdev->name, netdev);
    [...]
```

（以下是連至線上程式碼的便利連結[5]。Bootlin 的線上 kernel 程式碼瀏覽工具可以節省時間！）

可以看到**硬體中斷（hardirq）**處理常式已命名為 e1000_intr()，這是它的簽章：

```
static irqreturn_t e1000_intr(int irq, void *data);
```

其程式碼如下：https://elixir.bootlin.com/linux/v5.10.60/source/drivers/net/ethernet/intel/e1000/e1000_main.c#L3745。酷吧！

3. 透過我們的 helper script 探測：

```
# ./kp_load.sh --mod=/lib/modules/5.10.60-prod01/kernel/drivers/net/ethernet/
intel/e1000/e1000.ko --probe=e1000_intr --verbose --showstack
```

請仔細檢查，並記下我們傳送至 kp_load.sh helper script 的參數。它會執行……在下面的螢幕截圖中，你可以看到我們的 helper script 如何執行健全檢查、驗證要探測的函式，甚至可以透過其 /proc/kallsyms 顯示它在 kernel 的虛擬位址。然後，它會建立一個暫存目錄：tmp/，複製 C LKM 範本檔案：helper_kp.c 並重新命名，使用稱為 HERE 文件的 shell script 技術產生 Makefile 檔案，切換到資料夾 tmp/，建立 kernel 模組，再透過 insmod 將模組載入 kernel 記憶體，哇嗚！

5 *https://elixir.bootlin.com/linux/v5.10.60/source/drivers/net/ethernet/intel/e1000/e1000_main.c#L253*

```
$ ls
Readme.txt  common.sh*  err_common.sh*  helper_kp.c  kp_load.sh*
$ sudo ./kp_load.sh --mod=/lib/modules/5.10.60-prod01/kernel/drivers/net/ethernet/intel/e1000/e1000.ko --probe=e1000_in
tr --verbose --showstack
[+] Performing basic sanity checks for kprobes support...  OK

FUNCTION=e1000_intr PROBE_KERNEL=0 TARGET_MODULE=/lib/modules/5.10.60-prod01/kernel/drivers/net/ethernet/intel/e1000/e1
000.ko ; VERBOSE=1 SHOWSTACK=1
Verbose mode is on
---------------------------------------------------------------------------
[ Validate the to-be-kprobed function e1000_intr ]
---------------------------------------------------------------------------
ffffffffc00a7b20 t e1000_intr   [e1000]
Target kernel Module: /lib/modules/5.10.60-prod01/kernel/drivers/net/ethernet/intel/e1000/e1000.ko
---------------------------------------------------------------------------
KPMOD=helper_kp-e1000_intr-11Oct21
--- Generating tmp/Makefile -----------------------------------------------
--- make ----------------------------------------------
make -C /lib/modules/5.10.60-prod01/build  M=/home/letsdebug/Linux-Kernel-Debugging/ch6/kprobes/4_kprobe_helper/tmp mod
ules
make[1]: Entering directory '/home/letsdebug/lkd_kernels/productionk/linux-5.10.60'
--- Dynamic Makefile for helper_kprobes util ---
Building with KERNELRELEASE =
  CC [M]  /home/letsdebug/Linux-Kernel-Debugging/ch6/kprobes/4_kprobe_helper/tmp/helper_kp-e1000_intr-11Oct21.o
/home/letsdebug/Linux-Kernel-Debugging/ch6/kprobes/4_kprobe_helper/tmp/helper_kp-e1000_intr-11Oct21.c:61:12: warning: '
running_avg' defined but not used [-Wunused-variable]
   61 | static int running_avg=0;
      |            ^~~~~~~~~~~
--- Dynamic Makefile for helper_kprobes util ---
Building with KERNELRELEASE =
  MODPOST /home/letsdebug/Linux-Kernel-Debugging/ch6/kprobes/4_kprobe_helper/tmp/Module.symvers
  CC [M]  /home/letsdebug/Linux-Kernel-Debugging/ch6/kprobes/4_kprobe_helper/tmp/helper_kp-e1000_intr-11Oct21.mod.o
  LD [M]  /home/letsdebug/Linux-Kernel-Debugging/ch6/kprobes/4_kprobe_helper/tmp/helper_kp-e1000_intr-11Oct21.ko
make[1]: Leaving directory '/home/letsdebug/lkd_kernels/productionk/linux-5.10.60'
-rw-r--r-- 1 root root 14640 Oct 11 10:32 helper_kp-e1000_intr-11Oct21.ko
---------------------------------------------------------------------------
 kernel module helper_kp-e1000_intr-11Oct21 is already inserted... proceeding...
/sbin/insmod ./helper_kp-e1000_intr-11Oct21.ko funcname=e1000_intr verbose=1 show_stack=1
$
$ journalctl -k > myklog
$ sudo rmmod helper_kp-e1000_intr-11Oct21
$
```

圖 4.7　此螢幕截圖顯示 kp_load.sh helper script 正在執行和載入自訂的 kprobe LKM

4. 我將 kernel 日誌儲存到檔案中（`journalctl -k > myklog`），從 kernel 記憶體中移除 LKM，並在 vi 編輯器中開啟日誌檔；這個輸出檔很大。圖 4.8 為部分畫面，擷取我們自訂的 kprobe 前置處理常式的 printk，來自 `PRINT_CTX()` macro 的輸出，其中大部分的輸出來自 `dump_stack()` 常式！最後兩行輸出來自 kprobe 的後置處理常式：

```
24872 Oct 11 06:52:03 dbg-LKD kernel: delta: 44593120 ns (~ 44593 us ~ 44 ms)
24873 Oct 11 06:52:03 dbg-LKD kernel: helper_kp_e1000_intr_11Oct21:handler_pre():Pre 'e1000_intr'.
24874 Oct 11 06:52:03 dbg-LKD kernel: 003) [kworker/3:3]:2086   |  d.h1   /* handler_pre() */
24875 Oct 11 06:52:03 dbg-LKD kernel: CPU: 3 PID: 2086 Comm: kworker/3:3 Tainted: G           OE     5.10.60-prod01 #4
24876 Oct 11 06:52:03 dbg-LKD kernel: Hardware name: innotek GmbH VirtualBox/VirtualBox, BIOS VirtualBox 12/01/2006
24877 Oct 11 06:52:03 dbg-LKD kernel: Workqueue: events e1000_watchdog [e1000]
24878 Oct 11 06:52:03 dbg-LKD kernel: Call Trace:
24879 Oct 11 06:52:03 dbg-LKD kernel:  <IRQ>
24880 Oct 11 06:52:03 dbg-LKD kernel:  dump_stack+0x76/0x94
24881 Oct 11 06:52:03 dbg-LKD kernel:  ? e1000_intr+0x1/0x110 [e1000]
24882 Oct 11 06:52:03 dbg-LKD kernel:  handler_pre.cold+0x5/0xc4a [helper_kp_e1000_intr_11Oct21]
24883 Oct 11 06:52:03 dbg-LKD kernel:  kprobe_ftrace_handler+0xf2/0x160
24884 Oct 11 06:52:03 dbg-LKD kernel:  ? __handle_irq_event_percpu+0x45/0x1c0
24885 Oct 11 06:52:03 dbg-LKD kernel:  ftrace_ops_assist_func+0x98/0x140
24886 Oct 11 06:52:03 dbg-LKD kernel:  0xffffffffc050e0e3
24887 Oct 11 06:52:03 dbg-LKD kernel: RIP: 0010:e1000_intr+0x1/0x110 [e1000]
24888 Oct 11 06:52:03 dbg-LKD kernel: Code: c2 77 bf 48 8b 87 80 03 00 00 f0 80 a0 90 00 00 00 fe 45 31 c0 83 87 48 0b 00 00 01 e
      b a4 66 66 2e 0f 1f 84 00 00 00 00 00 e8 <db> 64 46 00 48 8b 86 80 0d 00 00 8b 80 c0 00 00 00 85 c0 0f 84 b2
24889 Oct 11 06:52:03 dbg-LKD kernel: RSP: 0018:ffffb63b80148f28 EFLAGS: 00000046 ORIG_RAX: 0000000000000000
24890 Oct 11 06:52:03 dbg-LKD kernel: RAX: ffffffffc00a7b20 RBX: ffff9b25e526e000 RCX: 0000000000000000
24891 Oct 11 06:52:03 dbg-LKD kernel: RDX: 0000000000010001 RSI: ffff9b25c5092000 RDI: 0000000000000010
24892 Oct 11 06:52:03 dbg-LKD kernel: RBP: ffffb63b80148f60 R08: ffff9b25f78da400 R09: 0000000000000000
24893 Oct 11 06:52:03 dbg-LKD kernel: R10: 0000000000000000 R11: 0000000000000000 R12: 0000000000000000
24894 Oct 11 06:52:03 dbg-LKD kernel: R13: ffffb63b80148f74 R14: 0000000000000010 R15: 0000000000000000
24895 Oct 11 06:52:03 dbg-LKD kernel:  ? e1000_maybe_stop_tx+0x90/0x90 [e1000]
24896 Oct 11 06:52:03 dbg-LKD kernel:  ? e1000_intr+0x5/0x110 [e1000]
24897 Oct 11 06:52:03 dbg-LKD kernel:  ? __handle_irq_event_percpu+0x45/0x1c0
24898 Oct 11 06:52:03 dbg-LKD kernel:  ? e1000_intr+0x5/0x110 [e1000]
24899 Oct 11 06:52:03 dbg-LKD kernel:  ? __handle_irq_event_percpu+0x45/0x1c0
24900 Oct 11 06:52:03 dbg-LKD kernel:  handle_irq_event_percpu+0x33/0x90
24901 Oct 11 06:52:03 dbg-LKD kernel:  handle_irq_event+0x39/0x60
24902 Oct 11 06:52:03 dbg-LKD kernel:  handle_fasteoi_irq+0xc5/0x1a0
24903 Oct 11 06:52:03 dbg-LKD kernel:  ? handle_nested_irq+0x110/0x110
24904 Oct 11 06:52:03 dbg-LKD kernel:  asm_call_irq_on_stack+0x12/0x20
24905 Oct 11 06:52:03 dbg-LKD kernel:  </IRQ>
24906 Oct 11 06:52:03 dbg-LKD kernel:  common_interrupt+0x136/0x1d0
24907 Oct 11 06:52:03 dbg-LKD kernel:  asm_common_interrupt+0x1e/0x40
24908 Oct 11 06:52:03 dbg-LKD kernel: RIP: 0010:e1000_watchdog+0x19d/0x590 [e1000]
24909 Oct 11 06:52:03 dbg-LKD kernel: Code: 39 f0 0f 82 fa 01 00 00 41 83 bc 24 f8 fb ff ff 04 0f 87 51 01 00 00 49 8b 94 24 e0 f
      b ff ff b8 10 00 00 00 89 82 c8 00 00 00 <41> c6 84 24 f1 f9 ff ff 01 49 8b 44 24 c8 a8 04 0f 84 e6 01 00 00
24910 Oct 11 06:52:03 dbg-LKD kernel: RSP: 0018:ffffb63b81b67e20 EFLAGS: 00000297
24911 Oct 11 06:52:03 dbg-LKD kernel: RAX: 0000000000000010 RBX: ffff9b25c5092000 RCX: 0000000000000100
24912 Oct 11 06:52:03 dbg-LKD kernel: RDX: ffffb63b82160000 RSI: 0000000000000100 RDI: ffff9b25c5092d80
24913 Oct 11 06:52:03 dbg-LKD kernel: RBP: ffffb63b81b67e58 R08: ffff9b25c50931a8 R09: ffff9b263ddab9e0
24914 Oct 11 06:52:03 dbg-LKD kernel: R10: ffff9b25e45c366c R11: 0000000000000018 R12: ffff9b25c50931a0
24915 Oct 11 06:52:03 dbg-LKD kernel: R13: ffff9b25f662ad00 R14: ffff9b25c5092d80 R15: ffff9b25c5092900
24916 Oct 11 06:52:03 dbg-LKD kernel:  process_one_work+0x1b8/0x3b0
24917 Oct 11 06:52:03 dbg-LKD kernel:  worker_thread+0x50/0x3a0
24918 Oct 11 06:52:03 dbg-LKD kernel:  ? process_one_work+0x3b0/0x3b0
24919 Oct 11 06:52:03 dbg-LKD kernel:  kthread+0x154/0x180
24920 Oct 11 06:52:03 dbg-LKD kernel:  ? kthread_unpark+0x80/0x80
24921 Oct 11 06:52:03 dbg-LKD kernel:  ret_from_fork+0x22/0x30
24922 Oct 11 06:52:03 dbg-LKD kernel: helper_kp_e1000_intr_11Oct21:handler_post():kworker/3:3:2086. Post 'e1000_intr'.
24923 Oct 11 06:52:03 dbg-LKD kernel: delta: 25862601 ns (~ 25862 us ~ 25 ms)
                                                                                                   24922,1        20%
```

圖 4.8 部分螢幕截圖顯示由 helper script 在前置處理常式內自訂 kprobe 所發出的 kernel 日誌輸出，最後兩行來自後置處理常式

有趣吧！自訂的自動生成探測器（kprobe）已達成此目標！

不用擔心如何精準解譯 kernel-mode 的 stack；下一章將有更詳細的介紹。現在，略過圖 4.8 行號和左邊的前五欄後，我將指出以下重點：

- 第 24873 行：自訂產生的 kprobe 輸出：設定詳細資訊旗標時，debug printk 會顯示呼叫的站點：`helper_kp_e1000_intr_11Oct21:handler_pre(): Pre 'e1000_intr'`。
- 第 24874 行：來自我們的 `PRINT_CTX()` macro 輸出：`003)[kworker/3:3]:2086 | d.h1 / handler_pre() */`。這四個字元 d.h1 依序分別如圖 4.4 的解釋：

硬體中斷已停用（off），目前正在 hardirq context 中執行；當然，probe 目前在網路卡的中斷處理常式上，而且目前已持有（spin）lock。

- 第 24875 到 24921 行：dump_stack() 常式的輸出，這真的是很有用的資訊！現在請從下而上閱讀（bottom-up），忽略以「？」開頭的那幾行。好的，關鍵是：在這個特定的案例中，你是否注意到這裡實際上顯示的是兩種 kernel-mode 的 stack？
    - 上面的部分是位於 <IRQ> 和 </IRQ> token 之內，說明這是 IRQ stack，一個特殊的 stack region（堆疊區），在處理一個硬體中斷時，可用來持有 stack frame，這是取決於 arch 而定的功能，稱為 **interrupt** 或 **IRQ** stack，大多數的現代處理器都會使用。
    - 在 </IRQ> 之後，下面的 stack 部分是一般的 kernel-mode stack。通常這是 process context 的（kernel）stack，它恰巧因硬體中斷而粗略地中斷。在此，它剛好是名為 kworker/3:3 的 kernel thread。

解譯 kthread 名稱

此外，你如何解譯 kernel thread 的名稱，例如此處看到的 kworker/3:3 kthread？它們基本上會以下列格式轉換：kworker/%u:%d[%s] (kworker/cpu:id[priority])。

如需詳細資訊，請參閱此連結：https://www.kernel.org/doc/Documentation/kernel-per-CPU-kthreads.txt。

很好，使用 helper script 確實可以讓事情變得簡單多了。當然，這需要付出代價，但就像人生一樣，總要權衡取捨：我們的 helper_kp.c LKM 的 C 程式碼範例，在用來建立的每個探測器程式碼都是用 hardcode 寫的。

現在你已知道如何寫 static kprobes；更重要的是，如何利用此技術幫助你仔細檢測，進而 debug kernel / module 的程式碼，即使在生產系統上也是如此！硬幣的另一面是 kretprobe。讓我們開始學習如何使用。

4.5 開始使用 kretprobes

在本章一開始，你學會如何使用基本的 kprobes API 來設定一至兩個的 static kprobe。以下要介紹與 kprobe 類似的有趣方式：**kretprobe，它允許我們存取任何，嗯，至少是大部分的 *kernel* 或模組函式的返回值！**這種能夠動態查詢指定函式傳回值的功能，可以成為 debug 情境中決定遊戲規則的人。

> **專業的開發提示**
>
> 不要假設：如果函式有傳回值，請務必檢查失敗的案例。它終究會失敗的，沒錯，即使是 `malloc()` 或 `kmalloc()` API 也一樣！如果捕捉不到可能發生的錯誤，你會需要費盡心思去釐清已發生的問題！

相關的 kretprobe API 非常簡單：

```
#include <linux/kprobes.h>
int register_kretprobe(struct kretprobe *rp);
void unregister_kretprobe(struct kretprobe *rp);
```

`register_kretprobe()` 函式在成功時傳回 `0`，在一般 kernel 風格（`0/-E` 慣例）中，失敗時傳回負的 `errno` 值。

> **提示 — errno 的值及意義**
>
> 如你所知，`errno` 是在每個 process 尚未初始化的資料區段中找到的整數。近來，會以透過編譯器，透過使用功能強大的 **Thread Local Storage**（**TLS**）Pthreads，以及在變數中使用 `__thread` 關鍵字，將其構建為 執行緒安全的（*thread-safe*）程式。當系統呼叫處理失敗時通常會傳回 `-1`，程式設計人員可以查詢 `errno` 來診斷錯誤。Kernel 或底層的驅動程式會傳回適當的負數 `errno` 整數，glibc 的附加程式碼會將它乘以 `-1` 來設為正數。它可作為英文錯誤訊息二維陣列的索引，可方便地透過 `[p]error(3)` 或 `strerror(3)` glibc API 來查詢。

> 我常覺得，能夠快速查詢給定的 errno 值非常有幫助。利用使用者空間的表頭 /usr/include/asm-generic/errno-base.h，包含 errno 從 1 到 34 的值；和 /usr/include/asm-generic/errno.h，包含 errno 從 35 到 133 的值。
>
> 例如，如果你注意到日誌檔中，kernel/module 函式的傳回值為 -101，就可以查詢對應的 errno 正值；如此處：#define ENETUNREACH 101 /* Network is unreachable */

kretprobe structure 的內部包含 kprobe structure，可讓你透過它來設定探測點（*return* probe 的函式）。實際上，探測點會是 rp->kp.addr，其中 rp 是 kretprobe 結構的指標，kp 是 kprobe 結構的指標，位址通常要以 rp->kp 計算。symbol_name - 是設定為要探測的函式名稱。rp->handler 是 kretprobe 處理常式函式；其特徵（signature）如下：

```
int kretprobe_handler(struct kretprobe_instance *ri, struct pt_regs *regs);
```

就像 kprobes 一樣，你會透過處理常式函式的第二個參數，即 pt_regs structure，收到全部的 CPU 暫存器。第一個參數是 kretprobe_instance，它及其他管理欄位包含：

- ri->ret_addr：傳回的位址。
- ri->task：指向 process context 任務結構的指標，封裝執行中任務的全部屬性。
- ri->data：存取私有資料選項（private data item）的方法。

但主要功能，即要探測的函式返回值又是如何呢？喔，回想一下我們對於處理器 ABI 的討論，可見「了解 ABI 的基本概念」這一節：傳回值會再次存入處理器的暫存器，而特有的暫存器當然是跟架構（arch）高度相關的。表 *4.1* 顯示相關的詳細資訊。但請等一下，你可以不必動手查詢，有一種簡單又優雅的方式：透過一個 macro：

```
regs_return_value(regs);
```

此 macro 提供不用理會硬體為何的抽象概念，針對每個處理器系列分別定義，會從適當的暫存器取得傳回值；暫存器當然是透過 `struct pt_regs *regs` 傳遞！例如，以下是在下列架構的（CPU）執行 `regs_return_value()` 的基本實作：

- ARM（AArch32）為：`return regs->ARM_r0;`
- A64（AArch64）為：`regs->regs[0]`
- x86 為：`return regs->ax;`

這真的很實用。

Kernel 社群為某些選定的 kernel 功能提供原始碼範例，其中包括 kprobe 和 kretprobe。以下是來自 kretprobe 範例程式碼的一些相關程式碼片段，位於 kernel 的 code base：`samples/kprobes/kretprobe_example.c`。透過下列幾點：

- 模組參數 `func` 可讓我們傳遞任何要做探測的函式。最後，為了取得其傳回值，此處有完整點：

```
static char func_name[NAME_MAX] = "kernel_clone";
module_param_string(func, func_name, NAME_MAX, S_IRUGO);
MODULE_PARM_DESC(func, "Function to kretprobe; this module will report the
function's execution time");
```

- kretprobe structure 的定義：

```
static struct kretprobe my_kretprobe = {
    .handler        = ret_handler,
    .entry_handler  = entry_handler,
    .data_size      = sizeof(struct my_data),
    /* Probe up to 20 instances concurrently. */
    .maxactive      = 20,
};
```

現在來深入探討一下這個 `kretprobe` structure：

- 處理常式（`handler`）：指定要執行的函式成員，handler 會在我們所要探測的函式完成時執行，讓我們能夠擷取傳回值，這是 return handler。

- entry_handler：在進入正在探測的函式時，可以決定是否要蒐集傳回值的處理常式：
  - 如果你 return 0，表示成功，則會在探測的函式 return 時，呼叫 handler。
  - 如果返回非 0 值，那根本不會發生 k[ret]probe，則實際上，它對於此特定函式來說是關閉的。可見官方 kernel 文件所提供，關於 entry handler 和專用資料欄位的深入詳細資訊[6]。
- maxactive：用於指定可同時探查多少個探查函式的實體（instance）；預設值是中括號裡的 CPU kernel 數目（NR_CPUS）。如果 kretprobe structure 的 nmissed 欄位為正數，則表示你遺漏多個 instance，然後你可以放大 maxactive。同樣地，kernel 文件有提供深入的詳細資訊[7]。

- 在模組初始化的程式碼路徑（code path）中，設定 return probe：

```
my_kretprobe.kp.symbol_name = func_name;
ret = register_kretprobe(&my_kretprobe);
```

- 以下是實際的傳回處理常式程式碼（return handler code），可略過一些細節：

```
static int ret_handler(struct kretprobe_instance *ri, struct pt_regs *regs)
{
    unsigned long retval = regs_return_value(regs);
    struct my_data *data = (struct my_data *)ri->data;
    [...]
    delta = ktime_to_ns(ktime_sub(now, data->entry_stamp));
    pr_info("%s returned %lu and took %lld ns to execute\n", func_name, retval,
(long long)delta);
     return 0;
}
```

我已用粗體，標示指出取得並列印 return 位址的關鍵行。

6 *https://www.kernel.org/doc/html/latest/trace/kprobes.html?highlight=kretprobes#kretprobe-entry-handler*

7 *https://www.kernel.org/doc/html/latest/trace/kprobes.html?highlight=kretprobes#how-does-a-return-probe-work*

- 在模組的 clean code path 會註銷 kretprobe，並顯示遺失的執行個體計數：

```
unregister_kretprobe(&my_kretprobe);
pr_info("kretprobe at %p unregistered\n", my_kretprobe.kp.addr);
/* nmissed > 0 suggests that maxactive was set too low. */
pr_info("Missed probing %d instances of %s\n", my_kretprobe.nmissed,
my_kretprobe.kp.symbol_name);
```

一定要來試試⋯⋯

Kprobes 大雜燴

關於 k[ret]probes 這個主題，還有幾個需要注意的事項：

- 第一，你甚至可以使用單一 API 呼叫來設定多個 kprobes 或 kretprobes，如下所示：

```
#include <linux/kprobes.h>
int register_kprobes(struct kprobe **kps, int num);
int register_kretprobes(struct kretprobe **rps, int num);
```

  如你所預期的，這些是在迴圈中呼叫底層註冊常式的好用 wrapper。`unregister_k[ret]probes()` 常式對應項可用來註銷探測，這裡就不多說了。

- 第二，可以透過下列方式暫時停用 kprobe 或 kretprobe：

```
int disable_kprobe(struct kprobe *kp);
int disable_kretprobe(struct kretprobe *rp);
```

之後再透過對應及類似的 `enable_k[ret]probe()` API 重新啟用。這很實用：是可調整要記錄的 debug 遙測數量的方法。

> **內部作業**
>
> 如果你想要深入了解 kprobes 和 kretprobes 內部實作的內部運作方式，可參考 kernel 官方文件的「Concepts: Kprobes and Return Probes」的章節。[8]

8 *https://www.kernel.org/doc/Documentation/kprobes.txt*

現在，你已經知道如何同時使用 kprobes 和 kretprobes，是時候來了解它們的一些內在的局限性甚至缺點了，這就是下一節的內容。

4.6 Kprobes：限制性與不利因素

我們的確察覺到，無法只用一招半式打天下，套一句 Frederick J Brooks 在他精彩絕倫的好書：《人月神話》（The Mythical Man Month）所說的：「沒有銀彈」（there is no silver bullet）。

如我們所見，某些 kernel/module 函式是無法探測，包括下列各項：

- 以 `__kprobes` 或 `nokprobe_inline` 註釋標示的函式。
- 透過 `NOKPROBE_SYMBOL()` macro 打上 mark 的函式。
- 虛擬檔案 `/sys/kernel/debug/kprobes/blacklist` 會保留無法探測的函式名稱；順帶一提，我們的 `ch4/kprobes/4_kprobe_helper/kp_load.sh` script 會依此嘗試檢查要探測的函式。此外，也可能無法探測某些行內函式（inline function）。

由於穩定性考量，在生產系統上使用 k[ret]probes 的意義有待進一步說明，請見下一節。

介面的穩定性

我們知道，kernel API 會隨著不同情況下的開發與維護 kernel，而有可能隨時會改變。因此，你可以想像 kernel 模組為某些函式，例如 `x()` 和 `y()` 設定探測的情況。但在較新的 kernel 發行版本中，無法得知會發生什麼情況；這些函式可能已過時，或其 signature 以及參數和返回型別可能會更改，導致 k[ret]probe kernel 模組需要不斷維護。老實說，這很常見。

最後還有一點。一個重要的注意事項是：從穩定性和資訊安全的角度來看，將第三方 kernel 模組納入 production 系統其實很危險，尤其而且是顯而易見的關鍵任務（mission-critical）的系統。若有供應商在場，例如 Red Hat、**SUSE Linux Enterprise Server（SLES）**、Canonical 等作業系統供應商，所提供的保固亦可能失效。DevOps 員工一般對於讓未經測試的程式碼進入生產系統極為謹慎，更不用說 kernel 模組了；他們實際上不會贊成你載入 kernel 模組。

此外，將 kprobe 附加至大量程式碼路徑，例如排程、中斷 / 計時器或網路程式碼時，kprobes 也會導致 kernel 不穩定。可能的話請避免使用它們；就算不行，也至少透過減少 printk 使用量和使用 printk 速率限制 API 來降低風險。上一章曾介紹如何限制 printk 速率。

如何得知某個 kernel 或模組函式是否經常執行？透過 `perf-tools[-unstable]` package 或較新的 *eBPF* 工具套件的 **funccount** 公用程式，可以剖析並顯示 kernel 內大量的程式碼路徑。公用程式 script 通常稱為 `funccount-perf` 或 `funccount-bpfcc`，取決於你所安裝的內容。

針對 static kprobe 或 kretprobe 的一種更現代化、更乾淨而且更有效的方法，是使用已經內建於 kernel fabric 中的追蹤機制，因此已可測試並可用於生產。這包括使用動態 kprobes 或基於 kprobe 的事件追蹤，前端如 `kprobe-perf` 都取之於此，或以 ftrace 提供的 kernel 追蹤點、perf 和 eBPF 前端等。它們也非常簡單好用；不需要寫 C 程式和深入了解 kernel 內部，而且相容於 DevOps/sysad！讓我們開始探索！

4.7 更簡單的方法：動態 kprobes 或基於 kprobes 的事件追蹤

與我在範例 4 中打造一個小的 script 方法類似，但更好且更方便使用 kprobes 掛載到任何的 kernel 函式，有一個叫做 `perf-tools`（或 `perf-tools-unstable`）的 package，創作者和主要作者為 Brendon Gregg。此套件提供的實用工具中，名為 `kprobe`（或 `kprobe-perf`）的 bash script 是一個非常棒的 wrapper，可以讓我們輕鬆安裝 kprobe 和 kretprobes！

假設你已安裝第 1 章介紹除錯軟體時指定的套裝軟體，先來確認該套裝軟體是否存在，然後執行 script。順道一提，在 x86_64 Ubuntu 20.04 LTS 系統上，套裝軟體名稱是 perf-tools-unstable，而 script 稱為 kprobe-perf：

```
# dpkg -l|grep perf-tools
ii  perf-tools-unstable   1.0.1~20200130+git49b8cdf-1ubuntu1    all      DTrace-like
tools for Linux
# file $(which kprobe-perf)
/usr/sbin/kprobe-perf: Bourne-Again shell script, ASCII text executable
#
```

很好，執行它並檢視它的使用說明畫面。需要以 root 身分執行，我就是用 root 操作：

```
# kprobe-perf
USAGE: kprobe [-FhHsv] [-d secs] [-p PID] [-L TID] kprobe_definition [filter]
                 -F                # force. trace despite warnings.
                 -d seconds        # trace duration, and use buffers
                 -p PID            # PID to match on events
                 -L TID            # thread id to match on events
                 -v                # view format file (don't trace)
                 -H                # include column headers
                 -s                # show kernel stack traces
                 -h                # this usage message

Note that these examples may need modification to match your kernel
version's function names and platform's register usage.
   eg,
       kprobe p:do_sys_open
                                   # trace open() entry
       kprobe r:do_sys_open
                                   # trace open() return
       kprobe 'r:do_sys_open $retval'
                                   # trace open() return value
       kprobe 'r:myopen do_sys_open $retval'
                                   # use a custom probe name
       kprobe 'p:myopen do_sys_open mode=%cx:u16'
                                   # trace open() file mode
       kprobe 'p:myopen do_sys_open filename=+0(%si):string'
                                   # trace open() with filename
       kprobe -s 'p:myprobe tcp_retransmit_skb'
                                   # show kernel stacks
       kprobe 'p:do_sys_open file=+0(%si):string' 'file ~ "*stat"'
                                   # opened files ending in "stat"

See the man page and example file for more info.
#
```

圖 4.9　顯示 kprobe-perf script 的使用說明畫面

可參閱線上手冊及線上範例網頁，簡要且重點說明使用這個實用公用程式。[9]

建議你先試用一些範例，如圖 4.9 所示。

接下來，讓我們不費吹灰之力地利用這個強大的 script，非常輕鬆地完成前面 4 個範例費盡千辛萬苦才完成的工作：在 do_sys_open() 建立一個 kprobe，並印出正在開啟的檔案路徑名稱，如圖 4.5 範例所示：

```
# kprobe-perf 'p:do_sys_open file=+0(%si):string'
Tracing kprobe do_sys_open. Ctrl-C to end.
     kprobe-perf-8171    [002] ...1  9159.540104: do_sys_open: (do_sys_open+0x0/0xf0)
file="/etc/ld.so.cache"
     kprobe-perf-8171    [002] ...1  9159.540259: do_sys_open: (do_sys_open+0x0/0xf0)
file="/lib/x86_64-linux-gnu/libc.so.6"
     kprobe-perf-8171    [002] ...1  9159.542030: do_sys_open: (do_sys_open+0x0/0xf0)
file=(fault)
     kprobe-perf-8171    [002] ...1  9159.542818: do_sys_open: (do_sys_open+0x0/0xf0)
file="trace_pipe"
      irqbalance-676     [000] ...1  9162.010699: do_sys_open: (do_sys_open+0x0/0xf0)
file="/proc/interrupts"
      irqbalance-676     [000] ...1  9162.011642: do_sys_open: (do_sys_open+0x0/0xf0)
file="/proc/stat"
[...]^C
```

請注意以下語法：

- 'p:do_sys_open' 會在 do_sys_open() kernel 函式上設定一個 kprobe。
- 在 x86_64 上，ABI 告訴我們 [R]SI 暫存器持有函式的第二個參數，可回想表 4.1。本例中，它是已開啟檔案的路徑名稱。script 會使用語法 +0(%si):string，將其內容顯示為字串（以 file= 做為前綴字）。

就是這麼簡單！為了最基本的測試，我在另一個終端機視窗中運行 ps，kprobe-perf script 立刻傾印以下內容：

```
ps-8172    [000] ...1  9164.231685: do_sys_open: (do_sys_open+0x0/0xf0) file="/lib/
x86_64-linux-gnu/libdl.so.2"
```

9 *https://github.com/brendangregg/perf-tools/blob/master/examples/kprobe_example.txt*

```
ps-8172    [000] ...1  9164.232582: do_sys_open: (do_sys_open+0x0/0xf0) file="/lib/
x86_64-linux-gnu/libc.so.6"
ps-8172    [000] ...1  9164.233758: do_sys_open: (do_sys_open+0x0/0xf0) file="/lib/
x86_64-linux-gnu/libsystemd.so.0"
ps-8172    [000] ...1  9164.234776: do_sys_open: (do_sys_open+0x0/0xf0) file="/lib/
x86_64-linux-gnu/librt.so.1"
[...]
ps-8172    [000] ...1  9164.248680: do_sys_open: (do_sys_open+0x0/0xf0) file="/proc/
meminfo"
ps-8172    [000] ...1  9164.249511: do_sys_open: (do_sys_open+0x0/0xf0) file="/proc"
ps-8172    [000] ...1  9164.260290: do_sys_open: (do_sys_open+0x0/0xf0) file="/proc/1/
stat"
ps-8172    [000] ...1  9164.260854: do_sys_open: (do_sys_open+0x0/0xf0) file="/proc/1/
status"
[...]
```

……還有更多……，你可以藉由執行此作業，真正深入了解 ps 的運作方式！事實上，能追蹤某個 process 使用的每個系統呼叫的神奇工具 `strace`，真的可以達到這樣的細膩程度！請不要忽略它。

當然，這裡的重點只是要向你展示，使用此工具在內部利用 kernel 的 kprobes 框架和處理器 ABI 的知識，要取得同樣有價值的資訊有多麼容易。

此外，kprobe-perf script 使用的輸出格式如下：

```
#                              _-----=> irqs-off
#                             / _----=> need-resched
#                            | / _---=> hardirq/softirq
#                            || / _--=> preempt-depth
#                            ||| /     delay
#           TASK-PID   CPU#  ||||    TIMESTAMP  FUNCTION
#              | |       |   ||||       |         |
             ps-8172   [000] ...1  9164.260854: do_sys_open: (do_sys_open+0x0/0xf0)
file="/proc/1/status"
```

我們對此非常熟悉，理由也相當充分：它還是 ftrace，而且與 `PRINT_CTX()` macro 所做的操作非常類似，請回想一下圖 4.4。

如你所猜想的，kprobe-perf script 為了完成工作，會以某種方式設定 kprobe。透過查閱 debugfs 掛載點底下的 kprobes/list 虛擬檔案，確實可以輕易地驗證此設定。上一個指令還在執行時，我就在另一個終端機視窗中執行：

```
# cat /sys/kernel/debug/kprobes/list
ffffffff965d1a60  k  do_sys_open+0x0    [FTRACE]
```

顯然可以看到，在 do_sys_open() kernel 函式有設定一個 kprobe。

基於 Kprobe 的事件追蹤：最小的內部詳細資料

所以，kprobe-perf script 是如何建立一個 kprobe 的？哈，非常有趣的是：它利用 kernel 的 ftrace 基礎結構來做到這一點，該基礎結構可以在 kernel **內部追蹤**關鍵事件，稱為 kernel 的事件追蹤框架，而其中包含 kprobes 事件框架。可將它視為較大的 ftrace kernel 系統子集；這就是你看到 [FTRACE] 位於 kprobes/list 行右邊的原因！第 9 章〈追蹤 Kernel 流程〉會深入介紹 *ftrace*。

kprobe events 的程式碼於 2009 年由平松正美（Masami Hiramatsu）引進 kernel。儘管有一些限制，但基本上，透過這個功能可以讓 kernel 切換選取 kernel 函式的追蹤。

從內部來說，以下是設定 kprobe 基本資訊的方法：在 debugs tracing 資料夾中會有一個名為 events 的目錄，通常位在 /sys/kernel/debug/tracing/，這是假設 kernel config 已經設定 CONFIG_KPROBE_EVENTS=y 以及 CONFIG_KPROBE_EVENTS=y；一般情況下即使在 distro 和許多 production kernel 也是。其下有資料夾，代表 kernel 的事件追蹤基礎結構所追蹤的各種子系統，和（或）已知的事件類別。

使用事件追蹤框架來追蹤內建的函式

Kernel 的**事件追蹤**基礎架構也會在此位置映象這些追蹤點：/sys/kernel/tracing。由於 production 系統上的 debugfs 是不可見的，所以要做系統安全測量時，這個功能特別好用。

讓我們看看：

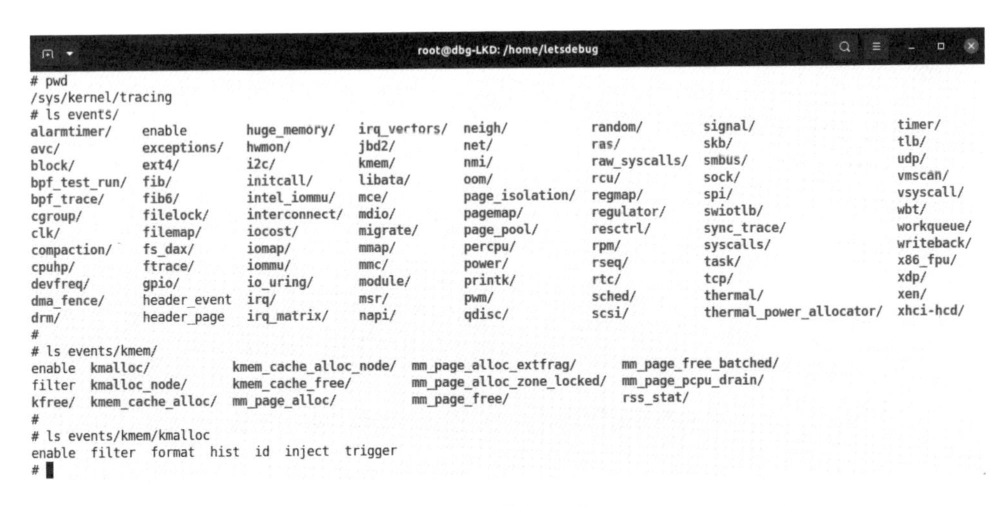

圖 4.10　此螢幕截圖顯示 kernel 的事件追蹤，/sys/kernel/tracing/events 下的（pseudo）檔案與資料夾

沒錯，巨量的事件類別和子系統也可以如此容易追蹤！

例如，常見的 kernel 記憶體配置程式常式，即真正受歡迎的 `kmalloc()` slab API。在圖 4.10 中，你可以在底部（`events/kmem/kmalloc` 目錄內），看到追蹤 `kmalloc()` 的對應虛擬檔案。

此外，此 `format` 虛擬檔案（pseudo file）確實具有所報告內容的詳細資訊，以及它在內部查詢的方式；它實際上代表了一種 kernel 維護並能夠查詢的資料結構。使用 -v 選項參數執行 `kprobe-perf` 會顯示此格式檔案，而且不會執行追蹤。

將 `1` 寫入 `enable` 這個虛擬檔案可啟用追蹤，並默默地執行。你可以讀取名為 `/sys/kernel/[debug]/tracing/trace` 的虛擬檔案以用來檢視輸出結果；或 `trace-pipe`，從 `trace_pipe` 讀取會持續監看（*watch*）檔案，類似於在檔案上執行 `tail -f`，的確滿好用的。

趕快來試試看，這裡用的是的 Raspberry PI 0W：

```
rpi # pwd
/sys/kernel/debug/tracing
rpi # cat events/kmem/kmalloc/enable
0
rpi # echo 1 > events/kmem/kmalloc/enable
rpi #
rpi # cat trace_pipe
           sshd-680     [000] ....   700.723280: kmalloc: call_site=__alloc_skb+0x70/0x164 ptr=236acdbb byte
s_req=576 bytes_alloc=1024 gfp_flags=GFP_KERNEL|__GFP_NOWARN|__GFP_NOMEMALLOC
           sshd-680     [000] ....   700.723391: kmalloc: call_site=pskb_expand_head+0x70/0x33c ptr=f5e025aa
 bytes_req=1024 bytes_alloc=1024 gfp_flags=GFP_ATOMIC|__GFP_NOWARN|__GFP_NOMEMALLOC
    kworker/u2:1-56     [000] ....   700.723674: kmalloc: call_site=__alloc_skb+0x70/0x164 ptr=a25030bf byte
s_req=352 bytes_alloc=512 gfp_flags=GFP_ATOMIC|__GFP_NOWARN|__GFP_NOMEMALLOC
    kworker/u2:1-56     [000] ....   700.725507: kmalloc: call_site=__alloc_skb+0x70/0x164 ptr=a25030bf byte
s_req=352 bytes_alloc=512 gfp_flags=GFP_ATOMIC|__GFP_NOWARN|__GFP_NOMEMALLOC
    kworker/u2:1-56     [000] ....   700.725607: kmalloc: call_site=__alloc_skb+0x70/0x164 ptr=a25030bf byte
s_req=384 bytes_alloc=512 gfp_flags=GFP_ATOMIC|__GFP_NOWARN|__GFP_NOMEMALLOC
```

圖 4.11　剪裁過的螢幕截圖，這個範例顯示可輕易追蹤 kmalloc() 常式

好了，就是這麼容易！由 kernel 或模組呼叫的 `kmalloc()`，每個單一執行過程都會追蹤。詳述 kmalloc 資訊，也就是你從 `kmalloc: call site=...` 看到的內容，其精確 printk 格式規範是由 `events/kmem/kmalloc/format` 虛擬檔案指定。

完成之後，請以下列方式關閉探測器：

```
rpi # echo 0 > events/kmem/kmalloc/enable
```

並使用下列方式清空 kernel 的追蹤緩衝區：

```
rpi # echo > trace
```

（對了，透過 enable 虛擬檔案進行事件追蹤，只是使用 kernel 功能強大的事件追蹤架構的其中一種方式；詳細資訊可參閱：`https://www.kernel.org/doc/html/latest/trace/events.html#event-tracing`）。

所以，請想像一下，圖 4.10 顯示 kernel 提供的自動可用的追蹤點，實際上就是內建的 kernel 追蹤點。但是，如果你需要追蹤不在此處，也就是實際上不在 `/sys/kernel/[debug]/tracing/events` 底下的函式，該如何處理？總有辦法的，讓我們繼續看下去！

透過 kprobe event，在任何函式上設定動態 kprobe

除了「Kprobes：限制性與不利因素」章節所述的少數例外情況以外，若要在任何指定的 kernel 或模組功能上動態設定 kprobe，可以學習運用 kernel 的動態事件追蹤架構，以及 *function-based kprobes* 功能。

不過，要知道的是，只有在所要探測的函式符合下列時才能設定 kprobe：

- 存在於 kernel 的全域符號表中，可以透過 `/proc/kallsyms` 檢視
- 顯示在 ftrace 架構的可用函式清單中：`<debugs_mount>/tracing/available_filter_functions`

如果所要探測的函式位於 kernel 模組內，該怎麼辦？沒問題，一旦將模組載入 kernel 記憶體中，內部機制將確保所有符號都是 kernel 符號表的一部分，因此在 /proc/kallsyms 中都可以看到；當然，請以 root 身分檢視。事實上，後續章節會說明這一點。

若要設定 *dynamic kprobe*，請執行下列步驟：

1. 初始化動態的探測點：

   ```
   # cd /sys/kernel/debug/tracing
   ```

   如果不管發生什麼事，這種方法都行不通，通常是 debugfs 在 production kernel 上不可見，或關閉 ftrace 功能；就將其更改為以下內容：

   ```
   # cd /sys/kernel/tracing
   ```

   然後如下方式設定動態 kprobe：

   ```
   echo "p:<kprobe-name> <function-to-kprobe> […]" >> kprobe_events
   ```

   `p`：指明正在設定（動態）kprobe。在：字元之後的名稱是你要為這個探測器指定的名字，如果未傳遞任何內容，就會預設為函式名稱。之後，放一個空白（space）和實際要探測的函式。選配的參數可以用來指定

更多的功能，通常是查詢要探測的函式之參數值！我們將繼續深入了解……

提示

在打開 kernel config 選項 CONFIG_DEBUG_FS_DISALLOW_MOUNT=y 的生產系統上，讓 debugfs 檔案系統確實是不可見，debugfs 檔案系統甚至沒有掛載點。在這種情況下，請使用先前所示的這個位置：/sys/kernel/tracing，並從該處執行動態探測工作。

讓我們用一般的範例，在 do_sys_open() 函式設定一個簡單的 kprobe。不包含額外資訊，例如產生的 open file pathname：

```
echo "p:my_sys_open do_sys_open" >> kprobe_events
```

現在，在 /sys/kernel/[debug]/tracing/events 資料夾下，你會找到名為 kprobes 的（虛擬）資料夾，這將包含任一及所有已定義的動態 *kprobes*：

```
# ls -lR events/kprobes/
events/kprobes/:
total 0
drwxr-xr-x 2 root root 0 Oct  9 18:58 my_sys_open/
-rw-r--r-- 1 root root 0 Oct  9 18:58 enable
-rw-r--r-- 1 root root 0 Oct  9 18:58 filter
events/kprobes/my_sys_open:
total 0
-rw-r--r-- 1 root root 0 Oct  9 18:59 enable
-rw-r--r-- 1 root root 0 Oct  9 18:58 filter
-r--r--r-- 1 root root 0 Oct  9 18:58 format
[…]
```

2. 預設會停用探測，讓我們以 root 身分啟用：

```
echo 1 > events/kprobes/my_sys_open/enable
```

現在它已啟用且正在執行，你只需執行下列動作即可查詢追蹤資料：

```
cat trace
[…]
            cat-192796  [001] .... 392192.698410: my_sys_open: (do_sys_open+0x
0/0x80) file="/usr/lib/locale/locale-archive"
            cat-192796  [001] .... 392192.698650: my_sys_open: (do_sys_open+0x
0/0x80) file="trace"
     gnome-shell-7441   [005] .... 392192.777608: my_sys_open: (do_sys_open+0x
0/0x80) file="/sys/class/net/wlo1/statistics/rx_packets"
[…]
```

執行 cat trace_pipe 可讓你監視檔案，並在可用時提供資料，這在互動地使用動態 kprobe 事件時非常有用。或者，你也可以執行類似動作來將其儲存到檔案：

```
cp /sys/kernel/tracing/trace /tmp/mytrc.txt
```

3. 若要完成，請先將 0 寫入 enable 檔案以停用 kprobe，然後執行此操作以銷毀它：

```
echo 0 > events/kprobes/my_sys_open/enable
echo "-: <kprobe-name>" >> kprobe_events
```

或是執行下列動作：

```
echo > /sys/kernel/tracing/kprobe_events
```

……清除全部的探測點。

因此，在此停用並銷毀自訂的動態 kprobe my_sys_open，如下所示：

```
echo 0 > events/kprobes/do_sys_open/enable
echo "-:my_sys_open" >> kprobe_events
```

銷毀所有動態探測點（kprobes）之後，/sys/kernel/[debug]/tracing/events/kprobe_events 虛擬檔案自己會消失。

此外，執行 echo > trace 會清空全部追蹤資料的 kernel 追蹤緩衝區。

如何使用功能強大、基於 kprobes 的動態事件追蹤等更多深入詳細資訊，已經超出本書範圍，這裡推薦絕佳的 kernel 文件：〈Kprobe-based Event Tracing〉[10]。

閱讀 kprobe-perf script 自身的來源也能學到很多[11]。

注意不要溢位（overflow）或過載（overwhelm）

不過還是要記住這一點！正如在手動使用 kprobes 所提到的，kprobes-perf script 在其內部也發出類似的警告：

```
# WARNING: This uses dynamic tracing of kernel functions, and could cause kernel panics
or freezes, depending on the function traced. Test in a lab environment, and know what
you are doing, before use.
```

試著只追蹤所需的時間視窗來緩解此問題，而且時間長度越短越好。在這方面，kprobe-perf script 的 -d 選項：持續時間指定符號，非常有用。它讓 kernel 將輸出分別緩衝到個別 CPU 的緩衝區，大小固定，可透過 /sys/kernel/[debug]/tracing/buffer_size_kb 調整。如果仍出現過載，請嘗試增加緩衝區大小。

在 ARM 系統上試試看這個選項

如同 x86 那樣，在 ARM 系統上以 root 身分執行 echo "p:my_sys_open do_sys_open" > /sys/kernel/debug/tracing/kprobe_events 當然也可以正常運作……。但是，如果也要在 open system call 顯示檔名參數呢？這應該不難吧？一起來試試看：

```
# echo "p:my_sys_open do_sys_open file=+0(%si):string" > /sys/kernel/debug/tracing/
kprobe_events
bash: echo: write error: Invalid argument
```

10 *https://www.kernel.org/doc/html/latest/trace/kprobetrace.html#kprobe-based-event-tracing*

11 *https://github.com/brendangregg/perf-tools/blob/master/kernel/kprobe*

糟糕；為什麼失敗了？

很明顯，儲存第二個已開啟檔案路徑名稱參數的暫存器，在 x86[_64] 上名為 [R]SI，但在 ARM 處理器上則不是這樣！在 ARM-32 上，函式的前四個參數是包在一起的（piggy-backed）CPU 暫存器 r0、r1、r2 和 r3，可參考表 4.1。因此，要考慮這種跟 CPU 架構有關的特性：

```
echo "p:my_sys_open do_sys_open file=+0(%r1):string" > /sys/kernel/debug/tracing/
kprobe_events
```

現在會動了！

可以更進一步，將全部參數輸出到 open call：

```
echo 'p:my_sys_open do_sys_open dfd=%r0 file=+0(%r1):string flags=%r2 mode=%r3' > /sys/
kernel/debug/tracing/kprobe_events
```

（別忘了啟用探測。）

使用 wrapper kprobe[-perf] script 會更簡單，但需要安裝 perf-tools[-unstable] 套裝軟體：

```
rpi # kprobe-perf 'p:my_sys_open do_sys_open dfd=%r0 file=+0(%r1):string flags=%r2
mode=%r3'
Tracing kprobe my_sys_open. Ctrl-C to end.
             cat-1866    [000] d...  8803.206194: my_sys_open: (do_sys_open+0x0/0xd8)
dfd=0xffffff9c file="/etc/ld.so.preload" flags=0xa0000 mode=0x0
             cat-1866    [000] d...  8803.206548: my_sys_open: (do_sys_open+0x0/0xd8)
dfd=0xffffff9c file="/usr/lib/arm-linux-gnueabihf/libarmmem-v6l.so" flags=0xa0000
mode=0x0
             cat-1866    [000] d...  8803.207085: my_sys_open: (do_sys_open+0x0/0xd8)
dfd=0xffffff9c file="/etc/ld.so.cache" flags=0xa0000 mode=0x0
             cat-1866    [000] d...  8803.207235: my_sys_open: (do_sys_open+0x0/0xd8)
dfd=0xffffff9c file="/lib/arm-linux-gnueabihf/libc.so.6" flags=0xa0000 mode=0x0
             cat-1866    [000] d...  8803.209703: my_sys_open: (do_sys_open+0x0/0xd8)
dfd=0xffffff9c file="/usr/lib/locale/locale-archive" flags=0xa0000 mode=0x0
             cat-1866    [000] d...  8803.210395: my_sys_open: (do_sys_open+0x0/0xd8)
dfd=0xffffff9c file="trace_pipe" flags=0x20000 mode=0x0
^C
Ending tracing...
rpi #
```

很有趣，對吧？自己試試吧。

❖ 練習

設定一個 kprobe，在已排定的 interrupt handler 之 tasklet（bottom half）routine 執行時觸發。同時顯示指向此點的 kernel mode stack。

❖ 單一解決方案

使用傳統的 IRQ handling（top/bottom halves），而不是現代基於 thread 的 IRQ handling，top half 會在停用全部 CPU 的全部中斷情況下執行，且確保是以原子方式執行；bottom half（tasklet）則會在啟用全部 CPU 的全部中斷情況下執行。這是通常會發生的情況。驅動程式作者，在硬體中斷處理常式，即所謂的 top half 時，通常會要求 kernel 呼叫 `schedule_tasklet()` kernel API 來排定 tasklet 的班表。讓我們來查詢其底下的 kernel 實作：

```
# grep tasklet_schedule /sys/kernel/debug/tracing/available_filter_functions
__tasklet_schedule_common
__tasklet_schedule
```

好的，這說明應該在名為 `__tasklet_schedule()` 的函式設置一個動態 kprobe。此外，我們將 `-s` 選項參數傳遞給 `kprobe-perf`，要求它同時提供 kernel-mode **堆疊追蹤**；實際上可以讓我們精確地知道呼叫此函式的每個實體！這在 debug 時非常有用：

```
# kprobe-perf -s 'p:mytasklets __tasklet_schedule'
Tracing kprobe mytasklets. Ctrl-C to end.
     kworker/0:0-1855    [000] d.h.  9909.886809: mytasklets: (__tasklet_
schedule+0x0/0x28)
     kworker/0:0-1855    [000] d.h.  9909.886829: <stack trace>
 => __tasklet_schedule
 => bcm2835_mmc_irq
 => __handle_irq_event_percpu
 => handle_irq_event_percpu
 => handle_irq_event
 => handle_level_irq
 => generic_handle_irq
 => __handle_domain_irq
```

```
 => bcm2835_handle_irq
 => __irq_svc
 => bcm2835_mmc_request
 => __mmc_start_request
 => mmc_start_request
 => mmc_wait_for_req
 => mmc_wait_for_cmd
 => mmc_io_rw_direct_host
 => mmc_io_rw_direct
 => process_sdio_pending_irqs
 => sdio_irq_work
 => process_one_work
 => worker_thread
 => kthread
 => ret_from_fork
[...]
```

圖 4.4 可協助解譯 kworker … 那幾行的輸出：從目前停用 / 關閉的中斷，以及正在執行的 hardirq（硬體中斷處理程式）的 d.h. 4 個字元序列看到。

後續輸出：當時的 kernel stack 內容，上面部分，即 IRQ stack 展示這個特定中斷的出現方式，以及它如何在最後執行一個 tasklet：自己內化成為 TASKLET_SOFTIRQ 型別的 softirq。此外，一律由下往上讀取的 stack trace 顯示出這個中斷，可能是因為在 **Secure Digital MultiMedia Card（SD MMC）**卡上執行 I/O 所產生的結果。

（順帶一提，鄉親啊，關於中斷及其處理常式的深入詳細資訊，可以參考我的另一本免費電子書《Linux Kernel Programming - Part 2》。）

在 kernel 模組上使用動態的 kprobe 事件追蹤

請注意，在 x86_64 Ubuntu guest 系統上，我們會在自訂的 production kernel 試用此軟體，以模擬生產環境：

1. 首先，載入測試用途驅動程式，即第 3 章〈透過檢測除錯：使用 printk 與其族類〉談到的 miscdrv_rdwr kernel 模組：

```
$ cd <lkd-src-tree>/ch3/miscdrv_rdwr
$ ../../lkm
Usage: lkm name-of-kernel-module-file (without the .c)
$ ../../lkm miscdrv_rdwr
Version info:
Distro:   Ubuntu 20.04.3 LTS
Kernel: 5.10.60-prod01
[...]
sudo dmesg
------------------------------
[ 1987.178246] miscdrv_rdwr:miscdrv_rdwr_init(): LLKD misc driver (major # 10)
registered, minor# = 58, dev node is /dev/llkd_miscdrv_rdwr
$
```

2. 使用 grep 可以快速找出在 kernel 全域符號表的符號。如預期那樣，即使是我們的 production kernel 也是如此：

```
$ sudo grep miscdrv /proc/kallsyms
ffffffffc0562000 t write_miscdrv_rdwr [miscdrv_rdwr]
ffffffffc0562982 t write_miscdrv_rdwr.cold    [miscdrv_rdwr]
ffffffffc0562290 t open_miscdrv_rdwr  [miscdrv_rdwr]
ffffffffc0562480 t close_miscdrv_rdwr [miscdrv_rdwr]
ffffffffc0562650 t read_miscdrv_rdwr  [miscdrv_rdwr]
ffffffffc05629b5 t read_miscdrv_rdwr.cold     [miscdrv_rdwr]
[...]
```

編譯器屬性 .cold

順便問一下，為什麼有些函式後面會加上 .cold 字尾呢？簡單來說，因為它是一個編譯器屬性，可以表示這個冷門的函式不太有機會執行。這些所謂的冷門函式，通常會放置在單獨的連結區段（linker section）中，以改善需要快速執行的非冷門程式碼的地域性！這都是關於優化 / 最佳化的部分。同時請注意，上面的某些功能都會有一般版本與冷門版本，如我們驅動程式的 I/O 讀寫常式。

3. 在另一個終端機視窗中，在 write_miscdrv_rdwr() 模組函式上設定一個動態探測器，請以 root 身分執行：

```
cd /sys/kernel/tracing
echo "p:mymiscdrv_wr write_miscdrv_rdwr" >> kprobe_events
# cat kprobe_events
p:kprobes/mymiscdrv_wr write_miscdrv_rdwr
#
```

將要探測的函式命名為 mymiscdrv_wr。在這裡啟用：

```
echo 1 > events/kprobes/mymiscdrv_wr/enable
```

4. 執行測試：

   A. 在一個終端機視窗的追蹤資料夾（/sys/kernel/tracing）中，執行下列指令：

   ```
   cat trace_pipe
   ```

   B. 在另一個終端機視窗中，執行 userspace 程式以寫入 misc class 驅動程式的裝置檔。這樣可以確保探測點：write_miscdrv_rdwr() 模組函式會得到叫用：

   ```
   $ ./rdwr_test_secret w /dev/llkd_miscdrv_rdwr "dyn kprobes event tracing is
   awesome"
   ```

userspace 的 process 會執行，並寫入我們的裝置驅動程式。下列的螢幕截圖會顯示此 userspace process 的執行狀況，以及正在設定和追蹤的動態 kprobe：

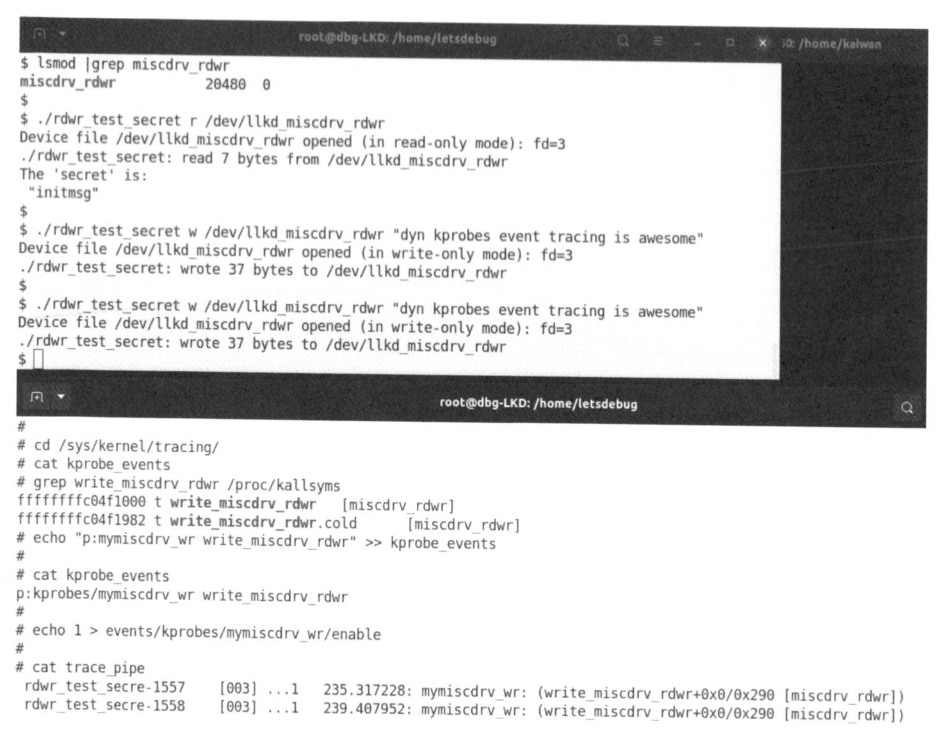

圖 4.12　顯示透過裝置驅動程式模組功能上的 kprobe 事件架構，測試動態 kprobe 的螢幕截圖

仔細研究前一個螢幕截圖。對應於上述的步驟 3 和 4A，底部的終端機視窗是設定動態探針的位置。頂端的終端機視窗就是呼叫驅動程式的寫入功能以測試之處，會有兩次，實際上就相當於步驟 4B。你可以在下方終端機中看到如何設定和啟用動態 kprobe。接著，它會對 `trace_pipe` 檔案執行 `cat` 來監視追蹤資料。當資料可供使用時，我們就會看到它……

停用探測點，並使用下列方式註銷它：

```
# echo 0 > events/kprobes/mymiscdrv_wr/enable
# echo "-:mymiscdrv_wr" >> kprobe_events
# cat kprobe_events
# echo > trace
```

最後一個指令會清空 kernel 的追蹤緩衝區。

實際上，你現在應該已經察覺到，本節完成的工作，大部分是由 kprobe-perf bash script 所實現的！而它還有更多其他有趣的選擇可以嘗試，這讓它成為偵錯 / 可觀察軍火庫中的強大武器！

在結束本節之前，最好先了解，即使是位於使用者空間的應用程式 process，也可以透過 kernel 的動態事件追蹤架構追蹤，此功能稱 **Uprobes**，相對於 kprobes 而言。可參考 kernel 官方網站文件：〈Uprobe-tracer: Uprobe-based Event Tracing〉[12]。

使用 kprobe-perf 設定 return probe（kretprobe）

你也可以使用 kprobe-perf wrapper script 設定傳回探針：kretprobe，它的本質就是簡單易用。以下是我們慣用的範例，它會擷取 do_sys_open() kernel 函式的傳回值：

```
rpi # kprobe-perf 'r:do_sys_open ret=$retval'
Tracing kprobe do_sys_open. Ctrl-C to end.
kprobe-perf-2287 [000] d... 13013.021003: do_sys_open:
(sys_openat+0x1c/0x20 <- do_sys_open) ret=0x3
<...>-2289 [000] d... 13013.027167: do_sys_open:
(sys_openat+0x1c/0x20 <- do_sys_open) ret=0x3
<...>-2289 [000] d... 13013.027504: do_sys_open:
(sys_openat+0x1c/0x20 <- do_sys_open) ret=0x3
170 Debug via Instrumentation - Kprobes
^C
Ending tracing...
rpi #
```

這裡的關鍵點是要擷取的傳回值，顯示如下：

```
ret=0x3
```

這是有意義的，回傳給 open API 的是在 process context 裡面開啟檔案表（open file table）中，所指派的檔案描述元（file descriptor）。在這裡，它的值剛好是 3；0、1 和 2 通常由 stdin、stdout 和 stderr 取得使用。

12 *https://www.kernel.org/doc/html/latest/trace/uprobetracer.html#uprobe-tracer-uprobe- based-event-tracing*

接下來，檢查符號：

```
do_sys_open: (sys_openat+0x1c/0x20 <- do_sys_open)
```

這表示我們要探測的函式 do_sys_open() 已經呼叫了，並且正在返回到 sys_openat() 函式。此外，函式名稱後面的 <func>+0x1c/0x20 符號，或一般說的 <func>+off/len 解讀如下：

- off：在函式 <func> 中返回的程式碼**偏移值（offset）**
- len：kernel 所感覺的是函數 <func> 的整體**長度**；這是個近似值，通常是對的

其他輸出是一般的 ftrace 格式符號，你現在應該已經很熟了……

本節結束之前要指出的是，在 kernel 內運用這個功能強大的動態探測架構，可以達成更多目的。Steven Rostedt 的投影片有說明如何更深入地挖掘，和提取幾乎全部的參數，以證明正在探測的函式，並透過 offset 偏移，確實深入到相關的 kernel 結構，以顯示其運行時的值，快去看看。[13]

好了，快要完成了！再用一個章節收尾，你將學習到一些相當實用的東西：簡單了解並追蹤系統上程式的執行。這可作為類似稽核的工具，讓你記錄在 userspace 執行的任何 process。

4.8 透過 perf 和 eBPF 工具，對 execve() API 進行 trap

在 Linux 和 UNIX 上，使用者模式的應用程式或 process，是透過一系列所謂的 exec C library（glibc）API：execl()、execlp()、execv()、execvp()、execle()、execvpe() 以及 execve() 來啟動或執行。

13 *https://events19.linuxfoundation.org/wp-content/uploads/2017/12/oss-eu-2018-fun-with-dynamic- trace-events_steven-rostedt.pdf*

關於這 7 個 API，需要稍微了解的是：前 6 個只是 glibc 的包裝函式（wrapper），它們轉換參數並最終叫用 execve() API，**這是實際的系統呼叫**，可將 process context 切換至 kernel mode，並執行與系統呼叫對應的 kernel 程式碼。此外，要補充說明的是，execvpe() 是 GNU 的擴充功能，因此實際上只在 Linux 上看得到。

這裡的重點很簡單：最終幾乎所有的 process 以及應用程式，都會透過 execve() 的 kernel code 執行！在 kernel 內，execve() 會變成 sys_execve() 函式，方法是透過 SYSCALL_DEFINE3() macro，以某種間接方式呼叫 do_execve()。

系統呼叫，以及在 kernel 中著陸的方法

事實上，雖然不是全部，但許多系統呼叫都存在這種現象：使用者執行的系統呼叫 foo() 會變成 sys_foo()，除非它短到足以自行執行工作，否則會呼叫實際的 do_foo() worker routine。

例如，execve(2) 系統呼叫會變成 kernel 中的 fs/exec.c:sys_execve()，在技術上透過 SYSCALL_DEFINE3() macro，3 是透過 syscall 傳遞的數目；進而呼叫背景工作函式 fs/exec.c:do_execve()。

但請注意，情況並非總是如此……。例如，open(2) 系統呼叫在 kernel 中的 code path 略有不同，可見以下截圖的摘錄：

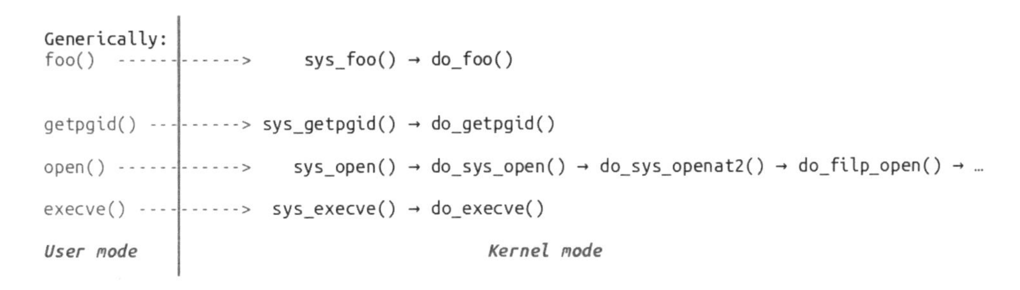

圖 4.13　user mode 的系統呼叫在 kernel 內部的對映方式

有個雖然不太重要但很有用的方法：非特權級別（non-privileged）的使用者模式任務（user mode task），如 process 或 thread，如何實際跨越 user mode 到特權級別的 kernel mode 邊界？如圖 4.13 中的垂直線所示。簡單來說，就是每個處理器都支援一個或多個允許這種情況發生的機器指令，而這些指令通常稱為**呼叫閘門（call gate）**或**陷阱（trap）**，說法是 process 會從使用者模式 trap 到 kernel 模式。

例如，x86 在傳統上使用的軟體中斷 int 0x80 會進行 trap 的行為；現代版本使用 syscall 機器指令。在 ARM-32 使用 SWI（software interrupt）機器指令；而 AArch64（ARM64）則使用 SVC（supervisor）指令執行。如需更多詳細資訊，請參閱 syscall(2) 上的 man page。

同樣，順帶一提，execve() 有幾乎等價的 execveat() 可替代系統呼叫。區別在於，execveat 的第一個參數是一個目錄的路徑，而第二個參數是目錄中要執行的檔案名稱。

讓我們回到主線：既然已經知道 process 是透過 execve() 執行，如果能對 execve() 設定 trap 不是很酷嗎？也許可以透過將 kprobe 注入 sys_execve() 或 do_execve() kernel API。是的，但是……，人生總有但是，對吧：在現代的 kernel 上，它根本沒有作用，以 static kprobe 方法嘗試，register_kprobe() 就會失敗，你可以試試看。記住，遵守經驗法則！

事實上，在我的 x86_64 Ubuntu 20.04 LTS VM 上，即使是為了此目的而建立的 execsnoop-perf(8) 包裝函式工具，也就是在內部使用 kernel 的 ftrace kprobe_events 虛擬檔案，也會失敗：

```
$ sudo execsnoop-perf
Tracing exec()s. Ctrl-C to end.
ERROR: adding a kprobe for execve. Exiting.
```

最新的 eBPF 工具徹底解決這個問題，以 root 權限安裝並採用 execsnoop-bpfcc(8)，就有用了！下一節將透過一個 eBPF 前端的視角，來看看 exec。

使用 eBPF 工具觀察的介紹

BPF（Berkeley Packet Filter）是著名的 Berkeley 封包過濾器，**eBPF** 則是**擴充的（extended）BPF**。簡單地說，BPF 用來提供在 kernel 內部的支援基礎結構，以有效地追蹤網路封包；eBPF 則是相對較新的 kernel 創新，只在 Linux 4.1 kernel（2015 年 6 月）以後提供。它擴展了 BPF 的概念，允許你追蹤的遠不只是網路堆疊（network stack）。此外，它也可以用來追蹤 kernel space 以及 userspace 的應用程式。事實上，eBPF 及其前端是 Linux 系統追蹤與效能分析的現代方法。

想使用 eBPF，需要具有下列條件的系統：

- Linux kernel 4.1 或更新的版本
- Kernel 對 eBPF 的支援，請參閱：`https://github.com/iovisor/bcc/blob/master/INSTALL.md#kernel-configuration`

普遍認為直接使用 eBPF kernel 功能非常困難，因此存在幾個比較容易使用的前端。**BPF 編譯器集合（BPF Compiler Collection, BCC）**、**bpftrace 和 libbpf+BPF CO-RE** 這幾個工具都非常有用；其中，CO-RE（Compile Once - Run Everywhere）只要編譯一次，就可以跨平台使用。安裝這些前端的 BCC 二進位套件真的非常簡單，可見相關說明[14]。

檢視以下圖片連結，也可了解有多少功能強大的 BCC / BPF 工具可用於幫助追蹤不同的 Linux 子系統和硬體。[15]

這裡不打算深入探討細節，只會提供你使用 BCC 前端公用程式，來追蹤正在執行之 process 的簡要資訊。為了試驗，先假設你已安裝好 BCC 前端套件，如同第 1 章所示範。快速提示：在 Ubuntu 上，請執行 `sudo apt install bpfcc-tools`，請見下列的說明。

---

14 *https://github.com/iovisor/bcc/blob/master/INSTALL.md#packages*

15 *https://www.brendangregg.com/BPF/bcc_tracing_tools_early2019.png*

eBPF BCC 的安裝

你可以閱讀安裝說明[16]，為常用的 Linux 套件安裝 BCC 工具套件。但有時，特別是在像 Ubuntu 18.04 等較舊的系統上，bpfcc-tools 套裝軟體通常只能在預先建置的 Linux 發行版，例如 Ubuntu / Debian / RedHat 等之上運作，*而在具有自訂 kernel 的 Linux 上可能無法運作*。原因是：安裝 BCC 工具組包括並取決於安裝的 linux-header-$(uname -r) package。此 linux-headers package 僅用於 Linux 發行套件的 kernel，而不是一般通常在 guest 上執行的自訂 5.10 kernel。有了 Ubuntu 20.04 LTS，即使執行自訂 kernel，它似乎還是能運作。

一旦安裝 bpfcc-tools 套裝軟體後，可以執行下列動作，來取得所有前端公用程式的清單：

```
dpkg -L bpfcc-tools |grep "^/usr/sbin.*bpfcc$"
```

我在 x86_64 Ubuntu 20.04 LTS guest VM 執行自訂的 5.10.60-prod01 kernel，發現安裝了 112 個 *-bpfcc 公用程式，這些實際上是 Python script。

從前一個小節可知，execve()（或 execveat()）系統呼叫是實際啟動 process 的系統呼叫。我們嘗試透過 perf-tools 公用程式（execsnoop-perf）來追蹤其執行，但失敗了。現在，安裝 eBPF BCC 前端後再試一次：

```
$ uname -r
5.10.60-prod01
$ sudo execsnoop-bpfcc 2>/dev/null
[...]
PCOMM            PID    PPID   RET ARGS
id               7147   7053     0 /usr/bin/id -u
id               7148   7053     0 /usr/bin/id -u
git              7149   7053     0 /usr/bin/git config --global credential.helper cache
--timeout 36000
cut              7151   7053     0 /usr/bin/cut -d= -f2
grep             7150   7053     0 /usr/bin/grep --color=auto ^PRETTY_NAME /etc/os-
```

16 *https://github.com/iovisor/bcc/blob/master/INSTALL.md*

```
release
cat            7152  7053     0 /usr/bin/cat /proc/version
ip             7157  7053     0 /usr/bin/ip a
sudo           7159  7053     0 /usr/bin/sudo route -n
route          7160  7159     0 /usr/sbin/route -n
[...]
```

只有在 Process 開始執行時發揮作用。而 execsnoop-bpfcc script 則會顯示一行輸出，其中顯示有關剛才執行的 process 一些細節。請注意，指令中要執行的全部參數也都會顯示出來！而 help 說明是絕對值得查詢的，只要使用 -h 選項即可執行。也應該安裝線上手冊（man page），兩者都有單行的使用範例；請參考。

如同 perf-tools 公用程式，全部的 *-bpfcc script 都必須以 root 權限執行。最初會產生不少的雜訊，將 stderr 重新導向至 NULL 裝置可以減少這些雜訊。

trap 與 trace do_sys_open() 這個範例雖舊但很實用，從本章開始就可以用「BCC」輕鬆地再次實現：

```
$ sudo opensnoop-bpfcc 2>/dev/null
PID    COMM               FD ERR PATH
1431   upowerd             9   0 /sys/devices/LNXSYSTM:00/LNXSYBUS:00/PNP0A03:00/
PNP0C0A:00/power_supply/BAT0/voltage_now
1431   upowerd             9   0 /sys/devices/LNXSYSTM:00/LNXSYBUS:00/PNP0A03:00/
PNP0C0A:00/power_supply/BAT0/capacity
1431   upowerd            -1   2 /sys/devices/LNXSYSTM:00/LNXSYBUS:00/PNP0A03:00/
PNP0C0A:00/power_supply/BAT0/temp
[...]
431    systemd-udevd      14   0 /sys/fs/cgroup/unified/system.slice/systemd-udevd.
service/cgroup.procs
431    systemd-udevd      14   0 /sys/fs/cgroup/unified/system.slice/systemd-udevd.
service/cgroup.threads
[...] ^C
```

同樣地，Brendan Gregg 的 eBPF tracing tools[17] 頁面內容將協助你了解可用工具的深度，以及開始使用工具的方式。

17 *https://www.brendangregg.com/ebpf.html*

結論

本章學習的是 kprobes 和 kretprobes，以及利用它們以動態方式，將有用的遙測（檢測）增加到你的專案或產品中的方式，你甚至可以在生產系統上使用它們，不過應該小心一點，不要讓系統過載。

這章首先介紹使用 k[ret]probe 的傳統靜態方法，在此方法中，任何更改都需要重新編譯程式碼；我們甚至提供了半自動的 script，根據需求產生所需的 kprobe。也介紹內建於現代 Linux kernel 中，更好、高效率、動態的 kprobe 追蹤裝置。使用這些技術不僅容易得多，而且還有其他優勢，它們幾乎都內建於 kernel 裡面，在最後生產時，不需要在生產系統上使用新的程式碼，而且運行效率更高。另外，你還學習了如何利用 kernel 基於 ftrace 的事件追蹤點，這樣就可以非常輕鬆地追蹤大量的 kernel 子系統及其 API。

在結束這一篇非常重要的章節時，我們深入研究了一些實際的考量，例如，追蹤一個 process 的執行過程。你會發現，追蹤或是執行追蹤 process、開啟檔案或用類似方式開啟大部分其他內容，都可以非常輕鬆地透過現代 eBPF 工具（`bpfcc-tools` BCC frontens）完成，在某種程度上也可透過 `perf-tools` 前端。

2022 年 6 月剛推出的 5.18 kernel 有一項新功能：fprobes，它與 k[ret]probe 的目的相似，但速度更快，而且以 ftrace 為基礎。[18]

下一章可想而知非常重要；我們將深入探討 kernel 記憶體問題，以及尋找和 debug 它們的方式！我強烈建議你先花點時間，練習本章課程中提及的習題，以熟悉本章以及前述章節內容，稍作休息後，再進入下一章的內容中！

18 *https://www.kernel.org/doc/html/latest/trace/fprobe.html#fprobe-function- entry-exit-probe*

深入閱讀

- Official kernel documentation: Kernel Probes (Kprobes): https://www.kernel.org/doc/html/latest/trace/kprobes.html#kernel-probes-kprobes
- [Kernel] Kprobe, Brian Pan, November 2020: https://ppan-brian.medium.com/kernel-kprobe-5036d7a8455f
- Kprobes via modern ftrace tracing, kprobe events：
    - Taming Tracepoints in the Linux Kernel, Keenan, Mar 2020: https://blogs.oracle.com/linux/post/taming-tracepoints-in-the-linux-kernel
    - Fun with Dynamic Kernel Tracing Events, The things you just shouldn't be able to do! Steven Rostedt, Oct 2018: https://events19.linuxfoundation.org/wp-content/uploads/2017/12/oss-eu-2018-fun-with-dynamic-trace-events_steven-rostedt.pdf
    - Dynamic tracing in Linux user and kernel space, Pratyush Anand, July 2017: https://opensource.com/article/17/7/dynamic-tracing-linux-user-and-kernel-space (includes coverage on userspace probing with uprobe as well)
- Brendan Gregg's perf-tools page: https://github.com/brendangregg/perf-tools
- Specific to kprobes: kprobes-perf examples: https://github.com/brendangregg/perf-tools/blob/master/examples/kprobe_example.txt
- Specific to kprobes: kprobes-perf and related tooling code: https://github.com/brendangregg/perf-tools/tree/master/kernel
- Traps, Handlers (x86 specific): https://www.cse.iitd.ernet.in/~sbansal/os/lec/l8.html

- CPU ABI, function calling, and register usage conventions：
  - APPLICATION BINARY INTERFACE (ABI) DOCS AND THEIR MEANING: https://kaiwantech.wordpress.com/2018/05/07/application-binary-interface-abi-docs-and-their-meaning/
  - X86_64：
    - *x64 Cheat Sheet*: https://cs.brown.edu/courses/cs033/docs/guides/x64_cheatsheet.pdf
    - *X86 64 Register and Instruction Quick Start*: https://wiki.cdot.senecacollege.ca/wiki/X86_64_Register_and_Instruction_Quick_Start
    - *ARM32 / Aarch32: Overview of ARM32 ABI Conventions*, Microsoft, July 2018: https://docs.microsoft.com/en-us/cpp/build/overview-of-arm-abi-conventions?view=msvc-160
    - ARM64 / Aarch64：
    - ARMv8-A64-bit Android on ARM, Campus London, September 2015, Architecture Overview presentation: https://armkeil.blob.core.windows.net/developer/Files/pdf/graphics-and-multimedia/ARMv8_Overview.pdf (do check out the ARMv8 terminology reference on page 32)
    - Overview of ARM64 ABI conventions, Microsoft, Mar 2019: https://docs.microsoft.com/en-us/cpp/build/arm64-windows-abi-conventions?view=msvc-160
    - ARM Cortex-A Series Programmer's Guide for ARMv8-A/Fundamentals-of-ARMv8: https://developer.arm.com/documentation/den0024/a/Fundamentals-of-ARMv8
    - ARMv8 Registers: https://developer.arm.com/documentation/den0024/a/ARMv8-Registers

- ARM64 Reversing and Exploitation Part 1 - ARM Instruction Set + Simple Heap Overflow, Sept 2020: http://highaltitudehacks.com/2020/09/05/arm64-reversing-and-exploitation-part-1-arm-instruction-set-heap-overflow/

- *How Linux kprobes works*, Dec 2016: https://vjordan.info/log/fpga/how-linux-kprobes-works.html

- eBPF：
  - Installing eBPF: https://github.com/iovisor/bcc/blob/master/INSTALL.md
  - BCC tutorial: https://github.com/iovisor/bcc/blob/master/docs/tutorial.md
  - Linux Extended BPF (eBPF) Tracing Tools, Brendan Gregg (see the pics as well!): https://www.brendangregg.com/ebpf.html
  - How eBPF Turns Linux into a Programmable Kernel, Jackson, October 2020: https://thenewstack.io/how-ebpf-turnslinux-into-a-programmable-kernel/
  - *A Gentle Introduction to eBPF, InfoQ, May 2021*: https://www.infoq.com/articles/gentle-linux-ebpf-introduction/
  - (Kernel-level) *A thorough introduction to eBPF*, Matt Fleming, LWN, December 2017: https://lwn.net/Articles/740157/
  - *How io_uring and eBPF Will Revolutionize Programming in Linux*, Glauber Costa, April 2020: https://thenewstack.io/how-io_uring-and-ebpf-will-revolutionizeprogramming-in-linux/

- Miscellaneous：
  - Old but interesting, mostly on using SystemTap: *Locating System Problems Using Dynamic Instrumentation*, Prasad, Cohen, et al, 2005: https://sourceware.org/systemtap/systemtap-ols.pdf
  - *Different Approaches to Linux Host Monitoring, Kelly Shortridge, capsule8*: https://capsule8.com/blog/different-approaches-to-linux-monitoring/

Kernel 記憶體除錯問題初探

毫無疑問地，C 與 C++ 真的是一種非常強大的程式語言，它允許開發者跨越高層級的抽象層次；畢竟，物件導向語言如 Java 和 Python 也是用 C 語言寫的，而且它可以在裸機上工作，真是太棒了。但當然，要付出極大代價：編譯器只能做到這麼多。你想要記憶體緩衝區溢位嗎？直說不用在意。想要讀寫未對應的記憶體區域（unmapped memory region）的內容嗎？沒問題。

編譯器當然沒問題，但是我們有大問題！這其實不是什麼新鮮事，第 2 章〈Debug Kernel 的方法〉就講過了，C 在記憶體方面是程序性、非管理式的程式語言，C 程式設計人員的責任，就是要確保程式實際執行記憶體時會正確使用而且行為良好。

Linux kernel 幾乎完全用 C 語言設計的，至少截至本文撰寫時，超過 98% 的程式碼都是使用 C 語言。你看到潛在的問題了，對吧？事實上，有許多人正慢慢地努力將 kernel 或部分 kernel 移植到能主動保護記憶體（memory-safe）的程式語言，如 **Rust**，可參閱「深入閱讀」章節以取得相關連結。同樣，編譯器也變得越來越聰明，有個可以用來這個編譯 kernel 和 module 的編譯器：**Clang / 低階虛擬機器（Low Level Virtual Machine, LLVM）**，在產生智慧的程式碼、避免**越界存取（Out Of Bound, OOB）**等方面，似乎勝過知名的 **GNU 編譯器總成**或是 **GCC** 編譯器。我們在此也會介紹一些使用 Clang 的入門資料，不過重點還是介紹最常用的 GCC 編譯器。這裡將嘗試解決這個非常普遍的問題以及頑固的 bug 來源：記憶體缺陷！**畢竟，目標是讓程式碼安全地使用記憶體**。

由於 debug kernel 的記憶體涵蓋內容非常廣泛，因此整個討論內容會分為第 5 章與第 6 章。

本章將重點討論並涵蓋以下主題，詳細介紹 kernel 的 SLUB debug 框架以及捕獲記憶體洩漏：

- 記憶體到底有什麼問題？
- 使用 KASAN 和 UBSAN 找到記憶體 bug
- 使用 Clang 編譯 kernel 和 module
- 捕捉 kernel 中的記憶體缺陷：比較與注意事項（Part 1）

5.1 技術需求

技術需求和工作區與第 1 章〈軟體除錯概論〉的內容相同，可在本書 GitHub repository[1] 找到程式碼範例。安裝軟體唯一的新鮮事就是，使用功能強大的 Clang 編譯器。如需詳細資訊，請參閱「使用 Clang 編譯 kernel 和 module」章節。

---

1 *https://github.com/PacktPublishing/Linux-Kernel-Debugging*

5.2 記憶體到底出了什麼問題？

本章開頭前言就開宗明義提到一個令人困擾的事實，雖然對於典型的作業系統 / 驅動程式 / 嵌入式領域而言，用 C 語言設計程式就像是擁有超能力，但它是一把雙面刃：我們凡夫俗子總是不經意地製造缺陷和 bug。尤其值得一提的是，記憶體類型的 bug 實在太常發生了。

事實上，第 2 章〈Debug Kernel 的方法〉曾在「Bug type：記憶體視角」談過 bug 種類，對 bug 類型分類的各種方法當中，其中一種就是**記憶體檢視**。為方便你回想，並在此強調其重要性，我再次列出常見的記憶體損毀 bug 類型的簡短清單：

- 不正確的記憶體存取：
  - 使用未初始化的變數，也稱**未初始化記憶體讀取（Uninitialized Memory Read, UMR）**的 bug
  - **越界（Out Of Bound, OOB）**的記憶體存取：讀取 / 寫入反向溢位 / 溢位等 bug
  - **釋放後又使用（Use-After-Free, UAF）**，和**返回後又使用（Use-After-Return, UAR）**，**亦稱 out-of-scope** 等 bug
  - 重複釋放記憶體的錯誤（Double free bug）
- 記憶體洩漏（Memory leakage）
- 資料競速（data race）
- （內部的）記憶體碎片

除了最後一項以外，這些都是眾所周知的**未定義行為（Undefined Behavior, UB）**問題之一，process（甚至是 OS）可能會出錯。在重點介紹 kernel / 驅動程式程式碼的內容後，你將在本章學習到這些問題；而且更重要的是，你將學習到如何使用各種工具和方法來捕捉這些問題。

更準確地說，本章將重點討論**不正確的記憶存取**，其中包括各種常見的記憶體錯誤：使用未初始化的變數、記憶體越界、釋放後又使用 / 返回後又使用記憶體，以及重複釋放記憶體等問題。下一章將重點介紹如何藉由 SLUB debug 框架，捕獲記憶體中的 slab 記憶體缺陷，以及檢測記憶體中的漏洞。第 8 章〈鎖的除錯〉，即一些常見誤用鎖而導致的原因、討論資料競速及其複雜性、以及（內部的）碎片或浪費，這些都會在下一章學習使用 *slabinfo* 和相關公用程式的章節內提出。

這不只是 bug，也攸關資安

人為錯誤和 C（以及 C++）有時會造成令人遺憾的混淆，即是 bug！但是，這裡的關鍵點在於，資訊安全的本質問題往往是故障或缺陷。這就是為何一開始正確處理，以及（或）之後找出並修正錯誤，對於現代生產系統如此重要的原因；實際上，對雲端也是，因為很大一部分會透過 Linux kernel 及其內建的 Hypervisor 元件：**核心虛擬機器（Kernel Virtual Machine, KVM）**提供。駭客目前有相當多的作業系統層級漏洞可以選擇，對於舊版 kernel 尤其如此。想知道我在說什麼，請瀏覽以下網站：`https://github.com/xairy/linux-kernel-exploitation`。

別的不說，請記住：除非你運行的是最新穩定 kernel，也就是該 kernel 具有最新的 bug 修正和資訊安全修補程式，並且已將其配置為資訊安全，否則你就是在自找麻煩！請再看一下「深入閱讀」那個小節中的連結，好更了解 Linux kernel 資訊安全的詳細資訊。

目標是讓你的專案或產品是**記憶體安全的**。

捕捉 kernel 記憶體問題的工具：快速摘要

讓我們來談談重要的事：你在 debug kernel 的記憶體問題時，可以使用哪些工具和（或）方法？目前有好幾個工具，如下所示：

- 直接搭配動態（執行期）分析，特別是記憶體檢查工具：
  - **Kernel Address Sanitizer（KASAN）**
  - **Undefined Behavior Sanitizer（UBSAN）**

  - SLUB debug 技術
  - **Kernel memory leak 偵測器（kmemleak）**
- 還有一些間接作法：
  - 靜態分析工具：**checkpatch.pl**、**sparse**、**smatch**、**Coccinelle**、**cppcheck**、**flawfinder** 以及 **GCC**
  - 追蹤技術
  - K[ret]probe 儀器
  - 事後的分析工具：日誌、Oops 分析、kdump/crash 和（K）GDB

上面的第一個要點，也就是你或多或少能夠**直接捕捉** ***kernel*** **記憶體缺陷**，正是首先要重點介紹的內容。本書接下來的章節將涵蓋第二項要點中提到的間接技術，所以，保持耐心，你會等到的。此外，正如「間接」（indirect）這個字面上所提示的，這些可能有助於發現記憶體錯誤，但也可能不會。

好吧。我將在下表中列出可用工具的細節來總結此資訊。本章稍後將介紹更詳細的表格。

表 5.1：可用來偵測 kernel 記憶體問題的工具和技術摘要

記憶體 bug 或缺陷的類型	偵測問題的工具或技術
未初始化記憶體讀取（Uninitialized Memory Reads, UMR）	編譯器（警告）[1]，靜態分析
越界存取（Out-of-Bounds, OOB）記憶體存取：編譯期的 read / write underflow / overflow 問題，以及動態記憶體（包含堆疊）	KASAN [2]，SLUB debug
UAF（Use-After-Free）或是懸置指標（dangling pointer）問題（即 **Use-After-Scope** 問題）	KASAN，SLUB debug
Use-After-Return（UAR），亦即 UAS 問題	編譯器（警告），靜態分析
重複釋放記憶體（Double-free）	Vanilla kernel [3]，SLUB debug，KASAN
記憶體洩漏（Memory leakage）	kmemleak

請注意第二欄用中括號標示的幾點注意事項：

- [1]：現代的 GCC / Clang 譯器確實會發出 UMR 的警告，且若有相關設定的話，最新的編譯器甚至能夠自動初始化區域變數。
- [2]：KASAN 可以抓到所有東西，太棒了，幾乎啦！ SLUB debug 方法是可以抓到其中一些，但不是全部；而 Vanilla kernel 似乎什麼都沒抓到。
- [3]：所謂透過 vanilla kernel 來抓，意思是指在一般 Linux 發行版本的 kernel，也就是沒有特別設定記憶體檢查用途的特殊組態集，就可以抓到的缺陷。

好吧！現在理論上，你已經知道如何在 kernel 或驅動程式中捕捉記憶體 bug，不過實務面呢？這需要你學習使用上述工具和練習實務！如前所述，了解、配置和學習如何利用 KASAN 和 UBSAN 以及使用 Clang 是本章的重點；SLUB debug 和 kmemleak 則是下一章的重點。所以，讓我們繼續吧。

5.3 使用 KASAN 和 UBSAN 找到記憶體 bug

KASAN（Kernel Address Sanitizer）是 Linux kernel 位址檢查器（Address Sanitizer, ASAN）的一部分。ASAN 專案證明了，在 kernel 內有類似的能力，顯然對於記憶體相關缺陷的檢測非常有用。ASAN 是少數能偵測出緩衝區讀過頭問題的其中一個工具，這種缺陷是有名的「Heartbleed」漏洞之根本原因！請參閱「深入閱讀」章節，以取得極為爆笑的 XKCD 喜劇連結，會清楚說明「Heartbleed」的 bug 主因。

了解 KASAN：基礎篇

KASAN 有幾點特性，將讓你更了解它：

- KASAN 是一種動態（執行期）的分析工具，它可在程式碼執行時運作。這應該會讓你意識到，除非程式碼實際執行，否則 KASAN 不會捕捉到任何 bug。這強調了撰寫良好的測試案例（兼具正面和負面），以及使用

Fuzzing 工具捕捉極少執行的程式碼路徑的重要性！後面幾章將詳細介紹，但這是關鍵點，我在這裡也特別強調這一點。

- KASAN 背後的技術稱為 **CTI（Compile-Time Instrumentation）**，又名**靜態儀器檢測**。這裡不打算深入探討它的運作方式，可參考「深入閱讀」章節。總之，當使用 GCC 或 Clang `-fsanitize=kernel-address` 選項參數建立 kernel 時，編譯器會插入組語層級的指令來驗證每個記憶體的存取。此外，記憶體裡的每個位元組都會受到遮蔽（*shadowed / traced*），藉由使用一個位元組的 shadow memory 來追蹤八個位元組的實際記憶體（actual memory）。
- 負擔相對較低，大約是 2 到 4 倍，可說是非常低，尤其是與 Valgrind 等動態測試方法相比，後者隨便都是高達 20 至 50 倍的負擔。

好了，從 KASAN 的成本來看，真正能帶來傷害的，其實是 RAM（比 CPU 還多）的成本。這完全取決於你的用途。對於企業級的伺服器系統來說，使用幾個 megabytes 的 RAM 做為 KASAN 的額外負荷是可容忍的；而對於資源受限的嵌入式系統則很可能並非如此，如典型的 Android 智慧型手機、智慧電視、可穿戴裝置、低階路由器以及類似產品等，都是很好的例子。基於這個重要原因，現代的 Linux kernel 支援 KASAN 實作的三種類型或模式：

- **Generic KASAN**：高負荷且僅限用於 debug。除非另外說明，不然我們在這裡所提及並使用的類型都是這一個。
- **基於軟體標籤的（software tag-based）KASAN**：實際的工作負擔（workload）位於中到低的負擔，目前僅適用於 ARM64。
- **基於硬體標籤的（hardware tag-based）KASAN**：低負載，並具備生產能力。目前僅適用於 ARM64。

第一個是預設值，也是進行主動 debug 時所使用的預設值。在三者之中，它的相對開銷最大，但在找 bug 方面非常有效！而基於軟體標籤的方法可大幅降低系統負荷，適合測試實際的 workload。至於第三種基於硬體標籤的負荷最低，甚至適合生產用途！

User-Mode Apps 的記憶體檢查

事實上，ASAN 工具首先由 Google 工程師實作的，作為 GCC 及不久後變成 Clang 的 patch，可用於 userspace 的應用程式。套件包括 ASAN、**Leak Sanitizer（LSAN）**、**Memory Sanitizer（MSAN）**、**Thread Sanitizer（TSAN）**與 **Undefined Behavior Sanitizer（UBSAN）**。它們的功能非常強大，尤其是 ASAN，皆為 userspace 應用程式記憶體檢查的必備工具！可以參考我之前的書《Hands-On System Programming with Linux》，裡面確實詳述使用 ASAN 和 Valgrind 的方法。

在接下來的討論中，我假設使用 Generic KASAN 模式，主要目的是為了（對記憶體）進行 debug。實際上，如下一節所示，這有點像是尚未定論，因為目前只有 ARM64 支援其他基於標籤的模式。

使用 KASAN 的基本需求

首先，由於 KASAN（以及 UBSAN）都是基於編譯器的技術，所以你要使用哪一種編譯器，以同時支援 GCC 和 Clang？你將需要能夠使用 KASAN 相對較新的編譯器版本，截至本文撰寫時，條件如下：

- **GCC 版本**：8.3.0 或以上
- **Clang 版本**：任何版本。若要 debug 全域變數的 OOB 存取，則需要 Clang 11 或更新版本。

下表摘錄出 KASAN 的一些重要資訊：

表 5.2：KASAN 類型和編譯器 / 硬體支援需求

KASAN 模式	GCC	Clang	內部運作	支援平台	適用於
Generic KASAN	>=8.3.0	Any（>= 11，在全域變數 OOB 時）	CTI	x84_64、ARM、ARM64、Xtensa、S390、RISC-V	僅限於開發與除錯，全域變數也已經檢測，SLUB 與 SLAB 實作
軟體基於 tag 的 KASAN	尚未支援		CTI	目前只有在 ARM64（硬體基於 tag 的：需要 ARMv8.5 或更新支援**記憶體標籤擴充（Memory Tagging Extension）**的版本）	開發 / 除錯以及產品：硬體基於 tag 的，需要 SLUB 實作
硬體基於 tag 的 KASAN	>= 10+	>= 11+	硬體基於 tag 的		

Kernel 與編譯器

傳統上，Linux kernel 與 GCC 編譯器的結合非常緊密，變化緩慢。現在 Clang 幾乎得到了全面支援，而 Rust 正在進入這個領域。以下僅供參考，但事實上，Clang 通常用來編譯 **Android 開放原始碼專案（Android Open Source Project, AOSP）**的 kernel。「使用 Clang 編譯 kernel 和 module」這節會介紹使用 Clang。

再來，硬體方面，KASAN 傳統上需要 64-bit 的處理器。為什麼？請回想一下，它使用的影子記憶體區域（shadow memory region）大小是 kernel 虛擬位址空間（virtual address space）的八分之一。在 x86_64 上，kernel VAS 區域是 128 TB，同樣適用於 user-mode 的**虛擬位址空間**範圍。八分之一這個數字相當重要，即 16TB。所以，KASAN 實際上可以在哪些平台上運行呢？直接引用官方的 kernel 文件：*目前 Generic KASAN 支援 x86_64、arm、arm64、xtensa、s390 和 riscv 架構，而標籤式 KASAN mode 僅支援 arm64。*

注意到了嗎？即使是 **ARM**，也就是 ARM 32 位元處理器也有支援！這是 5.11 kernel 的最新消息。不僅如此，至少在本書截稿前，只有 ARM64 才支援較低開銷的基於標籤的 KASAN 類型。你停下來想想，為什麼是 ARM64？顯然，這是因為 Android 不可思議的普及。許多 Android 裝置都是透過 **System on Chip**（**SoC**）的 ARM64 kernel 來提供的。在當今的資訊經濟中，發現 Android 上的記憶體缺陷相當重要，包括 userspace 和 kernel 中的記憶體缺陷。因此，基於標籤的 KASAN 模式可以在此關鍵平台上運行！

表 5.2 以粗體標示「Generic KASAN」，因為此處將使用。

在 kernel 設定 Generic KASAN 模式

當然，你需要配置 kernel 以支援 Generic KASAN 模式。很直觀：就直接設定 `CONFIG_KASAN=y` 來啟用。以一般方法使用 `make menuconfig` UI 執行 kernel config 時，可以在此處找到 menu 的選項：

```
Kernel hacking | Memory Debugging | KASAN: runtime memory debugger
```

想要更有趣，可以為 ARM64 的 kernel 配置 KASAN：

```
make ARCH=arm64 menuconfig
```

螢幕截圖顯示它的外觀，可在此瀏覽 KASAN 的子選單：

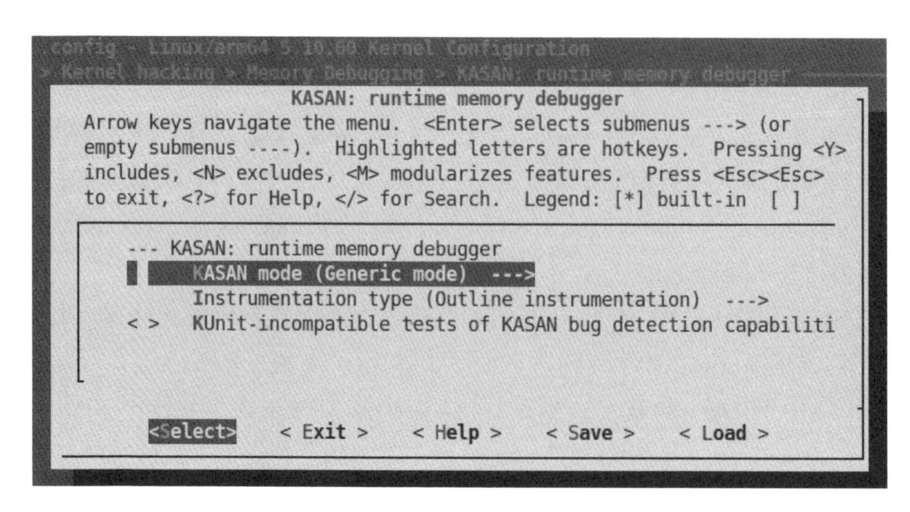

圖 5.1 啟用 KASAN 的核心設定螢幕截圖

將模式保持為「Generic mode」。此 < Help > 按鈕會顯示它對應於 kernel config CONFIG_KASAN_GENERIC=y。事實上，這個說明有一些有趣的資訊：

```
This mode consumes about 1/8th of available memory at kernel start and introduces an
overhead of ~x1.5 for the rest of the allocations. The performance slowdown is ~x3.
```

此外，因為這是 ARM64 架構，所以 kernel config 的選項 CONFIG_HAVE_ARCH_KASAN_SW_TAGS 會初始化為 y：

```
$ grep KASAN .config
CONFIG_KASAN_SHADOW_OFFSET=0xdfffffd000000000
CONFIG_HAVE_ARCH_KASAN=y
CONFIG_HAVE_ARCH_KASAN_SW_TAGS=y
CONFIG_CC_HAS_KASAN_GENERIC=y
CONFIG_KASAN=y
CONFIG_KASAN_GENERIC=y
[...]
```

此外，你可以透過配置 kernel config CONFIG_KASAN_SHADOW_OFFSET（當然是 kernel 的虛擬位址），和其他 config 的值，檢視 kernel 如何配置 shadow memory region 的起始位移。

KASAN — 對於組建（build）的影響

在 CONFIG_KASAN=y 時，透過傳遞 V=1 參數來建立 kernel source tree，這將顯示詳細資訊：如正要傳遞的 GCC 旗標等。以下是你常見的程式碼片段，重點在介紹建置期間因啟用 KASAN 而傳遞的 GCC 旗標：

```
make V=1
gcc -Wp,-MMD,[...] -fsanitize=kernel-address -fasan-shadow-
offset=0xdffffc0000000000 --param asan-globals=1 --param asan-
instrumentation-with-call-threshold=0 --param asan-stack=1 --param
asan-instrument-allocas=1 [...]
```

KASAN 的基本運作方式是能夠檢查每一個記憶體的存取，它使用一種稱為**編譯期間儀器檢測（compile time instrumentation, CTI）**的技術來執行檢查。簡單來說，編譯器會在每 1、2、4、8 或 16 個位元組的記憶體存取之前，插入函式呼叫：__asan_load*() 與 __asan_store*()。因此，在執行期（runtime）可以確定是否為有效存取，方法是檢查相對應的 shadow memory bytes。現在，編譯器有兩種方法可以執行此檢測：outline 和 inline。如前所述，Outline 儀器檢測讓編譯器插入實際的函式呼叫，而 inline 儀器檢測則是透過直接插入程式碼，以時間最佳化的方式實現相同的目的，而且沒有函式呼叫的成本！

你可以將 kernel config 選項的 Instrumentation type 設定為預設值 CONFIG_KASAN_OUTLINE，或 CONFIG_KASAN_INLINE。這是典型的取捨（trade-off）：預設的 *outline* type 會產生較小的映像檔（kernel image），而 *inline* type 則會產生較大的映像檔，但速度較快，約 1.1x 到 2x 倍。

此外，在 debug kernel 時，最好啟用 kernel config 的 CONFIG_STACKTRACE，這樣檢測到 bug 時，還可以獲取配置的 stack trace 以及釋放報告中受影響的 slab object。同樣地，開啟 CONFIG_PAGE_OWNER，位置在此：Kernel hacking | Memory Debugging | Track page owner，會取得配置及釋放受影響實體分頁的 stack trace。預設為關閉；你必須使用 page_owner=on 參數開機。

此外，在 x86_64 配置 KASAN 時，你會發現有關 vmalloc 記憶體損壞偵測的其他 kernel config。選項顯示如下：

```
[*]   Back mappings in vmalloc space with real shadow memory
```

這有助於偵測 vmalloc 相關的記憶體損毀問題，在執行期會耗費較高的記憶體使用量。

理論上 KASAN kernel config 就到此為止了。請設定並（重新）建置（debug）kernel，我們隨時可以為你微調！

用 KASAN 來除錯

若如上節的詳細描述，我可假設你現在已配置、建立並啟動具備 KASAN 功能的（debug）kernel。我的安裝程式 x86_64 Ubuntu 20.04 LTS guest VM 已經完成這項作業。

想測試 KASAN 是否有效，需要執行存在記憶缺陷的程式碼；我幾乎可以聽到一些老客戶說：「是唷？這應該不會太難」。我們總能寫出自己的測試案例，但為什麼要重新發明輪子呢？因為這是一個很好的機會，能窺探一部分的 kernel 測試基礎建設！下一節將介紹利用 kernel 的 KUnit 單元測試框架，來執行 KASAN 的測試案例。

使用 kernel 的 KUnit 測試基礎結構運行 KASAN 測試案例

為什麼在社群已經為我們做這些工作後，還要費心編寫自己的測試案例來測試 KASAN？哦，開源軟體多美啊！

Linux kernel 現已充分發展，內建多種測試基礎結構，包括成熟的測試套件；測試 kernel 的各個方面現在都需要適當配置和運行測試 kernel！

Kernel 裡可能會有內建測試框架，主要的兩個是 KUnit 和 **kselftest**；當然，也可以參考官方的 kernel 文件，會包含全部細節。首先，你可以先看看這個指南：*Kernel Testing Guide*[2]，它概略地介紹了 kernel 內建的可用測試架構和工具，包括動態分析。

一樣可以參考的是其他幾個相關的實用框架：核心故障注入（kernel fault injection）、通知器錯誤注入（Notifier error injection）、**Linux Kernel 傾印測試模組（Linux Kernel Dump Test Module, LKDTM）**等。kernel config 裡都可以找到：`Kernel hacking| Kernel Testing and Coverage`。

這裡一樣不打算深入探討 KUnit 的運作細節，而只是將它用來當作以 KUnit 測試 KASAN 的一個實用範例。如需使用這些超好用的測試架構詳細資訊，請見「深入閱讀」章節中的連結。

先利用 kernel 的 KUnit（**Linux kernel 的單元測試**）框架來執行 KASAN 測試案例，是很實用的做法，而且要開始熟悉它！

---

2 *https://www.kernel.org/doc/html/latest/dev-tools/testing-overview.html#kernel-testing-guide*

真的非常簡單。首先，請確定你的 debug kernel 已設定為使用 KUnit：`CONFIG_KUNIT=y`，或 `CONFIG_KUNIT=m`。

因為想要執行 KASAN 測試案例，所以也必須設定 KASAN 測試模組：

```
CONFIG_KASAN_KUNIT_TEST=m
```

要執行的 KASAN 測試案例的 kernel 模組程式碼如下：`lib/test_kasan.c`。將帶你快速瀏覽各種測試案例，數量眾多，截至本文撰寫時為 38 個：

```
// lib/test_kasan.c
static struct kunit_suite kasan_kunit_test_suite = {
    .name = "kasan",
    .init = kasan_test_init,
    .test_cases = kasan_kunit_test_cases,
    .exit = kasan_test_exit,
};
kunit_test_suite(kasan_kunit_test_suite);
```

這會設定要執行的測試案例套件。實際的測試案例位於 `kunit_suite` 結構的成員 `test_cases`，它是一個指向一個 `kunit_case` 結構陣列的指標（pointer）：

```
static struct kunit_case kasan_kunit_test_cases[] = {
    KUNIT_CASE(kmalloc_oob_right),
    KUNIT_CASE(kmalloc_oob_left),
    [...]
    KUNIT_CASE(kmalloc_double_kzfree),
    KUNIT_CASE(vmalloc_oob),
    {}
};
```

`KUNIT_CASE()` macro 會設定測試案例。為了協助了解其運作方式，以下是第一個測試案例的程式碼：

```
// lib/test_kasan.c
static void kmalloc_oob_right(struct kunit *test)
{
    char *ptr;
    size_t size = 123;
```

```
    ptr = kmalloc(size, GFP_KERNEL);
    KUNIT_ASSERT_NOT_ERR_OR_NULL(test, ptr);
    KUNIT_EXPECT_KASAN_FAIL(test, ptr[size + OOB_TAG_OFF] = 'x');
    kfree(ptr);
}
```

很直覺地，實際檢查會發生在上方所見的 KUNIT_ASSERT|EXPECT_*() macro 內部。第一個 macro 提示來自 kmalloc() API 的傳回值，不會是錯誤值也不會是 null。第二個 macro KUNIT_EXPECT_KASAN_FAIL()，包含 KUnit 預期失敗的程式碼，這是負面的測試案例。這的確是這裡應該做的：我們期望寫入緩衝區的右側應該會觸發 KASAN 回報一個失敗！因為這是一個寫入溢位問題。如果有興趣，我會留下這些 macro 的實作供你研究。

此外，相當有趣的是，kunit_suite 結構的 name 和 exit 成員分別指定要在每個測試案例執行之前和之後執行的函式。模組利用這一點來確保 kernel 的 sysctl kasan_multi_shot 已暫時啟用，並將 panic_on_warn 設為 0，否則，只有第一個無效的記憶體存取，才會觸發報告並可能觸發 kernel panic！

最後，試試看：

```
$ uname -r
5.10.60-dbg01
$ sudo modprobe test_kasan
```

這將執行 KASAN 測試模組中的全部測試案例！透過 journalctl -k 或 dmesg 查詢 kernel 日誌，將顯示每個測試案例的詳細 KASAN 報告。由於它們內容龐大，我只展示一個輸出的樣本。第一個測試案例：KUNIT_CASE（kmalloc_oob_right）會導致 KASAN 產生此報告。因為會截斷其輸出，請參閱下列詳細資訊：

```
[  164.772135]     # Subtest: kasan
[  164.772149]     1..38
[  164.773166] ==================================================================
[  164.776786] BUG: KASAN: slab-out-of-bounds in kmalloc_oob_right+0x159/0x260 [test_kasan]
[  164.780268] Write of size 1 at addr ffff8880316a45fb by task kunit_try_catch/1206

[  164.787155] CPU: 2 PID: 1206 Comm: kunit_try_catch Tainted: G           O      5.10.60-dbg01 #6
[  164.787166] Hardware name: innotek GmbH VirtualBox/VirtualBox, BIOS VirtualBox 12/01/2006
[  164.787176] Call Trace:
[  164.787204]  dump_stack+0xbd/0xfa
[  164.787232]  print_address_description.constprop.0.cold+0xd4/0x4db
[  164.787257]  ? trace_preempt_off+0x2a/0xf0
[  164.787303]  ? kmalloc_oob_right+0x159/0x260 [test_kasan]
[  164.787323]  kasan_report.cold+0x37/0x7c
[  164.787354]  ? kmalloc_oob_right+0x159/0x260 [test_kasan]
[  164.787384]  __asan_store1+0x6d/0x70
[  164.787402]  kmalloc_oob_right+0x159/0x260 [test_kasan]
[  164.787415]  ? kvm_sched_clock_read+0x9/0x20
[  164.787436]  ? kmalloc_oob_left+0x270/0x270 [test_kasan]
[  164.787449]  ? sched_clock_cpu+0x1b/0x1f0
[  164.787480]  ? kunit_binary_str_assert_format+0x100/0x100 [kunit]
[  164.787523]  ? lock_downgrade+0x3c0/0x3c0
[  164.787540]  ? mark_held_locks+0x29/0xa0
[  164.787558]  ? _raw_spin_unlock_irqrestore+0x55/0x70
[  164.787570]  ? __kthread_parkme+0x71/0x100
[  164.787585]  ? __this_cpu_preempt_check+0x13/0x20
[  164.787600]  ? trace_preempt_on+0x2a/0xf0
[  164.787614]  ? __kthread_parkme+0x71/0x100
[  164.787653]  kunit_try_run_case+0x8d/0x130 [kunit]
[  164.787672]  ? kunit_catch_run_case+0x120/0x120 [kunit]
[  164.787691]  ? kunit_try_catch_throw+0x40/0x40 [kunit]
[  164.787712]  kunit_generic_run_threadfn_adapter+0x2e/0x50 [kunit]
[  164.787733]  kthread+0x22a/0x260
[  164.787751]  ? kthread_cancel_delayed_work_sync+0x20/0x20
[  164.787777]  ret_from_fork+0x22/0x30

[  164.791168] Allocated by task 1206:
[  164.794501]  kasan_save_stack+0x23/0x50
[  164.794514]  __kasan_kmalloc.constprop.0+0xcf/0xe0
[  164.794526]  kasan_kmalloc+0x9/0x10
[  164.794537]  kmem_cache_alloc_trace+0x1a5/0x370
[  164.794553]  kmalloc_oob_right+0xa3/0x260 [test_kasan]
[  164.794568]  kunit_try_run_case+0x8d/0x130 [kunit]
[  164.794584]  kunit_generic_run_threadfn_adapter+0x2e/0x50 [kunit]
[  164.794597]  kthread+0x22a/0x260
[  164.794615]  ret_from_fork+0x22/0x30
```

圖 5.2　KUnit KASAN bug 捕捉範例的第一部分

請注意螢幕截圖的前段：

- 在前兩行中，KUnit 會顯示測試標題：as # Subtest: kasan，而且它會執行測試案例 1 .. 38。
- KASAN 如預期般成功地偵測到記憶體缺陷、引發的寫入溢位，並產生報告。報告以 BUG：KASAN：[...] 開始，緊接著細節。
- 後續幾行揭露了根本原因：KASAN 顯示違規函式的格式 func()+0xoff_from_func/0xsize_of_func，在名為 func() 的函式中，錯誤發生在距離函

式起點位置 `0xoff_from_func` 個位元組的 offset，而 kernel 估計函式長度為 `0xsize_of_func` 個位元組。因此，`kmalloc_oob_right()` 函式中的程式碼位於 kernel module `test_kasan` 內，顯示在最右邊的中括號，與函式開頭相差 `0x159` 個位元組，推測後面的函式長度為 `0x260` 個位元組，它嘗試在指定的位址非法寫入。這個 bug 就是一種對 slab 記憶體緩衝區的 OOB 寫入，如同 `slab-out-of-bounds` token 所示：

```
BUG: KASAN: slab-out-of-bounds in kmalloc_oob_right+0x159/0x260 [test_kasan]
Write of size 1 at addr ffff8880316a45fb by task kunit_try_catch/1206
```

- 以下這一行顯示了發生此情況的 process context，下一章將會說明受汙染旗標（tainted flag）的含義：

```
CPU: 2 PID: 1206  Comm: kunit_try_catch Tainted: G           O      5.10.60-dbg01
#6
```

- 下一行顯示硬體詳細資料，你可以看到它是一台 VirtualBox 的 VM。
- 主要的輸出是 call stack，標示為 `Call Trace:`。可由下而上（bottom up）閱讀，並忽略任何字首開頭為「？」的行數。你確實可以看出控制是如何變為這樣的，整個充滿 bug 的程式碼！
- 在 `Allocated by Task 1206` 那一行：以及後續的輸出顯示記憶體分配程式碼路徑的呼叫追蹤。這很有幫助，它顯示記憶體緩衝區一開始的分配對象和位置。

輸出的其餘部分可在下列螢幕截圖中看到：

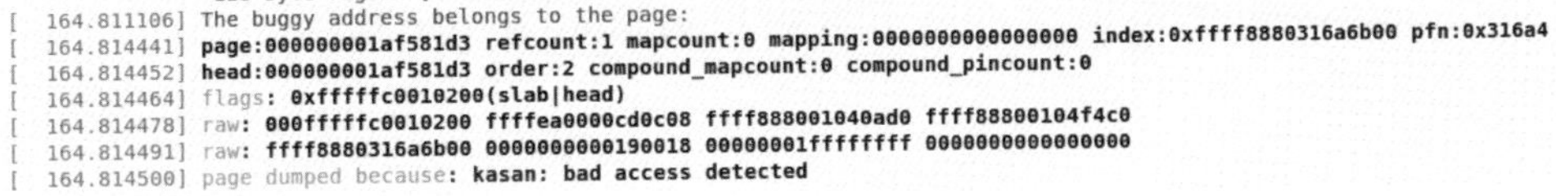

```
[  164.797882] The buggy address belongs to the object at ffff8880316a4580
                which belongs to the cache kmalloc-128 of size 128
[  164.804507] The buggy address is located 123 bytes inside of
                128-byte region [ffff8880316a4580, ffff8880316a4600)
[  164.811106] The buggy address belongs to the page:
[  164.814441] page:000000001af581d3 refcount:1 mapcount:0 mapping:0000000000000000 index:0xffff8880316a6b00 pfn:0x316a4
[  164.814452] head:000000001af581d3 order:2 compound_mapcount:0 compound_pincount:0
[  164.814464] flags: 0xfffffc0010200(slab|head)
[  164.814478] raw: 000fffffc0010200 ffffea0000cd0c08 ffff888001040ad0 ffff88800104f4c0
[  164.814491] raw: ffff8880316a6b00 0000000000190018 00000001ffffffff 0000000000000000
[  164.814500] page dumped because: kasan: bad access detected
```

圖 5.3　KUnit KASAN bug 捕捉範例的第二部分

如「在 kernel 設定 Generic KASAN 模式」章節的建議，`CONFIG_PAGE_OWNER=y` 也會顯示下列輸出。它可讓你深入了解錯誤存取的分頁所在位置，及其所有權（ownership）：

```
[  164.817779] Memory state around the buggy address:
[  164.821195]  ffff8880316a4480: fc fc fc fc fc fc fc fc fc fc fc fc fc fc fc fc
[  164.824828]  ffff8880316a4500: fc fc fc fc fc fc fc fc fc fc fc fc fc fc fc fc
[  164.828377] >ffff8880316a4580: 00 00 00 00 00 00 00 00 00 00 00 00 00 00 00 03
[  164.831826]                                                                  ^
[  164.835291]  ffff8880316a4600: fc fc fc fc fc fc fc fc fc fc fc fc fc fc fc fc
[  164.838802]  ffff8880316a4680: fc fc fc fc fc fc fc fc fc fc fc fc fc fc fc fc
[  164.842251] ==================================================================
[  164.845747] Disabling lock debugging due to kernel taint
[  164.846982]     ok 1 - kmalloc_oob_right
[  164.847514] ==================================================================
[  164.850583] BUG: KASAN: slab-out-of-bounds in kmalloc_oob_left+0x159/0x270 [test_kasan]
[  164.853608] Read of size 1 at addr ffff88800df70a8f by task kunit_try_catch/1207
```

圖 5.4　KUnit KASAN 捕捉 bug 範例的第三部分，也是最後的部分

在之前的螢幕截圖中，你可以看到 KASAN 讓自己左右對齊。它會顯示發生瑕疵的實際記憶體區域，甚至指出發生瑕疵的精確位元組所在位置！方法是透過「列符號 >」和「欄符號 ^」。此 bug 的一個邊際效應（side effect）是，kernel 現在會停用全部的 lock debug。此外，KUnit 顯示第一個測試案例運行良好：`ok 1 - kmalloc_oob_right`。

解讀此資訊很重要，它可以幫助你深入了解引發 bug 的實際原因，接下來的章節就要執行這個動作！

❖ 解譯 KASAN shadow memory 的輸出

在圖 5.4 中，你可以看到 KASAN shadow memory 揭示缺陷的根本原因。我們輸出關鍵的那幾行，前面加一個右箭頭的符號 >：

```
>ffff8880318ad980: 00 00 00 00 00 00 00 00 00 00 00 00 00 00 00 03
^
```

這些是 KASAN *shadow memory* 的資料，每一個位元組都可以表示實際記憶體的 8 個位元組，使用符號 ^ 在 byte `03` 指出問題所在。Byte `00`，`03` 等有何意義？詳細資訊如下：

- Generic KASAN 指定一個 shadow 位元組來追蹤 kernel 記憶體的 8 個位元組。可以將 8 個位元組的區塊想成是一個記憶體的最小單元：記憶體粒子「memory granule」。
- 一個粒子，也就 8 個位元組的區域可編碼為可存取、部分可存取、部分紅區或是 free。
- 利用 shadow 位元組追蹤記憶體粒子，即 8 個位元組區域的編碼方式如下：
  - **Shadow memory = 00**：8 個位元組全部都可存取（no error）。
  - **Shadow memory = N**：可存取前 N 個位元組（fine）；無法合法存取其餘的（8-N）個位元組。其中，N 可以是 1 到 7 之間的值。
  - **Shadow memory < 0**：負值表示無法存取整個粒子（8 個位元組）。特定（負）值及其意義，如已釋放的記憶體、紅區等的編碼在標頭檔：`mm/kasan/kasan.h`。

現在，你會發現 shadow byte `03` 意味著記憶體可以部分存取。其中前 3 個位元組可合法存取，例如這裡的 $N = 3$；其他的 5 個位元組，如 $8 - 3 = 5$ 則不行。讓我們花點時間詳細確認一下。當然，這是觸發 bug 的那行程式碼，位於 kernel code base：

```
// lib/test_kasan.c
static void kmalloc_oob_right(struct kunit *test)
    [...]
    size_t size = 123;
    ptr = kmalloc(size, GFP_KERNEL);
    [...]
    KUNIT_EXPECT_KASAN_FAIL(test, ptr[size + OOB_TAG_OFF] = 'x');
```

現在，啟用 `CONFIG_KASAN_GENERIC` 時，變數 `size` 設為 `123`，`OOB_TAG_OFF` 設定為 `0`。所以，實際上，這個有 bug 的程式碼長這樣：

```
ptr[123] = 'x';
```

現在，Generic KASAN 的記憶體粒子大小為 8 個位元組。因此，在配置的 123 個位元組中，第 15 個記憶體粒子是正在寫入的記憶體，因為 *8 * 15 = 120*。下列圖表清楚地顯示記憶體緩衝區及其溢位情況：

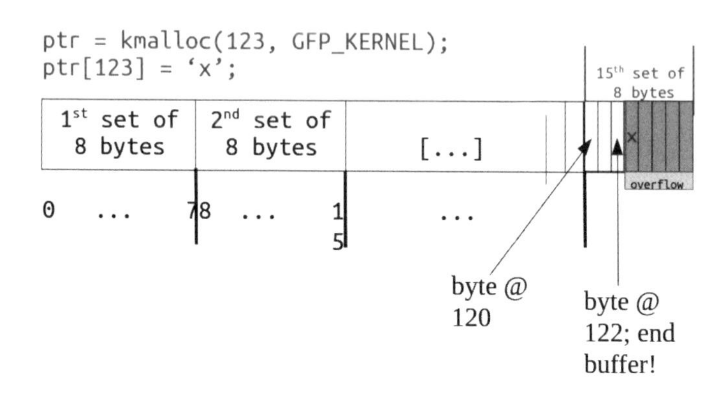

圖 5.5　溢位的 kmalloc 記憶體（slab）緩衝區

檢查它：在右端，於位置第 120、121 和 122 個位元組的地方是有效且合法可讀 / 寫的，但我們的 KUnit KASAN 測試案例刻意在 slab 緩衝區結尾之外，對位置第 123 個位元組寫入 1 個位元組的資料，這明顯就是 OOB 寫入溢位，而 KASAN 已抓到這個問題！不僅如圖 5.4 和圖 5.5 清楚地表示，kernel 也聰明到足以在這裡顯示 shadow 值為 03，這意味著前 3 個位元組是有效的，而剩下的 5 個位元組則是無效的；事實就是這樣！

此外，周遭幾個位元組資料會設定為值 `0xfc`，可參閱圖 5.4。這是什麼意思？從表頭檔可以清楚看出，它是 kernel SLUB object 內的紅區：

```
// mm/kasan/kasan.h
#ifdef CONFIG_KASAN_GENERIC
#define KASAN_FREE_PAGE         0xFF  /* page was freed */
#define KASAN_PAGE_REDZONE      0xFE  /* redzone for kmalloc_large allocations */
#define KASAN_KMALLOC_REDZONE   0xFC  /* redzone inside slub object */
#define KASAN_KMALLOC_FREE      0xFB  /* object was freed (kmem_cache_free/kfree) */
#define KASAN_KMALLOC_FREETRACK 0xFA  /* object was freed and has free track set */
```

回到對圖 5.4 的解讀：下一行的 `BUG: KASAN: [...]` 只是要告訴你，下一個測試案例會繼續進行……。KASAN 現在已攔截到第二個測試案例的錯誤：`KUNIT_`

CASE(kmalloc_oob_left)。Kernel 日誌包含與第一個缺陷相同的資訊：KASAN 的 bug 摘要、dump_stack() 的輸出，包括執行配置的 stack call frame、分頁所有權資訊，以及有問題的存取之周遭記憶體狀態。已經堅持到第 38 個測試案例了，太棒啦！

快速檢查 kernel 日誌可顯示預期結果：kernel 的 KUnit KASAN 測試案例模組，發現存在記憶體缺陷的全部 38 個測試案例方法：

```
$ journalctl -kb |grep -w "ok"
Oct 29 18:55:02 dbg-LKD kernel:     ok 1 - kmalloc_oob_right
Oct 29 18:55:02 dbg-LKD kernel:     ok 2 - kmalloc_oob_left
Oct 29 18:55:02 dbg-LKD kernel:     ok 3 - kmalloc_node_oob_right
Oct 29 18:55:02 dbg-LKD kernel:     ok 4 - kmalloc_pagealloc_oob_right
Oct 29 18:55:02 dbg-LKD kernel:     ok 5 - kmalloc_pagealloc_uaf
Oct 29 18:55:02 dbg-LKD kernel:     ok 6 - kmalloc_pagealloc_invalid_free
Oct 29 18:55:02 dbg-LKD kernel:     ok 7 - kmalloc_large_oob_right
Oct 29 18:55:02 dbg-LKD kernel:     ok 8 - kmalloc_oob_krealloc_more
Oct 29 18:55:02 dbg-LKD kernel:     ok 9 - kmalloc_oob_krealloc_less
Oct 29 18:55:02 dbg-LKD kernel:     ok 10 - kmalloc_oob_16
Oct 29 18:55:02 dbg-LKD kernel:     ok 11 - kmalloc_uaf_16
Oct 29 18:55:02 dbg-LKD kernel:     ok 12 - kmalloc_oob_in_memset
Oct 29 18:55:02 dbg-LKD kernel:     ok 13 - kmalloc_oob_memset_2
Oct 29 18:55:02 dbg-LKD kernel:     ok 14 - kmalloc_oob_memset_4
Oct 29 18:55:02 dbg-LKD kernel:     ok 15 - kmalloc_oob_memset_8
Oct 29 18:55:02 dbg-LKD kernel:     ok 16 - kmalloc_oob_memset_16
Oct 29 18:55:02 dbg-LKD kernel:     ok 17 - kmalloc_memmove_invalid_size
Oct 29 18:55:02 dbg-LKD kernel:     ok 18 - kmalloc_uaf
Oct 29 18:55:02 dbg-LKD kernel:     ok 19 - kmalloc_uaf_memset
Oct 29 18:55:02 dbg-LKD kernel:     ok 20 - kmalloc_uaf2
Oct 29 18:55:02 dbg-LKD kernel:     ok 21 - kfree_via_page
Oct 29 18:55:02 dbg-LKD kernel:     ok 22 - kfree_via_phys
Oct 29 18:55:03 dbg-LKD kernel:     ok 23 - kmem_cache_oob
Oct 29 18:55:03 dbg-LKD kernel:     ok 24 - memcg_accounted_kmem_cache
Oct 29 18:55:03 dbg-LKD kernel:     ok 25 - kasan_global_oob
Oct 29 18:55:03 dbg-LKD kernel:     ok 26 - kasan_stack_oob
Oct 29 18:55:03 dbg-LKD kernel:     ok 27 - kasan_alloca_oob_left
Oct 29 18:55:03 dbg-LKD kernel:     ok 28 - kasan_alloca_oob_right
Oct 29 18:55:03 dbg-LKD kernel:     ok 29 - ksize_unpoisons_memory
Oct 29 18:55:03 dbg-LKD kernel:     ok 30 - kmem_cache_double_free
Oct 29 18:55:03 dbg-LKD kernel:     ok 31 - kmem_cache_invalid_free
Oct 29 18:55:03 dbg-LKD kernel:     ok 32 - kasan_memchr
Oct 29 18:55:03 dbg-LKD kernel:     ok 33 - kasan_memcmp
Oct 29 18:55:03 dbg-LKD kernel:     ok 34 - kasan_strings
Oct 29 18:55:04 dbg-LKD kernel:     ok 35 - kasan_bitops_generic
Oct 29 18:55:04 dbg-LKD kernel:     ok 36 - kasan_bitops_tags
Oct 29 18:55:04 dbg-LKD kernel:     ok 37 - kmalloc_double_kzfree
Oct 29 18:55:04 dbg-LKD kernel:     ok 38 - vmalloc_oob
```

圖 5.6　此螢幕截圖顯示 kernel 的 KUnit KASAN 測試案例模組，捕捉到全部 38 個記憶體缺陷測試案例的方法

從前面的螢幕截圖可以清楚地看到，全部 38 個測試案例均報告為 OK（passed）。

練習

再做一次剛剛完成的工作，在你的電腦上執行 kernel 的 KUnit KASAN 測試案例。請注意，要正確執行從 kernel log 檢視的各種 KASAN 測試案例，並驗證全部案例。

順帶一提，請注意以下內容：

```
$ lsmod |egrep "kunit|kasan"
test_kasan             81920  0
kunit                  49152  1 test_kasan
```

在我的特定案例中，你可以從 lsmod 的輸出看到 KUnit 已經配置為 kernel module。

要學習撰寫自己的 KUnit 測試案例也可以，請看「深入閱讀」章節，以取得更多有關使用 KUnit 的資料！

使用特製充滿 bug 的 kernel 模組，繼續測試

你是否已注意到，儘管運行全部的 KASAN KUnit 測試用例，但它們都沒有覆蓋到遺留的一般記憶體缺陷？如同第 4 章〈透過 Kprobes 儀器進行 debug〉，以及本章「記憶體到底出了什麼問題？」小節時所提到的：

- **未初始化記憶體讀取（uninitialized memory read, UMR）**bug
- **返回後又使用（use-after-return, UAR）**bug
- 單純的記憶體洩漏（memory leakage bug），本章稍後詳細地討論

因此，我編寫了一個 kernel module 來運行這些測試案例，當然是在運行啟用 KASAN 的泛用 debug kernel 時；還有其他更有趣的案例。若要測試 KASAN，請記得透過客製化的 debug kernel 開機；顯然的，這個 kernel 有設定 CONFIG_KASAN=y。

由於篇幅有限，這裡不會顯示我們測試模組的完整程式碼，請查閱本書的 GitHub repo. 並閱讀註解，ch5/kmembugs_test 資料夾中就可以找到這個文件。為了深入了解，讓我們先看看其中一個測試案例，以及它的叫用方式。以下是 UAR 程式碼的測試案例：

```
// ch5/kmembugs_test/kmembugs_test.c
/* The UAR - Use After Return - testcase */
static void *uar(void)
{
    volatile char name[NUM_ALLOC];
    volatile int i;
    pr_info("testcase 2: UAR:\n");
    for (i=0; i<NUM_ALLOC-1; i++)
        name[i] = 'x';
    name[i] = '\0';
    return name;
}
```

這個模組設計成可以透過叫做 load_testmod 的一個 bash script 載入，並透過名為 run_tests 的 bash wrapper script，以互動方式執行測試案例。以 root 身分運行後，就可以在 run_tests script 顯示可用的測試選單，並要求你透過輸入其分配的編號選擇測試。你可以在圖 *5.8* 的下一節中看到該選單的螢幕截圖，以及可以嘗試的所有測試案例。

然後 script 會在此處將這個數字寫入我們的 debugfs 虛擬檔案：/sys/kernel/debug/test_kmembugs/lkd_dbgfs_run_testcase。debugfs 的 write hook 函式接著會從 userspace 接收此資料並驗證，然後以較長的 if-else 程式碼，呼叫適當的測試案例常式。此設計可讓你用互動方式測試，並依需求執行隨選的多個測試案例。

以下程式碼片段顯示我們的 debugfs 模組程式碼如何呼叫前面的 uar() 測試案例：

```
// ch5/kmembugs_test/debugfs_kmembugs.c
static ssize_t dbgfs_run_testcase(struct file *filp, const char __user *ubuf, size_t
count, loff_t *fpos)
{
    char udata[MAXUPASS];
    volatile char *res1 = NULL, *res2 = NULL;
    [...]
    if (copy_from_user(udata, ubuf, count))
        return -EIO;
    udata[count-1]='\0';
    pr_debug("testcase to run: %s\n", udata);
    /* Now udata contains the data passed from userspace -     the testcase
# to run (as a string) */
    if (!strncmp(udata, "1", 2))
        umr();
    else if (!strncmp(udata, "2", 2)) {
        res1 = uar();
        pr_info("testcase 2: UAR: res1 = \"%s\"\n",
res1 == NULL ? "<whoops, it's NULL; UAR!>" : (char *)res1);
    } else if (!strncmp(udata, "3.1", 4))
...
```

顯然，這個測試案例 #2 是一個缺陷、一個漏洞。你知道區域變數只在函式執行期間的生命週期有效。當然，這是因為在執行時，區域（或自動）變數會配置在 process context 的（kernel mode）堆疊訊框（stack frame）。因此，一旦區域變數超出其函式的範圍，就必須停止參考這個區域變數。這裡故意不遵守！而是嘗試將它的記憶體位址傳回使用。問題是，到那個時候，它已經消失了……。

雖然沒有現在不能執行它們的理由，但在投入測試案例的執行之前，我們陷入有趣的兩難境地：一個一度看起來運作得非常好的已知 bug，比如我們的 UAR bug。

❖ 過時訊框：完美中的不完美

這種 UAR 缺陷 bug 麻煩之處在於，有時候程式碼似乎可以正常運作！為什麼會這樣？如下所示：儲存區域（自動）變數內容的記憶體是位於堆疊。雖然一般習慣說堆疊訊框（stack frame）在函式輸入時分配，在函式返回時消除，即所謂的函式**序言**和**結論**，但現實並不總是那麼按部就班。

實際上，記憶體通常是以分頁層級的資料粒度（level granularity）來配置，這包括用於 stack page 的記憶體。因此，一旦配置了一個記憶體分頁給 stack，通常就足以容納好幾個訊框，取決於實際情況而定。然後，當 stack 需要更多記憶體時就會變大，因為需要往下分配更多分頁，畢竟它會堆疊（stack）。系統透過 **SP（stack pointer）**暫存器追蹤此記憶體位置，來識別該 stack 的頂端位置。另外，你會發現所謂的「top of the stack」通常是最低的合法位址。因此，當配置 frame 且（或）呼叫函式時，SP 暫存器的值會減少。函式返回時，stack 會藉由增加 SP 暫存器的值來縮小；請記住，stack 是向下增長的！下圖代表（32 位元）Linux 系統上的典型 kernel stack：

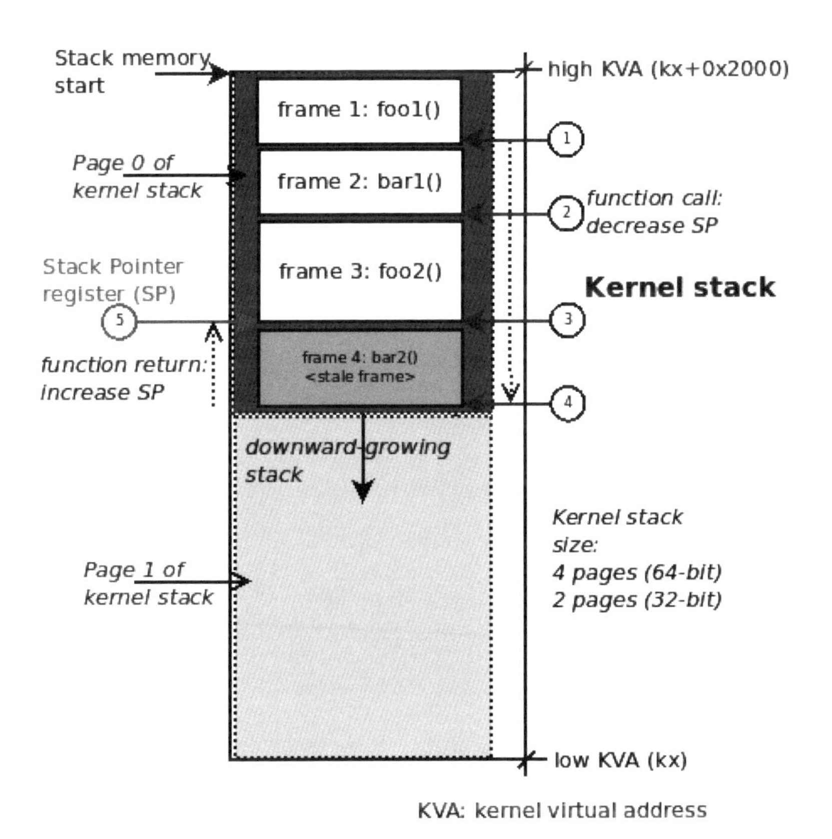

圖 5.7　32-bit Linux 上典型的 kernel stack 示意圖；
函式呼叫鏈：foo1()-> bar1()-> foo2()-> bar2()

因此，很可能在某個時間點，發生過時的（stale）stack frame 及其中對應的資料，存在於有效的 frame，並且有可能成功參考，但系統不會發出記憶體錯誤的警告！

仔細研究圖 5.7。我們已經透過一個範例在 32-bit 的 Linux 系統展示了 kernel stack，因此 kernel stack 的大小將為 2 個分頁，通常是 8KB。現在，假設在 kernel 之內執行中的 process context 按此順序呼叫這些函式，名為呼叫鏈，如圖中的圓框步驟 1 到 4 所示：

```
foo1() → bar1() --> foo2() --> bar2()
```

假設位於葉節點，這個例子是 bar2() 函式。它返回了，如上方圈出的步驟 5。這會使 SP 暫存器遞增，回到代表函式 foo2() 的 call frame 位址。因此，雖然它在 stack 上保持完整，但是函式 bar2() 的 call frame 之 stack memory 現在實際上是無效的！但是不正確的（讀取 bug）存取還是有可能成功。

理想情況下這不應該發生，但是，世界並不完美，對吧？！這裡的教訓是：我們需要工具來抓住 USE（use after scope）這類棘手的 bug，而清晰的思考正是最好的工具！

好，回到測試案例！若要執行測試，請遵循下列步驟：

1. 執行下列指令：

   ```
   cd <book_src>/ch5/kmembugs_test
   ```

2. 載入：

   ```
   ./load_testmod
   [...]
   ```

   這應該會編譯 kernel module 並載入到記憶體，dmesg 會顯示已在此處建立的 debugfs 虛擬檔案：`<debugfs_mountpt>/test_ kmembugs/lkd_dbgfs_run_testcase`。

3. 執行我們的 bash script 測試：

```
sudo ./run_tests
```

以下截圖顯示，透過 load_testmod script，test_kmembugs 模組確實已載入、透過 run_tests script 顯示的選單，以及執行測試案例 #2 - UAR bug：

```
$ lsmod |grep test_kmembugs
test_kmembugs           61440  0
$ sudo ./run_tests
Debugfs file: /sys/kernel/debug/test_kmembugs/lkd_dbgfs_run_testcase

Generic KASAN: enabled
UBSAN: enabled
KMEMLEAK: enabled

Select testcase to run:
1  Uninitialized Memory Read - UMR
2  Use After Return - UAR

Memory leakage
3.1  simple memory leakage testcase1
3.2  simple memory leakage testcase2 - caller to free memory
3.3  simple memory leakage testcase3 - memleak in interrupt ctx

OOB accesses on static (compile-time) global memory + on stack local memory
4.1  Read  (right) overflow
4.2  Write (right) overflow
4.3  Read  (left) underflow
4.4  Write (left) underflow

OOB accesses on dynamic (kmalloc-ed) memory
5.1  Read  (right) overflow
5.2  Write (right) overflow
5.3  Read  (left) underflow
5.4  Write (left) underflow

6  Use After Free - UAF
7  Double-free

UBSAN arithmetic UB testcases
8.1  add overflow
8.2  sub overflow
8.3  mul overflow
8.4  negate overflow
8.5  shift OOB
8.6  OOB
8.7  load invalid value
8.8  misaligned access
8.9  object size mismatch

9  copy_[to|from]_user*() tests
10 UMR on slab (SLUB) memory

(Type in the testcase number to run):
2
Running testcase "2" via test module now...
[89638.348632] testcase to run: 2
[89638.350942] test_kmembugs:uar(): testcase 2: UAR:
[89638.352918] testcase 2: UAR: res1 = "<whoops, it's NULL; UAR!>"
$
```

圖 5.8　部分螢幕截圖顯示 kmembugs_test LKM 的建置和輸出

以下是測試案例框架的範例截圖，藉由 KASAN 捕獲 left OOB 錯誤寫入的存取：

```
206  */
207 int global_mem_oob_left(int mode, char *p)
208 {
209     volatile char w, x, y, z;
210     volatile char local_arr[20];
211     char *volatile ptr = p - 3; // left OOB
212
213     if (mode == READ) {
214         /* Interesting: this OOB access isn't
215         w = *(volatile char *)ptr;  // invali
216
217         /* ... but these OOB accesses are cau
218          * We conclude that *only* the index-
219          * And, KASAN compiled with clang 11
220          */
221         x = p[-3];  // invalid, OOB left read
222
223         y = local_arr[-5];  // invalid, not w
224         z = local_arr[5];   // valid, within
225     } else if (mode == WRITE) {
226         /* Interesting: this OOB access isn't
227         *(volatile char *)ptr = 'w';
```

```
9  copy_[to|from]_user*() tests
10 UMR on slab (SLUB) memory

(Type in the testcase number to run):
4.4
Running testcase "4.4" via test module now...
[13372.544725] testcase to run: 4.4
[13372.553282] ==================================================================
[13372.562448] BUG: KASAN: global-out-of-bounds in global_mem_oob_left+0x172/0x267 [test_kmembugs]
[13372.571100] Write of size 1 at addr ffffffffc09aaabd by task run_tests/21489

[13372.581341] CPU: 0 PID: 21489 Comm: run_tests Tainted: G    B D    O      5.10.60-dbg02-gcc #17
[13372.585154] Hardware name: innotek GmbH VirtualBox/VirtualBox, BIOS VirtualBox 12/01/2006
[13372.588567] Call Trace:
[13372.591665]  dump_stack+0xbd/0xfa
[13372.594362]  print_address_description.constprop.0.cold+0x5/0x4db
[13372.597040]  ? trace_preempt_off+0x2a/0xf0
[13372.599451]  ? global_mem_oob_left+0x172/0x267 [test_kmembugs]
[13372.601856]  kasan_report.cold+0x37/0x7c
[13372.603928]  ? global_mem_oob_left+0x172/0x267 [test_kmembugs]
[13372.605993]  __asan_store1+0x6d/0x70
[13372.607932]  global_mem_oob_left+0x172/0x267 [test_kmembugs]
```

圖 5.9　部分擷取畫面顯示 KASAN 寫入全域記憶體時發現有問題的 left OOB

要了解的幾件事：

- 首先，GCC 和 Clang 的編譯器足夠聰明，會提醒我們這些 bugs，這裡相當明顯。它們確實都捕捉到了 UAR 和 UMR 在程式碼出現確切位置的缺陷，儘管是當作警告！以下是 GCC 發出的一個警告，顯然是針對我們的 UAR bug：

```
<...>/ch5/kmembugs_test/kmembugs_test.c:115:9: warning: function returns address
of local variable [-Wreturn-local-addr]
    115 |   return (void *)name;
        |          ^~~~~~~~~~~~
```

> **這點很重要**
>
> 身為程式設計師，你的工作就是仔細留意全部的編譯器警告，並且盡可能地做到人性化！修正它們就對了。

- 在 script 會詢問 kernel config 檔案，以檢視你目前的 kernel 是否已針對 KASAN、UBSAN 和 KMEMLEAK 配置，並顯示找到的內容。它也會顯示將寫入測試案例編號之 debugfs 虛擬檔案的路徑，好呼叫該測試。

以下是執行 UAR 測試案例的一個例子：

```
$ sudo ./run_tests
[...]
(Type in the testcase number to run):
2
Running testcase""2" via test module now...
[  144.313592] testcase to run: 2
[  144.313597] test_kmembugs:uar(): testcase 2: UAR:
[  144.313600] testcase 2: UAR: res1 = "<whoops,'it's NULL; UAR!>"
$
```

- 透過上面的 dmesg 可看到，kernel 日誌的輸出清楚地說明了情況：我們執行了 UAR 測試案例，但 kernel 和 KASAN 都沒有捕獲到它；如果有的話，會在日誌看到大量提醒！程式碼會檢查變數 res1 是否為 NULL，並得出發生 UAR bug 的結論。我們可以執行這項作業，因為我們專程將它初始化為 NULL，並在它應該設定為函式 uar() 所傳回的字串後檢查；不然的話，我們就無法捕捉到它。

好的，我們已經完成幾個啟用 KASAN 的測試案例。KASAN 的計分卡長什麼樣子？下一節將為你展示。

KASAN：將結果表格化呈現

KASAN 實際上能夠捕捉到哪些記憶體損壞的 bugs 或缺陷，而又有哪些錯誤無法捕捉到？根據測試執行，結果如下表清單。請仔細研究它，並附上相關注意事項：

表 5.3：KASAN 攔截與否的記憶體缺陷和 arithmetic UB 測試案例摘要

測試案例 # [1]	記憶體缺陷的類型（下方）/ 使用的基礎建設（右方）	Distro kernel [2]	編譯器警告？ [3]	使用 KASAN [4]	使用 UBSAN [5]
不在 kernel 的 KUnit test_kasan.ko 模組範疇內的缺陷					
1	Uninitialized Memory Read – UMR	N	Y [C1]	N	N
2	Use After Return – UAR	N	Y [C2]	N [SA]	N [SA]
3	Memory leakage [6]	N	N	N	N

測試案例 # [1]	記憶體缺陷的類型（下方）/ 使用的基礎建設（右方）	Distro kernel [2]	編譯器警告？ [3]	使用 KASAN [4]	使用 UBSAN [5]
有在 kernel 的 KUnit test_kasan.ko 模組範疇內的缺陷					
4	OOB accesses on static global (compile-time) memory				
4.1	Read (right) overflow	N[V1]	N	Y [K1]	Y [U1.U2]
4.2	Write (right) overflow		N	Y [K1]	
4.3	Read (left) underflow		N	Y [K2]	
4.4	Write (left) underflow		N	Y [K2]	
4	OOB accesses on static global (compile-time) stack local memory				
4.1	Read (right) overflow	N[V1]	N	Y [K3]	Y [U1.U2]
4.2	Write (right) overflow		N	Y [K2]	
4.3	Read (left) underflow		N	Y [K2]	
4.4	Write (left) underflow				
5	OOB accesses on dynamic (kmalloc-ed slab) memory				
5.1	Read (right) overflow	N	N	Y [K4]	N
5.2	Write (right) overflow				
5.3	Read (left) underflow				
5.4	Write (left) underflow				
6	Use After Free – UAF	N	N	Y [K5]	N
7	Double-free	Y [V2]	N	Y [K6]	N
8	Arithmetic UB (*via the kernel's test_ubsan.ko module)*				
8.1	Add overflow	N	N	N	Y
8.2	Sub(tract) overflow				**N**
8.3	Mul(tiply) overflow				**N**
8.4	Negate overflow				**N**
	Div by zero				Y
8.5	Bit shift OOB	Y [U3]		Y [U3]	Y [U3]

測試案例 # [1]	記憶體缺陷的類型（下方）/ 使用的基礎建設（右方）	Distro kernel [2]	編譯器警告？[3]	使用 KASAN [4]	使用 UBSAN [5]
算術 UB 以外的缺陷（從 kernel 的 KUnit test_ubsan.ko 模組複製）					
8.6	OOB	Y [U3]	N	Y [U3]	Y [U3]
8.7	Load invalid value	Y [U3]		Y [U3]	Y [U3]
8.8	Misaligned access	N		N	N
8.9	Object size mismatch	Y [U3]		Y [U3]	Y [U3]
9	OOB on `copy_[to|from]_user*()`	N	Y [C3]	Y [K4]	N

上表註腳符號，如 [C1]、[U1] 等解釋如下：

測試環境

- [1] 測試案例編號：一定要參考測試 kernel module 的來源以檢視：`ch5/kmembugs_test/kmembugs_test.c`，在 `debugfs_kmembugs.c` 中的 debugfs 之建立與使用，以及 `load_testmod` 和 `run_tests` bash script，全部都在相同的資料夾中。
- [2] 此處使用的編譯器是 x86_64 Ubuntu Linux 上的 GCC 9.3.0 版。稍後的章節「在 Ubuntu 21.10 上使用 Clang 13」會介紹使用 **Clang 13** 編譯器的方法。
- [3] 若要使用 KASAN 測試，我必須使用有設定 `CONFIG_KASAN=y` 和 `CONFIG_KASAN_GENERIC=y` 的自訂 debug kernel（5.10.60-dbg01）開機。我們假設使用的是通用的 KASAN 變體（variant）。
- 測試案例 4.1 至 4.4 適用於編譯期配置的 static 全域記憶體，以及 stack local memory 記憶體。這就是為什麼這兩個測試案例編號都是 4.x。

編譯器警告

- Version：在 x86_64 Ubuntu 的 GCC version 9.3.0：
  - [C1] GCC 編譯器將 UMR 以警告的等級回報：

```
warning: '<var>' is used uninitialized in this function [-Wuninitialized]
```

  - [C2] GCC 的報告將隱含的 UAF 缺陷視為警告：

```
warning: function returns address of local variable [-Wreturn-local-addr]
```

  - [C3] 相當聰明的 GCC，在此處抓到不合法的 `copy_[to|from]_user()`。它發現目的地空間太小了：

```
  * In function 'check_copy_size',
    inlined from 'copy_from_user' at ./include/linux/uaccess.h:191:6,
    inlined from 'copy_user_test' at <...>/ch5/kmembugs_test/kmembugs_test.
c:482:14:
./include/linux/thread_info.h:160:4: error: call to '__bad_copy_to' declared with
attribute error: copy destination size is too small
  160 |     __bad_copy_to();
      |     ^~~~~~~~~~~~~~~
```

- 使用 **Clang 13** 編譯器，警告幾乎與 GCC 完全相同。此外，它發出訊息：`variable 'xxx' set but not used [-Wunused-but-set-variable]`。「使用 Clang 編譯 kernel 和 module」章節會繼續說明。

下一節將深入探討細節，不要錯過！

❖ KASAN：表示結果的詳細說明

此處將詳細解釋 KASAN 的註腳符號，如 [K1]、[K2] 等。閱讀這些注意事項非常重要，我們提過某些警告和特殊案例：

- [K1] KASAN 會擷取並報告全域靜態記憶體的 OOB 存取，如下所示：

```
global-out-of-bounds in <func>+0xstart/0xlen [modname]
Read/Write of size <n> at addr <addr> by task <taskname/PID>
```

要視是否發生讀取或寫入錯誤的存取而定，報告將包含 `Read` 或 `Write` 其中之一。

- [K2] 在此有一些需要注意的事項：
  - 唯有使用 Clang 11 或更新的版本編譯時，才會攔截全域記憶體測試案例上的**越界存取（Out-of-Bounds, OOB）**讀取 / 寫入 left underflow。它甚至沒有被 GCC 10 或 11 捕獲，這是因為它的紅區運作方式。
  - 當使用 Clang 11 及較新的版本編譯時，KASAN 只會捕捉全域記憶體 OOB 存取！因此，在我使用 GCC 9.3 和 Clang 10 的測試回合中，我發現它無法捕捉到全域緩衝區上的讀 / 寫 underflow（left OOB）存取！如測試案例 4.3 和 4.4。它在這裡似乎確實捕捉到全域性記憶中的溢位缺陷，儘管不應該視為理所當然……。順道一提，Clang 的發音是「clang」，而不是「see-lang」。此外，雖然它的文件中說明支援 GCC，但在 8.3.0 之後，這無法（僅）捕捉全域記憶體上的讀取 / 寫入反向溢位（underflow）錯誤測試案例。請務必閱讀介紹使用 Clang 來編譯 kernel 與 module 的章節！
  - 然而，即使使用 GCC 9.3，內部的紅區與填充的運作方式看似可以運作，第一個宣告的全域變數（取決於連結器的設定方式）可能沒有左側的紅區，因而導致錯失了 left OOB bug……。這就是為什麼要使用三個全域陣列（global array），在 GCC 修復之前，這是愚蠢的解決方法。在測試案例中，我們以中間的緩衝區作為測試緩衝區，第一個除外。但願能修復 GCC，也就是適當的紅區，並捕捉所有任何 OOB 存取。使用我們特定的測試回合，即使用 GCC 9.3 編譯時，全域記憶體中也會有錯誤的 left OOB 存取！
  - 這些觀察結果、警告和原本預期並不完全一致，它們最終可能會以某種方式在一個系統上運作，也可能在另一個配置不同的系統或架構上運作。因此，我們衷心建議你使用經過適當配置的 debug kernel 來測試工作負載，該 kernel 包含你可使用的所有工具，包括最新的編譯器技術如 Clang，以及本書中介紹的各種工具和技術。是的，事情很多很辛苦，但一切都值得！

- [K3] KASAN 捕獲並報告 OOB 存取的堆疊本地記憶體如下：

```
stack-out-of-bounds in <func>+0xstart/0xlen [modname]
Read/Write of size <n> at addr <addr> by task <taskname/PID>
```

- [K4] KASAN 會擷取並報告動態 slab 記憶體上的 OOB 存取，如下所示：

```
BUG: KASAN: slab-out-of-bounds in <func>+0xstart/0xlen [modname]
Read/Write of size <n> at addr <addr> by task <taskname/PID>
```

- [K5] KASAN 捕獲並報告了 UAF 缺陷，如下所示：

```
BUG: KASAN: use-after-free in <func>+0xstart/0xlen [modname]
Read/Write of size <n> at addr <addr> by task <taskname/PID>
```

- [K6] KASAN 捕獲並報告 double free 如下：

```
BUG: KASAN: double-free or invalid-free in <func>+0xstart/0xlen [modname]
```

- 在所有上述情況中，KASAN 的報告還詳細顯示了實際的違規以及 process context、（kernel-mode stack）call trace 和 shadow memory map，顯示了 OOB 記憶體存取屬於哪個適用的變數，以及有漏洞位址周圍的記憶體狀態。

提示：全部結果的集成表

為方便你參考，請見本關鍵主題的第二部分，也就是下一章「捕捉 kernel 中的記憶體缺陷：比較與注意事項（Part 2）」小節中的表 6.4，列出本章使用的測試案例結果，包括所使用的全部工具技術：vanilla/distro kernel、編譯器警告、KASAN、UBSAN 以及 SLUB debug。實際上，這是一份整合所有發現的表格，這樣你就可以快速比較，而且很有用。

你是否已注意到 kernel 內建、基於 KUnit 的 KASAN 測試案例，test_kasan kernel module 沒有「UMR、UAR 和記憶體洩漏」這 3 個記憶體缺陷的測試案例。為什麼？很簡單：因為 KASAN 無法攔截這些 bug！好的，這樣可以得到什麼結論呢？嗯，KUnit 和其他測試套件常常以自動化的方式執行。可預期的結果是，全部可行的測試案例都能通過，實際上，它們非通過不可。如果它們包含這 3 個缺陷，就無法達成這種情況，所以它們不會這樣做。現在，不要誤會，這只不過是測試套件的設計方式。除了 KASAN 外，一定還有其他途徑可以發現這些缺陷。放輕鬆，我們一起找出來。

此時此地，我們正展示 KASAN 本身無法捕捉到這些特定的惡意 bug。爾後，我們會看到可以用哪些工具執行。

僅供參考，KASAN 這個關鍵元件是透過模糊方法來捕獲難以發現的漏洞。強大的 Linux kernel fuzzer Syzkaller，也就是 syzbot，需要在 kernel 中配置 KASAN！第 12 章〈再談談一些 kernel debug 方法〉的「何謂 Fuzzing？」章節，會簡單介紹 fuzzing，請務必查看。

祝一切順利，你現在知道如何運用 KASAN 的威力來協助捕捉棘手的記憶體 bug！現在來繼續使用 UBSAN。

使用 UBSAN kernel 檢查程式尋找未定義的行為

像 C 這樣的程式語言有個嚴重的問題，編譯器會為正確的大小寫產生程式碼，但是當原始程式碼做一些出乎意料的事，或犯下單純錯誤時，編譯器往往會不知道該怎麼做，而直接忽略這個問題。這實際上有助於產生高度最佳化的程式碼，但代價是有 bug，而且可能是資訊安全方面的！這類範例很常見：陣列的 overflow / underflow、算術缺陷，例如除以 0 或有符號整數的 overflow / underflow 等。更糟的是，有時錯誤的程式碼似乎能夠運作，就像「過時訊框：完美中的不完美」章節看到的存取過時堆疊記憶體一樣。同樣地，差勁的程式碼在經過最佳化之後，可能會動也可能不會動。因此，這類情況無法預測，稱為**未定義的行為（Undefined Behavior, UB）**。

Kernel 的**未定義行為識別器（Undefined Behavior Sanitizer, UBSAN）**會擷取數種類型的執行期 UB。就像 KASAN 一樣，它利用**編譯期的儀器（Compile Time Instrumentation, CTI）**來實現這一點。在完全啟用 UBSAN 的情況下，

kernel code 是以 -fsanitize=undefined 選項參數進行編譯。UBSAN 所攔截的 UB 包括：

- 算術相關的 UB：
  - 算術溢位 / 反向溢位 / 除以 0 / 等……
  - 進行位元位移（bit shift）時發生 OOB 存取
- 記憶體相關的 UB：
  - 對陣列的 OOB 存取
  - 對空指標提取內容（NULL pointer deference）
  - 沒有對齊的記憶體存取
  - 物件大小不符

事實上，其中一些缺陷與泛用 KASAN 捕捉到的缺陷重疊。使用 UBSAN 儀器化的程式碼確實會變得更大且更慢，大約 2 至 3 倍的速度。不過，這對於發現 UB 缺陷非常有用，尤其是在開發和單元測試期間。事實上，如果你能夠負擔較大的 kernel text 和處理器的 overhead，就可以在生產系統上啟用 UBSAN；除微型的嵌入式系統之外，或許都可以。

設定 kernel 的 UBSAN

在 make menuconfig UI 中，你會找到 UBSAN 的表單系統，位於 Kernel hacking | Generic Kernel Debugging Instruments | Undefined behaviour sanity checker。

此處顯示相關選單的螢幕截圖：

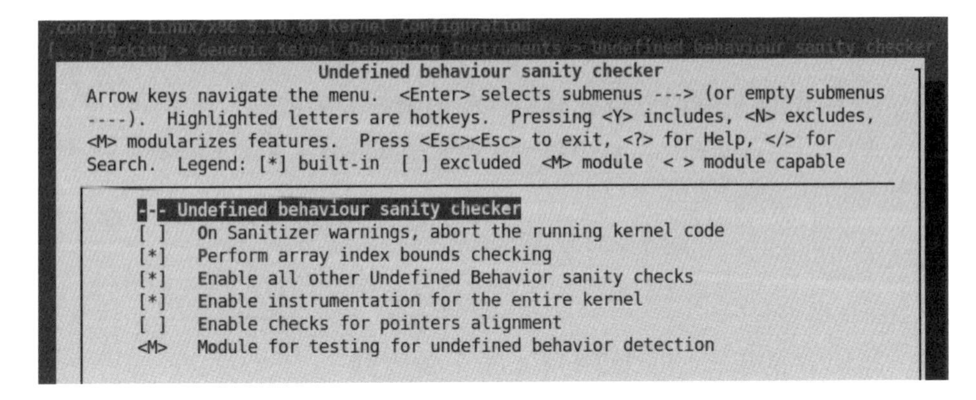

圖 5.10　Linux kernel config 的部分 UBSAN 選單截圖

若要使用它，你應該開啟下列的 kernel config：`CONFIG_UBSAN`、`CONFIG_UBSAN_BOUNDS`（對靜態陣列的陣列索引執行邊界檢查，非常有用），`CONFIG_UBSAN_MISC` 和 `CONFIG_UBSAN_SANITIZE_ALL`（可以在 `lib/Kconfig.ubsan` 查閱每個元件的詳細資訊）。設定 `CONFIG_TEST_UBSAN=m` 時會將 `lib/test_ubsan.c` 程式碼編譯為模組。

UBSAN：對 Build 的影響

在 `CONFIG_UBSAN=y` 下，透過傳遞 `V=1` 參數來建立 kernel source tree，將顯示詳細資訊、傳遞的 GCC flags 等。以下為你所見到的程式碼片段，將著重在因為啟用 UBSAN 而在建置期間傳遞的 GCC flags：

```
make V=1

gcc -Wp,-MMD,[...] -fsanitize=bounds -fsanitize=shift
-fsanitize=integer-divide-by-zero -fsanitize=unreachable
-fsanitize=signed-integer-overflow -fsanitize=object-size
-fsanitize=bool -fsanitize=enum [...]
```

利用 UBSAN 追蹤 UB

對靜態的 OOB 陣列存取以及其他類似存取進行 UB 偵測，是 UBSAN 的專長。以測試案例 #4.4 為例，可定義一些靜態的全域陣列，如下所示：

```
static char global_arr1[10], global_arr2[10],  global_arr3[10];
```

為何要宣告三個全域陣列，而不是一個？

本文撰寫時，GCC 編譯器為全域資料設定紅區的方式似乎有些問題，至少從 9.3 版開始就是如此。我們觀察到，模組中第一個全域紅區可能沒有正確設定其左側紅區，這會導致邊際效應，使得錯過偵測充滿 bug 的 left OOB（underflow）存取！因此，藉由設定三個全域陣列，並將指標傳遞給第一個陣列以外的任何陣列，如設定測試案例的將指標傳遞給第二個陣列，KASAN 和 UBSAN 應該就能夠攔截到有問題的存取！（請注意，模組中全域變數的順序取決於 linker）。在 Clang 11+ 似乎沒有遇過這個問題。

有趣的是，這樣的努力最終有所回報：由於我回報了在 GCC 下 left OOB 失敗這個問題，並指出 kernel 的 test_kasan 模組沒有對其測試，現任 KCSAN 維護者 Marco Elver 已經展開調查，並添加一個修補程式以包括此測試案例。此測試案例「add globals left-out-of-bound test」在 2021 年 11 月 17 日加入 test_kasan 模組[3]。此外，本書非常能幹的技術評論家 Chi-Thanh Hoang 已經發現如上所述，這基本上是因為 GCC 缺少左側的紅區，並將此資訊新增到 kernel Bugzilla[4]。希望 GCC 的維護人員能夠抓住這一機遇，提出或實施解決方案。

下面這個有問題的測試案例「the right OOB accesses on global memory」，存取了其中一個全域陣列，當然是以不正確的方式讀取和寫入，在此只顯示部分程式碼。請注意，參數 p 是此模組中某塊全域記憶體的指標，通常是第二個 `global_arr2[]`：

---

3 請參考：*https://lore.kernel.org/all/20211117110916.97944-1-elver@google.com/T/#u*。

4 *https://bugzilla.kernel.org/show_bug.cgi?id=215051*

這是透過我們的 debugfs hook 呼叫的範例：

```
[...] else if (!strncmp(udata, "4.4", 4))
        global_mem_oob_left(WRITE, global_arr2);
```

此為部分程式碼。請注意，// 風格的註解可能會超過一行，在程式碼中沒有問題：

```
int global_mem_oob_right(int mode, char *p)
{
    volatile char w, x, y, z;
    volatile char local_arr[20];
    char *volatile ptr = p + ARRSZ + 3; // OOB right
    [...]
    } else if (mode == WRITE) {
        *(volatile char *)ptr = 'x';  // invalid, OOB right write
        p[ARRSZ - 3] = 'w'; // valid and within bounds
        p[ARRSZ + 3] = 'x'; // invalid, OOB right write
        local_arr[ARRAY_SIZE(local_arr) - 5] = 'y'; // valid and within bounds
        local_arr[ARRAY_SIZE(local_arr) + 5] = 'z'; // invalid, OOB right write
    } [...]
```

如上所示，一旦偵測到記憶體有問題的存取，UBAN 就會向 kernel log 寫入顯示類似以下的錯誤報告：

```
array-index-out-of-bounds in <C-source-pathname.c>:<line#>
index <index> is out of range for type '<var-type> [<size>]'
```

如這裡的螢幕截圖所示，右視窗顯示 kernel 日誌。在這種情況下，請忽略日誌上方的部分 KASAN 錯誤報告；其餘來自 UBSAN 的部分就是現在要討論的：

```
167  * OOB on static (compile-time) mem: OOB read/write
168  * Covers both read/write overflow on both static g
169  * The parameter p is a pointer to one of the globa
170  * this module.
171  * Note: With gcc 10, 11 or clang < 11, KASAN isn't
172  * memory OOB on read/write underflow!
173  */
174 int global_mem_oob_right(int mode, char *p)
175 {
176     volatile char w, x, y, z;
177     volatile char local_arr[20];
178     char *volatile ptr = p + ARRSZ + 3; // OOB righ
179
180     if (mode == READ) {
181         w = *(volatile char *)ptr;  // invalid, OOB
182         ptr = p + 3;
183         x = *(volatile char *)ptr;  // valid
184
185         y = local_arr[ARRAY_SIZE(local_arr) - 5];
186         z = local_arr[ARRAY_SIZE(local_arr) + 5];
187     } else if (mode == WRITE) {
188         *(volatile char *)ptr = 'x';    // invalid,
189
190         p[ARRSZ - 3] = 'w'; // valid and within bou
191         p[ARRSZ + 3] = 'x'; // invalid, OOB right w
192
193         local_arr[ARRAY_SIZE(local_arr) - 5] = 'y';
194         local_arr[ARRAY_SIZE(local_arr) + 5] = 'z';
195     }
196     return 0;
```

```
[13676.756743] The buggy address belongs to the variable:
[13676.758424]  global_arr2+0xd/0xffffffffffff6540 [test_kmembugs]
[13676.761739] Memory state around the buggy address:
[13676.763397]  ffffffffc09aa980: 00 00 00 00 00 00 00 00 00 00 00 00 00 00 00 00
[13676.765267]  ffffffffc09aaa00: 00 00 00 00 00 00 00 00 00 00 00 00 00 00 00 00
[13676.767093] >ffffffffc09aaa80: 00 02 f9 f9 f9 f9 f9 f9 00 02 f9 f9 f9 f9 f9 f9
[13676.768736]                                                  ^
[13676.770492]  ffffffffc09aab00: 00 02 f9 f9 f9 f9 f9 f9 01 f9 f9 f9 f9 f9 f9 f9
[13676.772293]  ffffffffc09aab80: 00 f9 f9 f9 f9 f9 f9 f9 00 00 00 00 00 00 00 00
[13676.774052] ==================================================================
[13676.776211] ==================================================================
[13676.778116] UBSAN: array-index-out-of-bounds in /home/letsdebug/Linux-Kernel-Debu
t/kmembugs_test.c:194:12
[13676.781758] index 25 is out of range for type 'char [20]'
[13676.783505] CPU: 5 PID: 21522 Comm: run_tests Tainted: G    B D    O      5.10.60
[13676.785334] Hardware name: innotek GmbH VirtualBox/VirtualBox, BIOS VirtualBox 12
[13676.787197] Call Trace:
[13676.789020]  dump_stack+0xbd/0xfa
[13676.790882]  ubsan_epilogue+0x9/0x45
[13676.792723]  __ubsan_handle_out_of_bounds+0x70/0x80
[13676.794687]  global_mem_oob_right+0x1de/0x266 [test_kmembugs]
[13676.796543]  ? leak_simple2+0x19b/0x19b [test_kmembugs]
[13676.798693]  ? ___might_sleep+0x22d/0x2f0
[13676.800734]  ? __kasan_check_write+0x14/0x20
[13676.802641]  dbgfs_run_testcase+0x257/0x51a [test_kmembugs]
[13676.804503]  ? _sub_I_65535_1+0x17/0x17 [test_kmembugs]
[13676.806376]  ? rcu_read_lock_held_common+0x1e/0x60
[13676.808157]  ? rcu_read_lock_any_held+0x60/0x110
```

圖 5.11　部分的螢幕截圖畫面 3-1，顯示 UBSAN 擷取寫入至堆疊區域變數的 right OOB

在這裡，你可以看到 UBSAN 如何準確地在第 194 行檢測到 UB，嘗試對區域（基於堆疊）陣列的合法索引結尾後面寫入！當然，你在這裡看到的行號完全有可能因為修改了程式碼而隨時間而改變。

在此之後，測試案例 # 4.3 刻意地且災難性的嘗試對本機堆疊記憶體變數執行讀取反向溢位。UBSAN 也抓得很乾淨！下列部分擷取畫面顯示有趣的 bit：

```
211     char *volatile ptr = p - 3; // left OOB
212
213     if (mode == READ) {
214         /* Interesting: this OOB access isn't caugh
215         w = *(volatile char *)ptr;  // invalid, OOB
216
217         /* ... but these OOB accesses are caught by
218          * We conclude that *only* the index-based
219          * And, KASAN compiled with clang 11 or lat
220          */
221         x = p[-3];  // invalid, OOB left read
222
223         y = local_arr[-5];  // invalid, not within
224         z = local_arr[5];   // valid, within bounds
225     } else if (mode == WRITE) {
226         /* Interesting: this OOB access isn't caugh
```

```
[13959.698401] >ffffffffc09aaa80: 00 02 f9 f9 f9 f9 f9 f9 00 02 f9 f9 f9 f9 f9 f9
[13959.700017]                                                  ^
[13959.701726]  ffffffffc09aab00: 00 02 f9 f9 f9 f9 f9 f9 01 f9 f9 f9 f9 f9 f9 f9
[13959.703360]  ffffffffc09aab80: 00 f9 f9 f9 f9 f9 f9 f9 00 00 00 00 00 00 00 00
[13959.705103] ==================================================================
[13959.707343] ==================================================================
[13959.709187] UBSAN: array-index-out-of-bounds in /home/letsdebug/Linux-Kernel-Debugging/ch7/kmembugs_tes
t/kmembugs_test.c:223:16
[13959.712994] index -5 is out of range for type 'char [20]'
[13959.714762] CPU: 2 PID: 21538 Comm: run_tests Tainted: G    B D    O      5.10.60-dbg02-gcc #17
[13959.716802] Hardware name: innotek GmbH VirtualBox/VirtualBox, BIOS VirtualBox 12/01/2006
[13959.718807] Call Trace:
[13959.720696]  dump_stack+0xbd/0xfa
[13959.722510]  ubsan_epilogue+0x9/0x45
[13959.724358]  __ubsan_handle_out_of_bounds+0x70/0x80
[13959.726310]  global_mem_oob_left+0xdf/0x267 [test_kmembugs]
```

圖 5.12　部分螢幕截圖 3-2，顯示 UBSAN 擷取在堆疊區域變數上讀取的左 OOB

一樣，UBSAN 甚至會顯示嘗試發生錯誤存取的來源檔名和行號！

更通用的作法是：當有問題的變數不正確地索引取得靜態記憶體陣列的值時，也就是索引以任何方式超出邊界，不管是左側或右側、反向溢位（underflow）或溢位（overflow），UBSAN 都會捕捉到這次記憶體的存取。

不過，看來是錯過充滿問題的指標存取！KASAN 沒有問題，而且全部都有捕獲到。

正如「使用特製充滿 bug 的 kernel 模組，繼續測試」章節中在 KASAN 中看到的，UBSAN 也不能捕獲全部的記憶體缺陷。為了證明這一點，我們再次執行自定的 buggy kernel module（在 `ch5/kmembugs_test` 中），結果幾乎完全相同：即使在啟用 UBSAN 的 kernel 上，仍未發現 UMR、UAR 和記憶體洩漏這 3 個錯誤！下列的擷取畫面會說明這個故事。但為了擷取這個內容，我在執行前 3 個測試之前，先帶著參數 `--no-clear` 來執行 `run_tests` script，以保留 kernel 日誌內容：

```
$ grep -w CONFIG_KASAN /boot/config-5.10.60-dbg02-gcc
CONFIG_KASAN=y
$ grep -w CONFIG_UBSAN /boot/config-5.10.60-dbg02-gcc
CONFIG_UBSAN=y
$ dmesg
[ 5147.233197] testcase to run: 1
[ 5147.233202] test_kmembugs:umr(): testcase 1: UMR (val=1039927376)
[ 5150.323534] testcase to run: 2
[ 5150.323541] test_kmembugs:uar(): testcase 2: UAR:
[ 5150.323546] testcase 2: UAR: res1 = "<whoops, it's NULL; UAR!>"
[ 5184.711447] testcase to run: 3.2
[ 5184.711455] test_kmembugs:leak_simple2(): testcase 3.2: simple memory leak testcase 2
[ 5184.711489]  res2 = "leaky!!"
$
```

圖 5.13　部分螢幕截圖 3-3：執行 UMR、UAR 和洩漏 3 個測試。使用我們的測試模組的測試案例顯示，KASAN 和在 kernel 中啟用的 UBSAN 都無法捕捉到它們。

另外，不要忘記：*UBSAN 也非常善於捕捉與算術相關的 UB*，例如溢位或溢位算術計算、眾所周知的 **Integer OverFlow（IoF）** 缺陷，以及真的很常見且危險的除以 0 的 Bug！本文在 UBSAN 的開始部分介紹了 UBSAN 可以捕獲的演算法 UB，但當時沒有深入探討，因為主題是記憶體缺陷，想要了解更多 UBSAN 的實際應用，隨時可以閱讀 kernel（`lib/test_ubsan.c`）內 UBSAN 測試模組的程式碼並試用，在此推薦；而了解未對齊的記憶體存取及其造成的問題，和如何避免這個問題，則是〈Unaligned Memory Accesses〉這個 kernel 文件頁面的主題[5]。

5　*https://www.kernel.org/doc/html/latest/core-api/unaligned-memory-access.html#unaligned-memory-accesses*

好了，在執行 kernel 中啟用 UBSAN 的各種測試案例後，可以將實驗結果整理成清單。請參考下表：

表 5.4：由 UBSAN 攔截（或不攔截）的記憶體缺陷和算術 UB 測試案例摘錄

測試案例 # [1]	記憶體缺陷的類型（下方）/ 使用的基礎建設（右方）	編譯器警告？ [2]	使用 UBSAN [3]
不在 kernel 的 KUnit test_kasan.ko 模組範疇內的缺陷			
1	Uninitialized Memory Read – UMR	Y [C1]	N
2	Use After Return – UAR	Y [C2]	N [SA]
3	Memory leakage [6]	N	N
有在 kernel 的 KUnit test_kasan.ko 模組範疇內的缺陷			
4	OOB accesses on static global (compile-time) memory		
4.1	Read (right) overflow	N	Y [U1,U2]
4.2	Write (right) overflow		
4.3	Read (left) underflow		
4.4	Write (left) underflow		
4	OOB accesses on static global (compile-time) stack local memory		
4.1	Read (right) overflow	N	Y [U1,U2]
4.2	Write (right) overflow		
4.3	Read (left) underflow		
4.4	Write (left) underflow		
5	OOB accesses on dynamic (kmalloc-ed slab) memory		
5.1	Read (right) overflow	N	N
5.2	Write (right) overflow		
5.3	Read (left) underflow		
5.4	Write (left) underflow		
6	Use After Free - UAF	N	N

測試案例 # [1]	記憶體缺陷的類型（下方）/ 使用的基礎建設（右方）	編譯器警告？[2]	使用 UBSAN [3]
7	Double-free	N	N
8	Arithmetic UB (*via the kernel's test_ubsan.ko module*)		
8.1	Add overflow	N	Y
8.2	Sub(tract) overflow		**N**
8.3	Mul(tiply) overflow		**N**
8.4	Negate overflow		**N**
	Div by zero		Y
8.5	Bit shift OOB		Y [U3]
算術 UB 以外的缺陷（從 kernel 的 KUnit test_ubsan.ko 模組複製）			
8.6	OOB	N	Y [U3]
8.7	Load invalid value		Y [U3]
8.8	Misaligned access		**N**
8.9	Object size mismatch		Y [U3]
9	OOB on `copy_[to|from]_user*()`	Y [C3]	N

以下為有關上表中的數值註腳：

- [1] 測試案例編號：一定要參考測試 kernel module 的來源以檢視：`ch5/kmembugs_test/kmembugs_test.c`、debugfs 專案建立和在 `debugfs_kmembugs.c` 中使用，以及 bash script `load_testmod` 和 `run_tests`，以上皆在相同的資料夾內。
- [2] 此處使用的編譯器是 x86_64 Ubuntu Linux 上的 GCC 9.3.0 版。下一節將介紹如何使用 **Clang 13** 編譯器。
- [3] 若要使用 UBSAN 測試，可透過我們的自訂 production kernel（5.10.60-prod01），以 `CONFIG_UBSAN=y` 和 `CONFIG_UBSAN_SANITIZE_ALL=y` 開機。

- 測試案例 4.1 至 4.4 適用於已於編譯期配置的靜態全域記憶體，以及基於堆疊的區域記憶體。所以兩個測試用例都是 4.x。

下節將深入了解詳細資訊。不要錯過！

❖ UBSAN：詳細說明表格化的結果

此處詳細說明上表中的註腳符號例如 [U1]、[U2] 等，請務必仔細閱讀所有注意事項，因為也包含某些特殊案例：

- [U1] UBSAN 會擷取並報告全域靜態記憶體上的 OOB 存取：

```
array-index-out-of-bounds in <C-source-pathname.c>:<line#>
index <index> is out of range for type '<var-type> [<size>]'
```

- [U2] 當有相關時，UBSAN 也會報告 [U1] 的物件大小不符，如下所示：

```
object-size-mismatch in <C-source-pathname.c>:<line#>
store to address <addr> with insufficient space for an object of type '<var-type>'
```

在前述的情況中，UBSAN 還會更詳細地報告實際違規，以及 process context 和 kernel-mode stack 的 call trace。

我重新編譯了一個 `CONFIG_KASAN=n` 的測試用 debug kernel，請注意，在關閉 KASAN 和 UBSAN 時，語義似乎有些不同：在這種情況下，我僅得到一個區段錯誤（segfault）。當然，透過查詢指令指標暫存器，kernel log 清楚地顯示錯誤來源，這裡是 RIP，在發生錯誤時指向的指令。

注意

如前所述，下一章別忘了查表 6.4，也就是將所有結果放在同一位置的比較表。

很好，現在你更能同時使用 KASAN 和 UBSAN 來抓取記憶體錯誤了！我建議你先吸收這些資訊，閱讀後面「捕捉 kernel 中的記憶體缺陷：比較與注意事項（Part 1）」章節中，至少與 KASAN 和 UBSAN 相關的詳細備註，並實際自己試用這些測試案例。但是等一下，我們發現只有在使用 Clang 11 或更新版本編譯時，才會發生某些 OOB 缺陷，這是一件很關鍵的事情；所以，現在就來學習如何使用現代的 Clang 編譯器。

5.4 使用 Clang 編譯 kernel 和 module

低階虛擬機器（Low Level Virtual Machine, LLVM）是這個模組化編譯器工具專案的原始名稱，但現在的它與傳統虛擬機器沒有太大關係，而是成了強大的後端，可供多種編譯器和 toolchain 使用。

發音與「slang」押韻的 **Clang**，是適用於 C 語言的現代編譯器前端技術，支援 C、C++、CUDA、Objective C/C++ 等，它以 LLVM 編譯器為基礎，可說是 GCC 的接班人。目前看來，Clang 似乎比 GCC 擁有更大優勢，特別是從我們的角度來說，因為它能夠產生卓越的診斷，且能夠以智慧方式產生程式以避免 OOB 存取，這一點至關重要，是奠定優越程式碼的基礎。在前面的 KASAN 一節中，我們看到 GCC 的 9.3、10 和 11 版，都無法可靠地捕獲全域記憶體中的左側 OOB 存取問題，但 Clang 可以！ Android 專案是 Clang 的關鍵使用者。

嘗試使用 Clang 建立你的 kernel module，但透過 GCC 編譯 target kernel 根本就還不夠好！你必須為兩者使用相同的編譯器，基礎 ABI 需要完全一致，這是 Marco Elver 指點我的許多事務之一，當時的我對 KASAN 為何無法捕捉到某些測試案例感到困惑，這邊真的要再次謝謝美好的開源開發。所以說到底，反正就是要用 Clang 11 編譯 kernel 和 module。

若要安裝 Clang 及相關的二進位執行檔以順利編譯 kernel module，需要執行下列指令，在我們的 Ubuntu 20.04 LTS guest：

```
sudo apt install clang-11 --install-suggests
```

而且，好像會要求我們將軟連結設定至名為 `llvm-objdump` 的 `llvm-objdump-11`。這很有可能是因為我同時安裝了 Clang 10 和 Clang 11：

```
sudo ln -s /usr/bin/llvm-objdump-11 /usr/bin/llvm-objdump
```

等等，還有更簡單的方法……

在 Ubuntu 21.10 上使用 Clang 13

要使用 Clang 編譯與建置 kernel 和 module，不用在 Ubuntu 20.04 LTS 上安裝 Clang 11 或更新版本，可能只要簡單地安裝 Ubuntu 21.10 就好，我已經用來做為 x86_64 VM，因為它隨附預先安裝的 Clang 13。然後，我將相同的 5.10.60 kernel 編譯為 debug kernel，並應用第 1 章〈軟體除錯概論〉中討論的類似 debug 配置，但這次是與 Clang 一起進行。

重要的是要指定使用 Clang 而非 GCC 作為編譯器，在編譯 kernel 時，請將 CC 變數設定為：

```
$ time make -j8 CC=clang
  SYNC    include/config/auto.conf.cmd
*
* Restart config...
* Memory initialization
*
```

第一次執行這個指令時，kbuild 系統偵測到使用的是 Clang 編譯器，某些附加元件（add-ons）現在可提供使用且看得出來，只是無法搭配 GCC，還會提示設定：

```
Initialize kernel stack variables at function entry
> 1. no automatic initialization (weakest) (INIT_STACK_NONE)
  2. 0xAA-init everything on the stack (strongest) (INIT_STACK_ALL_PATTERN) (NEW)
  3. zero-init everything on the stack (strongest and safest) (INIT_STACK_ALL_ZERO) (NEW)
choice[1-3?]:
```

雖然利用 kernel stack 變數的自動初始化非常實在，但我刻意將其保留為預設值（選項 1），以便檢查工具是否捕捉到 UMR 缺陷；同樣地，在選擇編譯過程也會詢問以下問題。在此，我只需按下 Enter 鍵即可保留預設值，這個可隨時更改：

```
Enable heap memory zeroing on allocation by default (INIT_ON_ALLOC_DEFAULT_ON) [Y/n/?] y
Enable heap memory zeroing on free by default (INIT_ON_FREE_DEFAULT_ON) [Y/n/?] y
*
* KASAN: runtime memory debugger
*
KASAN: runtime memory debugger (KASAN) [Y/n/?] y
  KASAN mode
  > 1. Generic mode (KASAN_GENERIC)
  choice[1]: 1
 [...]
  Back mappings in vmalloc space with real shadow memory (KASAN_VMALLOC) [Y/n/?] y
  KUnit-compatible tests of KASAN bug detection capabilities (KASAN_KUNIT_TEST) [M/n/?] m
  [...]
```

完成建置之後，請執行剩下的其餘步驟，不要忘記新增 CC=clang 環境變數到命令列：

```
sudo make CC=clang modules_install && sudo make CC=clang install
```

完成後，請重新啟動電腦，並確定開機進入嶄新的 Clang debug kernel！請確認下列事項：

```
$ cat /proc/version
Linux version 5.10.60-dbg02 (letsdebug@letsdebug-VirtualBox) (Ubuntu clang version
13.0.0-2, GNU ld (GNU Binutils for Ubuntu) 2.37) #4 SMP PREEMPT Wed ...
```

現在，繼續使用 Clang 建立 kernel module：

```
cd <book_src>/ch5/kmembugs_test
make CC=clang
```

就是這樣，我已經有條件地將 `CC` 變數的設定嵌入到 `load_testmod` bash script，而目前的 kernel 正是基於該編譯器所編譯的。另外，為了區分使用 Clang 和 GCC 構建的自訂 debug kernel，前者的 uname -r 輸出會顯示在此處：5.10.60-dbg02；而後者名稱會顯示為 5.10.60-dbg02-gcc。

練習

我將讓你練習建立（debug）kernel，以及我們的 `test_kmembugs.ko` kernel module（包含 Clang），並執行測試案例。

以上，完成了對於理解和捕獲 kernel 中記憶體缺陷的詳細內容第一部分！做得好。總結一下目前為止使用的許多工具與技術，以完成本章的學習。

5.5 捕捉 kernel 中的記憶體缺陷：比較與注意事項（Part 1）

正如本章所提，下表列出測試回合的測試案例結果，包括本章使用的所有工具技術 / kernel：vanilla / distro kernel、編譯器警告，以及 debug kernel 的 KASAN 和 UBSAN。實際上，此處彙總迄今所有的研究結果，因此你可以快速比較，但願有所幫助：

表 5.5：各種常見記憶體缺陷及各種技術如何反應（或不反應）的摘錄

測試案例 # [1]	記憶體缺陷的類型（下方）/ 使用的基礎建設（右方）	Distro kernel [2]	編譯器警告？[3]	使用 KASAN [4]	使用 UBSAN [5]
不在 kernel 的 KUnit test_kasan.ko 模組範疇內的缺陷					
1	Uninitialized Memory Read – UMR	N	Y [C1]	N	N
2	Use After Return – UAR	N	Y [C2]	N [SA]	N [SA]
3	Memory leakage [6]	N	N	N	N

測試案例 # [1]	記憶體缺陷的類型（下方）/ 使用的基礎建設（右方）	Distro kernel [2]	編譯器警告？ [3]	使用 KASAN [4]	使用 UBSAN [5]
有在 kernel 的 KUnit test_kasan.ko 模組範疇內的缺陷					
4	OOB accesses on static global (compile-time) memory				
4.1	Read (right) overflow	N [V1]	N	Y [K1]	Y [U1,U2]
4.2	Write (right) overflow		N	Y [K1]	
4.3	Read (left) underflow		N	Y [K2]	
4.4	Write (left) underflow		N	Y [K2]	
4	OOB accesses on static global (compile-time) stack local memory				
4.1	Read (right) overflow	N [V1]	N	Y [K3]	Y [U1,U2]
4.2	Write (right) overflow		N	Y [K2]	
4.3	Read (left) underflow		N	Y [K2]	
4.4	Write (left) underflow				
5	OOB accesses on dynamic (kmalloc-ed slab) memory				
5.1	Read (right) overflow	N	N	Y [K4]	N
5.2	Write (right) overflow				
5.3	Read (left) underflow				
5.4	Write (left) underflow				
6	Use After Free - UAF	N	N	Y [K5]	N
7	Double-free	Y [V2]	N	Y [K6]	N
8	Arithmetic UB (*via the kernel's test_ubsan.ko module*)				
8.1	Add overflow	N	N	N	Y
8.2	Sub(tract) overflow				**N**
8.3	Mul(tiply) overflow				**N**
8.4	Negate overflow				**N**
	Div by zero				Y
8.5	Bit shift OOB	Y [U3]		Y [U3]	Y [U3]

測試案例 # [1]	記憶體缺陷的類型（下方）/ 使用的基礎建設（右方）	Distro kernel [2]	編譯器警告？[3]	使用 KASAN [4]	使用 UBSAN [5]
算術 UB 以外的缺陷（從 kernel 的 KUnit test_ubsan.ko 模組複製）					
8.6	OOB	Y [U3]	N	Y [U3]	Y [U3]
8.7	Load invalid value	Y [U3]		Y [U3]	Y [U3]
8.8	Misaligned access	N		N	**N**
8.9	Object size mismatch	Y [U3]		Y [U3]	Y [U3]
9	OOB on `copy_[to|from]_user*()`	N	Y [C3]	Y [K4]	N

當然，此表格中的註腳，例如 [C1]、[K1]、[U1] 等說明，可在稍早的相關小節中找到。

所以，這裡只有非常簡短的摘要：

- KASAN 在全域（靜態）、static local 和動態（slab）記憶體上捕獲幾乎所有 OOB 有問題的記憶體存取。UBSAN 無法攔截動態 slab 記憶體 OOB 存取（測試案例 4.x 和 5.x）。
- KASAN 不會攔截 UB 缺陷（測試案例 8.x）；UBSAN 會攔截（大部分）UB 缺陷。
- KASAN 和 UBSAN 都無法捕捉 UMR、UAR 和洩漏 3 個測試案例，但編譯器會發出警告，而靜態分析器（cppcheck）則只能捕捉到其中一部分。實際上，第 12 章〈再談談一些 kernel debug 方法〉的「使用 cppcheck 和 checkpatch.pl 靜態分析的範例」章節，有介紹使用靜態分析器捕獲此棘手的 UAR 錯誤。
- Kernel 的 **kmemleak** 基礎架構會擷取由 `k{m|z}alloc()`、`vmalloc()` 或 `kmem_cache_alloc()`（以及 friend）介面配置的 kernel memory leak。

關於上述表格，還有一些注意事項……

雜項注意事項

在表 5.5 之外的其他幾點：

- [V1]：這裡的系統可能只是 Oops、hang，甚至看似毫髮無傷，但事實並非如此……，一旦 kernel 發生故障，系統就會掛點。
- [V2]：請參閱下一章，「在已關閉 slub_debug 的 kernel 上執行 SLUB debug 測試案例」章節會快速說明 KASAN 替代方案，尤其是生產系統。

KFENCE：Kernel 電圍欄簡介

Linux kernel 具有名為 **Kernel Electrical-Fence（KFENCE）**的最新工具。可從 kernel 5.12 版開始提供，這是截至本文撰寫時的最新版本。

KFENCE 據說是低負擔（*low-overhead*）、基於取樣方式的記憶體安全錯誤偵測器，可偵測 *heap* 的 *use-after-free*、無效釋放（*invalid-free*）和越界存取（*out-of-bound access*）等錯誤。

它最近增加了對 x86 和 ARM64 架構的支援，可攔截 kernel 內的 SLAB 和 SLUB 記憶體配置器。當手上有功能似乎與其重疊的 KASAN 時，要 KFENCE 有何用？以下幾點有助於區分兩者：

- KFENCE 是針對生產系統所設計的；對於一般生產系統而言，KASAN 的負擔可能太重，而且只適用於 debug / 開發的系統。KFENCE 的效能負荷很小，接近於 0。
- KFENCE 的運作是基於取樣式設計。KFENCE 以精確度換取效能，由於運作時間相當長，幾乎肯定會發現錯誤！要獲得相當長的總連續運作時間，其中一個方法是將它部署至電腦機群。
- 實際上，KASAN 會捕獲全部的記憶體缺陷，但效能成本相當高。KFENCE 也能捕獲全部的記憶體缺陷，只是幾乎不需要效能成本；但需要較長的時間，因為它是採用基於取樣的方法。因此，若要捕捉 debug 和開發系統上的記憶體缺陷，請使用 KASAN，用 KFENCE 也可以；而若要在生產系統上執行相同的作業，請務必使用 KFENCE。

若要啟用 KFENCE，請設定 CONFIG_KFENCE=y，但請注意，由於此組態選項比較新，因此本書處理的 5.10 kernel 系列中並沒有此組態選項。你可以看到更多選項，並根據 lib/Kconfig.kfence 檔的選項微調。

請參考 KFENCE 官方 kernel 文件頁面的詳細資訊，包括設定、微調、解譯錯誤報告、內部實作等。[6]

最後一點：使用 5.18 kernel，也就是截至本文撰寫時的最新版穩定 kernel，引入一個全新、更嚴格的 memcpy() API 系列，包括 memcpy()、memmove() 和 memset() API，會在編譯期進行邊界檢查的 kernel 功能。它在內部使用編譯器增強功能，kernel config 稱為 CONFIG_FORTIFY_SOURCE。打開它將有助於捕捉 kernel 內大量典型的緩衝區溢位缺陷！可閱讀 LWN 文章的詳細資訊[7]。

結論

對於 C 這樣無法控管的程式語言，一直有個取捨問題：C 極為強大，而且幾乎可以用程式寫出所有你能想像出來的事物，只是代價很高。由於記憶體是由 C 程式設計人員直接管理，所以很容易產生 bug！無論是哪種類型的記憶體問題，都很容易造成問題，即使對很有經驗的人來說也是如此。

本章介紹這方面的許多工具、技術和方法。首先，你了解不同種類且恐怖的記憶體缺陷；然後深入研究利用各種工具和技術來識別，進而修復它們的方法。

你已經學習到如何設定及使用 KASAN，這個偵測記憶體 bug 最強大的工具之一。首先學習的是使用 kernel 內建的 KUnit 測試框架來運行記憶體測試案例，以供 KASAN 捕獲的方法。然後開發了自己的自訂模組，其中包含測試案例，甚至還有一種簡潔的測試方法：透過 debugfs 虛擬檔案和自訂的 script。

---

6 *https://kernel.org/doc/html/latest/dev-tools/kfence.html#kernel-electric-fence-kfence*

7 *Strict memcpy() bounds checking for the kernel: https://lwm.net/Articles/864521*

接下來是用 UBSAN 抓住 UB。你學會如何配置，並利用它來發現這些常常被忽視的缺陷，這些缺陷不僅會導致麻煩不斷的問題，甚至還會導致生產系統中的安全漏洞！

我們了解到，雖然 GCC 穩健可靠且存在數十年，但事實證明，較新的編譯器 Clang 更擅長在 C 程式碼上生成有用的診斷資訊，甚至能捕捉 GCC 可能漏掉的 bug！你知道如何使用 Clang 來構建 kernel 和模組，進而幫助建立起更強大的軟體。

在介紹這些工具和框架時，我們將結果清單化，向你顯示給定的工具能否捕捉的 bug。為了總結整體內容，而構建一個更大的表格：*表 5.5*，用欄覆蓋全部測試案例和工具，這是檢視和比較它們的最快速且有用的方法！請注意，下一章會新增此表格！最後，我們提到最近的 KFENCE 框架，應該可以用於生產系統，而非 KASAN。5.18 kernel 的 `CONFIG_FORTIFY_SOURCE` config 可能也會提供很大的幫助。

所以，恭喜你完成這個相當長且非常重要的章節，關於捕捉 kernel space 中記憶體 bug 的第一個章節！請花點時間消化一下，練習你學到的一切。設定完成後，我建議你繼續下一章，完成 kernel 記憶體缺陷發現的內容。

深入閱讀

- Rust in the Linux kernel?
    - Rust in the Linux kernel, Apr 2021, Google security blog: `https://security.googleblog.com/2021/04/rust-in-linux-kernel.html`
    - Let the Linux kernel Rust, J Wallen, July 2021, TechRepublic: `https://www.techrepublic.com/article/let-the-linux-kernel-rust/`
    - Linus Torvalds weighs in on Rust language in the Linux kernel, ars technica, Mar 2021: `https://arstechnica.com/gadgets/2021/03/linus-torvalds-weighs-in-on-rust-language-in-the-linux-kernel/`

- Linux kernel security：
  - Several links and info here, from my Linux Kernel Programming book's Further reading section: https://github.com/PacktPublishing/Linux-Kernel-Programming/blob/master/Further_Reading.md#kernel_sec
  - How a simple Linux kernel memory corruption bug can lead to complete system compromise, Jann Horn, Project Zero, Oct 2021: https://googleprojectzero.blogspot.com/2021/10/how-simple-linux-kernel-memory.html
- Undefined Behavior (UB) – what is it?
  - Very comprehensive: A Guide to Undefined Behavior in C and C++, Part 1, John Regehr, July 2010: https://blog.regehr.org/archives/213
  - What Every C Programmer Should Know About Undefined Behavior #1/3, LLVM blog, May 2011: http://blog.llvm.org/2011/05/what-every-c-programmer-should-know.html
- KASAN – the Kernel Address Sanitizer：
  - Official kernel documentation: The Kernel Address Sanitizer (KASAN): https://www.kernel.org/doc/html/latest/dev-tools/kasan.html#the-kernel-address-sanitizer-kasan
  - [K]ASAN internal working: https://github.com/google/sanitizers/wiki/AddressSanitizerAlgorithm
  - The ARM64 memory tagging extension in Linux, Jon Corbet, LWN, Oct 2020: https://lwn.net/Articles/834289/
  - How to use KASAN to debug memory corruption in an OpenStack environment:https://www.slideshare.net/GavinGuo3/how-to-use-kasan-to-debug-memory-corruption-in-openstack-environment-2
  - Android AOSP: Building a pixel kernel with KASAN+KCOV: https://source.android.com/devices/tech/debug/kasan-kcov

- FYI, the original V2 KASAN patch post: [RFC/PATCH v2 00/10] Kernel address sainitzer (KASan) - dynamic memory error deetector., LWN, Sept 2014: https://lwn.net/Articles/611410/

- UBSAN：
  - The Undefined Behavior Sanitizer – UBSAN: https://www.kernel.org/doc/html/latest/dev-tools/ubsan.html#the-undefined-behavior-sanitizer-ubsan
  - Improving Application Security with UndefinedBehaviorSanitizer (UBSan) and GCC, Meirowitz, May 2021: https://blogs.oracle.com/linux/post/improving-application-security-with-undefinedbehaviorsanitizer-ubsan-and-gcc
  - Clang 13 documentation: UndefinedBehaviorSanitizer: https://clang.llvm.org/docs/UndefinedBehaviorSanitizer.html
  - Android AOSP: Integer Overflow Sanitization: https://source.android.com/devices/tech/debug/intsan

- Kernel built-in test frameworks：
  - KUnit – Unit Testing for the Linux Kernel: https://www.kernel.org/doc/html/latest/dev-tools/kunit/index.html#kunit-unit-testing-for-the-linux-kernel
  - Linux Kernel Selftests: https://www.kernel.org/doc/html/latest/dev-tools/kselftest.html#linux-kernel-selftests

- KFENCE: official kernel documentation (only from ver 5.12): https://www.kernel.org/doc/html/latest/dev-tools/kfence.html#kernel-electric-fence-kfence

  With regard to the 5.18 mainline kernel: Strict memcpy() bounds checking for the kernel, Jon Corbet, July 2021: https://lwn.net/Articles/864521/

- Though it's with respect to userspace, useful: Memory error checking in C and C++: Comparing Sanitizers and Valgrind, Red Hat Developer, May 2021: `https://developers.redhat.com/blog/2021/05/05/memory-error-checking-in-c-and-c-comparing-sanitizers-and-valgrind`.

再論 Kernel 記憶體除錯問題

歡迎來到詳細討論的第二部分，這裡要探討一個非常關鍵的主題：了解和學習如何偵測 kernel 記憶體的損毀缺陷。上一章介紹了記憶體錯誤有多常見且極具挑戰性，並接著介紹一些能幫助捕獲和解決這些錯誤的重要工具和技術，如 KASAN 和 UBSAN，在此過程中還介紹較新的 Clang 編譯器用法。

本章會繼續相關討論，並將專注於以下主要主題：

- 透過 SLUB debug 偵測 slab 記憶體損毀
- 以 kmemleak 找出記憶體洩漏問題
- 捕捉 kernel 中的記憶體缺陷：比較與注意事項（Part 2）

6.1 技術需求

技術需求和工作區在第 1 章〈軟體除錯概論〉時都已經介紹過了，也可以在本書的 GitHub repository[1] 找到程式碼範例。

6.2 透過 SLUB debug 偵測 slab 記憶體損毀

記憶體損毀可能是由下列各種 bug 或缺陷所造成：**未初始化記憶體讀取（Uninitialized Memory Read, UMR）**、**釋放後又使用（Use After Free, UAF）**、**返回後又使用（Use After Return, UAR）**、**重複釋放（double free）**、**記憶體洩漏（memory leakage）**或不合法的**「越界」（Out Of Bound, OOB）**嘗試處理，如讀取 / 寫入 / 執行不合法記憶體區域。不幸的是，它們是常見的 bug 根本原因。要能 debug 這些問題需要關鍵技術。在了解幾種捕獲它們的方法，如上一章中詳細介紹的 KASAN 和 UBSAN 設定及使用後，現在讓我們利用 kernel 內建的 SLUB debug 功能來捕獲這些錯誤！

如你所知，記憶體是透過 kernel 的引擎「page 或 buddy system 配置器」來動態地配置與釋放。為了減輕可能面對的嚴重浪費，如內部碎片問題，slab 配置器或稱 slab cache 做了分層，提供兩個主要任務：分別是有效提供分頁碎片，這是 kernel 內少量記憶體的配置要求，從幾個位元組到幾個 KB，很常見；以及作為常用資料結構的快取。

目前的 Linux kernel 通常具有三種互斥的 slab 層實作：原始的 SLAB、較新且較佳的 SLUB 實作，以及很少用到的 SLOB 實作。請務必了解，下列討論僅針對 slab 層的沒有佇列配置器的 SLUB 實作。在大多數 Linux 的安裝設定中，它通常是預設值，config 選項名為 CONFIG_SLUB，可以在 `menuconfig` UI[2] 中找到。

---

1 *https://github.com/PacktPublishing/Linux-Kernel-Debugging*

2 `General setup | Choose SLAB allocator`

提示

Kernel 記憶體管理系統的基本知識：分頁、slab 配置器、以及實際配置和釋放 kernel 記憶體的各種 API，是這些素材的先決條件。我在《Linux Kernel Programming》（2021 年 3 月，Packt 出版）這本書中已經討論過這個及其相關內容。

以下來快速了解為 kernel 配置 SLUB debug 的方法。

設定 SLUB debug 的 kernel

Kernel 提供大量支援，以協助 debug slab，也就是 SLUB 的記憶體損毀問題。你會在 kernel config UI 發現下列選項：

- `General Setup | Enable SLUB debugging support (CONFIG_SLUB_DEBUG)`：
  - 啟用此功能，可讓你獲得大量內建的 SLUB debug 支援、透過 `/sys/slab` 檢視全部的 slab cache 功能，以及執行期的快取驗證支援。
  - 當 Generic KASAN 開啟時，會自動開啟，也就是自動選取此組態。
- `Memory Debugging | SLUB debugging on by default`（`CONFIG_SLUB_DEBUG_ON`：稍後介紹。

我的設備是 x86_64 Ubuntu guest，上面跑的是自訂的 debug kernel，來看看跟 SLUB 有關的 kernel config：

```
$ grep SLUB_DEBUG /boot/config-5.10.60-dbg02
CONFIG_SLUB_DEBUG=y
# CONFIG_SLUB_DEBUG_ON is not set
```

此組態表示有 SLUB debug 可用，但預設值為停用，因為 `CONFIG_SLUB_DEBUG_ON` 沒有啟用。雖然永遠開著這個功能對於捕捉記憶體損毀來說，可能很有用；但也可能會對效能造成相當大而且不利的影響。若要緩解此問題，你應該，也可以把 debug kernel 的 `CONFIG_SLUB_DEBUG_ON` 預設改成關閉的情況下配置 debug kernel，如此處所見；並在需要時使用 kernel 的指令參數 slub_debug 來微調 SLUB debug。

官方 kernel 文件詳述了 slub_debug 的用法[3]。以下將結合一些範例總結，以示範如何使用此強大功能。

透過 slub_debug kernel 參數使用 SLUB debug 功能

因此，你想要利用 slub_debug kernel 命令列參數！為此，要先了解開機時可以透過它傳遞的各種選項旗標：

表 6.1：slub_debug=<NNN> 旗標和對應的 sysfs 項目（如果有）

Flag to slub_debug= on kernel cmdline	代表意思	更多細節……
null（在 = 後面不會傳遞任何資料）	將全部的 SLUB debugging 設定為 on	此表中全部旗標所指定的每個檢測，都已經開啟
F	Sanity checks on（啟用 SLAB_DEBUG_CONSISTENCY_CHECKS）	在記憶體分配和釋放時執行（高成本的）sanity 檢查；啟用最少的 double-free 檢查。對應的 sysfs pseudofile：/sys/kernel/slab/<slabname>/sanity_checks **提示**：即使在必須能夠識別記憶體毀損 bug 的生產系統上，此選項本身也很實用，可參考官方 kernel 文件[4]。
Z	紅區（Red zoning）	啟用 OOB 存取檢查，快取物件（cache object）將為紅區。 對應的 sysfs pseudofile：/sys/kernel/slab/<slabname>/red_zone

3 *https://www.kernel.org/doc/html/latest/vm/slub.html*

4 *https://www.kernel.org/doc/html/latest/vm/slub.html#emergency-operations*

Flag to slub_ debug= on kernel cmdline	代表意思	更多細節……
P	Poisoning（object and padding）	對應的 sysfs pseudofile：/sys/kernel/slab/<slabname>/poison 請見「了解 *SLUB layer* 的 *poison* 旗標」章節
U	使用者追蹤（釋放與配置）	存放最後的擁有者（owner），捕捉 bug 非常好用！ 對應的 sysfs pseudofile：/sys/kernel/slab/<slabname>/store_user
T	追蹤（負擔成本：只應在單個 slabs 上使用）	追蹤屬於此 slab cache 的物件之配置與釋放。 對應的 sysfs pseudofile：/sys/kernel/slab/<slabname>/trace
A	對 cache 啟用 failslab filter mark	用於 fault injection 目的
O	將 SLUB debugging 設定為 off	套用於會引起較高最小 slab order 的 cache
-	將全部的 SLUB debugging 設定為 off	當 kernel 的組態設定 CONFIG_SLUB_DEBUG_ON=y 時，這會很有幫助（可移除檢查，及因此獲得效能）

你可以在此處的 kernel 文件中，找到幾乎每一個在 /sys/kernel/slab/<slabname> 底下的（pseudo）檔案簡要說明[5]，只是要注意，這文件似乎有點久了。

5 *https://www.kernel.org/doc/Documentation/ABI/testing/sysfs-kernel-slab*

了解 SLUB layer 的 poison 旗標

Kernel 定義的 poison 旗標如下：

```
// include/linux/poison.h
#define POISON_INUSE 0x5a /* for use-uninitialised poisoning */
#define POISON_FREE 0x6b /* for use-after-free poisoning */
#define POISON_END  0xa5 /* end-byte of poisoning */
```

以下是這些 poison 數值的重要細節：

- 建立 slab cache 時通常是透過 `kmem_cache_create()` 這個 kernel API，這時會使用 `SLAB_POISON` 旗標，或透過 kernel 參數 `slub_debug=P` 將 poison 設定為 on 時，slab 記憶體會自動初始化為 `0x6b` 的值，也就是 ASCII 的 `k`，對應到 `POISON_FREE` macro。實際上，啟用此旗標在建立已生效但尚未初始化的 slab 記憶體區域時，會將記憶體的值設定為 `0x6b`。
- `POISON_INUSE` 的值：`0x5a` 等於 ASCII 的 `Z`，會用於表示紅區之前或之後的填充區域。
- Slab 記憶體物件的最後一個合法位元組會設定為 `POISON_END`，`0xa5`。

（你會在本節後面的圖 6.4 發現一個很好的範例，可以看到這些 poison 數值的作用。）

`ch5/kmembugs_test.c` 程式碼有一個 `umr_slub()` 函式。它採用 kmalloc() API 以動態分配 32 個位元組，然後讀取剛分配的記憶體來測試 slab（SLUB）記憶體上的 **UMR** 缺陷。以下是在未啟用 slub debug 旗標的一般 kernel 上執行此測試案例：10 UMR on slab (SLUB) 記憶體時的輸出：

```
[ 6845.100813] testcase to run: 10
[ 6845.101126] test_kmembugs:umr_slub(): testcase 10: simple UMR on slab memory
[ 6845.101771] test_kmembugs:umr_slub(): q[3] is 0x0
[ 6845.102203] q: 00000000: 00 00 00 00 00 00 00 00 00 00 00 00 00 00 00 00
................
[ 6845.102946] q: 00000010: 00 00 00 00 00 00 00 00 00 00 00 00 00 00 00 00
................
```

若未啟用 slub debug 旗標或功能，未初始化的記憶體區域全部 32 個位元組會顯示為值 `0x0`。你很快會發現，當 `slub_debug` 開啟時，雖然沒有產生錯誤報告，但是記憶體區域的傾印會顯示 poison 值 `0x6b`，表示這是有效但未初始化的記憶體區域！

傳遞 SLUB debug 旗標

全部的 SLUB debug 旗標，也就是在先前表格中看到的那些旗標，都可以透過在 kernel config 設定 `slub_debug` kernel 的參數 `CONFIG_SLUB_DEBUG=y`，如同我們的設定，包括自訂 production 與 debug kernel 設定的 kernel。格式如下：

```
slub_debug=<flag1flag2...>,<slab1>,<slab2>,...
```

如你所見，可以傳遞各種 slub debug 旗標。請勿在它們之間留任何空格；只要將它們串連在一起。若要開啟全部的旗標，請將 `slub_debug` 設定為 `NULL`；若要關閉所有旗標，請將它設為 `-`。任何組合都是可能的，例如，傳遞 kernel 參數 `slub_debug=FZPU` 可為所有 slab 快取記憶體啟用下列 SLUB 功能：

- Sanity checks (`F`)
- Red zoning (`Z`)
- Poisoning (`P`)
- User tracking (`U`)

在開機之後使用下列方式確認此狀況：

```
$ cat /proc/cmdline
BOOT_IMAGE=/boot/vmlinuz-5.10.60-dbg02-gcc root=UUID=<...> ro quiet splash 3 slub_
debug=FZPU
```

這也反映在 slab cache 的 sysfs entry。讓我們查閱 slab cache `kmalloc-32`，當然，它會將一般的 32 位元組記憶體碎片提供給任何請求者，範例如下：

```
$ export SLAB=/sys/kernel/slab/kmalloc-32
$ sudo cat ${SLAB}/sanity_checks ${SLAB}/red_zone ${SLAB}/poison ${SLAB}/store_user
1
1
1
1
$
```

它們全部都設定為 `1`，這表示全部都是 on；因為預設值通常是 `0`-off。

好了，別磨蹭了，來執行相關的測試案例，了解 kernel 的 SLUB debug 基礎架構可協助我們的地方。

執行並表格化列出 SLUB debug 測試案例

全部的測試案例都位於此處的相同模組中：`ch5/kmembugs_test/kmembugs_test.c`，以及隨附的 `debugfs_kmembugs.c`。在這裡測試 SLUB debug 時，只會執行與 slab 記憶體相關的測試案例，將測試客製化 production kernel 以及 distro kernel 本身。為什麼？因為大部分的 Linux 套裝系統都會將 kernel 設定為 `CONFIG_SLUB_DEBUG=y`，包括我在此使用的套裝系統：Ubuntu 20.04 LTS。這也是 `init/Kconfig` 檔案中所定義的預設選擇。而不使用 debug kernel 測試的另一個原因顯而易見：在 KASAN 和 UBSAN 開啟的情況下，它們往往會先找到 bug。

重要的是，為了測試，我們將在開機時傳遞下列的 kernel 參數：

- `slub_debug=-`，表示已關閉。
- `slub_debug=FZPU`，表示這 4 個旗標及其所屬的 SLUB debug 功能已針對系統上的全部 slab 開啟。

然後透過 `test_kmembugs.ko` kernel module 和相關的 `run_tests` script，為每個情境執行相關的測試案例。下表摘要說明結果。

表 6.2：針對不含 slub_debug 功能與 slub_debug=FZPU 的 production kernel 執行相關記憶體不足測試案例時的探索成果摘要

測試案例 #	記憶體缺陷類型（下方）/ 使用的基礎設施（右方）	Production kernel 設定 slub_debug=-(off)	Production kernel 設定 slub_debug=FZPU
5	OOB accesses on dynamic kmalloc-ed slab (SLUB) memory		
5.1	Read (right) overflow	N [V1]	N
5.2	Write (right) overflow		Y [V4]
5.3	Read (left) underflow		N
5.4	Write (left) underflow		Y [V4]
其他的記憶體損毀測試案例			
6	Use After Free – UAF	N	Y [V5]
7	Double-free	N [V2]	Y [V6]
9	OOB on copy_[to|from]_user*()	N	N
10	Uninitialized Memory Read – UMR – on slab (SLUB) memory	N [V3]	N [V7]

如前述，別忘了同時檢視表 6.4，它有效地提供了多合一的比較表。

好，現在來深入了解上表所顯示的測試案例詳細執行方式。

測試環境：執行 Ubuntu 20.04 LTS 的 x86_64 guest，搭配自訂 `5.10.60-prod01` production kernel，如先前所述方式配置。

在已關閉 slub_debug 的 kernel 上執行 SLUB debug 測試案例

首先，對應於表 6.2 中的第 3 行和點 [V1]、[V2] 以及 [V3]，看看未啟用 SLUB debug 功能時，執行測試案例會發生的情況：

- 當 `slub_debug=-` 時，即表示 off，不會攔截任何記憶體錯誤。參考資訊：前 3 個測試案例 UMR、UAR 和記憶體洩漏也一樣無法偵測。

- [V1]：系統可能只是單純 Oops 或是掛點停留在原處，甚至看似毫髮無傷，但事實並非如此⋯⋯，一旦 kernel 包含許多 bug，系統就會跟著不穩定。
- [V2]：在重複釋放的缺陷上，可能會出現記憶體區段錯誤。Vanilla 或 production 5.x 版本的 kernel 指出會類似這樣：

```
kernel BUG at mm/slub.c:305!
```

指令指標暫存器（Instruction pointer register，x86_64 上的 RIP）將指向 kfree() API。當然，報告會有一般細節：發生 bug 時的 process context 以及 kernel call trace。

有趣的是，`mm/slub.c` 的第 305 行有什麼？我檢查了主線 kernel 5.10.60 版本，網址為：`https://elixir.bootlin.com/linux/v5.10.60/source/mm/slub.c`。

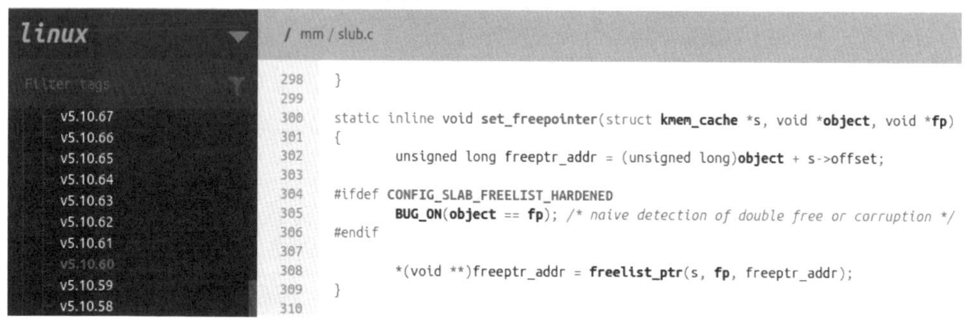

圖 6.1 好用的優秀 Bootlin kernel 程式碼瀏覽器部分截圖

看得出來，我們的目標完全命中：第 305 行是導致雙重釋放漏洞的原因。Vanilla kernel 具有檢測這種（天真的）雙重釋放的智慧，這是一種記憶體毀損的形式。

- [V3]：使用我們的 production kernel 和設置為 - 的 `slub_debug` 旗標，這代表已關閉，無法捕捉到 slab 記憶體的 UMR。已經 kmalloc 的記憶體區域似乎已初始化為 `0x0`。

好了，現在繼續測試 kernel SLUB debug 功能已開啟的情況。

在已開啟 slub_debug 的 kernel 上執行 SLUB debug 測試案例

現在，重新執行測試案例，這一次會透過傳遞 `slub_debug=FZPU` kernel 參數，來啟用 kernel 的 SLUB debug 功能。這是一個顯示在 VirtualBox 中的 production kernel 上，在 GRUB bootloader 中設定 `slub_debug=FZPU` kernel 參數的螢幕截圖：

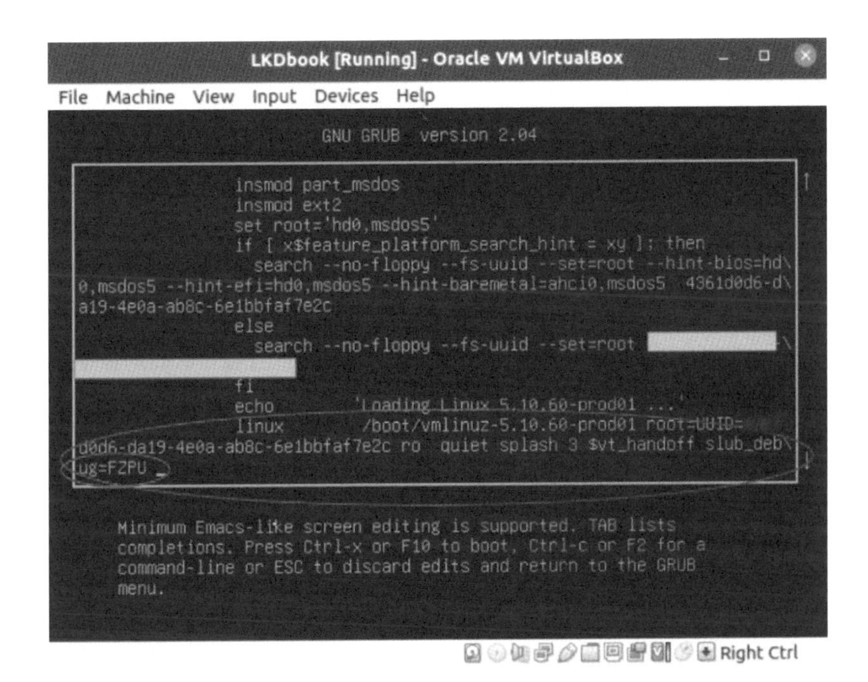

圖 6.2　在 Linux 套裝系統的 kernel 參數上編輯 GRUB 選單，並增加 slub_debug=FZPU kernel 參數

請驗證我們透過 bootloader 編輯的 kernel 命令列是否完整保留下來：

```
$ dmesg |grep "Kernel command line"
[    0.094445] Kernel command line: BOOT_IMAGE=/boot/vmlinuz-5.11.0-40-generic
root=UUID=<...> ro quiet splash 3 slub_debug=FZPU
```

沒關係，執行 `cat /proc/cmdline` 也是一樣。再次執行測試案例，這次會啟用 SLUB debug，結果見表 6.2 的第四欄。

請參考表 6.2，注意標示為 [V4] 的位置。SLUB debug 可以捕捉對 SLAB 記憶體上的寫過頭（write over）以及下溢位（underflow）、左側與右側越界存取（OOB）。但是，正如在 UBSAN 中所看到的，它似乎只能在錯誤存取是透過不正確記憶體區域的 index 時捕捉，而無法捕捉透過指標進行 OOB 存取的錯誤。此外，OOB 讀取似乎也偵測不出來。

現在來學習一項重要技巧：如何詳細解譯 SLUB debug 的錯誤報告。

解譯 kernel 的 SLUB debug 錯誤報告

來詳細了解一些有問題的測試案例。載入並使用我們的 `run_tests` script 執行。

解譯對 slab 記憶體的 right OOB 寫入溢位

先從測試案例 #5.2 開始。在這裡，右側的 OOB 存取，也就是在 SLUB 物件的寫入溢位（right），即在表格標記的 [V4]，使得 kernel 的 SLUB debug 框架迅速採取行動並大聲發出抱怨，如下：

```
[  620.764707] testcase to run: 5.2
[  620.764760] =============================================================================
[  620.764955] BUG kmalloc-32 (Tainted: G           OE     ): Right Redzone overwritten
[  620.765116] -----------------------------------------------------------------------------

[  620.765370] Disabling lock debugging due to kernel taint
[  620.765378] INFO: 0x00000000d0d6c75b-0x000000001b94c58a @offset=4640. First byte 0x78 instead of 0xcc
[  620.765529] INFO: Allocated in dynamic_mem_oob_right+0x39/0x9c [test_kmembugs] age=0 cpu=5 pid=1697
[  620.765659]  __slab_alloc.isra.0+0x8b/0xf0
[  620.765723]  kmem_cache_alloc_trace+0x40b/0x450
[  620.765791]  dynamic_mem_oob_right+0x39/0x9c [test_kmembugs]
[  620.765873]  dbgfs_run_testcase+0x4d9/0x59a [test_kmembugs]
```

圖 6.3　部分的螢幕截圖（3-1），顯示寫入時 SLUB debug 捕捉到正確的 OOB

首先，在 `BUG` 這個字後面是受影響的 slab 快取的名稱。在此是 `kmalloc-32`，因為測試案例程式碼執行了一項動態記憶體配置，實際上正好是 32 個位元組。

接著，kernel taint 旗標後面接著問題本人，導致 SLUB debug 程式碼顯示 `Right Redzone overwriten` 的越界存取問題。這個不言自明，正是實際發生的事。在 kmembugs_test.c:dynamic_mem_oob_right() 測試案例的函式中，執行的是在第 32 個位元組的位置寫入；當然，合法的範圍是第 0 到第 31 個位元組。

接著，第一個 INFO 行輸出了損壞的記憶體區域起始和結束。請注意，考量到資訊安全以避免資訊洩漏，此處的這些 kernel 虛擬位址已經過雜湊（hash）處理。請回想一下，畢竟是在我們的 production kernel 上執行這個測試案例。

接著，第二個 INFO 行顯示程式碼中發生錯誤存取的位置，透過一般的 <func>+0xoff_from_func/0xlen_of_func [modname] 表示方式；這裡剛好是 dynamic_mem_oob_right+0x39/0x9c [test_kmembugs]。這表示名為 dynamic_mem_oob_right() 的函式中發生錯誤，距離此函式的開始位移為 0x39 個位元組，而 kernel 將函式的長度估計為 0x9c 個位元組。下一章將了解如何利用這些關鍵資訊！

此外，執行中的 process context，也就是其 PID 及其執行所在的 CPU core 會顯示在右邊。

接著是（kernel-mode）stack trace：

```
kmem_cache_alloc_trace+0x40b/0x450
dynamic_mem_oob_right+0x39/0x9c [test_kmembugs]
dbgfs_run_testcase+0x4d9/0x59a [test_kmembugs]
full_proxy_write+0x5c/0x90
vfs_write+0xca/0x2c0
   [...]
```

我們尚未在這裡顯示完整的 stack call trace。請由下而上閱讀，忽略所有以「?」開頭的行。因此，這裡很清楚，位於 kernel module test_kmembugs 中的 dynamic_mem_oob_right() 函式，似乎正是問題所在之處……

接著，第三個 INFO 行會提供 task 執行 *free* 的相關資訊。這很有用，可以幫忙找出罪魁禍首，因為按常理來說，通常 free slab 的 task 就是一開始配置 slab 的 task：

```
INFO:Freed in kvfree+0x28/0x30 [...]
```

在這個 INFO 行的下方，也顯示了進行 free 的 call stack。請注意，這個 who-freed 資訊可能不會一直都能取得或是準確的。

更多資訊如下：另外幾個 INFO 行，顯示了 slab 以及它裡面特定 object（已經損壞）的一些統計數據，包含左側和右側的紅區內容、填充物（padding）和實際的記憶體區域內容。

```
INFO: Slab 0x00000000d91ecea2 objects=19 used=5 fp=0x000000004fa4eb9d flags=0xfffffc0010201
INFO: Object 0x000000006489b63a @offset=4608 fp=0x0000000000000000

Redzone  000000003f2fee70: cc cc cc cc cc cc cc cc cc cc cc cc cc cc cc cc  ................
Redzone  00000000da09c2a2: cc cc cc cc cc cc cc cc cc cc cc cc cc cc cc cc  ................
Object   000000006489b63a: 6b 6b 6b 6b 6b 6b 6b 6b 6b 6b 6b 6b 6b 6b 6b 6b  kkkkkkkkkkkkkkkk
Object   00000000bb2f628f: 6b 6b 6b 6b 6b 6b 6b 6b 6b 6b 6b 6b 6b 6b 6b a5  kkkkkkkkkkkkkkk.
Redzone  00000000d0d6c75b: 78 cc cc 78 cc cc cc cc                          x..x....
Padding  000000008b49804: 5a 5a 5a 5a 5a 5a 5a 5a 5a 5a 5a 5a 5a 5a 5a 5a  ZZZZZZZZZZZZZZZZ
Padding  000000003a984ce1: 5a 5a 5a 5a 5a 5a 5a 5a 5a 5a 5a 5a 5a 5a 5a 5a  ZZZZZZZZZZZZZZZZ
```

圖 6.4　SLUB debug 解譯的部分截圖（3-2），顯示損毀的 slab 記憶體、紅區、object 記憶體，以及有錯誤寫入的填充區域（已圈出）

請看一下我們充滿漏洞的測試案例程式碼片段，以下就是執行的那段程式碼：

```
// ch5/kmembugs_test.c
int dynamic_mem_oob_right(int mode)
{
volatile char *kptr, ch = 0;
char *volatile ptr;
size_t sz = 32;
kptr = (char *)kmalloc(sz, GFP_KERNEL);
    [...]
ptr = (char *)kptr + sz + 3; // right OOB
    [...]
} else if (mode == WRITE) {
/* Interesting: this OOB access isn't caught by UBSAN but is caught by KASAN! */
*(volatile char *)ptr = 'x'; // invalid, OOB right write
/* ... but these below OOB accesses are caught by KASAN/UBSAN. We conclude that only
the index-based accesses are caught by UBSAN. */
kptr[sz] = 'x'; // invalid, OOB right write
    }
```

如你所見，有兩個地方的反白顯示，我們刻意執行無效的右側 OOB 存取：寫入字元 x。兩者都受到 kernel SLUB debug 基礎結構的攔截！

請注意圖 6.4 中，數值 `0x78` 是我們寫入的 `x` 字元，由測試案例程式碼錯誤地寫入，我已將圖中圈出不正確的寫入！接著，若 poison flag（`P`）有對該 slab 設定，則會使用 poison 的值，如同此處的情況一樣。這裡，poison 值 `0x6b` 代表用來初始化有效 slab 記憶體區域的值，`0xa5` 代表結尾的 poisoning marker byte，而 `0x5a` 則代表使用未初始化的 poisoning，確實有用。

此外，當大多數 kernel bug 類型發生時，通常會輸出如下：詳細的 call trace，展開 kernel-mode stack，由下而上閱讀，忽略開頭為「？」的那些行；以及部分的 CPU 暫存器與其值：

```
CPU: 5 PID: 1697 Comm: run_tests Tainted: G    B      OE     5.10.60-prod01 #6
Hardware name: innotek GmbH VirtualBox/VirtualBox, BIOS VirtualBox 12/01/2006
Call Trace:
 dump_stack+0x76/0x94
 print_trailer+0x1de/0x1eb
 check_bytes_and_report.cold+0x6c/0x8c
 check_object+0x1c4/0x280
 free_debug_processing+0x165/0x2a0
 ? dynamic_mem_oob_right+0x63/0x9c [test_kmembugs]
 __slab_free+0x2e3/0x4a0
 ? vprintk_func+0x61/0x1b0
 ? _raw_spin_unlock_irqrestore+0x24/0x40
 kfree+0x4d8/0x500
 ? kmem_cache_alloc_trace+0x40b/0x450
 ? dynamic_mem_oob_right+0x63/0x9c [test_kmembugs]
 dynamic_mem_oob_right+0x63/0x9c [test_kmembugs]
 dbgfs_run_testcase+0x4d9/0x59a [test_kmembugs]
 full_proxy_write+0x5c/0x90
 vfs_write+0xca/0x2c0
 ksys_write+0x67/0xe0
 __x64_sys_write+0x1a/0x20
 do_syscall_64+0x38/0x90
 entry_SYSCALL_64_after_hwframe+0x44/0xa9
RIP: 0033:0x72d33f4d31e7
Code: 64 89 02 48 c7 c0 ff ff ff ff eb bb 0f 1f 80 00 00 00 00 f3 0f 1e fa 64 8b 04 25 18 00
5 10 b8 01 00 00 00 0f 05 <48> 3d 00 f0 ff ff 77 51 c3 48 83 ec 28 48 89 54 24 18 48 89 74 24
RSP: 002b:00007ffdc666efd8 EFLAGS: 00000246 ORIG_RAX: 0000000000000001
RAX: ffffffffffffffda RBX: 0000000000000004 RCX: 000072d33f4d31e7
RDX: 0000000000000004 RSI: 0000558b9cde24e0 RDI: 0000000000000001
RBP: 0000558b9cde24e0 R08: 000000000000000a R09: 0000000000000003
R10: 0000558b9b2c4017 R11: 0000000000000246 R12: 0000000000000004
R13: 000072d33f5ae6a0 R14: 000072d33f5af4a0 R15: 000072d33f5ae8a0
FIX kmalloc-32: Restoring 0x00000000d0d6c75b-0x000000001b94c58a=0xcc

FIX kmalloc-32: Object at 0x000000006489b63a not freed
```

圖 6.5 SLUB debug 錯誤報告（續）的部分螢幕截圖（3-3），顯示 process context、硬體、kernel stack trace、CPU 暫存器值以及 FIX 資訊

最後，kernel SLUB 框架甚至會通知我們它還原的內容，以及需要修復的內容，請參閱上一個螢幕截圖的最後兩行，從 `FIX kmalloc-32:` 開始。啟用 SLUB

健全功能檢查 F 旗標時，kernel 會嘗試清理混亂，並將 slab 物件狀態還原為正確形式。當然，不是每次都有辦法這樣。此外，SLUB debug 錯誤報告是在釋放有問題的 slab 物件之前產生的，因此會出現 `... not freed` 訊息；我們的程式碼已經釋放它了。

如需詳細資訊，請參閱官方 kernel 文件：〈SLUB Debug output〉[6]。

解譯 slab 記憶體上的 UAF 錯誤

現在來解譯捕捉到的 **Use After Free（UAF）** bug，也就是表 6.2 標記的 [V5]。slub debug 框架已攔截 UAF bug，在 syslog 中的錯誤報告看起來如下：

```
BUG kmalloc-32 (Tainted: G    B      OE    ): Poison overwritten
[ 3747.701588] -----------------------------------------
[ 3747.707061] INFO: 0x00000000d969b0bf-0x00000000d969b0bf @offset=872. First byte 0x79
instead of 0x6b
[ 3747.710110] INFO: Allocated in uaf+0x20/0x47 [test_kmembugs] age=5 cpu=5 pid=2306
```

格式會維持如前所述。這次，UAF 缺陷導致 SLUB debug 程式碼顯示 `Poison overwritten`。為什麼？在 `uaf()` 測試案例中的確是這樣做的，釋放 slab 物件，然後寫入其中一個位元組！

接著，`INFO` 行輸出了損壞的記憶體區域起始和結束。請注意，考量到資訊安全以避免資訊洩漏，此處的這些 kernel 虛擬位址已經過雜湊（hash）處理。請回想一下，畢竟是在我們的 production kernel 上執行這個測試案例。

可以看到執行配置（process context）的 task 之 PID，以及如果適用，中括號裡面有 kernel module 名稱，和其中進行配置的函式。

接著是 stack trace，這裡不顯示，再接著是有關執行 free 的 task 資訊。這很有用，可以幫忙找出罪魁禍首，因為釋放 slab 的 task 通常就是最初分配 slab 的 task。

```
INFO: Freed in uaf+0x34/0x47 [test_kmembugs] age=5 cpu=5 pid=2306
```

---

6 *https://www.kernel.org/doc/html/latest/vm/slub.htm#slub-debug-output*

繼續下一個測試案例，double free……。

解譯 slab 記憶體的 double free

最後，再次成功捕捉到有關 double free 缺陷的快速註記，在表 6.2 中標示為 [V6]。在這裡，kernel 的報告如下：

```
BUG kmalloc-32 (Tainted: G    B      OE    ): Object already free
[ 3997.543154] -----------------------------------------------
[ 3997.544129] INFO: Allocated in double_free+0x20/0x4b [test_kmembugs] age=1 cpu=5
pid=2330
```

與先前所述完全相同的範本位在這個輸出的後面……。你自己試試看，可以邊讀邊解譯。

順道一提，我們已經看到 SLUB debug 框架是如何處理 slab 快取記憶體上的未初始化記憶體讀取（UMR 缺陷），也就是測試案例 #10，在表 6.2 中標示為 [V3] 和 [V7]。當以 slub_debug on 執行時，雖然未產生錯誤報告，但記憶體區域的傾印會顯示 poison 的值是 0x6b，表示此記憶體區域處於未初始化狀態。

因此，經由實驗，雖然 kernel SLUB debug 框架似乎捕獲了 slab 記憶體中的大多數記憶體損壞問題，但是它似乎沒有捕獲到 slab 記憶體中的 read OOB 存取。請注意，KASAN 有此功能！請參閱表 6.4。

了解如何使用 slabinfo 和相關公用程式

另一個公用程式名為 `slabinfo`，這個程式對於了解及協助 debug slab 快取非常有幫助。雖然是使用者模式的應用程式，但其程式碼實際上是 kernel source tree 的一部分，如下所示：

```
tools/vm/slabinfo.c
```

只要將目錄變更為 kernel source tree 中的 `tools/vm` 資料夾，然後輸入 `make`，即可建立此目錄。執行它需要 root 存取權限。完成編譯之後，為了方便起見，我想要建立軟式（soft）或符號（symbolic）連結，以連結至名為 /usr/bin/slabinfo 的二進位執行檔。這是在我系統上的樣子：

```
$ ls -l $(which slabinfo)
lrwxrwxrwx 1 root root 71 Nov 20 16:26 /usr/bin/slabinfo -> <...>/linux-5.10.60/tools/
vm/slabinfo
```

透過傳遞 -h 或是 --help，選項參數開關可以顯示它的 help 說明畫面。這樣會顯示出大量的選項開關，下列的螢幕截圖會顯示全部的參數，基於 5.10.60 kernel：

```
$ sudo slabinfo --help
slabinfo 4/15/2011. (c) 2007 sgi/(c) 2011 Linux Foundation.

slabinfo [-aABDefhilLnoPrsStTUvXz1] [N=K] [-dafzput] [slab-regexp]
-a|--aliases            Show aliases
-A|--activity           Most active slabs first
-B|--Bytes              Show size in bytes
-D|--display-active     Switch line format to activity
-e|--empty              Show empty slabs
-f|--first-alias        Show first alias
-h|--help               Show usage information
-i|--inverted           Inverted list
-l|--slabs              Show slabs
-L|--Loss               Sort by loss
-n|--numa               Show NUMA information
-N|--lines=K            Show the first K slabs
-o|--ops                Show kmem_cache_ops
-P|--partial             Sort by number of partial slabs
-r|--report             Detailed report on single slabs
-s|--shrink             Shrink slabs
-S|--Size               Sort by size
-t|--tracking           Show alloc/free information
-T|--Totals             Show summary information
-U|--Unreclaim          Show unreclaimable slabs only
-v|--validate           Validate slabs
-X|--Xtotals            Show extended summary information
-z|--zero               Include empty slabs
-1|--1ref               Single reference

-d  | --debug           Switch off all debug options
-da | --debug=a         Switch on all debug options (--debug=FZPU)

-d[afzput] | --debug=[afzput]
    f | F               Sanity Checks (SLAB_CONSISTENCY_CHECKS)
    z | Z               Redzoning
    p | P               Poisoning
    u | U               Tracking
    t | T               Tracing

Sorting options (--Loss, --Size, --Partial) are mutually exclusive
$
```

圖 6.6　kernel slabinfo 公用程式的 help 畫面

執行 slabinfo 時應注意的幾件事：

- 預設情況下，此工具只會顯示內部存有資料的 slab，與 -l 選項開關相同。你可以執行 slabinfo -e 來變更此設定。儘管可能有很多快取，它也只顯示空的快取！
- 全部的選項可能無法立即運作。大部分程式碼都要求設定 SLUB debug on（CONFIG_SLUB_DEBUG=y）來編譯 kernel；一般而言，即使是 Linux 套裝系統的 kernel 也是如此。某些選項要求必須在 kernel 命令列上，透過一般的 slub_debug 參數傳遞 SLUB 旗標。
- 你必須以具系統管理者許可權的使用者身分執行。

讓我們從快速執行（沒有參數）開始，檢視表頭行和一行範例輸出，以及 kmalloc-32 slab cache 的輸出，我已經將這些行分隔開來：

```
$ sudo slabinfo |head -n1
Name Objects Objsize Space Slabs/Part/Cpu O/S O %Fr %Ef Flg
$ sudo slabinfo | grep "^kmalloc-32"
kmalloc-32 35072 32   1.1M   224/0/50     128 0   0 100
$
```

在 header 那行的欄位簡介如下：

- Slab cache 的名稱（Name）。
- 目前已配置的物件數目（Objects）。
- 接著會顯示每個物件的大小，這邊當然就是 32 個位元組（Objsize）。
- 這些物件在 kernel 記憶體中占用的總空間，基本上，是 Objects * Objsize（Space）。
- 對於此 cache 的 slab cache 記憶體數量分布：full slab、partial slab、per-CPU slab（Slabs/Part/Cpu）。
- 每個 slab 的物件數目（O/S）。
- 分頁配置器（Page allocator）為這個快取所劃分的記憶體次方是從 0 到 MAX_ORDER。通常 MAX_ORDER 的值是 11，最高可以提供 12 次方。

2^order 表示這個 order（O）在 page allocator 上可用清單中的可用記憶體區塊 / 分頁大小。

- 可用的快取記憶體數量，以百分比表示（%Fr）。
- 以百分比表示的有效記憶體使用量（%Ef）。
- Slab 旗標，可以空白（Flg）。

想要看看發出這些 slab 快取統計資料的實際的 printf() 嗎？就在這裡：https://elixir.bootlin.com/linux/v5.10.60/source/tools/vm/slabinfo.c#L640。

Slab 旗標的全部可能值及其意義如下，與正常 slabinfo 輸出最右側名為 Flg 的資料欄位有關）：

- *：有別名
- d：適用於 DMA 記憶體的 slab
- A：對齊的硬體 cache line（hwcache）
- P：Slab 受到 poison
- a：回收記帳處理作用中
- Z：Slab 是紅區
- F：Slab 已開啟健全檢查（sanity checking on）
- U：Slab stores user
- T：正在追蹤的 slab

請注意，當傳遞 -D：顯示 active 的選項時，欄位會異動。

常見的問題：目前配置的許多 slab 快取記憶體和一些資料內容中，誰占用最多的 kernel 記憶體？ slabinfo: 可輕鬆回答此問題：其中一個方法是執行時帶著 -B 開關參數，以位元組為單位顯示占用的空間，讓你可以輕鬆排序這個欄位。更簡單的是 -S 選項開關參數，可以讓 slabinfo 依照大小對 slab 快取排序，最大值在前，以良好並易於閱讀的大小單位顯示。在下列的螢幕截圖顯示前 10 個耗用最高 kernel 記憶體的 slab 快取記憶體：

```
$ sudo slabinfo -S | head
Name                   Objects Objsize            Space Slabs/Part/Cpu  O/S O %Fr %Ef Flg
inode_cache              24726     600            15.5M      912/0/39    26 2   0  95 a
buffer_head             132015     104            13.8M     3369/0/16    39 0   0  99 a
ext4_inode_cache          7074    1176             8.5M      252/0/10    27 3   0  96 a
dentry                   40572     192             7.9M     1883/0/49    21 0   0  98 a
kmalloc-4k                1591    4096             6.5M      189/8/12     8 3   3  98
radix_tree_node           8603     576             5.0M      298/7/13    28 2   2  97 a
kernfs_node_cache        30144     128             3.8M      899/0/43    32 0   0 100
kmalloc-512               5040     512             2.5M      282/0/33    16 1   0 100
filp                      8816     256             2.2M      501/0/51    16 0   0  99 A
$ _
```

圖 6.7　前 10 個 slab 快取記憶體，依第四個欄位（總共使用的 kernel 記憶體空間）排序

有趣的是，與軟體經常發生的情況一樣，slabinfo 的 -U 'Show unreclaimable slabs only' 選項，是因為系統發生 panic 而產生的。當無法回收的 slab 記憶體使用量太接近 100% 時，就會發生這個問題。而且 **OOM（Out Of Memory）**殺手找不到任何要殺的候選人！修補程式具有公用程式以及 OOM kill code path，可顯示所有無法回收的 slab，以協助疑難排解，已內建於 4.15 kernel。以下是 commit，可稍微了解：https://github.com/torvalds/linux/commit/7ad3f188aac15772c97523dc4ca3e8e5b6294b9c。依大小排序搭配 -U 開關與 -S 選項，可更輕鬆地疑難排解這些特殊案例！

而 *sort-by-loss*（-L）選項參數讓 slabinfo 依照 kernel 記憶體遺失的數量來排序 slab 快取；也許，與其說是「遺失」，不如說是「浪費」會更貼切。這是常見的*內部碎片問題*（*internal fragmentation issue*）：當記憶體通過 slab 層分配時，它在內部透過 best-fit 模型分配。這通常會導致浪費或遺失（希望不多）的記憶體。例如，嘗試透過 kmalloc() API 配置 100 個位元組的記憶體，會讓 kernel 實際從 kmalloc-128 slab 快取配置記憶體，因為它不可能透過 kmalloc-96 快取提供你更少的數量，所以你的 slab object 實際會耗用 128 個位元組的 kernel 記憶體。因此，此範例中的遺失或浪費的記憶體是 28 個位元組。執行 sudo slabinfo -L | head 會以遞減順序，快速顯示有最大浪費或遺失的 slab，請看標示為 Loss 的第四欄。

一旦識別出想要深入調查的 slab 快取之後，使用 -r（*report*）選項會讓 slabinfo 發出詳細的統計資訊。在預設情況下，這適用於全部的 slab。你隨時可以傳遞正規表示式（regular expression），指定你有興趣的 slab！例如，sudo slabinfo -r vm.* 將會顯示符合 regex 模式（pattern）vm.* 的全部 slab 細節。啟用 SLUB debug 旗標時，它甚至會顯示每個快取的 alloc 與 free 的起源與數目；而這可能很有用！

有時，你可能會看到一個名字不太熟的 slab cache。試試看 -a 或是 --aliases 選項來顯示別名，這對於揭露作為哪些 kernel object 的 cache 是滿有用的。

使用 -T 選項可以讓 slabinfo 顯示整體總計（overall totals），即全部的 slab cache 的簡要快照（summary snapshot）。這有助於你快速了解有多少個 slab cache、多少個 active、總共使用多少的 kernel 記憶體等。當你使用 -X 選項參數時，此類資訊會擴展出來，現在它顯示了更多的細節。下列的螢幕截圖是在我的 x86_64 Ubuntu guest 上執行 sudo slabinfo -X 的範例：

```
$ sudo slabinfo -X
[sudo] password for letsdebug:
Slabcache Totals
----------------
Slabcaches :          216  Aliases  :          0->0  Active:    133
Memory used:     90710016  # Loss   :       2548968  MRatio:     2%
# Objects  :       401015  # PartObj:          1444  ORatio:     0%

Per Cache         Average              Min           Max          Total
--------------------------------------------------------------------------
#Objects             3015               10        132132         401015
#Slabs                 88                1          3388          11833
#PartSlab               0                0            31            101
%PartSlab              0%               0%           38%             0%
PartObjs                0                0           670           1444
% PartObj              0%               0%           23%             0%
Memory             682030             4096      15581184       90710016
Used               662865             3072      14835600       88161048
Loss                19165                0        745584        2548968

Per Object        Average              Min           Max
----------------------------------------------------------
Memory                221                8          8192
User                  219                8          8192
Loss                    1                0            64

Slabs sorted by size
--------------------
Name                  Objects Objsize          Space Slabs/Part/Cpu  O/S O %Fr %Ef Flg
inode_cache             24726     600       15581184       912/0/39   26 2   0  95 a

Slabs sorted by loss
--------------------
Name                  Objects Objsize           Loss Slabs/Part/Cpu  O/S O %Fr %Ef Flg
inode_cache             24726     600         745584       912/0/39   26 2   0  95 a

Slabs sorted by number of partial slabs
----------------------------------------
Name                  Objects Objsize          Space Slabs/Part/Cpu  O/S O %Fr %Ef Flg
anon_vma                 2970      80         331776       40/31/41   46 0  38  71

$
```

圖 6.8　顯示經由 slabinfo -X 延伸摘要資訊的螢幕截圖

在排除系統故障時，這些診斷程式可做為有用的診斷工具，後續「實用的內容，是誰吃掉我的記憶體？」章節，會以類似脈絡提供更多資訊。

使用 `-z`（zero）選項參數執行 `slabinfo` 可顯示全部的 slab cache，包含有資料的 cache 以及空的 cache。

❖ slabinfo 的 debug 相關選項

針對 debug 目的，`slabinfo` 有提供 `-d` 和 `-v` 選項的參數，可讓你分別傳遞 *debug* 旗標與驗證 *slab*。請注意，只有當系統以 `slub_debug` kernel 參數設定為非 null 值來啟動時，這兩個選項參數才會正常運作。

有趣的是：使用 `slub_debug=FZPU` 啟動時，全部的 slab cache 都會至少顯示這些旗標集！

```
$ sudo slabinfo -S |head
Name                   Objects Objsize           Space Slabs/Part/Cpu  O/S O %Fr %Ef Flg
inode_cache              24162     600           23.3M      1425/4/0   17 2   0  62 PaZFU
kmalloc-4k                1255    4096           20.7M      634/13/0    2 3   2  24 PZFU
dentry                   35230     192           18.6M      1137/1/0   31 2   0  36 PaZFU
kernfs_node_cache        26301     128           12.7M     1558/25/0   17 1   1  26 PZFU
ext4_inode_cache          4949    1176            7.7M      237/4/0    21 3   1  74 PaZFU
kmalloc-32               16029      32            7.0M      856/78/0   19 1   9   7 PZFU
radix_tree_node           5192     576            5.0M      307/4/0    17 2   1  59 PaZFU
buffer_head              10231     104            4.6M      570/6/0    18 1   1  22 PaZFU
kmalloc-1k                1262    1024            4.2M      130/21/0   10 3  16  30 PZFU
$
```

圖 6.9　部分的螢幕截圖，聚焦在使用 slub_debug=FZPU 啟動時設定的 SLUB debug 旗標

請注意，對於全部的 slab，flag 至少要包含 `PZFU`。

關於 -d 選項，傳遞這個參數會關閉 debug。很不直覺，對吧！同樣地，這與 kernel 參數 `slub_debug` 的行為方式是一致的。當你要開啟 kernel 的 SLUB debug 選項時，請傳遞常用的 SLUB debug flag，例如：`--debug=<flag1flag2...>`。在 `slabinfo` 的 help 畫面有清楚顯示全部的內容。請看圖 6.6，尤其是最後描述 `--debug` 選項的那幾行。

當你將 --debug=fzput 作為參數傳遞給 slabinfo 時，或者，設定全部的 SLUB debug flag 後傳遞 'a'，背後真正發生的情況是：如果你將其中一個或多個作為參數傳遞，公用程式會打開該 slab cache 的底層 /sys/kernel/slab/<slabname> pseudo file，當然是以 root 身分。否則就會打開全部的 slab，並安排將這些 debug 檔案設定為 1，表示啟用：

- 若 --debug=<...> 帶的值是 f|F，則 /sys/kernel/slab/<slabname>/sanity_checks 會設定為 1。
- 若 --debug=<...> 帶的值是 z|Z，則 /sys/kernel/slab/<slabname>/red_zone 會設定為 1。
- 其他情況也是一樣……

參考資訊，程式碼如下：https://elixir.bootlin.com/linux/v5.10.60/source/tools/vm/slabinfo.c#L717。

提供給 slabinfo 的 -v 選項開關在 debug 也很好用：它會驗證全部的 slab，並在偵測到任何錯誤時，將診斷 / 錯誤的報告傳送至 kernel log。報告的格式實際上與 kernel 的 SLUB debug 基礎架構產生的錯誤報告格式完全相同，「解譯 kernel 的 SLUB debug 錯誤報告」一節有詳細介紹。

與 debug 選項一樣，-v 會使 slabinfo 將 1 寫入 pseudo file：/sys/kernel/slab/<slabcache>/validate。Kernel 文件如下：寫入驗證檔案會使 SLUB 遍歷其全部的 cache object，並檢查中繼資料（metadata）的有效性。將檢查全部的 slab object，將寫入詳細輸出到 kernel log。在對一個你懷疑可能發生 slab（SLUB）記憶體損毀的即時運作系統進行故障排除時，這很有用。

最後還要再說一件事，其實有一個公用程式 slabinfo-gnuplot.sh script，可以繪製圖形來協助將 slab（SLUB）視覺化，隨著時序顯示！可見 kernel 文件〈Extended slabinfo mode and plotting〉[7] 的解釋。

7 *https://www.kernel.org/doc/Documentation/vm/slub.txt*

/proc/slabinfo pseudo file

此外，kernel 當然會透過 procfs，在系統的即時平台中公開所有這些有用的資訊，特別是 pseudo file /proc/slabinfo，同樣地，你需要 root 權限才能檢視。以下是可用的大量資料樣本，內部針對每個 slab，將資料分為三種型別：統計數（statistic）、可調整（tunable）和 slabdata。首先，該表頭顯示版本和欄位：

```
$ sudo head -n2 /proc/slabinfo
slabinfo - version: 2.1
# name            <active_objs> <num_objs> <objsize> <objperslab> <pagesperslab> :
tunables <limit> <batchcount> <sharedfactor> : slabdata <active_slabs> <num_slabs>
<sharedavail>
```

下面是其中的一些資料：

```
$ sudo grep -C2 "^kmalloc-128" /proc/slabinfo
kmalloc-256       1982   2448    512   16    2 : tunables    0    0    0 : slabdata    153    153      0
kmalloc-192       3424   3424    256   16    1 : tunables    0    0    0 : slabdata    214    214      0
kmalloc-128       1968   1968    256   16    1 : tunables    0    0    0 : slabdata    123    123      0
kmalloc-96        1956   2368    128   32    1 : tunables    0    0    0 : slabdata     74     74      0
kmalloc-64        6907   8096    128   32    1 : tunables    0    0    0 : slabdata    253    253      0
$
```

圖 6.10　此螢幕截圖顯示 /proc/slabinfo 的部分資料，以及 slabdata 資料欄的相關資訊

在 slabinfo(5) 的 man page 有解譯這些資料的說明，且實際上包含透過 /proc/slabinfo 揭露的全部 slab cache。推薦閱讀，但很可惜，前兩欄的 statistic 與 tunables 資訊，只從舊的 SLAB 實作相關的意義去探討，似乎有點過時了。

此外，vmstat 公用程式還能夠顯示 kernel slab cache 和一些統計資料，透過 -m 選項參數。它基本上是讀取 /proc/slabinfo 的內容，因此表必須以 root 身分執行。在你的設備上試試看吧：

```
sudo vmstat -m
```

如需更多資訊，請參閱 vmstat(8) man page。

slabtop 公用程式

如同 top 以及更新的 htop 和很酷的 btop 公用程式，為了檢視誰在即時消耗 CPU，我們使用 slabtop(1) 公用程式，檢視現場、即時的 slab cache 使用量，該使用量預設以最大的 slab object 數量排序，但排序欄位可以利用 -s 或 --sort 選項開關變更。它也是以從 /proc/slabinfo 取得的資料為基礎，因此，與往常一樣，需要 root 權限才能執行。使用 slabtop 可以親自了解除了特定 kernel 資料結構的 cache 之外，小型一般 cache，通常稱為 kmalloc-* 者是最常使用的 cache。請試試看，並檢視 man page 以取得詳細資料。

eBPF 的 slabratetop 公用程式

最後，也是最近增加的是 *eBPF* slabratetop 公用程式，可以命名為 slabratetop-bpfcc，就像我的系統那樣。它會即時顯示 kernel 的 SLAB/SLUB 記憶體 cache 配置速率，方式與 top 公用程式相同，預設會每秒重新整理一次。它會在內部追蹤 kmem_cache_alloc() API，以追蹤透過此常用介面在 kernel 內配置的 slab object 速率和總量。透過選項，你可以控制輸出的間隔，以秒為單位；和顯示次數以及幾個其他開關。

因此，輸入下列資訊會讓公用程式以 5 秒的間隔週期摘要顯示 active cache 的配置速率，和配置的總位元組數量，總共 3 次：

```
sudo slabratetop-bpfcc 5 3
```

請參閱其線上手冊和（或）傳遞 -h 選項開關，以檢視簡短的 help 畫面。

實用的內容，是誰吃掉我的記憶體？

所以，了解這些公用程式後，它們能提供怎樣的實質幫助呢？一個常見的情況是需要知道記憶體（RAM）耗盡多少，以及耗盡之處。

第一個問題涉及面很廣。使用者模式的行程（process）與執行緒（thread），如 smem、ps 等公用程式可有所幫助。在原始層面，檢視 procfs 下的記憶體統計資料也能真正有所幫助。例如，你可以透過下列方式檢視 procfs，來追蹤全部 thread 的記憶體使用狀況：

```
grep "^Vm.*:" /proc/*/status
```

在此輸出中，VmRSS 數值是實體記憶體使用量的合理計量，單位為 KB：kilobyte。因此，執行下列動作可以快速顯示前 10 個使用最多記憶體的 process 或 thread：

```
grep -r "^VmRSS" /proc/*/status |sed 's/kB$//'|sort -t: -k3n |tail
```

在這裡，你比較有興趣的是誰或哪些東西占用了 kernel 動態的（slab cache）記憶體，而不是使用者空間的，對吧？這裡有一個調查案例：

- 首先，使用 `slabratetop` 或 `slabratetop-bpfcc`，來了解在 kernel 內部存在的許多 slab cache 中，哪一個耗用最多。
- 第二，使用 dynamic kprobe 即時查詢 kernel-mode stack，以檢視 kernel 中的誰或何物正在占用此 cache！

我們可以輕易地完成以下第一步：

```
sudo slabratetop-bpfcc
[...]
CACHE                           ALLOCS      BYTES
names_cache                         18      78336
vm_area_struct                     176      46464
...
```

基於此範例輸出，我的（guest）系統上有一個名為 `names_cache` 的 slab cache，它消耗的位元組數量最大。此外，你可以看到 `vm_area_struct` slab cache 目前的配置數量是最多的，而且全部都在指定的時間間隔內（預設為秒）。

若是想要更深入地分析，並調查 kernel 中的哪些程式碼路徑（code path）正在從 vm_area_struct slab cache 配置記憶體（目前大約是每秒 176 次）。換句話說，你如何判斷 kernel 中執行這些配置的是誰或是什麼東西？好的，一起來看看：我們知道大部分的特定 slab cache object，都是透過 `kmem_cache_alloc()`

kernel 介面來配置。因此，即時檢視 kmem_cache_alloc() 的（kernel）stack，將有助於你確定執行分配的是誰或從哪裡開始！

那要怎麼做呢？這是第二部分。回顧你在有關 Kprobes 章節中所學到的知識，尤其是使用動態 kprobes，可見第 4 章〈透過 Kprobes 儀器進行 debug〉的「透過 kprobe event，在任何函式上設定動態 kprobe」小節，運用這些知識可更深入地了解。我們將從使用 kprobe[-perf] 指令，實際上是 bash script 開始，即時探查 kmem_cache_alloc() API 的全部執行中執行個體（instance），並透過傳遞 -s 選項，顯示內部 kernel mode stack：

```
sudo kprobe-perf -s 'p:kmem_cache_alloc  name=+0(+96(%di)):string'
```

此外，一樣請回想第 4 章「了解 ABI 的基本概念」小節，在 x86_64 處理器架構的系統上，RDI 暫存器會持有第一個參數。在此，對 kmem_cache_alloc() API 來說，第一個參數是指向 struct kmem_cache 的指標（pointer），此結構中偏移值為 96 byte 的位置，名稱為 name 的成員，所配置的 slab cache 名稱就是我們所要尋找的內容！

接下來，上一個指令將探查並顯示目前由常用的 kmem_cache_alloc() API 執行的全部 slab cache，過濾它的輸出，先看目前感興趣的 vm_area_struct slab cache：

```
sudo kprobe-perf -s 'p:kmem_cache_alloc
name=+0(+96(%di)):string' | grep -A10
"name=.*vm_area_struct"
```

下列螢幕截圖會顯示一小部分輸出：

```
--
          <...>-3154    [001] ...1 13294.620610: kmem_cache_alloc: (kmem_cache_alloc+0x0/0x8d0)
name="vm_area_struct"
          <...>-3154    [001] ...1 13294.620616: <stack trace>
=> kmem_cache_alloc
=> do_brk_flags
=> __x64_sys_brk
=> do_syscall_64
=> entry_SYSCALL_64_after_hwframe
```

圖 6.11 部分的螢幕截圖顯示 kprobe-perf script 的輸出，kernel mode stack 則顯示 kmem_cache_alloc() API 之前配置給 VMA structure 的位置

你可能需要調整 grep -An 參數，我在此保持 n 為 10，以便在比對符合後顯示特定的行數。很顯然，這個特定的呼叫鏈會顯示 kmem_cache_alloc() API 是透過系統呼叫 sys_brk() 叫用。僅供參考，此系統呼叫在 userspace 中稱為 brk()，通常是需要建立一個 process 的記憶體區域時，或現有記憶體區域擴大或縮小時所發出的。

現在，kernel 透過**虛擬記憶體區域（Virtual Memory Area, VMA）**中繼資料結構（metadata structure），在內部管理一個 process 的記憶體區域，技術上為對映的。因此，當建立一個 process 的新映射（mapping）時，如此處的情況，自然需要分配 VMA object。由於 VMA 是常用的 kernel structure，因此會保留在自訂的 slab cache 中，並從中配置，名為 vm_area_struct 的！這是之前從這個 slab cache 配置的 VMA object 的呼叫鏈（call chain）：

```
sys_brk() --> do_brk() --> do_brk_flags() --> vm_area_alloc() --> kmem_cache_alloc()
```

以下是呼叫 vm_area_alloc() 常式的實際程式碼：https://elixir.bootlin.com/linux/v5.10.60/source/mm/mmap.c#L3110，它接著會執行 kmem_cache_alloc() API，從其 slab cache 配置一個 VMA object instance，然後加以初始化。有趣吧。

資訊安全提示

雖然與主題無關，但我認為資訊安全很重要。若要保證配置與釋放時永遠抹除 slab 記憶體，請在 kernel 的命令列傳遞這些參數：init_on_alloc=1 init_on_free=1。當然，這樣做可能會影響效能。請測試，並確定是否要在專案使用，可任選一種或兩者都用，也可以都不使用。類似內容的更多資訊可在這裡找到：https://kernsec.org/wiki/index.php/Kernel_Self_Protection_Project/Recommended_Settings。

這個章節涵蓋了 SLUB debug 及其衍生的內容。現在，讓我們藉由學習如何捕捉危險的洩漏 bug，來完成這個與 debug kernel 記憶體相關的龐雜主題，終於到了這裡！請繼續看下去！

6.3 使用 kmemleak 找出記憶體洩漏問題

什麼是記憶體洩漏，它又有什麼關係呢？記憶體洩漏是指你以動態方式配置記憶體，但無法釋放記憶體的情況。好的，你覺得你已經成功地釋放了記憶體，但實際上它並沒有釋放。經典的教學案例如下，為了簡單起見，這裡把它變成一個在使用者空間的範例：

```
    char *ptr = malloc(1024);
    /* ... work with it ... */
    // forget to free it
}
```

現在，一旦你從函式 foo() 返回，基本上就無法釋放 ptr 變數所指向的記憶體。為什麼？你知道的，ptr 是個區域變數，而且當你從 foo() 返回時，就會超出它的有效範圍（scope）。現在，已經配置的 1,024 個位元組的記憶體實際上是鎖上、無法存取、浪費了，可稱之為**洩漏（leak）**。當然，一旦使用者程式終止，它就會釋放回系統。

> **捕捉 userspace 應用程式的記憶體洩漏**
>
> 本書只著重在 kernel debug。我之前的著作《Hands-On System Programming with Linux》（2018 年 10 月，Packt 出版），詳細介紹了 userspace 應用程式記憶體問題以及 debug 問題，可見該書第 5 章和第 6 章。總而言之，使用較新的 Sanitizer 工具組，尤其是功能強大的 **Address Sanitizer（ASAN）**，以及舊版的 Valgrind 工具組件，無疑將有助於使用者空間的 debug。

這肯定也會發生在 kernel 內部，只要以 kmalloc() 或類似的 API 來取代 kernel module 和 malloc() 函式之前的使用者程式碼！當造成洩漏的程式碼經常執行時（也許是在迴圈中），即使少許幾個位元組的洩漏也會成為一個大麻煩。不僅如此，不像 userspace，kernel 不會死掉……，因此流失的記憶體會永遠消失。是的，即使模組在發生洩漏之後已經卸載，動態的 kernel 記憶體也不是配置在模組內；它通常是在 slab 或是分頁配置器的記憶體！

你可能會說：嘿，我知道啊，但是拜託，由我來分配記憶體的話，我一定會記得釋放它。說真的，當專案規模龐大而且又複雜時，相信我，你可能還是會不小心犯這個錯的。這有個簡單的範例，請看看下列的 pseudo code 片段：

```
static int kfoo_leaky(void) {
    char *ptr1 = kmalloc(GFP_KERNEL, 1024), *ptr2;
    /* ... work with ptr1 ... */
        // ...
        if (bar() < 0)
        return -EINVAL;
    // ...
    ptr2 = vmalloc(5120); [...]
    // ... work with ptr2 ...
    if (kbar() < 0)
        return -EIO;
    // ...
    vfree(ptr2);
    kfree(ptr1);
    return 0;
}
```

你看到了，對吧？在最後的 return 之前，有兩個 return error 的地方，我們在 return 之前都沒有釋放先前配置的記憶體緩衝區，這就是典型的記憶體洩漏！這種事情實際上是一種極為常見的模式（pattern），以至於 kernel 社群已經形成了一套有用的程式設計風格指南，其中一條無疑有助於避免此類災難：在 return 之前，使用（有爭議的）`goto` 執行清理工作，例如釋放記憶體緩衝區！拒絕之前請先試試看。正確使用時效果會很好。此技術正式名稱為「集中結束函式」（centralized exiting of functions），可閱讀相關資訊。[8]

透過集中結束函式的路由，這裡有一個解決方案：

```
static int kfoo(void) {
    char *ptr1 = kmalloc(GFP_KERNEL, 1024), *ptr2;
    int ret = 0;
    /* ... work with ptr1 ... */
    // ...
    if (bar() < 0) {
```

8 *https://www.kernel.org/doc/html/latest/process/coding-style.html#centralized-exiting-of-functions*

```
        ret = -EINVAL;
        goto bar_failed;
    }
    // ...
    ptr2 = vmalloc(5120); [...]
        // ... work with ptr2 ...
    if (kbar() < 0){
        ret = -EIO;
        goto kbar_failed;
    }
    // ...
kbar_failed:
    vfree(ptr2);
bar_failed:
    kfree(ptr1);
    return ret;
}
```

很優雅，對吧？所以如果你的程式碼越慢發生錯誤，則會跳到程式碼中相對較上方的 label，因為要執行全部必要的清理工作。因此，如果函式 kbar() 失敗，則它會跳至 kbar_failed label（標籤），透過 vfree() API 執行所需的 free，然後整齊劃一地完成透過 kfree() API 執行接下來所要的 free。我敢打賭，你在整個 kernel 都有看過這樣的程式碼，這是一種非常普遍且有用的技術。再來一個隨機範例：請參閱 Cadence MACB/GEM Ethernet Controller network driver 所屬的程式碼 [9]。

以下是另一個常見的洩漏根本原因：介面的設計方式是，在配置記憶體時，通常用一個指標來指向這塊記憶體，並作為參數傳遞記憶體位址。它通常會經過特意設計，讓呼叫者在使用完畢之後負責釋放記憶體緩衝區。但是，如果呼叫者沒有釋放記憶體，會發生什麼情況呢？當然就是產生一個記憶體洩漏的 bug！一般而言，這會詳細記錄在文件中，但誰會讀文件……（嘿，意思就是還是要讀文件啦！）

9 *https://elixir.bootlin.com/linux/v5.10.60/source/drivers/net/ethernet/cadence/macb_main.c#L3578*

我能看到真正的 kernel 記憶體洩漏的 bug 嗎？

當然。首先，請前往 kernel.org Bugzilla 網站[10]，到 **search | Advanced Search** 的索引標籤填入某些搜尋條件，在 **Summary** 標籤中，你可能會想要輸入某些內容，例如 memory leak。你可以依 **Product**（或 subsystem）、**Component**（在 **Product** 內），甚至是 **Status** 和 **Resolution**！然後，按一下 **Search** 按鈕。以下是我搜尋的螢幕截圖範例，僅供參考：

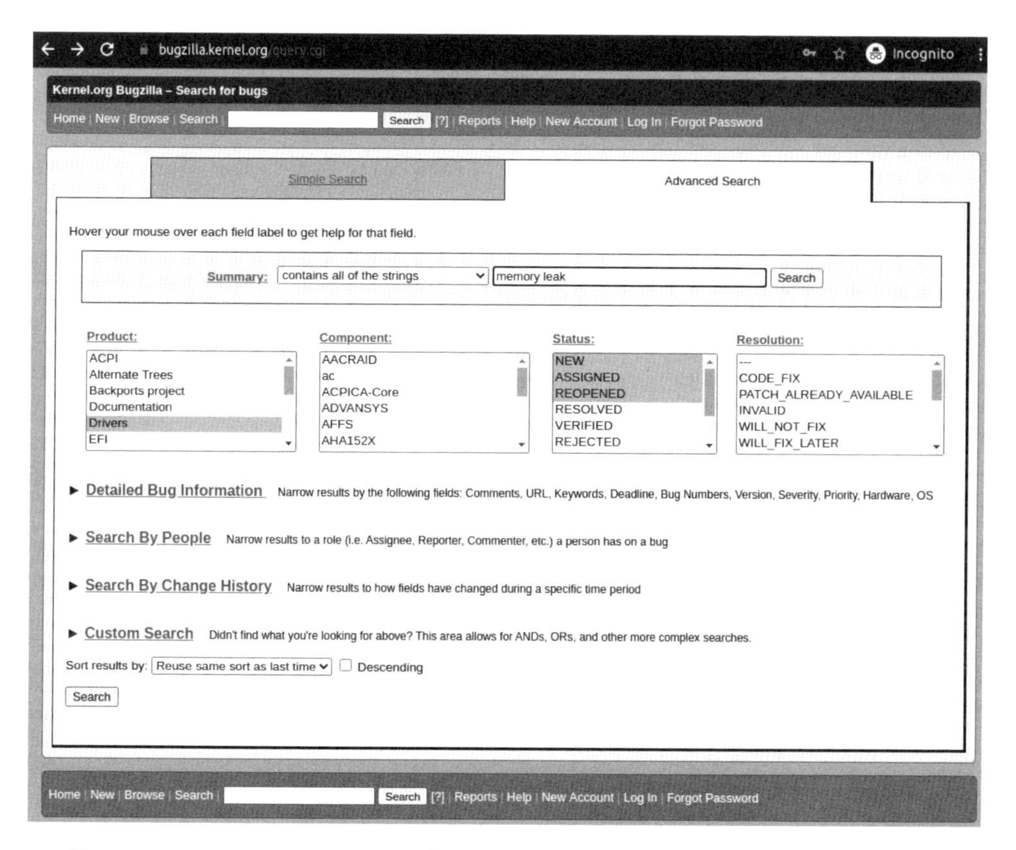

圖 6.12　kernel.org Bugzilla，在「Drivers」下提交的 bug 中搜尋「memory leak」

（我搜尋時出現 11 個結果。）

---

10 *https://bugzilla.kernel.org/*

再來，這裡有個範例，是來自 kernel 的一份記憶體洩漏錯誤報告：〈Bugzilla:backport-iwlwifi: memory leak when changing channels〉[11]。請看一下，並下載標示為 `dmesg.log after reboot` 的附件。Kernel 日誌輸出顯示，除了 **kmemleak** 之外，沒有偵測到其他洩漏！我們將報表的解釋包含在 Interpreting kmemleak 的報告區段。

真正的挑戰是：如果沒有明確使用強大的工具，如用於 kernel 的 **kmemleak**，或 userspace 的 ASAN、MSAN、Valgrind 的 memcheck 等，記憶體洩漏在開發、甚至測試和現場中往往得不到注意。但當它們某一天運轉良好時，症狀就可能隨機出現；系統可以保持完美運行一段時間，甚至好幾個月，然後突然發生隨機故障甚至突然當機。有時候，要對此類情況 debug 幾乎是不可能的，團隊會將其歸咎於電壓不穩 / 斷電、閃電，以及任何可以解釋為何會莫名其妙隨機當機的理由！你多常聽到支援人員說：「重新開機再試一次，應該就會好了」？最慘的是它經常會這樣而掩蓋真正的問題。而不幸之處在於，這絕對不會用在重要的任務專案或產品，因為最終會導致客戶失去信心，而造成失敗。

這是個嚴重的問題。不要讓它成為你專案中的一部分！請試著執行長期涵蓋範圍測試，以及長時間測試，一週或更久都好。

設定 kernel 的 kmemleak 功能

在繼續之前，請務必了解 *kmemleak* 同樣不是萬靈丹：它是設計用來追蹤和捕捉透過 `kmalloc()`、`vmalloc()`、`kmem_cache_alloc()` 和 friends API 執行之動態 kernel 記憶體配置的記憶體洩漏。這些介面一般都是透過這些介面配置記憶體，因此確實非常有用。

關鍵的 kernel config 選項，也就是我們需要啟用的那個選項是 `CONFIG_DEBUG_KMEMLEAK=y`；但這裡還會提到幾個其他相關選項。當然，也有一般的取捨：能夠捕捉到洩漏錯誤是件很了不起的事，但會造成相當大的記憶體配置和釋放成本。因此，當然會建議你在自訂 debug kernel 時設定這個選項，和（或）進行

11 *https://bugzilla.kernel.org/show_bug.cgi?id=206811*

密集測試時，如果對你的 production kernel 而言，效能不是重點，而是要捕捉缺陷時。

常用的 make menuconfig UI 可用於設定 kernel config；相關的選單如下：**kernel hacking| Memory Debugging| Kernel memory leak detector**，打開它。

> **提示**
>
> 你可以在此利用 kernel 內建的 config script，以非互動方式編輯 kernel config 檔案：script/config，這是一個 Bash script。只要執行它就會顯示 help 畫面。

為 kmemleak 完成配置之後，就能在 debug kernel 的 config 檔上[12]用 grep 快速搜尋 DEBUG_KMEMLEAK，會顯示已經完成設定且準備就緒了；請參閱下列螢幕截圖：

```
$ grep DEBUG_KMEMLEAK /boot/config-5.10.60-dbg02
CONFIG_HAVE_DEBUG_KMEMLEAK=y
CONFIG_DEBUG_KMEMLEAK=y
CONFIG_DEBUG_KMEMLEAK_MEM_POOL_SIZE=16000
CONFIG_DEBUG_KMEMLEAK_TEST=m
CONFIG_DEBUG_KMEMLEAK_DEFAULT_OFF=y
CONFIG_DEBUG_KMEMLEAK_AUTO_SCAN=y
$
```

圖 6.13 專為 kmemleak 而設定的 debug kernel

此處是與前述螢幕截圖中顯示的每個組態相關的一行文字：

- CPU 架構是否支援 kmemleak？是的，因為 CONFIG_HAVE_DEBUG_KMEMLEAK=y，表示此 CPU 支援 kmemleak。
- kmemleak config 是否為開啟（on）？是的，因為 CONFIG_DEBUG_KMEMLEAK=y。

12 我的系統是 /boot/config-5.10.60-dbg02。

- 對於 kmemleak 完全初始化之前可能發生的配置（allocation），會使用此大小的記憶體池，以位元組為單位來儲存中繼資料（metadata）：CONFIG_DEBUG_KMEMLEAK_MEM_POOL_SIZE=16000
- 是否建置測試 kmemleak 的模組？是的，因為 CONFIG_DEBUG_KMEMLEAK_TEST=m。
- kmemleak 預設為停用（disable）嗎？是的，因為 CONFIG_DEBUG_KMEMLEAK_DEFAULT_OFF=y。在核心命令列（kernel command line）上傳遞 kmemleak=on 來啟用。
- 是否預設每 10 分鐘就啟用掃描記憶體檢查漏失？是的，因為 CONFIG_DEBUG_KMEMLEAK_AUTO_SCAN=y。對於大多數系統而言這是合理的作法，但低階嵌入式系統除外。

透過啟用 kernel 的 SLUB debug 功能：CONFIG_SLUB_DEBUG=y，使用 kmemleak 找到漏失的機率更高。這主要是由於 slab poisoning 造成的，這也有助於洩漏檢測。從上一節可以看出，不管什麼情況，此 config 選項通常皆為預設開啟！

使用 kmemleak

使用 kmemleak 是很直覺的。以下是基本的 5 個步驟清單及後續步驟：

1. 首先，請確認下列事項：

   A Debug 檔案系統（debugfs）已掛載且為可見，這裡將假設它就掛載在常見的地方：/sys/kernel/debug。

   B. Kmemleak 有啟用且正在執行：目前假設一切正常。但如果不是呢？在下方的「解決問題：無法寫入 Kmemleak pseudofile」章節中，會有更詳細說明……

2. 執行你「可能」有問題的程式碼或測試案例，或者讓系統執行……

3. 初始一個記憶體掃描。以 root 身分執行下列動作：

```
echo scan > /sys/kernel/debug/kmemleak
```

這將促使一個 kernel thread 進入 action，用膝蓋想也知道它叫做 kmemleak 主動掃描記憶體以尋找洩漏……。完成後，如果發現或懷疑洩漏，則此格式的訊息會傳送至 kernel 日誌：

```
kmemleak: 1 new suspected memory leaks (see /sys/kernel/debug/kmemleak)
```

4. 查閱 kmemleak debugfs pseudofile 以檢視掃描結果：

```
cat /sys/kernel/debug/kmemleak
```

5. （選擇性的）清除目前所有 memory leak 結果。以 root 身分執行下列動作：

```
echo clear > /sys/kernel/debug/kmemleak
```

請注意，只要 kmemleak 記憶體掃描作用中，也就是符合預設，就會出現新的洩漏。只要再次讀取 kmemleak debugfs pseudofile 即可看到它們。

在繼續操作之前，很可能會出現步驟 1.B：kmemleak 一開始可能無法啟用的狀況！以下就來協助你找出並解決問題。讀完之後，我們再繼續用充滿 leak 的測試案例來測試 kmemleak ！

解決問題：無法寫入 Kmemleak pseudofile

可能會出現一個常見問題：嘗試寫入 kmemleak debugfs 檔案時，通常會發生這樣的錯誤：

```
# echo scan > /sys/kernel/debug/kmemleak
bash: echo: write error: Operation not permitted
```

透過 dmesg 或 journalctl -k 搜尋 kernel 日誌，以找出類似訊息：

```
kmemleak: Kernel memory leak detector disabled
```

如果它有確實顯示，顯然會是 kmemleak 已經透過組態設定，但在執行期間卻仍為停用。為什麼會這樣？這通常表示 kmemleak 尚未正確或完全啟用。

以下方法簡單但有趣，可以 debug 開機時發生的錯誤，第 3 章〈透過檢測除錯：使用 printk 與其族類〉肯定有提過這項技術：在開機時，請確定你在 kernel command line 有傳遞 debug 和 initcall_debug 參數，以便啟用 debug printk 並檢視全部的 kernel init hook 詳細資訊。現在，開機並執行之後，請繼續：

```
$ cat /proc/cmdline
BOOT_IMAGE=/boot/vmlinuz-5.10.60-dbg02-gcc root=UUID=<...> ro quiet splash 3 debug
initcall_debug
```

查詢 kernel log，搜尋 kmemleak：

```
$ journalctl --output=short-unix -k |grep -iC2 "kmemleak"
1637844902.306232 dbg-LKD kernel: random: get_random_u64 called from __kmem_cache_create+0x2f/0x500 wit
h crng_init=0
1637844902.306303 dbg-LKD kernel: SLUB: HWalign=64, Order=0-3, MinObjects=0, CPUs=6, Nodes=1
1637844902.306367 dbg-LKD kernel: kmemleak: Kernel memory leak detector disabled
1637844902.306441 dbg-LKD kernel: Kernel/User page tables isolation: enabled
1637844902.306506 dbg-LKD kernel: ftrace: allocating 44433 entries in 174 pages
--
1637844902.629853 dbg-LKD kernel: calling  split_huge_pages_debugfs+0x0/0x29 @ 1
1637844902.629942 dbg-LKD kernel: initcall split_huge_pages_debugfs+0x0/0x29 returned 0 after 23 usecs
1637844902.630024 dbg-LKD kernel: calling  kmemleak_late_init+0x0/0xa1 @ 1
1637844902.630093 dbg-LKD kernel: initcall kmemleak_late_init+0x0/0xa1 returned -12 after 30 usecs
1637844902.630159 dbg-LKD kernel: calling  check_early_ioremap_leak+0x0/0x9e @ 1
1637844902.630225 dbg-LKD kernel: initcall check_early_ioremap_leak+0x0/0x9e returned 0 after 872 usecs
```

圖 6.14　顯示 kmemleak 在開機時如何失敗的螢幕截圖

可以看到下列內容：

- 初始化函式 `kmemleak_late_init()` 會失敗，並傳回 `-12` 的值。當然，這是負的 `errno` 值；請回想一下 kernel 的 `0/-E` return 慣例。
- `errno 12` 就是 `ENOMEM`，表示因記憶體不足而失敗。
- 此錯誤可能發生在 kmemleak 的初始化程式碼中：

```
// mm/kmemleak.c
static int __init kmemleak_late_init(void)
{
    kmemleak_initialized = 1;
    debugfs_create_file("kmemleak", 0644, NULL, NULL,
    &kmemleak_fops);
    if (kmemleak_error) {
    /* Some error occurred and kmemleak was disabled.
```

```
    *There is a [...] */
        schedule_work(&cleanup_work);
        return -ENOMEM;
    } [...]
```

變數 kmemleak_error 會設定的一個可能原因是，在開機時 kmemleak 使用的早期日誌緩衝區不夠大。大小是在 kernel config CONFIG_DEBUG_KMEMLEAK_MEM_POOL_SIZE，通常預設為 16,000 byte，如上所示。因此，現在嘗試將它變更為較大的值，然後再試一次。順便提一下，此組態之前已命名為 CONFIG_DEBUG_KMEMLEAK_EARLY_LOG_SIZE。而在 5.5 kernel 中，已重新命名為 CONFIG_DEBUG_KMEMLEAK_MEM_POOL_SIZE：

```
$ scripts/config -s CONFIG_DEBUG_KMEMLEAK_MEM_POOL_SIZE
16000
$ scripts/config --set-val CONFIG_DEBUG_KMEMLEAK_MEM_POOL_SIZE 32000
$ scripts/config -s CONFIG_DEBUG_KMEMLEAK_MEM_POOL_SIZE
32000
```

（config script 的 -s 選項為顯示目前提供作為參數的 kernel config 現值；--set-val 開關是設定 kernel config）。現在編譯已重新配置的（debug）kernel、重新開機和測試。

結果呢？收到一樣的錯誤：dmesg 再次顯示 kmemleak 已經停用！

稍加思考就會發現實際且相當愚蠢的問題：若要啟用 kmemleak，必須透過 kernel 命令行傳遞 kmemleak=on。實際上，配置 kmemleak 一節中已經提過這點：kmemleak 預設為停用（disable）嗎？是的，因為 CONFIG_DEBUG_KMEMLEAK_DEFAULT_OFF=y。

重點

想要使用 kmemleak 偵測 kernel-space 的 memory leak 嗎？接著，在為它配置 kernel 之後，你必須透過傳遞 kmemleak=on 到 kernel command line 來明確啟用。

完成此操作後，一切似乎都很順利。為了驗證，我甚至將 CONFIG_DEBUG_KMEMLEAK_MEM_POOL_SIZE 的值設回預設的 16,000，並 rebuild kernel，以及 reboot：

```
$ dmesg |grep "kmemleak"
[    0.000000] Command line: BOOT_IMAGE=/boot/vmlinuz-5.10.60-dbg02-gcc root=UUID=<...>
ro quiet splash 3 kmemleak=on
[...]
[    6.743927] kmemleak: Kernel memory leak detector initialized (mem pool available:
14090)
[    6.743956] kmemleak: Automatic memory scanning thread started
```

一切都很好！以下是 kmemleak 核心執行緒（kernel thread）：

```
$ ps -e|grep kmemleak
144 ?        00:00:07 kmemleak
```

實際上，刻意以較低的優先權運行：nice 值為 10，因此只有在其他大多數執行緒都讓出執行權時才會運行。回想一下，在 Linux 上，nice 值的範圍是從 -20 到 +19，而 -20 為最高優先權。另外，你可以執行 ps -el 而不只是 ps -e 來檢查 nice 值。

Debug 的本質

因此，這個特定的工作階段（debug session）看起來有點像非事件（non-event），這沒關係，最終找出答案並啟用 kmemleak 才是真正重要的事。它還揭示了 debug 本質的事實，一般來說，我們會追逐一條或**好幾條**無法引向任何地方的路徑，別擔心，這都是體驗的一部分！實際上這很有幫助，多少還是能學到點什麼！

想知道更多的話：傳遞 kmemleak=on 做為 kernel 參數會導致 mm/kmemleak.c:kmemleak_boot_config() 函式將 kmemleak_skip_disable 變數設定為 1，如果不是在開機時啟用此功能，就會停用。

執行測試案例並捕捉 leakage 問題

現在，kmemleak 已經啟用並正在執行，來看一下有趣的部分，執行充滿問題與 leak 的測試案例！以下有 3 個：事不宜遲，我們馬上從第 1 個開始吧。

❖ 執行測試案例 3.1：簡單的 memory leakage

程式碼的第 1 個 memory leakage 測試案例如下：

```
// ch5/kmembugs_test/kmembugs_test.c
void leak_simple1(void)
{
    volatile char *p = NULL;
    pr_info("testcase 3.1: simple memory leak testcase 1\n");
    p = kzalloc(1520, GFP_KERNEL);
    if (unlikely(!p))
        return;
    pr_info("kzalloc(1520) = 0x%px\n", p);
    if (0)          // test: ensure it isn't freed
        kfree((char *)p);
#ifndef CONFIG_MODULES
    pr_info("kmem_cache_alloc(task_struct) = 0x%px\n",
    kmem_cache_alloc(task_struct, GFP_KERNEL));
#endif
    pr_info("vmalloc(5*1024) = 0x%px\n", vmalloc(5*1024));
}
```

顯然，此程式碼具有 3 個 memory leak：透過 `kzalloc()` API 配置 1,520 個位元組、透過 `kmem_cache_alloc()` API 從其 slab cache 配置 task_struct object，以及透過 `vmalloc()` API 配置 5 KB。不過請注意，由於 `CONFIG_MODULES` 的設定，第 2 個案例實際上並沒有執行，因此只會留下 2 個洩漏。我沒有在這裡寫程式檢查後面 2 個 allocation API 的失敗案例，但當然，你應該要檢查。

如本節開頭所提的使用 kmemleak，現在就來執行步驟 1 到 5。但實際上只有 1 到 4，因為步驟 5 並非必要的，這稍後再說：

1. 確認 kmemleak 已啟用、正在執行，而且其 kthread 還活著並正常運作。

2. 執行測試案例：

```
cd <booksrc>/ch5/kmembugs_test
./load_testmod
[...]
sudo ./run_tests --no-clear
--no_clear: will not clear kernel log buffer after running a testcase
Debugfs file: /sys/kernel/debug/test_kmembugs/lkd_dbgfs_run_testcase
Generic KASAN: enabled
UBSAN: enabled
KMEMLEAK: enabled

Select testcase to run:
1  Uninitialized Memory Read - UMR
[...]
Memory leakage
3.1  simple memory leakage testcase1
3.2  simple memory leakage testcase2 - caller to free memory
3.3  simple memory leakage testcase3 - memleak in interrupt ctx
[...]
(Type in the testcase number to run):
3.1
Running testcase "3.1" via test module now...
[...]
[ 4053.909155] testcase to run: 3.1
[ 4053.909169] test_kmembugs:leak_simple1(): testcase 3.1: simple memory leak
testcase 1
[ 4053.909212] test_kmembugs:leak_simple1(): kzalloc(1520) = 0xffff888003f17000
[ 4053.909390] test_kmembugs:leak_simple1(): vmalloc(5*1024) = 0xffffc9000005c000
```

你可以從輸出看到，`run_tests` bash script 會先進行一些快速的 config 檢查，然後確定 KASAN、UBSAN 和 KMEMLEAK 均已啟用[13]。接著，它會顯示可用的測試案例功能表，選取一個測試案例，輸入 `3.1`。debugfs write hook 在看到此情況時，會叫用 test 函式；在這種情況下，`leak_simple1()` 會執行，你可以看到它的 printk 輸出。它當然有 bug，如預期出現 2 次記憶體洩漏。

3. 關鍵部分在此！以 root 身分初始 kmemleak 記憶體掃描：

```
sudo sh -c "echo scan > /sys/kernel/debug/kmemleak"
```

13 請瀏覽本書 GitHub repo. 上的 script code。

請稍候，記憶體掃描可能需要一些時間。在我的 x86_64 Ubuntu VM 上執行自訂的 debug kernel，大約需要 8 到 9 秒……

4. 讀取 kmemleak pseudofile，下一個章節馬上會介紹。一旦完成並找到可能的洩漏，kernel log 將顯示類似下列內容：

```
dmesg | tail -n1
kmemleak: 2 new suspected memory leaks (see /sys/kernel/debug/kmemleak)
```

它甚至會提示你現在查詢 kmemleak 的 pseudo file：/sys/kernel/debug/kmemleak。你可以寫個 script，一直輪詢（poll）kernel log 的這一行，然後才閱讀掃描報告，這些東西就留給你練習了。

解讀 kmemleak 的報告：確認一下細節，如同 kmemleak 的指令：

```
$ sudo cat /sys/kernel/debug/kmemleak
unreferenced object 0xffff8880127f8000 (size 2048):
  comm "run_tests", pid 5498, jiffies 4296684850 (age 84.737s)
  hex dump (first 32 bytes):
    00 00 00 00 00 00 00 00 00 00 00 00 00 00 00 00  ................
    00 00 00 00 00 00 00 00 00 00 00 00 00 00 00 00  ................
  backtrace:
    [<00000000c0b84cb6>] slab_post_alloc_hook+0x78/0x5b0
    [<00000000f76c1d8d>] kmem_cache_alloc_trace+0x16b/0x370
    [<00000000896eb2a4>] leak_simple1+0x45/0x90 [test_kmembugs]
    [<000000000fca301f>] dbgfs_run_testcase+0x1c7/0x51a [test_kmembugs]
    [<00000000f0fd1df8>] full_proxy_write+0xaf/0xe0
    [<000000000d54f8ef>] vfs_write+0x148/0x500
    [<000000007f738be9>] ksys_write+0xd9/0x180
    [<000000001fce737f>] __x64_sys_write+0x43/0x50
    [<000000001a646102>] do_syscall_64+0x38/0x90
    [<0000000024b0a009>] entry_SYSCALL_64_after_hwframe+0x44/0xa9
unreferenced object 0xffffc90000065000 (size 8192):
  comm "run_tests", pid 5498, jiffies 4296684851 (age 84.734s)
  hex dump (first 32 bytes):
    00 00 00 00 00 00 00 00 00 00 00 00 00 00 00 00  ................
    00 00 00 00 00 00 00 00 00 00 00 00 00 00 00 00  ................
  backtrace:
    [<000000001fb65f64>] __vmalloc_node_range+0x476/0x4f0
    [<00000000c80cce1d>] __vmalloc_node+0xa7/0xd0
    [<000000001fd83f6a>] vmalloc+0x21/0x30
    [<000000005e2eaf52>] leak_simple1+0x71/0x90 [test_kmembugs]
    [<000000000fca301f>] dbgfs_run_testcase+0x1c7/0x51a [test_kmembugs]
    [<00000000f0fd1df8>] full_proxy_write+0xaf/0xe0
    [<000000000d54f8ef>] vfs_write+0x148/0x500
    [<000000007f738be9>] ksys_write+0xd9/0x180
    [<000000001fce737f>] __x64_sys_write+0x43/0x50
    [<000000001a646102>] do_syscall_64+0x38/0x90
    [<0000000024b0a009>] entry_SYSCALL_64_after_hwframe+0x44/0xa9
$
```

圖 6.15　kmemleak 顯示測試案例 #3.1 的記憶體洩漏報告

啊哈，截圖顯示 2 個洩漏的 bug 都捕獲了！好極了，現在來詳細解釋 kmemleak 的第一份報告：

- `unreferenced object 0xffff8880127f8000 (size 2048):`：是 unreferenced object 的 **KVA（kernel virtual address）**顯示已配置但尚未釋放的記憶體區塊，之後為它的大小，以位元組為單位。

- 測試程式碼發出呼叫：`kzalloc(1520, GFP_KERNEL)`，要求 1,520 個位元組，而報告顯示配置大小為 2,048 個位元組。原因在於：slab 層會根據最佳大小配置記憶體，大於或等於所需大小的最接近 slab cache 是 `kmalloc-2k` 的記憶體，因此大小顯示為 2,048 個位元組。

- `comm "run_tests", pid 5498, jiffies 4296684850 (age 84.737s)`：這行顯示發生 leak 的（process）context、發生洩漏時的 `jiffies` 變數值，以及存在時間：`age`，這個時間是 process context，也就是執行洩漏 kernel code 的那個 process 從開始執行到現在的時間……；稍候執行 `sudo cat /sys/kernel/debug/kmemleak` 將會顯示存在時間已經增加！持續關注 `age` 欄位還滿實用的：它可讓你檢視偵測到的是否為舊的洩漏，再透過將 `clear` 寫入 `kmemleak` 的 pseudo file 來清理清單。

- 接著會顯示受影響記憶體區塊的前 32 個位元組的十六進位傾印。在此發起 `kzalloc()` API 時，會將整個記憶體初始化為零。

- 緊接著是關鍵資訊：一個堆疊回溯（stack backtrace），自然會由下而上閱讀（bottom-up）。這個特殊的第 1 個洩漏測試案例，可以從追蹤中看到已發起 write 系統呼叫，此處顯示為 frame `__x64_sys_write`；當然是源自我們發出的 `echo` 指令。不出所料，它最終成為我們的 debufs write routine。

- 接著，會看到 `dbgfs_run_testcase+0x1c7/0x51a [test_kmembugs]`。如前所述，這表示執行的程式碼位置與此函式開頭之間的位移是 `0x1c7` 個位元組，而函式的長度為 `0x51a` 個位元組。模組名稱位於中括號裡，表示此函式位於該模組。

- 它在模組中再次呼叫 leak_simple1() 函式。
- 如我們所知，此函式會發起 kzalloc() API，它是一個基於 kmalloc() API 的簡單 wrapper，運作方式是從現有的 slab cache 取得配置的記憶體，也就是 kmalloc-*() slab cache 之一，如前所述，是從 kmalloc-2k 取出的。
- 此 allocation 在內部是透過 kmem_cache_alloc() API 完成，kmemleak 會追蹤。因而在 stack backtrace 中會顯示為 kmem_cache_alloc_trace()。

所以找到了！可以看出測試案例確實會引發洩漏！對第 2 個洩漏的解讀也完全類似。這次，堆疊回溯清楚地表明，test_ kmembugs 模組中的 leak_simple1() 函式透過呼叫 vmalloc() API 配置了一個記憶體緩衝區，之後故意不釋放它是為了引發洩漏。

5. 或者（以及此程式的步驟 5），以 root 身分 clear 目前全部的 memory leak 結果：

```
$ sudo sh -c "echo clear > /sys/kernel/debug/kmemleak"
$ sudo cat /sys/kernel/debug/kmemleak
```

完成。清除先前的結果很有用，可讓你梳理雜亂無章的報告輸出；尤其在一次又一次地執行開發中的程式碼或測試案例時。

❖ 執行測試案例 3.2：「caller-must-free」案例

第 2 個記憶體洩漏測試案例很有趣：在此，叫用名為 leak_simple2() 的函式，該函式會透過 kmalloc() API 配置小的 8 個位元組記憶體，並將內容設定為字串常數 leaky!!。接著，它將此記憶體物件的指標傳回給呼叫者。這樣很好，然後，呼叫方會如預期般用另一個指標儲存這個結果，並列出其值。以下是呼叫者的程式碼：

```
// ch5/kmembugs_test/debugfs_kmembugs.c
[...]
else if (!strncmp(udata, "3.2", 4)) {
    res2 = (char *)leak_simple2();
    // caller's expected to free the memory!
    pr_info(" res2 = \"%s\"\n", res2 == NULL ? "<whoops, it's NULL>" : (char *)res2);
    if (0) /* test: ensure it isn't freed by us, the caller */
        kfree((char *)res2);
}
```

透過我們的 run_tests script 執行，然後執行一般動作：

```
$ sudo sh -c "echo scan > /sys/kernel/debug/kmemleak"
$ sudo cat /sys/kernel/debug/kmemleak
unreferenced object 0xffff8880074b5d20 (size 8):
comm "run_tests", pid 5779, jiffies 4298012622 (age 181.044s)
hex dump (first 8 bytes):
6c 65 61 6b 79 21 21 00                          leaky!!.
backtrace:
[<00000000c0b84cb6>] slab_post_alloc_hook+0x78/0x5b0
[<00000000f76c1d8d>] kmem_cache_alloc_trace+0x16b/0x370
[<000000009f614545>] leak_simple2+0xc0/0x19b [test_kmembugs]
[<00000000747f9f09>] dbgfs_run_testcase+0x1e6/0x51a [test_kmembugs]
    [...]
```

太棒了，抓到了。有趣的是，我第一次掃描時，似乎沒有偵測到任何東西，但大約 1 分鐘後再次執行，就得到預期的結果：它舉報一個新的可疑記憶體洩漏。此外，對於 unreferenced 或遺棄的記憶體緩衝區位址，你可以透過 kmemleak 傾印指令來調查更多相關資訊。下一節「控制 kmemleak 掃描器（scanner）」會介紹相關內容。

❖ 執行測試案例 3.3：在 interrupt context 中的記憶體洩漏

直到現在，藉由讓一個 process 執行有 bug 的 kernel module 程式碼，我們差不多都能完全運行測試用例。當然，這表示 kernel code 是在 process context 中執行。Kernel code 可能執行的另一個 context 是 interrupt context，實際上是在一個 interrupt 的 context 之內。

Interrupt Context 的類型

更精確地說，在 interrupt context 之中可以有 hardirq：實際的硬體中斷處理常式、所謂的 softirq 和 tasklet，這是實現 bottom halves 的常見方式，事實上，tasklct 也是一種 softirq。這些細節和其他內容，都可在我的另一本書《Linux Kernel Programming - Part 2》找到；而且這本書可以免費下載喔。

所以，如果在 interrupt context 執行的程式碼包含記憶體洩漏會怎樣？Kmemleak 能偵測到嗎？想知道，唯一的方式就是試試看：經驗法則！

第 3 個程式碼「interrupt context」的記憶體洩漏測試案例如下：

```
// ch5/kmembugs_test/kmembugs_test.c
void leak_simple3(void)
{
    pr_info("testcase 3.3: simple memory leak testcase 3\n");
    irq_work_queue(&irqwork);
}
```

為了在不需實際裝置產生 interrupt 的情況下可以在 interrupt context 中執行，這裡利用 kernel 的 `irq_work*` 功能，它允許在 interrupt（hardirq）環境中執行程式碼。詳細資訊就不說太多了，為了設定，我們會在模組的 init 程式碼中呼叫 `init_irq_work()` API。它會註冊名為 `irq_work_leaky()` 的函式，使其在 hardirq context 中呼叫。但什麼時候呢？每當 `irq_work_queue()` 函式觸發它時！這是實際的 interrupt context 函式程式碼：

```
/* This function runs in (hardirq) interrupt context */
void irq_work_leaky(struct irq_work *irqwk)
{
    int want_sleep_in_atomic_bug = 0;
    PRINT_CTX();
    if (want_sleep_in_atomic_bug == 1)
        pr_debug("kzalloc(129) = 0x%px\n",
            kzalloc(129, GFP_KERNEL));
    else
        pr_debug("kzalloc(129) = 0x%px\n",
            kzalloc(129, GFP_ATOMIC));
}
```

很容易看出這個 leakage bug。你有看到可能引發的潛藏 bug 嗎？如果將 `want_sleep_in_atomic_bug` 變數設定為 `1` 時，會導致在一個原子式上下文（atomic context）中，以 `GFP_KERNEL` flag 進行記憶體配置。這是個 bug！好的，這裡先忽略這個設定，將變數設定為 `0` 時就不會觸發。

透過可信賴的 `run_tests` wrapper script 執行測試案例。為了安全起見，先清除 kmemleak 的內部狀態：

```
sudo sh -c "echo clear > /sys/kernel/debug/kmemleak"
```

然後，執行相關測試案例：

```
$ sudo ./run_tests
[...]
(Type in the testcase number to run):
3.3
[...]
```

現在，用 kmemleak 掃描 kernel 記憶體，以找出任何可疑的洩漏並傾印其報告：

```
$ sudo sh -c "echo scan > /sys/kernel/debug/kmemleak" ; dmesg |tail
[34619.682989] test_kmembugs:kmembugs_test_init(): KASAN configured
[34619.684794] test_kmembugs:kmembugs_test_init(): CONFIG_UBSAN configured
[34619.686614] test_kmembugs:kmembugs_test_init(): CONFIG_DEBUG_KMEMLEAK configured
[34619.688443] debugfs file 1 <debugfs_mountpt>/test_kmembugs/lkd_dbgfs_run_testcase created
[34619.690270] debugfs entry initialized
[35412.528017] testcase to run: 3.3
[35412.530040] test_kmembugs:leak_simple3(): testcase 3.3: simple memory leak testcase 3
[35412.532750] test_kmembugs:irq_work_leaky(): 001)  run_tests :11781   |  d.h1   /* irq_work_leaky() */
[35412.537365] test_kmembugs:irq_work_leaky(): kzalloc(129) = 0xffff88803c1e0e00
[35438.671971] kmemleak: 1 new suspected memory leaks (see /sys/kernel/debug/kmemleak)
$
$ sudo cat /sys/kernel/debug/kmemleak
unreferenced object 0xffff88803c1e0e00 (size 192):
  comm "hardirq", pid 0, jiffies 4305500943 (age 34.834s)
  hex dump (first 32 bytes):
    00 00 00 00 00 00 00 00 00 00 00 00 00 00 00 00  ................
    00 00 00 00 00 00 00 00 00 00 00 00 00 00 00 00  ................
  backtrace:
    [<00000000c0b84cb6>] slab_post_alloc_hook+0x78/0x5b0
    [<00000000f76c1d8d>] kmem_cache_alloc_trace+0x16b/0x370
    [<000000002912ff8c>] irq_work_leaky+0x1f3/0x226 [test_kmembugs]
    [<00000000b094c375>] irq_work_single+0x8f/0xf0
    [<000000005a10cafa>] irq_work_run_list+0x52/0x70
    [<00000000e07f0913>] irq_work_run+0x6b/0x110
    [<000000006d70efc1>] __sysvec_irq_work+0x75/0x2b0
    [<0000000038851639>] asm_call_irq_on_stack+0x12/0x20
    [<000000006e1838aa>] sysvec_irq_work+0xc3/0xe0
    [<0000000043c320fa>] asm_sysvec_irq_work+0x12/0x20
    [<000000007864aefa>] native_write_msr+0x6/0x30
    [<0000000041cbb6ac>] x2apic_send_IPI_self+0x3c/0x50
    [<00000000b30d6970>] arch_irq_work_raise+0x5d/0x90
    [<00000000848d8ab3>] __irq_work_queue_local+0xf8/0x170
    [<00000000a3bb972c>] irq_work_queue+0x32/0x50
    [<000000005b977e7a>] leak_simple3+0x2f/0x31 [test_kmembugs]
$
```

圖 6.16　kmemleak 在 interrupt context 中捕捉洩漏

請注意下列事項：

- 測試案例 3.3 執行時，自訂的 `convenient.h:PRINT_CTX()` macro 會顯示 context：可以在其中看到 `d.h1` token，會顯示 `irq_work_leaky()` 函式是在 hardirq interrupt context 中執行。第 4 章〈透過 Kprobes 儀器進行 debug〉的「解譯 PRINT_CTX() macro 的輸出」小節，曾經說明 `PRINT_CTX()` macro 的輸出。
- 最上面那行顯示已執行 kmemleak `scan` 指令，讓它檢查是否有任何洩漏。
- 讀取 `kmemleak` pseudofile 可以知道來龍去脈：孤立的（orphaned）或未參考的（unreferenced）object、已配置但未釋放的記憶體緩衝區。這一次，context 是 `hardirq`，完美，洩漏的確是發生在一個 interrupt 裡面（而不是 process）的 context。接著是前 32 bytes 的十六進位傾印，然後是 stack backtrace，其輸出會確認狀況。

接下來，檢查 kernel 內建的 kmemleak test module。

Kernel 的 kmemleak 測試模組

在配置 kernel 的 kmemleak 時，設定 `CONFIG_DEBUG_KMEMLEAK_TEST=m`。這會讓 build kernel 的過程產生 kmemleak 測試核心模組，用於我的（guest）系統：`/lib/modules/$(uname -r)/kernel/samples/kmemleak/kmemleak-test.ko`。

此模組的程式碼位於 kernel source tree 的範例資料夾內[14]。請仔細看看；雖然簡短而貼心還充滿 leak，但是它的記憶體洩漏測試相當全面！我以這個指令將它插入 kernel 記憶體：

```
sudo modprobe kmemleak-test
```

14 `samples/kmemleak/kmemleak-test.c`

dmesg 的輸出如下所示。我也照常做 kmemleak 掃描，並傾印出它的報告；總共捕捉到 13 個記憶體洩漏（！）第 1 份報告，也就是捕捉的第 1 個洩漏，可在這裡看到：

```
[ 8825.985116] kmemleak: Kmemleak testing
[ 8825.985147] kmemleak: kmalloc(32) = 00000000cab708dd
[ 8825.985172] kmemleak: kmalloc(32) = 000000008d5c540a
[ 8825.985196] kmemleak: kmalloc(1024) = 000000006d719a53
[ 8825.985221] kmemleak: kmalloc(1024) = 00000000de599e5e
[ 8825.985247] kmemleak: kmalloc(2048) = 00000000b5e60406
[ 8825.985272] kmemleak: kmalloc(2048) = 000000000309c294
[ 8825.985299] kmemleak: kmalloc(4096) = 000000009200f455
[ 8825.985324] kmemleak: kmalloc(4096) = 000000001cfde96d
[ 8825.985555] kmemleak: vmalloc(64) = 00000000b7894b61
[ 8825.985672] kmemleak: vmalloc(64) = 00000000bbb401d6
[ 8825.985796] kmemleak: vmalloc(64) = 000000009c4e811f
[ 8825.985893] kmemleak: vmalloc(64) = 000000001e8fcc4a
[ 8825.985999] kmemleak: vmalloc(64) = 000000007f7b580a
[ 8825.986025] kmemleak: kzalloc(sizeof(*elem)) = 00000000d68f3627
[ 8825.986048] kmemleak: kzalloc(sizeof(*elem)) = 000000008bcc71cd
[ 8825.986070] kmemleak: kzalloc(sizeof(*elem)) = 00000000d90adbf5
[ 8825.986092] kmemleak: kzalloc(sizeof(*elem)) = 000000004c07e127
[ 8825.986115] kmemleak: kzalloc(sizeof(*elem)) = 00000000226b752f
[ 8825.986141] kmemleak: kzalloc(sizeof(*elem)) = 00000000d7eaeed8
[ 8825.986164] kmemleak: kzalloc(sizeof(*elem)) = 000000006ed69561
[ 8825.986187] kmemleak: kzalloc(sizeof(*elem)) = 00000000a79442e4
[ 8825.986209] kmemleak: kzalloc(sizeof(*elem)) = 0000000083a42752
[ 8825.986231] kmemleak: kzalloc(sizeof(*elem)) = 00000000412c4a56
[ 8825.986259] kmemleak: kmalloc(129) = 000000005c48a002
[ 8825.986281] kmemleak: kmalloc(129) = 00000000700d3c9
[ 8825.986304] kmemleak: kmalloc(129) = 0000000000e572f9
[ 8825.986327] kmemleak: kmalloc(129) = 000000002943f11c
[ 8825.986351] kmemleak: kmalloc(129) = 00000000f9236807
[ 8825.986372] kmemleak: kmalloc(129) = 00000000b9efae8e
$ time sudo sh -c "echo scan > /sys/kernel/debug/kmemleak"

real    0m8.950s
user    0m0.000s
sys     0m8.947s
$ dmesg |tail -n1
[ 8860.390327] kmemleak: 13 new suspected memory leaks (see /sys/kernel/debug/kmemleak)
$ sudo cat /sys/kernel/debug/kmemleak
unreferenced object 0xffff88800df30540 (size 32):
  comm "modprobe", pid 5647, jiffies 4297524992 (age 866.434s)
  hex dump (first 32 bytes):
    00 00 00 00 00 00 00 00 00 00 00 00 00 00 00 00  ................
    00 00 00 00 00 00 00 00 00 00 00 00 00 00 00 00  ................
  backtrace:
    [<00000000c0b84cb6>] slab_post_alloc_hook+0x78/0x5b0
    [<00000000f76c1d8d>] kmem_cache_alloc_trace+0x16b/0x370
    [<00000000e1aa9887>] 0xffffffffc080f058
    [<00000000deb5ae43>] do_one_initcall+0xcb/0x430
    [<00000000fc291604>] do_init_module+0x10f/0x3b0
    [<00000000977ca321>] load_module+0x3f49/0x4570
    [<0000000040c61d85>] __do_sys_finit_module+0x12a/0x1b0
    [<00000000d87c4816>] __x64_sys_finit_module+0x43/0x50
    [<000000001a646102>] do_syscall_64+0x38/0x90
    [<0000000024b0a009>] entry_SYSCALL_64_after_hwframe+0x44/0xa9
```

圖 6.17　試試看 kernel 的 kmemleak-test 模組的輸出；第 1 份 kmemleak 報告顯示在底部

請注意，配置的記憶體緩衝區位址是以 %p 列印的，為保障資訊安全及外洩防護，kernel 會以雜湊顯示，但 kmemleak 報告會顯示實際的 kernel 虛擬位址。自己試試看並閱讀完整報告。

控制 kmemleak 掃描器（scanner）

這是 kmemleak debugfs 的 pseudofile，使用 kmemleak 的方法：

```
$ sudo ls -l /sys/kernel/debug/kmemleak
rw-r—r-- 1 root 0 Nov 26 11:34 /sys/kernel/debug/kmemleak
```

如你所知，從它讀取時具有底層的 kernel callback，會顯示上次的 memory leakage 報告，如果有的話。這裡也看到一些可以寫入的值，以便在執行階段控制並修改 kmemleak 的動作。我們在下表摘錄了你可以寫入的每個值；當然，你需要 root 存取權限：

表 6.3：可以寫入值到 kmemleak pseudofile 以控制

要寫入 /sys/kernel/debug/kmemleak 的字串（需要 root 身分）	效用
clear	從內部清單中清除全部既有記憶體洩漏嫌疑人；如果停用，則釋放全部的 kmemleak meta objects。
dump=<kva>	以給定的 KVA 傾印物件（memory chunk）的資訊。例如，# echo dump=0xffff88800df30540 > /sys/kernel/debug/kmemleak 會傾印有關該位址特定記憶體物件的資訊（當然，要從 kmemleak 報告中尋找這個位址）。
off	關閉 kmemleak；請注意，此操作是不可逆轉的。內部物件可能仍會保留，有時可能會占用大量 RAM。若要釋放它們，請向 kmemleak pseudofile 寫入 clear。也可以在開機時，透過將 kmemleak=off 作為 kernel 參數傳遞，以停用 kmemleak。
scan	啟動記憶體掃描；kmemleak 搜尋孤立的（洩漏）記憶體。（可透過 root 身分讀取 kmemleak pseudofile 來查看其報告。
scan=on	透過 kmemleak kernel 執行緒，啟動記憶體自動掃描。
scan=<seconds>	設定自動記憶體掃描（使用 kmemleak kthread）間隔（以秒為單位）。預設為 600；0 則是關閉自動掃描。

要寫入 /sys/kernel/debug/kmemleak 的字串（需要 root 身分）	效用
scan=off	透過 kmemleak kernel 執行緒停止自動掃描記憶體。
stack=on	啟用任務堆疊掃描（預設值）。
stack=off	關閉任務堆疊掃描。

控制這些寫入動作的程式碼可以參考 mm/kmemleak.c:kmemleak_write()。

快速祕訣：如果你需要測試某些特定的部分，並想要乾淨的紀錄，這很簡單：先清除 kmemleak 內部的清單，執行模組或測試再執行 scan 指令，接著讀取 kmemleak pseudofile，如下：

```
# echo clean > /sys/kernel/debug/kmemleak
//... run your module / test cases(s) / kernel code / ...
// wait a bit ...
# echo scan > /sys/kernel/debug/kmemleak
// check dmesg last line to see if new leak(s) have been found by kmemleak
// If so, get the report
# cat /sys/kernel/debug/kmemleak
```

與任何此類工具一樣，都有誤判的可能。有必要的話，官方 kernel 文件有提供一些關於處理該問題的提示。[15] 此檔案也包含 kmemleak 用來偵測 memory leakage 所使用的內部演算法等詳細資訊 [16]，請務必參考。

給開發人員有關動態 kernel 記憶體配置的幾個祕訣

雖然與 debug 沒有直接關係，但是對於現代驅動程式或模組的作者而言，仍然有必要在動態 kernel 記憶體的配置與釋放方面提出一些建議，這樣才符合預防勝於治療這個金科玉律！

15 *https://www.kernel.org/doc/html/latest/dev-tools/kmemleak.html#dealing-with-false-positives-negatives*

16 *https://www.kernel.org/doc/html/latest/dev-tools/kmemleak.html#basic-algorithm*

使用最新裝置記憶體配置 API 以防止洩漏

現代的驅動程式作者應該充分利用 kernel 的**資源管理**（或稱 **devres**）devm_k{m,z}alloc() API。關鍵點：它們可讓你配置記憶體而且不用擔心釋放的問題！雖然數量很多，但樣式都是 devm_*()，這裡聚焦在常見情況，為典型驅動程式作者提供以下動態記憶體分配 API：

```
void *devm_kmalloc(struct device *dev, size_t size, gfp_t gfp);
void *devm_kzalloc(struct device *dev, size_t size, gfp_t gfp);
```

為什麼要強調只有驅動程式作者才可以使用？很簡單：第一，必要參數是指向 device 結構的指標，通常在各種裝置驅動程式裡面都會有。

這些資源管理 API 之所以有用，是因為開發人員不需要明確釋放它們所配置的記憶體。Kernel 的資源管理架構可保證在驅動程式卸載，和（或）kernel 模組移除時，或裝置卸載時，不管哪個先發生，都自動釋放記憶體緩衝區。

你一定會明白，此功能可以立即增強程式碼的可靠度。為什麼？簡單，我們都是人，都會犯錯。Leaking memory 確實是相當常見的錯誤，尤其是在錯誤碼路徑（error code path）！

關於這些 device API 用法的幾個相關要點：

- 關鍵：請勿嘗試以對應的 devm_k[m|z]alloc() API 盲目取代 k[m|z]alloc()！這些資源管理的配置實際上設計為僅用於裝置驅動程式的 init 和（或）probe() 方法。所有使用 kernel 統一裝置模型的驅動程式通常都會提供 probe() 和 remove()，或 disconnect()。這裡不會討論太多細節。
- devm_kzalloc() 通常是優先選項，因為它也初始化緩衝區，因而克服常見**未初始化記憶體讀取（UMR）**類型缺陷。與 kzalloc() 一樣，在內部，它只是 devm_kmalloc() API 上的一個輕量型 wrapper。它很熱門，5.10.60 kernel 有 devm_ kzalloc() 函式得到超過 5,000 次的呼叫。

- 第二和第三參數是常用的，如同 `k[m|z]alloc()` API，要配置的位元組數和要使用的 **Get Free Page（GFP）** 旗標；不過，第一個參數是一個指向 `struct device` 的 pointer。很顯然，它代表你的驅動程式正在執行的裝置。
- 由於這些 API 配置的記憶體，在驅動程式分離或模組移除時會自動釋放，因此配置之後不必執行任何動作。不過，它可以透過 `devm_kfree()` API 來釋放；但是，這樣做通常表示用了不對的 Managed API……。
- Managed API 僅會匯出，也因此可用至根據 **GNU General Public License（GPL）** 授權的模組，亦即 kernel 社群。

接下來是與開發人員記憶體相關問題的更多提示……

其他開發人員常見的記憶體相關錯誤

研究顯示 <在此插入任何你想放的一段話>。好吧，不說笑了，根據證據建議，在開發週期和（或）早期單元測試中就先避免 bug，對產品的影響就會最小，無論從成本角度還是哪一方面來說皆如此。優秀而紮實的寫程式實務是作為開發者不斷磨練的技能，顯而易見的是，當涉及到直接與記憶體合作時，像 C 這樣的非管理式語言會成為一場噩夢，無論是 bug 還是資訊安全都是如此。因此，關於使用 kernel 的記憶體 allocation/free slab API 時可能會發生的常見開發階段缺陷，這裡有一個希望能派上用場的快速清單：

- 使用錯誤的 GFP flag 執行 kernel slab allocation；例如，當在一個原子式上下文（atomic context），例如任何類型的 interrupt context，或當持有一個 spinlock 時使用 `GFP_KERNEL`，應該在此使用 `GFP_ATOMIC` flag！
- 例如，以下是這類 bug 的一個 patch 修補：`https://lore.kernel.org/lkml/1420845382-25815-1-git-send-email-khoroshilov@ispras.ru/`。
- 透過 `k{m|z}alloc()` 配置的記憶體，但使用 `vfree()` 釋放，反之亦然。

  不檢查失敗案例（NULL），當然是指記憶體配置。這看起來可能有點小題大做，但確實能做到！使用 `if(unlikely(!p)){ [...]` 這種語意是可以的。

- 執行下列動作：

```
if (p)
    kfree(p);
```

  雖然不會造成什麼問題，但這沒有必需性，真的、真的不需要。相反的，如果 pointer 為 NULL，則僅在 free 條件後執行某些動作。換句話說，假設 free 介面將 pointer 變數設定為 NULL ！但事實並非如此，儘管這相當憑直覺。

- 無法實現透過 slab layer 配置記憶體時可能發生的浪費（內部碎片）。使用 `ksize()` API 檢視實際上配置的位元組數。例如，在此虛擬碼（psedo code），`p = kmalloc(4097)`，`n = ksize(p)`；你會發現 `n` 的值，也就是實際配置的記憶體為 8,192，表示 8,192-4,097= 4,095 位元組的浪費，幾乎是一半！自問我是否可以重新設計為透過 `kmalloc()` 配置 4,096 個位元組，而不是 4097 ？此外，請記住，你可以使用 `slabinfo` 搭配 `-L` 選項，檢視所有 slab cache 中的遺失 / 浪費（losses / wastage）。

以上完成詳細涵蓋的資訊，了解並捕捉 kernel 內部的危險記憶體洩漏缺陷！做得好，接下來以用過的許多工具和技巧來結束這冗長的一章。

6.4 捕捉 kernel 中的記憶體缺陷：比較與注意事項（Part 2）

以下表格延伸自上一章的表 5.5，增加最右邊的欄位，也就是所使用的 kernel SLUB debug 框架。在這裡，我們使用所有工具技術 / kernel：vanilla / distro kernel、編譯器警告、KASAN、UBSAN 以及 SLUB debug，使用之前和本章的 debug kernel 來條列清單，並摘要說明測試案例的幾個執行結果。說真的，這一次彙總所有研究結果，方便你快速比較，希望有所幫助。

表 6.4：各種常見記憶體缺陷及各種技術是否捕捉的方式摘要

測試案例 # [1]	記憶體缺陷的類型（下方）/ 使用的基礎建設（右方）	Distro kernel [2]	編譯器警告？[3]	使用 KASAN [4]	使用 UBSAN [5]	使用 slub_debug=FZPU
Kernel 的 KUnit test_kasan.ko 模組沒有涵蓋到的缺陷						
1	Uninitialized Memory Read – UMR	N	Y [C1]	N	N	N
2	Use After Return – UAR	N	Y [C2]	N [SA]	N [SA]	N
3	Memory leakage [6]	N	N	N	N	N
Kernel 的 KUnit test_kasan.ko 模組有涵蓋到的缺陷						
4	OOB accesses on static global (compile-time) memory					
4.1	Read (right) overflow	N [V1]	N	Y [K1]	Y [U1,U2]	N
4.2	Write (right) overflow			Y [K1]		
4.3	Read (left) underflow		N	Y [K2]		
4.4	Write (left) underflow		N	Y [K2]		
4	OOB accesses on static global (compile-time) stack local memory					
4.1	Read (right) overflow	N [V1]	N	Y [K3]	Y [U1,U2]	N
4.2	Write (right) overflow		N	Y [K2]		
4.3	Read (left) underflow		N	Y [K2]		
4.4	Write (left) underflow					
5	OOB accesses on dynamic (kmalloc-ed slab) memory					
5.1	Read (right) overflow	N	N	Y [K4]	N	**N**
5.2	Write (right) overflow					Y [S1]
5.3	Read (left) underflow					**N**
5.4	Write (left) underflow					Y [S1]
6	Use After Free – UAF	N	N	Y [K5]	N	Y
7	Double-free	Y [V2]	N	Y [K6]	N	Y

測試案例 # [1]	記憶體缺陷的類型（下方）/ 使用的基礎建設（右方）	Distro kernel [2]	編譯器警告？ [3]	使用 KASAN [4]	使用 UBSAN [5]	使用 slub_debug=FZPU
8	Arithmetic UB (via the kernel's test_ubsan.ko module)					
8.1	Add overflow	N	N	N	Y	N
8.2	Sub(tract) overflow				**N**	
8.3	Mul(tiply) overflow				**N**	
8.4	Negate overflow				**N**	
	Div by zero				Y	
8.5	Bit shift OOB	Y [U3]		Y [U3]	Y [U3]	
其他算術 UB 缺陷（從 kernel 的 KUnit test_ubsan.ko 模組複製的）						
8.6	OOB	Y [U3]	N	Y [U3]	Y [U3]	N
8.7	Load invalid value	Y [U3]		Y [U3]	Y [U3]	
8.8	Misaligned access	N		N	**N**	
8.9	Object size mismatch	Y [U3]		Y [U3]	Y [U3]	
9	OOB on `copy_[to|from]_user*()`	N	Y [C3]	Y [K4]	N	N

如前一章所述，可以在先前的相關小節中找到此表格的註腳例如 [C1]、[K1]、[U1] 等的解釋；第三欄到第六欄的註腳請參考前一章。

所以，再一次的，得到一個很簡短的結論：

- KASAN 幾乎可以捕捉在 global（static）、stack local 和動態（slab）記憶體上全部與 OOB 問題有關的記憶體存取。UBSAN 無法攔截動態 slab 記憶體的 OOB 存取，可見測試案例 4.x、5.x。
- KASAN 無法捕捉 UB 缺陷，如測試案例 8.x。UBSAN 確實會抓住絕大部分的問題。

- KASAN 和 UBSAN 都無法捕捉前 3 個測試案例：UMR、UAR 和記憶體洩漏，但編譯器會產生警告，而靜態分析器，即 cppccheck 和其他則無法捕捉到其中的一些錯誤。
- Kernel 的 SLUB debug 框架善於捕捉大部分的 slab 記憶體損毀缺陷，但無法捕捉其他缺陷。
- Kernel 的 **kmemleak** 基礎結構會抓取任何 `k{m|z}alloc()`、`vmalloc()` 或 `kmem_cache_alloc()` 及其相關介面所配置的 kernel 記憶體洩漏。

雜項備註

同樣，有關表 *6.4* 的註腳還有幾點：

- [V1]：系統可能只是 Oops 或掛點，甚至看似毫髮無傷，但事實並非如此……，一旦 kernel 出現 bug，系統很快也會有 bug。
- [V2]：請參閱「在已開啟 slub_debug 的 kernel 上執行 SLUB debug 測試案例」一節中的詳細附註說明。
- [S1]：kernel 的 SLUB debug 基礎結構：當 `slub_debug=FZPU` 當做 kernel 參數傳遞時，會擷取 slab 記憶體上的寫過頭（write over）和下溢位（underflow）（右側與左側）的 OOB 存取。但是，正如使用 UBSAN 所看到的，它似乎只能透過記憶體區域（memoey region）的錯誤索引存取來捕獲故障，而不是在透過 pointer 發生 OOB 存取時！此外，OOB 讀取似乎不會被攔截，只有寫入才會。

終於！我們最後瀏覽了單一的摘要表格：表 6.4，從中可了解大多數常見的記憶體缺陷，以及如何在深入探討過的工具發現這些缺陷，或者捕獲不到這些缺陷。

結論

Kernel 中的大多數動態記憶體分配和釋放，都是透過 kernel 功能強大的 slab（內部是 SLUB）介面完成的。若要對它們 debug，kernel 會提供強大的 SLUB debug 框架，以及數個相關聯的公用程式，如 slabtop、slabratetop [-bpfcc]、vmstat 等。在此，你學到透過 kernel 的 SLUB debug 框架來捕捉 SLUB bug，以及利用這些公用程式的方式。

在記憶體類型的 bug 中，即使是經驗非常豐富的開發人員，只要提到洩漏缺陷都會感覺恐懼與不安！這的確很致命，這也是「我能看到真正的 kernel 記憶體洩漏的 bug 嗎？」章節所希望呈現的內容。Kernel 強大的 kmemleak 框架可以捕獲這些危險的洩漏 bug，請務必以長時間測試你的產品，並且讓產品繼續執行！

介紹完這些工具和框架後，有一個列成清單的結果，能顯示給定工具能夠或無法捕捉的 bug。為了總結整個過程而建構出來的大表格：表 6.4，包含涵蓋所有測試案例和所有工具的欄位；這是一個快速而有用的方法，可供你檢視和比較工具及其捕捉到的記憶體缺陷，此表是表 5.5 的超集合！

做得好！你現在已經完成有關捕捉 kernel space 中記憶體 bug 的重要篇章！喔，有很多東西要消化，對吧！我誠摯建議你花點時間思考和消化這些主題，且同時做一些建議小練習！之後請稍事休息，和我們一起約在下一章，這個章節很有趣，將直接探討 kernel Oops 以及診斷方式，到時候見！

深入閱讀

- SLUB debug：
  - Kernel 文件：Short users guide for SLUB: https://www.kernel.org/doc/html/latest/vm/slub.html#short-users-guide-for-slub
  - slub_debug: Detect kernel heap memory corruption, TechVolve, Mar 2014: http://techvolve.blogspot.com/2014/04/slubdebug-detect-kernel-heap-memory.html

  - slabratetop example by Brendan Gregg: https://github.com/iovisor/bcc/blob/master/tools/slabratetop_example.txt
  - Interesting: Network Jitter: An In-Depth Case Study, Alibaba Cloud, Jan 2020, Medium: https://alibaba-cloud.medium.com/network-jitter-an-in-depth-case-study-cb42102aa928
  - LLVM/Clang: LLVM FAQs, omnisci: https://www.omnisci.com/technical-glossary/llvm
- Kmemleak: Kernel Memory Leak Detector: https://www.kernel.org/doc/html/latest/dev-tools/kmemleak.html#kernel-memory-leak-detector
- Linux Kernel Memory Leak Detection, Catalin Marinas, 2011: https://events.static.linuxfound.org/images/stories/pdf/lceu11_marinas.pdf
- GRUB bootloader：
  - How To Configure GRUB2 Boot Loader Settings In Ubuntu, Sk, Sept 2019: https://ostechnix.com/configure-grub-2-boot-loader-settings-ubuntu-16-04/
  - GRUB: How do I change the default boot kernel: https://askubuntu.com/questions/216398/set-older-kernel-as-default-grub-entry
- The Heartbleed OpenSSL (TLS) vulnerability
  - https://heartbleed.com/
  - https://xkcd.com/1354/ (Brilliantly illustrated here)

CHAPTER 7

Oops！解讀 kernel 的 bug 診斷

Kernel code 應該要是完美的，不應該當機（crash）。但是，當然有時候還是會發生……，歡迎來到現實世界。

當 userspace code 遇到 bug，比如典型的無效記憶體存取時，處理器的**記憶體管理單元（memory management unit, MMU）**會無法透過行程上下文（process context）的分頁表，將無效的 userspace 虛擬位址轉換為實體位址時，就會引發錯誤。然後，kernel 中的錯誤處理常式會接管控制。最終常導致發送致命訊號給故障的 process 或 thread，通常是 SIGSEGV。當然，這可能會使 process 處理訊號並終止。

現在考慮完全相同的情況，只是這一次，無效的記憶體存取是發生在 kernel mode 的 kernel space！嘿，這不應該發生，對吧？確實如此，但是 kernel space 中也會發生 bug，且這次，kernel 的錯誤處理常式在察覺到觸發 bug 的是 kernel-mode code 時，會執行程式碼來產生 **Oops**，一個詳細說明發生什麼事的 *kernel* 診斷；不幸的 process context 可能也會死掉，這是副作用。

你在這裡將學習到的關鍵主題是「kernel Oops 診斷訊息」，以及更重要的：如何詳細解讀。在這整段過程中，你將產生一個簡單的 kernel Oops，並了解如何準確解讀；此外，也會看到能幫助完成此任務的幾種工具和技術。深入了解 Oops 往往有助於找出 kernel bug 的根本原因！為了幫助你更理解且更能發現典型問題，我們還會討論指出一些實際的 kernel Oops。

本章將重點討論並涵蓋以下主題：

- 產生一個簡單的 kernel bug 和 Oops
- kernel Oops 及其意義
- 魔鬼藏在細節裡：解碼 Oops
- 協助判斷 Oops 位置的工具和技術
- ARM Linux 系統上的 Oops 及使用 Netconsole
- 幾個實際的 Oops

7.1 技術需求

技術需求和工作空間如同第 1 章〈軟體除錯概論〉，程式碼範例也可以在本書的 GitHub repository[1] 找到。唯一的新鮮事是，我們將向你展示如何 clone 和使用有效的 procmap 工具。

7.2 產生一個簡單的 kernel bug 和 Oops

你一定聽過這句話：擒賊先擒王，因此，這裡先來學習如何自己生成 kernel bug，這應該不是多大的挑戰。

1 *https://github.com/PacktPublishing/Linux-Kernel-Debugging*

正如你所知，經典的 bug 教學是惡名昭彰的 NULL pointer dereference；緊接而來的章節「NULL 陷阱分頁到底是什麼？」會詳細說明。因此，計畫如下：

- 先寫一個非常簡單的 kernel module，執行 dereference NULL pointer，位址 `0x0`，我們會在 version 1 的 `oops_tryv1` 模組呼叫它。
- 一旦你嘗試過了，就可以進入稍微複雜一些的 version 2 `oops_tryv2` 模組。這裡將提供 3 種不同的方法來生成 Oops！

在開始 Oops 的生成任務之前，先來好好了解 procmap 工具的功能，以及何謂 NULL trap 分頁。首先就來看看這個工具。

procmap 工具

它能夠視覺化（visualize）kernel 虛擬位址空間（virtual address space, VAS）的完整記憶體映射（memory map），以及任何給定的 process 的使用者 VAS，這就是 procmap 工具的設計目的。先自首：我就是原始作者。

它的 GitHub 頁面[2]上的描述總結其功能：

> *procmap* 設計為一個 console / CLI 工具，可用於視覺化 Linux process 的整個記憶體映射，實際上是視覺化 kernel 與 user mode 虛擬位址空間（VAS）的記憶體映射。
>
> 它以垂直平鋪的格式，將虛擬位址以降冪的方式，將給定 process 的整個記憶體映射以簡易視覺化的方式輸出，請見後續螢幕截圖。該腳本具有顯示 kernel 和 userspace 映射的智慧型功能，以及計算並顯示出之後會出現的稀疏記憶體區域（sparse memory region）。此外，每個區段（segment）或映射非常近似地依照相對大小縮放，並以上色編碼以方便閱讀。在 64-bit 的系統上，還會顯示所謂的非規範稀疏區域（non-canonical sparse region）或是空洞（hole），通常在 x86_64 上是接近於驚人的 16,384 PB。

2 *https://github.com/kaiwan/procmap*

此工具包括只查看 kernel space 或 user space、詳細模式以及 debug 模式，將其輸出以方便的 CSV 格式導至指定文件以及其他選項。它還有一個 kernel 元件（一個模組），目前可以在自動偵測的 x86_64、AArch32 和 AArch64 CPU 上運行。

請注意，它在任何實質意義上都不完整，目前仍在開發；有幾個注意事項，歡迎提供回饋與貢獻！

可以從這裡下載或 clone：`https://github.com/kaiwan/procmap`。

NULL 陷阱分頁到底是什麼？

在所有基於 Linux 的系統上，實際上，是在所有現代基於虛擬記憶體的作業系統上，kernel 將可用於一個 process 的虛擬記憶體區域分為兩個部分：「user」和「kernel VAS」，稱之為 VM 分割，《Linux Kernel Programming》的第 7 章〈記憶體的內部管理：基本知識〉有詳細討論。

在 x86_64 平台上，每個 process 的整個 VAS 當然有 2^64 個位元組。就目前而言，這是一個極大的數字。有 16 EB（exabytes），1 exabyte = 1,024 petabytes = 100 萬 terabytes = 十億 gigabytes ！ VAS 實在太大了。因此，在 x86_64 上，kernel 預設的設計是這樣拆分的：

- 大小為 128 TB 的 kernel VAS，錨定在 VAS 的頂部，從 **kernel virtual address（KVA）**`0xffffffffffffffff`， 即 VAS 的 最 頂 部， 到 KVA `0xffff800000000000`
- 大小為 128 TB 的 user VAS，錨定在 VAS 的底部，從 **user virtual address（UVA）**`0x00007fffffffffff` 到 UVA `0x0`，即 VAS 底部

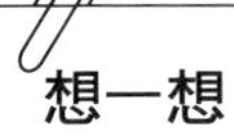

想一想

64-bit 的 VAS 太大了，在這種情況下，最終只使用可位址空間的一小部分。16 EB 是 16,384 PB，在 x86_64 上使用了 128 TB + 128 TB = 256 TB，即 256/1024 = 0.25 PB。這意味著大約使用了可用 VAS 的 0.0015%。

現在，有趣的點在於：user VAS 的最底端，第一個虛擬分頁（virtual page），即從第 0 個位元組到第 4095 個位元組，稱為 **NULL trap page**。我們假設你現在已經安裝了 `procmap` 公用程式，趕快對我們的 shell process 執行這個公用程式，我們這裡 shell process 的 PID 是 1076，接下來可以看到它會顯示 NULL trap page（分頁），查看它顯示的 NULL trap page：

```
$ </path/to/>procmap
  --pid=1076
[...]
```

可以在下面的螢幕截圖看到 NULL trap page：

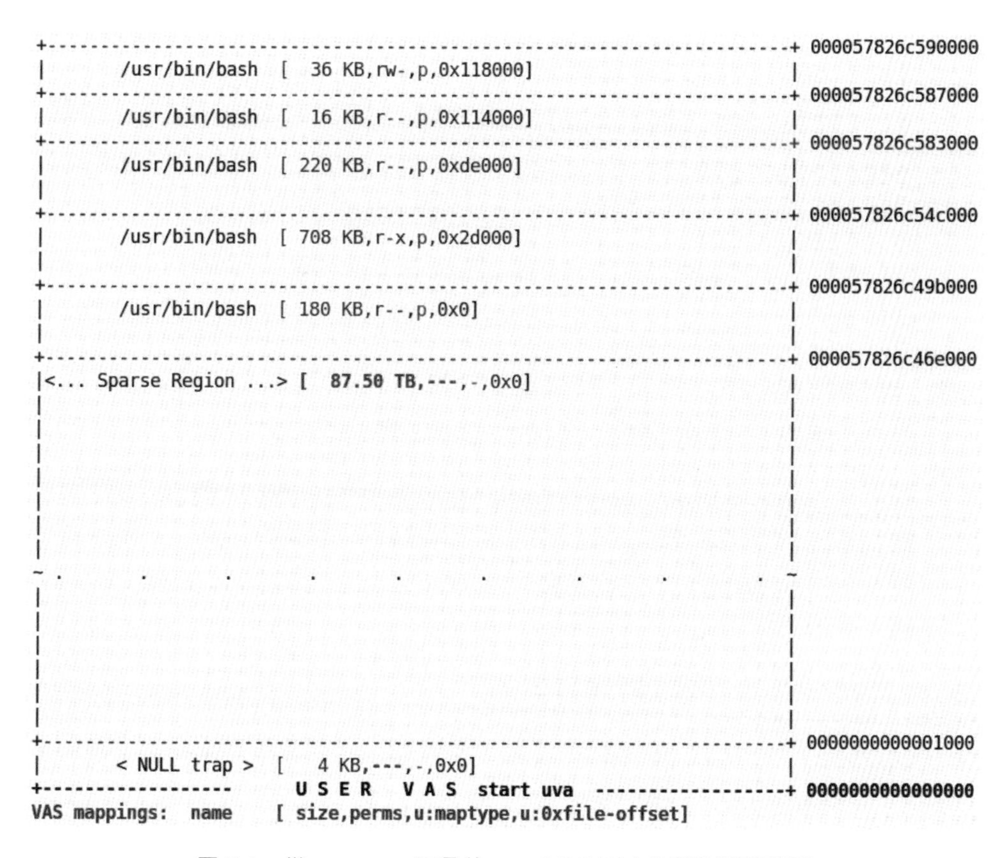

圖 7.1 從 procmap 工具的 user VAS 下方的部分螢幕截圖

你在前面的螢幕截圖底部可以看到 NULL trap page，bash process 的某些映射在較高的位置可以看到。NULL trap page 的全部權限 - `rwx` - 都設置為 ---，因此沒有任何 process 或 thread 可以在其中讀取、寫入或執行任何內容！這就是為什麼當 process 嘗試對位址 `0x0` 讀取或寫入 NULL byte 時，不會發揮作用。簡而言之，實際發生的情況是：

- 一個 process 試圖存取（讀取 / 寫入 / 執行）或解參考 NULL byte。
- 實際上，存取此分頁中的任何位元組都會導致相同的事件序列，因為 --- 模式會套用在分頁中的每一個位元組資料，這就是為什麼會稱它為 NULL trap page！因為它會捕捉對其中任何位元組資料的存取。
- 分頁中全部位元組資料的權限都是 0：不能讀取、不能寫入、不能執行。除非有快取，否則現在所有虛擬位址都會到達 MMU。MMU 會做出檢查，然後執行執行期的位址轉換，將虛擬位址轉換為實體位址。在這裡，MMU 檢測到分頁中全部位元組的資料都沒有權限，因此引發錯誤。通常在 x86 上是一般的保護錯誤。
- OS 預先安裝了錯誤和陷阱 / 例外處理常式。控制權會傳遞給適當的錯誤處理函式。
- 這個錯誤處理常式函式，在導致錯誤的 process 之 process context 中執行。它透過一個相當複雜的演算法，找出問題所在。
- 在這裡，錯誤處理常式會得出結論，正在執行 user mode 的 process 嘗試進行錯誤的存取。因此，它會發送致命訊號（`SIGSEGV`）給它，這最終可能導致 process 死亡和區段錯誤（`segmentation fault`）。`[(core dumped)]` 訊息會顯示在 console 上。當然，該 process 可以安裝一個 signal handler 來處理，然而，在清理之後它必須終止。

現在，你已經了解 NULL trap page 及其工作原理，以下就來試試根本不應該做的事情：嘗試在 kernel mode 讀取 / 寫入 NULL 位址，進而引發 kernel bug！

簡單的 Oops v1 範例：dereference NULL pointer

這裡是第 1 個簡單版有 bug 的 kernel module，只是單純讀取或寫入 NULL 位址。正如上一節所學，對 NULL trap page 中任何位置的存取「包含讀取、寫入或執行」，都會導致 MMU 跳躍並觸發錯誤。在 kernel mode 下，這件事當然也成立。

以下是充滿 bug 的模組相關程式碼片段，請 clone 本書的 GitHub repo. 瀏覽並自行嘗試！

```
// ch7/oops_tryv1/oops_tryv1.c
[…]
static bool try_reading;
module_param(try_reading, bool, 0644);
MODULE_PARM_DESC(try_reading,
"Trigger an Oops-generating bug when reading from NULL; else, do so by writing to
NULL");
```

我們保留一個名為 `try_reading` 的布林模組參數。在預設情況下，它為 `0`（或 off）。如果設置為 `1`（或值為 yes），則模組程式碼將嘗試讀取 NULL 位址的內容；如果保持為 `0`，程式碼將檢測到這一點，並嘗試將一個位元組（`'x'`）寫入 NULL 位址。這是初始化函式的程式碼：

```
static int __init try_oops_init(void)
{
    size_t val = 0x0;
    pr_info("Lets Oops!\nNow attempting to %s something
             %s the NULL address 0x%p\n",
        !!try_reading ? "read" : "write",
        !!try_reading ? "from" : "to",  // pedantic, huh
        NULL);
    if (!!try_reading) {
        val = *(int *)0x0;
        /* Interesting! If we leave the code at this, the compiler actually optimizes
it away, as we're not working with the result of the read. This makes it appear that
the read does NOT cause an Oops; this ISN'T the case, it does, of course. So, to prove
it, we try and printk the variable, thus forcing the compiler to generate the code, and
voila, we're rewarded with a nice Oops ! */
        pr_info("val = 0x%lx\n", val);
    } else // try writing to NULL
        *(int *)val = 'x';
```

```
    return 0;       /* success */
}
```

這很直觀。請閱讀上面的詳細評論，關於在讀取情況下的編譯器最佳化，以及如何避開這個問題。

當然，關鍵點在於讀取和寫入存取都有問題，如前一節「NULL 陷阱分頁到底是什麼？」詳細描述的。任何嘗試讀取 / 寫入 / 執行 NULL trap page 中的任何位置都不被允許，並會引發錯誤！現在，kernel module 的程式碼，在 insmod 這個 process 的 process context 中執行，將執行到有 bug 的存取。

現在可以想一想：kernel 並不是一個 process，當錯誤處理常式的程式碼偵測到在 **kernel mode** 有一個存在 bug 的存取動作；是的，它可以，而且還真的發生了！並理解「kernel 存在著 bug」，因此觸發了 Oops！我們還提到，其中一部分就是處理 vmalloc 錯誤以及中斷處理。

什麼是 !!<boolean> 語法？

這是使用 C 寫程式的特色：用 `!!<boolean_expression>` 可以保證表示式的值是 `0` 或 `1`，無論傳遞什麼值，例如，傳遞 `5` 變成 `!!(5)`，現在 `!5` 就是 `0` 而 `!0` 就是 `1`，超聰明！

以下部分螢幕截圖顯示寫入 kernel 日誌的 Oops 訊息前面一部分。不用擔心，我們肯定會涵蓋其餘的部分並學習如何詳細解讀，現在只是看看而已。在這個範例中，嘗試寫入 NULL byte 並觸發 Oops：

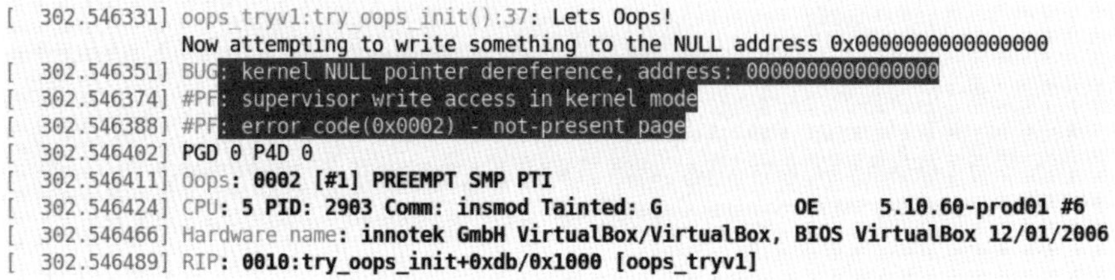

```
[  302.546331] oops_tryv1:try_oops_init():37: Lets Oops!
               Now attempting to write something to the NULL address 0x0000000000000000
[  302.546351] BUG: kernel NULL pointer dereference, address: 0000000000000000
[  302.546374] #PF: supervisor write access in kernel mode
[  302.546388] #PF: error_code(0x0002) - not-present page
[  302.546402] PGD 0 P4D 0
[  302.546411] Oops: 0002 [#1] PREEMPT SMP PTI
[  302.546424] CPU: 5 PID: 2903 Comm: insmod Tainted: G           OE     5.10.60-prod01 #6
[  302.546466] Hardware name: innotek GmbH VirtualBox/VirtualBox, BIOS VirtualBox 12/01/2006
[  302.546489] RIP: 0010:try_oops_init+0xdb/0x1000 [oops_tryv1]
```

圖 7-2　部分的螢幕截圖顯示，透過 oops_trymodule 試著寫入 NULL 位址時，會導致經典的 Oops

在 kernel 日誌中的一行開頭是 `Oops`，可見黑色區塊；這表示在 Oops 之後 kernel printk 印的都是 Oops 的診斷訊息。

重新開機：有用但愚蠢的權宜之計（workaround）

你有沒有注意到，一旦出現 bug，kernel module 就無法透過 `rmmod` 卸載，這是因為引用計數器（reference count）不為 0 嗎？ `lsmod` 驗證了這一點：

```
$ lsmod |grep oops
oops_tryv1              16384  1
```

這通常是因為 Oops 發生時優先權高於 process context 執行 exit，若以我們的情況來說則是 `insmod`，因此 module 的 reference count 會減到變成 `0`。在之前的輸出內容中，最右邊的那個 `1` 表示目前的 module reference count，所以要避免卸載這個 module。

現在，如果你無法卸載 module，就無法再次掛載它（在編輯原始碼後重試）。正確方法是重新開機重頭開始。這個煩人的問題有一個非常愚蠢的解決方法，就是簡單地清理（`make clean`），重新命名程式碼，編輯 `Makefile` 以使用新名稱，然後再編譯。這樣，它就可以用新的名字掛載！雖然很蠢，但開發中和急著驗證時非常方便。

再做一些 Oops：充滿 bug 的 module v2

如本章開頭所述，在 v2 錯誤模組中，我們將做一些稍顯實際的事情，並希望觸發 kernel Oops。此模組有 3 種不同的觸發 Oops 方式：

- 第 1 種：透過寫入在 NULL trap page 中隨機生成的 KVA。
- 第 2 種：透過允許使用者傳遞隨機且無效的 KVA，並嘗試將某些內容寫入其中。可以利用 procmap 工具找到無效的 KVA。
- 第 3 種：啟動一個簡單的工作佇列函式（workqueue function）。將有一個 kernel worker thread 在排班到時會執行其程式碼。在工作佇列函式中，嘗試將某些內容寫入 structure 的成員，其中 structure pointer 為 NULL。由於這種情況可能非常真實，因此本章幾乎都會以它作為使用案例。

先使用上面的第 1 種方法觸發 Oops ！

案例 1：透過在 NULL trap page 寫入隨機位置而引起的 Oops

由於非常類似於第一個 v1 module，所以我不會深入探討這個問題，就是使用 kernel 介面（`get_random_bytes()` API）生成一個隨機數，並透過使用 modulo 運算符將其縮小為 0 到 4,095 之間的數字。模組的 init 函式的相關程式碼如下：

```
// ch7/oops_tryv2/oops_tryv2.c
[...]
static int __init try_oops_init(void)
{
    unsigned int page0_randptr = 0x0;
    [...]
} else { // no module param passed, write to random kva in NULL
trap
          pr_info("Generating Oops by attempting to write to a random invalid kernel
address in NULL trap page\n");
          get_random_bytes(&page0_randptr, sizeof(unsigned int));
      bad_kva = (page0_randptr %= PAGE_SIZE);
    }
    pr_info("bad_kva = 0x%lx; now writing to it...\n", bad_kva);
    *(unsigned long *)bad_kva = 0xdead;
[...]
```

以上的最後一行是寫入這個 bad KVA 的嘗試，當然，這會觸發一個 Oops。想嘗試的話，只需在不傳遞任何參數的情況下 `insmod` 模組。這將使程式碼進入這個使用案例，可以自行嘗試並查看 kernel 日誌。

案例 2：透過寫入到 kernel VAS 中的無效未映射位置來引發 Oops

第 2 個使用案例有一個名為 `mp_randaddr` 的模組參數。若要執行，需要用一般方式將參數傳遞給模組，並將其設置為無效的 kernel 位址或 KVA：

```
// ch7/oops_tryv2/oops_tryv2.c
[...]
static unsigned long mp_randaddr;
module_param(mp_randaddr, ulong, 0644);
MODULE_PARM_DESC(mp_randaddr, "Random non-zero kernel virtual address; deliberately
invalid, to cause an Oops!");
```

當模組的 init 函式檢測到你傳遞了一個非零值給這個參數時，它會執行以下程式碼：

```
} else if (mp_randaddr) {
        pr_info("Generating Oops by attempting to write to the invalid kernel address
passed\n");
        bad_kva = mp_randaddr;
    } else {
        [... << code of the first case above >> ...]
    }
    pr_info("bad_kva = 0x%lx; now writing to it...\n", bad_kva);
    *(unsigned long *)bad_kva = 0xdead;
```

這幾乎與第 1 種情況相同；有趣的是：我怎麼知道要傳遞哪個 kernel 位址或 KVA？我怎麼知道它在 kernel VAS 中無效或未映射的位置？

啊，這就是 procmap 工具發揮作用的地方！只需執行 `procmap`：傳遞任何 PID 並指定 `--only-kernel` 選項開關，現在不用關心 user VAS。以下是我在 x86_64 guest VM 上叫用它的方式，你需要更新 `PATH` 環境變數以引入安裝 procmap 的目錄：

```
$ procmap --pid=1 --only-kernel
...
```

這裡是它顯示的輸出部分截圖，重點是 kernel VAS 的上半部：

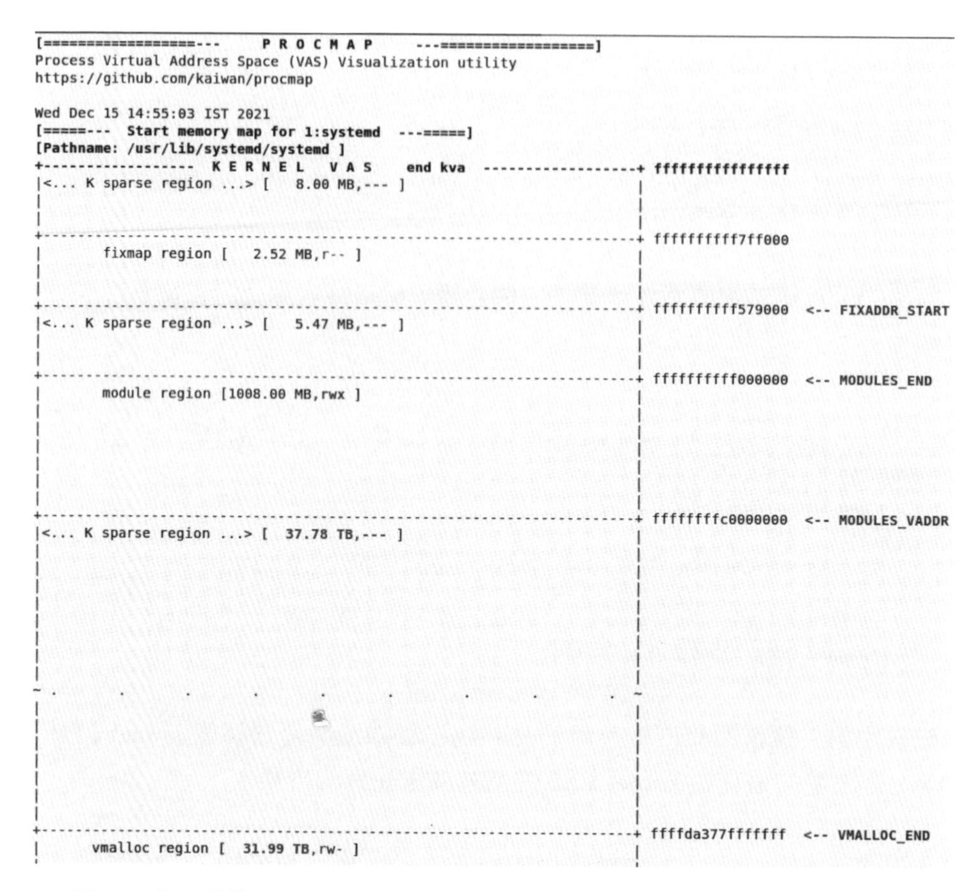

圖 7.3　部分螢幕截圖顯示 procmap 工具的輸出，重點是 kernel VAS 的上半部，有一些稀疏（未映射）區域明顯可見

好的，仔細看前面的螢幕截圖。有標記為 <... K sparse region ...> 的區域是 kernel VAS 中的空洞。這裡沒有映射任何內容，這很常見，這樣的記憶體通常被稱為稀疏區域或位址空間中的空洞。

重點是：稀疏區域是未映射的區域，因此，如果你嘗試以任何方式存取這些位置，不管是讀取、寫入或執行，那就會是一個 bug！因此，在稀疏區域內選擇一個 KVA，我會選擇一個在模組區域，既 kernel 模組所存在之處；和 kernel vmalloc 區域，即 vmalloc() 從中分配記憶體之處，這兩者即 0xffffffffc0000000 和 0xffffda377fffffff 之間的任何位址。因此，我將使用 KVA 0xffffffffc000dead 作為無效 kernel 位址的值並執行。

好的，確保你已經編譯了 oops_tryv2 模組，並搭配剛剛討論的參數，載入這個模組。

```
$ modinfo -p ./oops_tryv2.ko
mp_randaddr:Random non-zero kernel virtual address; deliberately invalid, to cause an
Oops! (ulong)
bug_in_workq:Trigger an Oops-generating bug in our workqueue function (bool)
$
```

使用 modinfo 工具可以顯示我們的模組能接受兩個參數，現在請先忽略第二個參數，那是下一個主題。讓我們開始吧，終於！

```
$ sudo insmod ./oops_tryv2.ko  mp_randaddr=0xffffffffc000dead
Killed
$
```

啊哈！這個模組藉由模組參數傳遞，故意試圖寫入無效的 kernel 位址 0xffffffffc000dead，卻遇到一個有 bug 的結果。如我們所願，出現一個 Oops，以下螢幕截圖顯示其中一部分：

```
[49132.584848] oops_tryv2:try_oops_init():92: Generating Oops by attempting to write to the invalid kernel a
ddress passed
[49132.585606] oops_tryv2:try_oops_init():100: bad kva = 0xffffffffc000dead; now writing to it...
[49132.586023] BUG: unable to handle page fault for address: ffffffffc000dead
[49132.586450] #PF: supervisor write access in kernel mode
[49132.586961] #PF: error code(0x0002) - not-present page
[49132.587417] PGD 33c15067 P4D 33c15067 PUD 33c17067 PMD 182d067 PTE 0
[49132.587875] Oops: 0002 [#2] PREEMPT SMP PTI
[49132.588296] CPU: 5 PID: 15255 Comm: insmod Tainted: G      D    OE     5.10.60-prod01 #6
[49132.588727] Hardware name: innotek GmbH VirtualBox/VirtualBox, BIOS VirtualBox 12/01/2006
[49132.589134] RIP: 0010:try_oops_init+0xf4/0x1000 [oops_tryv2]
[49132.589543] Code: 42 64 0d 00 b9 64 00 00 00 48 c7 c2 d0 93 6d c0 48 c7 c6 3c 90 6d c0 48 c7 c7 90 92 6d
c0 e8 98 35 a8 c6 48 8b 05 1c 64 0d 00 <48> c7 00 ad de 00 00 e9 78 ff ff ff b9 5f 00 00 00 48 c7 c2 d0 93
[49132.590928] RSP: 0018:ffffba3783dffc20 EFLAGS: 00010246
[49132.591423] RAX: ffffffffc000dead RBX: 0000000000000000 RCX: 0000000000000000
[49132.591954] RDX: 0000000000000000 RSI: 0000000000000027 RDI: 00000000ffffffff
[49132.592398] RBP: ffffba3783dffc38 R08: 0000000000000000 R09: ffffba3780e9f020
[49132.592864] R10: 0000000000000001 R11: 00000000ffffffff R12: ffffffffc0604000
[49132.593322] R13: ffff8f90766f6530 R14: ffffba3783dffe70 R15: ffffffffc06da158
[49132.593769] FS:  0000785ef7e11540(0000) GS:ffff8f90bdd40000(0000) knlGS:0000000000000000
[49132.594258] CS:  0010 DS: 0000 ES: 0000 CR0: 0000000080050033
[49132.594711] CR2: ffffffffc000dead CR3: 000000005a5e4001 CR4: 00000000000706e0
[49132.595199] Call Trace:
[49132.595739]  do_one_initcall+0x48/0x210
[49132.596217]  ? kmem_cache_alloc_trace+0x3ae/0x450
[49132.596666]  do_init_module+0x62/0x240
[49132.597119]  load_module+0x2a04/0x3080
[49132.597596]  ? security_kernel_post_read_file+0x5c/0x70
[49132.598078]  __do_sys_finit_module+0xc2/0x120
[49132.598648]  ? __do_sys_finit_module+0xc2/0x120
[49132.599087]  __x64_sys_finit_module+0x1a/0x20
[49132.599549]  do_syscall_64+0x38/0x90
[49132.600066]  entry_SYSCALL_64_after_hwframe+0x44/0xa9
[49132.600557] RIP: 0033:0x785ef7f5689d
[49132.600987] Code: 00 c3 66 2e 0f 1f 84 00 00 00 00 00 90 f3 0f 1e fa 48 89 f8 48 89 f7 48 89 d6 48 89 ca
4d 89 c2 4d 89 c8 4c 8b 4c 24 08 0f 05 <48> 3d 01 f0 ff ff 73 01 c3 48 8b 0d c3 f5 0c 00 f7 d8 64 89 01 48
```

圖 7.4　螢幕截圖顯示嘗試寫入無效 / 未映射核心位址所生成的 Oops

我希望關鍵點很清楚：當然會得到一個 bug，也就是 Oops。我們寫入 kernel VAS 中一個稀疏區域內的無效未映射 kernel 位址，而 procmap 確實明白顯示這一點。

為什麼嘗試存取無效位址會導致 Oops？答案與之前討論過的 NULL trap page 非常相似。以下就是發生的事：

1. 正在處理的虛擬位址（讀取、寫入或執行）進入 MMU。
2. MMU 知道當前 process context 的分頁表在哪裡，對 x86 來說，分頁表的基底實體位址在 `CR3` 暫存器。現在開始將這個虛擬位址（KVA）轉換為實體位址，這裡將忽略硬體的最佳化，如 CPU cache 和**轉譯後備緩衝區（translation lookaside buffer, TLB）**，這些可能已經持有實體位址，進而簡化冗長的轉換並提供加速。
3. 通常它會找到映射並執行轉換，將實體位址放在匯流排上，CPU 接管並完成工作。但在這種情況下，傳遞的 kernel 位址無效，是故意的，它實際上是 kernel VAS 中一個洞的其中一部分！因此，位址轉換失敗。MMU 是硬體，會盡力而為：它透過引發分頁錯誤，來通知作業系統出現問題。
4. 作業系統的分頁錯誤處理常式接管，在引發錯誤的 process 之 context 中執行，當然，這裡的 process 是 `insmod`。它發現在 kernel mode 下嘗試無效的寫入，因此觸發 Oops！

要怎麼詳細理解和解釋這個混亂的 Oops 事件呢？這正是接下來的工作，魔鬼藏在細節裡，解碼 Oops。堅持下去，我們會成功的！

案例 3：當結構指標為 NULL 時，透過寫入結構成員觸發 Oops

使用或測試案例都需要更多參與，才有助於使其更貼近現實。然而，最終結果與前兩種情況相同：使 kernel 觸發 Oops。

這一次，希望充滿 bug 的程式碼執行路徑（code path），不會在 insmod process 的 context 中執行。為了實現這一點，先初始化一個 kernel 預設的工作佇列，並將其排程，使其程式碼執行。Kernel 預設的工作佇列是在 kernel worker thread 的 context 完成執行的，這裡刻意在工作函式置入一個 bug，寫入無效的記憶體位置，一個（指向一個 structure 的）指標沒有被配置任何記憶體，這樣當然會觸發 Oops。以下是相關的程式碼片段，如同往常，我建議你瀏覽完整的程式碼，並自行嘗試：

```
// ch7/oops_tryv2/oops_tryv2.c
[...]
static bool bug_in_workq;
module_param(bug_in_workq, bool, 0644);
MODULE_PARM_DESC(bug_in_workq, "Trigger an Oops-generating bug in our workqueue
function");
```

這次有一個名為 bug_in_workq 的模組參數，資料型別是布林值，預設是 false，將其設置為 1（或 yes）以啟動：

```
static struct st_ctx {
    int x, y, z;
    struct work_struct work;
    u8 data;
} *gctx, *oopsie; /* careful, pointers have no memory! */
```

上述是我們使用的結構，請注意指向它的指標。在模組初始化函式中，如果設 bug_in_workq 參數，就會呼叫 setup_work() 函式，用來在 kernel-default 的工作佇列設置一些工作：

```
if (!!bug_in_workq) {
[...]
      setup_work();
      return 0;
}
```

這個函式會配置記憶體給 gctx 指標，呼叫 INIT_WORK() macro（巨集）來設置工作，即 do_the_work() 函式，在 kernel-default 或 events 工作佇列上操作，這是預設的工作佇列：

```
static int setup_work(void)
{
    gctx = kzalloc(sizeof(struct st_ctx), GFP_KERNEL);
    [...]
    gctx->data = 'C';
    /* Initialize our workqueue */
    INIT_WORK(&gctx->work, do_the_work);
```

接下來，對這個工作佇列呼叫 schedule_work()，讓 kernel 實際執行工作函式的程式碼：

```
    // Do it!
    schedule_work(&gctx->work); [...]
}
```

以下是當 schedule_work() API 觸發時，由 kernel worker thread 運行的實際工作佇列函式。當然，它有 bug，馬上就可以看到標示位置的 bug！

```
static void do_the_work(struct work_struct *work)
{
    struct st_ctx *priv = container_of(
                            work, struct st_ctx, work);
    [...]
    if (!!bug_in_workq) {
        pr_info("Generating Oops by attempting to
                write to an invalid kernel
                memory pointer\n");
        oopsie->data = 'x';
    }
    kfree(gctx);
}
```

回想起來很明顯：指向名為 oopsie structure 的指標（很適合吧？）沒有配置記憶體，它的值為 NULL，因為是模組中的全域靜態變數。然而，我們仍然嘗試寫入結構體的成員，這將觸發 Oops，以下是執行它的方式：

```
sudo insmod ./oops_tryv2.ko bug_in_workq=yes
```

注意到了嗎？這次沒有出現 Killed 訊息，因為 insmod process 沒有被殺掉。反之，消耗工作佇列函式的 kernel worker thread 將承擔 bug 後果。

部分螢幕截圖如下：

```
[  448.049270] oops_tryv2:try_oops_init():87: Generating Oops via kernel bug in workqueue function
[  448.049408] oops_tryv2:do_the_work():57: In our workq function: data=67
[  448.049409] oops_tryv2:do_the_work():59: delta: 137891 ns
[  448.049410] oops_tryv2:do_the_work():59:  137 us
[  448.049411] oops_tryv2:do_the_work():61: Generating Oops by attempting to write to an invalid kernel memo
ry pointer
[  448.049414] BUG: kernel NULL pointer dereference, address: 0000000000000030
[  448.049435] #PF: supervisor write access in kernel mode
[  448.049449] #PF: error code(0x0002) - not-present page
[  448.049462] PGD 0 P4D 0
[  448.049471] Oops: 0002 [#1] PREEMPT SMP PTI
[  448.049483] CPU: 0 PID: 16 Comm: kworker/0:1 Tainted: G           OE     5.10.60-prod01 #6
[  448.049504] Hardware name: innotek GmbH VirtualBox/VirtualBox, BIOS VirtualBox 12/01/2006
[  448.049547] Workqueue: events do_the_work [oops_tryv2]
[  448.049562] RIP: 0010:do_the_work+0x124/0x15e [oops_tryv2]
[  448.049578] Code: c0 e8 d0 1d ad df f6 c3 01 74 27 b9 3d 00 00 00 48 c7 c2 c0 63 5a c0 48 c7 c6 3c 60 5a
c0 48 c7 c7 18 61 5a c0 e8 61 25 0e e0 <c6> 04 25 30 00 00 00 78 48 8b 3d cd 23 00 00 e8 a8 aa 79 df 5b 41
[  448.049680] RSP: 0018:ffffb6e1c008be48 EFLAGS: 00010246
[  448.049704] RAX: 0000000000000067 RBX: 0000000000000001 RCX: 0000000000000000
[  448.049734] RDX: 0000000000000000 RSI: 0000000000000027 RDI: 00000000ffffffff
[  448.049775] RBP: ffffb6e1c008be58 R08: 0000000000000000 R09: ffffffffffc9c88
[  448.049801] R10: ffffffffa10c3820 R11: 3fffffffffffffff R12: 0000000000021aa3
[  448.049827] R13: ffff9ddffdc31700 R14: 0000000000000000 R15: ffff9ddffdc2b9c0
[  448.049853] FS:  0000000000000000(0000) GS:ffff9ddffdc00000(0000) knlGS:0000000000000000
[  448.049882] CS:  0010 DS: 0000 ES: 0000 CR0: 0000000080050033
[  448.049904] CR2: 0000000000000030 CR3: 000000005f410003 CR4: 00000000000706f0
[  448.049934] Call Trace:
[  448.049949]  process_one_work+0x1b8/0x3b0
[  448.049967]  worker_thread+0x50/0x3a0
[  448.049984]  ? process_one_work+0x3b0/0x3b0
[  448.050002]  kthread+0x154/0x180
[  448.050018]  ? kthread_unpark+0xa0/0xa0
[  448.050034]  ret_from_fork+0x22/0x30
[  448.050050] Modules linked in: oops_tryv2(OE) intel_rapl_msr snd_intel8x0 snd_ac97_codec intel_rapl_commo
```

圖 7.5　由於工作佇列函式中的 bug，oops_tryv2 模組觸發的 Oops 部分截圖

順道一提，如果有需要，你可以在我之前的《Linux Kernel Programming - Part 2》那本書第 5 章〈Working with Kernel Timers, Threads, and Workqueues〉讀到細節；電子書可以免費下載。

當然，這裡始終假設你可以存取 kernel 日誌，如透過 `dmesg`、`journalctl`，或在一個 flash chip 上的安全位置等。如果你不知道 Oops 訊息在哪裡該怎麼辦？好吧，kernel 社群有文件記載你可以採取的措施，請參閱〈Where is the Oops message located?〉[3]；此外，「ARM Linux 系統上的 Oops 及使用 Netconsole」這一節會介紹 Netconsole，第 12 章〈再談談一些 kernel debug 方法〉也會簡單介紹 dump / crash。

3 *https://www.kernel.org/doc/html/latest/admin-guide/bug-hunting.html#where-is-the-oops-message-is-located*

好了，現在你知道觸發 kernel bug 或是 Oops 的幾種方式！接下來將快速概述 kernel Oops。

7.3 介紹 Kernel Oops 以及所代表的意義

以下內容可以讓人更理解 kernel Oops。

首先，Oops 與記憶體區段錯誤並不相同，也許可以將 Oops 想成產生的副作用可能會產生區段錯誤，因此 process context 可能就會收到 SIGSEGV 訊號的嚴重錯誤。當然，這樣會使這個 process 陷入困境。

再者，Oops 不等同於全面崩壞的 kernel panic。panic 指的是讓系統處於無法使用的狀態，產品化的系統尤其會導致這種情況，第 10 章〈Kernel Panic、Lockup 以及 Hang〉會再介紹。請注意，kernel 提供幾種關於要在什麼情況下發生 kernel panic 的 sysctl 可調參數，當然，這需要 root 權限，以我的 x86_64 Ubuntu 20.04 guest 系統所執行的 production kernel 為例，它們位於：

```
$ cd /proc/sys/kernel/
$ ls panic_on_*
panic_on_io_nmi  panic_on_oops  panic_on_rcu_stall  panic_on_unrecovered_nmi  panic_on_
warn
```

而且如你所見，若你 cat，會發現它們的預設值都是 0，表示不會觸發任何 kernel panic。例如將 panic_on_oops 設定為 1，這樣一有 Oops，就會讓 kernel 發生 panic，無論這個 Oops 的影響有多輕微。

在許多安裝時，這會是該做的正確事情，了解這點很重要。當系統發生一個 Oops 時，通常會想要亮起紅色旗標，用於顯示停機，也是代表系統處於或曾經處於不健康狀態的一種方式！這取決於專案或產品的性質：一個深度嵌入式系統可能無法因為 kernel panic 而保持停機，在這種情況下，看門狗（watch dog）通常會檢測到系統處於不健康狀態並重新啟動。第 10 章〈Kernel Panic、Lockup 以及 Hang〉會介紹看門狗的使用方法。

即使 Oops 不是 kernel panic，根據情況和 bug 的嚴重程度，kernel 也可能變得沒有反應、不穩定或兩者兼具。或者它可能會繼續運作，就好像沒有發生任何警報一樣！無論如何，Oops 最終都是一個 kernel-level bug，要能夠檢測、解譯與修復它！

現在就來看看如何詳細解釋 Oops kernel 的輸出，開始吧！

7.4 魔鬼藏在細節裡：解碼 Oops

以下將使用「案例 3：當結構指標為 NULL 時，透過寫入結構成員觸發 Oops」這節的使用 / 測試案例，討論第三種情境。簡單回顧一下，這是我們觸發此特定 kernel Oops（案例 # 3）的方法：

```
cd ch7/oops_tryv2
make
sudo insmod ./oops_tryv2.ko bug_in_workq=yes
```

正如之前所看到的，它會觸發 Oops。有趣的部分在這：一步步逐行解讀 Oops。

開始之前要先了解，下面的詳細討論當然是依架構而定的，這裡和目前與 x86_64 平台有關，因為 Oops 輸出部分當然非常取決於架構，後面還會展示典型 ARM 平台上出現 Oops 的方法。

Oops 的逐行解釋

Oops 的初始化與真正關鍵的部分請參考圖 7.5。為了便於逐行參考，這裡是同一個螢幕截圖的註釋圖，只是放大一些以便更清晰：

```
[  448.049411] oops_tryv2:do_the_work():61: Generating Oops by attempting to write to an invali
d kernel memory pointer
[  448.049414] BUG: kernel NULL pointer dereference, address: 0000000000000030
[  448.049435] #PF: supervisor write access in kernel mode
[  448.049449] #PF: error code(0x0002) - not-present page
[  448.049462] PGD 0 P4D 0                                                     1 to 5
[  448.049471] Oops: 0002 [#1] PREEMPT SMP PTI
[  448.049483] CPU: 0 PID: 16 Comm: kworker/0:1 Tainted: G           OE     5.10.60-prod01 #6
[  448.049504] Hardware name: innotek GmbH VirtualBox/VirtualBox, BIOS VirtualBox 12/01/2006
[  448.049547] Workqueue: events do_the_work [oops_tryv2]
[  448.049562] RIP: 0010:do_the_work+0x124/0x15e [oops_tryv2]
[  448.049578] Code: c0 e8 d0 1d ad df f6 c3 01 74 27 b9 3d 00 00 00 48 c7 c2 c0 63 5a c0 48 c7
 c6 3c 60 5a c0 48 c7 c7 18 61 5a c0 e8 61 25 0e e0 <c6> 04 25 30 00 00 00 78 48 8b 3d cd 23 00
 00 e8 a8 aa 79 df 5b 41
[  448.049680] RSP: 0018:ffffb6e1c008be48 EFLAGS: 00010246
[  448.049704] RAX: 0000000000000067 RBX: 0000000000000001 RCX: 0000000000000000
[  448.049734] RDX: 0000000000000000 RSI: 0000000000000027 RDI: 00000000ffffffff
[  448.049775] RBP: ffffb6e1c008be58 R08: 0000000000000000 R09: ffffffffffffc9c88     6
[  448.049801] R10: ffffffffa10c3820 R11: 3fffffffffffffff R12: 0000000000021aa3
[  448.049827] R13: ffff9ddffdc31700 R14: 0000000000000000 R15: ffff9ddffdc2b9c0
[  448.049853] FS:  0000000000000000(0000) GS:ffff9ddffdc00000(0000) knlGS:0000000000000000
[  448.049882] CS:  0010 DS: 0000 ES: 0000 CR0: 0000000080050033
[  448.049904] CR2: 0000000000000030 CR3: 000000005f410003 CR4: 00000000000706f0
[  448.049934] Call Trace:
[  448.049949]  process_one_work+0x1b8/0x3b0
[  448.049967]  worker_thread+0x50/0x3a0
[  448.049984]  ? process_one_work+0x3b0/0x3b0                                 7 to 9
[  448.050002]  kthread+0x154/0x180
[  448.050018]  ? kthread_unpark+0xa0/0xa0
[  448.050034]  ret_from_fork+0x22/0x30
[  448.050050] Modules linked in: oops_tryv2(OE) intel_rapl_msr snd_intel8x0 snd_ac97_codec int
el_rapl_common rapl ac97_bus snd_pcm joydev input_leds serio_raw snd_seq snd_timer snd_seq_devi
ce snd soundcore video mac_hid msr parport_pc ppdev lp parport ip_tables x_tables autofs4 hid_g
eneric usbhid hid vmwgfx drm_kms_helper syscopyarea sysfillrect sysimgblt fb_sys_fops crct10dif
_pclmul cec crc32_pclmul ghash_clmulni_intel rc_core aesni_intel glue_helper ttm crypto_simd ps
mouse cryptd drm ahci libahci i2c_piix4 e1000 pata_acpi
[  448.050937] CR2: 0000000000000030
[  448.051593] ---[ end trace cc44ad6c5fd2bc79 ]---
```

圖 7.6　有註解的完整螢幕截圖：案例 3 的 oops_tryv2 工作佇列功能 bug 所引發的 Oops 輸出

為了更清晰易懂，這個圖表和討論可以分成幾個部分，透過圖 7.6 的矩形會看得更明顯。以下是第一部分：

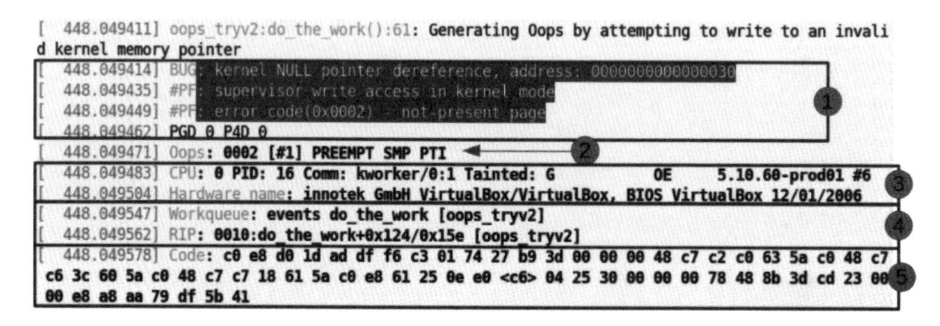

圖 7.7　3 張螢幕截圖註釋圖中的第 1 張：oops_tryv2 工作佇列函式 bug 引發的 Oops 輸出

好了，來深入了解細節！從這裡開始顯示的資料是取決於架構而定的，僅適用於 x86 平台。

解讀 Oops 的第 1 行

在圖 7.7 中標記為 1 的矩形內，有一個深色標示的程式碼，是針對 x86_64 的特定架構。這是作業系統錯誤處理常式的一部分程式碼，當在 kernel 中檢測到異常條件，即 bug 時，就會開始編寫 Oops 診斷訊息。實際 x86 錯誤處理程式碼的一部分為：

```
// arch/x86/mm/fault.c
static void
show_fault_oops(struct pt_regs *regs,
                unsigned long error_code,
                unsigned long address)
{
[...]
if (address < PAGE_SIZE && !user_mode(regs))
            pr_alert("BUG: kernel NULL pointer
                     dereference, address: %px\n",
                     (void *)address);
    else
        pr_alert("BUG: unable to handle page fault
                 for address: %px\n", (void *)address);
```

檢查前面的 if 條件，可以很清楚為什麼會得到這個輸出：

```
BUG: kernel NULL pointer dereference, address: 0000000000000030
```

當出錯的位址是在第一個分頁之內，而且正在 kernel-mode 內執行時，就會發出它。請回想，user VAS 的第一個分頁是 NULL trap page，這個分頁的全部位址都在 `PAGE_SIZE` 之內，通常為 4,096 個位元組。若條件為 false，則 kernel 會印出一個替代訊息；此外，這裡導致錯誤的位址，也就是在第一個 NULL trap page 內的位址會接著印出來，且一直都是十六進制，它在這裡的值是 `0x30`。

還有一點很重要：為什麼是 0x30 而不是 0x0？回想一下生成此特定 Oops 的程式碼，可以參考「案例 3：當結構指標為 NULL 時，透過寫入結構成員觸發 Oops」那節。程式碼有 bug 的那行在這：

```
ch7/oops_tryv2/oops_tryv2.c:do_the_work():oopsie->data = 'x';
```

現在，oopsie 是這個程式碼中指向 st_ctx 結構的指標，但其值為 NULL；請記住，從未賦值給它。因此，0x30 的值是從結構的起點，到所參考的結構成員之間的偏移量（offset）！這裡學到的一個關鍵點是，**當出錯的位址顯示為小於分頁大小的小整數值時，例如此例，很可能結構或其他指標的值是 *NULL*，而顯示的數值是從結構，或可能是陣列或諸如此類的起點，到所參考的結構成員之間的偏移量。**

Oops 中的下一行輸出是：

```
#PF: supervisor write access in kernel mode
```

這是從相同的 show_fault_oops() 函式中後續程式碼所生成的；順帶一提，PF 代表 Page Fault：

```
pr_alert("#PF: %s %s in %s mode\n",
        (error_code & X86_PF_USER)  ?
                        "user" : "supervisor",
        (error_code & X86_PF_INSTR) ?
                        "instruction fetch" :
        (error_code & X86_PF_WRITE) ? "write access" :
                        "read access",
                user_mode(regs) ? "user" : "kernel");
```

花點時間閱讀程式碼，並將其比對所獲得的輸出，可清楚顯示，kernel 已經弄清很多事情：程式碼是在監督模式（supervisor mode）執行的，這表示 kernel mode，並且有一個寫入嘗試，再次在 kernel mode 下執行。

下一行為：

```
#PF: error_code(0x0002) - not-present page
```

很快就會講解這裡的意義，這是來自 show_fault_oops() 函式內的程式碼，該函式緊接著前面的程式碼：

```
        pr_alert("#PF: error_code(0x%04lx) -
             %s\n", error_code,
  !(error_code & X86_PF_PROT) ? "not-present page" :
  (error_code & X86_PF_RSVD)  ? "reserved bit violation" :
  (error_code & X86_PF_PK)    ? "protection keys violation" : "permissions violation");
```

因此，弄清楚這三行輸出中的每一行產生方式。為什麼顏色是深色背景？啊，這很簡單：dmesg 能解釋 pr_alert() 日誌的層級，並給予相對應的顏色。

我們將跳過**分頁全域目錄（page global directory, PGD）**與 *P4D* 的細節。在 4.11 Linux 中，P4D 是位於 PGD 與**分頁上層目錄（page upper directory, PUD）**之間的一個級別。這些是參考正在執行的 process 所在的 process context 分頁表（page table），有興趣的話，請參閱 dump_pagetable() kernel 函式的程式碼。

解讀 Oops 的第 2 行

為了方便起見，此部分截圖複製自圖 7.7，Oops 的第 2 行輸出如下。

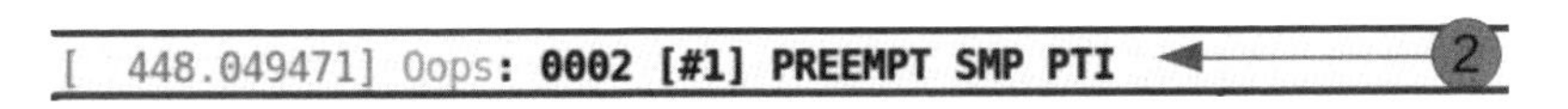

圖 7.8　測試案例 3，有 bug 的 oops_tryv2 模組第 2 行 Oops 輸出

顯然，這裡看得出發生了 Oops，grep 字串 Oops 可能很有幫助，不會那麼荒謬。緊接此字串後面的數字，即這裡的 0002 很重要，這是特定架構的 Oops 位元遮罩（bitmask），學習解讀它將獲益良多。

❖ 解讀（特定架構的）Oops bitmask

從這裡開始，負責顯示 Oops 內容的整個函式名為 arch/x86/kernel/dumpstack.c:__die()。它分為兩部分：__die_header() 和 __die_body() 函式。Oops bitmask 和該行上剩餘的令牌（token），會從標頭函式顯示，例如 PREEMPT SMP …。

為了讓你了解實際 Oops 診斷顯示的 kernel 程式碼工作方式，可見 `__die_header()` 函式螢幕截圖（在 5.10.60 kernel），原始碼檔案為：`arch/x86/kernel/dumpstack.c`:

```
static void __die_header(const char *str, struct pt_regs *regs, long err)
{
    const char *pr = "";

    /* Save the regs of the first oops for the executive summary later. */
    if (!die_counter)
        exec_summary_regs = *regs;

    if (IS_ENABLED(CONFIG_PREEMPTION))
        pr = IS_ENABLED(CONFIG_PREEMPT_RT) ? " PREEMPT_RT" : " PREEMPT";

    printk(KERN_DEFAULT
           "%s: %04lx [#%d]%s%s%s%s%s\n", str, err & 0xffff, ++die_counter,
           pr,
           IS_ENABLED(CONFIG_SMP)     ? " SMP"             : "",
           debug_pagealloc_enabled()  ? " DEBUG_PAGEALLOC" : "",
           IS_ENABLED(CONFIG_KASAN)   ? " KASAN"           : "",
           IS_ENABLED(CONFIG_PAGE_TABLE_ISOLATION) ?
           (boot_cpu_has(X86_FEATURE_PTI) ? " PTI" : " NOPTI") : "");
}
NOKPROBE_SYMBOL(__die_header);
```

圖 7.9　x86_64 上 kernel Oops 輸出功能的部分螢幕截圖

如上所述，取決於 **arch** 的 **Oops bitmask** 實際上非常有意義，進一步提示發生 kernel bug 的原因！

你可以從前面的 `printk()` 看到它，是 printk 格式字串 `%04lx` 的第二部分，對應於 `err & 0xffff` 程式碼。要如何解釋這個位元遮罩？這裡有解釋，僅適用於 x86 平台；但是，請記住：它是架構特定的（arch-specific）。

MMU 使用編碼過的值來設置分頁錯誤。在 x86 平台上，這是分頁錯誤的 error code bits 設定方式：

```
bit 0 == 0: no page f，ound          1: protection fault
bit 1 == 0: read access              1: write access
bit 2 == 0: kernel-mode access       1: user-mode access
bit 3 == 1: use of reserved bit detected
bit 4 == 1: fault was an instruction fetch
```

這些資訊實際上曾經是程式碼庫（code base）中較早的 kernel 版本註解。

也許更好的方法是以表格格式檢查分頁 error code 的 5 個**最低有效位元（least significant bit, LSB）**，以更輕鬆地視覺化和解釋特定錯誤，即 Oops 發生的原因：

表 7.1：在 x86 平台上分頁 error code 的 LSB 5 bits 含義

Value of bit	Bit 4	Bit 3	Bit 2	Bit 1	Bit 0
0	-na-	-na-	kernel mode	Read attempt	No page found
1	Instruction fetch fault	Reserved bit used	user mode	Write attempt	Protection fault

因此，現在就很簡單了！我們得到了 Oops 位元遮罩為 0002，它是十六進制，請見 printk: 格式指定符是 %04lx；轉為二進位是 00010。根據前面的表格，這意味著以下內容；這裡的 bit 3 和 bit 4 為 0，所以不重要：

```
Bit 2 is 0 : kernel mode
Bit 1 is 1 : write attempt
Bit 0 is 0 : no page found
```

嗯，這裡沒有驚喜，這正是 Oops 診斷會說的事，即圖 7.7 的第 1 點：

```
#PF: supervisor write access in kernel mode
#PF: error_code(0x0002) - not-present page
```

該行的其餘部分如下：...

```
... [#1] PREEMPT SMP PTI
```

這行很容易解讀：

- [#1]: 這是在此系統作業階段（session）期間發生的 Oops 次數。
- [#1] 告訴我們這是第一個 Oops。它是一個 session 值，重新開機會重置這個值。
- PREEMPT: 程式碼執行的 kernel 組態設定為可搶占（preemption），(CONFIG_PREMPT=y)。
- SMP：kernel 有啟用 **SMP（Symmetric Multi-Processing）**，支援多核心（multicore）。
- PTI：**PTI** 是**分頁表隔離（Page Table Isolation）**的簡稱。在 2018 年初的 **Meltdown/Spectre** 硬體漏洞促使 kernel 社群建立一個名為 PTI 的保護機制，以防止這種嚴重漏洞。詳細資訊可參閱「深入閱讀」。

繼續來解讀 Oops 診斷中的以下兩行。

解讀 Oops 的第 3 行

為了方便起見，此部分截圖複製自圖 7.7：

```
[  448.049483] CPU: 0 PID: 16 Comm: kworker/0:1 Tainted: G           OE     5.10.60-prod01 #6
[  448.049504] Hardware name: innotek GmbH VirtualBox/VirtualBox, BIOS VirtualBox 12/01/2006
```

圖 7.10 測試案例 3，有 bug 的 oops_tryv2 模組第 3 行 Oops 輸出

這幾行以及一些細節，基本上說明 process context：在 kernel mode 下，process 或 thread 執行會導致故障且充滿 bug 的程式碼。我們將一次取一個 token：

- CPU：表示程式碼在發生 Oops 時，所在的 CPU core；這裡是 CPU 0。
- PID：發生 Oops 時正在執行程式碼的 process 或 thread 的 PID。
- Comm：發生 Oops 時正在執行程式碼的 process 或 thread 名稱。
- Tainted：kernel 汙染旗標的位元遮罩，很快就會介紹這點。
- uname -r 的輸出，包含 kernel release 版本，並接著以 # 符號為前綴的數字，是這個 kernel 已經編譯的次數；這裡是 6。

需要注意的是，當 Oops 從中斷的上下文（interrupt context）觸發時，這裡看到的部分資料會變得可疑。之後的章節中會詳細介紹這點，即在 IRQ context 發生 Oops 後，使用 console 裝置取得 kernel 日誌，會檢查 interrupt context 中觸發的 Oops。

❖ 解讀 kernel 汙染旗標

Linux kernel 社群喜歡知道運行的 kernel 乾不乾淨，骯髒或受到汙染的 kernel，指的是不處於原始狀態的 kernel。這個狀態訊息保留於位元遮罩中的位元值。整個位元遮罩，目前總共包含 18 個位元或旗標，即稱為**受汙染的旗標（tainted flags）**。

在此特定範例中，受汙染的旗標會像以下這樣出現，在字串 `Tainted:` 之後，這裡以 highlight 凸顯出來：

```
CPU: 0 PID: 16 Comm: kworker/0:1 Tainted: G           OE     5.10.60-prod01 #6
```

可以根據以下顯示的字母，即「受汙染旗標」來解讀：

表 7.2：解譯 kernel 受汙染的旗標

Bit #	記錄為：當該位元是清除（_）或設定（X）時	若位元設定為（1）時的意義
0	G 或 P	載入專屬模組（P），或只載入 GPL 模組（G）。
1	_ 或 F	強制載入一個或多個模組。
2	_ 或 S	超出系統規範。
3	_ 或 R	強制卸載一個或多個模組。
4	_ 或 M	來自一個 CPU core 回報的**機器檢查異常（Machine Check Exception, MCE）**。
5	_ 或 B	錯誤的分頁參考或不預期的分頁旗標。
6	_ 或 U	使用者空間的應用程式要求要設定 taint。
7	_ 或 D	Kernel 最近掛了，因 Oops 或 `BUG()`。

Bit #	記錄為：當該位元是清除（_）或設定（X）時	若位元設定為（1）時的意義
8	_ 或 A	使用者覆蓋了 ACPI 表格。
9	_ 或 W	Kernel 透過某個 `WARN*()` 巨集發出警告。
10	_ 或 C	載入階段性及實驗性質的驅動程式。
11	_ 或 I	平台韌體的 bug，已經使用權宜之計（workaround）。
12	_ 或 O	載入 kernel tree 之外 / 外部編譯的模組。
13	_ 或 E	載入未經簽章（unsigned）的模組。
14	_ 或 L	發生一個軟式上鎖（soft lockup）。
15	_ 或 K	Kernel 已經套用了 live patch。
16	_ 或 X	發行版（distros）使用這個旗標，稱之為輔助的汙點（auxiliary taint）。
17	_ 或 T	Kernel 在啟用結構隨機化（structure randomization）的條件下編譯。

在第 2 行中的 _ 符號意指空白，表示這個指定的 taint bit 已經清除。請注意，Oops 中的汙染旗標會依照要求輸出空格，以顯示特定位元已取消設置：`Tainted: G           OE`。

因此，此例中，`G|O|E` 汙染旗標意指已加載所有 GPL 模組：`G`、已加載一個或多個外部編譯的（*out-of-tree*）模組：`O`，以及已加載一個或多個未簽章的模組：`E`。確實，我們的 `oops_tryv2` 模組具有雙重授權，包括 GPL、是一個外部編譯的模組、而且沒有簽章。

因此，查表並找出汙染旗標的含義並不難，使用輔助 script 會更加容易！這正是 kernel source tree 中，`tools/debugging/kernel-chktaint` script 的設計目的，「乾淨了嗎？kernel-chktaint script」這一節會介紹這個 script 的使用方法。

官方 kernel 文件也有涵蓋這些旗標以及更深入的細節，可見文件：`https://www.kernel.org/doc/html/latest/admin-guide/tainted-kernels.html`。

如圖 7.10 所示，第 2 行只是一些硬體平台的細節，但很有用。

解讀 Oops 的第 4 行

為了方便起見，此部分截圖複製自圖 7.7：

```
[  448.049547] Workqueue: events do_the_work [oops_tryv2]
[  448.049562] RIP: 0010:do_the_work+0x124/0x15e [oops_tryv2]
```

圖 7.11　測試案例 3，有 bug 的 oops_tryv2 模組第 4 行 Oops 輸出

在這個特定案例中，先解釋前兩行中的第 2 行，即以 `RIP:` 開始的那一行。

❖ 找到發生 Oops 時的程式碼

可能 Oops 輸出中的關鍵行是這個：

```
RIP: 0010:do_the_work+0x124/0x15e [oops_tryv2]
```

以下會逐一解釋 token。再次提醒，其中許多都是取決於平台架構而定的，如這裡是針對 x86_64 平台 / CPU：

- `RIP`：當然，這是 CPU 暫存器的名稱，它保存要執行的程式碼（text）位址。在 x86 平台上，它被稱為**指令指標（Instruction Pointer）**暫存器。在 x86_64 上，它是一個為了保存 64-bit 虛擬位址的暫存器，並命名為 `RIP`。所以它保存了什麼？請繼續閱讀！
- `0010`：在 x86 上，硬體區段的概念歷史悠久，它在現代的 64-bit x86 上仍以殘留形式存在。這個值 `0010` 代表代程式碼區段（code sgement）。極為合理：CPU core 的 RIP 暫存器應該要指向程式碼。
- `do_the_work+0x124/0x15e [oops_tryv2]`: 或許是此處最重要的東西，上方所使用的格式為：

```
function_name+off_from_func/size_of_func [module-name]
```

它識別 Oops 發生時處理器正在執行的函式。接著是一個 + 號，後面跟著兩個十六進位值數字，因此，形式為 `+x/y`：

- 第 1 個數字：`x`，是從函式開始的偏移量，以位元組為單位。換句話說，它引用了 Oops 發生時正在執行的實際機器碼位元組！
- 第 2 個數字：`y`，是（kernel 的最佳猜測）函式大小，以位元組為單位。

接下來，如果這個字串：`funcname+x/y` 後面跟著一個中括號，裡面有名稱，格式為 `[modulename]`，這是 kernel 模組，其中包含此函式：`funcname`！如果沒有的話，則該函式是 kernel image 本身的一部分。

因此，對於特定的 Oops，現在可以得出結論，bug 可能發生在 `do_the_work()` 函式中，該函式屬於模組 `oops_tryv2`。此外，instruction pointer 距離此函式開始的位置有 `0x124` 個位元組，十進制是 292。該函式的大小由 kernel 估計，為 `0x15e` 個位元組，十進制是 350，通常完全正確。

CPU Instructor Pointer 暫存器的精確位置資訊，往往就是關鍵，因為它可以讓人確定 bug 發生在程式碼的哪個位置！

現在，已經大致知道 Oops 發生的程式碼位置，即從 `oops_tryv2:do_the_work()` 開始的第 292 個位元組；那該如何利用這些訊息找到問題所在的那行 C 程式碼，以及可能的根本原因呢？

這就是關鍵所在！緊接而來的章節「協助判斷 Oops 位置的工具與技術」將深入探討這個問題。重要的是要仔細閱讀有關使用各種工具、技術和 kernel 輔助腳本來定位模組或 kernel 原始程式碼中，有 bug 程式碼位置的詳細討論。

這個程式碼的位置（`funcname+x/y`）是否可以保證就是 bug 的根本原因呢？不行。這點無法肯定！對於更困難、微妙的 bug，根本原因可能相距甚遠，這些症狀或許都只是表面的現象。解掉這些問題才是你真正賺到的地方。本書涵蓋非常廣泛的工具、技術和內部細節，讓你能夠有效應對這些問題。

實際上，oops_tryv3 案例 3 的 bug 本身就有點複雜。這個錯誤不是在 insmod process 的 context 發生的，而是在 kernel 的預設 events 工作佇列的 **kthread**（**kernel thread**）worker 裡面。事實上，這個資訊揭示在圖 7.11 的第一行：

```
Workqueue: events do_the_work [oops_tryv2]
```

前一行中的 events 這個字非常重要，它是 kernel 預設的工作佇列名稱，而 do_the_work() 是我們的工作佇列函式，由 kthread worker 使用。

順帶一提，kernel 有 printk 格式化符號，可以用常見且有用的格式列印函式指標符號：func+x/y，這些格式化符號包括 %pF、%pS[R] 和 %pB，相關細節請參閱 kernel 文件。[4]

現在繼續逐行探索 Oops 的輸出。

解讀 Oops 的第 5 行

為了方便起見，此部分截圖複製自圖 7.7：

```
[  448.049578] Code: c0 e8 d0 1d ad df f6 c3 01 74 27 b9 3d 00 00 00 48 c7 c2 c0 63 5a c0 48 c7
c6 3c 60 5a c0 48 c7 c7 18 61 5a c0 e8 61 25 0e e0 <c6> 04 25 30 00 00 00 78 48 8b 3d cd 23 00 5
00 e8 a8 aa 79 df 5b 41
```

圖 7.12　測試案例 3，有 bug 的 oops_tryv2 模組第 5 行 Oops 輸出

在字串 Code: 之後的資料確實就是 Oops 發生時，在 CPU core 上運行的機器碼。現在，藉由 kernel 輔助腳本：scripts/decodecode 和 scripts/decode_stacktrace.sh，已經自動解碼這個機器碼，請參閱「使用 decodecode script 解譯機器碼」一節中的介紹。

現在，移到 Oops 測試案例解讀的下一部分。

4 *https://www.kernel.org/doc/Documentation/printk-formats.txt*

解讀 Oops 的第 6 行

參見圖 7.6，在位置 6 的 printk 輸出行，是處理器在發生 Oops 時的暫存器及其執行期的值。

❖ CPU 暫存器和 Oops

Oops 診斷包括所有通用 CPU 暫存器的值，這些暫存器在 Oops 發生時運行了有 bug 的程式碼。

這有什麼用處？回想一下對處理器 **ABI（Application Binary Interface）**的詳細討論，如果感到模糊，請回到第 4 章〈透過 Kprobes 儀器進行 debug〉的「了解 ABI 的基本概念」一節。這對於理解在板子（bare metal）層面上發生什麼事非常重要。

為了方便起見，此部分截圖複製自圖 7.7：

```
[  448.049680] RSP: 0018:ffffb6e1c008be48 EFLAGS: 00010246
[  448.049704] RAX: 0000000000000067 RBX: 0000000000000001 RCX: 0000000000000000
[  448.049734] RDX: 0000000000000000 RSI: 0000000000000027 RDI: 00000000ffffffff
[  448.049775] RBP: ffffb6e1c008be58 R08: 0000000000000000 R09: ffffffffffffc9c88
[  448.049801] R10: ffffffffa10c3820 R11: 3fffffffffffffff R12: 0000000000021aa3
[  448.049827] R13: ffff9ddffdc31700 R14: 0000000000000000 R15: ffff9ddffdc2b9c0
[  448.049853] FS:  0000000000000000(0000) GS:ffff9ddffdc00000(0000) knlGS:0000000000000000
[  448.049882] CS:  0010 DS: 0000 ES: 0000 CR0: 0000000080050033
[  448.049904] CR2: 0000000000000030 CR3: 000000005f410003 CR4: 00000000000706f0
```

圖 7.13　測試案例 3，有 bug 的 oops_tryv2 模組第 6 行 Oops 輸出，顯示 Oops 發生時在 x86_64 CPU 暫存器的值，以十六進制表示

首先顯示的是 RSP 暫存器，顯然，這是堆疊指標暫存器（stack pointer register），能夠存取（kernel）stack 並解釋其中的訊框（frame），這對於理解 Oops 發生的原因和位置至關重要。在這裡，kernel-mode stack 的頂部剛好是 kernel 的虛擬位址 0xffffb6e1c008be48。請記住，幾乎所有的架構（CPU）都遵循堆疊向下成長的語義，因此堆疊的頂端其實反而是它自身最低的合法虛擬位址。

接下來是 EFLAGS 暫存器的內容。它包含處理器上各種狀態旗標的值，例如有號旗標（sign flag）、進位旗標（carry flag）、啟用中斷旗標（irq-enable flag）

等；「深入閱讀」章節附有連結可以查看 x86 暫存器的詳細介紹。此外，請查看**程式碼區段（Code Sgement, CS）**暫存器的值：`0x0010`，正如所見，這是指令指標（instruction pointer）值的前綴字。

例如，對於特定的 Oops 來說，有些 x86 的**控制暫存器（control register）**可能有用，一起來看看。

❖ x86_64 上的控制暫存器

x86_64 有 16 個控制暫存器，命名為 `CR0` 到 `CR15`，其中有 11 個是保留的：`CR1`、`CR5-CR7`、`CR9-CR15`。我們提到了一些 x86_64 kernel Oops 診斷設計用於顯示的控制暫存器，因此在這裡有其意義：

- `CR0`：可程式化（僅在 kernel mode 下）。包含控制位元（control bits），例如啟用保護模式、模擬、寫入保護、對齊遮罩、關閉快取、分頁等。
- `CR2`：包含 KVA，存取時會引發 MMU 產生分頁錯誤，並造成 Oops。因此，`CR2` 的內容是一個關鍵值！可以在圖 7.13 中找到它。這裡 `CR2` 的值是 `0x30`，這是從我們查詢的結構起點的偏移值，在引發這個 Oops 的那行程式碼中：`oopsie->data = 'x';`。
- `CR3`：是一個位元遮罩，持有 Oops 執行時 process context 的分頁表之基底實體位址，稱為 **PML4**。實際上，它讓 MMU 知道如何存取執行中的 context 之分頁表。
- `CR4`：各種控制位元，例如 V86 模式擴充、debug 擴充、分頁大小擴充、**實體位址擴充（Physical Address Extension, PAE）**位元、**效能監控計數器啟用（Performance Monitoring Counter Enable, PCE）**，以及**監督模式執行保護啟用（Supervisor Mode Executions Protection Enable, SMEP）**、**監督模式存取保護啟用（Supervisor Mode Access Protection Enable, SMAP）**等資安功能位元（security feature bits）。

CPU 暫存器值在執行路徑前面會怎麼樣呢？請繼續閱讀說明以取得更多訊息……

> ### 其他呼叫框架上的 CPU 暫存器值和詳細資料
>
> 所以，大家想一想：上面看到的圖 7.13 CPU 暫存器值，是那些在 Oops 發生時在 CPU 上的值。但是，導致崩潰或 Oops 的所有在 kernel 堆疊上的其他呼叫訊框上的 CPU 暫存器值又如何呢？它們不重要嗎？很重要。事實上，它們的價值，可能正是破解漏洞真正產生原因的深層次細節所需要的。但 Oops 診斷沒有顯示，因為限制在堆疊的頂端：在 Oops 發生時的函式和暫存器值。所以，有沒有辦法了解更深層的細節，以檢查所有的呼叫訊框和暫存器值？有的：一種方法是利用 **kdump** kernel 功能，啟用後，可儲存所有相關資料，事實上，它可讓你在**崩潰**發生時，存取整個 kernel 記憶體區段的快照！除了功能強大的使用者空間當機應用程式來調查傾印，這是有風險的！12 章〈再談談一些 kernel debug 方法〉會簡要介紹 kdump / crash。另一個獲得崩潰或 panic 細節原因的好方法，是能夠深入追蹤 kernel，ftrace 就提供這樣的功能，第 9 章〈追蹤 Kernel 流程〉將詳述使用 ftrace 及其許多前端的方法。

好，接著來解釋 Oops 診斷的最後部分。

解讀 Oops 的第 7、8、9 行

為了方便起見，此部分截圖複製自圖 7.6：

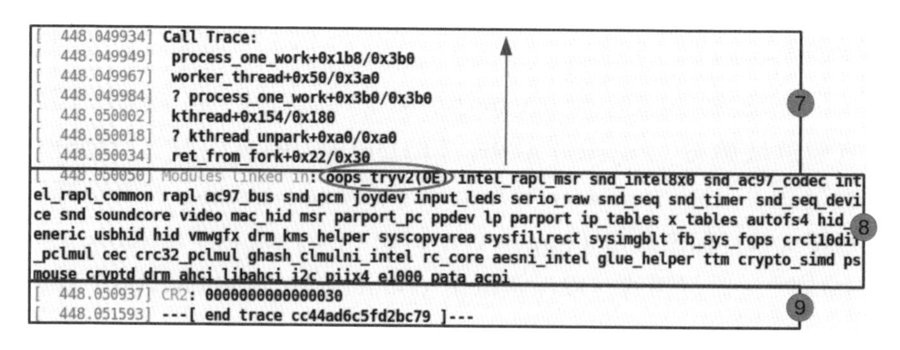

圖 7.14 測試案例 3，有 bug 的 oops_tryv2 模組第 7、8、9 行 Oops 輸出，顯示 call(stack)trace、模組和 CR2 值

這裡要觀察和解釋的真正關鍵是呼叫（或堆疊）追蹤，開始吧！

❖ 解譯 Oops 內的呼叫堆疊

字串 `Call Trace:` 下方並略微縮至右邊的那幾行，代表呼叫或堆疊追蹤，這當然是 process context 的 kernel 堆疊模式而導致出現 Oops。雖然也可能是中斷模式，稍後會詳細介紹……。

這個呼叫追蹤對於開發團隊及 debug Oops 來說非常有價值。為什麼？它實際上展示如何走到今天這一步以來的歷史。那要怎麼解讀呢？以下是幾個要點：

- 首先，在 `Call Trace:` 下方略右縮排的每一行，代表呼叫路徑中的一個函式，由呼叫訊框所擷取。
- 每個訊框都有與前面相同的符號：`funcname+x/y`，其中 `x` 是函式開始時的距離，即起始位移；`y` 是函式的大小，即長度，以位元組為單位。
- 當然，請自下而上閱讀全部的 call trace，如圖 7.14 中垂直向上顯示的箭頭。回想一下，幾乎所有的現代處理器都遵循了堆疊向下成長的語義。
- 忽略任何以問號符號「`?`」開頭的行。這暗示呼叫訊框很可能無效，可能是早期堆疊記憶體使用留下的殘餘。kernel 的堆疊釋放演算法有好幾個，甚至是可配置的！演算法相當聰明，幾乎可以保證沒問題，所以可以相信它。

綜合所學知識，以下是導致 Oops 的呼叫順序：

```
ret_from_fork() --> kthread() --> worker_thread() --> process_one_work()
```

當然，要正確理解這一點，至少需要對程式碼在遇上麻煩時發生的事有基本了解。我們確實知道 Oops 實際上是在函式 `do_the_work()` 中觸發的，請參考「找到發生 Oops 時的程式碼」一節中的備註。這個函式是我們的自訂工作佇列常式，現在又要如何叫上它呢？嗯，間接地，當我們的模組呼叫 `schedule_work()` API 將指標傳遞到工作結構時；需要的話，請檢視程式碼 `ch7/oops_tryv2/oops_tryv2.c`。此工作函式由 kernel 的預設 events 工作佇列服務。而這個服務，實際上指的是工作函式的消耗或執行，是透過啟動或使用現有的 kernel 工作執行緒，即屬於 kernel 的預設 event 工作佇列來完成的。

你在上面呼叫序列中看到的 `kthread()` 常式，是執行此任務的內部 kernel 介面，會啟動一個 kernel thread。它會呼叫 kernel 工作佇列函式 `worker_thread()`，該函式的工作是處理工作佇列上的所有工作專案。這反過來又是透過在循環中呼叫每個工作項來完成的，透過呼叫函式 `process_one_work()` 來完成此操作，該函式唯一的任務是處理它指定的一個工作項，也就是我們的工作項！

沒錯，kernel 堆疊確實顯示到達工作常式 `do_the_work()` 的方法。這工作很辛苦！但話又說回來，你簡直就是公司裡的鑑識偵探專家，這本來就不是件容易的工作！

提示：檢視所有 CPU cores 的 kernel-mode 堆疊

Kernel 有一個可調的 `/proc/sys/kernel/ops_all_cpu_backtrace`，預設值為 `0`，表示關閉。以 root 寫入 `1` 的方式開啟，系統上的所有 CPU cores 的呼叫堆疊會顯示為 Oops 診斷的一部分。這在深層 debug 案例中非常有用。在內部，其他 CPU cores 的呼叫追蹤是透過非遮罩式中斷（Non-Maskable Interrupt, NMI）backtrace facility 來完成。

呼叫追蹤之後，以字串 `Modules linked in:` 開頭的行，會在發生 Oops 時顯示在已載入 kernel 的所有模組。為什麼？模組經常是協力廠商程式碼，適用於裝置驅動程式、自訂網路防火牆規則、自訂檔案系統等，因此當 kernel 遇到錯誤時，它們會高度可疑！而列出所有模組。事實上，我們自己的四輪馬車 `oops_trv2` 在這個清單中也驕傲地排在第一位，因為這是最後載入的一個。此外，受汙染旗標 OE 表示它是一個未簽章的模組。

最後，Oops 診斷的最後一行是 kernel 開發人員所謂的**執行摘要**（*executive summary*），`CR2` 暫存器的值！現在你應該知道原因了：是錯誤的虛擬位址存取而導致 Oops。

提示：強制暫停以讀取 Oops 診斷

在發生 Oops 時列印詳細的 Oops 診斷功能是完全正確的，但是如果它從 console 視窗捲動怎麼辦？或者，後面還有其他的次要 Oopses，導致主要 Oops 的內容捲動離開？碰到這種情況，請透過 `pause_on_oops=n` kernel 參數，列印第一個 kernel Oops 之後，所有 CPU 都將暫停 n 秒。

終於，我們非常詳細地，逐行解說 Oops，一路上學到很多東西。嘿，重要的是過程，而不是結果。

這裡想順便提及，有幾個框架可以幫助捕獲 kernel Oops，並向供應商或經銷商報告，其中包括 `kerneloops(8)` 方案[5]。許多現代發行版使用 **kdump** 功能，在發生 Oops 或緊急狀況時蒐集整個 kernel 記憶體映像，以供稍後分析，通常是透過 crash 應用程式。

練習

在自訂 debug kernel 上傳遞模組參數 `bug_in_workq=yes`，以執行相同的 Oops-ing 測試案例（`ch7/try_oopsv2`），並檢視發生的情況。在我的 KASAN 啟用後，kernel 會執行 Oops，但不會在 KASAN 攔截錯誤之前！

很好，現在，繼續往下很重要，這裡將介紹正確使用各種工具和技巧，來發現充滿 bug 的那些程式碼方法！

7.5 協助判斷 Oops 位置的工具與技術

在分析 kernel Oops 時，當然可以運用所有能得到的幫助，對吧？！可以使用多種工具和輔助 script。其中，objdump、**GNU DeBugger（GDB）**和

5 手冊頁：*https://linux.die.net/man/8/kernelops*。

`addr2line` 程式都是 toolchain 的一部分；此外，一些位於 kernel source tree 中的 kernel 幫助程式 script，也已證實了非常有用。

本節將開始學習使用這些工具來幫忙解釋 Oops 的方法。

> **提示：取得未經 strip 的 vmlinux kernel image 之 debug 符號**
>
> 就算不是絕大多數，許多協助 debug kernel 問題的工具和技術，都取決於你是否有未解壓縮的 *vmlinux kernel image* 及 *debug* 符號。現在，如果你如本書開頭所建議的，已經建置了 debug kernel 和 production kernel，你當然會擁有符合此要求的 debug vmlinux kernel 映像檔。
>
> 如果沒有呢？幾乎所有的企業版和桌機版的 Linux 套件提供的軟體包（package）都會有相關功能以及更多，也會針對整合到索引中的常用 kernel 版本提供單獨的軟體包。通常，該軟體包會命名為 `linux-devel*` 或 `linux-headers*`，它本質上只是一個壓縮的 archive 檔，其中包含 kernel 表頭、帶有 debug 符號的 unstripped `vmlinux` 以及更多可能優點。現在就下載程式包，安裝它之後親自檢視。
>
> 例如，可見 `kernel-*` RPMs for Red Hat RHEL 8 的說明[6]。另外，這裡提供一個範例連結[7]，用於下載 kernel-devel 的 Linux 軟體包的 RPM 軟體包，適用於下列 Linux 套件：AlmaLinux、ALT Linux、CentOS、Fedora、Mageia、OpenMandriva、openSUSE、PCLinuxOS 和 Rocky Linux。

接下來，務必要有個認知，在非原生架構上 debug Oops，例如 ARM、ARM64、PowerPC 等時，需要運行下面檢查和使用工具的 cross-toolchain 版本。作為具體範例，如果你正 debug 在 ARM-32 上發生並使用 `arm-linux-gnueabihf-toolchain` 前綴字編譯的 Oops（這將是 CROSS_COMPILE 環境變數的值），則你需要運行的不是 `objdump`，而是 `${CROSS_COMPILE}objdump`，即 `arm-linux-`

---

6 *https://access.redhat.com/documentation/en-us/red_hat_enterprise_linux/8/html/managing_monitoring_and_updating_the_kernel/the-linux-kernel-rpm_managing-monitoring-and-updating-the-kernel#the-linux-kernel-rpm-package-overview_the-linux-kernel-rpm*

7 *https://pkgs.org/download/kernel-devel*

gnueabihf-objdump。Toolchain 中的其他工具，例如 GDB、readelf、addr2line 等也一樣。

好，開始來使用這些工具吧！

使用 objdump 協助精確定位 Oops 程式碼位置

首先，可以利用 CONFIG_DEBUG_INFO=y 重新建立有 bug 的 kernel 或 kernel 模組，從這些工具獲得最大的好處。換句話說，請從 debug kernel 啟動並在其中編譯模組。

在所謂比較好的 Makefile 中，設定下列變數：

```
MYDEBUG := y
```

預設為 n，現在重建模組。由於 debug 符號和嵌入其中的資訊，其大小通常大於非 debug 或 production 變體，而且大很多。

objdump 實用程式具有深入檢查，和解釋**執行檔和連結器格式（Executable and Linker Format, ELF）**物件檔的智慧，包括未壓縮的 kernel vmlinux 映像檔，以及 kernel 模組映像檔 .ko 檔。我們通常會使用 -dS 選項運行 objdump，以拆解模組並盡可能混合原始碼與元件，使用 -g 編譯時可能會這樣做！如果你正在即時執行，亦即模組仍載入 kernel 記憶體中，你可以嘗試下列動作：

```
$ grep oops_tryv2 /proc/modules
oops_tryv2 16384 0 - Live 0x0000000000000000 (OE)
```

出於資訊安全原因，為防止資訊洩漏因此不會洩漏位址。以 root 身分執行：

```
$ sudo grep oops_tryv2 /proc/modules
oops_tryv2 16384 0 - Live 0xffffffffc0604000 (OE)
$ objdump -dS --adjust-vma=0xffffffffc0604000 ./oops_tryv2.ko > oops_tryv2.disas
```

指定模組正確的 VMA 物件位址後，objdump 能夠在輸出的左邊顯示完整 kernel 虛擬位址。

使用的 objdump 選項切換如下：

- -d 或 --disassemble：顯示可執行區段的 assembler 內容。
- -S 或 --source：盡可能交叉顯示與原始碼相對應的組合語言碼，套用 -d。

當然，還有許多其他選擇。請看 objdump 手冊。下面是剛執行的 objdump 指令的一些範例輸出：

```
static void do_the_work(struct work_struct *work)
{
ffffffffc0604000: e8 00 00 00 00  callq  ffffffffc0604005 <do_the_work+0x5>
ffffffffc0604005: 55              push   %rbp
[...]
```

以下是分析程式：

1. 在 objdump 的前面輸出中，可以看到 do_the_work() 函式的起始位址，也就是發生 Oops 的函式為 0xffffffffffffffffc0604000，請參閱圖 7.6，透過 RIP 值。
2. 增加位移，如 Oops 診斷訊息中第一個 RIP 行所示：

   ```
   0xffffffffc0604000 + 0x124 = 0xffffffffc0604124
   ```

3. 在 objdump 輸出中尋找與此位址最接近的符號：

```
ffffffffc0604103:   74 27                   je     ffffffffc060412c <do_the_work+0x12c>
       pr_info("Generating Oops by attempting to write to an invalid kernel memory pointer\n");
ffffffffc0604105:   b9 3d 00 00 00          mov    $0x3d,%ecx
ffffffffc060410a:   48 c7 c2 00 00 00 00    mov    $0x0,%rdx
ffffffffc0604111:   48 c7 c6 00 00 00 00    mov    $0x0,%rsi
ffffffffc0604118:   48 c7 c7 00 00 00 00    mov    $0x0,%rdi
ffffffffc060411f:   e8 00 00 00 00          callq  ffffffffc0604124 <do_the_work+0x124>
       oopsie->data = 'x';
ffffffffc0604124:   c6 04 25 30 00 00 00    movb   $0x78,0x30
ffffffffc060412b:   78
    }
    kfree(gctx);
```

圖 7.15　螢幕截圖，其中顯示我們充滿 bug 模組的 objdump -dS -adjust-vma=... 輸出內容

這裡標註了相同的螢幕截圖，並以小矩形圈起來突出顯示，好讓你看到相關位址：0xffffffffc0604124，相關程式碼區域則以大矩形突出顯示：

```
ffffffffc0604103:   74 27                   je     ffffffffc060412c <do_the_work+0x12c>
      pr_info("Generating Oops by attempting to write to an invalid kernel memory pointer\n");
ffffffffc0604105:   b9 3d 00 00 00          mov    $0x3d,%ecx
ffffffffc060410a:   48 c7 c2 00 00 00 00    mov    $0x0,%rdx
ffffffffc0604111:   48 c7 c6 00 00 00 00    mov    $0x0,%rsi
ffffffffc0604118:   48 c7 c7 00 00 00 00    mov    $0x0,%rdi
ffffffffc060411f:   e8 00 00 00 00          callq  ffffffffc0604124 <do_the_work+0x124>
      oopsie->data = 'x';
ffffffffc0604124:   c6 04 25 30 00 00 00    movb   $0x78,0x30
ffffffffc060412b:   78
    }
    kfree(gctx);
```

圖 7.16　標註相同的螢幕截圖，以顯示模組程式碼導致 Oops 的位置！

C 原始碼行剛好落在機器碼跟組合語言之前，表明這正是故障發生的地方，也就是 Oops 發生的地方！

如果不執行即時運行（live run），那不管怎樣，只要以相同方式運行 objdump，即可忽略 --adjust-vma= 參數。請參見緊接而來的「在 ARM 的 objdump」小節範例。

此外，objdump 在分析 Oops 時可能非常有用，因為此處的元兇可能在 kernel 程式碼，而非模組程式碼。在這些情況下，你需要使用原始程式碼和組合語言混合產生 kernel 程式碼，使用未壓縮的 vmlinux kernel 映像檔作為 objdump 的輸入：

```
${CROSS_COMPILE}objdump -dS <path/to/kernel-src/>/vmlinux > vmlinux.disas
```

假設此處的 vmlinux 映像已使用 debug 符號編譯。事實上，這只是一次性的事件；當然，除非 kernel 已更新。

使用 GDB 協助偵錯 Oops

功能強大的 GDB debug 工具也可以用來協助精確定位觸發 Oops 的原始程式碼行。GDB 的清單指令在這方面確實有幫助，但是，若要使用它，你將需要重新使用 debug 符號，即使用 -g 和其他有用的選項來編譯模組。在較好的 Makefile 中，可以看出如果將 MYDEBUG 變數設定為 y，而非預設值為 n，它會採用對 debug 來說很重要的編譯器選項參數方式：

```
MYDEBUG := y
ifeq (${MYDEBUG}, y)
# EXTRA_CFLAGS deprecated; use ccflags-y
        ccflags-y   += -DDEBUG -g -ggdb -gdwarf-4 -Og -Wall -fno-omit-frame-pointer
-fvar-tracking-assignments
```

以 debug 的方式編譯，並使用 GDB 試試：

```
$ gdb -q ./oops_tryv2.ko
Reading symbols from ./oops_tryv2.ko...
(gdb) list *do_the_work+0x124
0x160 is in do_the_work (<...>/ch7/oops_tryv2/oops_tryv2.c:62).
  [...]
61              pr_info("Generating Oops by attempting to write to an invalid kernel
memory pointer\n");
62              oopsie->data = 'x';
63          }
64          kfree(gctx);
(gdb)
```

請看，原始碼中的第 62 行正是 bug 所在，GDB 正中目標！

使用 GDB 進行 kernel / 模組 debug 的詳細資訊，可參閱官方的 kernel 文件網站。[8]

使用 addr2line 協助精確定位發生 Oops 的程式碼位置

addr2line 公用程式能夠將虛擬位址，轉譯成對應的路徑名稱與行號！在快速找出觸發 bug 的原始程式碼中的位置時非常有用。

8 *https://www.kernel.org/doc/html/latest/admin-guide/bug-hunting.html#gdb*

位址可以透過 -e 可執行的選項參數指定給 addr2line，多個位址也可以。此公用程式也會使用其他幾個選擇性參數，請快速執行 addr2line -h 以檢視。

對於我們的模組，如下呼叫 addr2line，將 Oops 診斷程式所報告的函式起點位移以 RIP 暫存器值傳遞，請參閱圖 7.6，值 0x124：

```
$ addr2line -e ./oops_tryv2.o -p -f 0x124
do_the_work at <...>/ch7/oops_tryv2/oops_tryv2.c:62
```

再次強調，完美且易於使用！選擇性參數 -p pretty 會列印輸出，-f 也會顯示函式名稱。

當 kernel（非模組）當機且你知道 kernel 虛擬位址時，addr2line 公用程式也非常有用。在這些情況下，請透過 -e 選項參數提供未壓縮的 vmlinux 檔案給 addr2line，包含所有 debug 符號：

```
addr2line -e </path/to/>vmlinux -p -f  <faulting_kernel_address>
```

請注意，addr2line 將無法正確處理在 **kernel 位址空間配置隨機化（Kernel Address Space Layout Randomization, KASLR）**的系統上所生成的位址，從 kernel 版本 3.14 開始，這是 kernel 的資訊安全 / 強化功能。在這種通常是因為資訊安全的情況下，請改用 faddr2line script，下一節就會介紹。或者，你也可以透過 bootloader 傳遞 kernel 的命令列選項 nokaslr，在開機時停用 KASLR。有關 KASLR 的詳細資訊，可參閱「深入閱讀」章節。

現在來檢視一些 kernel helper script。

利用 kernel script 協助 debug kernel 問題

現代的 Linux kernel 有許多 helper script，可以幫助你 debug kernel bugs，以下為摘錄簡表，詳細說明實際使用方式：

表 7.3：幾個有用的 kernel helper script 摘要表

Script	目的
scripts/checkstack.pl	估算 kernel（或模組）內的函式所使用的堆疊大小，依大小降冪排列。
scripts/decode_stacktrace.sh	這個 script 會嘗試轉換傳遞給它的全部 kernel（虛擬）位址，通常是透過重新導向來自 dmesg 的標準輸入或透過 pipe 所傳送。再轉換為帶有行號的來源檔案名稱。
scripts/decodecode	這個 script 會試著透過解析典型 Oops 報告中的 Code: <... machine code bytes ... > 這行，用於新增有用的資訊；找出並指定實際發生故障的指令，並將其顯示於該行右方的 <-- trapping instructions。
scripts/faddr2liine	與 addr2line 相同，但為了資安考量，適用於使用 KASLR 的系統以及解譯 kernel 模組的堆疊傾印。請注意：使用最新版本，因為早期版本有缺陷；緊接的「在 KASLR 系統上開發 faddr2line script」章節會提供詳細資訊。
tools/debugging/kernel-chktaint	解譯 kernel 受汙染的旗標。可以將受汙染的位元遮罩作為參數傳遞。如果未通過，它將尋找目前系統的汙染狀態並列印其報告。
scripts/get_maintainer.pl	使用 -f file | directory 參數，這個 script 會識別並列印維護者、郵件清單等詳細資訊。對於想迅速找出誰是 kernel 中特定程式碼片段的維護者非常好用！

這份清單並不完整，但有很多值得參考的地方，開始吧！

使用 checkstack.pl script

相信你已經知道了，每個啟用中的 user-mode thread 都有兩個堆疊：user-mode 堆疊和 kernel-mode 堆疊。前者是動態的，並且可以增長得相當巨大，在典型 Linux 上，預設可達 8 MB；後者是在執行進入 kernel space 時使用的。**Kernel-mode 堆疊的大小是固定的**，通常很小，在 32-bit 系統上為 2 個分頁，在 64-bit 系統上為 4 個分頁，實際上只有 8 KB 或 16 KB，通常為 4 KB 的分頁大小，而且，不假定 MMU 使用的分頁大小，kernel macro PAGE_SIZE 會有正確值。

因此，對 kernel-mode 堆疊溢位相對容易進行。Kernel 維護人員認為好上手的 Perl script 是值得的，它分析 kernel 函式並報告其所需的最大堆疊大小。此 script 會輸出函式使用的堆疊大小，通常是經由 objdump 與 pipe，如這裡所示，並依據大小以遞減方式呈現：

```
$ objdump -d <...>/linux-5.10.60/vmlinux | <...>/linux-5.10.60/scripts/checkstack.pl
0xffffffff810002100 sev_verify_cbit [vmlinux]:        4096
0xffffffff81a554300 od_set_powersave_bias [vmlinux]:  2064
0xffffffff817b24100 update_balloon_stats [vmlinux]:   1776
[...]
```

沒有不在 kernel 模組上執行的理由，例如：

```
$ objdump -d /lib/modules/5.10.60-dbg02-gcc/kernel/drivers/net/netconsole.ko | <...>/
scripts/checkstack.pl
0x0000000000013800 enabled_store [netconsole]:        224
0x0000000000000000 init_module [netconsole]:          224
0x000000000000c300 remote_ip_store [netconsole]:      208
[...]
```

讓堆疊溢位，尤其是 kernel-mode 的堆疊可不是鬧著玩的。由此導致的堆疊損壞可能導致系統突然而劇烈的掛掉，而且沒有實際辦法來 debug 究竟發生什麼情況。做好準備總比道歉好！

快速的 kernel 內部說明：正是因為 kernel 堆疊溢位很簡單，而且立即就會使系統掛點，最近的 kernel 已轉為啟用一個名為 CONFIG_VMAP_STACK 的架構特地核心配置，x86_64 從 4.9 kernel 開始啟用此配置，而 ARM64 從 4.14 開始啟用。簡而言之，使用 vmalloc() 介面分配（task 與 IRQ）堆疊記憶體。可以確保 kernel 的 fault / Oops 處理程式碼得以處理這些分頁上，可能是因為溢位而較晚出現的損壞分頁錯誤。

利用 decode_stacktrace.sh script

當明文（函式名稱）都能看見時，原始的（kernel）堆疊傾印的用處有限。而 decode_stacktrace.sh script 試圖糾正這種情況，方法是針對堆疊呼叫追蹤上的每個函式名稱，顯示其原始碼位置以及 kernel 和（或）模組中的行號！

實際上，它是原始堆疊追蹤與 addr2line 實用程式提供資訊。僅指對堆疊上的每個呼叫訊框執行的操作的一種組合。事實上，這個 script 某種程度上是 addr2line 公用程式的包裝函式（wrapper），內部叫用 ${CROSS_COMPILE}addr2line。其用法如下：

```
$ </path/to/>/linux-5.10.60/scripts/decode_stacktrace.sh
Usage:
<...>/linux-5.10.60/scripts/decode_stacktrace.sh -r <release> | <vmlinux> [base path]
[modules path]
```

你可以看到，為了有效果，此 script 需要具有 debug 符號的未壓縮 kernel vmlinux 映像檔的路徑名稱。接下來，base-path 參數是此檔案可用之目錄的路徑名稱。我們提供建置在 5.10.60 kernel source tree 之內的 vmlinux 映像檔的路徑。或者，你可以透過 -r 選項參數指定 kernel 的 release。script 將嘗試基於此值檢索 vmlinux 映像檔（帶有 debug 符號）。modules path 參數是有缺陷的 kernel module 所在的位置，因為我們正從這裡工作，所以它是目前的目錄，因此可將其指定為 ./。

同樣地，在 x86_64 guest 系統上使用常見的 bug-in-workqueue 模組範例，將 dmesg 輸出儲存到名為 dmesg_oops_buginworkq.txt 的檔案中。就像必須傳遞帶有 debug 符號的 vmlinux 檔案一樣，你應該確保（重新）編譯帶有 debug 旗標的模組，也就是將 Makefile 中的 MYDEBUG 變數設定為 y 並重新編譯。

以下是 decode_stacktrace.sh script 在透過儲存的 dmesg 輸出執行時的內容：

```
$ ~/lkd_kernels/productionk/linux-5.10.60/scripts/decode_stacktrace.sh ~/lkd_kernels/
debugk/linux-5.10.60/vmlinux ~/lkd_kernels/debugk/linux-5.10.60 ./ < dmesg_oops_
buginworkq.txt
[...]
[  448.049414] BUG: kernel NULL pointer dereference, address: 0000000000000030
[...]
[  448.049547] Workqueue: events do_the_work [oops_tryv2]
[  448.049562] RIP: 0010:do_the_work (/home/letsdebug/Linux-Kernel-Debugging/ch7/oops_
tryv2/oops_tryv2.c:62) oops_tryv2
<< ... output of the decodecode script ... >>
[...]
```

```
[  448.049934] Call Trace:
[  448.049949] process_one_work (kernel/workqueue.c:1031 (discriminator 19) kernel/
workqueue.c:2194 (discriminator 19))
[  448.049967] worker_thread (./arch/x86/include/asm/current.h:15 kernel/workqueue.
c:979 kernel/workqueue.c:1815 kernel/workqueue.c:2381)
[  448.049984] ? process_one_work (kernel/workqueue.c:2222)
[  448.050002] kthread (kernel/kthread.c:277)
[...]
[  448.050937] CR2: 0000000000000030
[  448.051593] ---[ end trace cc44ad6c5fd2bc79 ]---
```

此 script 還會解譯發生故障時，處理器上運行的機器碼，不過這項工作實際上是由另一個輔助 script 執行的，即接下來要展示的 scripts/decodecode。你可以在此看到呼叫它的 bash 函式：

```
$ cat <...>/linux-5.10.60/scripts/decode_stacktrace.sh
[...]
decode_code() {
local scripts=`dirname "${BASH_SOURCE[0]}"`
echo "$1" | $scripts/decodecode
}
```

decode_stacktrace.sh script 的原始 commit 是送到 kernel source tree（3.16 版），瀏覽起來很有趣，請參考。[9]

使用 decodecode script 解譯機器碼

如同 decode_stacktrace.sh script，此 script 從標準輸入讀取，因此透過檔案或管線（pipe）傳遞 dmesg Oops 輸出是典型的。它會嘗試解碼發生 bug 或 crash 時，處理器 core 上執行的機器碼，並顯示有用的輸出。它甚至可以識別導致 MMU 引發故障或 trap 的特定指令，並透過將 <-- traping instruction 列印到該行的右邊來顯示它。請檢視以下範例截圖，顯示觸發 Oops 時，對 oops_tryv2 模組的 printk 執行此 script 的樣子：

9 *https://github.com/torvalds/linux/commit/dbd1abb209715544bf37ffa0a3798108e140e3ec*

```
$ ~/lkd_kernels/productionk/linux-5.10.60/scripts/decodecode < dmesg_oops_buginworkq.txt
[ 53.695794] Code: c0 e8 d0 2d 47 c6 f6 c3 01 74 27 b9 3d 00 00 00 48 c7 c2 c0 53 60 c0 48
c7 c6 3c 50 60 c0 48 c7 c7 18 51 60 c0 e8 61 35 a8 c6 <c6> 04 25 30 00 00 00 78 48 8b 3d cd
 23 00 00 e8 a8 ba 13 c6 5b 41
All code
========
   0:   c0 e8 d0                shr    $0xd0,%al
   3:   2d 47 c6 f6 c3          sub    $0xc3f6c647,%eax
   8:   01 74 27 b9             add    %esi,-0x47(%rdi,%riz,1)
   c:   3d 00 00 00 48          cmp    $0x48000000,%eax
  11:   c7 c2 c0 53 60 c0       mov    $0xc06053c0,%edx
  17:   48 c7 c6 3c 50 60 c0    mov    $0xffffffffc060503c,%rsi
  1e:   48 c7 c7 18 51 60 c0    mov    $0xffffffffc0605118,%rdi
  25:   e8 61 35 a8 c6          callq  0xffffffffc6a8358b
  2a:*  c6 04 25 30 00 00 00    movb   $0x78,0x30               <-- trapping instruction
  31:   78
  32:   48 8b 3d cd 23 00 00    mov    0x23cd(%rip),%rdi        # 0x2406
  39:   e8 a8 ba 13 c6          callq  0xffffffffc613bae6
  3e:   5b                      pop    %rbx
  3f:   41                      rex.B

Code starting with the faulting instruction
===========================================
   0:   c6 04 25 30 00 00 00    movb   $0x78,0x30
   7:   78
   8:   48 8b 3d cd 23 00 00    mov    0x23cd(%rip),%rdi        # 0x23dc
   f:   e8 a8 ba 13 c6          callq  0xffffffffc613babc
  14:   5b                      pop    %rbx
  15:   41                      rex.B
$
```

圖 7.17 顯示 decodecode script 輸出的螢幕截圖

實際上，它已將 trap 顯示在機器碼 / 組合語言中發生的地方。注意正在使用的 `0x30` 的運算元，即我們正在工作的偏移量到 `movb` 機器指令發生 trap 的位置。

此 script 的原始 commit 在很多年前的 2007 年 7 月，送給 kernel source tree，當時的 kernel 版本是 2.6.23，可以在此處找到：`https://github.com/torvalds/linux/commit/dcecc6c70013e3a5fa81b3081480c03e10670a23`。

如前所述，此 script 本身由 `decode_stacktrace.sh` script 呼叫，以便更能解譯機器碼資料，因此 `decode_stacktrace.sh script` 就是一個超級集合（superset）。

在 KASLR 系統上開發 faddr2line script

你是否在有啟用 KASLR 的 kernel 上執行？一起來看看：

```
$ grep CONFIG_RANDOMIZE_BASE /boot/config-$(uname -r)
CONFIG_RANDOMIZE_BASE=y
```

是的，我們有。如前所述，碰到類似情況，addr2line script 可能無法如預期般工作，這時請改用 faddr2line script，如你所想，它是 addr2line 公用程式上的包裝函式：

```
<...>/linux-5.10.60/scripts/faddr2line
usage: faddr2line [--list] <object file> <func+offset> <func+offset>...
```

因此，適當地叫用 faddr2line script：

```
$ ~/lkd_kernels/productionk/linux-5.10.60/scripts/faddr2line ./oops_tryv2.ko do_the_
work+0x124
bad symbol size: base: 0x0000000000000000 end: 0x0000000000000000
```

嘿，這還真讓人想不到！

> ### 提示：修補 faddr2line Script 或使用較新的修正版本
>
> 遇到 faddr2line 的問題後，我將其報告給維護人員 Josh Poimboeuf[10]。2022 年 5 月，Josh 已經解決了這個問題，原因出在 nm 實用工具還不夠好；他改用 readelf，你可以在修補程式[11]中找到詳細資訊。因此，在此修復程式到達即將運行的主線 kernel 之前，你必須手動將此修補程式套用到現有 script/faddr2line script，修正的 faddr2line 應可用在 5.19 kernel。而它終將到達主線 kernel，我希望盡快發生，儘管本文撰寫時，一切才剛開始。

如上所述，套用 patch 修補程式之後，或者使用來自較新的 kernel source tree 的 faddr2line script 修正版，這是馬上想像得到的情況，讓我們再試一次：

10 *https://lkml.org/lkml/2022/1/16/305*

11 *https://lore.kernel.org/lkml/29ff99f86e3da965b6e46c1cc2d72ce6528c17c3.1652382321.git.jpoimboe@kernel.org/*

```
$ <...>/scripts/faddr2line  ./oops_tryv2.ko do_the_work+0x124/0x15e
do_the_work at <...>/Linux-Kernel-Debugging/ch7/oops_tryv2/oops_tryv2.c:62
```

太完美了！第 62 行：`oopsie->data = 'x';` 確實有 bug。

乾淨了嗎？ kernel-chktaint script

上一節討論解譯 kernel 汙染旗標的方法。

`kernel-chktaint` script 是一種簡單的輔助 script，可解譯 kernel 的汙染位元遮罩並列印其報告。以下是我在 x86_64 Ubuntu guest 上執行 `oops_tryv2` 這個有 bug 的模組所引發 Oops 的範例：

```
$ tools/debugging/kernel-chktaint $(cat /proc/sys/kernel/tainted)
Kernel is "tainted" for the following reasons:
 * kernel died recently, i.e. there was an OOPS or BUG (#7)
 * externally-built ('out-of-tree') module was loaded  (#12)
 * unsigned module was loaded (#13)
For a more detailed explanation of the various taint flags see
 Documentation/admin-guide/tainted-kernels.rst in the the Linux kernel sources
 or https://kernel.org/doc/html/latest/admin-guide/tainted-kernels.html
Raw taint value as int/string: 12416/'G      D    OE    '
$
```

圖 7.18　顯示 kernel-chktaint 協助程式 script 輸出的螢幕截圖

如果你不傳遞參數，則 script 會查詢 proc 虛擬檔 `/proc/sys/kernel/tainted`，並解譯其值。請注意，此 script 位於 kernel source tree 的 `tools/debugging` 目錄，而不是 `scripts/` 那個。

尋找救世主：get_maintainer.pl script

聽過這個說法嗎？當你失敗時，請再試一次；若一直失敗下去，就不要承認自己嘗試過。哈哈，真有趣，其實更好的方法應該是這樣：當其他嘗試都失敗時，請連絡維護人員！

使用 scripts/get_maintainer.pl script 很方便。通常，-f 選項參數可以提供檔案或目錄，並顯示詳細資訊。更多選項，請查閱其詳細的 help 說明。

以下為範例：假設你使用 kernel 的 **Kernel GDB（KGDB）**功能遇到問題，並想向某人詢問相關問題。可以問誰？如果可以的話，當然是維護者和（或）mailing list，所以誰會來維護它？下列的螢幕截圖顯示如何透過 get_maintainer.pl Perl script 輕鬆回答這個問題：

```
$ cd ~/lkd_kernels/productionk/linux-5.10.60/
$ scripts/get_maintainer.pl
scripts/get_maintainer.pl: missing patchfile or -f file - use --help if necessary
$ scripts/get_maintainer.pl -f kernel/debug/
scripts/get_maintainer.pl: No supported VCS found.  Add --nogit to options?
Using a git repository produces better results.
Try Linus Torvalds' latest git repository using:
git clone git://git.kernel.org/pub/scm/linux/kernel/git/torvalds/linux.git
Jason Wessel <jason.wessel@windriver.com> (maintainer:KGDB / KDB /debug_core)
Daniel Thompson <daniel.thompson@linaro.org> (maintainer:KGDB / KDB /debug_core)
Douglas Anderson <dianders@chromium.org> (reviewer:KGDB / KDB /debug_core)
kgdb-bugreport@lists.sourceforge.net (open list:KGDB / KDB /debug_core)
linux-kernel@vger.kernel.org (open list)
$
```

圖 7.19　顯示 kernel get_maintainer.pl helper script 輸出的螢幕截圖

最後幾行提供了關鍵部分的答案：KGDB 維護人員和他們的電子郵件，更重要的是，KGDB 郵寄清單的電子郵件地址。請注意，你必須從 kernel source tree 的根目錄執行它。此外，在基於 Git 的 kernel source tree 中運行該 script 可以產生絕佳的結果。

請注意，這個 script 會搜尋 kernel source tree 根目錄中的 MAINTAINERS 檔案，以提供其結果。沒有理由不能以一個簡單的 grep 做同樣的事：

```
$ grep -A15 -w "KGDB" MAINTAINERS
KGDB / KDB /debug_core
M:    Jason Wessel <jason.wessel@windriver.com>
M:    Daniel Thompson <daniel.thompson@linaro.org>
R:    Douglas Anderson <dianders@chromium.org>
L:    kgdb-bugreport@lists.sourceforge.net
S:    Maintained
```

```
W:   http://kgdb.wiki.kernel.org/
T:   git git://git.kernel.org/pub/scm/linux/kernel/git/jwessel/kgdb.git
F:   Documentation/dev-tools/kgdb.rst
[...]
F:   kernel/debug/
```

在前面的例子中，L 表示郵寄清單。所以，把你深思熟慮的郵件發到郵寄名單上！

為了報告我在 faddr2line script 中發現的 bug，可見「在 KASLR 系統上開發 faddr2line script」章節，我使用以下技術來查詢維護者：

```
5.10.60 $ grep -i -w -A1 faddr2line MAINTAINERS
FADDR2LINE
M:   Josh Poimboeuf <jpoimboe@redhat.com>
--
F:   scripts/faddr2line
```

然後，你會問，若你和（或）你的團隊就是維護者時，會發生什麼事？明白了吧，就繼續閱讀這本書學習（呵呵）。

至此就可結束這一部分。還有其他 kernel helper script 嗎？有的。以下是 check* 的部分範例，來自 kernel source tree 的根目錄：

```
ls scripts/check*
scripts/check-sysctl-docs  scripts/checkkconfigsymbols.py  scripts/checksyscalls.sh
scripts/check_extable.sh  scripts/checkpatch.pl      scripts/checkversion.pl  scripts/
checkincludes.pl   scripts/checkstack.pl
```

我們已經見過幾個這樣的程式；記住，更好的 Makefile 會呼叫 checkpatch.pl Perl script ！

在此說明中，有一個 helper script，即 scripts/extract-vmlinux，它用於從現有的 kernel 映像檔案中提取未壓縮的 vmlinux 映像檔。同樣地，kdress 公用程式會嘗試從現有的 vmlinuz 映像檔（和 /proc/kcore）中擷取未壓縮的 debug 符號 vmlinux 檔案，請參閱 kdress[12]。當然，這個通常會**隨著個人狀況而異**。

現在交給你，勇敢的探險家，去查查！

在 IRQ context 中發生 Oops 之後，利用 console 裝置取得 kernel 日誌

當你嘗試簡單的、能產生 Oops 的有 bug 模組前兩個版本，也就是 ch7/oops_tryv1 和 ch7/oops_tryv2 後，通常會發現，雖然 kernel 有 bug 並產生了 Oops 診斷，但系統仍然可用，當然，這一點無法保證！

這兩個模組在 process context 中運行 kernel（模組）的程式碼時，生成了 Oops；通常是 insmod process，但我們工作佇列測試案例中的 Oops 發生在 kernel worker thread 的 context。現在，如果做一樣事，例如之前那樣，嘗試讀取位於 NULL trap page 內的位址來生成 Oops，但這次是在 interrupt context 中運行！

好了，我們的 ch7/ops_inirqv3 模組正是這樣做的：它設定一個函式，利用 kernel 的 irq_work* 功能在（hard）interrupt context 中運行；實際上，我們在上一章的 interrupt context 中運行一個記憶體洩漏測試案例中，也用過相同的功能。以下是相關程式碼片段，產生簡單 Oops 的 interrupt context 工作函式：

```
// ch7/oops_inirqv3/oops_inirqv3.c
void irq_work(struct irq_work *irqwk)
{
    int want_oops = 1;
    PRINT_CTX();
    if (!!want_oops) // okay, let's Oops in irq context!
          // a fatal hang can happen here!
          *(int *)0x100 = 'x';
}
```

12 *https://github.com/elfmaster/kdress*

夠簡單了吧。試著在你的系統上執行此模組。至少在我看來，在 Oracle VirtualBox 6.1 上，使用我們客製化的 production 5.10.60-prod01 kernel 運行我的 Ubuntu 20.04 guest VM，只會讓 VM 卡住！沒有看到任何的 printk 輸出，login shell 無法使用，而且系統似乎已掛點了。

那現在該怎麼辦？如果連 dmesg 都無法執行時，該如何 debug ？

使用虛擬序列埠設定 Oracle VirtualBox

啊，歡迎來到現實世界。現在將執行下列動作：利用 kernel console 裝置的概念，可以在 guest VM 上設定額外的 serial console（pseudo）裝置，該裝置會實際回送到我們 host 系統的日誌檔。請務必了解，此案例是特定於以 Oracle VirtualBox 作為 Hypervisor 應用程式的 x86_64 guest。不過，這個通用概念幾乎到處都適用。

請依照下列步驟設定你的 hypervisor 和 guest 系統，將 guest 到 host 的全部 kernel prink 輸出都記錄到 host 上的一個檔案：

1. 如果已經執行，請關閉 x86_64 guest Linux VM。
2. 在 host 系統上，到 Oracle VirtualBox 應用程式的 GUI 選取 guest VM，通常顯示在左側欄位，然後按一下設定齒輪，開啟 guest VM 設定。
3. 開啟「Settings」對話框，以下是我的 host 系統上顯示的螢幕截圖：

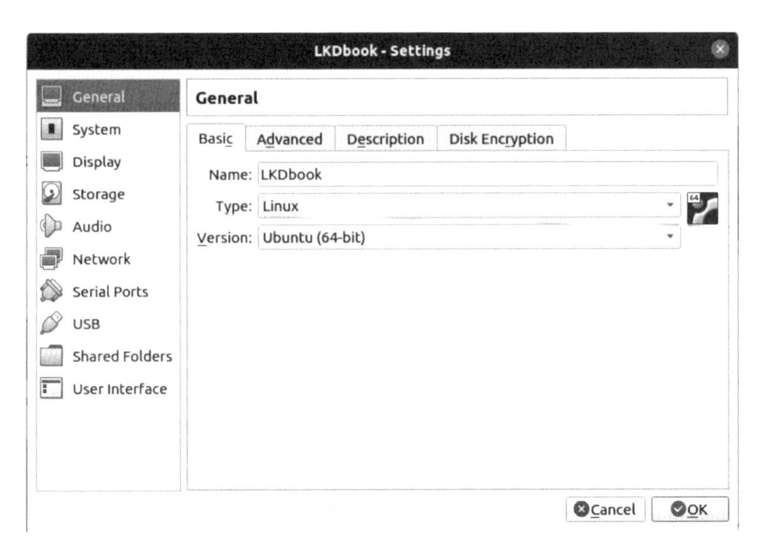

圖 7.20　guest VM 的「Oracle VirtualBox Settings」對話框的螢幕截圖

4. 現在切換到 **Serial Ports** 選項，按一下切換按鈕啟用 **Port 1**。將「Port Number」設為 COM1，相當於 Linux 上的 ttyS0，再透過下拉式選單將「Port Mode」設為「Raw File」，並在「Path/Address」的文字對話框中，輸入 console 日誌檔的路徑名稱，此路徑與你的 host 系統有關：

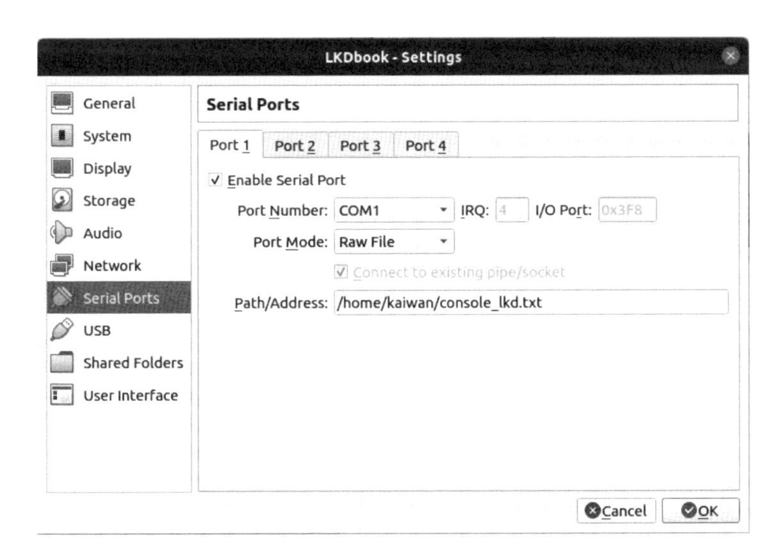

圖 7.21　guest VM 的「Oracle VirtualBox Setting / Serial Port setup」對話框的螢幕截圖，設定 serial console 以記錄到 host 主機上的日誌檔

我的 host 系統也是 Linux，因此路徑名遵循通用的 Unix/Linux 慣例。在 Windows/Mac host 上，根據檔案的命名慣例，提供該檔案在 host 上的路徑名稱。完成後，按一下「OK」按鈕。

5. 啟動 guest 系統。按一個鍵以中斷 GRUB bootloader 並進入其選單介面螢幕，通常是 Shift。瀏覽選單的 **Advanced options for Ubuntu**，在其中，透過上下方向鍵反白選擇適當的 kernel。我正在選取自訂的 5.10.60-prod01 kernel。

6. 輸入 `e` 以編輯此 kernel 選項。向下捲動至以 `linux /boot/vmlinux-5.10.60-prod01 root=UUID=... ro quiet slash ....` 開頭的那行

最重要的是，請編輯 kernel 的命令列，加入新的 serial console(s)。將游標移至此項目的結尾，然後鍵入 `console=ttyS0 console=tty0 ignore_loglevel`：

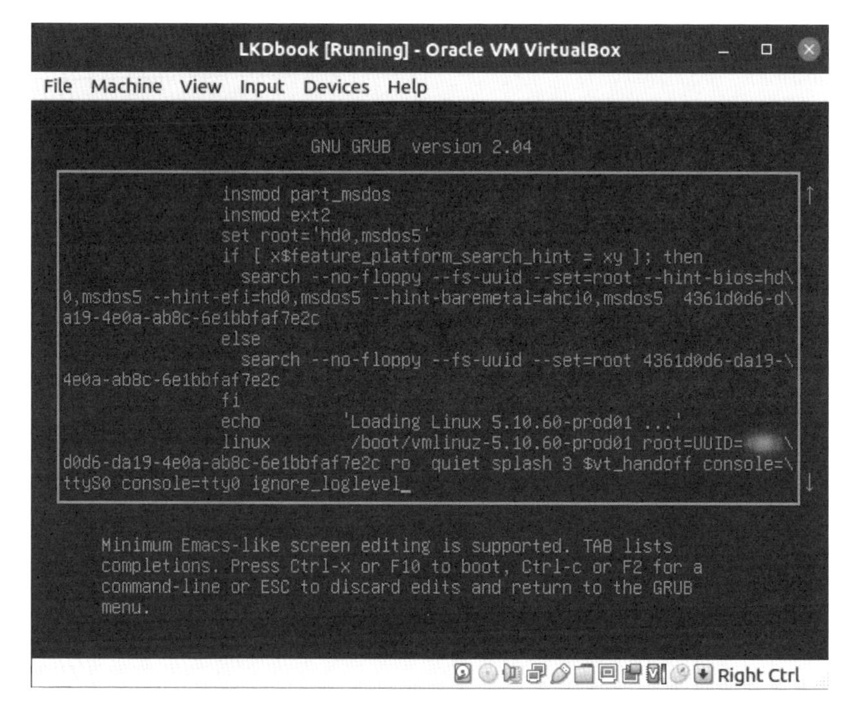

圖 7.22 GRUB CLI 的螢幕截圖，顯示編輯 kernel 命令列，以新增其他 serial console(s) 的步驟

開機時，讓目標 kernel 了解有額外的 serial console 裝置可傳送 kernel 的 printk 輸出。如之前看到的，`ignore_loglevel` 指令讓 kernel 將全部的 printk 輸出傳送到 console，而不管它們的日誌級別為何，這適用於 debug 情境。完成編輯後，請按 Ctrl + X 開機。

在啟用 serial console 的情況下重試 oops_inirqv3

現在，假設你已執行上述詳細步驟，並已在啟用新 serial console 的情況下登入 guest VM。請透過下列方式查驗：

```
$ cat /proc/cmdline
BOOT_IMAGE=/boot/vmlinuz-5.10.60-prod01 root=UUID=<...> ro quiet splash 3 console=ttyS0
console=tty0 ignore_loglevel
```

如第 3 章〈透過檢測除錯：使用 printk 與其族類〉章節所述，快速測試以檢視（pseudo）serial console 是否如預期方式工作，這裡將在 guest 上以 root 身分執行操作：

```
# echo "testing serial console 1 2 3" > /dev/kmsg
```

在 host 上，依照先前提供的路徑名稱查詢 console 檔案。上面送出的訊息應附在檔案尾端。以下是我的 Linux host：

```
$ tail -n1 ~/console_lkd.txt
[  646.403129] testing serial console 1 2 3
```

好，繼續，再次執行 IRQ 有 bug 的模組：

```
cd <...>/ch7/oops_inirqv3
make
sudo insmod ./oops_inirqv3.ko ; sudo dmesg
[... <hangs> ...]
```

系統似乎又掛點了。但這次，Oops 診斷輸出將跨越（pseudo）serial line 到達 host 上的檔案！檢查一下，在我的 host 上，這是 serial console 檔案看到的內容：

```
[  770.407919] BUG: kernel NULL pointer dereference, address: 0000000000000100
[  770.408580] #PF: supervisor write access in kernel mode
[  770.409050] #PF: error_code(0x0002) - not-present page
[  770.409521] PGD 0 P4D 0
[  770.409757] Oops: 0002 [#1] PREEMPT SMP PTI
[  770.410143] CPU: 1 PID: 1699 Comm: insmod Tainted: G           OE     5.10.60-prod01 #6
[  770.410869] Hardware name: innotek GmbH VirtualBox/VirtualBox, BIOS VirtualBox 12/01/2006
[  770.411615] RIP: 0010:irq_work+0x36/0x150 [oops_inirqv3]
[  770.412100] Code: 05 6f fb 9a 3f a9 00 01 ff 00 74 19 a9 00 00 0f 00 0f 84 f5 00 00 00 ba 48 00 00 00 f6
 c4 ff 0f 84 e7 00 00 00 0f 1f 44 00 00 <c7> 04 25 00 01 00 00 78 00 00 00 c3 55 65 4c 8b 04 25 c0 7b 01 00
[  770.413793] RSP: 0018:ffff9cc4800f0f78 EFLAGS: 00010006
[  770.414274] RAX: 0000000080010001 RBX: ffffffffc066b480 RCX: 000000000000080b
[  770.414922] RDX: 0000000000000068 RSI: ffffffffb4f27968 RDI: ffffffffc066b480
[  770.415546] RBP: ffff9cc4800f0f98 R08: 0000000000000000 R09: 0000000000000000
[  770.416168] R10: 0000000000000000 R11: 0000000000000000 R12: 0000000000000022
[  770.416787] R13: 0000000000000020 R14: 0000000000000000 R15: 0000000000000000
[  770.417397] FS:  00007f514a975540(0000) GS:ffff903c7dc40000(0000) knlGS:0000000000000000
[  770.418136] CS:  0010 DS: 0000 ES: 0000 CR0: 0000000080050033
[  770.418662] CR2: 0000000000000100 CR3: 00000000265fe006 CR4: 00000000000706e0
[  770.419283] Call Trace:
[  770.419500]  <IRQ>
[  770.419684]  ? irq_work_single+0x34/0x50
[  770.420032]  irq_work_run_list+0x31/0x50
[  770.420398]  irq_work_run+0x5a/0xf0
[  770.420711]  __sysvec_irq_work+0x30/0xd0
[  770.421085]  asm_call_irq_on_stack+0x12/0x20
[  770.421479]  </IRQ>
[  770.421677]  sysvec_irq_work+0x9f/0xc0
[  770.422478]  asm_sysvec_irq_work+0x12/0x20
[  770.423215] RIP: 0010:native_write_msr+0x6/0x30
[  770.423990] Code: 0f 1f 40 00 0f 1f 44 00 00 55 48 89 e5 0f 0b 48 c7 c7 60 07 07 b5 e8 51 70 c1 00 66 0f
 1f 84 00 00 00 00 00 89 f9 89 f0 0f 30 <0f> 1f 44 00 00 c3 55 48 c1 e2 20 89 f6 48 09 d6 31 d2 48 89 e5 e8
[  770.426876] RSP: 0018:ffff9cc482603bb0 EFLAGS: 00000206
[  770.427732] RAX: 00000000000000f6 RBX: 0000000000000010 RCX: 000000000000083f
[  770.429039] RDX: 0000000000000000 RSI: 00000000000000f6 RDI: 000000000000083f
[  770.430134] RBP: ffff9cc482603bb8 R08: 0000000000000010 R09: ffff903c137550a0
[  770.431195] R10: ffff903c01ae5410 R11: 0000000000000000 R12: ffffffffc066b480
[  770.432229] R13: 00000000000288a8 R14: 0000000000000001 R15: ffffffffc066b0d8
[  770.433264]  ? native_apic_msr_write+0x2b/0x30
[  770.434066]  x2apic_send_IPI_self+0x20/0x30
[  770.434859]  arch_irq_work_raise+0x2a/0x40
[  770.435620]  __irq_work_queue_local+0xbf/0x130
[  770.436398]  irq_work_queue+0x32/0x50
[  770.437091]  ? 0xffffffffc0662000
[  770.437751]  try_oops_init+0x2a/0x1000 [oops_inirqv3]
[  770.438559]  do_one_initcall+0x48/0x210
[  770.439353]  ? kmem_cache_alloc_trace+0x3ae/0x450
[  770.440431]  do_init_module+0x62/0x240
[  770.441121]  load_module+0x2a04/0x3080
[  770.441814]  ? security_kernel_post_read_file+0x5c/0x70
[  770.442651]  __do_sys_finit_module+0xc2/0x120
[  770.443390]  ? __do_sys_finit_module+0xc2/0x120
[  770.444141]  __x64_sys_finit_module+0x1a/0x20
```

圖 7.23　顯示 host 上 serial console 原始檔案內容的部分螢幕截圖；
可以清楚地看到並進而分析 Oops 診斷！

太棒啦！這一次，可以完整看到 Oops 的診斷訊息，因此可以分析。

仔細看一下，這裡很有趣：我們知道這個 bug 發生在一個 interrupt context。`RIP` 暫存器指向正確的 IRQ 工作函式（`irq_work()`）更進一步驗證這點，呼叫（堆疊）追蹤現在有兩個不同的部分：IRQ 堆疊，以 `<IRQ> ... </IRQ>` token 分隔；和非 IRQ 的 process-mode kernel 堆疊追蹤。忽略加上「？」前綴字的訊框，由下而上地讀取能清楚看出發生的事情。

好幾個堆疊

現實情況是同時存在多個堆疊；這取決於（CPU）架構和所發生的事情，以及採用的程式碼路徑。例如，在現代體系結構中，中斷處理發生在單獨的堆疊上，即 IRQ 堆疊。在 x86_64 上，可以有正規的堆疊（regular stack），user-mode 與 kernel-mode 堆疊，也稱 task 堆疊，還有 IRQ 堆疊，用於處理雙重故障、NMI、debug 和機器檢查異常（mce）的硬體異常堆疊，以及入口點堆疊（entry stack）。從目前的堆疊指標開始，堆疊的訊框會展開，每個堆疊都有一個指向下一個堆疊的指標。

當然，頂端那行也清楚指出了 NULL pointer page 的提取（dereference），這是這個 Oops 的根本原因，發生之處是呼叫追蹤所揭示的：

```
BUG: kernel NULL pointer dereference, address: 0000000000000100
```

Oops 輸出包含展現 Oops 時的 process context：

```
CPU: 1 PID: 1699 Comm: insmod Tainted: G           OE      5.10.60-prod01 #6
```

現在，這可能讓你認為 insmod process 是在崩潰時執行 kernel 程式碼的一個 process，而它才是罪魁禍首。好啦！這次不行，這是因為如你所想的，這次，kernel 在 interrupt context 中執行我們的 IRQ 工作函式時發生了錯誤。IRQ 呼叫堆疊的存在也提供這些資訊……

因此，重要的是要了解 insmod process 只是 current macro 在發生 Oops 時所指向的位置，換句話說，insmod process 實際上是被 interrupt，也就是這裡的 work IRQ 所中斷的，這就是它出現的理由，不一定表示它正在執行觸發 Oops 的程式碼。

通常，當你分析 Oops 時，可能會發現 process context 是 swapper（PID 0）。當然，這是在 CPU core 閒置（idle）時所執行的 kernel thread；又稱為 idle thread，每個 CPU core 都有一個這樣的 thread，形式是 swapper/n，其中 n 是

以 0 開頭的 CPU core 編號。所以，重點是，當這個顯示為 process context 時，它更有可能被一個中斷或者 softirq 打斷，而這個中斷實際上就是運行有 bug 的程式碼的那個傢伙。

雖然前面的螢幕截圖中未顯示，但最後一行輸出說明系統掛點的原因，這被視為致命錯誤，kernel 真的 panic 了：

```
[  770.483105] ---[ end Kernel panic - not syncing: Fatal exception in interrupt ]---
```

提醒一下：不幸的是，serial console 日誌檔似乎被截斷了，這好像是 VirtualBox 的一個已知問題，請參閱「深入閱讀」章節的連結。

這裡的通用方法是指定一個 serial console 裝置來記錄 kernel printk 的輸出。netconsole 工具擴展了這個方法，允許你透過網路記錄 kernel 的 printk 輸出！實際上，它是一個 remote printk 裝置，以下會簡要介紹 netconsole 的基本用法。

7.6 ARM Linux 系統上的 Oops 及使用 Netconsole

為了充分了解本節內容，我建議你至少對程式碼所相依的 processor ABI 慣例有所了解，尤其是函式呼叫、參數傳遞和返回值等內容，這裡是指 ARM32。請再次檢閱第 4 章〈透過 Kprobes 儀器進行 debug〉中，「了解 ABI 的基本概念」的小節。

這裡的測試環境是運行標準 5.10.17+ kernel 的 Raspbian 10（Buster）的 Raspberry Pi 0W。這種流行的原型和產品板有 Broadcom BCM2835 **System on Chip(SoC)**，這塊板子內建一個 ARM32 CPU core。

我們進行跨平台編譯（cross-compile）並在裝置上執行通用的測試案例：`oops_tryv2` 模組案例 3（傳遞 `bug_in_workq=yes` 參數）。它一定會引起意外事故，沒有問題，但這個漏洞會非常嚴重，足以完全把板子搞掛！所以要如何才能看到 kernel 日誌呢？

啊哈，kernel 的 netconsole 工具就是答案，至少有這個辦法。另一種方法是使用 Raspberry Pi 的 serial UART 和 USB-to-serial 轉換器，並在終端機 - minicom / Hyperterminal - window 上檢視 console 的輸出！當然，先假設你有 target kernel，本例中，就是為 netconsole 配置的（嵌入式 ARM）target system kernel。Kernel config CONFIG_NETCONSOLE 應設為 y 或 m，這裡假設它編譯為模組這典型情況。

將 netconsole 驅動程式作為模組載入時，這是關鍵參數的格式，稱為 netconsole，用於指定傳送方系統的來源位址，和接收方系統的目的位址：

```
netconsole=[+][src-port]@[src-ip]/[<dev>],[tgt-port]@<tgt-ip>/[tgt-macaddr]
```

請閱讀官方 kernel 文件以取得更完整的資料[13]。這裡將來源和目的通訊埠保留為預設值。

Netconsole 的工作方式是設定傳送者，並透過網路將所有 kernel 的 printk 輸出傳送至接收者系統。很顯然，傳送者是透過網路（使用 UDP）傳送資料，即 kernel printk 的內容再到接收系統。簡單來說，我這樣設定 netconsole：

- 將 Raspberry Pi 0W 設定為傳送者系統。嚴格來說，傳送方應該有一個靜態 IP 位址，以便接收方可以可靠地指定。在這裡，為了測試，所以不費心設定，它確實有效。當然，後面的 IP 位址和介面名稱都是範例，請更改它們以符合你的系統位址，請在一行中輸入此內容：

```
sudo modprobe netconsole netconsole=@192.168.1.24/wlan0,@192.168.1.101/
```

- 將 Linux 主機系統設定為接收方，可以是你的 x86_64 guest VM，也可以設定 Win / Mac 主機為接收方系統，這裡不深入討論。在接收方系統上，實際上不需要安裝 netconsole 模組。只要按照以下步驟執行 netcat 公用程式，即可擷取來自寄件者系統傳入的網路資料流，並將其接收到的資料記錄到檔案：

13 *https://www.kernel.org/doc/Documentation/networking/netconsole.txt*

```
netcat -d -u -l 6666 | tee -a dmesg_arm.txt
```

傳遞給 netcat 的選項如下：

- -d：不會嘗試讀取標準輸入。
- -u：使用 UDP（非 TCP）作為傳輸層通訊協定。
- -l 6666：在 port 6666 監聽進入的連線，netconsole 的預設目的連線 port。

現在，在嵌入式板上執行有 bug 的模組，在接收方系統上執行 netcat，以擷取 netconsole 從嵌入式系統傳送的 kernel 日誌。

實際的考量點：ARM（跨平台）編譯器失敗

我發現，使用 x86_64 到 ARM32 的 cross compiler：arm-linux-gnueabihf-gcc 為 ARM 編譯模組時，它經常失敗，並出現這種錯誤：

```
ERROR: modpost: "__aeabi_ldivmod" [<...>/ch7/oops_tryv2/oops_tryv2.ko]
undefined!
```

這似乎與 ARM 的分工方式有關。一個笨笨的權宜之計就是將執行除法的程式碼註解掉，如這裡的 consistent.h:SHOW_DELTA() macro。移除之後就能正確編譯。

下面的螢幕截圖捕捉正在執行的這些步驟。上面背景較淺的視窗是嵌入式的傳送端系統，先在這裡載入 netconsole，然後載入模組；背景較深的底部視窗是運行 netcat 的接收端主機系統：

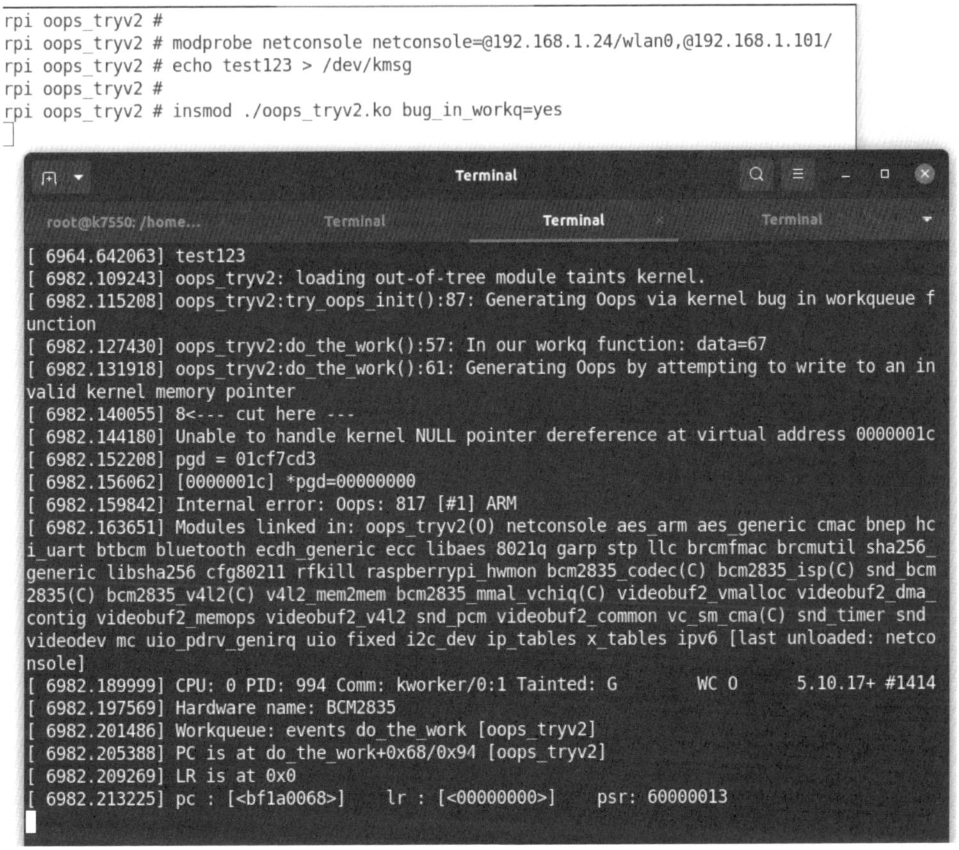

```
rpi oops_tryv2 #
rpi oops_tryv2 # modprobe netconsole netconsole=@192.168.1.24/wlan0,@192.168.1.101/
rpi oops_tryv2 # echo test123 > /dev/kmsg
rpi oops_tryv2 #
rpi oops_tryv2 # insmod ./oops_tryv2.ko bug_in_workq=yes
```

```
Terminal
root@k7550: /home...    Terminal    Terminal    Terminal
[ 6964.642063] test123
[ 6982.109243] oops_tryv2: loading out-of-tree module taints kernel.
[ 6982.115208] oops_tryv2:try_oops_init():87: Generating Oops via kernel bug in workqueue f
unction
[ 6982.127430] oops_tryv2:do_the_work():57: In our workq function: data=67
[ 6982.131918] oops_tryv2:do_the_work():61: Generating Oops by attempting to write to an in
valid kernel memory pointer
[ 6982.140055] 8<--- cut here ---
[ 6982.144180] Unable to handle kernel NULL pointer dereference at virtual address 0000001c
[ 6982.152208] pgd = 01cf7cd3
[ 6982.156062] [0000001c] *pgd=00000000
[ 6982.159842] Internal error: Oops: 817 [#1] ARM
[ 6982.163651] Modules linked in: oops_tryv2(O) netconsole aes_arm aes_generic cmac bnep hc
i_uart btbcm bluetooth ecdh_generic ecc libaes 8021q garp stp llc brcmfmac brcmutil sha256_
generic libsha256 cfg80211 rfkill raspberrypi_hwmon bcm2835_codec(C) bcm2835_isp(C) snd_bcm
2835(C) bcm2835_v4l2(C) v4l2_mem2mem bcm2835_mmal_vchiq(C) videobuf2_vmalloc videobuf2_dma_
contig videobuf2_memops videobuf2_v4l2 snd_pcm videobuf2_common vc_sm_cma(C) snd_timer snd
videodev mc uio_pdrv_genirq uio fixed i2c_dev ip_tables x_tables ipv6 [last unloaded: netco
nsole]
[ 6982.189999] CPU: 0 PID: 994 Comm: kworker/0:1 Tainted: G        WC O      5.10.17+ #1414
[ 6982.197569] Hardware name: BCM2835
[ 6982.201486] Workqueue: events do_the_work [oops_tryv2]
[ 6982.205388] PC is at do_the_work+0x68/0x94 [oops_tryv2]
[ 6982.209269] LR is at 0x0
[ 6982.213225] pc : [<bf1a0068>]    lr : [<00000000>]    psr: 60000013
```

圖 7.24　螢幕截圖畫面顯示 netconsole 正在運作；上方淡色視窗是嵌入式的傳送端，下方深色視窗是執行 netcat 的主機

看吧，擷取了接收端系統上的 kernel log，現在可以隨時分析。

雖然這裡不談細節，但我要說：此處的 Oops 位元遮罩，在 `Internal error: Oops: 817 [#1] ARM` 十六進位那一行的 817 數值，絕對不會跟在 x86 有一樣的解釋。所以要如何解釋呢？你需要參考跟特定 ARM core 有關的**技術參考手冊（Technical Reference Manual, TRM）**，這個 core 在 BCM2835 上，即 ARM1176JZF-S。解譯它的**故障狀態暫存器（Fault Status Register, FSR）**編碼，是為了了解它代表的意義。在此，`PC is at do_the_work+0x68/0x94 [oops_tryv2]` 這行是多餘的，有點繞圈子；此外，使用 `[f]addr2line` 也可以精確定位原始碼的行號！接下來就是要講這個。

在 ARM 上找出實際上有 bug 的程式碼位置

在 Oops 診斷（從 ARM 系統的 kernel，透過 netconsole 傳送到我們的接收端系統）中的關鍵內容如下：

```
Workqueue: events do_the_work [oops_tryv2]
PC is at do_the_work+0x68/0x94 [oops_tryv2]
LR is at irq_work_queue+0x6c/0x90
```

在這個特殊情況下，系統似乎在呼叫堆疊之前就已經整個掛點了！無論如何：**程式計數器（Program Counter, PC）**那行，也就是 x86_64 上的 RIP 暫存器，清楚地說明發生什麼事：bug 似乎是在 oops_tryv2 模組內的 do_the_work() 函式觸發的，偏移量為 0x68 個位元組，十進位是 104；此函式的長度為 0x94 個位元組，十進位是 148。有趣的是，ARM 上的**行暫存器（Line Register, LR）**指定了返回位址。實際上，可知道函式 irq_work_queue() 呼叫了我們的 do_the_work() 工作佇列常式！請注意，此資訊並未顯示在圖 7.22 中。此外，與 x86_64 一樣，Workqueue: 那一行說明已呼叫 kernel 的預設 events 工作佇列功能，好運行我們的工作常式。

好，請好好利用上一節學到的知識，使用掌握的一些工具來實際識別引發這個「Oops」那行有 bug 的程式碼！以下將使用 3 種工具：addr2line、GDB 和 objdump 來完成。請繼續，看是什麼魔術！

在 ARM 的 addr2line

在裝置上的模組運行功能強大的 addr2line 公用程式，以提供由 Oops 報告的起始偏移量，即如上所述的 0x68 數值；而且，rpi ops_tryv2 $ 前綴字只是我們的 shell prompt（提示符號），環境變數則是 PS1=rpi \W $：

```
rpi oops_tryv2 $ addr2line -e ./oops_tryv2.ko 0x68
</path/
to/>Linux-Kernel-Debugging/ch7/oops_tryv2/oops_tryv2.c:62
```

以下是帶有行號字首的來源檔案相關程式碼片段：

```
61        pr_info("Generating Oops by attempting to write to an invalid kernel memory
pointer\n");
62        oopsie->data = 'x';
63    }
```

在有 bug 那行會特別標示出來。addr2line 公用程式已經抓到它了！這次在 ARM 上執行。

在 ARM 的 GDB

在裝置上的模組上運行 GDB，利用其強大的 list 指令來完成工作：

```
rpi oops_tryv2 $ gdb -q ./oops_tryv2.ko
Reading symbols from ./oops_tryv2.ko...done.
(gdb) list *do_the_work+0x68
0x68 is in try_oops_init (/home/pi/Linux-Kernel-Debugging/ch8/oops_tryv2/oops_tryv2.
c:62).
57              pr_info("In our workq function: data=%d\n", priv->data);
58              t2 = ktime_get_real_ns();
59      //      SHOW_DELTA(t2, t1);
60              if (!!bug_in_workq) {
61                      pr_info("Generating Oops by attempting to write to an invali
d kernel memory pointer\n");
62                      oopsie->data = 'x';
63              }
64              kfree(gctx);
65      }
66
(gdb) █
```

圖 7.25 顯示 ARM GDB 的 list 指令如何捕捉 bug 那行程式碼的螢幕截圖

請仔細檢視前面截圖中的 list *do_the_work+0x68 指令輸出。又打中了，完全正確！

在 ARM 的 objdump

在裝置上的模組運行 objdump 公用程式，我已經從下列的輸出中刪掉一些空行：

```
rpi oops_tryv2 $ objdump -dS ./oops_tryv2.ko
./oops_tryv2.ko:     file format elf32-littlearm
Disassembly of section .text:
00000000 <do_the_work>:
/* Our workqueue callback function */
static void do_the_work(struct work_struct *work)
{
   0: e1a0c00d  mov   ip, sp
   4: e92dd800  push  {fp, ip, lr, pc}
   8: e24cb004  sub   fp, ip, #4
[...]
```

向下捲動至最接近起始位移的符合匹配，如通用的 `funcname+x/y` 格式。這裡的 `x`（offset）值為 `0x68`：

```
  5c: ebfffffe  bl   0 <printk>
oopsie->data = 'x';
  60: e3a03000   mov  r3, #0
  64: e3a02078   mov  r2, #120  ; 0x78
  68: e5c3201c   strb r2, [r3, #28]
}
kfree(gctx);
```

很清楚地，（ARM）assembler 產生的程式碼來源那行很突出。我們再次擊中目標！

如前所述，一個實際的考量是，如果無法在嵌入式裝置上運行這些工具，那該如何是好？所以，你需要準備下面這些：

- 未經 strip 的 debug kernel：`vmlinux` kernel image，具有可用的 debug 符號
- cross toolchain，包含用來產生 target 系統的 bootloader、kernel 和 root 檔案系統映像檔的每個工具 / 公用程式

同樣，這也是我們強烈建議你除了 production kernel 之外，一定要編譯並保留一個 debug kernel 的原因。

要將其他的 kernel helpler scripts 用在不是 x86 平台所生成的 Oops 時，別忘了要適當地設定 ARCH 與 `CROSS_COMPILE` 環境變數，正如我們在做 cross-compile

時所做的那樣。例如，若要執行 decode_stacktrace.sh script 處理 ARM 機器產生的 Oops 輸出，請執行下列動作：

```
ARCH=arm CROSS_COMPILE=arm-linux-gnueabihf-  scripts/decode_stacktrace.sh < oops_from_
arm.txt
```

最後一點：有些不同的是，另一個很受歡迎的 ARM 開發 / 原型板，來自德州儀器公司（Texas Instruments, TI）的 BeagleBone Black，也會觸發同樣的 bug 和 Oops！

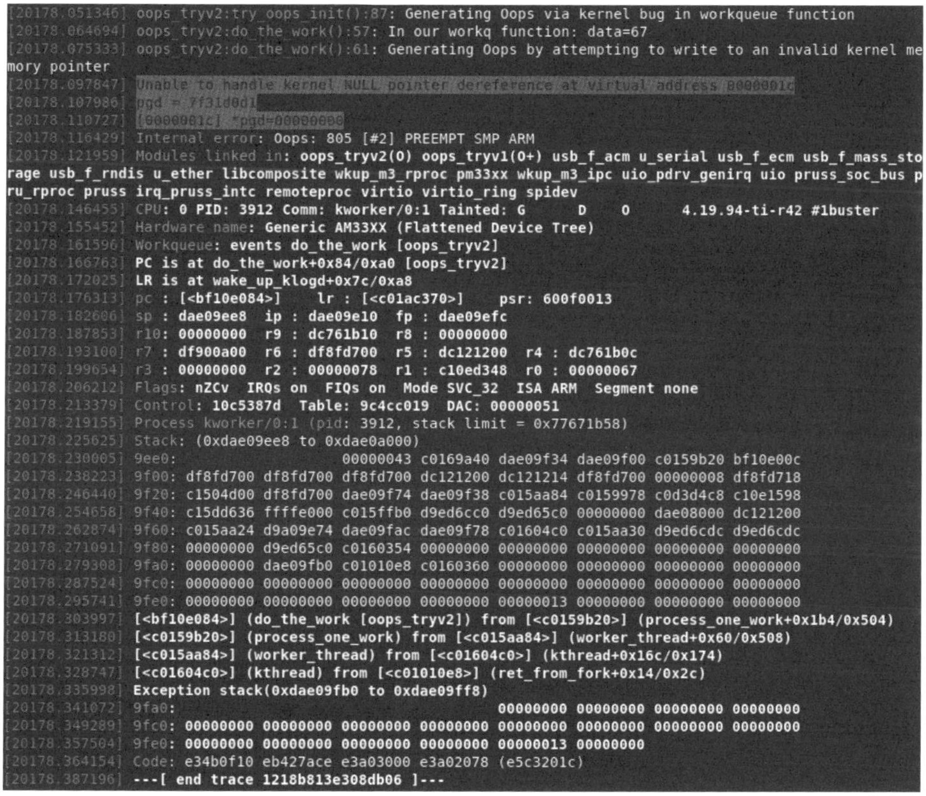

```
[20178.051346] oops_tryv2:try_oops_init():87: Generating Oops via kernel bug in workqueue function
[20178.064694] oops_tryv2:do_the_work():57: In our workq function: data=67
[20178.075333] oops_tryv2:do_the_work():61: Generating Oops by attempting to write to an invalid kernel me
mory pointer
[20178.097847] Unable to handle kernel NULL pointer dereference at virtual address 0000001c
[20178.107986] pgd = 7f31d0d1
[20178.110727] [0000001c] *pgd=00000000
[20178.116429] Internal error: Oops: 805 [#2] PREEMPT SMP ARM
[20178.121959] Modules linked in: oops_tryv2(O) oops_tryv1(O+) usb_f_acm u_serial usb_f_ecm usb_f_mass_sto
rage usb_f_rndis u_ether libcomposite wkup_m3_rproc pm33xx wkup_m3_ipc uio_pdrv_genirq uio pruss_soc_bus p
ru_rproc pruss irq_pruss_intc remoteproc virtio virtio_ring spidev
[20178.146455] CPU: 0 PID: 3912 Comm: kworker/0:1 Tainted: G      D    O      4.19.94-ti-r42 #1buster
[20178.155452] Hardware name: Generic AM33XX (Flattened Device Tree)
[20178.161596] Workqueue: events do_the_work [oops_tryv2]
[20178.166763] PC is at do_the_work+0x84/0xa0 [oops_tryv2]
[20178.172025] LR is at wake_up_klogd+0x7c/0xa8
[20178.176313] pc : [<bf10e084>]    lr : [<c01ac370>]    psr: 600f0013
[20178.182606] sp : dae09ee8  ip : dae09e10  fp : dae09efc
[20178.187853] r10: 00000000  r9 : dc761b10  r8 : 00000000
[20178.193100] r7 : df900a00  r6 : df8fd700  r5 : dc121200  r4 : dc761b0c
[20178.199654] r3 : 00000000  r2 : 00000078  r1 : c10ed348  r0 : 00000067
[20178.206212] Flags: nZCv  IRQs on  FIQs on  Mode SVC_32  ISA ARM  Segment none
[20178.213379] Control: 10c5387d  Table: 9c4cc019  DAC: 00000051
[20178.219155] Process kworker/0:1 (pid: 3912, stack limit = 0x77671b58)
[20178.225625] Stack: (0xdae09ee8 to 0xdae0a000)
[20178.230005] 9ee0:                   00000043 c0169a40 dae09f34 dae09f00 c0159b20 bf10e00c
[20178.238223] 9f00: df8fd700 df8fd700 df8fd700 dc121200 dc121214 df8fd700 00000008 df8fd718
[20178.246440] 9f20: c1504d00 df8fd700 dae09f74 dae09f38 c015aa84 c0159978 c0d3d4c8 c10e1598
[20178.254658] 9f40: c15dd636 ffffe000 c015ffb0 d9ed6cc0 d9ed65c0 00000000 dae08000 dc121200
[20178.262874] 9f60: c015aa24 d9a09e74 dae09fac dae09f78 c01604c0 c015aa30 d9ed6cdc d9ed6cdc
[20178.271091] 9f80: 00000000 d9ed65c0 c0160354 00000000 00000000 00000000 00000000 00000000
[20178.279308] 9fa0: 00000000 dae09fb0 c01010e8 c0160360 00000000 00000000 00000000 00000000
[20178.287524] 9fc0: 00000000 00000000 00000000 00000000 00000000 00000000 00000000 00000000
[20178.295741] 9fe0: 00000000 00000000 00000000 00000000 00000013 00000000 00000000 00000000
[20178.303997] [<bf10e084>] (do_the_work [oops_tryv2]) from [<c0159b20>] (process_one_work+0x1b4/0x504)
[20178.313180] [<c0159b20>] (process_one_work) from [<c015aa84>] (worker_thread+0x60/0x508)
[20178.321312] [<c015aa84>] (worker_thread) from [<c01604c0>] (kthread+0x16c/0x174)
[20178.328747] [<c01604c0>] (kthread) from [<c01010e8>] (ret_from_fork+0x14/0x2c)
[20178.335998] Exception stack(0xdae09fb0 to 0xdae09ff8)
[20178.341072] 9fa0:                                     00000000 00000000 00000000 00000000
[20178.349289] 9fc0: 00000000 00000000 00000000 00000000 00000000 00000000 00000000 00000000
[20178.357504] 9fe0: 00000000 00000000 00000000 00000000 00000013 00000000
[20178.364154] Code: e34b0f10 eb427ace e3a03000 e3a02078 (e5c3201c)
[20178.387196] ---[ end trace 1218b813e308db06 ]---
```

圖 7.26　螢幕截圖顯示，TI 的 BeagleBone Black 執行自訂 4.19.94 kernel 與 Debian Linux，也會產生相同的 Oops

這裡要請你練習，請仔細瀏覽此螢幕截圖，並找出我們討論那麼久的所有關鍵重點！

提示：如前所述，解譯 x86 以外系統上的 Oops 位元遮罩，會涉及查詢該處理器的技術參考手冊。Oops 位元遮罩會顯示在此行中：

```
Internal error: Oops: 805 [#2] PREEMPT SMP ARM
```

因此，需要查一下 TI Sitara AM335x SoC 的技術參考手冊，這是 Cortex-A8 core，也就是這片開發板所搭載的。其中，**記憶體保護錯誤狀態暫存器（Memory Protection Fault Status Register, MPFSR）**會保留 error code，它會顯示為 Oops 位元遮罩！可見相關的技術參考手冊 PDF 檔案[14]，MPFSR 暫存器內部編碼的詳細資訊在第 11.4.1.87 節，本文撰寫時，該資訊位於 PDF 檔案第 1735 頁。

7.7 幾個實際的 Oops

以下是一些實際的 Oops，我在 **Linux Kernel Mailing List（LKML）**archive 中使用關鍵字 Oops 隨性的搜尋：

- Kernel NULL pointer dereference，在 4.14-rc2：`https://groups.google.com/g/linux.kernel/c/rG2uYWdoteo/m/6RacvsJ6BwAJ?hl=en`
- 在 4.9.33 的 Oops，請閱讀電子郵件：`https://groups.google.com/g/linux.kernel/c/t4IRjnxo2Kc/m/7Me5AEVIBwAJ`
- 由 Intel 超強的 kernel 測試機器人標示的一個 Oops。這已在基於 QEMU 的 x86-32 上重現，因此請查詢 EIP 暫存器，而不是 RIP ！ `https://lkml.org/lkml/2020/8/10/1390`
- 截至本文撰寫，5.14.19 上最後一個 Oops：`https://lkml.org/lkml/2021/11/18/1116`

14 *https://www.ti.com/lit/ug/spruh73q/spruh73q.pdf*

- 用 5.8.0-rc5 開機時，在 ARM64 上發生的一個 Oops，請閱讀分析：`https://lkml.org/lkml/2020/7/20/139`

接下來還有個一個有趣的 **Linux 驅動程式驗證（Linux Driver Verification, LDV）**專案。它們有一組規則，可透過靜態和動態分析框架以及其他工具驗證。就 kernel bug 而言，此專案已找到幾個問題。這些內容都記錄在 Problems in Linux Kernel[15]，趕快去看！

當然，你只要在 kernel Bugzilla 網站[16]搜尋 Oopses 即可。但請注意，kernel 社群會希望你將 bug 報告直接寫到適當的郵件清單並複製到 LKML，而不是這個網站，回想一下 `get_maintainer.pl script`。

當然，一個重要的問題就是首先能不能取得 kernel 日誌，否則，要如何分析和解譯可能發生的 Oops 或 panic？如果 bug 夠嚴重的話，甚至連要儲存 kernel 日誌到磁碟或快閃記憶體都會受到影響。基於這個原因，我們有其他選擇，以下是一份簡短的清單：

- **Serial console**：kernel 的 printk 輸出會儲存在另一個系統透過實體的 serial console 存取；它也可以是虛擬的 serial console，如上一節所示。
- **Netconsole**：可透過網路傳輸 kernel printk 輸出的功能。
- 使用永續性的 RAM 來儲存 kernel 日誌緩衝區；例如，kernel Ramoops 框架使 kernel 不斷將 kernel printk 的輸出，儲存到永久記憶體區域中的循環緩衝區，允許在重新開機後存取內容。請參閱官方 kernel 文件[17]的詳細資訊。
- Kernel 精緻的 kdump 架構，可擷取整個 kernel 記憶體映像。再加上以 crash 應用程式來分析，可能會非常強大。第 12 章〈再談談一些 kernel debug 方法〉會介紹。

15 *http://linuxtesting.org/results/ldv*

16 *https://bugzilla.kernel.org/query.cgi*

17 *https://www.kernel.org/doc/html/latest/admin-guide/ramoops.html*

許多類似或與上面提到的獨立實作都是由個人和組織完成，有些工具你在處理專案或產品時可能會有用過。

結論

太好了！完成這個非常重要的篇章真是太棒了！

你在這裡了解何謂 kernel Oops，或許可以將其視為等同於 user-mode 的區段錯誤（segfault），但是因為是有 bug 的 kernel，所以已經關掉了一些保障。我們首先向你示範如何生成簡單的 NULL pointer dereference 錯誤，因而觸發 Oops。即使這聽起來可能很傻也很顯而易見，但這些 bugs 仍然會發生，本章最後部分介紹的實際 Oops，其中一些就是 NULL poinrter dereference 的 bugs。接著更進一步，在 NULL trap page 和 kernel VAS 的隨機稀疏區域中觸發 bug，請回想一下有用的 procmap 實用程式，它允許你檢視任何 process 的整個記憶體對映。然後，實際地使用 kernel 的預設 events 工作佇列，讓 kernel 的 worker thread 非法存取無效指標，導致出現 Oops，如案例 3！並在本章的接下來的部分，成為實用測試案例。

這個主題用很多螢幕截圖來向你展示最重要的部分，實際上就是解讀詳細的 Oops 診斷。當然，由於是隨著 CPU 架構而定的，我們主要從 x86_64 的觀點來討論它，還介紹在 ARM（32-bit）系統上生成和解讀 Oops 的方法，使用 Raspberry Pi 0W，和快速檢視 BeagleBone black Oops 的螢幕截圖。學習如何使用各種 toolchain 公用程式與 kernel helper script 來協助你 debug Oops，這非常重要。在整個過程中，我們甚至開始使用功能強大的網路控制台（netconsole）功能。

本章最後，你看到一些實際的 Oops，這些內容很有意思。重要的是，我們還提到一些技術，用於在 kernel 日誌有問題的情況下幫助撈出 kernel 日誌。

雖然不用說，但我還是說！請仔細檢視甚至生成（！）實際的 Oops，並善用各種可用的工具和技術實務，試著解讀它們。

接下來的章節要討論另一個關鍵主題：找出與上鎖有關的 bug。

深入閱讀

- 可下載我之前著作的電子版：《Linux Kernel Programming, Part 2 – Char Device Drivers and Kernel Synchronization》：https://github.com/PacktPublishing/Linux-Kernel-Programming/blob/master/Linux-Kernel-Programming-(Part-2)/Linux%20Kernel%20Programming%20Part%202%20-%20Char%20Device%20Drivers%20and%20Kernel%20Synchronization_eBook.pdf
- VirtualBox 的 serial console 日誌檔會被截斷嗎？這份 Q&A 似乎可以解決：[Solved] How to create unique path for serial port log file: https://forums.virtualbox.org/viewtopic.php?f=1&t=86254
- 在 x86_64 上的 CPU 暫存器：https://wiki.osdev.org/CPU_Registers_x86-64
- 官方的 kernel 文件：Bug hunting: https://www.kernel.org/doc/html/latest/admin-guide/bug-hunting.html
- KASLR：
  - Kernel address space layout randomization, LWN, Oct 2013: https://lwn.net/Articles/569635/
  - A brief description of ASLR and KASLR, Sep 2019: https://dev.to/satorutakeuchi/a-brief-description-of-aslr-and-kaslr-2bbp
- Meltdown/Spectre 的一些硬體 bug：
  - Meltdown and Spectre: https://meltdownattack.com/
  - Spectre and Meltdown explained: A comprehensive guide for professionals, Tech Republic, May 2019: https://www.techrepublic.com/article/spectre-and-meltdown-explained-a-comprehensive-guide-for-professionals/

    - KPTI/KAISER Meltdown Initial Performance Regressions, B Gregg, Feb 2018: https://www.brendangregg.com/blog/2018-02-09/kpti-kaiser-meltdown-performance.html

- Netconsole：
    - 官方的 kernel 文件：https://www.kernel.org/doc/Documentation/networking/netconsole.txt
    - 這裡有一些簡單的介紹：Debugging by printing, eLinux: https://elinux.org/Debugging_by_printing#NetConsole

- 文章：Much ado about NULL: Exploiting a kernel NULL dereference, Oracle Linux Blog, Apr 2010: https://blogs.oracle.com/linux/post/much-ado-about-null-exploiting-a-kernel-null-dereference

CHAPTER 8

鎖的除錯

請想像一下：兩個執行緒（threads）T1 和 T2 在不同的 CPU core 上運行，透過一個共享的（全域）可寫入資料項目進行並行作業。如果這些記憶體存取的其中一個或兩者，都要寫入一次 / 儲存一次，那恭喜你，你剛剛見證了一個難以發現和捕捉的巧妙 bug 或缺陷：資料競速（data race）。這在 user 及 kernel space 都有可能發生，若是後者，還可能出現與行程（process）、執行緒（thread）和中斷（interrupt）的內容（context）同時競速的可能性。

Data race 當然是個 bug。更慘的是，這往往是一個線索或徵兆，說明通常有更高層次的問題或缺陷，就像眾所周知的冰山一角。解決有 bug 的程式碼、找到 data race、修正它，並找出任何更高層次的根本問題極為必要！如我們將詳述的，當 code path（程式碼路徑）中的臨界區間（critical section）未受到保護時，就會發生 data race。所以，該如何保護臨界區間呢？**上鎖（Lock）**是一種常用的方法。Linux kernel 提供了幾個 lock 方式：互斥鎖（mutex）、自旋鎖（spinlock），以及使用整數且基於原子式（atomic）及基於 reference count 的鎖。Lock 會導致效能問題，如產生瓶頸，因此，kernel 還提供了**無鎖（lock-free）**機制來幫助克服這一點。這包括使用個別的 CPU（per-CPU）資料、根據設計建立 lock-free 資料結構，以及功能強大的 **RCU（Read Copy Update）** 機制。

Linux kernel 的確複雜無比。由於共有數千個共用的可寫入的資料項目，data race 的可能性是真實存在的，正確使用 Lock 或 lock-free 機制可確保正確性。但當然，程式設計師，嗯，就是人，本身會出錯而且也確實會犯錯，甚至有時發生的頻率還有點驚人。平心而論，平行性（concurrency）對人類思維來說是一個非常複雜的主題，很難完全理解它所有可能的副作用。目前是 **Kernel Concurrency Sanitizer（KCSAN）** 現職維護者 Marco Elver，向我們展示如何在 Linux kernel 進行 data race 偵測 [1]，有幾個送到 Linux kernel 的 commits 解決或避免 data race 的方法。在最近版本，此時為 5.15.0 基於 git 的 kernel source tree 的根目錄中，執行下列動作：

```
git log-format=oneline v5.3..v5.15 |grep -iE '(Fix|avoid) .*[ -]race[ -]'|wc -l
197
```

不僅如此，要能可靠地重製問題、甚至理解 data race 有 bug 的根本原因是並行性問題，可能很難，它們往往是微妙的時機巧合。此外，這些類型的缺陷通常可稱為**海森堡（Heisenbugs）**bug：它們會在觀察過程中微妙地改變甚至消失！這個名字當然是受到量子力學中眾所周知的**海森堡測不準原理（Heisenberg uncertainty principle）**啟發，經典情況是觀察者越能預測電子位置，計算出電子的動量就越少；反之亦然。在 concurrency 中加入檢測可能會導致引發海森堡 bug，結果導致新開發者頭腦更加混亂。

同樣地，請務必了解，從長遠來看，對於你正在處理的產品或專案，偵測和修正 kernel 的 data race 是不夠的，甚至必須偵測和修正 userspace 的 data race！有工具可以幫忙：helgrind、**Thread Sanitizer（TSAN）**，甚至是 **lockdep**。除了介紹一些 lockdep 以外，這裡不會介紹其他工具，但我還是希望你們可以自行熟悉它們的用法！

---

1 *https://linuxplumbersconf.org/event/7/contributions/647/attachments/549/972/LPC2020-KCSAN.pdf*

本章將重點討論並涵蓋以下主題：

- 上鎖與 debug 因鎖產生的 bug
- 上鎖：快速總結要點
- 使用 KCSAN 攔截 concurrency bug
- 一些實際案例：由於上鎖問題導致的 kernel bug。

8.1 技術需求

技術需求和工作區與第 1 章所述相同。程式碼範例可以在本書的 GitHub repository[2] 找到。

這裡也會參考我之前那本免費（！）電子書《Linux Kernel Programming - Part 2》的最後兩章。其 GitHub repository 可於此處取得：`https://github.com/PacktPublishing/Linux-Kernel-Programming-Part-2`。

8.2 上鎖與 debug 因鎖產生的 bug

由於本書是專門針對 Linux kernel debug 的主題而撰寫的，所以不會涵蓋上鎖的基礎知識、為什麼需要上鎖的介紹，以及提供各種上鎖 kernel 技術，包括 mutex 鎖、spinlock、基於原子和基於參考計數的整數鎖、lock-free 技術（如 per-CPU 變數、RCU 等）。事實上，我之前的另一本書這些內容大部分都有（參考下文）。

此外，關於 kernel 級上鎖問題的許多 debug 材料，通常為不同類型的死結（deadlock），以及捕獲它們的工具，包括 lockdep 這最強大的工具之一！這在本人之前的書也介紹過了，如果你不熟悉這些主題，一樣建議參考可免費下載的《Linux Kernel Programming - Part 2》電子書，相關範圍包括：

2 *https://github.com/PacktPublishing/Linux-Kernel-Debugging*

- 該書第 6 章〈Kernel 同步之一〉，詳細闡述關於上鎖的基礎知識：什麼是臨界區間、上鎖概念和術語、kernel space 中的 concurrency 問題、如何實際使用 mutex 鎖和 spinlock API 等；包括在 process 和 interrupt context 中使用上鎖。此外，還會在下一個「上鎖」章節提供一個快速摘錄重點。
- 該書第 7 章〈Kernel 同步之二〉，在 kernel 內的上鎖除錯章節。
- 這章也涵蓋進階的上鎖技術，包括 lock-free。

很酷的是，《Linux Kernel Programming - Part 2》電子書[3]可免費下載！也可以從亞馬遜下載 Kindle 版。快點下載回去吧！

8.3 上鎖：快速總結要點

如前所述，有需要的話，請參閱《Linux Kernel Programming - Part 2》這本書來摘錄 Linux kernel 的上鎖基礎知識，以及更重要的 kernel 級 debug 技術、關於預防和檢測危險的上鎖 bug，如致命死結的指導原則。

不過，以下也要摘錄有關上鎖此處的真正要點：

- 一個**臨界區間**是可以 parallel 執行的 code path，可處理，即讀取和或寫入共享可寫入資料，也稱為**共享狀態**。
- 因為它適用於共享的可寫入資料，所以臨界區間需要保護，以避免下列情況：
  - 並行性（Parallelism），亦即必須單獨執行、序列化、互斥的方式
  - 當在原子式不可阻塞的 context 中運行時，例如中斷，它必須以原子方式運行：不可分割、無中斷地完成。要做到這一點，需要先識別

3 *https://github.com/PacktPublishing/Linux-Kernel-Programming/blob/master/Linux-Kernel-Programming-(Part-2)/Linux%20Kernel%20Programming%20Part%202%20-%20Char%20Device%20Drivers%20and%20Kernel%20Synchronization_eBook.pdf*

程式碼路徑中的每個臨界區間，然後保護這些區間免於 concurrent 存取；要如何辦到？這就是接下來的要點說明。必須識別並保護程式碼庫（code base）中每個臨界區間：

- 識別臨界區間非常重要！仔細想想你的程式碼，確保你不會錯過他們。
- 可以透過各種技術保護它們，極為常見的技術就是**上鎖**；還有一個更有效的技術：lock-free 程式設計。
- 常見的錯誤是只保護「寫到」全域可寫資料的臨界區間。你必須也要同時保護「讀取」全域可寫資料的臨界區間；否則，可能會有撕裂或髒汙讀取（torn or dirty read）的風險！
- 另一個致命錯誤是不使用相同的鎖來保護給定的資料項。或者，使用錯誤的變數鎖，實際上就是錯誤的上鎖。
- 無法保護臨界區間會導致 **data race**，這種情形的結果是讀取 / 寫入資料的實際值很不準確，意味著結果會隨運行時環境和時間而變化。這是一個 bug，一個在「領域」中很難看到、重現、判斷其根本原因和修復的 bug。此外，data race 還不只如此；請務必檢視以下章節：到底何為 data race ？

- **例外**：下列情況下是安全的（隱含的，沒有明確保護）：
  - 當你使用區域變數工作時。它們在 process / thread context 經由私有的（kernel）堆疊所配置；或者，在 interrupt context 中，是在 local IRQ 的堆疊上。因此，根據定義，它們是安全的。
  - 當你在程式碼中處理可能無法在另一個 context 運行的程式碼共享可寫資料時；也就是說，它天生就是序列化的。在我們的 context 中，LKM 的 init 和 cleanup method 就符合，它們在 `insmod` 或 `modprobe`，和 `rmmod` 僅運行一次。
  - 當你處理真正是常數且唯讀的共享資料時，但不要讓 C 的 `const` 關鍵字騙了你！

- 以下是如何好好運用純 C 的記憶體存取之文件：〈MARKING SHARED-MEMORY ACCESS in the Use of Plain C-Language Access section〉[4]。

上鎖在本質上就是複雜的，必須非常仔細地考慮、設計和實作程式碼，以避免死結。請再次參閱《Linux Kernel Programming - Part 2》，第 6 章〈Kernel 同步之一〉的「Locking guidelines and deadlocks」章節；此外，本章「深入閱讀」章節也可檢視一些上鎖的相關資料。

了解 data race：深入探索

當你更深入地了解這個複雜的主題時，你會發現還有很多東西要學！

什麼是 data race？

Linux kernel 有自己的記憶體模型，稱為 **Linux kernel's Memory (Consistency) Model**（**LKMM**）。使用此模型，有更精確的方法來定義 **data race** 一這種情況是發生兩個或多個記憶體存取，因此適用下列情況：

- 兩者存取相同的記憶體位置 / 位址。
- 兩者以 parallel 方式並行發生。
- 至少有一個存取是寫入或儲存操作。
- 至少一個存取是純 C 語言。
- 它們在不同的 CPU cores 上運行，或同一 core 上的不同 threads 內。

4 *https://git.kernel.org/pub/scm/linux/ kernel/git/torvalds/linux.git/tree/tools/memory-model/Documentation/access-marking.txt*

下面螢幕截圖能清楚說明：

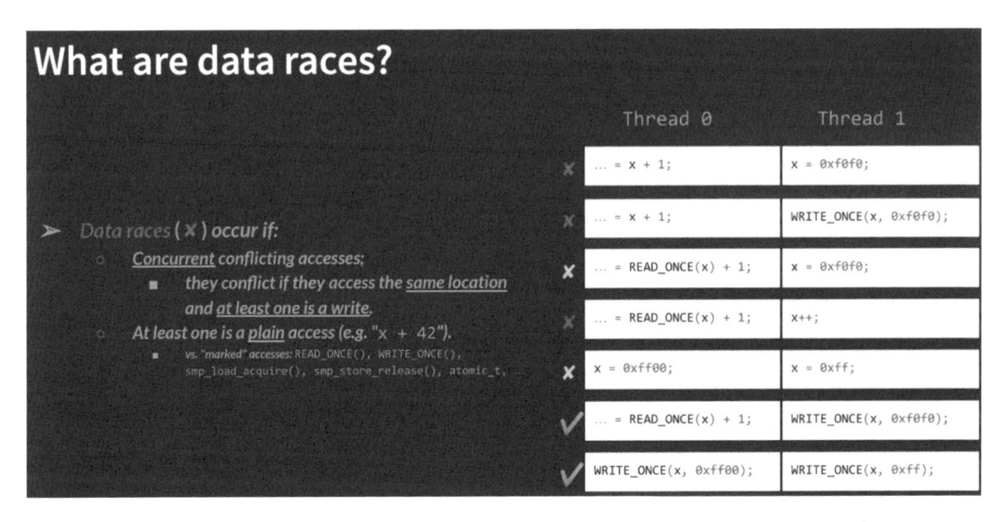

圖 8.1　M Elver 關於 kernel 中 data race 檢測的簡報螢幕截圖

（來源：上圖為 Marco Elver 在 Linux Plumbers 研討會上的簡報〈Data-race detection in the Linux kernel〉。[5]）

在前面的螢幕截圖中，X 表示有 data race，而勾選符號表示沒有，濃縮的重點整理如下：

- 在圖 8.1 中，表中的第一列是明顯的 data race：**Thread 0** 正在讀取共用的可寫入變數 x，而 **Thread 1** 正在同時寫入（更新）它。
- 一般 C 語言在存取可稱為 **plain access** 的變數。而透過 `READ_ONCE()`、`WRITE_ONCE()` 和類似的 macro wrapper 存取記憶體稱為 **marked access**。這類存取設計為本質是原子式的，因此避免了 concurrency 並遵循 LKMM。請參閱「深入閱讀」章節，有更多相關連結。實際上，不僅是這些 macros；`atomic_*()`、`refcount_*()`、`smp_load_acquire()` 和類似的 macro，都屬於 marked access 類別。

5　*https://linuxplumbersconf.org/event/7/contributions/647/attachments/549/972/LPC2020-KCSAN.pdf*

- 請參閱第二列；這是 data race，如前所述，至少有一個 thread 正在相同的位置，以 parallel 方式進行 plain access，其中一個是寫入存取。
- 第 3、4 和 5 列，與第 2 列的解釋類似。
- 第 6 列和第 7 列，也就是最後兩列沒有問題，沒有 data race，因為它們只使用 marked access，因而具有保證記憶體順序的原子式程式碼。

> **有很多東西要吸收消化！**
>
> 這些細節應該讓你更仔細地思考 concurrency 以及其無數且複雜（！）的相關領域：concurrency 的通用概念、記憶體順序（memory order）、記憶體屏障（memory barrier）、LKMM、marked access、lock-free 程式設計及其如何運作等。本書沒有足夠的版面可以詳細介紹這些內容；但其中一些內容已在我之前可免費下載的電子書《Linux Kernel Programming - Part 2》介紹過了。或請參閱本章「深入閱讀」部分，以獲得幫助你滿足對這些領域知識渴求的文章連結！

這麼複雜，我們肯定需要幫助！下一節將介紹一個功能強大的 kernel 框架，它確實有所幫助。

8.4 使用 KCSAN 攔截 concurrency bug

KCSAN（Kernel Concurrency Sanitizer）是一個功能強大的 kernel 框架，用於幫助在 Linux kernel（和模組）中捕獲 data race，2020 年 8 月的 kernel 5.8 系列已將它合併，目前在 x86_64 平台上工作，2022 年 3 月 5.17 的 kernel 支援 ARM64。

簡而言之，KCSAN 的功能為何？

KCSAN 會找出 data race 並回報，如果你仍不明白，請先閱讀「什麼是 data race？」這個章節。簡而言之，KCSAN 將所有與處理器字組大小（word size）相等的對齊寫入操作視為原子式操作，無論它們是 plain access 或是 marked access。實際上，KCSAN 的工作方式是檢查 unmarked 或 plain 的讀取，是否與這些寫入產生競速，即是否寫入到與 unmarked 讀取的位址相同！

KCSAN 本質上是一個機器人，在 syzbot instance 的幫助下，它持續掃描 kernel 的主要分支，在被存取的記憶體位置設定監視點（watchpoints），挑出會導致 data race 的 pattern（模式），並將它們回報到 kernel 日誌。由於它幾乎掃描全部的 kernel 記憶體位置，所以會**使用統計方法**，就算不是絕大多數，也希望它可以捕獲盡可能多的 data race。請參見之後敘述，如「啟用 KCSAN」章節，尤其是名為 CONFIG_KCSAN_SKIP_WATCH 的可調參數。根據經驗，KCSAN 預設只會在記憶體每發生 2,000 次存取時檢查一次，否則系統實際上會無法使用。預設的 config 設定確實可以運作良好，請參見前面提過一些細節的章節，因此 KCSAN 也一樣。掃描從 2019 年 10 月就開始了！你可以在此處檢視產生的結果：https://syzkaller.appspot.com/upstream?manager=ci2-upstream-kcsan-gce。

Syzbot 是什麼鬼東西？

syzbot 為 **syzkaller robot** 的簡稱，本質上是一種模糊技術，會不斷模糊處理 Linux kernel 的主要分支，挑出 bugs 並將它們報告到一個網頁介面儀表板。它們也會複製到一個 syzkaller-bugs 郵件清單中。詳情請參閱：https://github.com/google/syzkaller/blob/master/docs/syzbot.md。

第 12 章〈再談談一些 kernel debug 方法〉會有章節介紹模糊（fuzzing）。

顧名思義，concurrency bug 很難察覺，因為它們依賴於微妙的時間巧合。為了讓 KCSAN 能偵測到它們，它必須在 code path 中引入刻意或小的延遲，並設定各種監視點，如透過編譯器監視和所謂的軟監視點。KCSAN 會在指定的記憶體位址上建立一個（軟）監視點，對這個位址進行記憶體存取時，會故意停止它們一段短的可調時間。此延遲是 kernel config KCSAN_UDELAY_TASK 用於任務延遲的值，預設為 80 微秒；而中斷延遲預設只有 20 微秒。

現在，如果兩個 threads，或 interrupt context / 其中一個存取相同的記憶體位置，則將觸發兩個讀 / 寫觀察點，而有一個競速！然後，KCSAN 會檢查，如果 data race 的條件得到滿足，它會將其報告為缺陷，可參見「什麼是 data race？」一節。如果該位址的內容發生變化，則會報告舊資料值和新資料值。它還顯示了競速的 thread 或 interrupt context 的堆疊追蹤，以幫助你了解它們如何在此處著陸。如果有標示記憶體存取，則不會設定監看點。以下是關於 plain 和 marked 存取的簡單解釋，可以了解更多有關內部工作的資訊：`https://www.kernel.org/doc/html/latest/dev-tools/kcsan.html#implementation-details`。Jonathan Corbet 的文章〈Finding race conditions with KCSAN〉[6] 也將 KCSAN 的工作原理解釋地很好，請參考！

如上所述，KCSAN 的工作方式是檢查是否有 unmarked（plain）讀取，與對同一位址的任何寫入，如 marked 或 plain 競速。Marked access 標示為合法的存取，根據 LKMM 的嚴格定義，這是不正確的，因為**任何** unmarked 的寫入與**任何**讀到的相同位址都會同時構成競爭。如果這是必須的，請在你的 kernel config 中設定下列項目。但偷偷說，這通常不是必須的，只是非常嚴格的使用 KCSAN 的方式；別擔心，下一節將介紹設定 KCSAN。

```
CONFIG_KCSAN_ASSUME_PLAIN_WRITES_ATOMIC=n
CONFIG_KCSAN_REPORT_VALUE_CHANGE_ONLY=n
CONFIG_KCSAN_INTERRUPT_WATCHER=y
```

KCSAN 確實會產生大量開銷；影響效能開銷的最重要可調參數是 `CONFIG_KCSAN_SKIP_WATCH`。它指定在設定另一個觀察點之前，要略過的 per-CPU 記憶體操作數目；預設值為 4,000。這個值越小，KCSAN 在捕捉 data race 的準確性和積極性就越高。而這將以更大的系統開銷為代價，總會有權衡取捨，對吧？

也要理解，KCSAN 使用統計方法的工作方式，也就是說，它實際上只偶爾檢查一次記憶體存取，這樣實際上可能會錯過許多 data race。這就是為什麼你應該運行測試案例並啟用長期 KCSAN，以增加抓到競速的機會。

---

6 *https://lwn.net/Articles/802128/*（LWN，2019 年 10 月 14 日）。

在 kernel 設定 KCSAN

若要啟用 KCSAN，只要設定 kernel config `CONFIG_KCSAN=y` 即可。不過，這個組態有個不簡單的相依性，需要加以滿足。

啟用 KCSAN 所需的相依性

啟用 KCSAN 所需的相依性摘錄如下：

- Arch：目前只在 x86_64 上支援，2022 年 3 月的 5.17 kernel 版本才開始支援 ARM64。
- Kernel version：2020 年 8 月為 x86_64：5.8，或更新版本；ARM64 則是 5.17 或更新版本。
- 在編譯器方面，KCSAN 需要 GCC 或 Clang 版本 11 或更新版本。`CONFIG_HAVE_KCSAN_COMPILER` config 將這些需求編碼為檢查特定支援的功能，位於 `lib/Kconfig.kcsan` 檔案內。
- 必須透過 `CONFIG_DEBUG_KERNEL` 選項開啟 kernel debug。但是請注意，`CONFIG_DEBUG_KERNEL=y` 僅使 `Kernel Hacking` 選單內的 kernel debug 功能可用於配置；它本身不會自動啟用任何功能。因此，請確定你的自訂 debug kernel 中有啟用 KCSAN。
- KCSAN 相依性可透過其設定檔 `lib/Kconfig.kcsan` 檢視：

```
menuconfig KCSAN
bool "KCSAN: dynamic data race detector"
depends on HAVE_ARCH_KCSAN && HAVE_KCSAN_COMPILER
depends on DEBUG_KERNEL && !KASAN
depends on !KCSAN_KCOV_BROKEN
select STACKTRACE
```

第 5 章〈Kernel 記憶體除錯問題初探〉有涵蓋一些 KASAN，有趣的是，KASAN 和 KCSAN 並不相容；你可以啟用 KASAN 或 KASAN，但不能同時啟用兩者。

config `CONFIG_KCSAN_KCOV_BROKEN` 告訴我們 Clang 可以支援 KCSAN 或 **KCOV（Kernel coverage）**工具，但不能同時支援兩者。

> 最後，選取 KCSAN 也會透過 `select STACKTRACE` 開啟 `CONFIG_STACKTRACE`，啟用詳細的呼叫追蹤以作為 data race 報告的一部分。

好的，假設你的 x64 系統已滿足所有這些相依性，現在來啟用它。

啟用 KCSAN

若要使用一般 `make menuconfig` UI 啟用 KCSAN，請在此尋找：`Kernel Hacking | Generic Kernel Debugging Instruments | KCSAN: dtnamic data race detector`。請注意，如果 KCSAN 沒有顯示在選單中，則可能是你的系統沒有滿足全部的相依性。可參考「深入閱讀」章節，以了解有關在 Ubuntu 上安裝 GCC-11 的連結。快速提示：為了確保滿足基本的相依性，我只使用 x86_64 Ubuntu 21.10 VM 工作。

點選 Enter，會有一個 x86_64 KCSAN 的子功能表螢幕截圖，這裡的設定值全為預設值，如下所示：

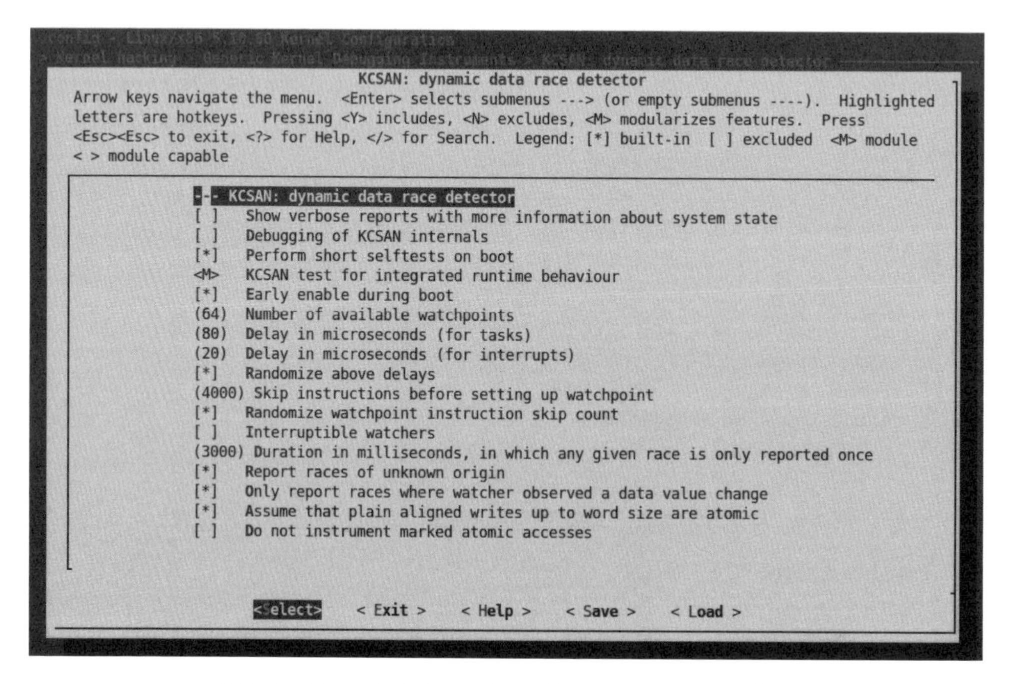

圖 8.2 螢幕截圖顯示 KCSAN 的 kernel config 子選單

KCSAN 的可調預設值刻意設定為保守。其中 4 個可以在運行時以更新方式覆寫，因為它們也視為 kernel 模組參數，如這所示：/sys/module/kcsan/parameters/。下表最左邊欄位有提及模組參數的名稱，如 kcsan.<foo>。你可以在 kernel config 檔案 lib/Kconfig.kcsan 中找到這些可調的參數與其細節。下表為其中一部分：

表 8.1：摘錄部分的 KCSAN kernel config 可調參數

Kernel config（或 kernel 模組參數）	意義	預設值
CONFIG_KCSAN_VERBOSE	在報告中顯示更多資訊，包括持有的鎖和 IRQ 追蹤事件；可能會導致不穩定。	n
CONFIG_KCSAN_SELFTEST	在開機時執行 KCSAN 自我測試，失敗時 kernel panic。	y
CONFIG_KCSAN_TEST	各種 KCSAN 測試案例，如內部使用 kernel 的 KUnit 和 Torture 測試框架；可以透過在此處指定 m 來建構為模組。	n
CONFIG_KCSAN_EARLY_ENABLE	在開機前期（early boot）的期間啟用 KCSAN	y
CONFIG_KCSAN_UDELAY_TASK（或 kcasn.udelay_task）	在設定一個監看點之後，對 task 執行延遲等待的時間，單位為微秒。	80
CONFIG_KCSAN_UDELAY_INTERRUPT（或 kcsan.udelay_interrupt）	在設定一個監看點之後，對中斷（interrupt）執行延遲等待的時間，單位為微秒。	20
CONFIG_KCSAN_SKIP_WATCH（或 kcasn.skip_watch）	在設定另一個觀察點之前要跳過的 per-CPU 記憶體操作數目；此可調參數對系統效能和偵測 data race 的影響最大。較小的數字意味著能更好的檢測競爭，但系統效能會下降更多；反之亦然。	4000
CONFIG_KCSAN_INTERRUPT_WATCHER（或 kcsan.interrupt_watcher）	啟用後，有設定觀察點的 task 可以在延遲時中斷，進而允許在這種情況下檢測競爭。預設是停用，比較安全，否則可能會產生誤判。	n
CONFIG_KCSAN_REPORT_ONCE_IN_MS	資料競爭報告的速率限制，預設設定為 3 秒的持續時間，以避免報告淹沒 console 和日誌緩衝區；設定為 0 可停用速率限制。	3000

Kernel config（或 kernel 模組參數）	意義	預設值
CONFIG_KCSAN_REPORT_RACE_UNKNOWN_ORIGIN	如果是預設值「yes」，則報告只有一個存取是已知的競爭，其他存取是未知的；只有當資料值在延遲時發生變化時才報告。	y
CONFIG_KCSAN_REPORT_VALUE_CHANGE_ONLY	只在資料值變更時報告 data race。這表示如果發現衝突寫入，但資料值保持不變，則不會報告。	y
CONFIG_KCSAN_ASSUME_PLAIN_WRITES_ATOMIC	如果是預設值「yes」，則假設達到處理器 word 大小的普通對齊寫入是 atomic；關閉此功能會產生更多報告，因為模式更嚴格。你會發現需要更改為 n 才能測試簡單的兩個純整數寫入的 data race。	y
CONFIG_KCSAN_IGNORE_ATOMICS	不要檢查有標示的原子式存取，對報告為資料競爭的內容有影響。例如，這與 CONFIG_KCSAN_REPORT_RACE_UNKNOWN_ORIGIN=n 一起，意味著至少有一次標記為原子式的存取競爭永遠不會報告出去。	n

取得 KCSAN 內部組態的詳細資料

你可以在此處找到上表提及的每個 KCSAN config 詳細資訊：

```
lib/Kconfig.kcsan
```

KCSAN 的官方 kernel 文件：https://www.kernel.org/doc/html/latest/dev-tools/kcsan.html

〈Concurrency bugs should fear the big bad data-race detector (part 1)〉，LWN，2020 年 4 月：https://lwn.net/Articles/816850/

完成設定後，請以一般方式編譯已經啟用 KCSAN 的全新 kernel 並開機。我已經完成設定、編譯有開啟 KCSAN 的 5.10.60 debug kernel 並開機。要確保使用 GCC >= 11，我在 x86_64 Ubuntu 21.10 VM 上執行此動作。現在，開始使用 KCSAN 來捕捉那些頑皮的 data race。

使用 KCSAN

一旦已準備好執行 KCSAN，就可以開始使用 KCSAN 攔截這些危險的 data race，也就是 bugs！現在假設你正在執行有啟用 KCSAN 的 debug kernel。

簡單的 data race 測試案例

我們在模組中，基於之前的 ch7/oops_tryv2 程式碼寫一個簡單的測試案例，可見此：ch8/kcsan_datarace。為了產生 data race，需要至少 2 個 contexts，實際上會競爭使用一些全域資料。因此，這次將 setup_work() 函式初始化，並安排兩個 kernel-default 的 events 工作佇列，因此會有兩個 kernel worker threads 使用工作函式 do_the_work1() 和 do_the_work2()。在這些函式中，如果所提供的 boolean 模組參數：race_2plain_w 設定為 y，就會在全域資料變數上產生競爭！接下來，分別透過模組參數 iter1 和 iter2 來記錄每個工作佇列函式中，操作共享的全域變數 gctx->data 循環次數。這是因為可以用不同的值來測試，觀察 KCSAN 何時可以捕捉到 data race，KCSAN 使用的是統計方法，在每個 CONFIG_KCSAN_SKIP_WATCH per-CPU 的記憶體存取之後設定監看點。

下面是相關的程式碼，顯示了實際的 data race：

```
// ch8/kcsan_datarace.c
[...]
static void do_the_work1(struct work_struct *work1)
{
    int i; u64 bogus = 32000;
    PRINT_CTX();
    if (race_2plain_w) {
        pr_info("data race: 2 plain writes:\n");
        for (i=0; i<iter1; i++)
            gctx->data = (u64)bogus + i;
             /* unprotected plain write on global */
    }
}
static void do_the_work2(struct work_struct *work2)
{
    int i; u64 bogus = 98000;
    PRINT_CTX();
    if (race_2plain_w) {
        pr_info("data race: 2 plain writes:\n");
```

```
        for (i=0; i<iter2; i++)
            gctx->data = (u64)gctx->y + i;
              /* unprotected plain write on global */
    }
}
```

如你所見，每個工作函式執行一個純 C 語言寫的程式碼。它同時運行，不受保護，而單純寫入相同的位址。

但你猜怎麼了？**KCSAN 無法捕捉這個非常明顯的 data race**。為什麼會這樣？Kernel config `CONFIG_KCSAN_ASSUME_PLAIN_WRITES_ATOMIC` 的預設值是 `y`，如表 8.1 所列，事實證明，這就是問題所在。以下為部分螢幕截圖，請仔細審視，這段 help 文字也位於 `lib/Kconfig.kcsan`：

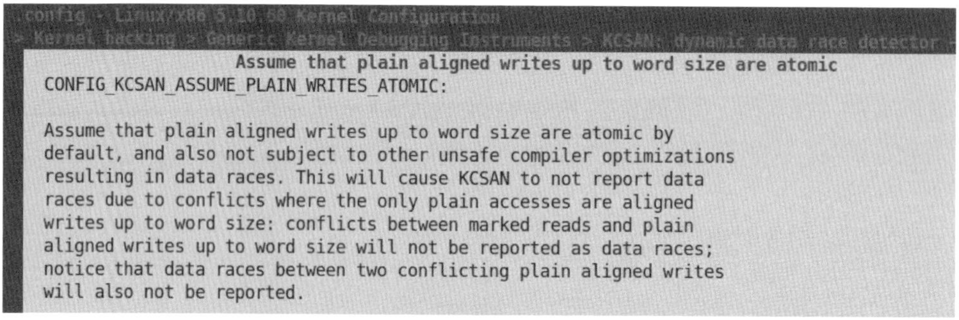

```
.config - Linux/x86 5.10.60 Kernel Configuration
> Kernel hacking > Generic Kernel Debugging Instruments > KCSAN: dynamic data race detector
                Assume that plain aligned writes up to word size are atomic
 CONFIG_KCSAN_ASSUME_PLAIN_WRITES_ATOMIC:

 Assume that plain aligned writes up to word size are atomic by
 default, and also not subject to other unsafe compiler optimizations
 resulting in data races. This will cause KCSAN to not report data
 races due to conflicts where the only plain accesses are aligned
 writes up to word size: conflicts between marked reads and plain
 aligned writes up to word size will not be reported as data races;
 notice that data races between two conflicting plain aligned writes
 will also not be reported.
```

圖 8.3 CONFIG_KCSAN_ASSUME_PLAIN_WRITES_ATOMIC 這個 kernel config 選項的部分 help 螢幕截圖

因此，如果碰到這種情況，請回到 debug kernel source tree，使用 `make menuconfig` 並將 `KCSAN_ASSUME_PLAIN_WRITES_ATOMIC` 配置關閉。這樣，KCSAN 就不再假設寫入的 word size 是原子式的。

重新編譯並重新開機；`insmod` 測試模組並視情況傳遞適當的模組參數，現在 KCSAN 確實趕上這個單純 data race！下列螢幕截圖完整顯示其報告：

```
kcsan_datarace $ sudo rmmod kcsan_datarace 2>/dev/null; sudo dmesg -C; sudo insmod ./kcsan_datarace.ko race
_2plain_w=y iter1=50000 iter2=30000; dmesg
[ 6441.048400] kcsan_datarace:kcsan_datarace_init():109: Setting up a deliberate data race via our workqueu
e functions:
[ 6441.048409] kcsan_datarace:kcsan_datarace_init():111: 2 plain writes; #loops in workfunc1:50000 workfunc
2:30000
[ 6441.048415] kcsan_datarace:setup_work():84: global data item address: 0xffff9fc3cc9e3238
[ 6441.048730] kcsan_datarace:do_the_work1():58: 005) [kworker/5:1]:69   |  ...0   /* do_the_work1() */
[ 6441.048792] kcsan_datarace:do_the_work1():60: data race: 2 plain writes:
[ 6441.052375] kcsan_datarace:do_the_work2():74: 001) [kworker/1:0]:5785   |  ...0   /* do_the_work2() */
[ 6441.052396] kcsan_datarace:do_the_work2():76: data race: 2 plain writes:
[ 6441.052448] ==================================================================
[ 6441.056772] BUG: KCSAN: data-race in process_one_work / process_one_work

[ 6441.065308] write to 0xffff9fc3cc9e3238 of 8 bytes by task 69 on cpu 5:
[ 6441.069638]  process_one_work+0x4ee/0xa60
[ 6441.069643]  worker_thread+0x320/0x770
[ 6441.069647]  kthread+0x225/0x250
[ 6441.069653]  ret_from_fork+0x22/0x30

[ 6441.073846] write to 0xffff9fc3cc9e3238 of 8 bytes by task 5785 on cpu 1:
[ 6441.078131]  process_one_work+0x4ee/0xa60
[ 6441.078136]  worker_thread+0x320/0x770
[ 6441.078140]  kthread+0x225/0x250
[ 6441.078146]  ret_from_fork+0x22/0x30

[ 6441.082488] Reported by Kernel Concurrency Sanitizer on:
[ 6441.086869] CPU: 1 PID: 5785 Comm: kworker/1:0 Tainted: G           O      5.10.60-dbg02-kcsan #8
[ 6441.086873] Hardware name: innotek GmbH VirtualBox/VirtualBox, BIOS VirtualBox 12/01/2006
[ 6441.086882] Workqueue: events do_the_work2 [kcsan_datarace]
[ 6441.086887] ==================================================================
kcsan_datarace $
```

圖 8.4　KCSAN 的螢幕截圖顯示 KCSAN 捕捉到 2 個單純寫入的 data race

前段的螢幕截圖會顯示所選的全域共享可寫入資料項目：`gctx->data;`，它恰好是此處 `0xffff9fc3cc9e3238` 的值。KCSAN 的報告也證實這一點。此外，你可以看到 `PRINT_CTX()` macro 的輸出，顯示 kernel worker thread 執行時的 context，屬於 kernel-default events 工作佇列。隨後是 KCSAN 報告，該如何解讀？讓我們繼續看下去！

解釋 KCSAN 的報告

KCSAN 的典型報告格式如下：

```
BUG: KCSAN: data-race in func_x / func_y
```

這行表示函式 `func_x()` 和 `func_y()` 與 data race 有關！以上是兩個執行緒的 `process_one_work()` 函式，因為這是底層的 kernel routine，使得我們的兩個（events 工作佇列的）kernel worker threads 都使用它們的工作函式。

接著，你會看到以下格式這幾行：

```
read/write [(marked)] to <kernel-virt-addr> of <n> bytes by task <PID> on cpu <CPU#>
```

接下來是 func_x() 的 kernel stack 追蹤，func_x() 是最上層的訊框，實際顯示如何達到這裡：

```
[ ... kernel stack call frames for func_x() ]
```

接著這些一樣的格式是 data race 中有涉及的其他函式：

```
read/write [(marked)] to <kernel-virt-addr> of <n> bytes by task <PID> on cpu <CPU#>
[ ... kernel stack call frames for func_y() ]
```

這幾行，以及在兩個產生衝突的執行緒中是（plain）寫入操作這件事，以及導致競爭的 kernel stack frames，都可在圖 8.4 中清楚地看到。

報告指出是否牽涉到讀取或寫入操作；此外，如果在文字 read 或 write 之後看到 token（marked），則表示有一個 marked 的 read 或 write 存取；否則，這是一個 plain 存取。接著會看到發生 data race 的位置（kernel 虛擬位址），以及實際讀取或寫入的位元組數量，接著是執行 racy 存取的 CPU core。接下來，請繼續看這幾行：

```
Reported by Kernel Concurrency Sanitizer on:
[...]
```

基本上這是一個摘要的段落，其中 KCSAN 顯示了一些詳細資訊：process/interrupt context、硬體，以及任何其他相關資訊。在這個測試案例中，記錄了 kernel 預設的 events 工作佇列中發生實質事件，可參見圖 8.4。KCSAN 報告就是這樣，簡短且點出重點。

這並非 KCSAN 回報 data race 的唯一方式。如果它發現相關資料項目的值有改過，也會回報資料的舊值和新值。此外，如果 kernel config CONFIG_KCSAN_REPORT_RACE_UNKNOWN_ORIGIN 為預設值「y」，則 KCSAN

會回報 data race，即使它無法確定是其中一個或兩個競速的執行緒（或實體）。如需這方面的詳細資訊，請參閱 KCSAN 的官方 kernel 文件[7]。

你可以在這裡看到 KCSAN 捕捉到且已經陸續修復的大量實際 data race 報告：`https://github.com/google/kernel-sanitizers/blob/master/KCSAN.md#upstream-fixes-of-data-races-found-by-kcsan`。

❖ 使用包裝過的 script，執行 data race 測試案例

為了測試 KCSAN 在捕捉到兩個 plain write 的 data race 之前，需要在 racy code path 中執行多少次循環迭代（loop iterations）次數，我們在測試案例上寫了一個簡單的 wrapper script，bash script 位於：ch8/kcsan_datarace/tester.sh。它的程式碼很簡單，請檢視，以下是我用這種方式運行 script 時得到的結果：

```
sudo ./tester.sh 1 10000 5000
```

此 script 的參數依序分別是：要執行的測試執行次數、工作函式 1 中循環的次數、以及工作函式 2 中循環的次數；後面兩個值分別是 iter1 和 iter2 模組參數的值。以下是我的初步發現：

表 8.2：透過 tester.sh script 包裝函式對 kcsan_datarace 模組執行不同次數迴圈的影響

# loops in workfunc 1	# loops in workfunc 2	KCSAN catches the data race?
10,000	5,000	No
20,000	10,000	Yes
75,000	50,000	Yes

我特地只用一個試用版執行，因為要看 `CONFIG_KCSAN_REPORT_ONCE_IN_MS` 的運作方式。預設是將其設定為值 `3000`；這是一個限速的構造。實際上，KCSAN 會在 3 秒的間隔內報告一次 data race，這就是為什麼當我透過 test script 連續多

7 *https://www.kernel.org/doc/html/v5.10/dev-tools/kcsan.html*

次執行該模組時，KCSAN 僅在首次試運行中報告一次 data race 的原因。為了防止這種情況，script 會設計為在每個循環迭代中執行略多於 3 秒的休眠。

因此，表 8.2 正中間那列代表 KCSAN 捕捉此 data race 之前的最小循環迭代數（近似值）。你可以明白，這不是一個通用的結論，而是只針對此特定測試案例。幾乎可以肯定的說，結果會隨著系統而有所不同，不要對此做過多解讀；我們的包裝 script 只是一種讓你更容易測試的手段，僅此而已。快速祕訣：如果你無法取得 KCSAN 所抓取的 data race，請嘗試在「迴圈數目」參數使用大的數值。

在移動過程中，kernel 有一個用於深入測試 KCSAN 的模組；如果你設定 `CONFIG_KCSAN_TEST=m`，則會安裝 `kcsan-test.ko` 模組。它同時採用 kernel 的 KUnit 與 Torture 測試框架，以進行大量測試案例，實際用 concurrency bugs 來摧殘系統。運行它可能需要一些時間，以我的 x86_64 VM 為例要將近 7 分鐘，你會得到大量 KCSAN data race 報告，仔細看。此測試模組的來源為：`kernel/kcsan/kcsan-test.c`，可瀏覽並在你啟用 KCSAN 的 Linux 系統上試用。

透過 debugfs 進行執行期的控制

在 debugfs 下，KCSAN 使 `/sys/kernel/debug/kcsan` pseudo 檔案可用；讀取或寫入它會有作用。下表摘錄這一點，需要 root 權限：

表 8.3：摘錄對 KCSAN debugfs pseudo 檔 /sys/kernel/debug/kcsan 的操作和影響

對 `/sys/kernel/debug/kcsan` 的動作	影響
讀取	顯示有關 KCSAN 執行期的統計資訊；包括監看點、偵測到的 data race、列入黑名單的函式等數量
寫入 `on/off`	將 KCSAN 設定為 on / off
寫入 `! funcname`	報告任何 data race 的黑名單，其中函式 `funcname` 是參與競爭的任一函數中的其中一個頂部堆疊訊框（top stack frame）
寫入 `blacklist`	停止報告頻繁發生的 data race
寫入 `whitelist`	持續報告頻繁發生的 data race；有助於測試 / 重現 data race

現在以真正的關鍵點來完成 KCSAN 的涵蓋範圍：進一步了解如何回應或不回應其 data race 報告！

對 KCSAN 報告的下意識反應：請別這樣！

關鍵點：不要下意識地對 KCSAN 的 error 報告做出反應，盲目嘗試使用 `READ_ONCE()`、`WRITE_ONCE()` 和（或）`ata_race()` macro 來修復問題，它們會在你的程式碼，使 racy 的存取成為合法。

為什麼不呢？前提是，對共用變數的讀取和寫入不應相互競爭。如果你 marked 每個，或幾乎每個使用 `READ_ONCE()` 或 `WRITE_ONCE()` macro 的共用變數記憶體存取，則這實際上會防止 KCSAN 檢測它們可能遇到的競爭型 bug！因此，重點在不能透過這些 macro 保護它們，而且它們執行的 read / write 操作應該使用純 C 語言。反之，我們期待透過設計和你的程式碼層級實作正確保護記憶體存取，可能透過使用 mutex、spinlock 或 `atomic_t` / `refcount_t` 基本方式、或是像 RCU、per-CPU 變數之類的 lock-free 技術。此外，報告 data race 的 KCSAN 通常是程式碼中存在一個邏輯錯誤這類事實的前奏或一種暗示，可能是嚴重的。只要使用 `READ_ONCE()` 或 `WRITE_ONCE()` macro 來關閉它，就會讓大家都覺得非常不公平。

另一方面，有時你知道程式碼中存在著 data race，但這若非良性就是不重要，例如，統計 / 診斷 code path 對 sysfs 或 procfs pseudo 檔案中參考到的共用變數進行 racy read。在這樣的案例中，最好讓 KCSAN 知道這件事情，並忽略它們。這可以透過使用 `data_race()` macro 來實現，將 racy code 標示為有意的，lockdep 也會在某處使用它。以下是來自 kernel 中的 process / thread 建立 code path 的使用方式範例：

```
// kernel/fork.c:
/* If multiple threads are within copy_process(), then this check triggers too late.
This doesn't hurt, the check is only there to stop root fork bombs. */
retval = -EAGAIN;
if (data_race(nr_threads >= max_threads))
    goto bad_fork_cleanup_count;
```

由 KCSAN 發現的 bug 清單[8]包括幾個提交表頭（commit header），包含「annotate data race」。這些工作往往會使用前述技術以完成。

另一種方法是將整個函式標示為非競速偵測的候選人，使用 __no_kcsan 編譯器屬性作為函式的字首，這裡有多種方法可選擇性啟用 / 停用來自 KCSAN 偵測的程式碼。請參閱連結以取得更多資訊[9]。當然了，期盼你不會濫用這些功能！

為了完整起見，我絕對建議你閱讀 LWN 文章中的詳細檔案：〈Concurrency bugs should fear the big bad data-race detector (part 1)〉[10]，在名為「How to use KCSAN」章節的第一部分中，有顯示嚴格設定下捕獲視為 data race 的範例。LWN 文章系列的第二部分也詳細描述實際使用 KCSAN 的各種策略：〈Concurrency bug should fear the big bad data-race detector (part 2)〉[11]，供 kernel 維護者和開發者參考。

還有一點：我們都知道要使用上鎖來保護臨界區間（critical section）。當然，關鍵是要實現為了安全而基於存取共用儲存區的雙方或多方（process/thread/interrupt context），在持有同一把鎖的情況下，能夠平行地存取共享的記憶體區域，這是顯而易見的。但是，如果有一方沒有持有鎖就存取共享記憶體會怎樣？當然，這些鎖都只是建議性的，要存取建議需要透過取得鎖並可以上鎖。要在沒有取得鎖的情況直接存取記憶體的結果就是一場 data race！目前，傳統依賴動態執行期檢查的工具如 lockdep 無法檢測這種情況。至於 KCSAN 呢？它也在這裡大放異彩：可以抓住這些！怎麼辦到的？不深入了解細節是不行的，有一種 macro `ASSERT_EXCLUSIVE*()` 可以確定某個存取是否實際以獨占方式發生。對於臨界區間，互斥的存取（execlusive access）對症下藥！畢竟，這是防止 data race 的原因，也讓我們了解 KCSAN 本身不需要使用鎖的原因，因為是透過編譯器的檢測，如 KASAN。

---

8 連結：*https://github.com/google/kernel-sanitizers/blob/master/kcsan/FOUND_BUGS.md*。

9 *https://www.kernel.org/doc/html/v5.10/dev-tools/kcsan.html#selective-analysis*

10 *https://lwn.net/Articles/816850/*（2020 年 4 月）。

11 *https://lwn.net/Articles/816854/*（2020 年 4 月）。

很好，到目前為止，我們得以完成功能強大的 KCSAN 涵蓋範圍，接著來繼續討論一些有趣且實用的問題：探討實際 kernel 缺陷，而根本原因就在於？猜猜看，沒錯，就是上鎖問題。

8.5 一些實際案例：由於上鎖問題導致的 kernel bug

查詢現有的、已修復的 bugs，有助於進一步理解根本原因，進而幫助設計和實作程式碼。以下是幾個與上鎖相關的實際 kernel bug 範例，沒辦法每一個都細說，只會講一些，那是留給你研究的！很顯然，這裡所發現的 kernel bug 並不是很全面，只是試著讓你開始探索主要由上鎖缺陷引起的 kernel bug，以及這些其他人面臨的 kernel bug 要如何解決。

由 KCSAN 識別出的缺陷

正如上一節剛詳細介紹的，從 2020 年 8 月的 5.8 kernel 起，就擁有非常強大的工具來捕捉 kernel concurrency 問題：KCSAN。KCSAN 發現的 bug 包括此處所看到的錯誤：`https://github.com/google/kernel-sanitizers/blob/master/kcsan/FOUND_BUGS.md`。

識別 LDV 專案的上鎖規則與 bug

Linux 驅動程式驗證（Linux Driver Verification, LDV）是一個很有趣的專案；它包括 Linux 驅動程式開發人員應遵循的一組規則，當然，這些規則實際上適用於幾乎任何 kernel 程式碼。相關的站台連結有 LDV Rules[12]。下面的螢幕截圖強調這裡要講的重點：適用於上鎖的規則！

12 *http://linuxtesting.org/ldv/online?action=rules*

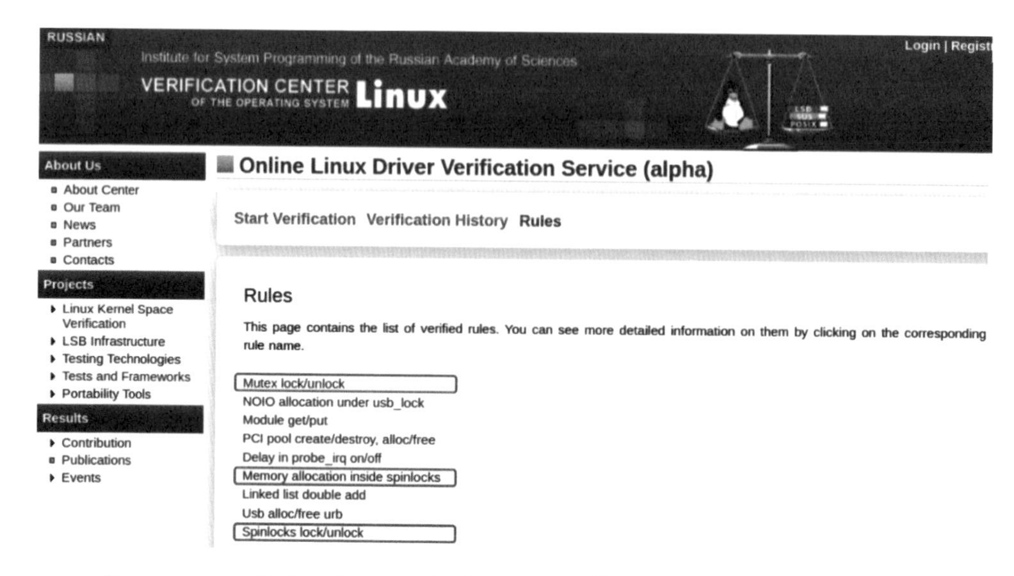

圖 8.5　LDV 專案的「規則」之部分螢幕截圖，其中有標示出應用於上鎖的規則

快速檢視與上鎖相關的 LDV 規則：

- **Rule**：Locking a mutex twice or unlocking without prior locking[13]，即圖 8.5 中的 **Mutex/unlock**，這很直觀，執行或嘗試執行下列的動作是不合法的，並會造成上鎖的問題、bug：
  - 試圖用 mutex 上鎖兩次；也就是雙重上鎖（double-locking）。有趣的是，kernel 簡單地禁止這種類型的遞迴上鎖，因為它常常導致問題。另一方面，使用者空間的 **POSIX 執行緒（Pthreads）**實作允許它使用特殊的 mutex 型別 `PTHREAD_MUTEX_RECURSIVE`。但在 kernel 中，任何雙重上鎖的嘗試都會導致嚴重的缺陷：（自身）死結！
  - 試圖對不是自己上鎖的 mutex 解鎖；換句話說，你只能對你已經上鎖、你目前所持有或「擁有」的 mutex 解鎖。
  - 沒有對自己的 mutex 解鎖就離開（exit）。

13 連結：*http://linuxtesting.org/ldv/online?action=show_rule&rule_id=0032*。

你可以在此處找到其中一個 bug 範例、試圖雙重上鎖，以及後續的修正程式（commit）[14]。在這裡，程式碼會先對一個 mutex 上鎖，請參閱函式 `edac_device_reset_delay_period()`；然後叫用另一個函式：`edac_device_workq_teardown()`。問題在於，後面那個函式也試著要使用同一把 mutex 上鎖，因而導致（自身）死結缺陷！修正程式實質上會顛倒函式的順序，使得 teardown 函式得以在沒有持有 mutex 鎖的情況下執行。

讓我們繼續下一個關於上鎖的 LDV 規則。

- **Rule**：Using a blocking memory allocation when spinlock is held[15]，即圖 8.5 的 **Memory allocation inside spinlocks** 連結。同樣地，它非常簡單，只是忙碌時很容易忘記！持有一把 spinlock 鎖進行記憶體配置時，你必須使用 GFP_ATOMIC flag，而不是 GFP_KERNEL。

  一樣，這裡也有這個缺陷的範例以及修復程式[16]，在無線網路驅動程式中。檢視 call trace、context 資訊等，在 atomic context 內使用 `GFP_KERNEL` 執行 `kzalloc()` 時會觸發警告。

  最後的 LDV 規則如下：

- **Rule**：Usage of spinlock and unlock functions[17]，即圖 8.5 的 **Spinlocks lock/unlock** 連結。這個規則基本上反映了上面的第一個規則，只是那裡與 mutex 有關，而這裡則是關於 spinlock。因此，以下為缺陷 / bug：
  - 嘗試多次取得相同的 spinlock / 雙重鎖定（導致自身死結）。
  - 嘗試對你未上鎖的 spinlock 解鎖；換句話說，你只能對目前持有或擁有的 spinlock 解鎖。
  - 沒有對你的 spinlock 解鎖就離開（exit）。

---

14 *https://www.mail-archive.com/git-commits-head@vger.kernel.org/msg18392.html*

15 *http://linuxtesting.org/ldv/online?action=show_rule&rule_id=0043*

16 *https://git.kernel.org/pub/scm/linux/kernel/git/torvalds/linux.git/commit/?id=5b0691508aa99d309101a49b4b084dc16b3d7019*

17 連結：*http://linuxtesting.org/ldv/online?action=show_rule&rule_id=0039*。

這些規矩雖然簡單，但很容易破壞，除非你夠謹慎！

Local Locks

在 5.8 kernel 中新增了一個新的同步方式：**RealTime Linux（RTL）**專案，早期稱為 PREEMPT_RT，值得簡單提一下的是：本地鎖（local lock）。這些鎖僅能單純用來啟用一個乾淨的 context，當上鎖是透過關閉 interrupt and/or 搶占（preemption）的條件下。有個使用案例是 per-CPU 的上鎖。之前，在還不清楚到底有哪些東西受到保護時，**local lock** 可以解決這個問題。實際上，local lock 是一種包裝（wrapper），透過搶占、中斷的啟用與關閉。這是一種必要的功能，對於 debug kernel 而言，使用 lockdep 與靜態分析是找到 bug 的關鍵。LWN 文章有詳細資訊[18]。

好，接下來繼續從 kernel Bugzilla 查詢一些上鎖的 bugs。

識別 Linux kernel Bugzilla 的上鎖 bugs

很顯然，kernel Bugzilla 網站一直都是相當豐富的 bug 來源，包括一些與上鎖有關的 bugs。揭示某些已提報上鎖 bugs 的一種方法是，當 kernel 感覺有問題時，根據 kernel 送出的字串搜尋。

Lockdep

請閱讀《Linux Kernel Programming - Part 2》，第 7 章〈Kernel 同步之二〉的「The lock validator lockdep - catching locking issues early」章節，以得到使用 kernel 內強大的 lockdep 基礎結構來捕捉 kernel 死結與缺陷的資訊。

當 lockdep 偵測到典型或甚至潛在的死結時，它會發出警告訊息，其中包含偵測到的字串 `possible circular locking dependency detected`。

18 *https://lwn.net/ Articles/828477/*

圖 8.6 是一個螢幕截圖，其中顯示一些結果，只要搜尋字串 `locking bug` 就會發現；當然，你嘗試時可能會有些不同……

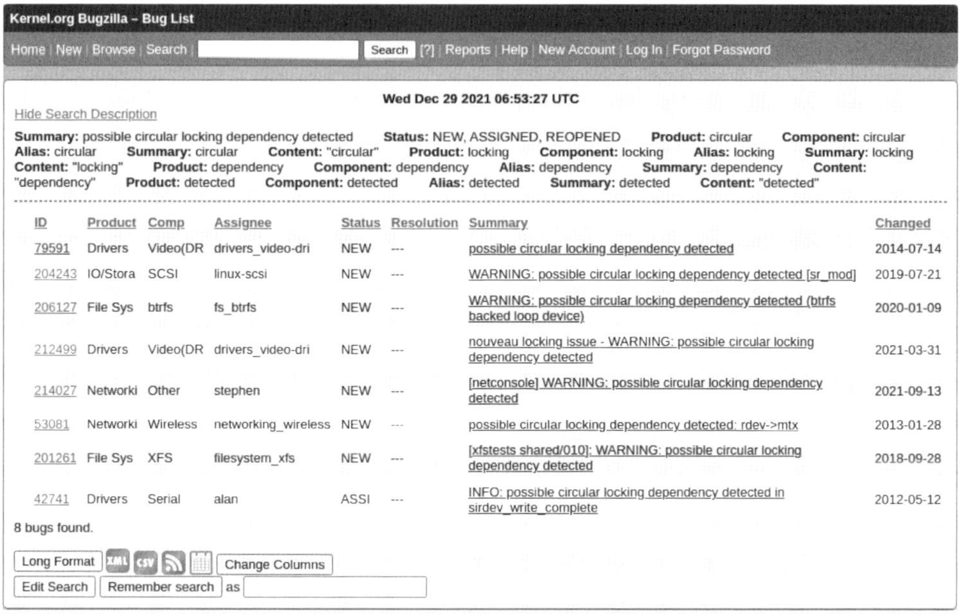

Kernel.org Bugzilla – Bug List

Home | New | Browse | Search | Search [?] | Reports | Help | New Account | Log In | Forgot Password

Wed Dec 29 2021 06:53:27 UTC

Hide Search Description

Summary: possible circular locking dependency detected **Status:** NEW, ASSIGNED, REOPENED **Product:** circular **Component:** circular **Alias:** circular **Summary:** circular **Content:** "circular" **Product:** locking **Component:** locking **Alias:** locking **Summary:** locking **Content:** "locking" **Product:** dependency **Component:** dependency **Alias:** dependency **Summary:** dependency **Content:** "dependency" **Product:** detected **Component:** detected **Alias:** detected **Summary:** detected **Content:** "detected"

ID	Product	Comp	Assignee	Status	Resolution	Summary	Changed
79591	Drivers	Video(DR	drivers_video-dri	NEW	---	possible circular locking dependency detected	2014-07-14
204243	IO/Stora	SCSI	linux-scsi	NEW	---	WARNING: possible circular locking dependency detected [sr_mod]	2019-07-21
206127	File Sys	btrfs	fs_btrfs	NEW	---	WARNING: possible circular locking dependency detected (btrfs backed loop device)	2020-01-09
212499	Drivers	Video(DR	drivers_video-dri	NEW	---	nouveau locking issue - WARNING: possible circular locking dependency detected	2021-03-31
214027	Networki	Other	stephen	NEW	---	[netconsole] WARNING: possible circular locking dependency detected	2021-09-13
53081	Networki	Wireless	networking_wireless	NEW	---	possible circular locking dependency detected: rdev->mtx	2013-01-28
201261	File Sys	XFS	filesystem_xfs	NEW	---	[xfstests shared/010]: WARNING: possible circular locking dependency detected	2018-09-28
42741	Drivers	Serial	alan	ASSI	---	INFO: possible circular locking dependency detected in sirdev_write_complete	2012-05-12

8 bugs found.

Long Format | XML | CSV | Change Columns

Edit Search | Remember search as

圖 8.6　螢幕截圖，顯示 kernel Bugzilla 的搜尋結果「possible circular locking dependency detected」

提示：捕捉 Sleep-in-Atomic 的缺陷

在相關注意事項中，開啟 kernel config `CONFIG_DEBUG_ATOMIC_SLEEP` 以及 `CONFIG_DEBUG_KERNEL` 有助於捕獲在一個 atomic section 中進行 sleep 的程式碼 bug；因為前者依賴於此；換句話說，要在 debug kernel 中執行，當然，這是不允許的。

不過請注意，你應該向 kernel 的 mailing list 及相關子系統維護者 / 子系統清單回報 Linux kernel bug。

從各種部落格識別一些上鎖缺陷

本節嘗試吸取其他人的經驗教訓，為你提供更廣闊的視野，「其他人」指的是那些從 debug kernel 程式碼的經驗中明確得到教訓，並花費心力寫出關於 kernel debug 優秀部落格文章的人！顯然，這並不是詳盡無遺的，就像前面關於一些實際的 kernel bug 章節也沒辦法如此；即使這主要是有關上鎖缺陷所引起的 bug 事實，也是為了從更寬廣的視角來闡述。

利用不正確的 spinlock 使用 bug，以取得完全控制權限

〈How a simple Linux kernel memory corruption bug can lead to complete system compromise〉，Jann Horn，Google Project Zero，2021 年 10 月。[19]

Jann Horn 是 Google Project Zero 的資訊安全研究員，在不了解太多細節的情況下，發現 kernel 的 pseudoterminal tty 驅動程式程式碼 [20] 中有一個 bug。基本上，這個 bug 歸根結柢是使用不正確的 spinlock，它允許人們在 `struct pid` 結構之間設定 data race，進而扭曲其參考計數器（reference count）。就其本身而言，這也許不會給你帶來多少收穫，但聰明的（白帽）資訊安全研究者，如 Horn 會使用它來建立一個鏈（chain）、一個漏洞（exploit），最終導致 Debian Linux 系統的完全破壞（執行相對新的 4.19 kernel），甚至獲得一個 root shell，進而使其成為一個**許可權提升（privesc, Privilege Escalation）**攻擊！請閱讀提供連結上的詳細資訊。完成利用漏洞的描述後，也展示幾種可以採取的防禦措施。

我們關心的是正確使用鎖並發現誤用它們的問題。不正確使用某個特定的 spinlock，一個或多或少乏味的 bug，最終導致了這個漏洞。解決方法涉及使用適當的 spinlock 變數，不是使用以前的方式，而是使用屬於可以任意指定的結構的 spinlock。以下的修復（commit）螢幕截圖會顯示此內容：

19 *https://googleprojectzero.blogspot.com/2021/10/how-simple-linux-kernel-memory.html*

20 *drivers/tty/tty_jobctrl.c:tiocspgrp()*

```
diff --git a/drivers/tty/tty_jobctrl.c b/drivers/tty/tty_jobctrl.c
index 28a23a0fef21c..baadeea4a289b 100644
--- a/drivers/tty/tty_jobctrl.c
+++ b/drivers/tty/tty_jobctrl.c
@@ -494,10 +494,10 @@ static int tiocspgrp(struct tty_struct *tty, struct tty_struct *real_tty, pid_t
        if (session_of_pgrp(pgrp) != task_session(current))
                goto out_unlock;
        retval = 0;
-       spin_lock_irq(&tty->ctrl_lock);
+       spin_lock_irq(&real_tty->ctrl_lock);
        put_pid(real_tty->pgrp);
        real_tty->pgrp = get_pid(pgrp);
-       spin_unlock_irq(&tty->ctrl_lock);
+       spin_unlock_irq(&real_tty->ctrl_lock);
 out_unlock:
        rcu_read_unlock();
        return retval;
```

圖 8.7 螢幕截圖，顯示套用至 tty layer 程式碼的實際修正

前段的 commit 很清楚：修正方式是**使用正確的** *spinlock*！記得嗎？在「上鎖：快速總結要點」章節中曾提到這一點。截至本文撰寫時，修復方法實際上是 kernel 版本 5.16 中的最新版本。

在持有鎖時同時停用中斷，造成的長延遲

一般來說，一個經驗法則或讓人有所啟發的法則都這樣說：只有在絕對必要的時候才停用中斷，然後，時間要盡可能地短。

為什麼這如此重要？這是顯而易見的：硬體中斷是周邊裝置中斷中央處理器的方式，並強行進入 kernel，執行所謂的緊急 code path，並完成任務。

讓我們非常簡單的考慮一下硬體中斷處理扮演重要角色的情況：想想典型的乙太網路介面卡。當檢測到 MAC 位址等於其 MAC ID 的網路封包時，它將其拉入內部緩衝區。當緩衝區填滿的時候，會中斷中央處理器，在 console 上執行指令 `cat /proc/interrupts` 可以檢視所有已註冊的中斷請求（IRQ）。我們期望這個系統，也就是網路驅動程式能夠做出反應，Kernel 立即將控制權轉交給網路驅動程式的中斷處理常式程式碼，它執行、然後通常透過 DMA 拉入封包。驅動程式對它進行一些基本處理，再將其交給網路協定堆疊的較高層進一步處理。它們將封包傳送到最終目的地，通常是一個在使用者空間的 process。

現在，請想像在相當長的時間內關閉這個網路中斷！系統確實會因此……網路吞吐量下降。所以，要如何關閉硬體中斷呢？處於 kernel mode 是完全可能

的。像 local_irq_disable()、local_irq_save() 和 disable_[hard]irq() 等 API 都可以做到這點；當然，它們的對應 enable API 也可以用來重新啟用中斷。但你是不是想問，為什麼要故意這麼做，尤其是在很長一段時間內？！這裡就有趣了：一個 spinlock 在占用本地處理器（local processor）時，同時在內部 disable interrupt（以及 kernel preemption）。

這在相當常見的 spin_lock_irq() 和 spin_lock_irqsave() API 中肯定如此。請在此處檢視 pseudo-code：

```
spin_lock_irq[save](&mylock[, flags]); /* disables interrupts */
// time t1
/* ... do the work ... */
// time t2
spin_unlock_irq[restore](&mylock[, flags]); /* enables interrupts */
```

這個情境令人感興趣的是 delta 時間，也就是當持有 spinlock 時，執行程式碼所花費的時間 (t2-t1)。實際上，就是關閉中斷（和 kernel preemption）時執行程式碼所花的時間：

- 如果 (t2-t1) 很小，如幾微秒或高達個位數的毫秒，一般都可以接受。當然，這是一個非常通用的語句；實際可承受的延遲確實取決於你的專案及其最壞情況下的響應時間特性。
- 如果 (t2-t1) 很大，例如大約幾十毫秒或更長，通常是不妙的，並且可能會導致系統出現各種延遲問題，甚至是活鎖（livelock）。

後一種情況當然是糟糕的，也是危險的。這是本實際使用案例中發生問題的關鍵，請閱讀以下這篇文章！

〈Network Jitter：An In-Depth Case Study〉，阿里巴巴雲，2020 年 1 月。[21]

執行摘要：此處由於系統延遲時間過長而造成網路抖動（network jitter）。工程師調查後發現原因歸納於 slab 統計查詢呼叫了 spin_lock_irq() 而導致的延

21 *https://www.alibabacloud.com/blog/network-jitter-an-in-depth-case-study_595742*

遲，正如我們所知，這個函式在內部會關閉硬體中斷，當此程式碼在迴圈中執行了相當長一段時間後，它鎖死了網路！為什麼迴圈會持續很長的時間？因為它正在處理一個鏈結串列（linked list）上的 `dentry` 物件。這些物件的數量非常龐大，導致 O(n) 時間複雜度，不可擴展的 code path 等需要很長的時間……

這是一個相當典型的問題：循環處理一個超過預期的串列，造成意想不到的延遲！請多注意！

你剛剛學到，因為 `spin_lock_irq[save]()` API 會同時關閉硬體 IRQ 和 kernel preemption，所以必須利用呼叫互補的 API：`spin_unlock_irq[restore]()`，來盡快重新啟用它們。任何超過幾十毫秒的時間來持有 spinlock 都會被認為太久了。好吧，但我應該怎麼衡量呢？

要查詢需要很長時間才能完成的臨界區間，可以利用功能強大的 **eBPF** 基礎架構，可見第 4 章〈透過 Kprobes 儀器進行 debug〉「使用 eBPF 工具觀察的介紹」一節的簡介。在眾多可用的 eBPF 工具中，為了這個目的，你可以利用 `criticalstat[-bpfcc]`，用於測量 atomic 臨界區間的長度，而且可以根據持續時間（duration）篩選。因此，作為範例，若要測量停用 kernel preemption 的程式碼路徑所花費的時間，例如會不會超過 5 毫秒（工具時間單位為微秒），請執行此指令：

```
sudo criticalstat-bpfcc -p -d 5000 2>/dev/null
```

它甚至會產生堆疊追蹤，顯示冗長臨界區間的源頭，這非常有用，如需詳細資訊，請參閱其使用手冊！另一種測量硬體中斷（和 kernel preemption）關閉的持續時間的方法，可見第 9 章〈追蹤 Kernel 流程〉的「Ftrace：透過 FAQ 解答其他問題點」章節。

當 atomic 時發生阻塞而且不採納 reference 時，如何成為敗筆？

在 kernel 層級工作，肯定比想像中的要好！複雜度可能相當高。以下這篇文章完整說明這一點，儘管很長，還是值得一讀。

〈My First Kernel Module: A Debugging Nightmare〉，Ryan Eberhardt，11 月 2020。[22]

以下是面臨的問題和經驗教訓的極簡短版摘要：

- 不要在任何種類的臨界區間（atomic context）中進行 sleep（block）！與此特定使用案例相關，這裡有一個 bug（這些註釋不言自明）：

```
rcu_read_lock();  // begin RCU read critical section
[...]
msleep(10); /* bug! *sleep() helpers all block; if you must, use the *delay()
helpers instead (they're non-blocking) */
rcu_read_unlock(); // end RCU read critical section
```

  回想之前的建議：開啟 kernel config CONFIG_DEBUG_ATOMIC_SLEEP 和 CONFIG_DEBUG 有助於捕獲 bug，如這個：程式碼在 atomic 區間中 sleep！前者取決於是否啟用該配置；換句話說，使用 debug kernel 測試。

- 在使用甚至是讀取多個 kernel 全域資料結構時，請確保有 reference 它，以便它不會在你底下使用時就釋放！完成後再釋放 reference。以下是一些典型範例：

  - 對於 task 結構（struct task_struct）：

```
get_task_struct();
/* ... use it ... */
put_task_struct();
```

  - 對於開啟的檔案結構（struct file）：

```
get_file(file);
/* ... use the file ... */
fput(file);
```

  僅供參考，這是 commit（適當標示為 Fix race conditions in kernel module）在先前專案的 GitHub repo.；其中的 racy bug 已修正：https://github.com/reberhardt7/cplayground/commit/e14b9eb9d9ed616d9c030b8dd99c09b85349da28。

22 *https://reberhardt.com/blog/2020/11/18/my-first-kernel-module.html*

有趣的是，Ryan 提到，一個看起來很荒謬的技術就是直接註解掉一大堆程式碼，執行看看並檢查是否能動，然後把一些程式碼取消註解，再次運行並檢查是否能正常運作，一次又一次，直到最後程式不能正常執行，這是他實際上在這些 bug 上取得進展的方式！這讓我想起第 1 章〈軟體除錯概論〉中「幾個簡單的 Debug 技巧提示」：限縮範圍提到的事情，請重讀那個章節。

結論

做得好！我想你也同意我的觀點，這一章非常關鍵。上鎖和 concurrency 本質上是複雜的主題，錯誤使用時會帶來各種不良的副作用，如無法解釋的掛點、死結、效能問題甚至 livelock。本章，你首先重新整理了與上鎖相關的幾個關鍵點的基礎。

我們曾經提過而且再次強調的是，關於 kernel 內的上鎖技術，如 mutex、spinlock、`atomic_t`、`refcount_t`、per-CPU 等，詳細介紹可見我之前那本《Linux Kernel Programming - Part 2》最後兩章，電子書可以免費下載，PDF 和 Kindle 版本都有；該書最後一章也介紹有關上鎖除錯技術，尤其是 lockdep 的重要資訊。

本章接著深入研究 LKMM 定義下的 data race。然後，你了解啟用和使用 KCSAN 的方法，它非常強大，能檢測 concurrency 相關 bug。不要盲目嘗試撰寫濫用使用 `{READ|WRITE}_ONCE()` 和 `data_race()` 協助程式問題！當 KCSAN 偵測到 data race 時，除非是有意為之，否則你的工作就是調查和修正它。

本章最後一節展示幾個在 kernel 和驅動程式中，與 concurrency / 上鎖相關 bug 的實際案例。向他們學習很有趣也極具教育意義！

所以，請務必花些時間消化這些關鍵領域。完成本書的第二部！下一章將開始最後一部分，也就是第三部，會介紹如何追蹤 kernel 和驅動程式程式碼的流程，這是非常有趣且實用的學習內容！

深入閱讀

- 我之前的書：《Linux Kernel Programming - Part 2》，Kaiwan N Billimoria，Packt，Mar 2021，可以下載免費電子書：https://github.com/PacktPublishing/Linux-Kernel-Programming/blob/master/Linux-Kernel-Programming-(Part-2)/Linux%20Kernel%20Programming%20Part%202%20-%20Char%20Device%20Drivers%20and%20Kernel%20Synchronization_eBook.pdf（最後兩章與本章相關。）
- 《Linux Kernel Programming》有許多有用的連結（下面有些可能會重複）：
  - Chapter 12, Kernel Synchronization, Part 1 – Further reading: https://github.com/PacktPublishing/Linux-Kernel-Programming/blob/master/Further_Reading.md#chapter-12-kernel-synchronization-part-1---further-reading
  - Chapter 13, Kernel Synchronization, Part 2 – Further reading: https://github.com/PacktPublishing/Linux-Kernel-Programming/blob/master/Further_Reading.md#chapter-13-kernel-synchronization-part-2---further-reading
- What every systems programmer should know about concurrency，Matt Kline，2020 年 4 月：https://assets.bitbashing.io/papers/concurrency-primer.pdf
- An Introduction to Lock-Free Programming，Preshing on Programming blog，2012 年 6 月：https://preshing.com/20120612/an-introduction-to-lock-free-programming/
- Memory Barriers Are Like Source Control Operations, Preshing on Programming blog，2012 年 7 月：https://preshing.com/20120710/memory-barriers-are-like-source-control-operations/
- The **Linux-Kernel Memory Consistency Model (LKMM)**：
  - Explanation of the Linux-Kernel Memory Consistency Model：https://git.kernel.org/pub/scm/linux/kernel/git/torvalds/linux.git/tree/tools/memory-model/Documentation/explanation.txt

- Linux-Kernel Memory Model, Paul E. McKenney，2015 年 4 月：http://www.open-std.org/jtc1/sc22/wg21/docs/papers/2015/n4444.html
- Why kernel code should use READ_ONCE and WRITE_ONCE for shared memory accesses, Andrey Konovalov，Google Sanitizers：https://github.com/google/kernel-sanitizers/blob/master/other/READ_WRITE_ONCE.md

- The **Kernel Concurrency Sanitizer (KCSAN)**：
  - 官方的 kernel 文件：The Kernel Concurrency Sanitizer (KCSAN): https://www.kernel.org/doc/html/latest/dev-tools/kcsan.html#the-kernel-concurrency-sanitizer-kcsan
  - Finding race conditions with KCSAN, Jonathan Corbet, LWN，2019 年 10 月 14 日：https://lwn.net/Articles/802128/. Also explains how KCSAN works。
  - Data-race detection in the Linux kernel, Marco Elver, Linux Plumbers Conference，2020 年 8 月；PDF 投影片：https://linuxplumbersconf.org/event/7/contributions/647/attachments/549/972/LPC2020-KCSAN.pdf
  - LWN's "big bad" series：
    - Who's afraid of a big bad optimizing compiler? Jade Alglave, Paul E. McKenney, et al, LWN，2019 年 7 月：https://lwn.net/Articles/793253/
    - Concurrency bugs should fear the big bad data-race detector (part 1), Marco Elver, Paul E. McKenney 等人，LWN，2020 年 4 月：https://lwn.net/Articles/816850/
    - Concurrency bugs should fear the big bad data-race detector (part 2), Marco Elver, Paul E. McKenney, et al, LWN, Apr 2020: https://lwn.net/Articles/816854/
  - The KCSAN Google Wiki site: https://github.com/google/kernel-sanitizers/blob/master/KCSAN.md

  - Installing GCC-11 on Ubuntu: StackOverflow, Apr/May 2021: `https://stackoverflow.com/questions/67298443/when-gcc-11-will-appear-in-ubuntu-repositories`

- The **Android Open Source Project (AOSP)** uses the kernel lockstat to solve some performance issues by figuring out where exactly kernel lock contention is occurring. See the case study as well within this section: `https://source.android.com/devices/tech/debug/ftrace#lock_stat`.

- 本章涵蓋關於識別鎖定缺陷部分的部落格文章：

  - How a simple Linux kernel memory corruption bug can lead to complete system compromise，Jann Horn，Google Project Zero，2021 年 10 月：`https://googleprojectzero.blogspot.com/2021/10/how-simple-linux-kernel-memory.html`

  - Network Jitter: An In-Depth Case Study，Alibaba Cloud，2020 年 1 月：`https://www.alibabacloud.com/blog/network-jitter-an-in-depth-case-study_595742`

- *My First Kernel Module: A Debugging Nightmare*，Ryan Eberhardt，2020 年 11 月：`https://reberhardt.com/blog/2020/11/18/my-first-kernel-module.html`。僅供參考，Ryan 在上述這篇文章中，將 **Read-Copy-Update（RCU）**無鎖同步概念介紹得很好。我特別提到這一點，因為我在《Linux Kernel Programming - Part 2》書中沒有涵蓋這個關鍵主題，只在第 10 章〈Kernel Panic、Lockups 以及 Hang〉的「簡單理解 RCU 的概念」章節中，短暫介紹過 RCU。

PART 3

額外的 Kernel 除錯工具與技術

在這個部分，你將先學習功能強大的技術，這些技術使你能夠詳細追蹤 kernel 程式碼的流程。接下來，你將會繼續學習關於 kernel panic 的每件事情以及發生時的應變措施！然後將使用 kernel 和模組中的 KGDB，來一步走遍它們的原始碼。第三部和本書最後會介紹更多對 Linux kernel debug 的方法。

這個部分將討論以下章節：

- 第 9 章、追蹤 *Kernel* 流程
- 第 10 章、*Kernel Panic*、*Lockup* 以及 *Hang*
- 第 11 章、使用 *Kernel GDB*（*KGDB*）
- 第 12 章、再談談一些 *debug kernel* 的方法

CHAPTER 9

追蹤 Kernel 流程

追蹤（Tracing）是在程式碼執行時蒐集相關詳細資訊的能力。通常，蒐集的資料將包括在程式碼路徑（code path）沿途函式呼叫的函式名稱，或許還有參數與傳回值，以及發出呼叫的 context、發出呼叫的時間（時戳）、函式呼叫的持續時間（duration）等。追蹤可讓你學習和了解系統或系統內元件的詳細流程，就像飛機上的黑盒子，它只是蒐集資料，讓你之後能夠解讀和分析，追蹤與日誌記錄其實也是大同小異。

效能分析與追蹤不同，它通常在週期性的時間點取得，如各種有趣的事件 / 計數器範例。它不會捕捉全部的內容，但通常捕捉到的內容就剛好足以幫助在執行期進行效能分析。通常可以產生程式碼執行的設定檔、一份報告，讓你捕捉離群值。因此，效能分析本質上是統計式的，追蹤則不是，因為它幾乎會捕捉一切。

追蹤可以是，而且也經常作為一種 debug 技術，值得了解和使用；另一方面，效能分析則用於效能監視和分析。本書主題與 kernel debug 相關；因此，本章會將重點放在一些許多可用的追蹤技術以及它們的前端（frontend），這些技術已證實很有用。老實說，有時會互相重疊到，因為有些工具既可以用為追蹤器，也可以做為效能分析器，取決於如何呼叫它們。

本章將重點討論並涵蓋以下主題：

- Kernel 追蹤技術：概論
- 使用 ftrace kernel 追蹤程式
- 使用 trace-cmd、KernelShark 與 perf-tools ftrace 前端工具
- 用 LTTng 和 Trace Compass 追蹤 kernel 的簡介

9.1 技術需求

技術需求和工作區與第 1 章介紹的內容相同。程式碼範例可以在本書的 GitHub repository[1] 中找到。唯一的新要求是要在 Ubuntu 20.04 LTS 系統安裝 LTTng 與 Trace Compass。

9.2 Kernel 追蹤技術：概論

為了追蹤或分析資料，需要一個或數個資料來源；當然，Linux kernel 會提供這些資料來源。**追蹤點**是 kernel 中的主要資料來源。第 4 章〈透過 Kprobes 儀器進行 debug〉的「更簡單的方法：動態 kprobes 或基於 kprobes 的事件追蹤」一節中，曾介紹使用 kernel 的動態事件追蹤。Kernel 有數個預先定義的追蹤點，可見此處：`/sys/kernel/tracing/events/`，許多追蹤工具都依賴於它們。你甚至可以透過寫入 `/sys/kernel/tracing/kprobe_events` 來動態設定追蹤點，如前所述，第 4 章〈透過 Kprobes 儀器進行 debug〉也介紹過這個問題。

其他資料來源包括 kprobes、uprobes（對於使用者空間相當於 kprobes）、USDT/dprobes 和 LTTng-ust；後兩者用於 user-mode 追蹤；此外，LTTng 具有

1 *https://github.com/PacktPublishing/Linux-Kernel-Debugging*

多個 kernel 模組，可插入 kernel 中進行 kernel 追蹤，可見本章稍後對 LTTng 的更多介紹。

關於 Linux 追蹤的現況以及其中包含的許多工具和技術，Julia Evans（@b0rk）2017 年 7 月這篇發表在部落格上的文章，是一個廣為人知的研究：〈Linux tracing system and how they fit together〉[2]，請參考看看。在此，我使用相同的方法來組織非常龐大的 Linux 追蹤基礎架構，將其分為資料來源，如前所提、從資料來源中蒐集或提取資料的基礎架構技術，最後是前端技術，使你能夠更輕鬆有效地使用。下面流程圖是我試著完整呈現的藍圖：

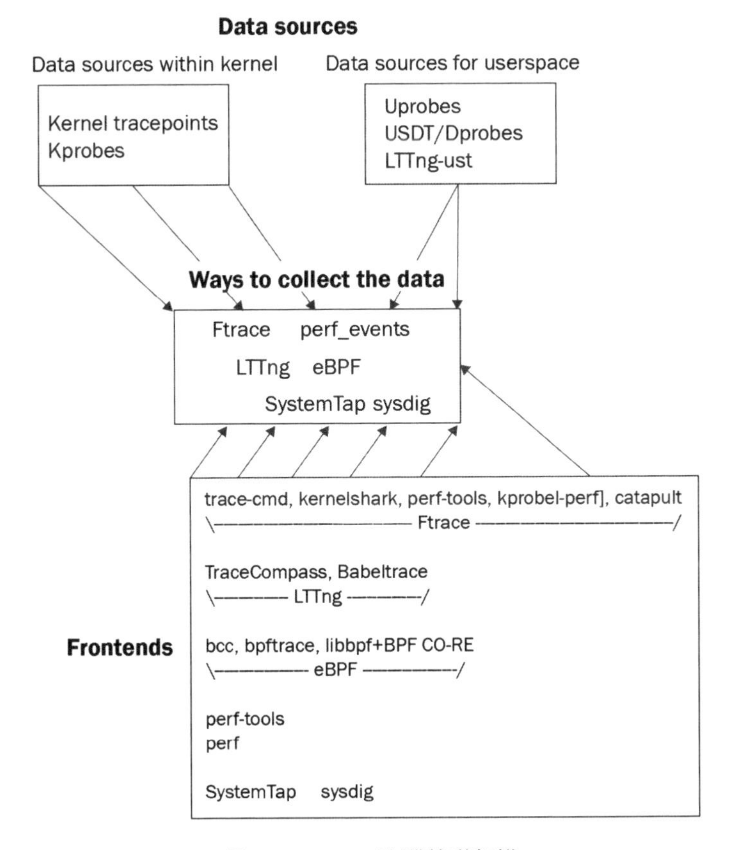

圖 9.1 Linux 追蹤基礎架構

2 *https://jvns.ca/blog/2017/07/05/linux-tracing-systems*

Steven Rostedt 是 **ftrace** 的原創開發者，我敢說，他非常熟悉 Linux 的很多大規模追蹤概念。這是他許多關於 Linux 追蹤簡報的其中一張，對於整合系統的狀態來說還有很長的路要走，至少從 2019 年開始：

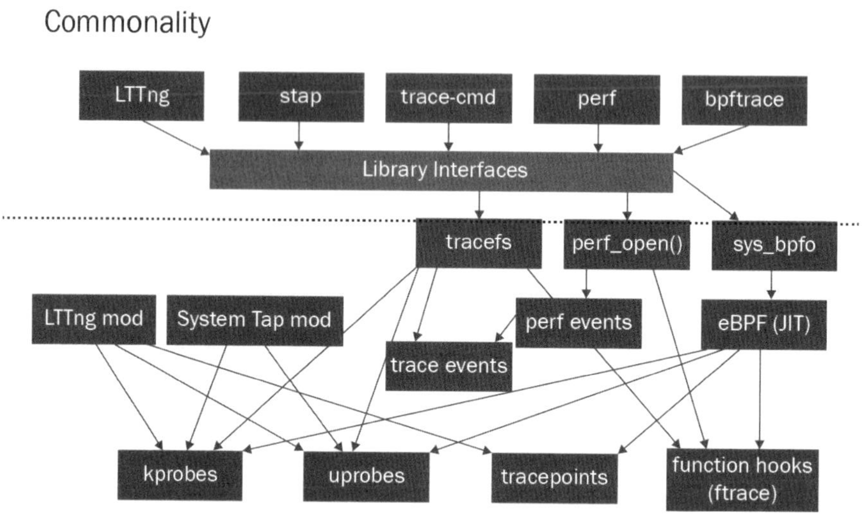

圖 9.2 豐富的 Linux 追蹤生態系統，共用基礎技術

這張圖參考自〈Unified Tracing Plaftorm, Bringing tracing together〉，Steven Rostedt，VMware 2019。[3]

從圖 9.1 和圖 9.2 可知此處有許多技術；考量到本書以 kernel debug 為主，加上篇幅限制，以下只能講到幾個關鍵的 kernel 追蹤技術，重點在於其用法，而不是其內部。同樣，Rostedt 令人信服地指出[4]：在當今世界，Linux 追蹤技術並不是真正互相競爭，而是互相建立於對方的基礎上、分享想法與程式碼，這些不僅是可允許的，還鼓勵這樣做！因此，他將一個一般的 user space library 視覺化，這個函式庫統一各種不同的但強大的 kernel 追蹤技術，使任何人都能使用全部的 kernel 追蹤技術。

---

3 *https://static.sched.com/hosted_files/osseu19/5f/unified-tracing-platform-oss-eu-2019.pdf*

4 與這篇文章相互呼應：〈Unifying kernel tracing〉（Jack Edge，2019 年 10 月）：*https://lwn.net/Articles/803347/*。

請參考「深入閱讀」的章節，了解指向其他追蹤技術的連結，以及此處介紹的內容。此外，第 4 章〈透過 Kprobes 儀器進行 debug〉已經介紹過 kprobe 和相關事件追蹤工具、使用 `kprobe[-perf]` script、以及使用 eBPF 工具等基礎知識。

所以，請綁好安全帶，讓我們用 ftrace 深入追蹤 kernel ！

9.3 使用 ftrace kernel 追蹤程式

Ftrace 是一個 kernel 內建功能，它的程式碼深深地嵌入到 kernel 本身。它使開發人員，或任何真正擁有 root 存取權限的人員能夠深入檢視 kernel 內部，執行詳細追蹤以檢視 kernel 內部情況，甚至獲得對可能出現的效能 / 延遲問題的幫助。

有一種簡單方法可以探究 ftrace 的功能，即：如果你想要了解 process 的目的，在其上執行 `strace` 確實非常有用；它會以有意義的方式顯示 process 呼叫的每個系統呼叫，包括參數、返回值等。因此，`strace` 有用且有趣，因為它顯示了在有趣的系統呼叫點發生的事情：user space 和 kernel space 之間的邊界。但僅此而已；`strace` 無法向你顯示系統呼叫以外的內容；系統呼叫程式碼在 kernel 中執行什麼操作？它會叫用什麼 kernel API，並因而會觸碰哪些 kernel 子系統？它會變成一個驅動程式嗎？ Ftrace 則可以回答這些問題，以及更多問題！

> **提示**
>
> 不要低估 `strace` 或函式庫呼叫追蹤器 `ltrace`，在幫助理解和解決問題方面的巨大效用使用價值，特別是在 user space 層級。我強烈建議你學會運用它們；閱讀它們的 man page 並搜尋導讀文件。

Ftrace 的工作原理是透過編譯器檢測設定函式的掛載點，確保 kernel 知道（prolog）entry，並可能知道幾乎 kernel space 中每個函式的 exit / return（epilog）；稍微簡單一些的方式是透過啟用編譯器的 `-pg` 分析器選項，它新增了一個特殊的 mcount 呼叫。而現實情況更為複雜，這將過於緩慢，在效能方面有複雜的動態 ftrace kernel 選項；詳細資訊請參閱「Ftrace 和系統成本」章節。以此方式，ftrace 更像是 **kernel address Sanitizer（KASAN)**，使用編譯器檢測來檢查記憶體問題，而不像 **kernel Concurrency Sanitizer（KCSAN）**使用基於統計取樣的方式；第 5 章〈Kernel 記憶體除錯問題初探〉介紹過 KASAN，第 8 章〈鎖的除錯〉則介紹過 KCSAN。但憑藉動態 ftrace 選項，它在絕大多數時間都以在地的（native）效能運行，使其甚至成為生產系統上的超級 debug 工具。

透過檔案系統存取 ftrace

kernel 4.1 以後的 ftrace 是實作為一個名為 tracefs 的虛擬（API）檔案系統；這是你預期要使用的方式。預設掛載點是 debugfs 掛載點下名為 tracing 的子目錄；它也可在 sysfs 下使用：

```
mount | grep "^tracefs"
tracefs on /sys/kernel/tracing type tracefs (rw,nosuid,nodev,noexec,relatime)
tracefs on /sys/kernel/debug/tracing type tracefs (rw,nosuid,nodev,noexec,relatime)
```

如前所述，CONFIG_ DEBUG_FS_DISALLOW_MOUNT kernel config 要設定為 y，表示儘管有 debugfs 可用，但不可見。在這種情況下，透過 sysfs(/sys/kernel/tracing) 對 kernel 追蹤點進行存取變得非常重要。在 Linux 4.1 之前，只有傳統的掛載點 /sys/kernel/debug/tracing 存在。從 4.1 開始，掛載 debugfs 也會導致自動設定 /sys/kernel/tracing 掛載，通常在啟動時完成，因為 systemd 配置為掛載。由於在此使用的 kernel 版本較新（5.10），因此從現在起，會假定你將在 /sys/kernel/tracing 目錄內工作。

在 kernel 設定 ftrace

大多數現代的 Linux 發行版本都是預先設定組態以支援 ftrace 隨開隨用，相關的組態是 CONFIG_FTRACE，預設為 y。使用熟悉的 make menuconfig UI，你可以在這裡找到 ftrace 及其子功能表：Kernel hacking | Tracers。

金鑰相依性是 TRACING_SUPPORT config；它與 arch 相依，且必須是 y。實際上，大多數的架構（CPU 型別）都將滿足這種依賴性。以下是 x86 上 ftrace 預設子功能表的螢幕截圖：

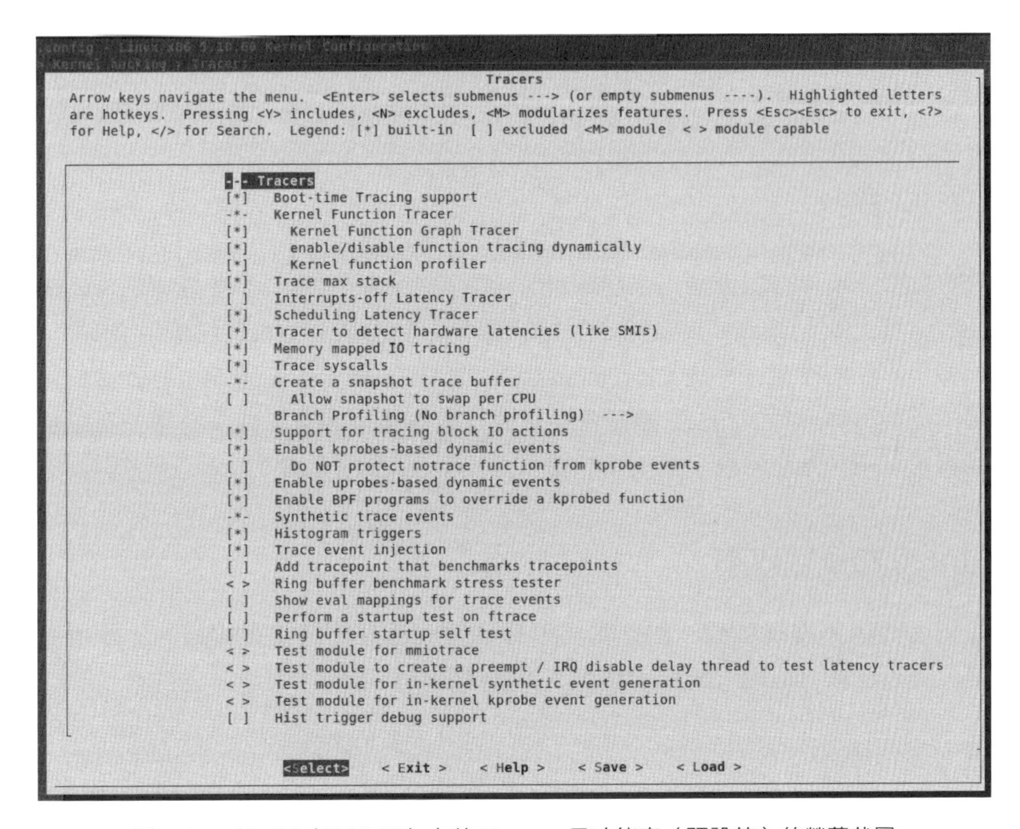

圖 9.3 x86_64（5.10.60）上的 Tracers 子功能表（預設值）的螢幕截圖

此外，如果你想要啟用中斷關閉延遲追蹤器（*Interrupts-off Latency Tracer*）：CONFIG_IRQSOFF_TRACER，則它相依於 TRACE_IRQFLAGS_SUPPORT=y，這是一般情況；「Ftrace：透過 FAQ 解答其他問題點」章節會簡介 Ftrace 中的**中斷（IRQ）**，和關閉搶占延遲追蹤器。此外，有多個選項倚賴找出與顯示（kernel）堆疊追蹤（CONFIG_STACKTRACE_SUPPORT=y）的能力，一樣，通常預設為開啟。

屬於 ftrace 的所有子選單和進一步配置都在 Kconfig 檔案中定義並說明：kernel/trace/Kconfig，查閱它可以取得任何特定 ftrace config 指令的詳細資訊。

因此，從實質意義上來說，在通用的發行版 kernel 上，例如 Ubuntu 20.04.3 LTS 的 kernel，ftrace 是否已啟用？一起來看看：

```
$ grep -w CONFIG_FTRACE /boot/config-5.11.0-46-generic
CONFIG_FTRACE=y
```

確實如此。你專案上的嵌入式系統呢？我不知道；請檢視：在專案的 kernel config 檔上執行 grep。在自訂 5.10.60 的產品 kernel 上，我們已啟用 ftrace。此外，本書的技術校稿員 Chi Thahn Hoang 在嵌入式 Linux 專案上有豐富的經驗；他說根據經驗，ftrace 總是會配置到一個專案，因為它非常有用，可以依照需求使用，關閉時幾乎無成本開銷。

Ftrace 和系統成本

如果預設啟用追蹤功能，你確實可以想像系統管理的成本會相當高。好消息是，雖然已啟用追蹤，但預設情況下不會開啟。以下將說明：

```
# cd /sys/kernel/tracing
```

（由於這是我們第一次使用它，因此明確地顯示 cd 到目錄。此外，# 提示符號暗示正在以 root 身分執行；你也要這樣做。）

tracefs 檔案系統具有許多控制旋鈕；當然，pseudo file 與 procfs、sysfs 和其他基於 API 的檔案系統一樣。其中一個名為 tracing_on 的旋鈕可以開啟或關閉實際的追蹤功能；如下所示：

```
# ls -l tracing_on
-rw-r--r-- 1 root root 0 Jan 19 19:00 tracing_on
```

來查詢其目前的值：

```
# cat tracing_on
1
```

非常直觀：0 表示關閉，1 表示開啟。所以 ftrace 預設是開啟的？這難道沒有效能上的風險嗎？不，它實際上 / 實務上是 off 的，因為 current_tracer pseudofile 的值是 nop，意味著它沒有在追蹤，稍候會解釋。

回到效能問題。即使能夠 on / off ftrace，效能仍是個問題。想一想，幾乎每個函式入口和返回點如果不是更細粒度的話，都必須執行 if 子句，類似於虛擬碼：if tracing's enabled, trace ….，這 if 子句本身就構成了過多的成本開銷；請記住，這就是所謂的作業系統；每節省 1 奈秒，就意味著賺到 1 奈秒！

解決此狀況的絕佳方法是啟用名為 dynamic ftrace - CONFIG_DYNAMIC_FTRACE 的組態選項。當設定為 y 時，kernel 會執行一些令人驚奇的，嗯，事實上是可怕的事；它可以而且也真的會！在 RAM 中動態修改 kernel 機器指令，修正 kernel 函式以跳到 ftrace 或不要跳到 ftrace，這很必要，通常稱為 trampoline！預設會開啟此組態選項，導致停用追蹤時，kernel 可以有原本的效能，以及只啟用某些函式的追蹤時，kernel 可以接近原本的效能。

使用 ftrace 追蹤 kernel 的流程

現在，你將開始理解，與 tracefs_on 一樣，可將 tracefs 下幾個位於 /sys/kernel/tracing 目錄內的虛擬檔，認定為 ftrace 的「控制旋鈕」！順便說一下，現在你知道 tracefs 下的檔案是虛擬檔案，從現在起就會稱為簡單的檔案。下面的螢幕截圖顯示數量確實很多：

```
# pwd
/sys/kernel/tracing
# ls
available_events           max_graph_depth          stack_max_size
available_filter_functions options/                 stack_trace
available_tracers          per_cpu/                 stack_trace_filter
buffer_percent             printk_formats           synthetic_events
buffer_size_kb             README                   timestamp_mode
buffer_total_size_kb       saved_cmdlines           trace
current_tracer             saved_cmdlines_size      trace_clock
dynamic_events             saved_tgids              trace_marker
dyn_ftrace_total_info      set_event                trace_marker_raw
enabled_functions          set_event_notrace_pid    trace_options
error_log                  set_event_pid            trace_pipe
events/                    set_ftrace_filter        trace_stat/
free_buffer                set_ftrace_notrace       tracing_cpumask
function_profile_enabled   set_ftrace_notrace_pid   tracing_max_latency
hwlat_detector/            set_ftrace_pid           tracing_on
instances/                 set_graph_function       tracing_thresh
kprobe_events              set_graph_notrace        uprobe_events
kprobe_profile             snapshot                 uprobe_profile
#
```

圖 9.4　顯示 tracefs 虛擬檔案系統內容的螢幕截圖

不要想讀懂所有含義，這裡先暫時考慮幾個關鍵點。了解它們的用途和使用方法後，你很快就能使用 ftrace。

Ftrace 使用 **tracer** 的概念，有時會稱為**外掛（plugin）**，來決定要在引擎蓋下完成的追蹤型別。需要在 kernel 中配置（啟用）追蹤器；預設情況下有幾個追蹤器，但非全部。可以輕易看到已經啟用的，此處假設你正以 root 身分在 /sys/kernel/tracing 目錄中執行：

```
# cat available_tracers
hwlat blk function_graph wakeup_dl wakeup_rt wakeup function nop
```

所以前面片段中看到的那些，哪一個會在追蹤時使用？你能改變嗎？要使用的追蹤程式（外掛程式）是名為 current_tracer 的檔案內容；而且沒錯，你可以用 root 身分修改它。來查看一下：

```
# cat current_tracer
nop
```

預設的追蹤器稱為 nop；它是 **No Operation（No-Op）**的縮寫，表示實際上不會執行任何操作。另一個追蹤器名為 function；當追蹤器啟用（開啟）且選取 function 追蹤器時，它將顯示 kernel 中執行的每個函式！我們不應該用嗎？當然要用，不過還有一個更好的例子：function_graph。它還會讓追蹤顯示追蹤會話期間執行的每個 kernel 函式；此外，它還能將函式名稱智慧縮排輸出，使其變得像讀取程式碼一樣，如呼叫圖（call graph）！

全部 ftrace 追蹤器的文件

如前所述，ftrace 提供數個追蹤器或外掛程式，這裡重點介紹使用 function_graph tracer。其中一些與延遲相關，如 hwlat、wakeup*、irqsoff 和 preempt*off。為什麼 irqsoff 和 preempt[irqs] off 之前沒有出現？因為它們是 kernel 可配置項，在 available_tracers 下顯示的內容就是所配置的組態；你必須重新配置（啟用）並重建 kernel，才能獲得其他 kernel！祕訣：在 kernel config 檔上執行 grep "CONFIG_.*_TRACER"，以檢視哪些啟用 / 停用。

如需所有 ftrace 追蹤程式的詳細資訊，請參閱官方 kernel 文件。[5]

下表列舉 tracefs 下的幾個關鍵檔案；請仔細檢視：

表 9.1：tracefs（/sys/kernel/tracing）下的幾個關鍵檔案

在 /sys/kernel/tracing 目錄中的檔案名稱	用途	預設值
tracing_on	是否要追蹤（on/off）	1
current_tracer	目前有效的 tracer（或 plugin）	nop
available_tracers	Kernel 中全部已經配置為（啟用）的 tracers 一個清單	< 隨著 config 而異 >
trace	保存追蹤報告	<none>

5 *https://www.kernel.org/doc/html/v5.10/trace/ftrace.html#the-tracers*

名為 trace 的檔案是一個關鍵檔案；它包含實際報告：追蹤的輸出。我們使用此知識將此輸出儲存到一般檔案。

試用：第一次試用（執行一次）

在此，我們將盡可能保持簡單操作，只需啟用 ftrace 並運行，追蹤 kernel 內發生的所有事件 1 秒鐘，然後關閉追蹤。準備好了嗎？我們開始吧，在此之前：

```
# cat tracing_on
1
```

驚訝嗎？目前追蹤似乎已預設為開啟！但實際上它並沒有追蹤任何東西；這是因為當前追蹤器預設情況下設定為 nop 值，這當然意味著它實際上並沒有追蹤任何東西：

```
# cat current_tracer
nop
```

所以，必須改變目前的追蹤器。有什麼可用的？檢視 available_tracers pseudofile 的內容以檢查：

```
# cat available_tracers
hwlat blk function_graph wakeup_dl wakeup_rt wakeup function nop
#
```

你會發現可用的追蹤器清單取決於你的 kernel config；很好，來用其中一個，函式圖追蹤器（graph tracer）：

```
# echo function_graphix > current_tracer
bash: echo: write error: Invalid argument
```

糟糕，打錯字了所以不接受。這樣很好，tracefs 會在內部驗證傳遞給它的輸入；現在來更正吧，雖然設定有效的追蹤器會使 kernel 立即開始追蹤！因此，先關閉追蹤，然後設定一個有效的追蹤器：

```
# echo 0 > tracing_on
# echo function_graph > current_tracer
```

完成，開始追蹤 kernel 1 秒鐘，然後再關閉它：

```
# echo 1 > tracing_on ; sleep 1; echo 0 > tracing_on
#
```

追蹤完成，1 秒。報告在哪裡？它位於名為 trace 的檔案中：

```
# ls -l trace
-rw-r--r-- 1 root root 0 Jan 19 17:25 trace
```

`trace` 這個檔案是空的，大小為 `0` 個位元組。如你所知，這是 `tracefs` 下的 *pseudo* 檔案，不是實體磁碟檔；大部分 pseudo 檔案都特意將大小設定為 `0`，以提示它不是真實檔案。這是一種基於 callback 的技術，讀取這個檔案或對它執行任何對應的操作，都將導致底層的 kernel 檔案系統程式碼會動態生成資料。因此，現在將 `trace` pseudo 檔案的內容複製到一般檔案：

```
# cp trace /tmp/trc.txt
# ls -lh /tmp/trc.txt
-rw-r--r-- 1 root root 4.8M Jan 19 19:39 /tmp/trc.txt
```

啊哈！這似乎奏效了。追蹤的報告檔案很大，對吧？在這個特定的例子中，我用 wc 檢查過可知，字面意義上的 1 秒內，共得到 98,376 行的追蹤輸出。這是 kernel，在 1 秒內 kernel 中運行的任何一個程式碼，現在都在 trace 的報告中；這包括每秒在 kernel 模式中任何和所有 CPU core 上運行的程式碼，如 interrupt context。這很棒，但也說明了 ftrace 在 tracing 常遇到的一個問題，尤其是在像 kernel 這樣大而複雜的對象時，輸出有時候會過於龐大。學習過濾被追蹤的功能是一個關鍵的技能；別擔心，等下會解釋！

現在來從報告中查詢幾行；為了讓它更有趣，我會向大家展示從第 24 行開始獲得的實際追蹤資料……當然，你會發現以下輸出來自我的設定中運行的一個範例；它很有可能會根據你的系統而有所不同：

```
# head -n40 /tmp/trc.txt
# tracer: function_graph
#
# CPU  DURATION                  FUNCTION CALLS
# |     |   |                     |   |   |   |
[...]
5)   1.156 us    |  tcp_update_skb_after_send();
5)   1.034 us    |  tcp_rate_skb_sent();
5)               |  tcp_event_new_data_sent() {
5)   1.107 us    |    tcp_rbtree_insert();
5)               |    tcp_rearm_rto() {
5)               |      sk_reset_timer() {
5)               |        mod_timer() {
5)               |          lock_timer_base() {
5)               |            _raw_spin_lock_irqsave() {
5)   0.855 us    |              preempt_count_add();
5)   2.754 us    |            }
5)   4.820 us    |          }
[...]
#
```

另外，一定要明白，將報告儲存於 /tmp 下，是不穩定的，無法承受重新開機的影響。請記得將最重要的 ftrace 報告儲存至非揮發性的地方。

解譯先前看到的 ftrace 報表輸出很容易；顯然，第一行說明使用的 tracer 是 function_graph。輸出是基於欄位的格式，而在表頭那行會清楚地指出每行的內容。在這個特定的 trace session（至少針對第一部分）、可在最右邊看到的 kernel 函式已在 CPU core 5 上執行，在第一行，CPU core 編號從 0 開始。每個函式的執行持續時間是以微秒為單位，沒錯，非常快，即使是在 VM。請注意函式名稱的細緻縮排；它允許我們了解控制流程，這是使用這個 tracer 的整個想法！

試用：function_graph 選項加上延遲格式（執行二次）

我們與 ftrace 的首次試驗很有趣，但缺少一些關鍵細節。你可以在短短 1 秒鐘內看到運行的 kernel 程式碼，及運行的是哪一個 CPU core，還有每項功能所花的時間，但是請想一想，是誰在運行？

整體式（Monolithic）設計

裡面沒有 kernel 運行程式碼的概念。正如你所理解的，像 Linux 這樣的整體式 kernel 設計的一個關鍵點是，kernel 程式碼執行於兩個 context：process 或 interrupt 的其中一個。Process context 是一個 process（或 thread）發出系統呼叫的 context；現在，process 本身切換到 kernel 模式，並在 kernel 內運行系統呼叫的程式碼，可能是一個驅動程式。Interrupt context 是指硬體中斷導致處理器立即切換到指定的代碼路徑，即中斷處理常式，在 interrupt context 中運行的 kernel / 驅動程式程式碼，如 tasklet 與 softirqs，也會在 interrupt context 運行；其實，還有更多 interrupt context 中的機制，即所謂的 bottom-half。第 4 章〈透過 Kprobes 儀器進行 debug〉的「系統呼叫，以及在 kernel 中著陸的方法」章節曾簡單介紹。

你猜怎麼著？Ftrace 可以顯示 kernel 程式碼執行的 context，只需要啟用 ftrace 提供的多個選項之一。在 `tracefs` 掛載點下的 `options` 目錄，可以找到幾個用於渲染輸出的有用選項，如下面的螢幕截圖所示：

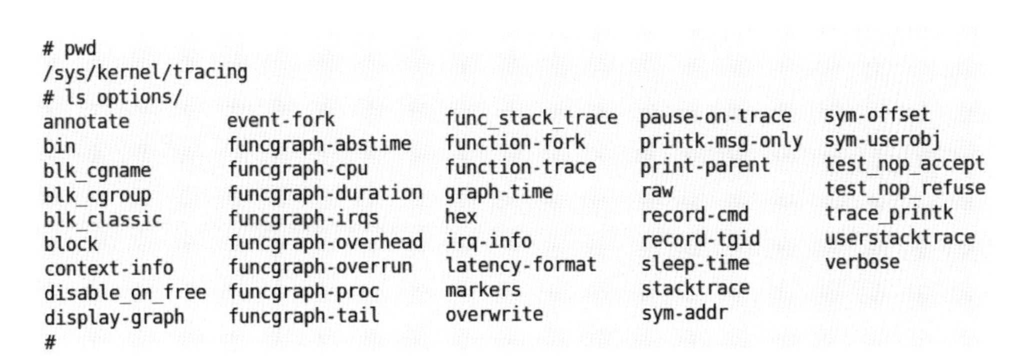

```
# pwd
/sys/kernel/tracing
# ls options/
annotate         event-fork          func_stack_trace  pause-on-trace    sym-offset
bin              funcgraph-abstime   function-fork     printk-msg-only   sym-userobj
blk_cgname       funcgraph-cpu       function-trace    print-parent      test_nop_accept
blk_cgroup       funcgraph-duration  graph-time        raw               test_nop_refuse
blk_classic      funcgraph-irqs      hex               record-cmd        trace_printk
block            funcgraph-overhead  irq-info          record-tgid       userstacktrace
context-info     funcgraph-overrun   latency-format    sleep-time        verbose
disable_on_free  funcgraph-proc      markers           stacktrace
display-graph    funcgraph-tail      overwrite         sym-addr
#
```

圖 9.5 顯示 /sys/kernel/tracing 下 options 目錄內容的螢幕截圖

再次強調，我們很快就將採用其中一些技術……

❖ 重設 ftrace

如果 ftrace 系統處於任何一種暫態（transient）狀態，或介於兩者之間，最好將所有內容重設為預設值、清除其內部追蹤（ring）緩衝區等，這樣也能釋放記憶體，這可以透過將通常為 0 或 null 的值寫入其中幾個相關調整檔案來手動完成。perf-tools 專案有一個名為 reset-ftrace 的 script，該機制將 ftrace 重置為已知的 sane 狀態：https://github.com/brendangregg/perf-tools/blob/master/tools/reset-ftrace。

第 1 章〈軟體除錯概論〉「安裝需要的軟體套件」一節中曾指定安裝 perf-tools[-unstable] 和 trace-cmd 套件。

因此，現在就使用它來將 ftrace 重置為合理的預設值：

```
# reset-ftrace-perf
Reseting ftrace state...
current_tracer, before:
     1    nop
current_tracer, after:
     1    nop
[...]
```

它會顯示重設所有 ftrace 檔案的 before-and-after 值。這裡要提醒，它不會重設每個 ftrace 檔案，你會看到 script 底部的檔案。因此，作為範例，先暫時手動重設其中一個：

```
# echo 0 > options/funcgraph-proc
#
```

此外，利用功能強大且簡單的前端來追蹤名為 trace-cmd 的指令也很有用，可協助重設 ftrace 系統。在內部，它會關閉追蹤，並使系統效能恢復原生的狀態。（重設會花上一點時間；也有選項切換器可重設內部緩衝區）：

```
# trace-cmd reset
```

本章下一部分會介紹 trace-cmd。此外，這裡提供相當全面的 reset_ftrace() 函式，是方便的一部分 script - ch9/ftrace/ftrace_common.sh。

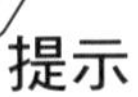

提示

重設後，請注意 ftrace 系統將 `tracing_on` 檔案設為 1：開啟中，並將 `current_tracer` 設為 `nop`，因此可有效轉譯追蹤為 off。這意味著，在 `current_tracer` 檔案中設定有效的跟蹤外掛例如 `function_graph`，將立即開始追蹤。此外，你可用 root 身分執行 `echo > trace`，來清除追蹤緩衝區的目前內容。

好的，回到重點，現在重設 ftrace 了，如何啟用顯示執行 kernel 程式碼的 context 呢？相關的選項檔案為：`options/funcgraph-proc`；**proc** 通常是 process 的縮寫。將 1 寫入其中，以使 ftrace 能列印處理內容資訊：

```
# cat tracing_on
1
# echo 0 > tracing_on
# echo > trace
#
# echo function_graph > current_tracer
# echo 1 > options/funcgraph-proc
#
# echo 1 > tracing_on ; sleep 1; echo 0 > tracing_on
# cp trace /tmp/trc2.txt
#
# head /tmp/trc2.txt
# tracer: function_graph
#
# CPU  TASK/PID         DURATION                  FUNCTION CALLS
# |     |    |           |   |                     |   |   |   |
 2)    <idle>-0    |               |  arch_cpu_idle_enter() {
 4)   bash-1153    |   3.225 us    |  mutex_unlock();
 2)    <idle>-0    |   0.980 us    |    tsc_verify_tsc_adjust();
 4)   bash-1153    |   0.621 us    |  __fsnotify_parent();
 2)    <idle>-0    |   0.549 us    |    local_touch_nmi();
 4)   bash-1153    |   0.581 us    |  preempt_count_add();
#
```

圖 9.6　啟用 funcgraph-proc 選項的 ftrace 試用螢幕截圖

此圖透過標示顯示新選項，及其對追蹤輸出的影響，清楚地表明這一點。在這個例子中，你可以看到 CPU core 2 的 idle thread，使用 PID `0`，可視為 `<idle>-0`；而 PID `1153` 的 bash process 在 CPU core 4 上執行著最右邊的函式！（是的，這裡可以看到兩個額外贈送的 CPU cores 的 parallelism ！）

還有幾個與函式圖形相關的選項；它們是 options 目錄下以 funcgraph- 為字首的檔案，在這裡與預設值放在一起；bash foo 也很有用！

```
# for f in options/funcgraph-* ; do echo -n "${f##*/}: "; cat $f; done
funcgraph-abstime: 0
funcgraph-cpu: 1
funcgraph-duration: 1
funcgraph-irqs: 1
funcgraph-overhead: 1
funcgraph-overrun: 0
funcgraph-proc: 0
funcgraph-tail: 0
#
```

請查閱官方 kernel 文件，以取得以下各項詳細資料：trace_options, under Options for function tracer。[6]

❖ 深入了解延遲追蹤資訊

圖 9.6 這個小範例實際上點出一個有趣的觀點！ CPU idle thread 在沒有任何其他執行緒需要處理器時藉由排程執行；很有可能是這樣，但也不要過於理所當然；還是有可能發生硬體中斷打斷閒置執行緒，或與此相關的任何其他執行緒的情況，然後執行，但標籤為 TASK/PID 行的 context 資訊，仍將顯示原始 context，即中斷的執行緒！所以，要如何確定這個程式碼是在 process 運行，還是在中斷環境中運行？

為了確定這一點，必須啟用另一個真正有用的 ftrace 選項：延遲格式選項（latency format），檔案是 options/latency-format。將 1 寫入此檔案會啟用延遲格式，這會產生什麼影響？它會導致附加行出現，通常在 CPU 和 TASK/PID 行之後，從而在執行此 kernel 程式碼時提供對系統狀態的極為深入了解，甚至幫助你了解出現延遲之因。現在就來實際使用並分析輸出結果，先重設 ftrace，然後啟用 function_graph tracer，以及 funcgraph-proc 和 latency-format 選項：

6 *https://www.kernel.org/doc/html/v5.10/trace/ftrace.html#trace-options*

```
# trace-cmd reset
# reset-ftrace-perf >/dev/null
# echo 0 > tracing_on
# echo > trace
# echo function_graph > current_tracer
# echo 1 > options/funcgraph-proc
# echo 1 > options/latency-format
#
# echo 1 > tracing_on ; sleep 1; echo 0 > tracing_on
# cp -f trace /tmp/trc3.txt
```

圖 9.7　顯示重設 ftrace 的螢幕截圖，然後著重於範例「1 秒追蹤」的打開有用的延遲格式選項

以下是裁減過的 ftrace 報告，為了更有趣，我會展示 trace 報告的幾個不同部分：

```
 1 # tracer: function_graph
 2 #
 3 # function_graph latency trace v1.1.5 on 5.10.60-prod01
 4 # --------------------------------------------------------------------
 5 # latency: 0 us, #166281/358344, CPU#0 | (M:preempt VP:0, KP:0, SP:0 HP:0 #P:6)
 6 #    -----------------
 7 #    | task: -0 (uid:0 nice:0 policy:0 rt_prio:0)
 8 #    -----------------
 9 #
10 #                    _-----=> irqs-off
11 #                   / _----=> need-resched
12 #                  | / _---=> hardirq/softirq
13 #                  || / _--=> preempt-depth
14 #                  ||| /
15 # CPU  TASK/PID    ||||      DURATION                  FUNCTION CALLS
16 #  |    |    |     ||||       |   |                     |   |   |   |
17  1)    <idle>-0    d..1 |                 |  irq_enter_rcu() {
18  1)    <idle>-0    d..1 |   0.884 us      |    preempt_count_add();
19  1)    <idle>-0    d..1 |                 |    tick_irq_enter() {

[...]
15105  0)  <idle>-0  | d.h1 |+ 15.444 us   |        }
15106  0)  <idle>-0  | d.h1 |              |        __sysvec_apic_timer_interrupt() {
15107  0)  <idle>-0  | d.h1 |              |          hrtimer_interrupt() {
15108  0)  <idle>-0  | d.h1 |              |            _raw_spin_lock_irqsave() {
15109  0)  <idle>-0  | d.h1 |  0.667 us    |              preempt_count_add();
15110  0)  <idle>-0  | d.h2 |  1.809 us    |            }
15111  0)  <idle>-0  | d.h2 |  0.957 us    |            ktime_get_update_offsets_now();
15112  0)  <idle>-0  | d.h2 |              |            __hrtimer_run_queues() {
15113  0)  <idle>-0  | d.h2 |  0.544 us    |              __next_base();
15114  0)  <idle>-0  | d.h2 |  1.168 us    |              __remove_hrtimer();
15115  0)  <idle>-0  | d.h2 |              |              _raw_spin_unlock_irqrestore() {
15116  0)  <idle>-0  | d.h2 |  0.581 us    |                preempt_count_sub();
15117  0)  <idle>-0  | d.h1 |  1.933 us    |              }
15118  0)  <idle>-0  | d.h1 |              |              tick_sched_timer() {

[...]
15192  0)  <idle>-0  | d.h1 |! 100.461 us  |        }
15193  0)  <idle>-0  | d.h1 |              |        irq_exit_rcu() {
15194  0)  <idle>-0  | d.h1 |  0.597 us    |          preempt_count_sub();
15195  0)  <idle>-0  | d..1 |  0.812 us    |          ksoftirqd_running();
15196  0)  <idle>-0  | d..1 |              |          do_softirq_own_stack() {
15197  0)  <idle>-0  | d..1 |              |            __do_softirq() {
15198  0)  <idle>-0  | d..1 |  0.557 us    |              preempt_count_add();
15199  0)  <idle>-0  | ..s1 |              |              run_rebalance_domains() {
15200  0)  <idle>-0  | ..s1 |              |                update_blocked_averages() {
15201  0)  <idle>-0  | ..s1 |              |                  _raw_spin_lock_irqsave() {
15202  0)  <idle>-0  | d.s1 |  0.580 us    |                    preempt_count_add();
15203  0)  <idle>-0  | d.s2 |  1.719 us    |                  }
15204  0)  <idle>-0  | d.s2 |  0.633 us    |                  update_rq_clock();
15205  0)  <idle>-0  | d.s2 |              |                  update_rt_rq_load_avg() {
15206  0)  <idle>-0  | d.s2 |  0.625 us    |                    decay_load();
```

圖 9.8　顯示開啟延遲格式選項效果的螢幕截圖；這會以灰線框顯示延遲格式追蹤資訊欄

你可能已經注意到，新的輸出欄，即在圖中灰線框顯示的 `TASK/PID` 和 `DURATION` 欄之間的欄位看起來很熟悉。我們非常精確地使用這種格式來編碼在程式碼庫的 `PRINT_CTX()` macro 中的資訊，該 macro 定義在 `convenient.h` 表頭內。請注意，由於使用 `pr_debug()` 來進行輸出，因此只有在你定義 `DEBUG` 符號，或利用 kernel 強大的動態 debug 框架來檢視 debug 列印時才會顯示，如第 3 章〈透過檢測除錯：使用 printk 與其族類〉的內容。

為了解譯此**延遲追蹤資訊（latency trace info）**以及行的其餘部分，這裡只考慮圖 9.8 的單一輸出行，即 # 15,111 行，螢幕截圖中的灰線框，以下複製：

```
 0)    <idle>-0     |  d.h2 |   0.957 us    |                  ktime_get_update_offsets_now();
```

現在從左到右逐行地解釋前面的欄位，只有一行，最右邊的函式名稱可能會自動換行到下一行：

- 第一欄 `0)`：執行 kernel 功能的 CPU. Core。請記住，CPU core 編號從 0 開始。
- 第二欄 `<idle-0>`：執行 kernel 函式的 process context；請注意它可能已在 interrupt context 中執行，可見下一列。在這樣的情況下，第二列顯示因中斷而中斷的 process context ！
- 第三欄 `d.h2`：這裡真正關注的是延遲追蹤資訊，透過可將 `options/latency=format` 選項設定為 1 以啟用。透過這個資訊，可以更詳細的了解 kernel 函式運行環境是正常的 process 還是 interrupt？在後者中，是硬體中斷（hardirq）、softirq（bottom-half）、**不可遮蔽中斷（Non Maskable Interrupt, NMI）**還是搶先 softirq 的 hardirq？此外，中斷是啟用還是停用，當時是等待重新排程，kernel 是否處於不可搶先狀態？它包含許多非常精確的細節！此資料欄位本身有 4 個，這裡的值恰好是 d.h2，輸出解釋如下：
    - latency trace info 的第 1 個欄位：IRQ（硬體中斷）狀態，`d`：
        - `d` 表示已禁用 IRQ（硬體中斷）。
        - `.` 表示已啟用 IRQ（硬體中斷）。

- latency trace info 的第 2 個欄位：「need-resched」位元，kernel 是否需要重新排程？
  - N 表示已設定 TIF_NEED_RESCHED 和 PREEMPT_NEED_RESCHED。實際上表示在這個可搶先的 kernel 上需要重新排程。
  - n 表示僅設定 TIF_NEED_RESCHED 位元。
  - p 表示只設定 PREEMPT_NEED_RESCHED 位元。
  - . 表示兩個位元都已清除，正常情況下不需要重新排程。

參考資訊

設定時的 TIF_NEED_RESCHED 位元表示有一個排程正在擱置中，並且不久之後將開始運行，如 N 和 n 的情況。

x86 arch 程式碼中對 PREEMPT_NEED_RESCHED 位元有以下說明：「我們將 PREEMPT_NEED_RESCHED 位元使用為反向 NEED_RESCHED，這樣，減量達到 0 意味著可以且應該重新排程。」

- latency trace info 的第 3 個欄位：執行中的 context 詳細資訊。有趣的是，下列清單會依執行優先權排序：
  - Z 意指著內部有一個 NMI 發生，因而被一個硬體 IRQ 搶占了。
  - z 意指正在執行 NMI。
  - H 意指著 hardirq 發生在 softirq 之內，因此被搶占。softirq 是一個 kernel 內部底層實作的 interrupt bottom-half 機制。
  - h 意指有一個 hardirq 正在運行。
  - s 意指有一個 softirq 正在運行。
  - . 表示正在執行一個普通的（process / thread）context。

- latency trace info 的第 4 個欄位：`preempt-depth`，也稱為 `preempt_disabled` 層級。實際上，如果為正，則表示 kernel 處於不可搶先狀態；為 `0` 時，則 kernel 處於可搶先狀態。當你執行可搶先的 kernel，表示即使是 kernel thread 或 kernel process context 也可以搶占（！）時，這一點很重要。簡單情況下，可考慮搶先 kernel 和持有 spinlock 的 thread context，這必須是 atomic 區段；在解鎖之前不應搶占。為了保證這一點，每次取用一個 spinlock 時，都要增加 preempt 計數器；實際上，這裡看到的是 `preempt-depth`，每當一個 spinlock 解鎖時都會減少。因此，當保留一個或多個 spinlock 時，持有它的 context 不應被搶占，實際上，`preempt-depth` 是正值。[7]

  因此，讓我們快速解譯在此看到的延遲追蹤資訊：`d.h2`：

- `d`：硬體中斷已停用。
- `.`：清除 `TIF_NEED_RESCHED` 和 `PREEMPT_NEED_RESCHED` 位元。這是正常情況，沒有擱置中的重新排程工作。
- `h`：執行中的 context，這裡是 CPU 0 上執行的 `<idle-0>` idle thread 已因硬體中斷而中斷，其 hardirq 處理常式，或所謂的上半部或**中斷服務常式（ISR）**，目前正在處理器上執行程式碼。
- `2`：`preempt-depth` 計數器的值為 `2`，表示 kernel 目前標示為不可搶占狀態。

• 第四欄 `0.957 us`：這是函式呼叫的持續時間（微秒）。當函式終止時，可見最後一行顯示的「`}`」，持續時間就是整個函式的持續時間。此外，ftrace 提供了使用延遲標籤的概念，來使用函式所花費時間的視覺線索，詳細介紹可見稍後的「檢視 context switch 和 delay markers」。此外，預設為開啟的 `options/graph-time` 選項對於函式圖形追蹤器（function graph tracer），顯示的所有巢狀函式所花費的累積時間。將其設定為 0 只會顯示個別的函式持續時間。

---

7 更多內容可見：*https://www.kernel.org/doc/Documentation/preempt-locking.txt*。

- 第五欄 ktime_get_update_offsets_now();：這是正在執行的 kernel 函式。如果這裡只顯示一條「}」，則表示終止整個函式。設定 options/funcgraph-tail 這個選項參數為 1，也會顯示終止函式名稱，可使用 } /* function name*/ 格式。你也可以試著使用 vi[m] 中的 % 運算元跳到函式的開頭，進而檢視它代表哪個函式；不過請注意，這個簡單的小技巧並非總是有用。

這些的確是非常有價值的資訊！

圖 9.8 向上和向右處頂部表頭部分的 ASCII-art 箭頭，也簡要說明延遲追蹤資訊欄。此外，ftrace 報表的表頭部分會顯示此行：

```
latency: 0 us, #166281/358344, CPU#0 | (M:preempt VP:0, KP:0, SP:0 HP:0 #P:6)
```

產生前面這行表頭的程式碼在此：https://elixir.bootlin.com/linux/v5.10.60/source/kernel/trace/trace.c#L3887。

透過程式碼來解譯它可發現如下。

如果使用 latency tracer 來測量 latency（delay），例如 irqsoff tracer，在這些情況下，會顯示追蹤工作階段期間的最大延遲，這裡是 0，因為我們沒有運行 latency tracer。接著顯示追蹤條目的數目，在報告中有 166,281 筆，而條目總數是 358,344 筆，顯然有太多條目要儲存了。提示增加記憶體緩衝區大小可見「其他需要注意的有用的 ftrace tunning knobs」章節；此外，ftrace 的 trace-cmd record 前端允許使用 -b <buffer-size-in-KB-per-cpu> option 參數，可見「使用 trace-cmd、KernelShark 與 perf-tools ftrace 前端工具」章節對 trace-cmd 的詳細介紹。括號裡面的下一組條目開頭 M 表示 Model，server、desktop、preempt、preempt_rt 或 unknown 其中之一。接下來的四個條目 VP、KP、SP 與 HP 永遠都是 0，要保留給之後使用。P 指定線上的處理器 cores 數量。

圖 9.8 顯示 ftrace 報告的某些部分，清楚地表明 kernel 的程式碼在關閉中斷時如何運行，在一個 hardirq context，接著切換到 softirq context，當然，它還做了很多事情，但這裡無法顯示全部內容。

練習

若 latency trace info 欄位的值為 `dNs5`，代表什麼意思？

因此，本節還會更詳細地有效解答之前的疑問：程式碼是在 process 還是在 interrupt context 中執行？請注意，當你使用任何與延遲量測相關的追蹤程式時，也會顯示延遲追蹤格式資料欄。

快速提一下，硬體中斷通常不會由 kernel 在所有可用的 CPU cores 之間負載平衡。Ftrace 可協助你了解它們在哪個 core 上面執行，因此你可以自行載入它們；另請查閱 `/proc/irq/<irq#>` 和 `irqbalance[-ui]` 公用程式。不過請注意，在 CPU cores 之間任意分配中斷可能會導致 CPU cache，進而引發效能問題！你可以在我之前那本書《Linux Kernel Programming - Part 2》，探討硬體中斷處理的章節進一步了解在 Linux 上的硬體中斷處理。

解譯 delay marker

圖 9.8 第三個部分的螢幕截圖，第一行顯示圍繞持續時間列的橢圓，即以下這行：

```
 0)    <idle>-0    | d.h1 | ! 100.461 us    |       }
```

預設單位為微秒的 `DURATION` 欄位，在實際持續時間的左邊有一些有趣的註釋。例如，在這裡你可以看到 time duration 最左邊的「！」符號，這是其中一個可以顯示的延遲標籤（delay marker），說明有問題的函式花費了相當長的時間來執行！以下是解譯這些 delay marker 的方法；當然，`us` 的意思是微秒：

表 9.2：ftrace delay markers

延遲標誌	相對應的函式執行期間（us）
$	Over 100,000,000 us (1 s)
@	Over 100,000 us (100 ms)

延遲標誌	相對應的函式執行期間（us）
*	Over 10,000 us (10 ms)
#	Over 1,000 us (1 ms)
!	Over 100 us
+	Over 10 us
' '	<= 10 us

如上表最後一行所示，持續時間最左邊缺少 delay marker 或只是空白，表示該函式的執行時間小於 10 us，而這可視為正常情況。

關於 delay marker，還有最後一點。當 tracer 是 `function-graph` 時，如這裡的情況，名為 `options/funcgraph-overhead` 的函式圖形特有選項將會扮演一個角色：delay marker 只在啟用時才顯示，這是預設值。若要停用 delay marker，請將 `0` 寫入此檔。

你可能會在 ftrace 報告中遇到箭頭標籤 `=>`。這非常直觀，表示 context switch 發生的事實。

你現在已經毫無疑問地意識到，為了測試 ftrace，一定可以將我們運行的指令如圖 9.7 那些放到 script 中，以避免重新輸入它們，進而為你的服務提供一個客製化工具！同樣的，這就是 Unix 的使用哲學。實際上，為了讓你方便，我們已經這樣做了；和其他一樣，你可以在此處找到非常簡單的包裝 script：`ch9/ftrace`，這個使用 `function_graph` tracer 追蹤 kernel 一秒的特定包裝名為 `ftrc_1s.sh`

同樣的，大量的追蹤選項不允許在這裡單獨複製它們。你必須參考 ftrace 的官方 kernel 文件[8]，才能檢視全部的選項、其意義及可能的值。話雖如此，仍有一些有用的選擇需要注意。

8 *https://www.kernel.org/doc/html/v5.10/trace/ftrace.html*

其他需要注意的有用的 ftrace tunning knobs

必須了解一些 ftrace 選項。下表試著提供一個快速總覽：

表 9.3：另外幾個 ftrace（tracefs）檔案的摘要

在 /sys/kernel/tracing 目錄中的名稱	用途
`available_filter_functions`	全部可被追蹤的函式清單。
`trace_options`	控制 ftrace 輸出和修改行為的選項 -，如堆疊追蹤等，請參閱「查看 trace_options」章節。
`buffer_size_kb`	個別 CPU 的追蹤緩衝區之大小（以 Kilobyte 為單位）。可以用 root 身分修改。另一方面，`buffer_total_size_kb` pseudo file 是唯讀的，顯示用於追蹤的記憶體緩衝區的總大小，請參閱 `ch9/ftrace/ping_ftrace.sh` script 計算和設定此選項的範例。
`max_graph_depth`	當追蹤器為 `function_graph` 時，指定要追蹤函數的最大深度。當你想要限制深度並大致了解有什麼在 kernel 中運行時，這非常有用。預設值為 0，表示無限制。
`saved_cmdlines`	允許保存 task 的名稱（`comm`，用於指令）以及（kernel）PID。它實際上是 ftrace 保存的 *PID comm* 映射的快取。
`saved_cmdlines_size`	ftrace 保留的已儲存 *PID comm* 映射的數量預設值為 128，可透過 `saved_cmdlines` 選項檢視。你可以在該檔案中寫入一個整數來修改。
`saved_tgids`	如果 `record_tgids` 設定為 `1`（預設為 `0`），則該行程的**執行緒群組 ID（Thread Group Id, TGID）**，即使用者空間看到的 PID 值，會儲存到映射快取，預設為停用。
`trace_marker`	將字串寫入此檔案會使其出現在追蹤環狀緩衝區（trace ring buffer），並因而出現在追蹤報告。要同步使用者空間與 kernel 中發生的事情時很好用。（請注意，想使其運作，需要在 `trace_options` 檔案中設定 `markers` 選項）。
`tracing_thresh`	適用於硬體延遲追蹤器，例如 `hwlat`。只有超過此門檻值（threshold）時才會記錄追蹤。當使用 `hwlat` 追蹤器時，它會將預設值設定為 `10`（微秒）。

以下註釋詳細說明一些細節。

❖ 查看 trace_options

讀取 trace_options tracefs pseudofile 的內容，會顯示幾個 ftrace 選項及其目前的值。以下是 5.10.60 Production Kernel 的預設值：

```
# cat trace_options
print-parent
nosym-offset
nosym-addr
noverbose
noraw
nohex
nobin
noblock
trace_printk
annotate
nouserstacktrace
nosym-userobj
noprintk-msg-only
context-info
nolatency-format
record-cmd
norecord-tgid
overwrite
nodisable_on_free
irq-info
markers
noevent-fork
nopause-on-trace
function-trace
nofunction-fork
nodisplay-graph
nostacktrace
notest_nop_accept
notest_nop_refuse
#
```

圖 9.9 檢視 tracefs 下的 trace_options pseudo 檔案內容，預設值為 x86_64 5.10.60

格式如下：選項名稱本身表示該選項已啟用，而選項名稱前面加上 no 字樣表示該選項已關閉。實際上的情況為：

```
echo no<option-name> >  trace_options     : disable it
echo <option-name> >  trace_options       : enable it
```

例如，你可以在圖 9.9 中看到名為 `nofunction-fork` 的追蹤選項，它指定是否也會追蹤子行程（the children of a process）。顯然，預設值為「no」。要追蹤全部子行程，請執行以下操作：

```
echo function-fork > trace_options
```

第 7 章〈Oops！解讀 kernel 的 bug 診斷〉中「找到發生 Oops 時的程式碼」章節曾討論過，其中一個重要線索就是指令指標（instruction pointer）內容顯示的格式，如下面範例所示：

```
RIP: 0010:do_the_work+0x124/0x15e [oops_tryv2]
```

如我們所知，+ 號之後的十六進位數字指定從函式開始起算的偏移量，和函式的長度，以位元組為單位，此範例顯示我們與 `do_the_work()` 函式開頭的偏移量為 `0x124` 個位元組，其長度為 `0x15e` 個位元組。如同第 7 章〈Oops！解讀 kernel 的 bug 診斷〉所呈現的，這種格式真的很有用。你可以執行下列動作，指定追蹤報表中的全部函式都會以這種方式顯示：

```
echo sym-offset > trace_options
```

預設值為 nosym-offset，表示不會以這種方式顯示。

警告

`sym-offset` 和 `sym-addr` 選項似乎只適用於 function tracer，而非 function_graph。順便說一下，`printk` 格式指定符號 `%pF` 及其好友也會以這種方式列印函式指標！可參閱關於 `printk` 格式指定符號的有用說明。[9]

同樣，這裡有太多的 `trace_options` 選項可供個別覆蓋。我強烈建議你參考官方 kernel 文件，了解有關 `trace_options` 的詳細資訊。[10]

9 *https://www.kernel.org/doc/Documentation/printk-formats.txt*

10 *https://www.kernel.org/doc/html/v5.10/trace/ftrace.html#trace-options*

有用的 ftrace 篩選選項

正如你現在肯定已經注意到的，ftrace 可以提取的巨量報告資料很容易讓人無法承受，學習如何過濾掉報告中不需要或沒那麼重要的內容是關鍵！

Ftrace 會在名為 available_filter_functions 的檔案中保留所有可追蹤的函式。在 x86_64 和 5.10 kernel 上，它非常龐大。核心中有超過 48,000 個函式可以追蹤！

```
# wc -l available_filter_functions
48660 available_filter_functions
```

透過各種 tracefs 檔案可啟用數個功能強大的篩選器（filter）。下表試圖摘錄一些關鍵點，請認真研究：

表 9.4：某些關鍵 ftrace 過濾器選項概述

tracefs file to employ	How it filters	Comment/example
set_ftrace_filter	將要追蹤的函式寫入此檔案。請參考「更多關於 set_ftrace_filter 檔案的詳細資訊」章節。	動態的 ftrace！僅追蹤指定的函式，可以使用通配符號。當指定大量函式時，由於過長字串處理，可能會非常慢，請參考「基於索引的函式過濾」和「基於模組的過濾」章節。另外請注意，會顯示周遭的函式呼叫，如呼叫函式時的 context、包含父函式及其呼叫的子函式。
set_ftrace_notrace	永遠不會追蹤的函式，將它們寫入此檔案。請參考「更多關於 set_ftrace_filter 檔案的詳細資訊」章節。	前面的補充，不要追蹤指定的函式，可以使用通配符號。與前的檔案一樣，由於過長字串的處理，這可能非常慢，請參考「基於索引的函式過濾」和「基於模組的過濾」章節。
set_graph_function	請參考下一欄。	與 set_ftrace_filter 相同 - 僅追蹤此處寫入的函式。然而，這只在使用 function_graph 追蹤器時才會一樣。

tracefs file to employ	How it filters	Comment/example
set_graph_notrace	請參考下一欄。	與前一項相反。與 set_ftrace_notrace 相同，永遠不要追蹤這裡寫入的函式，但是，這只在使用 function_graph 追蹤器時才會一樣。
tracing_cpumask	CPU cores（預設是 - 追蹤全部的 online CPU cores）	透過寫入位元遮罩到這個檔案，以指定要追蹤的 CPU core(s)。此外，要查看指定 CPU 的追蹤，可以讀取 per_cpu/cpun/trace[_pipe] 檔案，其中 n 是 core 編號。
set_ftrace_pid	要追蹤的行程 / 執行緒 PID。	只追蹤寫入到這個檔案的 PID 所執行的 kernel 程式碼路徑。很實用！
set_ftrace_notrace_pid	不要追蹤的行程 / 執行緒 PID。	與前一項相反，不要追蹤這些 PID(s) 執行的程式碼。
set_event	只過濾屬於此處寫入的事件集的函式。	替代的追蹤方式。這些與 kernel 中內建的靜態追蹤點有關，例如，net、sock、syscalls、tcp 等，詳情請參閱以下內容：https://www.kernel.org/doc/html/v5.20/trace/events.html#via-the-set-event-interface。
set_event_pid	在事件追蹤時要追蹤的行程 / 執行緒 PID	對於基於事件的追蹤，事件將只追蹤寫入此檔案的 PID 所執行的 kernel 程式碼路徑。很實用！
set_event_notrace_pid	在事件追蹤時不追蹤的行程 / 執行緒 PID	與前述相反，在執行基於事件的追蹤時不追蹤這些 PID 所執行的程式碼。

以下各節有助讓這個討論更加充實，請查看，因為內含有價值的細節。

更多關於 set_ftrace_filter 檔案的詳細資訊

對於基於函式的過濾，glob 比對，通常稱為 globbing 非常有用！你可以使用萬用字元指定函式的子集，當然必須出現在 available_filter_functions 中，如下所示：

- 'foo*'：以 foo 開頭的全部函式名稱
- '*foo'：以 foo 結尾的全部函式名稱
- '*foo*'：全部包含 foo 子字串的函式名稱
- 'foo*bar'：全部以 foo 開頭並以 bar 結尾的函式名稱

例如，若要追蹤 ksys_write() 和 ksys_read() 函式，可以執行下列動作：

```
echo "ksys_write" > set_ftrace_filter
echo "ksys_read" >> set_ftrace_filter
```

這也說明你可以用一般的語義使用 >> 附加符號；這裡會追蹤這兩個函式，以及預設的巢狀程式碼。

實際上，你可以對 set_ftrace_filter 檔案執行更多控制；可以閱讀 /sys/kernel/tracing/README 檔案的內容來檢視及更多！這是一個不錯的 ftrace mini-HOWTO！以下是與 set_ftrace_filter 檔案相關的部分：

```
cat /sys/kernel/tracing/README
tracing mini-HOWTO:
[...]
```

以下顯示輸出的相關部分：

```
  available_filter_functions - list of functions that can be filtered on
  set_ftrace_filter     - echo function name in here to only trace these
                          functions
             accepts: func_full_name or glob-matching-pattern
             modules: Can select a group via module
              Format: :mod:<module-name>
             example: echo :mod:ext3 > set_ftrace_filter
            triggers: a command to perform when function is hit
              Format: <function>:<trigger>[:count]
             trigger: traceon, traceoff
                      enable_event:<system>:<event>
                      disable_event:<system>:<event>
                      stacktrace
                      snapshot
                      dump
                      cpudump
             example: echo do_fault:traceoff > set_ftrace_filter
                      echo do_trap:traceoff:3 > set_ftrace_filter
             The first one will disable tracing every time do_fault is hit
             The second will disable tracing at most 3 times when do_trap is hit
               The first time do trap is hit and it disables tracing, the
               counter will decrement to 2. If tracing is already disabled,
               the counter will not decrement. It only decrements when the
               trigger did work
             To remove trigger without count:
               echo '!<function>:<trigger> > set_ftrace_filter
             To remove trigger with a count:
               echo '!<function>:<trigger>:0 > set_ftrace_filter
  set_ftrace_notrace    - echo function name in here to never trace.
            accepts: func_full_name, *func_end, func_begin*, *func_middle*
            modules: Can select a group via module command :mod:
            Does not accept triggers
```

圖 9.10 README mini-HOWT O 檔案內容的部分螢幕截圖

因此，還有一件有趣的事，點選某個函式時可以關閉追蹤，見圖 9.10 中的 `traceoff` 範例。

基於索引的函式過濾

如上一節所示，字串處理會明顯降低速度！因此，另一種方法是基於索引的過濾。索引是在 `available_filter_functions` 檔案中所希望的函式數值化位置，也有可能不希望，這取決於篩選器。例如，使用 sed 來查詢所有 kernel 函式的行號，這些函式中有 `tcp` 字串：

```
# grep -n tcp available_filter_functions |cut -f1 -d':'|tr '\n' ' '
3504 3505 30425 30426 30427 30428 30429 30430 30431 30432 30433 30434 30435 38537 38540
38541 38542 39133 39134 39198 [...] 43589 43590 43591 43593 #
```

這是一長串行號，5.10.60 上的 584：

```
# grep -n tcp available_filter_functions |cut -f1 -d':'|tr '\n' ' ' |wc -w
584
```

使用 `tr` 公用程式將換行符號替換為空格。為什麼？因為這是篩選檔案預期的格式。因此，若要將 ftrace 設定為只追蹤這些函式，也就是名稱中包含 `tcp` 的函式，請執行下列動作：

```
grep -n tcp available_filter_functions  | cut -f1 -d':' | tr '\n' ' ' >> set_ftrace_
filter
```

在其中一個 script 中使用此技巧進行函式篩選：`ch9/ftrace/ping_ftrace.sh`，稍後部分會談到這個技巧。以下是 bash 函式，一般執行此動作，參數是函式名稱所包含的子字串或正規表示式：

```
filterfunc_idx()
{
  [ $# -lt 1 ] && return
  local func
  for func in "$@"
  do
     echo $(grep -i -n ${func} available_filter_functions |cut -f1 -d':'|tr '\n' ' ')
>> set_ftrace_filter
  done
}
```

下面是執行的範例：

```
filterfunc_idx read write net packet_ sock sk_ tcp udp \
 skb netdev netif_ napi icmp "^ip_" "xmit$" dev_ qdisc
```

現在，將追蹤包含這些子字串或正規表示式的全部 kernel 函式！很酷吧？

反之如何？也有可能想過濾掉一些函式，讓 ftrace 不要追蹤它們。在剛才提到的 script（ch9/ftrace/ping_ftrace.sh）中，寫下這個 bash 函式來實現這個想法：

```
filterfunc_remove()
{
  [ $# -lt 1 ] && return
  local func
  for func in "$@"
  do
    echo "!${func}" >> set_ftrace_filter
    echo "${func}" >> set_graph_notrace
  done
}
```

請注意！字元作為函式字串的前置字元；這會告知 ftrace 不要追蹤相符的函式。同樣地，將參數寫入 set_graph_notrace 檔案時也可以，當 tracer 為 function_graph 時，就像這裡的情況。下面是執行範例：

```
filterfunc_remove "*idle*" "tick_nohz_idle_stop_tick" "*__rcu_*" "*down_write*" "*up_
write*" [...]
```

這些技術不僅實現了函式過濾，而且運算速度快，實用性強。

基於模組的過濾

將 :mod:<module-name> 形式的字串寫入 set_ftrace_filter，以允許追蹤此模組的函式，如以下範例所示：

```
echo :mod:ext4 > set_ftrace_filter
```

這會追蹤 ext4 kernel 模組中的全部函式。這個範例和 mod 關鍵字的用法是使用稱為過濾指令（filter command）的一種情況。

❖ 過濾指令

更強大的是，你甚至可以採用所謂的過濾指令，將某種格式寫入 set_ftrace_filter 檔案。格式如下：

```
echo '<function>:<command>:<parameter>' > set_ftrace_filter
```

也支援使用 >> 附加的格式。支援一些指令：mod、traceon/traceoff、snapshot、enable_event/disable_event、dump、cpudump 和 stacktrace。如需有關過濾指令的詳細資訊和範例，請參閱官方 kernel 文件。[11]

請注意，正在設定的過濾指令不會影響 ftrace 過濾！例如，設定過濾指令以追蹤某些模組的函式，或在某些情況下切換追蹤，並不會影響透過 set_ftrace_filter 檔案追蹤的函式。

好的，你已經看到很多關於如何設定和使用 ftrace 的資訊，包括配置 kernel、簡單的追蹤以及許多更強大的過濾操作。現在來實際發揮這項知識，利用 ftrace 追蹤在發出下列指令：單一 ping 時所用到的 kernel 程式碼路徑：

```
ping -c1 packtpub.com
```

會很有趣的！開始吧。

案例 1：使用原始 ftrace 追蹤單一 ping

這裡將使用 function_graph tracer。函式過濾可以透過以下兩種方式擇一完成：

- 透過正規的 available_filter_functions 檔案介面
- 透過 set_event 檔案介面

它們是互斥的；如果將 script[12] 的 FILTER_VIA_AVAIL_FUNCS 變數設定預設值 1，就會透過方法 1 篩選，否則就透過方法 2。方法 1 提供比較詳細的 trace，顯示所有相關功能，如這裡的網路相關功能，但設定並快速保留這些功能需要透過更多基於索引的過濾工作。在 script 中，我們繼續使用方法 1 作為預設以過濾：

11 *https://www.kernel.org/doc/html/v5.10/trace/ftrace.html#filter-commands*

12 *ch9/ftrace/ping_ftrace.sh*

```
// ch9/ftrace/ping_ftrace.sh
[...]
FILTER_VIA_AVAIL_FUNCS=1
echo "[+] Function filtering:"
if [ ${FILTER_VIA_AVAIL_FUNCS} -eq 1 ] ; then
    [...]
    # This is pretty FAST and yields good detail!
    filterfunc_idx read write net packet_ sock sk_ tcp udp skb netdev \
    netif_ napi icmp "^ip_" "xmit$" dev_ qdisc [...]
    [...]
```

前面基於索引的函式過濾部分中，解釋了 filterfunc_idx() 函式的使用方式和實作。此外，我們使用 filterfunc_remove() 函式來確保 kernel 中某些模式（pattern）的函式不會被追蹤。再者，script 會開啟對 e1000 模組中任何功能的追蹤，如網路驅動程式，真的：

```
KMOD=e1000
echo "[+] module filtering (for ${KMOD})"
if lsmod|grep ${KMOD} ; then
  echo "[+] setting filter command: :mod:${KMOD}"
  echo ":mod:${KMOD}" >> set_ftrace_filter
fi
```

在實作執行 ping 的程式碼時，script 會有些複雜。為什麼？我們盡可能只在 ping process 執行時使用的 CPU core 上追蹤。為此，利用 taskset 公用程式將其指派給特定的 CPU core，然後告訴 ftrace 下列資訊：

- 將 set_event_pid 設定為 ping process 的 PID，指定要追蹤哪一個 process。
- 將 tracing_cpumask filter 設定為指定值來追蹤指定的 CPU core，也就是我們設定要使用的 taskset。

好，現在考慮一下。為了正確設定 PID，首先需要讓 ping process 開始運行，但如果它正在運行，它會執行程式碼，至少一些，然後我們的 script 才能設定並追蹤它。但是，在它有生命和運行之前，我們無法獲取它的 PID。這有點像是雞生蛋的問題，不是嗎？

因此，我們使用名為 runner 的包裝 script 來執行 ping process。此 script 將與主 script：ping_ftrace.sh 同步，它的實現方法：主 script 將在背景執行 runner script 並獲取其 PID，將其儲存在變數中，稱為 PID。然後，runner script 將透過 shell 的 exec 關鍵字執行 ping process，進而確保我們 ping process 的 PID 與其 PID 相同，因為執行 exec 操作時，後來的 process 之 PID 會與前繼 process 的 PID 相同。

不過，請等一下。為了正確同步處理，runner script 將不會執行 exec 操作，直到 main script 建立所謂的「觸發器檔案」（trigger file）。然後，它會知道追蹤現在才就緒，而執行 ping process。因此，main script 一旦準備就緒，就會建立觸發檔案，然後開啟追蹤，目標 process。

當 process 執行完成時，它會儲存報告，可自行瀏覽這些 script 的程式碼。如果你毫不猶豫地認為，這對追蹤給定任務（process / thread）來說，是一種相當費力的方式，你是對的。對 trace-cmd 前端的介紹會清楚顯示這一點！

以下是我們的 ping_ftrace.sh script 範例運行：

```
$ sudo ./ping_ftrace.sh
[+] resetting ftrace
trace-cmd reset    (patience, pl...)
resetting set_ftrace_filter
resetting set_ftrace_notrace
resetting set_ftrace_notrace_pid
resetting set_ftrace_pid
resetting trace_options to defaults (as of 5.10.60)
resetting options/funcgraph-*
running '/usr/sbin/reset-ftrace-perf -q' now...
[+] tracer : function_graph
[+] setting options
[+] setting buffer size to 82 MB / cpu
[+] Function filtering:
 Regular filtering (via available_filter_functions):
 Setting filters for networking funcs only...
[+] filter: remove unwanted functions        (patience, pl...)
# of functions now being traced: 6649
[+] module filtering (for e1000)
e1000                  143360  0
[+] setting filter command: :mod:e1000
[+] Setting up wrapper runner process now...
[+] Tracing PID 1556 on CPU 1 now ...
> runner:1556: triggered
PING packtpub.com (104.22.1.175) 56(84) bytes of data.
64 bytes from 104.22.1.175 (104.22.1.175): icmp_seq=1 ttl=63 time=15.2 ms

--- packtpub.com ping statistics ---
1 packets transmitted, 1 received, 0% packet loss, time 0ms
rtt min/avg/max/mdev = 15.167/15.167/15.167/0.000 ms
Ftrace report:
-rw-r--r-- 1 root root 272K Feb 25 13:23 /home/letsdebug/Linux-Kernel-Debugging/ch9/ftrace/ftrace_reports/pin
g_ftrace.sh_20220225.txt
$
```

圖 9.11　顯示單個 ping 的原始 ftracescript 的螢幕截圖

從上面的螢幕截圖中可以看到，我們的 script 運行了，ping process 完成了它的工作，有被追蹤了，並且報告生成了。獲得的報告大小相當不錯，只有 272 KB，這表示過濾確實收到了成效。

僅供參考，此範例報告可從這裡取得：ch9/ftrace/ping_ftrace_report.txt。不過，你會意識到，此報告僅代表我的安裝程式執行一次範例；你看到的結果可能會有所不同，至少一點點。它仍然很龐大，下面是一些開始檢視此追蹤報告的好位置：

- ping process 呼叫了 __sys_socket()。
- 傳輸路徑，通常稱為 tx；詳細資料如下。請參閱 sock_sendmsg() API 的初始化傳輸路徑，你會在我們儲存的 ping_ftrace_report.txt 檔案中，大約往下 86% 之處找到它及其他執行實體。
- 接收路徑，通常稱為 rx；後面是詳細資訊。

以由上而下的方式顯示非常近似的傳輸路徑功能，包括這些 kernel 函式：sock_sendmsg()、inet_sendmsg()，可在圖 9.12 的上方看到這些標示出來的函式，udp_sendmsg()、udp_send_skb()，可在圖 9.13 下方標示出來的函式以看到，ip_send_skb()、ip_output()、dev_queue_xmit()，以及 dev_hard_start_xmit()，最後一個呼叫指向 e1000 網路驅動程式的 transmit code routine 常式；這裡它是 e1000_xmit_frame()，依此類推。這裡傳送和接收功能清單當然不是詳盡的，只是說明你大概可以看到的內容。

圖 9.12 顯示篩選後報告中的一些傳輸路徑部分，其中 ping process context 是在 kernel 中運行此程式碼。最左邊的欄位只是行號。當然，這是我在一次範例執行得到的結果。你看到的內容可能與此輸出不完全相符：

```
2258 3024.237642 |  1)  ping-1869  | .... |             |  sock_sendmsg() {
2259 3024.237643 |  1)  ping-1869  | .... |             |    security_socket_sendmsg() {
2260 3024.237644 |  1)  ping-1869  | .... |             |      apparmor_socket_sendmsg() {
2261 3024.237645 |  1)  ping-1869  | .... |   0.738 us  |        aa_sk_perm();
2262 3024.237646 |  1)  ping-1869  | .... |   2.587 us  |      } /* apparmor_socket_sendmsg */
2263 3024.237647 |  1)  ping-1869  | .... |   4.816 us  |    } /* security_socket_sendmsg */
2264 3024.237649 |  1)  ping-1869  | .... |             |    inet_sendmsg() {
2265 3024.237650 |  1)  ping-1869  | .... |             |      inet_send_prepare() {
2266 3024.237652 |  1)  ping-1869  | .... |             |        inet_autobind() {
2267 3024.237652 |  1)  ping-1869  | .... |   1.262 us  |          lock_sock_nested();
2268 3024.237655 |  1)  ping-1869  | .... |   1.135 us  |          _raw_write_lock_bh();
2269 3024.237658 |  1)  ping-1869  | ...1 |   1.537 us  |          sock_prot_inuse_add();
2270 3024.237661 |  1)  ping-1869  | ...1 |   1.115 us  |          _raw_write_unlock_bh();
2271 3024.237663 |  1)  ping-1869  | .... |   1.475 us  |          release_sock();
2272 3024.237665 |  1)  ping-1869  | .... | + 13.470 us |        } /* inet_autobind */
2273 3024.237666 |  1)  ping-1869  | .... | + 15.571 us |      } /* inet_send_prepare */
```

圖 9.12 經由原始 ftrace 之 ping 追蹤的傳輸部分規則過濾介面

以下是傳輸路徑中一些其他 ftrace 輸出：

```
2293 3024.237705 |  1)  ping-1869  | .... |              |          ip_send_skb() {
2294 3024.237706 |  1)  ping-1869  | .... |              |            ip_local_out() {
2295 3024.237707 |  1)  ping-1869  | .... |   0.990 us   |              ip_send_check();
2296 3024.237708 |  1)  ping-1869  | .... |              |              ip_output() {
2297 3024.237710 |  1)  ping-1869  | .... |              |                ip_finish_output() {
2298 3024.237712 |  1)  ping-1869  | .... |              |                  ip_finish_output2() {
2299 3024.237714 |  1)  ping-1869  | .... |              |                    dev_queue_xmit() {
2300 3024.237715 |  1)  ping-1869  | .... |              |                      __dev_queue_xmit() {
2301 3024.237716 |  1)  ping-1869  | .... |   0.817 us   |                        netdev_core_pick_tx();
2302 3024.237719 |  1)  ping-1869  | ...1 |              |                        __qdisc_run() {
2303 3024.237720 |  1)  ping-1869  | ...1 |              |                          sch_direct_xmit() {
2304 3024.237721 |  1)  ping-1869  | ...1 |              |                            validate_xmit_skb_list() {
2305 3024.237722 |  1)  ping-1869  | ...1 |              |                              validate_xmit_skb.isra.0() {
2306 3024.237723 |  1)  ping-1869  | ...1 |              |                                netif_skb_features() {
2307 3024.237725 |  1)  ping-1869  | ...1 |   1.250 us   |                                  skb_network_protocol();
2308 3024.237726 |  1)  ping-1869  | ...1 |   3.103 us   |                                } /* netif_skb_features */
2309 3024.237727 |  1)  ping-1869  | ...1 |   4.947 us   |                              } /* validate_xmit_skb.isra.0 */
2310 3024.237727 |  1)  ping-1869  | ...1 |   6.482 us   |                            } /* validate_xmit_skb_list */
2311 3024.237728 |  1)  ping-1869  | ...2 |              |                            dev_hard_start_xmit() {
2312 3024.237729 |  1)  ping-1869  | ...2 |              |                              dev_queue_xmit_nit() {
2313 3024.237730 |  1)  ping-1869  | ...2 |              |                                skb_clone() {
2314 3024.237732 |  1)  ping-1869  | ...2 |              |                                  __skb_clone() {
2315 3024.237733 |  1)  ping-1869  | ...2 |   0.999 us   |                                    __copy_skb_header();
2316 3024.237734 |  1)  ping-1869  | ...2 |   2.525 us   |                                  } /* __skb_clone */
2317 3024.237735 |  1)  ping-1869  | ...2 |   4.508 us   |                                } /* skb_clone */
2318 3024.237736 |  1)  ping-1869  | ...2 |              |                                packet_rcv() {
2319 3024.237737 |  1)  ping-1869  | ...2 |   0.778 us   |                                  skb_push();
2320 3024.237740 |  1)  ping-1869  | ...2 |              |                                  consume_skb() {
2321 3024.237741 |  1)  ping-1869  | ...2 |              |                                    skb_release_all() {
2322 3024.237741 |  1)  ping-1869  | ...2 |   0.668 us   |                                      skb_release_head_state();
2323 3024.237743 |  1)  ping-1869  | ...2 |   0.861 us   |                                      skb_release_data();
2324 3024.237744 |  1)  ping-1869  | ...2 |   3.442 us   |                                    } /* skb_release_all */
2325 3024.237745 |  1)  ping-1869  | ...2 |   1.432 us   |                                    kfree_skbmem();
2326 3024.237747 |  1)  ping-1869  | ...2 |   6.816 us   |                                  } /* consume_skb */
2327 3024.237747 |  1)  ping-1869  | ...2 | + 11.057 us  |                                } /* packet_rcv */
2328 3024.237748 |  1)  ping-1869  | ...2 | + 18.895 us  |                              } /* dev_queue_xmit_nit */
2329 3024.237749 |  1)  ping-1869  | ...2 |              |                              e1000_xmit_frame [e1000]() {
2330 3024.237751 |  1)  ping-1869  | ...2 |   0.734 us   |                                e1000_maybe_stop_tx [e1000]();
2331 3024.237753 |  1)  ping-1869  | ...2 |   0.737 us   |                                skb_clone_tx_timestamp();
2332 3024.237755 |  1)  ping-1869  | ...2 |   0.700 us   |                                e1000_maybe_stop_tx [e1000]();
2333 3024.237815 |  1)  ping-1869  | ...2 | + 65.820 us  |                              } /* e1000_xmit_frame [e1000] */
2334 3024.237816 |  1)  ping-1869  | ...2 | + 87.961 us  |                            } /* dev_hard_start_xmit */
2335 3024.237817 |  1)  ping-1869  | ...1 | + 97.032 us  |                          } /* sch_direct_xmit */
2336 3024.237818 |  1)  ping-1869  | ...1 | + 99.695 us  |                        } /* __qdisc_run */
2337 3024.237819 |  1)  ping-1869  | .... | ! 104.853 us |                      } /* __dev_queue_xmit */
2338 3024.237820 |  1)  ping-1869  | .... | ! 106.227 us |                    } /* dev_queue_xmit */
2339 3024.237821 |  1)  ping-1869  | .... | ! 108.987 us |                  } /* ip_finish_output2 */
2340 3024.237821 |  1)  ping-1869  | .... | ! 111.592 us |                } /* ip_finish_output */
2341 3024.237822 |  1)  ping-1869  | .... | ! 113.912 us |              } /* ip_output */
2342 3024.237823 |  1)  ping-1869  | .... | ! 117.145 us |            } /* ip_local_out */
2343 3024.237823 |  1)  ping-1869  | .... | ! 118.477 us |          } /* ip_send_skb */
2344 3024.237824 |  1)  ping-1869  | .... | ! 128.819 us |        } /* ip_push_pending_frames */
2345 3024.237825 |  1)  ping-1869  | .... |   1.465 us   |        release_sock();
2346 3024.237827 |  1)  ping-1869  | .... |   0.828 us   |        icmp_out_count();
2347 3024.237829 |  1)  ping-1869  | .... | ! 180.121 us |      } /* inet_sendmsg */
2348 3024.237830 |  1)  ping-1869  | .... | ! 188.128 us |  } /* sock_sendmsg */
```

圖 9.13 部分螢幕截圖，透過原始 ftrace 一般篩選介面的 ping 追蹤傳輸部分

很有趣，不是嗎？這個簡單的練習告訴我們，從字面上講，ftrace 可說是觀察 kernel 運行的方法，當然，這裡看到的是 kernel 網路堆疊運行的一部分；它同時也是實驗和測試理論的方法。

以類似方式，在網路接收路徑功能上將看到一些呼叫的典型 kernel 常式，可見圖 9.14 `net_rx_action()` 上方中看到以下函式，實際上，這是處理接收路徑上網路封包的 kernel softirq：`NET_RX_SOFTIRQ`，會將其通訊協定堆疊向上推。函式包括：`__netif_receive_skb()`、`ip_rcv()` 和 `udp_rcv()`。圖 9.15 的下方也會看到下列函式：`sock_recvmsg()` 和 `inet_recvmsg()`。

```
2551 3024.253216 |  1)  ping-1869  | .... | + 27.963 us  |          } /* dev_queue_xmit */
2552 3024.253218 |  1)  ping-1869  | ..s1 |              |          net_rx_action() {
2553 3024.253220 |  1)  ping-1869  | ..s1 |              |            __netif_receive_skb() {
2554 3024.253221 |  1)  ping-1869  | ..s1 |              |              __netif_receive_skb_one_core() {
2555 3024.253222 |  1)  ping-1869  | ..s1 |   1.311 us   |                netif_receive_skb_core();
2556 3024.253224 |  1)  ping-1869  | ..s1 |              |                ip_rcv() {
2557 3024.253225 |  1)  ping-1869  | ..s1 |   1.045 us   |                  ip_rcv_core();
2558 3024.253227 |  1)  ping-1869  | ..s1 |              |                  ip_rcv_finish() {
2559 3024.253228 |  1)  ping-1869  | ..s1 |   0.868 us   |                    ip_rcv_finish_core.isra.0();
2560 3024.253229 |  1)  ping-1869  | ..s1 |              |                    ip_local_deliver() {
2561 3024.253230 |  1)  ping-1869  | ..s1 |              |                      ip_local_deliver_finish() {
2562 3024.253231 |  1)  ping-1869  | ..s1 |              |                        ip_protocol_deliver_rcu() {
2563 3024.253232 |  1)  ping-1869  | ..s1 |              |                          udp_rcv() {
2564 3024.253233 |  1)  ping-1869  | ..s1 |              |                            __udp4_lib_rcv() {
2565 3024.253235 |  1)  ping-1869  | ..s1 |              |                              __udp4_lib_lookup() {
2566 3024.253236 |  1)  ping-1869  | ..s1 |   1.753 us   |                                udp4_lib_lookup2();
2567 3024.253238 |  1)  ping-1869  | ..s1 |   3.316 us   |                              } /* __udp4_lib_lookup */
2568 3024.253239 |  1)  ping-1869  | ..s1 |              |                              udp_unicast_rcv_skb() {
2569 3024.253240 |  1)  ping-1869  | ..s1 |              |                                udp_queue_rcv_skb() {
2570 3024.253240 |  1)  ping-1869  | ..s1 |              |                                  udp_queue_rcv_one_skb() {
2571 3024.253242 |  1)  ping-1869  | ..s1 |              |                                    sk_filter_trim_cap() {
2572 3024.253243 |  1)  ping-1869  | ..s1 |              |                                      security_sock_rcv_skb() {
2573 3024.253244 |  1)  ping-1869  | ..s1 |   0.682 us   |                                        apparmor_socket_sock_rcv_skb();
2574 3024.253245 |  1)  ping-1869  | ..s1 |   2.214 us   |                                      } /* security_sock_rcv_skb */
2575 3024.253246 |  1)  ping-1869  | ..s1 |   4.543 us   |                                    } /* sk_filter_trim_cap */
2576 3024.253247 |  1)  ping-1869  | ..s1 |   0.947 us   |                                    skb_pull_rcsum();
2577 3024.253250 |  1)  ping-1869  | ..s1 |              |                                    __udp_enqueue_schedule_skb() {
2578 3024.253251 |  1)  ping-1869  | ..s1 |              |                                      sock_def_readable() {
2579 3024.253253 |  1)  ping-1869  | d.s2 |   1.069 us   |                                        _raw_read_lock_irqsave();
2580 3024.253257 |  1)  ping-1869  | d.s6 |   2.534 us   |                                        select_task_rq_fair();
2581 3024.253295 |  1)  ping-1869  | d.s3 |   1.471 us   |                                        _raw_read_unlock_irqrestore();
2582 3024.253297 |  1)  ping-1869  | ..s1 | + 46.191 us  |                                      } /* sock_def_readable */
2583 3024.253298 |  1)  ping-1869  | ..s1 | + 48.610 us  |                                    } /* __udp_enqueue_schedule_skb */
2584 3024.253298 |  1)  ping-1869  | ..s1 | + 58.163 us  |                                  } /* udp_queue_rcv_one_skb */
2585 3024.253299 |  1)  ping-1869  | ..s1 | + 59.576 us  |                                } /* udp_queue_rcv_skb */
2586 3024.253300 |  1)  ping-1869  | ..s1 | + 61.398 us  |                              } /* udp_unicast_rcv_skb */
2587 3024.253300 |  1)  ping-1869  | ..s1 | + 67.409 us  |                            } /* __udp4_lib_rcv */
2588 3024.253301 |  1)  ping-1869  | ..s1 | + 69.129 us  |                          } /* udp_rcv */
2589 3024.253302 |  1)  ping-1869  | ..s1 | + 71.250 us  |                        } /* ip_protocol_deliver_rcu */
2590 3024.253303 |  1)  ping-1869  | ..s1 | + 72.830 us  |                      } /* ip_local_deliver_finish */
2591 3024.253303 |  1)  ping-1869  | ..s1 | + 74.327 us  |                    } /* ip_local_deliver */
2592 3024.253304 |  1)  ping-1869  | ..s1 | + 77.403 us  |                  } /* ip_rcv_finish */
2593 3024.253305 |  1)  ping-1869  | ..s1 | + 80.581 us  |                } /* ip_rcv */
2594 3024.253305 |  1)  ping-1869  | ..s1 | + 84.347 us  |              } /* __netif_receive_skb_one_core */
2595 3024.253306 |  1)  ping-1869  | ..s1 | + 86.140 us  |            } /* __netif_receive_skb */
2596 3024.253308 |  1)  ping-1869  | ..s1 |   1.185 us   |            __kfree_skb_flush();
2597 3024.253309 |  1)  ping-1869  | ..s1 | + 91.088 us  |          } /* net_rx_action */
2598 3024.253311 |  1)  ping-1869  | .... | ! 125.340 us |        } /* ip_finish_output2 */
2599 3024.253312 |  1)  ping-1869  | .... | ! 127.864 us |      } /* ip_finish_output */
2600 3024.253312 |  1)  ping-1869  | .... | ! 130.798 us |    } /* ip_output */
2601 3024.253313 |  1)  ping-1869  | .... | ! 134.884 us |   } /* ip_local_out */
2602 3024.253314 |  1)  ping-1869  | .... | ! 136.662 us |  } /* ip_send_skb */
2603 3024.253314 |  1)  ping-1869  | .... | ! 140.710 us |  } /* udp_send_skb */
2604 3024.253315 |  1)  ping-1869  | .... | ! 167.463 us | } /* udp_sendmsg */
2605 3024.253316 |  1)  ping-1869  | .... | ! 171.503 us | } /* inet_sendmsg */
2606 3024.253317 |  1)  ping-1869  | .... | ! 178.015 us | } /* sock_sendmsg */
```

圖 9.14　部分螢幕截圖，透過原始 ftrace 一般篩選介面接收 ping 追蹤的一部分

以下是接收路徑的其他一些 ftrace 輸出：

```
2632  3024.356151 |  1)  ping-1869   | .... |              | sock_recvmsg() {
2633  3024.356152 |  1)  ping-1869   | .... |              |   security_socket_recvmsg() {
2634  3024.356154 |  1)  ping-1869   | .... |              |     apparmor_socket_recvmsg() {
2635  3024.356155 |  1)  ping-1869   | .... |   2.265 us   |       aa_sk_perm();
2636  3024.356157 |  1)  ping-1869   | .... |   3.719 us   |     } /* apparmor_socket_recvmsg */
2637  3024.356158 |  1)  ping-1869   | .... |   5.898 us   |   } /* security_socket_recvmsg */
2638  3024.356159 |  1)  ping-1869   | .... |              |   inet_recvmsg() {
2639  3024.356160 |  1)  ping-1869   | .... |              |     udp_recvmsg() {
2640  3024.356161 |  1)  ping-1869   | .... |              |       __skb_recv_udp() {
2641  3024.356162 |  1)  ping-1869   | ...1 |   0.807 us   |         __skb_try_recv_from_queue();
2642  3024.356164 |  1)  ping-1869   | ...1 |   1.446 us   |         udp_rmem_release();
2643  3024.356166 |  1)  ping-1869   | .... |   5.221 us   |       } /* __skb_recv_udp */
2644  3024.356170 |  1)  ping-1869   | .... |   1.018 us   |       lock_sock_nested();
2645  3024.356173 |  1)  ping-1869   | .... |   2.926 us   |       release_sock();
2646  3024.356177 |  1)  ping-1869   | .... |              |       skb_consume_udp() {
2647  3024.356178 |  1)  ping-1869   | .... |              |         __consume_stateless_skb() {
2648  3024.356179 |  1)  ping-1869   | .... |              |           skb_release_data() {
2649  3024.356180 |  1)  ping-1869   | .... |   2.715 us   |             skb_free_head();
2650  3024.356183 |  1)  ping-1869   | .... |   4.676 us   |           } /* skb_release_data */
2651  3024.356184 |  1)  ping-1869   | .... |   2.593 us   |           kfree_skbmem();
2652  3024.356187 |  1)  ping-1869   | .... |   9.650 us   |         } /* __consume_stateless_skb */
2653  3024.356187 |  1)  ping-1869   | .... | + 11.194 us  |       } /* skb_consume_udp */
2654  3024.356188 |  1)  ping-1869   | .... | + 28.239 us  |     } /* udp_recvmsg */
2655  3024.356189 |  1)  ping-1869   | .... | + 30.201 us  |   } /* inet_recvmsg */
2656  3024.356189 |  1)  ping-1869   | .... | + 38.668 us  | } /* sock_recvmsg */
2657  3024.356241 |  1)  ping-1869   | .... |              | sock_close() {
```

圖 9.15　部分螢幕截圖，透過原始 ftrace 一般篩選介面接收 ping 追蹤的一部分

呼叫函式時，我喜歡看到 ftrace `function_graph` tracer 報告的函式縮排從左到右大幅移動；反之亦然，也就是當函式返回時。這太棒了。至少，你可以看到 ftrace 如何讓人深入了解 kernel 的網路協定堆疊！

案例 2：藉由 set_event 介面使用原始 ftrace 追蹤單一 ping

這裡將改變 ftrace grab 及呈現資訊的方式，透過 `set_event` 介面，使用替代方式指定要追蹤的功能。若要使用此方法，請將要追蹤的函式寫入 `set_event` pseudofile。這其實和前一節使用 `available_filter_functions` pseudofile 所做的操作沒什麼兩樣，對吧？但這裡的技巧是，可以透過啟用一組事件指定一個要追蹤的函式類型；這些事件可以分為 `net`、`sock`、`skb` 等類型。要怎麼做呢？等一下……

這些事件從何而來？啊，它們是 kernel 的追蹤點！你可以在 tracefs 掛載點內的 `events` 目錄檢視它們。下列螢幕截圖可清楚顯示這一點：

```
# pwd
/sys/kernel/tracing
# ls events/
alarmtimer/    ftrace/          mce/              random/          task/
avc/           gpio/            mdio/             ras/             tcp/
block/         header_event     migrate/          raw_syscalls/    thermal/
bpf_test_run/  header_page      mmap/             rcu/             thermal_power_allocator/
bpf_trace/     huge_memory/     mmc/              regmap/          timer/
cgroup/        hwmon/           module/           regulator/       tlb/
clk/           i2c/             msr/              resctrl/         udp/
compaction/    initcall/        napi/             rpm/             vmscan/
cpuhp/         intel_iommu/     neigh/            rseq/            vsyscall/
devfreq/       interconnect/    net/              rtc/             wbt/
dma_fence/     iocost/          nmi/              sched/           workqueue/
drm/           iomap/           oom/              scsi/            writeback/
enable         iommu/           page_isolation/   signal/          x86_fpu/
exceptions/    io_uring/        pagemap/          skb/             xdp/
ext4/          irq/             page_pool/        smbus/           xen/
fib/           irq_matrix/      percpu/           sock/            xhci-hcd/
fib6/          irq_vectors/     power/            spi/
filelock/      jbd2/            printk/           swiotlb/
filemap/       kmem/            pwm/              sync_trace/
fs_dax/        libata/          qdisc/            syscalls/
#
```

圖 9.16　顯示 events 目錄內容的螢幕截圖，都是 kernel 追蹤點

事實上，第 4 章〈透過 Kprobes 儀器進行 debug〉的「使用事件追蹤框架來追蹤內建的函式」部分，也曾詳細介紹過使用 kernel 追蹤點的動態 kprobes。

這裡以 net 說明一種事件類型的用法，可以在圖 9.16 中將其視為目錄，在 /sys/kernel/tracing/events/net 目錄內窺視會顯示，同樣，作為目錄，可透過此類追蹤點所追蹤的全部 kernel 函式。因此，為了告訴 ftrace 去跟蹤所有這些與網路相關的函式，只需將 net:*string 用 echo 寫入到 set_event pseudofile！

設定使用 set_event 介面進行 ftrace 操作後，script 相關程式碼會如下所示。此外，script 中唯一需要改變的是將 FILTER_VIA_AVAIL_FUNCS 變數設定為 0；若要嘗試此案例，必須在 script 中手動編輯：

```
// ch9/ftrace/ping_ftrace.sh
[...]
FILTER_VIA_AVAIL_FUNCS=0
echo "[+] Function filtering:"
if [ ${FILTER_VIA_AVAIL_FUNCS} -eq 1 ] ; then
   [... already seen above ...]
```

```
else # filter via the set_event interface
  # This is FAST but doesn't yield as much detail!
  # We also seem to lose the function graph indentation (but do gain seeing function
parameters!)
  echo " Alternate event-based filtering (via set_event):"
  echo 'net:* sock:* skb:* tcp:* udp:* napi:* qdisc:* neigh:* syscalls:*' >> set_event
 fi
```

請注意如何嘗試並只追蹤與網路相關的 kernel 程式碼；以及全部的 system call，以便將 context 借給追蹤的報告。Script 程式碼的其餘部分與前一節中看到的完全相同。

以下是使用基於 set_event 這個方法的輸出報告取樣；經過篩選後僅檢視 kernel 中的 ping process 工作：

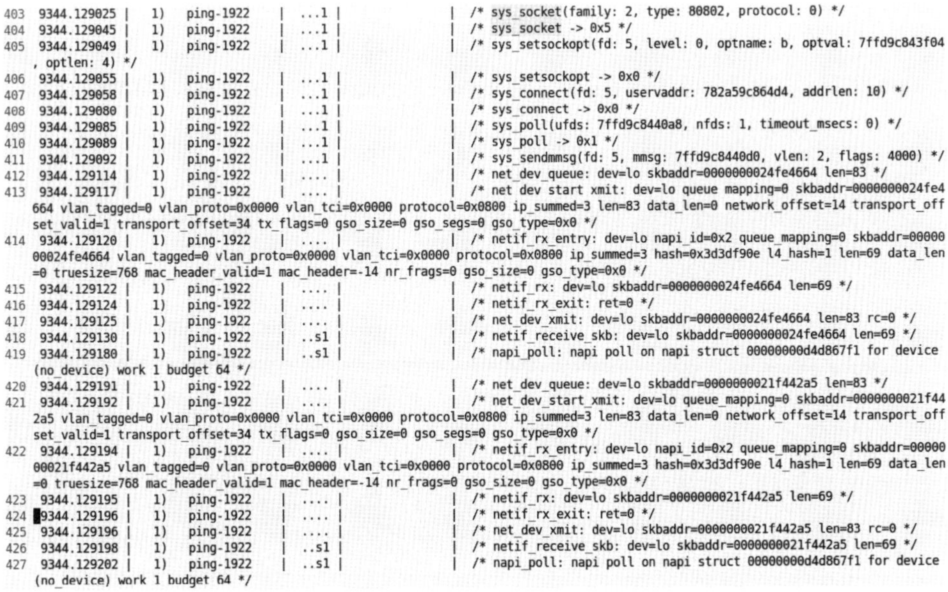

```
403  9344.129025 |   1)   ping-1922    |  ...1 |                    |  /* sys_socket(family: 2, type: 80802, protocol: 0) */
404  9344.129045 |   1)   ping-1922    |  ...1 |                    |  /* sys_socket -> 0x5 */
405  9344.129049 |   1)   ping-1922    |  ...1 |                    |  /* sys_setsockopt(fd: 5, level: 0, optname: b, optval: 7ffd9c843f04
, optlen: 4) */
406  9344.129055 |   1)   ping-1922    |  ...1 |                    |  /* sys_setsockopt -> 0x0 */
407  9344.129058 |   1)   ping-1922    |  ...1 |                    |  /* sys_connect(fd: 5, uservaddr: 782a59c864d4, addrlen: 10) */
408  9344.129080 |   1)   ping-1922    |  ...1 |                    |  /* sys_connect -> 0x0 */
409  9344.129085 |   1)   ping-1922    |  ...1 |                    |  /* sys_poll(ufds: 7ffd9c8440a8, nfds: 1, timeout_msecs: 0) */
410  9344.129089 |   1)   ping-1922    |  ...1 |                    |  /* sys_poll -> 0x1 */
411  9344.129092 |   1)   ping-1922    |  ...1 |                    |  /* sys_sendmmsg(fd: 5, mmsg: 7ffd9c8440d0, vlen: 2, flags: 4000) */
412  9344.129114 |   1)   ping-1922    |  .... |                    |  /* net_dev_queue: dev=lo skbaddr=0000000024fe4664 len=83 */
413  9344.129117 |   1)   ping-1922    |  .... |                    |  /* net_dev_start_xmit: dev=lo queue_mapping=0 skbaddr=0000000024fe4
664 vlan_tagged=0 vlan_proto=0x0000 vlan_tci=0x0000 protocol=0x0800 ip_summed=3 len=83 data_len=0 network_offset=14 transport_off
set_valid=1 transport_offset=34 tx_flags=0 gso_size=0 gso_segs=0 gso_type=0x0 */
414  9344.129120 |   1)   ping-1922    |  .... |                    |  /* netif_rx_entry: dev=lo napi_id=0x2 queue_mapping=0 skbaddr=00000
00024fe4664 vlan_tagged=0 vlan_proto=0x0000 vlan_tci=0x0000 protocol=0x0800 ip_summed=3 hash=0x3d3df90e l4_hash=1 len=69 data_len
=0 truesize=768 mac_header_valid=1 mac_header=-14 nr_frags=0 gso_size=0 gso_type=0x0 */
415  9344.129122 |   1)   ping-1922    |  .... |                    |  /* netif_rx: dev=lo skbaddr=0000000024fe4664 len=69 */
416  9344.129124 |   1)   ping-1922    |  .... |                    |  /* netif_rx_exit: ret=0 */
417  9344.129125 |   1)   ping-1922    |  .... |                    |  /* net_dev_xmit: dev=lo skbaddr=0000000024fe4664 len=83 rc=0 */
418  9344.129130 |   1)   ping-1922    |  ..s1 |                    |  /* netif_receive_skb: dev=lo skbaddr=0000000024fe4664 len=69 */
419  9344.129180 |   1)   ping-1922    |  ..s1 |                    |  /* napi_poll: napi poll on napi struct 00000000d4d867f1 for device
(no_device) work 1 budget 64 */
420  9344.129191 |   1)   ping-1922    |  .... |                    |  /* net_dev_queue: dev=lo skbaddr=0000000021f442a5 len=83 */
421  9344.129192 |   1)   ping-1922    |  .... |                    |  /* net_dev_start_xmit: dev=lo queue_mapping=0 skbaddr=0000000021f44
2a5 vlan_tagged=0 vlan_proto=0x0000 vlan_tci=0x0000 protocol=0x0800 ip_summed=3 len=83 data_len=0 network_offset=14 transport_off
set_valid=1 transport_offset=34 tx_flags=0 gso_size=0 gso_segs=0 gso_type=0x0 */
422  9344.129194 |   1)   ping-1922    |  .... |                    |  /* netif_rx_entry: dev=lo napi_id=0x2 queue_mapping=0 skbaddr=00000
00021f442a5 vlan_tagged=0 vlan_proto=0x0000 vlan_tci=0x0000 protocol=0x0800 ip_summed=3 hash=0x3d3df90e l4_hash=1 len=69 data_len
=0 truesize=768 mac_header_valid=1 mac_header=-14 nr_frags=0 gso_size=0 gso_type=0x0 */
423  9344.129195 |   1)   ping-1922    |  .... |                    |  /* netif_rx: dev=lo skbaddr=0000000021f442a5 len=69 */
424  9344.129196 |   1)   ping-1922    |  .... |                    |  /* netif_rx_exit: ret=0 */
425  9344.129196 |   1)   ping-1922    |  .... |                    |  /* net_dev_xmit: dev=lo skbaddr=0000000021f442a5 len=83 rc=0 */
426  9344.129198 |   1)   ping-1922    |  ..s1 |                    |  /* netif_receive_skb: dev=lo skbaddr=0000000021f442a5 len=69 */
427  9344.129202 |   1)   ping-1922    |  ..s1 |                    |  /* napi_poll: napi poll on napi struct 00000000d4d867f1 for device
(no_device) work 1 budget 64 */
```

圖 9.17　透過 set_event 介面的 ping（已過濾）ftrace 報告的部分螢幕截圖

透過這種方法，能夠了解每個函式的參數及其當前值多有趣又好用！這樣做的代價是無法看到呼叫圖縮排（call graph indentation），而且與透過正規 available_filter_functions 介面追蹤及前一種方式相比，也無法看到有關追蹤的詳細層級。你可以在 ch9/ftrace/ping_ftrace_set_event_report.txt 檔案中找到此 ftrace 基於 set_event 的報告（跑一次範例）。

從 debug 的角度來看，能夠看到函式參數確實有用，因為通常錯誤的參數，很可能就是潛在的缺陷或成因。此外，trace-cmd 的前端，不是使用 function_graph 外掛自動啟用列印函式參數，之後的章節會再介紹。

使用 trace_printk() 除錯

API trace_printk() 可用來將字串送進 ftrace 緩衝區，語法與 printf() 相同，可見以下範例：

```
trace_printk("myprj: at %s:%s():%d\n",__FILE__, __func__, __LINE__);
```

因此，它通常作為 debug 的輔助工具，一種儀器技術。但為何不直接使用 printk()？或 pr_foo() 包裝函式、dev_foo() macro？因為 trace_printk() 要快得多，只會寫到 RAM，絕不寫到 console 裝置。因此，它對於 debug 快速程式碼路徑非常有用，例如中斷程式碼；相較之下，printk() 可能太慢了，請回想第 8 章〈鎖的除錯〉時，對 Heisenbugs 的簡要介紹。此外，printk() 緩衝區有時可能太小；ftrace 緩衝區不但大得多且可調。

建議你只將 trace_printk() 用於 debug。現在，如果 trace_printk() 只寫入 ftrace 緩衝區，要如何查閱內容？簡單，只要從 trace 或 trace_pipe 檔案讀取，而不是透過 dmesg 或 journalctl。trace_printk() 輸出在全部追蹤外掛程式中都是有效的，並從任何的 context — process 或 interrupt，甚至是 NMI 運作，如 printk()。順道一提，它在 function_graph tracer 報告中會顯示為註釋。

此外，kernel 文件[13] 也提到最佳化，例如使用 trace_puts()。這只會送出常值的字串，而這樣通常就夠用了；也會有其他使用 trace_printk() 的最佳化。

13 *https://www.kernel.org/doc/html/latest/trace/ftrace.html#ftrace-enabled*

`trace_printk()` 可透過將 `notrace_printk` 寫入 `trace_options` 檔案，來停用寫入到 trace 緩衝區，預設為啟用。或者，也可以透過將 `0 / 1` 寫入 `options/trace_printk` 來切換。

Ftrace：透過 FAQ 解答其他問題點

將這段 kernel ftrace 的內容以實用且熟悉的 FAQ 格式來表示：

- *是否有文件可以快速入門 ftrace？*

  ftrace 子系統有一份很好的快速摘要，包含透過追蹤 *mini-HOWTO* 使用 ftrace；你可以執行下列動作以閱讀：

  ```
  sudo cat /sys/kernel/tracing/README
  ```

- *我在系統上找不到某些 ftrace 選項或 tracefs 檔案。*

  請記住，tracefs pseudofile 和目錄整合為 kernel 的一部分，因此你看到的內容會因下列原因而有所不同：

  - CPU 架構，通常 x86_64 是最豐富、最新的架構
  - Kernel 版本，這裡基於 x86_64 arch 與 5.10.60 kernel

- *如何以串流方式，取得從 kernel 產生的追蹤資料？*

  你可以從 `trace_pipe` pseudofile 讀取 ftrace 資料流，只需使用 `tail -f` 或自行定義的 script 讀取資料，甚至只需通過標準的公用程式，如 `awk` 和 `grep`，從 `trace_pipe` 過濾傳入的追蹤資料，即可對資料「即時」過濾。

- *在具有 ftrace 的追蹤工作階段（session），可以切換追蹤的開關（on / off）嗎？*

  以在 kernel 內的程式設計方式或相關模組中切換 ftrace 很容易，只要呼叫這些 API 即可。但請注意，它們只能接受 GPL-exported：

  - `tracing_on()`：開啟追蹤
  - `tracing_off()`：關閉追蹤

  這相當於將 `1` 或 `0` 寫入到 `tracing_on` 檔案中，也可以以 root 身分執行，透過 script 使用它來切換追蹤。

  請注意，你可以將 `0` 寫入 `/proc/sys/kernel/ftrace_enabled` sysctl，以關閉整個 ftrace 系統，但這並不容易。kernel 文件 有詳細資訊。

- 發生 *kernel Oops* 或 *panic* 時，*ftrace* 能否提供協助？如何提供？

  功能強大的 **kdump / kexec** 基礎結構允許發生 crash、Oops 或 panic 時，捕獲整個 kernel 記憶體空間的快照。隨後，**crash** 工具可讓你對 kernel 傾印映像檔執行事後分析（post-mortem analysis），本書最後一章會簡要介紹這項技術。

  然而，即使這對於 debug kernel crash 非常有用，它實際上並不提供任何有關 kernel crash 之前所發生的細節。這裡就是讓 ftrace 顯得有用之處，可以將 ftrace 設定為在已知的 crash 點之前執行追蹤；但一旦系統 crash，它很可能處於無法使用的狀態，如完全凍結或掛點；因此，你甚至可能無法將追蹤資料儲存到檔案中。

  這就是 `ftrace_dump_on_oops` 工具的位置。透過將 `1` 寫入 proc pseudofile `/proc/sys/kernel/ftrace_dump_on_oops` 來啟用它，預設仍然為 `0`。這會讓 kernel 將 ftrace 緩衝區的目前內容寫入 console 裝置和 kernel log！因此，kdump 將從 kernel dump image 捕獲到它，而且現在不僅會看到 crash 時的整個 kernel 狀態，還會看到導致 kernel 的事件，如 ftrace 輸出所示。這可以協助你 debug crash 的根本原因。

  該功能也可以在開機時透過 kernel command-line 參數來呼叫，可在開機時透過 bootloader 傳遞。下列取自 kernel 參數的文件的螢幕截圖 [14]，目的非常明確：

14 *https://www.kernel.org/ doc/html/latest/admin-guide/kernel-parameters.html*

```
ftrace_dump_on_oops[=orig_cpu]
                [FTRACE] will dump the trace buffers on oops.
                If no parameter is passed, ftrace will dump
                buffers of all CPUs, but if you pass orig_cpu, it will
                dump only the buffer of the CPU that triggered the
                oops.
```

圖 9.18　顯示 ftrace_dump_on_oops 的 kernel 參數部分螢幕截圖

這很有趣。使用 `ftrace_dump_on_oops=orig_cpu` 通常非常有用，只有相關的 ftrace 緩衝區，即觸發 Oops 的 CPU 緩衝區，才會傾印到 kernel log 與 console。

提示：與 Ftrace 相關的 kernel 參數

ftrace 是可程式化的，以便透過傳遞 `ftrace=[tracer]` kernel 參數，來幫助 debug 早期開機（early boot）問題，在開機後盡早開始蒐集追蹤資料；其中，`[tracer]` 是要使用的追蹤外掛名稱。同樣地，還有幾個其他與 ftrace 相關的 kernel 參數可用。若要檢視這些檔案，可瀏覽官方 kernel 文件[15] kernel command line 參數的資料，並搜尋 `[FTRACE]` 字串。

- *irqsoff* 和其他延遲測量追蹤器（*latency-measurement tracers*）有什麼用途？

  最好不要停用硬體中斷，雖然有時有必須停用。例如 spinlock 的臨界區間，即被持有和釋放 spinlock 之間的程式碼已經關閉中斷，以確保其正常運行時。不過，讓中斷長時間處於關閉狀態，比如說超過 100 微秒，肯定會導致系統延遲。`irqsoff` tracer 可以測量硬體中斷關閉的最長時間；更棒的是，它還可以讓你檢視硬體中斷發生的地點。

  關於 `irqsoff` tracer 的使用詳細資訊，可見我之前的免費電子書《Linux Kernel Programming - Part 2》，第 4 章〈Handling Hardware Interrupts〉「Using Ftrace to get a handle on system latencies」章節。

15 *https://www.kernel.org/doc/html/latest/admin-guide/kernel-parameters.html*

ftrace 的官方 kernel 文件[16]確實涵蓋透過這些延遲測量相關追蹤器，以量測延遲的含義和特點，請參考。以下是延遲測量相關的追蹤器：

- `irqsoff`：測量並報告硬體中斷（IRQ）關閉（disable）的最大持續時間。
- `preemptoff`：測量並報告 kernel 搶占關閉的最大持續時間。
- `preemptirqsoff`：測量並報告硬體 IRQ，和（或）kernel 搶占關閉的最大持續時間。實際上，這是前面兩個追蹤器的最大值，是 kernel 無法做任何排程的總時間！
- `wakeup`：測量並報告排程延遲，從喚醒任務到實際執行任務之間經過的時間。它只針對最高優先順序的非即時任務測量。
- `wakeup_rt`：與前一個相同，只是它會測量並報告系統目前最高優先順序即時工作的排程延遲，這是即時性的重要指標。

下一節會繼續談到，前 3 個追蹤器經常用於檢查驅動程式是否已關閉硬體中斷，或 kernel 搶占太久的時間。

IRQ Off / Kernel Preemption Off：多久算太長？

一般而言，任何幾十毫秒之間的事物，或更精確，任何超過 10 毫秒的事物，都會認定為太長，不適合關閉硬體中斷和（或）kernel 搶占。

這裡快速提示一下，使用上述的延遲測量追蹤器，監視專案的 `irqsoff` 和 `preemptoff` 最壞情況。

- 我能否在同樣的 *kernel* 上同時執行一個以上的 *ftrace* 錄製 / 報告工作階段？

  Ftrace 具有實體模型（instance model），允許一次執行多個追蹤！只需在 `/sys/kernel/tracing/instances/` 這個目錄下，再使用 `mkdir` 建立一個目錄以使用，就像一般 ftrace 一樣。每個執行個體都有自己的緩衝區、追

16 *https://www.kernel.org/doc/html/latest/trace/ftrace.html#irqsoff*

蹤器、過濾器等組合，可在需要時同時進行多重追蹤。如需詳細資訊，Steven Rostedt 的這個簡報就有提到使用 ftrace 執行個體：〈Tracing with ftrace - Critical tooling for Linux Development〉[17]，2021 年 6 月。

Ftrace 使用案例

這一節會提及 ftrace 已經使用或可以使用的幾種方式，重點在於 debug。

使用 ftrace 檢查 kernel 堆疊使用率和可能的溢位

如你所知，每個使用者模式的 thread 存在時都有兩個堆疊：使用者模式堆疊和 kernel-mode 堆疊。使用者模式堆疊是動態且大型的，在 Vanilla Linux 上，它的最大增長為資源限制 `RLIMIT_STACK`，通常是 8 MB；當然，kernel thread 只有 kernel-mode 堆疊。而 kernel-mode 堆疊大小固定而且空間小，通常在 32-bit 的系統上只有 8 KB，在 64-bit 系統上只有 16 KB。當然，讓 kernel-mode 堆疊溢位是一個與記憶體有關的 bug，通常會導致系統突然鎖住或甚至 panic。這是件危險的事。

> **提示**
>
> 啟用 `CONFIG_VMAP_STACK`，實質上，使用 kernel 堆疊的 kernel vmalloc 區域可能很有用。它使 kernel 能夠設定一個保護的分頁（guard page），以便優雅地捕獲任何溢位，並透過 Oops 報告溢位；違規的 process context 也會被終止（killed）。此外，啟用 `CONFIG_THREAD_INFO_IN_TASK` 有助於緩解堆疊溢位 bug 可能引起的問題，請參閱「深入閱讀」章節，以了解有關 kernel config 的更多資訊。

因此，在執行期（runtime）監控 / 檢測 kernel-mode 堆疊大小是一項很實用的任務，可以標示出任何異常值！ Ftrace 有實現此目標的辦法，就是所謂的**堆疊追蹤**，或堆疊追蹤器功能。透過在 kernel config 中設定 `CONFIG_STACK_TRACER=y`

17 *https://linuxfoundation.org/wp-content/uploads/ftrace-mentorship-2021.pdf*

來啟用它，而這通常也就是預設。追蹤器是透過 proc pseudo 檔案 /proc/sys/kernel/stack_tracer_enabled 所控制的，且預設為關閉。

這裡是一個快速的執行範例，將開啟 ftrace 的 堆疊追蹤器，執行範例追蹤的工作階段（session），並檢視哪些 kernel 函式具有最高的 kernel 堆疊使用率。提示，這裡以 root 執行：

1. 開啟 ftrace 堆疊追蹤器：

```
echo 1 > /proc/sys/kernel/stack_tracer_enabled
```

2. 執行一個追蹤工作階段，使用非常簡單的 script ch9/ftrace/ftrc_1s.sh，它追蹤 kernel 中執行的任何指令一秒：

```
cd /sys/kernel/tracing
<...>/ch9/ftrace/ftrc_1s.sh
[...]
```

3. 查詢 kernel 堆疊使用率的最大值及詳細資料：

```
cat stack_max_size
cat stack_trace
```

以下螢幕截圖顯示範例的執行。在這裡，kernel 堆疊的最大使用量超過 4,000 個位元組：

```
# ~/lkdsrc/ch9/ftrace/ftrc_1s.sh
trace-cmd reset
resetting set_ftrace_filter
resetting set_ftrace_notrace
resetting set_ftrace_notrace_pid
resetting set_ftrace_pid
resetting trace_options to defaults (as of 5.10.60)
resetting options/funcgraph-*
running '/usr/sbin/reset-ftrace-perf -q' now...
Tracing with function_graph for 1s ...
-rw-r--r-- 1 root root 371K Jan 28 12:40 /root/ftrace_reports/ftrc_1s.sh_20220128_124002.txt
#
# cat stack_max_size
4224
#
# cat stack_trace
        Depth    Size   Location    (35 entries)
        -----    ----   --------
  0)     4280      64   decay_load+0x5/0xa0
  1)     4216      96   __update_load_avg_se+0x22b/0x2c0
  2)     4120      88   update_load_avg+0x2c9/0x6f0
  3)     4032     136   update_blocked_averages+0x4c5/0x6a0
  4)     3896      24   update_nohz_stats+0x44/0x60
  5)     3872     296   update_sd_lb_stats.constprop.0+0x433/0xff0
  6)     3576     256   find_busiest_group+0x4d/0x370
  7)     3320     336   load_balance+0x168/0x1630
  8)     2984      96   newidle_balance+0x31a/0x470
  9)     2888      72   pick_next_task_fair+0x41/0x470
 10)     2816     128   __schedule+0x32e/0xc90
 11)     2688      32   schedule+0x4e/0xf0
 12)     2656      24   io_schedule+0x16/0x40
```

圖 9.19　透過 ftrace 的堆疊追蹤器顯示範例 kernel 堆疊使用率的部分螢幕截圖

官方 kernel 文件包含有關堆疊追蹤器的資訊：https://www.kernel.org/doc/html/v5.10/trace/ftrace.html#stack-trace。

AOSP 如何使用 ftrace

Android Open Source Project（AOSP）確實使用 ftrace 協助 debug kernel / 驅動程式問題。在內部，它使用 atrace、systrace 和 Catapult 等實質上的包裝工具，而 ftrace 也可以直接使用。

AOSP 介紹了使用動態 ftrace debug，並查詢難以查明的效能相關缺陷根本原因，就像我們一直在做的那樣。下面的簡短引述來自 https://source.android.com/devices/tech/debug/ftrace：

> 「然而，2015 年和 2016 年每一個難解的效能 bug，最終都使用動態 ftrace 找出根本原因。它對於 debug 無法中斷的睡眠特別有效，因為每次觸發不間斷睡眠的函式時，都可以在 kernel 中獲得堆疊追蹤。還可以在關閉中斷和搶占的情況下 debug 區段（section），這非常有助於證明問題。（……）irqsoff 和 preemptoff 主要用於確認驅動程式可能會使中斷或搶占關閉的時間過長。」

事實上，上一節也才剛談過使用 `irqsoff`、`preemptoff` 和 `preemptirqsoff` 追蹤器。

以下舉一個實際使用案例，Android 智慧手機 Pixel XL，在拍攝**高動態範圍（high dynamic range, HDR）**照片之後，立即旋轉取景器（viewfinder），導致發生 Jank，在使用後 ftrace 找到根本原因：`https://source.android.com/devices/tech/debug/ftrace#expandable-1`。

同樣，AOSP 文件也提及發生下列情況的實際案例：

- 驅動程式可能會讓硬體 IRQ 和（或）搶占停用太久，造成效能問題（`https://source.android.com/devices/tech/debug/jank_jitter#drivers`）。
- 驅動程式可能會產生較長的 softirq，再次造成效能問題。為什麼？因為 softirqs 也關閉了 kernel preemption（`https://source.android.com/devices/tech/debug/jank_jitter#long-softirqs`）。

真有趣。

這裡有一個更有趣的使用案例，即使用功能強大且對使用者友善的 `perf-tools` script，另一個 ftrace 的前端，以用於幫助 debug Netflix Linux（Ubuntu）cloud instance 上的效能問題。稍後章節會討論這：使用 *perf-tools* 調查 *Netflix cloud instances* 的資料庫磁碟 *I/O* 問題。

有個不太相關的提醒，研究 ftrace 報告，或許會發現一些資訊安全相關介面的幾個，也或許有很多的呼叫，通常會透過 **Linux 資訊安全模組（Linux**

Security Module, LSM）執行，如 SELinux、AppArmor、Smack、TOMOYO 等。使用效能高度敏感的應用或專案，例如幾乎需要即時的系統時，這可能表示需要透過 kernel config 關閉這些資訊安全介面，至少在時間關鍵的程式碼路徑期間。啟用多個 LSM 時更為必要。

9.4 使用 trace-cmd、KernelShark 與 perf-tools ftrace 前端工具

Linux kernel ftrace 基礎架構功能非常強大，這是無庸置疑的，使你能夠深入了解 kernel 內部，將光線投射到系統的黑暗角落，一如既往。這種能力所要付出的代價，是需要密切注意的稍顯艱困學習曲線，基於 sysfs 的很多調整與選項旋鈕，以及將追蹤中可能產生大量的雜訊進行過濾的負擔，就像本章前面章節學到的內容一樣！ Steven Rostedt 因此建立了一個強大而優雅的 `trace-cmd` 命令列前端，以用於追蹤。此外，還有一個真正的 GUI 前端，供 `trace-cmd` 自身使用，即 **KernelShark** 程式。它會剖析 trace-cmd 所記錄的追蹤資料，預設為 `trace.dat`，並以更易於理解的 GUI 來呈現。Brendan Gregg 也打造出基於 script 的前端 `perf-tools` 專案，以用於 ftrace。

使用 trace-cmd 簡介

`trace-cmd` 公用程式是現代的 Linux console 軟體，如 `git` 的風格，有幾個子項的指令，可讓你輕鬆地記錄整個系統或僅特定選擇性 process 及其子孫的追蹤工作階段，並產生報告。它可以執行更多操作：控制 ftrace 的 config 參數、清除和重置 ftrace、檢視當前狀態，以及列出所有可用的事件、外掛和選項；它甚至可以執行效能分析、顯示追蹤直方圖、拍下快照、監聽客戶端的網路 socket 等。由於 `trace-cmd` 在 ftrace kernel 子系統運作，因此運行其子項指令時，通常需要使用 root 權限。這裡使用的是 `trace-cmd` 的版本，本書撰寫時是由 Ubuntu 20.04 LTS 套件提供的 2.8.3 版。

取得 help 說明

公用程式 trace-cmd 已經有完整文件，取得 help 說明的幾種方式包括：

- 每個 trace-cmd 子指令都有自己的 man page，例如，要讀取 record 這個子指令的 man page，請輸入 man trace-cmd-record。當然，man trace-cmd 已經可以看出工具與子指令。
- 要獲取快速的 help 畫面，請輸入指令再加上 -h — 例如 trace-cmd record -h。
- 有好幾個導讀文件可以參考。有些資訊，請參閱本章「深入閱讀」部分。

執行 trace-cmd 並檢查與其相關的可用線上手冊（使用 bash 自動完成），顯示在下列螢幕截圖：

```
$ trace-cmd

trace-cmd version 2.8.3

usage:
  trace-cmd [COMMAND] ...

  commands:
     record - record a trace into a trace.dat file
     start - start tracing without recording into a file
     extract - extract a trace from the kernel
     stop - stop the kernel from recording trace data
     restart - restart the kernel trace data recording
     show - show the contents of the kernel tracing buffer
     reset - disable all kernel tracing and clear the trace buffers
     clear - clear the trace buffers
     report - read out the trace stored in a trace.dat file
     stream - Start tracing and read the output directly
     profile - Start profiling and read the output directly
     hist - show a histogram of the trace.dat information
     stat - show the status of the running tracing (ftrace) system
     split - parse a trace.dat file into smaller file(s)
     options - list the plugin options available for trace-cmd report
     listen - listen on a network socket for trace clients
     list - list the available events, plugins or options
     restore - restore a crashed record
     snapshot - take snapshot of running trace
     stack - output, enable or disable kernel stack tracing
     check-events - parse trace event formats

$ man trace-cmd-
trace-cmd-check-events  trace-cmd-profile       trace-cmd-split
trace-cmd-extract       trace-cmd-record        trace-cmd-stack
trace-cmd-hist          trace-cmd-report        trace-cmd-start
trace-cmd-list          trace-cmd-reset         trace-cmd-stat
trace-cmd-listen        trace-cmd-restore       trace-cmd-stop
trace-cmd-mem           trace-cmd-show          trace-cmd-stream
trace-cmd-options       trace-cmd-snapshot
```

圖 9.20　trace-cmd 的摘要說明和 man page 螢幕截圖

簡單 trace-cmd 的第一個追蹤工作階段

這裡會提出透過 trace-cmd 執行非常簡單的追蹤工作階段（session）步驟；由於篇幅有限，將不再重複 man page 和其他檔案已經深入解釋的內容，請各位閱讀更深層次的細節。直接開始吧：

1. 重設 ftrace 追蹤子系統（選配）：

```
sudo trace-cmd reset
```

2. Record 追蹤。使用功能強大的 function_graph 外掛程式或 tracer，透過 -p 選項參數指定，記錄 1 秒內在 kernel 中執行的全部動作。-F <command> 選項參數只會讓 trace-cmd trace 該 <command>；在 -F 參數前面加上 -c 會追蹤其子孫：

```
sudo trace-cmd record -p function_graph -F sleep 1
```

3. 以 ASCII 明文格式儲存追蹤報告。-l 選項會新增一欄，顯示真正有用的延遲輸出格式，可見「深入了解延遲追蹤資訊」這節的介紹。除了已經看到的 4 個延遲資訊資料欄之外，trace-cmd 還額外加上一欄：執行函式的 CPU core：

```
sudo trace-cmd report -l > sleep1.txt
```

或者，trace-cmd show 會顯示目前 ftrace 緩衝區的內容。另請注意，在步驟 2 中（不要使用 -F），你可以透過 -P <PID> 選項指定要追蹤的 process，而不是指定要追蹤的指令。

同樣值得一提的是，在第二個步驟會生成一個二進位的追蹤檔，預設情況下名為 trace.dat，之後會用於 KernelShark GUI 前端。請試一下這些簡單的步驟，輕鬆追蹤 kernel！你會很快意識到，跟直接處理原始 ftrace 資料相比，這要容易得多。當然，在受限制的嵌入式系統上，設定 trace-cmd 等前端可能根本不可行，這得取決於你的專案 / 產品；因此，了解如何利用原始 ftrace 資料仍然很重要！

提示

建議不要從 tracefs（/sys/kernel/[debug]/tracing）目錄中執行 trace-cmd。當它嘗試寫入追蹤資料時，可能會失敗；你必須使用 -o 選項參數覆寫它，依此類推。

檢視和利用全部可用的事件

功能更強大的 trace-cmd list 可以顯示錄製追蹤時可利用的全部可用事件，以及外掛程式和其他選項。雖然這樣可以顯示全部的可追蹤事件，但清單非常龐大，本書撰寫時，使用 5.10 kernel 系列已有 1400 多項，請自己試試看。這裡為部分檢視：

```
$ sudo trace-cmd list
events:
drm:drm_vblank_event
drm:drm_vblank_event_queued
drm:drm_vblank_event_delivered
initcall:initcall_finish
initcall:initcall_start
initcall:initcall_level
vsyscall:emulate_vsyscall
xen:xen_cpu_set_ldt
[...]
tracers:
hwlat blk mmiotrace function_graph wakeup_dl wakeup_rt wakeup function nop
options:
print-parent
nosym-offset
[...]
```

若要以縮寫格式僅檢視事件標籤（event label）的排序清單，即類似於事件類別；而不是檢視與每個事件關聯的每個函式，首先在僅顯示事件的「trace-cmd list」使用 -e 選項，並執行一些快速的 bash 魔術：

```
$ sudo trace-cmd list -e | awk -F':' 'NF==2 {print $1}' | sort | uniq | tr '\n' ' '
alarmtimer asoc avc block bpf_test_run bpf_trace bridge cfg80211 cgroup clk compaction
cpuhp cros_ec devfreq devlink dma_fence drm error_report exceptions ext4 fib fib6
filelock filemap fs_dax gpio gvt hda hda_controller hda_intel huge_memory hwmon hyperv
i2c i915 initcall intel_iommu intel_ish interconnect iocost iomap iommu io_uring irq
irq_matrix irq_vectors iwlwifi iwlwifi_data iwlwifi_io iwlwifi_msg iwlwifi_ucode jbd2
kmem kvm kvmmmu libata mac80211 mac80211_msg mce mdio mei migrate mmap mmap_lock mmc
module mptcp msr napi neigh net netlink nmi nvme oom page_isolation pagemap page_pool
percpu power printk pwm qdisc random ras raw_syscalls rcu regmap regulator resctrl
rpm rseq rtc sched scsi signal skb smbus sock spi swiotlb sync_trace syscalls task
tcp thermal thermal_power_allocator timer tlb ucsi udp v4l2 vb2 vmscan vsyscall wbt
workqueue writeback x86_fpu xdp xen xhci-hcd $
```

所看到的精確事件類別取決於處理器架構、kernel 版本和 kernel config。現在，最棒的是你可以選擇一個或多個這些事件類別，並使用 -e 選項只對 trace-cmd record 追蹤和報告與其對應的功能。範例如下：

```
trace-cmd record <...> -e net -e sock -e syscalls
```

正如你所猜想的那樣，此操作使 trace-cmd 只記錄 kernel 在此期間執行的全部網路、socket 和系統呼叫相關的追蹤事件（函式）。

trace-cmd list 子指令可以顯示有趣的內容，例如，trace-cmd list -t 會顯示全部能用的追蹤器，完全等同於 cat /sys/kernel/tracing/available_tracers。若要檢視全部能顯示的，請看下列 list 子指令所顯示的 help 說明：

```
# trace-cmd list -h
trace-cmd version 2.8.3
usage:
trace-cmd list [-e [regex]][-t][-o][-f [regex]]
          -e list available events
            -F show event format
            -R show event triggers
            -l show event filters
          -t list available tracers
          -o list available options
          -f [regex] list available functions to filter on
          -P list loaded plugin files (by path)
          -O list plugin options
          -B list defined buffer instances
          -C list the defined clocks (and active one)
#
```

請查詢 man trace-cmd-list 以了解細節。此外，如果你要追蹤特定函式，就接著執行 trace-cmd record [...] -l <func1> -l <func2> [...]。不是全部對應到包含事件的函式，trace-cmd record 使用的是 -e <event1> -e <event2> 選項。

案例 3.1：使用 trace-cmd 追蹤一次 ping

執行單次 ping 的追蹤，方式與透過 set_event 介面進行的 ftrace 非常相似，可見「案例 2：藉由 set_event 介面使用原始 ftrace 追蹤單一 ping」一節的介紹。顯示函式參數，使用 trace-cmd 只需兩個步驟即可輕鬆完成：

1. 要記錄的資料：

```
sudo trace-cmd record -q -e net -e sock -e skb -e tcp -e udp -F ping -c1
packtpub.com
```

2. 追蹤的報告：

```
sudo trace-cmd report -l -q > reportfile.txt
```

如果在記錄步驟中，新增 -p function_graph 參數，則會獲得帶有函式呼叫圖縮排，但沒有函式參數的報告，你馬上會發現，這兩種方法都很有用。

這個透過 trace-cmd 的單次 ping 追蹤，已經透過簡單的 bash script- ch9/tracecmd/trccmd_1ping.sh 封裝。執行時，script 需要以選項來決定是否追蹤，以便在追蹤報告中顯示函式圖形樣式報表，或函式參數及其目前值，請試試！

Kernel 模組與 trace-cmd

Ftrace 能夠自動識別 kernel 模組中的任一函式！非常好，所以追蹤前端 trace-cmd 也能自動識別它們。為了測試這個功能，這裡簡單載入之前使用的模組：ch5/kmembugs_test/test_kmembugs.ko，然後使用 trace-cmd list -f，用 grep 確認這個模組是否存在，而它們也的確出現了：

```
# trace-cmd list -f |grep "test_kmembugs]$" |head
irq_work_leaky [test_kmembugs]
delay_sec [test_kmembugs]
umr [test_kmembugs]
umr_slub [test_kmembugs]
uar [test_kmembugs]
leak_simple1 [test_kmembugs]
leak_simple2 [test_kmembugs]
leak_simple3 [test_kmembugs]
global_mem_oob_right [test_kmembugs]
global_mem_oob_left [test_kmembugs]
#
```

圖 9.21　trace-cmd 自動識別模組函式以追蹤的螢幕截圖

現在，若要追蹤特定模組的函式，請執行下列動作：

```
trace-cmd record [...] --module <module-name> [...]
```

順道一提，我正在研究一個包裝程式 script，它位於 `trace-cmd` 公用程式上，名為 `trccmd`。請在此檢視這個小型專案的 GitHub repository：`https://github.com/kaiwan/trccmd`。作為範例，以下是一個用於追蹤單個 `ping` 封包流程的工具程式：

```
./trccmd -F 'ping -c1 packtpub.com' -e 'net sock skb tcp udp'
```

好，繼續以圖形視覺化這份辛苦的工作！

使用 KernelShark GUI

KernelShark 是一個非常優秀的 GUI 前端，用在處理與呈現 `trace-cmd` 生成的輸出。更具體地說，它會剖析由 `trace-cmd record` 或 `trace-cmd extract` 子指令產生的二進位 `trace.dat` 檔案。

從原始的 ftrace 取得 trace.dat 類型的輸出

有一點可能會讓人感到疑惑，如果正在使用原始的 ftrace 而非 `trace-cmd` 追蹤，但仍想使用 KernelShark 視覺化追蹤，該怎麼做？非常簡單，只需使用

trace-cmd extract，將原始的 trace 緩衝區內容擷取到檔案，這樣會使用預期的二進位格式！請參考這個使用 root 權限的範例：

```
cd /sys/kernel/tracing
trace-cmd reset ; echo > trace
echo function_graph > current_tracer
echo 1 > tracing_on ; sleep .5 ; echo 0 > tracing_on
trace-cmd extract -o </path/to/>trc.dat
```

現在，可以將 trc.dat 檔案做為 KernelShark 的輸入。

2022 年 3 月撰寫時，KernelShark 的最新版本是 2.1.0，從 GTK+ 2.0 升級為 Qt 5。[18]

這個版本很新，而最新的 trace-cmd 版本，編寫時的 3.0.-dev 和 KernelShark 2.1.0 的組合帶來了一些麻煩；因此，我繼續使用舊版的 distro-package（Ubuntu 20.04 LTS）版本：trace-cmd 2.8.3 和 KernelShark 0.9.8 版。

此處提供 KernelShark 非常有用且詳細的檔案：https://kernelshark.org/Documentation.html。

案例 3.2：使用 KernelShark 檢視單次 ping

回到我們最愛的追蹤測試：追蹤一次 ping！當然，這裡希望透過 KernelShark 視覺化追蹤報告。為此，先執行簡單的 bash script：ch9/tracecmd/trccmd_1ping.sh，以擷取追蹤資料並寫入 trace.dat 檔案：

```
cd <booksrc>/ch9/tracecmd
./trccmd_1ping.sh -f
[...]
```

18 1.0 版本自己有一個 LWN 文章：〈KernelShark releases version 1.0〉（Jake Edge，2019 年 7 月）：*https://lwn.net/Articles/794846/*）。

（案例 3.1 介紹與此相關的基本知識：使用 trace-cmd 跟蹤單次 ping。此處提供的 `-f` 選項包含透過 `function_graph` tracer 外掛完成的紀錄，產生的 ASCII 明文報告檔：`ping_trccmd.txt` 對 KernelShark 沒有用處。它改為使用 binary `trace.dat` 報告檔案，也由 `trace-cmd` 生成）。

KernelShark 本質上是一個追蹤讀取器。它會在好用的 GUI 中分析和顯示 `trace.dat` 檔案的內容，從 `trace.dat` 檔案所在的目錄執行 KernelShark 時，`trace.dat` 檔案的擷取會自動進行。或者，你可以隨時覆寫此檔案，並透過 `-i` 參數傳遞相關的二進位追蹤檔，甚至從 GUI 的 **File | Open** 選單打開。以下是 KernelShark GUI 的螢幕截圖，可視覺化單次 `ping` 追蹤：

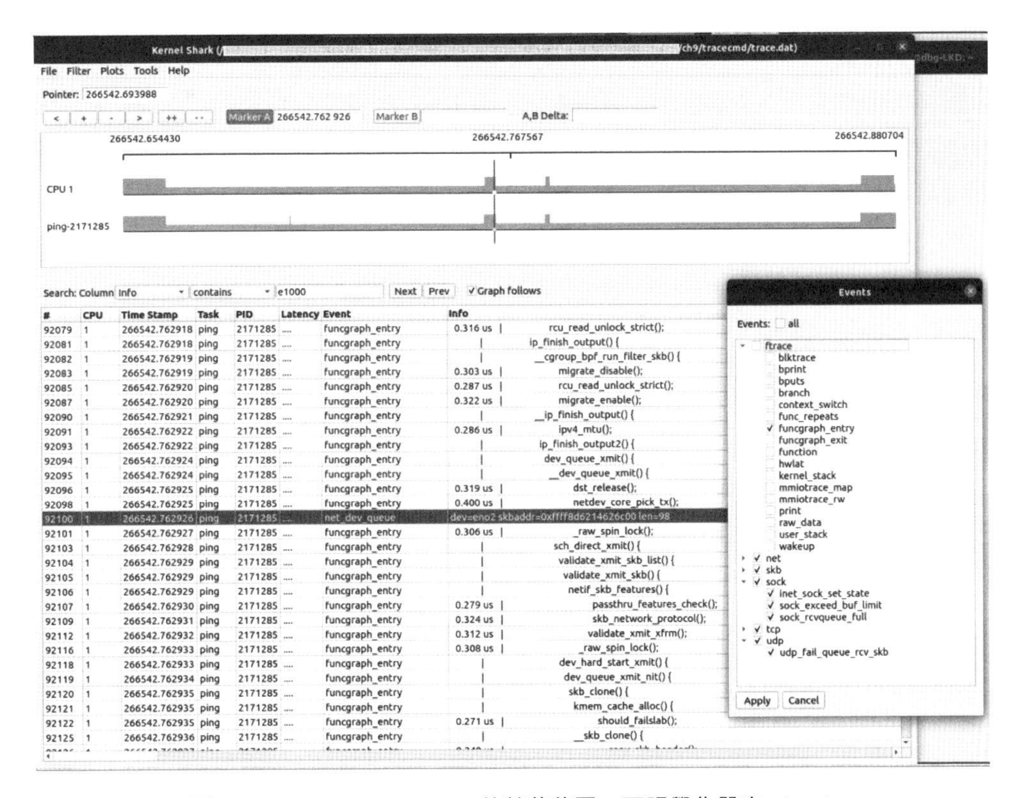

圖 9.22 KernelShark GUI 的螢幕截圖，可視覺化單次 ping；
也會顯示「Events」filter 對話方塊

請注意過濾輸出的用處。在此，我套用了一些過濾器：

- **CPU**：僅設為 CPU 1 或適當者。透過 **Plots | CPUs** 存取。
- **Tasks**：僅設定為 ping-[PID] task。透過 **Plots | Tasks** 存取。
- **Events**：這很有用，可設定為過濾感興趣的事件，我們排除 funcgraph_entry 以外的全部 ftrace 事件；此事件允許在清單檢視中檢視輸入的 kernel 函式名稱。透過 **Filter | Show events** 存取。快速提示：你可能已經知道了，所有 kernel 事件都可以在這裡看到：/sys/kernel/tracing/events/。

真的非常強大！

有兩個主要的平鋪 widgets：*graph* 和 *list* 檢視。前者在 GUI 上方，以圖形方式顯示 kernel 流程，垂直刻度表示事件。而下方窗格的 list widget，實際上就是事件清單，也就是原始 ftrace / trace-cmd 的輸出。圖形區域上方是「Pointer」、導覽（navigation）/ 縮放（zoom）和兩個 **Marker** widgets；圖形和清單區域之間有一個 widget，可讓你搜尋和篩選任何可用的欄位，再次強調，這很直觀，所以一定要試試看。KernelShark 檔案清晰地解釋了 GUI 布局，以下是 GUI 的一些元素，請注意，此螢幕截圖與上一個作業階段不同：

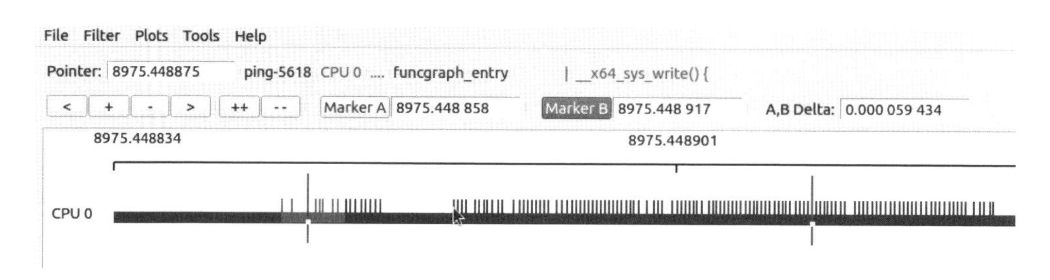

圖 9.23 顯示 KernelShark GUI 上方的部分螢幕截圖

以下是圖 9.23 中一些關鍵要素的快速總結：

- 所謂的「Pointer」：顯示時間軸中的當前位置。將滑鼠移動到事件上時，指標右側會顯示與該事件相關的資訊，實際上就是清單檢視中的最後一行，標籤為 `Info`。你可以檢視圖形上的滑鼠指標，和 `Pointer` 右側的相應事件資訊：widget，它顯示滑鼠指標當前正在 `ping` process 中進入 `write()` 系統呼叫時。

- 要縮放和移動的按鈕：<、+、- 與 >：
  - < 按鈕會向左移動圖形。
  - + 按鈕會放大，「-」按鈕會縮小，與捲動滑鼠一樣。
  - > 按鈕會向右移動圖形。
- 按 ++ 按鈕可縮放圖形到最大範圍，-- 按鈕可縮小至完整的時間軸寬度。
- 有兩個 `Marker` widget 非常有用，使你能夠專注於 code path 的特定部分並檢視兩者之間的時間差。使用起來也很容易，例如要設定 `Marker B`，請先按一下它，然後連按兩下圖形或清單上的任何位置，對 `Marker A` 也執行相同操作，兩者都設定時，就會顯示時間差！

在閱讀 KernelShark 的 HTML 格式文件時，發現一些有趣的事情，如以下：

> 「顯示在任務圖中某些事件前面的空心綠色條，表示任務從休眠狀態喚醒到實際運行的時間。某些事件之間的空心紅色條顯示任務由另一個任務搶占，即使該任務仍然可以運行。
>
> 由於空心綠色條顯示任務的喚醒延遲，因此 A、B markers 可以用來測量那個時間。」

此外，透過過濾器也可以執行詳細的自訂篩選，經由 **Filter | TEP Advance Filtering**，或舊版的 **Advanced Filtering** 選單；可在「Advanced Event Filter」章節的 KernelShark HTML 文件中找到此選單文件。

正如在 ftrace 中所見，KernelShark 也能很專業地用在 debug 效能問題，並幫助解決根本原因缺陷，請見 Steven Rostedt 的這篇文章〈Using KernelShark to analyze the real-time scheduler〉（2011 年 2 月）[19]。與 ftrace 和 perf 的其他前端一樣，KernelShark 正在從「單一個 GUI」的解決方案，變成任何前端的 GUI，利用框架（framework）的優點，透過函式庫提供介面來存取原始追蹤資料，如圖 9.2 所示，儘管它沒有明確包括 KernelShark。

使用 perf-tools 的簡介

專案 perf-tools 是 kernel 的 ftrace，和 perf_events（perf）基礎架構上的 script 基本包裝集合，大部分為 bash。它們在 kernel 層級，以及一定程度上的 userspace 執行效能分析 / 觀察 / 除錯時，有助於自動化大多數的工作。主要作者是 Brendan Gregg，專案的 GitHub repository 在此：https://github.com/brendangregg/perf-tools。

第 4 章〈透過 Kprobes 儀器進行 debug〉的「更簡單的方法：動態 kprobes 或基於 kprobes 的事件追蹤」章節，也已經深入介紹過 perf-tools 套件中的 kprobe[-perf] 工具用法。

只要安裝 perf-tools[-unstable] 套件，script 通常會安裝在 /usr/sbin，如下：

```
$ (cd /usr/sbin; ls *-perf)
bitesize-perf   execsnoop-perf   funcgraph-perf
functrace-perf  iosnoop-perf     kprobe-perf
perf-stat-hist-perf
syscount-perf   tpoint-perf      cachestat-perf
funccount-perf  funcslower-perf  iolatency-perf
killsnoop-perf  opensnoop-perf   reset-ftrace-perf
tcpretrans-perf uprobe-perf
$
```

這些工具有助於在 Linux 堆疊的各個部分觀察效能和除錯。當然，千言萬語不如一張圖；因此，我從 perf-tools 的 GitHub repository[20] 複製了這張很有用的流程圖：

19 *https://lwn.net/Articles/425583/*

20 *https://github.com/brendangregg/perf-tools/raw/master/images/perf-tools_2016.png*

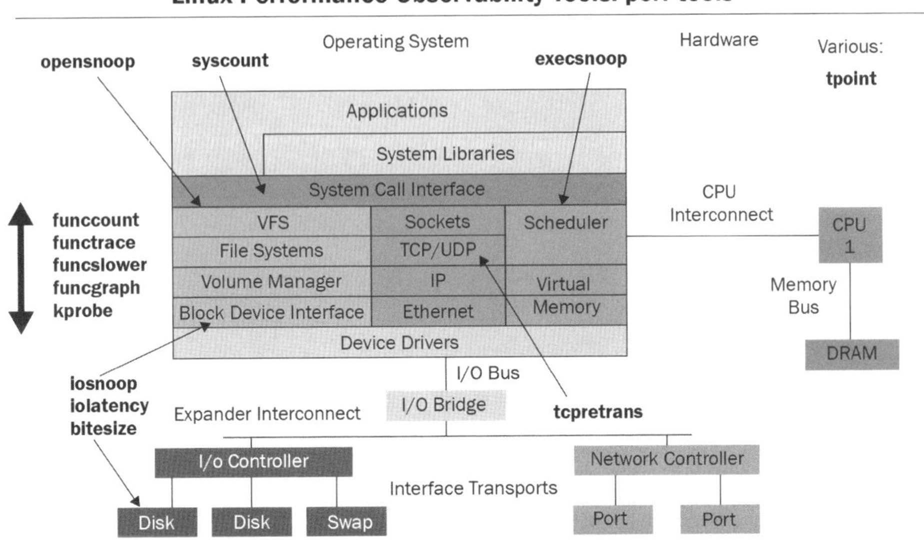

圖 9.24　perf-tools 的 script 工具集（pic credit - perf-tools 的 GitHub repository）

只要看一下流程圖，你就知道這些工具是如何運用在堆疊的各個地方！

有一個很明顯的好處是，這些工具都有完整的文件，每個工具都有自己的 man page。此外，當這些工具在帶有 -h 選項的命令列上執行時，它們會顯示一個簡要的摘錄，通常帶有非常實用的單行範例用法，請參閱圖 9.25 的上半部範例。由於篇幅有限，這裡只會檢視幾個範例，再次說明，上一章使用的是 kprobe[-perf] script。

透過 perf-tool 的 opensnoop 追蹤全部的 open()

你可以回想一下，第 4 章〈透過 Kprobes 儀器進行 debug〉透過多種方式，努力釐清正在開啟哪些檔案的方式，藉由 open() 系統呼叫，變成 kernel 中的 do_sys_open() 函式。再回來此，這次用 ftrace！我們可以使用原始的 ftrace 或是 trace-cmd 非常輕鬆地執行此操作，但也可以使用更方便的 perf-tools 包裝 script opensnoop[-perf]！讓工作更順手。不用說，請以 root 身分執行：

```
# opensnoop-perf -h
USAGE: opensnoop [-htx] [-d secs] [-p PID] [-L TID] [-n name] [filename]
                 -d seconds      # trace duration, and use buffers
                 -n name         # process name to match on open
                 -p PID          # PID to match on open
                 -L TID          # PID to match on open
                 -t              # include time (seconds)
                 -x              # only show failed opens
                 -h              # this usage message
                 filename        # match filename (partials, REs, ok)
  eg,
       opensnoop                 # watch open()s live (unbuffered)
       opensnoop -d 1            # trace 1 sec (buffered)
       opensnoop -p 181          # trace I/O issued by PID 181 only
       opensnoop conf            # trace filenames containing "conf"
       opensnoop 'log$'          # filenames ending in "log"

See the man page and example file for more info.
#
#
# opensnoop-perf  'conf$' 2>/dev/null
Tracing open()s for filenames containing "conf$". Ctrl-C to end.
COMM             PID      FD FILE
tlp              readconfs  0x3 /usr/share/tlp/defaults.conf
tlp              readconfs  0x3 /etc/tlp.d/00-template.conf
tlp              readconfs  0x3 /etc/tlp.conf
tlp              readconfs  0x3 /usr/share/tlp/defaults.conf
tlp              readconfs  0x3 /etc/tlp.d/00-template.conf
tlp              readconfs  0x3 /etc/tlp.conf
tlp              readconfs  0x3 /usr/share/tlp/defaults.conf
tlp              readconfs  0x3 /etc/tlp.d/00-template.conf
tlp              readconfs  0x3 /etc/tlp.conf
^C
Ending tracing...
#
```

圖 9.25　顯示 opensnoop[-perf] 的 help 範例螢幕截圖！搭配快速範例，追蹤整個系統中，open 系統呼叫開啟以 conf 結尾的全部檔案

提示：繼續挖下去

我建議你看看這些 perf-tools script 的程式碼。funcgraph[-perf][21] 是一個好工具，它是 bash script 的包裝函式，可以精確示範本章前面學到的內容，即透過 function_ graph tracer 使用原始的 ftrace。

21 *https://github.com/brendangregg/perf-tools/blob/master/kernel/funcgraph*

此外，請記住，第 4 章〈透過 Kprobes 儀器進行 debug〉「使用 eBPF 工具觀察的介紹」章節，使用功能強大的 **BPF Compiler Collection（BCC）**前端之一 `opensnoop-bpfcc`，來確定哪些檔案正透過哪個 process / thread 開啟。

透過 perf-tool 的 funcslower，追蹤屬於延遲異常值的函式

這裡還有一個快速的 `pref-tools` 範例，使用 `funcslower[-perf]` 工具來查詢延遲的異常值（latency outliers）！為了嘗試此功能，我檢查了 `mutex_lock()` kernel 函式，耗時超過 50 微秒：在我自己的 x86_64 筆記型電腦上，執行 Ubuntu 20.04 LTS：

```
Linux-Kernel-Debugging $ sudo funcslower-perf -a mutex_lock 50
Tracing "mutex_lock" slower than 50 us... Ctrl-C to end.
# tracer: function_graph
#
#     TIME        CPU  TASK/PID         DURATION                  FUNCTION CALLS
#      |          |     |    |           |   |                     |   |   |   |
284741.775198 |   10) Qt bear-11719   | + 54.044 us   |  } /* mutex_lock */
284741.775400 |   10) Qt bear-11719   | + 61.039 us   |  } /* mutex_lock */
284741.775507 |    0) Qt bear-2678454 | ! 106.166 us  |  } /* mutex_lock */
 10) Qt bear-11719  => chrome-3780976
284761.091939 |   10) chrome-3780976  | + 52.208 us   |  } /* mutex_lock */
284794.433903 |   11) VizComp-13360   | ! 302.772 us  |  } /* mutex_lock */
284811.775269 |    0) Qt bear-2678454 | + 84.911 us   |  } /* mutex_lock */
284811.775321 |    6) Qt bear-11719   | + 51.145 us   |  } /* mutex_lock */
284811.775503 |    6) Qt bear-11719   | + 60.297 us   |  } /* mutex_lock */
284811.775570 |    0) Qt bear-2678454 | + 65.780 us   |  } /* mutex_lock */
284821.775447 |    0) Qt bear-2678454 | ! 101.478 us  |  } /* mutex_lock */
284821.775560 |    6) Qt bear-11719   | ! 112.713 us  |  } /* mutex_lock */
284825.251178 |   10) kworker-3759943 | * 32702.53 us |  } /* mutex_lock */
284831.775498 |    6) Qt bear-11719   | + 53.848 us   |  } /* mutex_lock */
284837.937573 |    1) gnome-s-11328   | ! 144.973 us  |  } /* mutex_lock */
284851.775317 |    6) Qt bear-11719   | + 50.153 us   |  } /* mutex_lock */
284851.775515 |    6) Qt bear-11719   | + 60.809 us   |  } /* mutex_lock */

^C
Ending tracing...
```

圖 9.26　funcslow[-perf] 工具捕捉函式異常值的部分螢幕截圖

注意這裡的大胖異常值（big fat outlier），有一個 `kworker` thread 耗時 32 毫秒，可能是極端案例（corner case）！這再次表明 vanilla Linux 絕不是**即時作業系統（RTOS）**。這讓我忍不住指出 Linux 可以作為 RTOS 運行，**檢視即時 Linux（RTL）**wiki 網站和修補程式。

就算不是全部，perf-tools GitHub 網站的大部分 perf 工具都有範例內容，你可以在這裡使用有趣的 funcslower[-perf] 範例：https://github.com/brendangregg/perf-tools/blob/master/examples/funcslower_example.txt。這裡還可以找到其他一些更有趣的螢幕截圖與其他工具相關連結，請務必檢視。

不要忘記 eBPF 及其前端

請注意，許多 perf-tools 包裝 script 現在已由更新、更強大的 *eBPF* 技術所取代。Bredan Gregg 用他最新的 eBPF 前端回應：*-bpfcc 工具集[22]！回想一下，第 4 章〈透過 Kprobes 儀器進行 debug〉「使用 eBPF 工具觀察的介紹」章節，當我們試圖找出是誰發出 execve() 系統呼叫來執行一個 process 時，perf-tools execsnoop-perf 包裝 script 並沒有完全攔截。而 execsnoop-bpfcc BCC 前端包裝 script 的效果較好。

使用 perf-tools 調查 Netflix cloud instance 上的磁碟 I/O 問題

據 Brendan Gregg 的敘述，透過他強大且對使用者友善的 perf-tools script 來使用 ftrace，有助於 debug Netflix Linux(Ubuntu) cloud instance 上的效能問題。他以此發表的一篇文章雖然年代相當久遠（2014 年 8 月），卻清晰地展示 ftrace 以及 perf-tools 前端，在深入挖掘和發現效能問題方面是多麼夠力。

這篇文章說明如何準確地找出了 Cassandra 資料庫遇到異常沉重的磁碟 I/O 問題。這是由初始不正確的磁碟預讀設定（readahead setting）所造成。起初，即使將預讀值調整為較清晰的值，對磁碟 I/O 也沒有影響。他用 perf-tools script，及許多有趣的 - iosnoop[-perf]、tpoint[-perf]、funccount[-perf]、funcslow[-perf]、kprobe[-perf] 和 funcgraph[-perf] 深入挖掘，發現調整沒有效果，因為磁碟預讀設定的初始化是在 open() 系統呼叫的 context 中進行的；但 Cassandra 仍在運行。重新啟動執行個體上的 Cassandra 已將預讀值初始化為正確的值，磁碟 I/O 已卸除，而且一切都回歸正常。

---

22 可以在此處閱讀更多內容：*https://www.brendangregg.com/ebpf.html*。

這篇文章為：〈ftrace: The Hidden Light Switch〉，Brendan Gregg，8 月 2014 年。[23]

9.5 用 LTTng 和 Trace Compass 追蹤 kernel 的簡介

Linux Trace Toolkit 的下一代「TTng」，是一個強大且流行的追蹤系統，針對 Linux kernel 以及使用者空間應用程式和函式庫的追蹤系統；它是開源的，基於模組和函式庫「Lesser GPL」、工具「GPL」和 MIT 授權的一些元件所發布的。其原始版本（LTT）可追溯到 2005 年，且積極維護的 LTTng。它在幫助追蹤多核並行（multicore parallel）和即時系統的效能和 debug 問題方面相當出名。此處使用的是撰寫時的最新穩定版本：v2.13。

LTTng 網站[24] 對於各方面的文件紀錄相當優秀，請到 `https://lttng.org/docs/v2.13/#doc-what-is-tracing` 了解確切的追蹤功能。由於篇幅限制，這裡只介紹適當連結。若要安裝 LTTng，請參閱：`https://lttng.org/docs/v2.13/#doc-installing-lttng`。

提示：Ubuntu 20.04 的 LTTng 套件安裝

雖然你拿到的不是最新版本，但只要安裝這些 LTTng 套件就很容易了，例如 `sudo apt install lttng-tools lttng-modules-dkms -y` 這樣的套件。本文撰寫，使用這種技術的我得到了 LTTng 2.11 和 2.12 版本的模組。

23 *https://lwn.net/Articles/608497/*

24 *https://lttng.org/*

使用 LTTng 錄製 kernel 追蹤工作階段的快速簡介

安裝之後，請務必閱讀 LTTng 網站的快速入門指南[25]。由於這是一本關於 kernel debug 的書，我們只使用 LTTng 追蹤 kernel，它同樣具有執行使用者模式追蹤的能力。因此，我建議你至少閱讀以下章節：

- Record Linux kernel events：`https://lttng.org/docs/v2.13/#doc-tracing-the-linux-kernel`
- View and analyze the recorded events：`https://lttng.org/docs/v2.13/#doc-viewing-and-analyzing-your-traces`

若要非常簡要地摘錄使用 LTTng 記錄 kernel 的追蹤工作階段，請執行下列步驟，全部以 root 身分執行：

1. 建立工作階段：

   ```
   lttng create <session-name> --output=~/my_lttng_traces/
   ```

   如果未提供 `--output` 參數，則預設會將其儲存於 `~/lttng_ traces/` 中。

2. 設定要追蹤的 kernel 事件。在此將進行簡化處理，並簡單地追蹤全部的 kernel 事件，這可能會導致儲存大量的原始資料檔案：

   ```
   lttng enable-event --kernel --all
   ```

3. 執行錄製：

   ```
   lttng start
   ```

   在系統上執行任何必要的工作以重現問題，或只是暫時執行某些動作。

25 *https://lttng.org/docs/v2.13/#doc-getting-started*

4. 停止錄製（選擇性）：

```
lttng stop
```

5. 銷毀錄製工作階段。放輕鬆，這不會刪除原始追蹤資料；而且，此步驟會默默地停止錄製工作階段：

```
lttng destroy
```

6. 讓其他使用者可以存取原始追蹤資料（選擇性）：

```
sudo chown -R $(whoami):$(whoami) ~/my_lttng_traces
```

我已經透過包裝 bash script（`ch9/lttng/lttng_trc.sh`）做了個小嘗試，但只是簡單測試，因此無法提供保障！只是想讓你快點開始。它需要一個工作階段的名稱，並接著一個 `0`（意味著追蹤整個 kernel），或者接著一個需要執行追蹤的程式名稱，並在執行時追蹤全部的 kernel 事件；當然，這裡有簡化，所以追蹤並不會排除這個 process：

```
$ cd <lkd_src>/ch9/lttng ; sudo ./lttng_trc.sh
Usage: lttng_trc.sh session-name program-to-trace-with-LTTng|0
  1st parameter: name of the session
  2nd parameter, ...:
    If '0' is passed, we just do a trace of the entire system (all kevents),
    else we do a trace of the particular process (all kevents).
Eg. sudo ./lttng_trc.sh ps1 ps -LA
[NOTE: other stuff running _also_ gets traced (this is non-exclusive)].
$
```

作為快速的使用範例，這裡使用 LTTng 追蹤一次的 ping 封包（真驚喜）！下列螢幕截圖會顯示其執行狀況：

```
lttng $ sudo ./lttng_trc.sh ping1 ping -c1 packtpub.com
Session name :: "ping1"
[+] (Minimal) Checking for LTTng support ... [OK]
[+] lttng create lttng_ping1_08Mar22_1104 --output=/tmp/lttng_ping1_08Mar22_1104
Session lttng_ping1_08Mar22_1104 created.
Traces will be output to /tmp/lttng_ping1_08Mar22_1104
[+] lttng enable events ...
All kernel events are enabled in channel channel0
ust event lttng_ust_tracef:* created in channel channel0
@@@ lttng_trc.sh: Tracing "ping -c1 packtpub.com" now ... @@@
Tuesday 08 March 2022 11:04:18 AM IST
1646717658.985523388
Tracing started for session lttng_ping1_08Mar22_1104
PING packtpub.com (104.22.0.175) 56(84) bytes of data.
64 bytes from 104.22.0.175 (104.22.0.175): icmp_seq=1 ttl=58 time=14.6 ms

--- packtpub.com ping statistics ---
1 packets transmitted, 1 received, 0% packet loss, time 0ms
rtt min/avg/max/mdev = 14.563/14.563/14.563/0.000 ms
Waiting for data availability.
Tracing stopped for session lttng_ping1_08Mar22_1104
Tuesday 08 March 2022 11:04:19 AM IST
1646717659.517192093
Tuesday 08 March 2022 11:04:19 AM IST
1646717659.521628654
[+] cleaning up...
lttng_trc.sh: done. Trace files in /tmp/lttng_ping1_08Mar22_1104 ; size:
5       /tmp/lttng_ping1_08Mar22_1104
Destroying session lttng_ping1_08Mar22_1104..
Session lttng_ping1_08Mar22_1104 destroyed
 [+] ...generating compressed tar file of trace now, pl wait ...
tar: Removing leading `/' from member names
-rw-r--r-- 1 root root 755K Mar  8 11:04 lttng_ping1_08Mar22_1104.tar.gz
lttng $
```

圖 9.27　顯示執行簡單 LTTng kernel 追蹤包裝 script 的螢幕截圖

script 會進行一些有效性檢測，然後執行 kernel 層級的追蹤，同時使用者應用程式，如這裡的 ping 會開始執行，並且全部的 kernel 事件都處於啟用狀態，它設定成將實際追蹤資料儲存在 /tmp/lttng_<sessionname>_<timestamp> 下。此外，一旦完成，它還會存檔並壓縮這些資料，你可以在螢幕截圖的最後檢視該檔案，此處名為 lttng_ping1_08Mar22_1104.tar.gz。這可讓你在不同系統上傳輸並分析追蹤。

分析在命令列上執行 LTTng 追蹤

LTTng 包含一組函式庫和工具來分析其原始追蹤資料。主要的工具是 Babeltrace 2，這是一個基於 command-line 的公用程式，請參考 LTTng 網站上的連結，深入了解如何正確使用它：〈Use the babeltrace2 command line tool〉[26]。若是基於 console，則輸出可能會非常龐大；剛剛執行的單個 ping 追蹤輸出的 babeltrace，產生了超過 123,000 行資訊！

LTTng 擁有另一套強大的工具來解譯和分析其原始的追蹤資料，稱為 LTTng analyses 專案。雖然是以 command-line 為基礎，但它提供了直覺的 Python 介面，協助視覺化追蹤工作階段，更多資訊可見：`https://github.com/lttng/lttng-analyses`。

使用 Trace Compass GUI 視覺化單個 ping 的追蹤

透過精美的 **Trace Compass GUI**，提供非常吸引人且受歡迎的 GUI 介面，用於解譯和分析 LTTng 追蹤。Trace Compass 是一個基於 Eclipse 的專案。請查閱其優異的網站，以取得安裝、檔案，甚至螢幕截圖：`https://www.eclipse.org/tracecompass/`。這裡僅介紹 Trace Compass GUI 的用法。

安裝之後，只要執行 Trace Compass，即可移至 **File | Open Trace...** 選單，然後選取儲存 LTTng 追蹤工作階段的目錄。Trace Compass 會解析（parse）並顯示：這是 GUI 的一部分，我也會彈出「Legend」對話方塊，這樣你就可以了解上方視窗中圖形區域所套用的顏色編碼：

26 *https://lttng.org/docs/v2.13/#doc-viewing-and-analyzing-your-traces-bt*

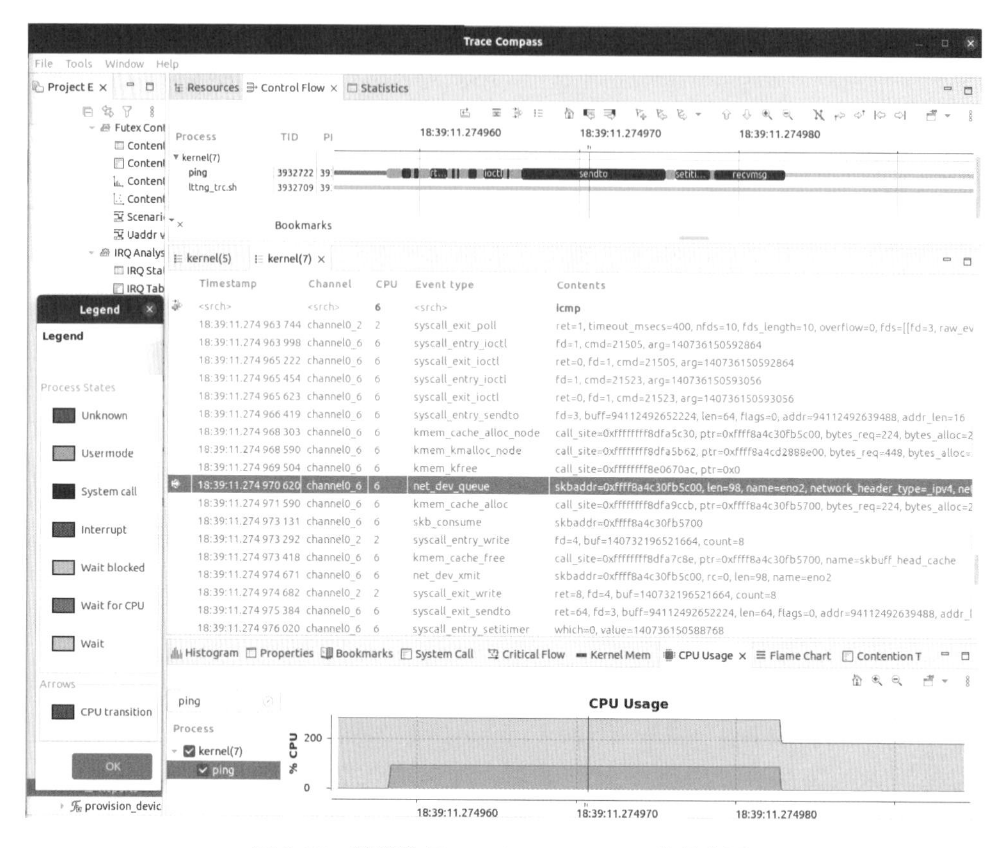

圖 9.28 精美的 Trace Compass GUI 螢幕截圖

使用 Trace Compass 的角度和觀點，有許多可以自訂的地方，請花點時間熟悉。在這個特殊情況下，為了幫助放大有關軌跡的區域，我依照以下方式過濾。在 **CPU** 欄的 search widget 輸入 6，這是在這個特定章節中執行 `ping` 指令的 CPU core。此外，在 **Contents** 欄的 search widget 中輸入 `icmp` 字串，現在這幾行有幾個符合比對。這裡只有一個事件：`net_dev_queue` kernel 可在螢幕截圖中看到。不過，這不一定有效；如果無效，請嘗試在「Contents」欄搜尋已知事件，例如 `net_dev_xmit`。快速提示：如你所知，全部的 kernel 事件都可以在 `/sys/kernel/tracing/events/` 下看到。

在選擇的那行項目或是事件上點一下滑鼠右鍵。在此，我按一下螢幕截圖中標示出來的項目 `net_dev_queue`，選取 **Copy to Clipboard** 選單項目並貼上，就是我看到的東西；明文已經包裝過了：

```
Timestamp    Channel      CPU  Event type     Contents    TID    Prio    PID     Source
18:39:11.274 970 channel0_6 6   net_dev_queue     skbaddr=0xffff8a4c30fb5c00, len=98,
name=eno2, network_header_type=_ipv4, network_header=ipv4=[version=4, ihl=5, tos=0,
tot_len=84, id=0x2950, frag_off=16384, ttl=64, protocol=_icmp, checksum=0xe6db, saddr_
padding=[], saddr=[192, 168, 1, 16], daddr_padding=[], daddr=[104, 22, 0, 175],
transport_header_type=_icmp, transport_header=icmp=[type=8, code=0, checksum=393,
gateway=720897]]  3932722  20  3932722
```

如前所述，在執行期了解參數的值對於 debug 給定的情境至關重要。此外，也會提供其他資訊，如關於 kernel 事件子系統的運作方式。

為了更清晰地檢視部分 ping 行程的執行時間軸，以下是有趣的圖形區域縮放，和部分螢幕截圖：

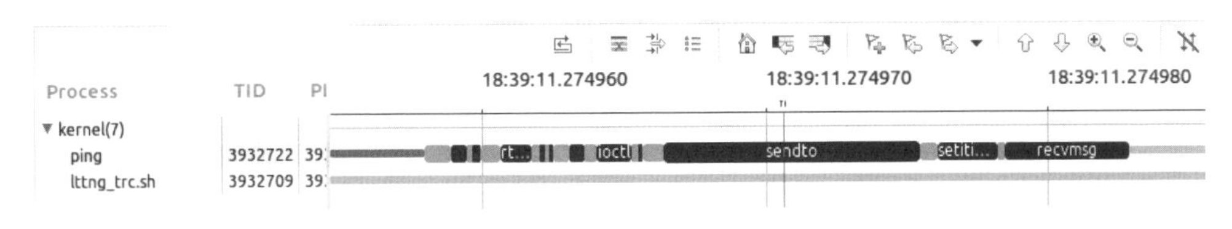

圖 9.29　顯示 ping 行程時間軸的螢幕截圖

你可以在左側看到，我們已經篩選到 ping 行程，其時間軸及其執行的程式碼路徑中的函式會顯示在右側。請注意這些好用的顏色編碼（譯註：彩色圖片請參考前言或本中文譯本支援網站取得 http://lkd.netdpi.net）：藍色代表系統呼叫、綠色是使用者空間的程式碼；圖 9.28 中看到的 **Legend** 對話方塊會顯示目前的色彩寫程式設定。將滑鼠置於圖形的任何部分上，都會顯示有關它的詳細資訊，包括其持續時間。

藉由 LTTng 與 Trace Compass，會發現透過適當的顏色編碼能使相關的執行緒，以及所有其他狀態都非常清楚，這可以幫助你直觀了解整個 context。你完全可以掌握發生的情況：是否 I/O 阻塞（blocking）、是否執行 user/kernel 程式碼路徑，還是執行 softirq 或 hardirq？一切都很清楚。例如，上圖中 ping 的最左邊有一個棕色的顏色條，代表等待 CPU 的時間，以非阻塞方式；按一下就可以看到它處於 sched_switch 事件中，持續 48.6 微秒。最右邊的檸檬黃色條顯示它在這裡的 I/O 發生阻塞了。再按一下，可以看到它正好在 power_ `cpu_idle` 事件上阻塞了 14.6 微秒。另一方面，KernelShark，也就是 ftrace 和 `trace-cmd`，會透過非常有用的延遲格式資訊列，清楚地描述 Trace Compass 和 LTTng 資訊中缺少的內容。

練習

追蹤下列的 kernel 流程：

- 經典的 K&R「Hello，world」應用程式

- 簡單的「Hello，world」kernel 模組

使用原始的 ftrace、`trace-cmd` 前端，或可能用我的 `trccmd` 前端來執行此操作；我當然可以提供解決方案，但這毫無意義。最終結果不是重點，重要的是過程。使用 KernelShark 視覺化你的追蹤。你也可以嘗試將追蹤匯出至 Trace Compass 使用的**通用追蹤格式（Common Trace Format, CTF）**，並在其中將其視覺化。

結論

完成了在 Linux kernel 中追蹤這個又冗長又有用的主題，很好。本章開頭是概述 Linux kernel 上許多可用的追蹤機制，前幾張圖成功摘要了這一點。本章的很大一部分內容是關於如何利用強大的 ftrace kernel 基礎架構，它具有高效能、低侵入性、幾乎沒有任何相依性，非常適合甚至受限制的嵌入式系統！

不過，為了方便起見，ftrace 存在一些有用的前端，如我們介紹的 `trace-cmd`、KernelShark GUI 和 `perf-tools` 專案。本章最後也介紹如何使用 LTTng 進行 kernel 追蹤，以及使用 Trace Compass GUI 進行視覺化追蹤。

你會發現，有些時候，特定追蹤 / 視覺化工具可能比其他工具好用，但在其他方面又會被比下去。當然，這很典型，幾乎每件事情都是這樣吧，總有個權衡取捨！請記住，正如 Fred Brooks 1975 年在他那本永恆著作《人月神話》所說的，**沒有銀彈**！多學習使用幾種不同的強大工具，將令你受益無窮。

請自行嘗試完整使用這項技術，並嘗試幾個指定練習！接下來，下一章將介紹 kernel panic。請不要感到驚慌，我們會挺過去的！

深入閱讀

- Unified Tracing Platform – Bringing tracing together，Steven Rostedt，VMware，2019 年：https://static.sched.com/hosted_files/osseu19/5f/unified-tracing-platform-oss-eu-2019.pdf
- Unifying kernel tracing，Jack Edge，2019 年 10 月：https://lwn.net/Articles/803347/
- Linux tracing systems & how they fit together，Julia Evans (@b0rk)，2017 年 7 月：https://jvns.ca/blog/2017/07/05/linux-tracing-systems/
- Using the Linux Tracing Infrastructure，Jan Altenberg，Linutronix GmbH，2017 年 11 月：https://events.static.linuxfound.org/sites/events/files/slides/praesentation_0.pdf
- The comprehensive kernel index – all articles on tracing on LWN：https://lwn.net/Kernel/Index/#Tracing
- Ftrace：
  - Official kernel documentation – very detailed and comprehensive: ftrace - Function Tracer: https://www.kernel.org/doc/html/v5.10/trace/ftrace.html#ftrace-function-tracer
  - The LWN kernel index and ftrace: https://lwn.net/Kernel/Index/#Ftrace
  - Ftrace: The hidden light switch，Brendan Gregg，2014 年 8 月：https://lwn.net/Articles/608497/
  - Ftrace internals: Two kernel mysteries and the most technical talk I've ever seen，Brendan Gregg，2019 年 10 月：https://www.brendangregg.com/blog/2019-10-15/kernelrecipes-kernel-ftrace-internals.html

- 老而不死：
  - Debugging the kernel using Ftrace - part 1，Steven Rostedt，2009 年 12 月：https://lwn.net/Articles/365835/
  - Debugging the kernel using Ftrace - part 2，Steven Rostedt，2009 年 12 月：https://lwn.net/Articles/366796/
  - Secrets of the Ftrace function tracer，Steven Rostedt，2010 年 1 月：https://lwn.net/Articles/370423/
- Welcome to ftrace & the Start of Your Journey to Understanding the Linux Kernel!，Steven Rostedt，2019 年 11 月：https://blogs.vmware.com/opensource/2019/11/12/ftrace-linux-kernel/
- Debugging the kernel using Ftrace，Programmer Group，2021 年 11 月：https://programmer.group/debugging-the-kernel-using-ftrace.html
- ftrace: trace your kernel functions!，Julia Evans，2017 年 3 月：https://jvns.ca/blog/2017/03/19/getting-started-with-ftrace/
- Ftrace cheat sheets：
  - Ftrace Favorites Cheat Sheet - Fun Commands to Try with Ftrace：http://linux-tipps.blogspot.com/2011/05/ftrace-favorites-cheat-sheet-fun.html
  - Kernel Tracing Cheat Sheet：https://lzone.de/cheat-sheet/Kernel%20Tracing
  - Linux Tracing Workshops Materials：https://github.com/goldshtn/linux-tracing-workshop
- Virtually mapped kernel stacks，Jon Corbet，2016 年 6 月，LWN：https://lwn.net/Articles/692208/
- Virtually mapped stacks 2: thread_info strikes back，Jon Corbet，2016 年 6 月，LWN：https://lwn.net/Articles/692953/

- trace-cmd 前端：
  - trace-cmd: A front-end for Ftrace，Steven Rostedt，LWN，2010 年 10 月：https://lwn.net/Articles/410200/
  - Kernel tracing with trace-cmd，G Kamathe，RedHat，2021 年 7 月：https://opensource.com/article/21/7/linux-kernel-trace-cmd
- KernelShark GUI：
  - 實用 –「官方」 KernelShark HTML 文件：https://www.kernelshark.org/Documentation.html
  - 亮麗的簡報 – Swimming with the New KernelShark，Yordan Karadzhov，VMware，2018 年：https://events19.linuxfoundation.org/wp-content/uploads/2017/12/Swimming-with-the-New-KernelShark-Yordan-Karadzhov-VMware.pdf
  - KernelShark（快速導引），Steven Rostedt，ELC 2011：https://elinux.org/images/6/64/Elc2011_rostedt.pdf
- perf-tools 包裝 scripts 用於 ftrace 與 perf[_events]：
  - GitHub repository：https://github.com/brendangregg/perf-tools/
  - 大多數的 perf-tools scripts 範例：https://github.com/brendangregg/perf-tools/tree/master/examples
- Linux Performance Analysis: New Tools and Old Secrets，2014 年 11 月，Brendan Gregg，USENIX LISA14：
  - 簡報影片：https://www.usenix.org/conference/lisa14/conference-program/presentation/gregg
  - 投影片：https://www.slideshare.net/brendangregg/linux-performance-analysis-new-tools-and-old-secrets
- 第 4 章〈透過 Kprobes 儀器進行 debug〉的「深入閱讀」章節，可以找到 eBPF 的實用連結以及前端

- LTTng：
  - The LTTng 主站：https://lttng.org/
  - LTTng 網站上的快速導覽文件：https://lttng.org/docs/v2.13/#doc-getting-started
  - Babeltrace 2: The command-line interface (CLI)：https://lttng.org/blog/2020/06/01/bt2-cli/
  - LTTng analyses 專案：https://github.com/lttng/lttng-analyses#lttng-analyses
  - Finding the Root Cause of a Web Request Latency，Julien Desfossez，2015 年 2 月：https://lttng.org/blog/2015/02/04/web-request-latency-root-cause/
  - Tutorial: Remotely tracing an embedded Linux system，C Babeux，2016 年 3 月：https://lttng.org/blog/2016/03/07/tutorial-remote-tracing/
  - LTTng: The Linux Trace Toolkit Next Generation – A Comprehensive User's Guide (version 2.3 edition)，Daniel U. Thibault，DRDC Valcartier Research Centre：https://cradpdf.drdc-rddc.gc.ca/PDFS/unc246/p804561_A1b.pdf
- Trace Compass GUI：
  - Trace Compass 網站：https://www.eclipse.org/tracecompass/#home
  - 替代的追蹤工具：https://lttng.org/docs/v2.13/#doc-lttng-alternatives
- 雜項：
  - Boot-time tracing via ftrace：https://www.kernel.org/doc/html/latest/trace/boottime-trace.html
  - Trace Linux System Calls with Least Impact on Performance in Production, December 2020：https://en.pingcap.com/blog/how-to-trace-linux-system-calls-in-production-with-minimal-impact-on-performance/

Kernel Panic、Lockup 以及 Hang

當你在遊戲機上體驗到可怕的 kernel panic 訊息時，你會感到反胃，你的胃裡深陷這種古怪的感覺，額頭上冒出冷汗，而那些冷血無情、令人難受的影像，加上上帝冰冷無情的眼睛，都在告訴你，系統已經死了：

```
Kernel panic - not syncing: [...]
```

天呀！為什麼會這樣？再怎麼遺憾都沒有任何幫助。除非……你可以保持不恐慌，也就是「Don't panic」用雙關語來解釋，好好閱讀本章節，透過撰寫自訂的 panic 處理常式，來幫忙搞懂發生的事情，然後繼續生活，老兄！

除了了解和處理 kernel panic 之外，還會深入研究核心鎖住（kernel lockup）、hung tasks（懸而不決的任務）和停止的原因，以及如何配置 kernel 來檢測它們。本章將重點討論並涵蓋以下主題：

- Panic！Kernel panic 時會發生什麼事？
- 撰寫自訂 kernel panic 的處理常式（handler routine）
- 偵測 kernel 中的 lockup 和 CPU 停止
- 採用 kernel 的掛起任務和工作佇列停止偵測器

10.1 技術需求

技術要求和工作區與第 1 章介紹過的內容相同。程式碼範例可以在本書的 GitHub reppository[1] 找到。

10.2 Panic！Kernel panic 時會發生什麼事？

要征服野獸，必須先了解牠。本著這種精神，讓我們來 panic 吧！

Kernel 中的主要 panic 處理程式碼位於此處：`kernel/panic.c:panic()`。`panic()` 函式及其精華會接收參數，也就是一個參數串列的變數，類似 `printf` 那樣的格式符號以及相關變數，即 printf 要印出來的值：

```
// kernel/panic.c
/**
*  panic - halt the system
*  @fmt: The text string to print
*
*  Display a message, then perform cleanups.
*  This function never returns.
*/
void panic(const char *fmt, ...)
{ [...]
```

這個函式絕不可以輕易呼叫；呼叫它意味著 kernel 處於一種不可用的狀態；一旦呼叫了這個函式，系統實際上就會陷入停頓。

1 *https://github.com/PacktPublishing/Linux-Kernel-Debugging*

一起來玩 panic

在此，為了在測試 VM 上實證與實驗，我們先來呼叫 panic()，看看會發生什麼事。這個令人羨慕的簡單模組做法如下，以下是它的程式碼（除了樣板 #include 和 模組巨集）：

```
// ch10/letspanic/letspanic.c
static int myglobalstate = 0xeee;
static int __init letspanic_init(void)
{
    pr_warn("Hello, panic world\n");
    panic("whoa, a kernel panic! myglobalstate = 0x%x",
    myglobalstate);
    return 0;        /* success */
}
module_init(letspanic_init);
```

在這個模組中不需要清理處理常式（cleanup handler），因此不需要註冊。讚啦，透過 ssh 登入後，在可信賴的 x86_64 Ubuntu 20.04 LTS 上建置並 insmod 它，執行自訂的 production 5.10.60-prod01 kernel：

```
$ sudo insmod ./letspanic.ko
[... <panicked, and hung> ... ]
```

在 insmod 時，系統只是 hang 住，卡在那邊；用 SSH 登入，console 上並沒有顯示任何 printk 輸出，也沒有顯示圖形化的 VirtualBox 介面！很顯然，它確實發生 panic 了，但是為了 debug 原因，至少需要能夠在發生 panic 的程式碼路徑中，檢視 kernel 程式碼印出來的詳細資訊。你很快會看到它列印的細節，提示：很像第 7 章〈Oops！解讀 kernel 的 bug 診斷〉看過的細節。現在該怎麼辦？簡單來說，可以使用 netconsole！但在此之前，先來快速介紹 kernel 的 SysRq 功能。

透過命令列產生一個 panic

另一種簡單的方法，不用寫程式就可以產生 kernel panic，是利用 kernel 的 **Magic SysRq** 工具和 kernel.panic_on_oops sysctl，以 root 身分：

```
echo 1 > /proc/sys/kernel/panic_on_oops
echo 1 > /proc/sys/kernel/sysrq
echo c > /proc/sysrq-trigger
```

這些指令很單純。第一個指令將 kernel 設定為發生 Oops 時就產生 panic，第二個指令是安全播放並啟用 kernel 的 Magic SysRq 功能；如果尚未啟用，表示或許有資安問題考量。第三個指令讓 kernel 的 Magic SysRq 功能可以觸發 crash！

Magic SysRq 到底是怎樣的魔法？

簡而言之，kernel 的 Magic SysRq 工具是一個鍵盤式的熱鍵介面，允許使用者，通常是系統或開發人員強制 kernel 採用特定的程式碼路徑。這些有效地變成類似進入 kernel 的後門，用於 debug 系統 hang 住等情況。

必須先啟用：`CONFIG_MAGIC_SYSRQ=y`。為了資訊安全考量，可以將其關閉或調整為僅允許某些功能；請以 root 身分執行以下操作：

- 若要關閉，請將 `0` 寫入 `/proc/sys/kernel/sysrq` pseudofile。
- 若要啟用所有功能，請將 1 寫入。
- 也可以透過位元遮罩（bitmask）產生組合來寫入。

位元遮罩的預設值是 kernel config，`CONFIG_MAGIC_SYSRQ_DEFAULT_ENABLE` 的值通常為 `1`。

它可讓你執行相當狂暴的事情，如強制當機（crash，`c`）、冷開機（cold reboot，`b`）、關閉電源（power off，`o`）、強制呼叫**記憶體不足（Out Of Memory, OOM）**殺手（`f`）、強制緊急同步（`s`）、卸載全部的檔案系統（`u`）等。它確實有助於 debug，因為它允許你檢視全部 CPU cores 上，所有活動中的任務回溯（`l`）、顯示 CPU 暫存器（`p`）、顯示 kernel 計時器（`q</C`）、顯示受到阻塞的任務（`w`）、傾印全部的 ftrace 緩衝區（`z`）等。括弧中的字母是用來執行該項功能的字母，有兩種用途：

- 互動式：按一下系統特定的按鍵組合，在 x86 上為 Alt + SysRq + <字母>；請注意，在某些鍵盤上，SysRq 鍵與 *Prt Sc* 鍵相同。
- 非互動式：將字母用 echo 寫入 /proc/sysrq-trigger pseudofile。Echo 了「?」字母之後，會透過 kernel printk 輸出各種說明到螢幕上，請參閱下圖的簡單示範：

```
# echo 1 > /proc/sys/kernel/sysrq
# echo ? > /proc/sysrq-trigger ; dmesg |tail -n1
[157150.167020] sysrq: HELP : loglevel(0-9) reboot(b) crash(c) terminate-all-tasks(e) m
emory-full-oom-kill(f) kill-all-tasks(i) thaw-filesystems(j) sak(k) show-backtrace-all-
active-cpus(l) show-memory-usage(m) nice-all-RT-tasks(n) poweroff(o) show-registers(p)
show-all-timers(q) unraw(r) sync(s) show-task-states(t) unmount(u) force-fb(v) show-blo
cked-tasks(w) dump-ftrace-buffer(z)
#
```

圖 10.1 顯示如何啟用和查詢 kernel Magic SysRq 功能的螢幕截圖

可以在此處找到官方 kernel 文件〈Linux Magic System Request Key Hacks〉：https://www.kernel.org/doc/html/latest/admin-guide/sysrq.html#linux-magic-system-request-key-hacks。內容完整，值得一讀！

Magic SysRq 和 kernel panic_on_oops sysctl 的確能產生 kernel panic，但我們希望透過一個模組，在程式碼中做到這一點，這就是之前的做法，而透過 kernel panic_on_oops 和 Magic SysRq 以這種方式進行的範例，可見「試用中：自訂的 panic handler 模組」章節。

使用 netconsole（網路控制台）救援

希望你還記得，通常部署為模組的 kernel netconsole 程式碼，會透過網路將全部的 kernel printk 輸出傳送到接收端系統，來源和目的都是透過一般的 IP:port# 樣式位址指定。這裡不會重複其中的 how-to 部分，因為第 7 章已經介紹過了，可參閱該章「ARM Linux 系統上的 Oops 及使用 Netconsole」部分。

因此，我將 VM，也就是執行 letspanic 模組的位置設定為傳送端；當然，這裡需要先設定好 netconsole，再將我的主機系統：一個原生的 x86_64 Ubuntu

設定為接收端。為了方便使用，將 netconsole 驅動程式載入為模組時，這個是 key 參數的格式，命名為 netconsole：

```
netconsole=[+][src-port]@[src-ip]/[<dev>],[tgt-port]@<tgt-ip>/[tgt-macaddr]
```

以下是非常簡單的設定詳細資訊，來源與目的通訊埠都保留為預設值：

- 傳送端：執行自訂 5.10.60-prod01 kernel 的 x86_64 Ubuntu 20.04 LTS VM，用一行輸入：

  ```
  sudo modprobe netconsole netconsole=@192.168.1.20/enp0s8,@192.168.1.101/
  ```

- 接收端：執行標準 Ubuntu kernel 的原生 x86_64 Ubuntu 20.04 LTS 系統：

  ```
  netcat -d -u -l 6666 | tee -a klog_from_vm.txt
  ```

當然，這些是我這裡的 IP 位址和網路介面名稱。請在你的系統上適當地替換。netcat 行程在接收來自從傳送端系統進入的封包並顯示封包時，或通過 tee 將它們寫入日誌檔時，會發生阻塞。以下螢幕截圖清楚地顯示之間的互相作用：

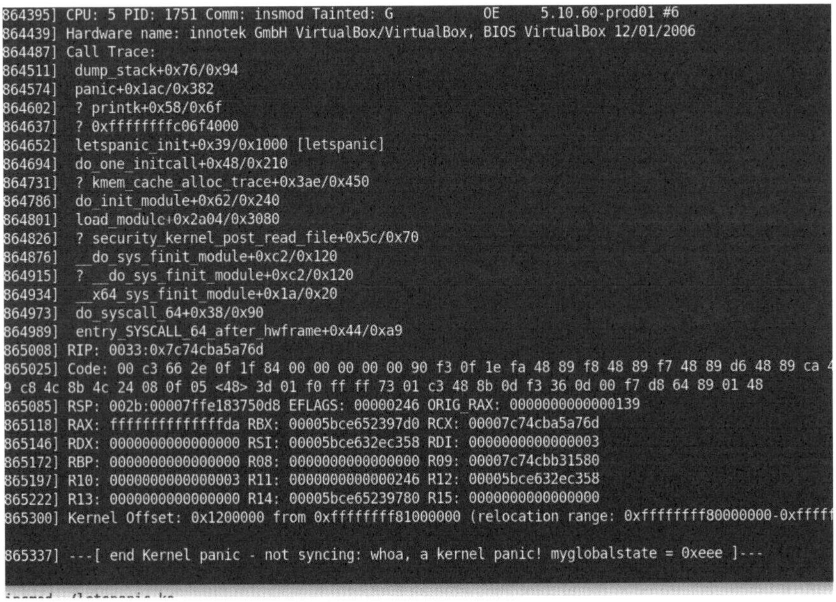

```
864395] CPU: 5 PID: 1751 Comm: insmod Tainted: G           OE     5.10.60-prod01 #6
864439] Hardware name: innotek GmbH VirtualBox/VirtualBox, BIOS VirtualBox 12/01/2006
864487] Call Trace:
864511]  dump_stack+0x76/0x94
864574]  panic+0x1ac/0x382
864602]  ? printk+0x58/0x6f
864637]  ? 0xffffffffc06f4000
864652]  letspanic_init+0x39/0x1000 [letspanic]
864694]  do_one_initcall+0x48/0x210
864731]  ? kmem_cache_alloc_trace+0x3ae/0x450
864786]  do_init_module+0x62/0x240
864801]  load_module+0x2a04/0x3080
864826]  ? security_kernel_post_read_file+0x5c/0x70
864876]  __do_sys_finit_module+0xc2/0x120
864915]  ? __do_sys_finit_module+0xc2/0x120
864934]  __x64_sys_finit_module+0x1a/0x20
864973]  do_syscall_64+0x38/0x90
864989]  entry_SYSCALL_64_after_hwframe+0x44/0xa9
865008] RIP: 0033:0x7c74cba5a76d
865025] Code: 00 c3 66 2e 0f 1f 84 00 00 00 00 00 90 f3 0f 1e fa 48 89 f8 48 89 f7 48 89 d6 48 89 ca 4
9 c8 4c 8b 4c 24 08 0f 05 <48> 3d 01 f0 ff ff 73 01 c3 48 8b 0d f3 36 0d 00 f7 d8 64 89 01 48
865085] RSP: 002b:00007ffe183750d8 EFLAGS: 00000246 ORIG_RAX: 0000000000000139
865118] RAX: ffffffffffffffda RBX: 00005bce652397d0 RCX: 00007c74cba5a76d
865146] RDX: 0000000000000000 RSI: 00005bce632ec358 RDI: 0000000000000003
865172] RBP: 0000000000000000 R08: 0000000000000000 R09: 00007c74cbb31580
865197] R10: 0000000000000003 R11: 0000000000000246 R12: 00005bce632ec358
865222] R13: 0000000000000000 R14: 00005bce65239780 R15: 0000000000000000
865300] Kernel Offset: 0x1200000 from 0xffffffff81000000 (relocation range: 0xffffffff80000000-0xfffff
865337] ---[ end Kernel panic - not syncing: whoa, a kernel panic! myglobalstate = 0xeee ]---
```

圖 10.2 螢幕截圖顯示，從傳送端系統（下面），頂部的接收端視窗（netcat 收到 kernel printk 輸出），其中已經 insmod 了我們的 letspanic 模組

這真是太棒了！現在可以清楚地看到 kernel 內部由 panic 處理常式發出的 kernel printk 輸出。

解譯 panic 的輸出

如前所述，要解譯很容易，因為它幾乎遵循 Oops 的診斷輸出格式。在圖 10.2 之後，你會看到可怕的 `kernel panic - not syncing` 訊息，後面接著我們的訊息：`panic()` 的參數，以 `KERN_EMERG` printk 日誌層級傳送，層級越高越好；請記住，這將導致在全部 console 裝置上立即廣播 panic 訊息。因此，這行看起來像這樣：

```
Kernel panic - not syncing: whoa, a kernel panic! myglobalstate = 0xeee
```

接下來是常見的東西：

- Process context，當然，這裡的行程是 `insmod`、tainted flag 和 kernel 版本。
- 一行硬體細節。
- 如果有打開；若 `CONFIG_DEBUG_BUGVERBOSE` 有打開，通常就有，則會透過 kernel 的 dump_stack() 常式顯示 call stack。當然，這就是會走到這一步、感到恐慌的重要線索之一，以由下而上的方式閱讀 kernel-mode 堆疊，可以知道一路走來的過程。一般情況下會忽略「?」符號開頭的呼叫訊框。
- 接著是指令指標（instruction pointer, `RIP`）的值，此時 CPU 處理器上的機器碼與暫存器的值。
- kernel 從 3.14 版起，開始使用**核心位址空間布局隨機性（Kernel Address Space Layout Randomization, KASLR）**功能作為資訊安全的考量，會顯示 kernel 偏移量，透過處理器架構特定的函式 `dump_kernel_offset()` 所呼叫，有趣的是，該函式又是透過一種稱為 chain notifier 的機制呼叫，之後會介紹。

- Panic 的結尾有結束訊息，與開始時的情形大致相同：

```
---[ end Kernel panic - not syncing: whoa, a kernel panic! myglobalstate = 0xeee
]---
```

請記住，第 7 章〈Oops！解讀 kernel 的 bug 診斷〉的「魔鬼藏在細節裡：解碼 Oops」章節，有介紹過前四點。

所以，邪惡的 `Kernel panic - not syncing: ...` 訊息到底來自 kernel 中的那個地方？這是 5.10.60 kernel 上 panic() 程式碼的起點[2]：

```
void panic(const char *fmt, ...)
{
    static char buf[1024];
    va_list args;
    [...]
    pr_emerg("Kernel panic - not syncing: %s\n", buf);
    [...]
}
```

這是一個匯出的（exported）函式，所以可以由模組來呼叫。此外，相當清楚的是，儘管此處未顯示，但在早期執行某些任務之後且有設定的話，它會向 kernel 日誌和 console 裝置發出緊急日誌層級（`KERN_EMERG`）的 printk 訊息，宣布 kernel 已經發生 panic！它會附加到傳遞給它的任何訊息，然後執行它可以進行的清理，並將有用的系統狀態資訊轉存到全部已註冊的 console 裝置，如剛才所見。

為什麼 Kernel Panic 訊息中有「not syncing」這個詞？

`not syncing` 這個詞準確地表示，包含裝置資料的緩衝區故意沒有清除、或同步到磁碟、快閃記憶體等。若執行同步這個動作，實際上會讓情況變得更糟，甚至損壞資料；因此會避免這樣做。

2 *https://elixir.bootlin.com/linux/v5.10.60/ source/kernel/panic.c#L177*

你已經意識到系統現在處於一種未定義的不穩定狀態，因此，panic 程式碼會盡其所能地避免發生無意中的鎖死或故障。同樣，這就是為什麼我們只能做最基本的事，幾乎整個 kernel 緊急程式碼路徑都在單個 CPU core 運行；同樣地，這是為了避免複雜性和可能的死結；在類似方式中，會關閉 local interrupt 和核心搶占（kernel preemption），程式碼有非常詳細的註釋，請參考。

只要一有可能，panic 函式都會盡量發出相關系統資訊，如圖 10.2 及相關說明；尤其是當 CONFIG_DEBUG_BUGVERBOSE 組態打開時。為此，將呼叫名為 panic_print_sys_info() 的函式；它使用位元遮罩來確定和顯示更多系統資訊，例如所有任務資訊、記憶體、計時器、上鎖、ftrace 資訊和全部 kernel printk 輸出，可透過 panic_print kernel 參數設定。但是，位元遮罩的預設值為 0，表示它不會顯示任何這些值；這些額外資訊確實可能非常有用；下一節會示範如何設定此位元遮罩。

在 panic() 內，一旦完成此關鍵資訊的傾印，該函式所做的最後一件事是在單個啟用的處理器核心上無限循環執行；在此循環內，它重置**不可遮蔽中斷（NMI）**的看門狗（watchdog），因為現在關閉了中斷，然後定期呼叫一個名為 panic_blink() 的處理器架構特有的函式。在 x86 上，如果啟用，它會在此連結到鍵盤 / 滑鼠驅動程式：drivers/input/serio/i8042.c:i8042_panic_blink()。此程式碼導致鍵盤 LED 閃爍，警告運行 GUI，如 X 的使用者意識到系統不僅 soft hung，而且發生 panic。這是 kernel panic() 函式中最後一個程式碼段落，剛好在結束訊息之後：

```
pr_emerg("---[ end Kernel panic - not syncing: %s ]---\n", buf);
/* Do not scroll important messages printed above */
suppress_printk = 1;
local_irq_enable();
for (i = 0; ; i += PANIC_TIMER_STEP) {
    touch_softlockup_watchdog();
    if (i >= i_next) {
        i += panic_blink(state ^= 1);
        i_next = i + 3600 / PANIC_BLINK_SPD;
    }
    mdelay(PANIC_TIMER_STEP);
}
```

這個再次完全出於自願，我們想要確保 console 上列印重要且寶貴的 debug 資訊，不會輕易地捲動或消失。當然，你無法向上捲動、向下捲動或執行任何操作；系統現在實際上已掛點了。

更多蒐集 panic 訊息的方法

許多 Android 裝置利用 Linux kernel 的上游 pstore 和 ramoops 支援，使你能夠在 kernel 緊急時蒐集 kernel 日誌。當然，這意味著一個包含 persistent RAM 和（或）區塊裝置（block device）的系統，pstore 抽象層可以使用。因此，pstore 和 ramoops 可以視為有點類似於 kexec / kdump，在 kernel crash 或 panic 時能夠蒐集系統資訊並將其儲存以供日後檢索和分析。

此外，**智慧平台管理介面（Intelligent Platform Management Interface, IPMI）**是監控系統感測器的標準化方式，它包括 panic 與 watchgod 的調整。請參閱「深入閱讀」章節，了解更多相關連結。

不過，請稍候，這個 panic 程式碼可以從之前看到的情況中提取其他程式碼路徑：

- 啟用 kernel 的 `kexec/kdump` 功能，且 kernel 已發生 panic 或 Oops 時，kernel 將會暖開機（warm-boot）至所謂的 **dump-capture kernel**（傾印擷取版 kernel），因此允許將 kernel RAM 的內容儲存到快照以供後續檢查！換句話說，`panic()` 函式是呼叫此功能的觸發點，它最終將呼叫 kernel 中的 kexec 工具，以將系統暖開機到 dump-capture kernel，本書最後一章會介紹這點。
- 當自訂的 panic 處理常式透過 panic notifier 機制安裝時，除了正規的 panic 處理常式之外，還會呼叫自訂的 panic 處理常式。有趣了！接下來的章節將介紹如何執行此操作。

有設定 `panic=n` kernel 參數時，意味著 panic timeout 並重新開機，之後會提供更多相關資訊。現在，可以來解譯 kernel 的 panic 診斷了。

影響 kernel panic 的 kernel 參數、可調參數與 config

在此會以簡單的摘要格式介紹幾個透過 bootloader 傳遞的 kernel 參數，以及一些可能影響 kernel panic 程式碼路徑的 sysctl 可調和 kernel config macro；下一節將介紹幾個有關 lockup 和 hang tasks 的內容：

表 10.1：與 kernel panic 處理相關的 kernel 參數、sysctl 最佳化旋鈕和 config macro 的摘要表

Kernel 開機參數	等效的 kernel sysctl 旋鈕	等效的 kernel config 巨集（CONFIG_<FOO>）	目的
cops=panic	kernel.panic_on_oops	PANIC_ON_OOPS	將其設為 1（預設為 0），以便在發生 Oops 時觸發 kernel panic；這對於某些類型的生產系統可能很有價值，提醒所有利害關係人我們有一個令人震驚的 kerne/driver bug。
panic=n	kernel.panic	PANIC_TIMEOUT	當 n 為正數時，kernel 會在發生 panic 之後的 n 秒嘗試重新啟動系統（這對於深度嵌入式系統特別有用）；如果傳遞 0，則表示不執行任何操作，只是永遠等待（這是預設值），而負值則表示立即重新啟動。請注意，此選項可能需要特定系統架構的支援。
panic_print=<bitmask>	kernel.panic_print	<none>	位元遮罩 - panic_print_sys_info() 函式（作為 panic() 程式碼路徑的一部分呼叫）解譯這些位元並相對應地列印出系統層級細節。這些位元及其解譯方式如表 10.2 所示。
panic_on_taint=<bitmask>,[,nousertaint]	<none>	<none>	位元遮罩 - 如果有傳遞，當此處任何一組受汙染的旗標與受汙染的位元遮罩相匹配時，會發生 kernel panic。更多詳細資訊可以在這裡找到：https://www.kernel.org/doc/html/latest/admin-guide/sysctl/kernel.html?highlight=hung_task#tainted。

Kernel 開機參數	等效的 kernel sysctl 旋鈕	等效的 kernel config 巨集（CONFIG_<FOO>）	目的
panic_on_warn=	kernel.panic_on_warn	<none>	將其設為 1（預設值為 0），以便在發出任何 kernel 警告時（透過 WARN*() 巨集）產生 kernel panic。這對於將任何警告生成 kernel dump image 非常好用。
<none>	kernel.panic_on_stackoverflow	DEBUG_STACKOVERFLOW	將其設定為 1（預設為 0），以便在偵測到 kernel 異常或 IRQ 堆疊溢位時，引發 kernel panic。這需要 CONFIG_DEBUG_STACKOVERFLOW=y。
unknown_nmi_panic	<none>	<none>	僅限 X86。當未知的 NMI 觸發時，這會導致 kernel panic。
crash_kexec_post_notifiers	<none>	<none>	布林值（預設為 False）- 設定後，panic 程式碼路徑首先執行全部已註冊的 panic notifiers、傾印 kernel 日誌，然後執行 kdump。這實際上並不是必要的，一個有配置 kdump 的 kernel 將在發生 panic 之後運行 kdump/kexec（事實上，這樣做會增加不穩定的風險）。
<none>	vm.memory_failure_recovery	<none>	如果設定為 1（預設為 0），則嘗試復原記憶體故障；否則，如果記憶體出錯，則會發生 panic（相依於 CONFIG_MEMORY_FAILURE=y）。
<none>	vm.panic_on_oom	<none>	如果設定為 1（預設為 0），當 OOM 情況發生時，會有 kernel panic；否則，OOM-killer 工具通常會 kill 惡意行程，而系統將繼續存活。如果設定為 2，kernel 總是會在 OOM 時發生 panic（有關更多細節，請參考 man 5 proc）。
<none>	<none>	SCHED_STACK_END_CHECK	如果啟用，並且在呼叫 schedule() 時偵測到堆疊溢出，則立即產生 kernel panic（預設為 n）。這會需要 DEBUG_KERNEL=y。

對於 sysctl 旋鈕，kernel.foo 語法意味著你將在 /proc/sys/kernel 目錄中找到可調整的 foo pseudo 檔案。

先前所提，在 panic_print kernel 參數位元遮罩內的位元解說如下：

表 10.2：使用 panic_print kernel 參數來設定 bit，以取得有關 kernel panic 的其他系統資訊

Bit #	Bit name	意義
0	PANIC_PRINT_TASK_INFO	如有設定，則顯示與全部存活的 task 相關的資訊。這包括 task 的名稱、狀態、PID、PPID、旗標及其 kernel-mode 堆疊的呼叫追蹤。
1	PANIC_PRINT_MEM_INFO	如果有設定，則顯示系統記憶體的資訊。
2	PANIC_PRINT_TIMER_INFO	如果有設定，則顯示 kernel 計時器的資訊。
3	PANIC_PRINT_LOCK_INFO	如果有設定，而且 CONFIG_LOCKDEP 也有啟用，則顯示 kernel lock 資訊。
4	PANIC_PRINT_FTRACE_INFO	如果有設定，則傾印 ftrace 緩衝區內容。
5	PANIC_PRINT_ALL_PRINTK_MSG	如果有設定，則傾印出 kernel 的全部 printk 輸出。

panic_print 位元遮罩的預設值為 0，表示在 panic 期間不會列印額外的系統資訊，適當設定 bit 可以顯示你想要的詳細資料。因此，舉例來說，為了顯示所有前面的詳細資訊，可在啟動時附加 panic_print=0x3f 到 kernel 參數清單。根據你的專案，這些額外的詳細資料在 debug kernel panic 時會證實非常有用！

僅供參考，官方 kernel 文件非常清楚地以文件方式表達全部 kernel sysctl 旋鈕（可調整）：https://www.kernel.org/doc/html/latest/admin-guide/sysctl/kernel.html。

練習

參考表 10.2，將 panic_print=n kernel 參數 n 設定為適當的值，然後執行 letsdebug kernel 模組，會讓 Kernel 發生 panic。驗證你透過 panic_print 位元遮罩獲得請求的其他系統資訊細節，可能透過 netconsole。

好，在了解 kernel 在 panic 時會發生什麼事後，讓我們在發生時繼續做自己的事。

10.3 撰寫自訂的 kernel panic 處理常式

Linux kernel 有一個名為 **事件通報鏈（notifier chain）**的強大功能，「chain」這個字的意思是使用鏈結串列，它基本上就是發行和訂閱模型（publish-and-subscribe model），訂閱者元件是想要知道指定的非同步事件何時發生，而發行者元件是推送事件發生時的通知。很顯然，訂戶註冊有興趣的指定事件並提供 callback（回呼）函式。當事件發生時，通知機制將執行 callback 函式。當某人在一個 notifier chain 註冊時，表示他們已訂閱這個 notifier chain 的事件，並指定 callback 函式，相關事件發生時，就會呼叫這個 nofitier chain 全部訂戶的 callback 函式；甚至有一種方法可以指定你的優先權並傳送一些資料，等下就會用到。我們將使用 kernel 預先定義的其中一個 notifier chain「panic notifier chain」，用於註冊自訂的 panic 處理常式。

Linux kernel panic notifier chain：基礎篇

不過，首先來了解一些有關 notifier chain 的基本知識。Linux kernel 支援 4 種不同的類型，分類方式是基於執行 callback 函式的 process 或 interrupt context，因此可能會或不會發生阻塞（atomic）。如以下這 4 種：

- **Atomic（原子式）**：Chain callback 在原子式內文（atomic context）中執行，不會發生阻塞，內部使用 spinlock 來保護臨界區間。
- **Blocking（阻塞）**：Chain callback 在 process context 中執行，而且會發生阻塞，內部使用讀寫的號誌鎖「read-write semaphore lock」來實作阻塞行為。
- **可睡眠的 RCU（Sleepable RCU, SRCU）**：Chain callback 會在 process context 中執行，並且會發生阻塞。內部使用更複雜的**讀取 - 複製 - 更新（RCU）**機制來實現 lock-free 語意的功能；讀取端的臨界區間可以發生阻塞 / 睡眠。此類型適用於經常發生 callback 而且很少移除 notifier 阻塞的情況。

- **Raw**：Chain callback 可在任何的 context 中執行，並且可能會或可能不會發生阻塞，沒有嚴格限制。一切由呼叫者決定，他們必須視需要提供上鎖 / 保護。

在 include/linux/notifier.h 表頭中有包含有關 notifier chain 類型與細節等極為實用的註解，一定要參考。例如，它提到這個強大機制的目前和潛在使用者，我忍不住要先截網站的圖給你看了：https://elixir.bootlin.com/linux/v5.10.60/source/include/linux/notifier.h：

```
204  /*
205   *       Declared notifiers so far. I can imagine quite a few more chains
206   *       over time (eg laptop power reset chains, reboot chain (to clean
207   *       device units up), device [un]mount chain, module load/unload chain,
208   *       low memory chain, screenblank chain (for plug in modular screenblankers)
209   *       VC switch chains (for loadable kernel svgalib VC switch helpers) etc...
210   */
211
212  /* CPU notfiers are defined in include/linux/cpu.h. */
213
214  /* netdevice notifiers are defined in include/linux/netdevice.h */
215
216  /* reboot notifiers are defined in include/linux/reboot.h. */
217
218  /* Hibernation and suspend events are defined in include/linux/suspend.h. */
219
220  /* Virtual Terminal events are defined in include/linux/vt.h. */
```

圖 10.3 部分的 notifier.h 表頭的螢幕截圖，顯示 notifier chain 機制的目前以及潛在使用者

使用者，也就是訂戶需要使用提供的 registration API 註冊，並在註冊後撤銷，請參考 notifier.h 表頭，因為某些情況下會限制撤銷註冊的時間。例如，網路驅動程式可以選擇訂閱 netdevice notifier chain，以便每當網路裝置發生有趣的事件時都得到通知，例如網路裝置開啟或關閉、更改其名稱等。你可以在此處的 enum 中檢視可用的 netdevice 事件：include/linux/netdevice.h:netdev_cmd，例如，netconsole 驅動程式使用此功能來通知 netdevice 事件，它的 netdevice chain callback 函式為：drivers/net/netconsole.c:netconsole_netdev_event()。另一個有趣的 notifier chain 使用案例是 reboot notifier chain，可透過 register_reboot_notifier() 函式設定，例如，它可用在意外 reboot 發生時，正確關閉**直接記憶體存取（Direct Memory Access, DMA）**的操作。

這裡不會提出更多 notifier chain 的內部功能或其他用途，而是選擇專注於其中的關鍵點：透過這個機制建立自己的 panic 處理常式。如需了解更多 notifier chain 的通用資訊，請參考「深入閱讀」章節連結，現在，轉到本章節的關鍵重點。

在模組中設定自訂的 panic 處理常式

以下將實際操作，首先要了解相關的資料結構和 API，然後撰寫並執行模組程式碼，以設定自訂的 panic 處理常式！

了解 atomic notifier chain API 和 notifier_block 結構

開發一個 kernel 模組，該模組將採用 kernel 預先定義的 panic notifier chain，稱為 `panic_notifier_list`，為了掛到（hook）kernel panic 中，宣告如下：

```
// kernel/panic.c
ATOMIC_NOTIFIER_HEAD(panic_notifier_list);
EXPORT_SYMBOL(panic_notifier_list);
```

很清楚地，它屬於 atomic 類型的 notifier chain，意思是 callback 不能發生任何阻塞。

❖ 註冊 atomic notifier chain

要想掛上去，必須先註冊，可透過 API 達成：

```
int atomic_notifier_chain_register(struct atomic_notifier_head *, struct notifier_block *);
```

它實際上是泛型通用的 `notifier_chain_register()` API 簡單 wrapper，也就是經過再包裝的 API，它的內部呼叫了 `spin_lock_irqsave()/spin_unlock_irqrestore()` 上鎖工具。`atomic_notifier_chain_register()` 的第一個參數指定要註冊的 notifier chain，以此例而言，可將它指定為 `panic_notifier_list`，第二個參數是一個 `notifier_block` 結構的指標。

❖ 了解 notifier_block 資料結構和 callback 處理常式

notifier_block 結構是 notifier chain 框架的中心結構。定義如下：

```
// include/linux/notifier.h
struct notifier_block {
    notifier_fn_t notifier_call;
    struct notifier_block __rcu *next;
    int priority;
};
```

第一個成員是最關鍵的，這是一個 callback 函式指標（function pointer），即在非同步事件發生時，透過框架呼叫的函式！這是它的原型：

```
typedef int (*notifier_fn_t)(struct notifier_block *nb, unsigned long action, void
*data);
```

因此，你將在 callback 處理常式中接收的參數如下：

- struct notifier_block *nb：這個指標指向一個用來設定 notifier 的 notifier_block 資料結構。
- unsigned long action：這個值實際上指定到達這個位置的原因和方式，提供 kernel panic 線索。它是一個名為 die_val 的 enum，並且是處理器架構特定的功能：

  ```
  // arch/x86/include/asm/kdebug.h
  enum die_val {
      DIE_OOPS = 1,
      DIE_INT3, DIE_DEBUG,       DIE_PANIC, DIE_NMI,
      DIE_DIE,  DIE_KERNELDEBUG, DIE_TRAP,  DIE_GPF,
      DIE_CALL, DIE_PAGE_FAULT,  DIE_NMIUNKNOWN,
  };
  ```

  請注意，大多數驅動程式作者在其 callback 函式中，似乎將此參數命名為 val 或 event。另外請注意，INT 3 軟體中斷是 x86 上的典型 breakpoint 指令。

- void *data：這實際上是一個有趣的結構 struct die_args，透過這個指標傳遞。下面是它的定義：

```
// include/linux/kdebug.h
struct die_args {
    struct pt_regs *regs;
    const char *str;
    long err;
    int trapnr;
    int signr;
};
```

它的成員包括傳遞給 panic() 函式的字串，通常由 data 參數承載。你可以在 include/linux/kdebug.h 中查詢它的定義，並透過下列的 notifier 框架來查詢設定：kernel/notifier.c:notify_die()。此結構在一個 panic callback 中的使用範例是在 Microsoft 的 Hyper-V 驅動程式：drivers/hv/vmbus_drv.c:hyperv_die_event()。它會從這裡透過熟悉的 struct pt_regs * 擷取 CPU 暫存器，並使用先前的 action 參數，這裡命名為 val，來驗證它是否因 Oops 而進入 panic 處理常式。

回到 notifier_block 資料結構。第二個成員是 notifier chain 中通常用來指向下一個節點的 next 指標，將其保留為 NULL 會使得 kernel notifier 框架適當地處理。

第三個也是最後一個成員，priority 顯然是一個優先權選項，將其設定為 INT_MAX 可以通知框架盡早呼叫你的 callback，通常都會保留為未定義。請注意，kernel uprobes 框架會將其例外狀況的 notifier callback 之 priority 設定為 INT_MAX-1：

```
// kernel/events/uprobes.c
static struct notifier_block uprobe_exception_nb = {
  .notifier_call = arch_uprobe_exception_notify,
  .priority = INT_MAX-1, /* notified after kprobes, kgdb */
};
```

請注意，uprobes 會透過 register_die_notifier() API，註冊到 kernel 的 die chain，這是一個有趣的 notifier chain，當有一個 CPU 例外在 kernel mode 發生時，就會呼叫這個 notifier chain 的 callback。若系統在 kernel mode 中收到不預期的 CPU 例外時，這可以成為取得相關詳細資料的另一種有效方式！

最後，在 callback 函式（訂戶）完成它的工作之後，它會返回一個特定的值，指示是否一切正常。以下是可能的傳回值，你必須使用其中一個：

- NOTIFY_OK：處理常式已完成；通知已正確處理。當一切順利時，這是典型的 return 模式。
- NOTIFY_DONE：處理常式已完成；不需要任何進一步的通知。
- NOTIFY_STOP：處理程式完成；停止任何進一步的 callback。
- NOTIFY_BAD：處理常式發出有問題的訊號；不想要再收到任何通知。kernel 會指出這是一個 bad / veto action。

當然，你必須為 notifier chain 上的註冊 API 提供對應的撤銷註冊 API 配對。這是要使用的 API：

```
int atomic_notifier_chain_unregister(struct atomic_notifier_head *nh, struct notifier_
block *n);
```

如果發生 kernel panic，將不會叫用它。作為良好的寫程式練習，我們在模組的 cleanup method 裡面會幫 panic 處理常式做好這件事。

自訂的 panic 處理常式模組：檢視程式碼

所以，這裡要在自訂的 kernel panic 處理常式模組的相關程式碼！請從本書的 GitHub repo. 瀏覽完整程式碼。先來看看自訂的處理常式怎麼在模組的 init method 中註冊到 kernel panic notifier list：

```
// ch10/panic_notifier/panic_notifier_lkm.c
/* The atomic_notifier_chain_[un]register() api's are GPL-exported! */
MODULE_LICENSE("Dual MIT/GPL"); [...]
static struct notifier_block mypanic_nb = {
    .notifier_call = mypanic_handler,
/*  .priority = INT_MAX  */
};
static int __init panic_notifier_lkm_init(void)
{
    atomic_notifier_chain_register(&panic_notifier_list, &mypanic_nb);
```

接下來，有一個實際的 panic 處理常式：

```
/* Do what's required here for the product/project,
 * but keep it simple. Left essentially empty here.. */
static void dev_ring_alarm(void)
{
    pr_emerg("!!! ALARM !!!\n");
}
static int mypanic_handler(struct notifier_block *nb, unsigned long val, void *data)
{
    pr_emerg("\n************ Panic : SOUNDING ALARM ************\n\
val = %lu\n\
data(str) = \"%s\"\n", val, (char *)data);
    dev_ring_alarm();
    return NOTIFY_OK;
}
```

請注意以下事項：

- 自訂的 panic handler 會以 `KERN_EMERG` 層級發送一個 printk 輸出，確保可以看到訊息。
- 參數 data 會有傳遞給 `panic()` 函式的訊息。在這種情況下，通過它觸發 panic 時，將是 SysRq crash 觸發程式碼的訊息（`sysrq triggered crash`）。
- 呼叫 `dev_ring_alarm()` 函式。請注意，這只是一個預留位置，在你的實際專案或產品中，請執行此處所需的最少動作。例如，控制工廠車間雷射的嵌入式裝置可能想要關閉雷射頭，發出某種形式的物理警報，以表明系統無法使用或者任何合理的事情，都受到系統處於不穩定狀態這個關鍵事實的限制！
- 傳回 `NOTIFY_OK`，表示一切都好，一切正常。

好的，開始吧！

試用中：自訂的 panic handler 模組

透過 kernel 的 Magic SysRq c 選項，我們有一個簡單的 script 來觸發 oops，並將 `kernel.oops_on_panic` 設定為 `1`，以將此 Oops 轉換為 kernel panic！下面是 script：

```
$ cat ../cause_oops_panic.sh
sudo sh -c "echo 1 > /proc/sys/kernel/panic_on_oops"
sudo sh -c "echo 1 > /proc/sys/kernel/sysrq"
sync; sleep .5
sudo sh -c "echo c > /proc/sysrq-trigger"
$
```

不過，請小心：在設定 netconsole，也就是將這個系統的 kernel printk 輸出擷取到接收端的系統之前，不要執行此作業。因為這樣，我們使用一個簡單的包裝 script：`ch10/netcon`，請瀏覽。我們先執行它，傳遞接收端系統的 IP 位址作為參數。它相對應地設定 netconsole：

```
$ ../netcon 192.168.1.8
[...]
```

下列的螢幕截圖可以看到與 netconsole 相關的 dmesg 輸出：

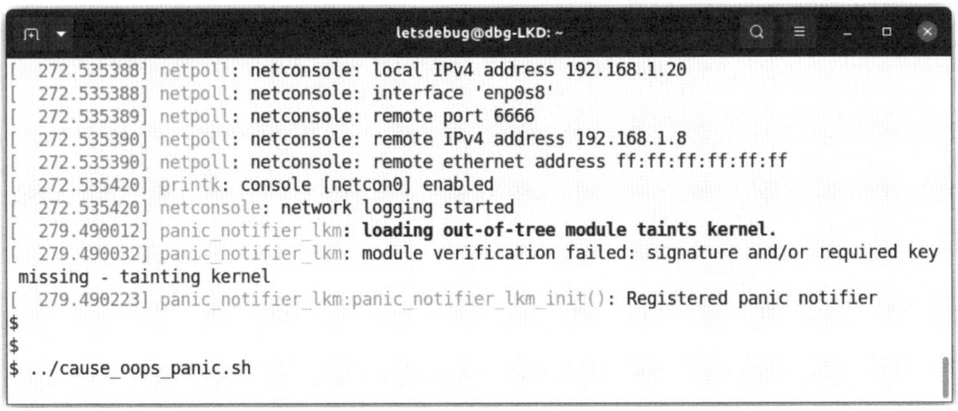

```
letsdebug@dbg-LKD: ~
[  272.535388] netpoll: netconsole: local IPv4 address 192.168.1.20
[  272.535388] netpoll: netconsole: interface 'enp0s8'
[  272.535389] netpoll: netconsole: remote port 6666
[  272.535390] netpoll: netconsole: remote IPv4 address 192.168.1.8
[  272.535390] netpoll: netconsole: remote ethernet address ff:ff:ff:ff:ff:ff
[  272.535420] printk: console [netcon0] enabled
[  272.535420] netconsole: network logging started
[  279.490012] panic_notifier_lkm: loading out-of-tree module taints kernel.
[  279.490032] panic_notifier_lkm: module verification failed: signature and/or required key
 missing - tainting kernel
[  279.490223] panic_notifier_lkm:panic_notifier_lkm_init(): Registered panic notifier
$
$
$ ../cause_oops_panic.sh
```

圖 10.4 顯示已設定 netconsole 的 guest VM 螢幕截圖

此外，請務必在接收端系統上執行 `netcat`，按照一般方式即可，我使用 `netcat -d -u -l 6666`。

一旦透過 `../cause_panic_oops.sh` script 觸發，kernel panic 就會呼叫我們註冊到 panic notifier list 的自訂 panic handler。Netcat 公用程式會在發生 panic 時，輸出來自遠端 kernel 的訊息：

```
~ $ netcat -d -u -l 6666
[  293.076610] sysrq: Trigger a crash
[  293.076644] Kernel panic - not syncing: sysrq triggered crash
[  293.076663] CPU: 5 PID: 2467 Comm: sh Tainted: G           OE     5.10.60-prod01 #6
[  293.076684] Hardware name: innotek GmbH VirtualBox/VirtualBox, BIOS VirtualBox 12/01/2006
[  293.076718] Call Trace:
[  293.076739]  dump_stack+0x76/0x94
[  293.076753]  panic+0x1ac/0x382
[  293.076821]  sysrq_handle_crash+0x1a/0x20
[  293.076839]  __handle_sysrq+0xf8/0x170
[  293.076895]  ? common_file_perm+0x78/0x1a0
[  293.076990]  write_sysrq_trigger+0x28/0x40
[  293.077030]  proc_reg_write+0x66/0x90
[  293.077072]  vfs_write+0xca/0x2c0
[  293.077104]  ksys_write+0x67/0xe0
[  293.077117]  __x64_sys_write+0x1a/0x20
[  293.077179]  do_syscall_64+0x38/0x90
[  293.077226]  entry_SYSCALL_64_after_hwframe+0x44/0xa9
[  293.077278] RIP: 0033:0x779eec7000a7
[  293.077331] Code: 64 89 02 48 c7 c0 ff ff ff ff eb bb 0f 1f 80 00 00 00 00 f3 0f 1e fa 64
 8b 04 25 18 00 00 00 85 c0 75 10 b8 01 00 00 00 0f 05 <48> 3d 00 f0 ff ff 77 51 c3 48 83 ec
 28 48 89 54 24 18 48 89 74 24
[  293.077425] RSP: 002b:00007ffe732d9078 EFLAGS: 00000246 ORIG_RAX: 0000000000000001
[  293.077481] RAX: ffffffffffffffda RBX: 00006081643436f0 RCX: 0000779eec7000a7
[  293.077529] RDX: 0000000000000002 RSI: 00006081643436f0 RDI: 0000000000000001
[  293.077597] RBP: 0000000000000002 R08: 00006081643436f0 R09: 000000000000007c
[  293.077620] R10: 00000000000001b6 R11: 0000000000000246 R12: 0000000000000001
[  293.077642] R13: 0000000000000002 R14: 7fffffffffffffff R15: 00007ffe732d9240
[  293.077747] Kernel Offset: 0x31200000 from 0xffffffff81000000 (relocation range: 0xffffff
ff80000000-0xffffffffbfffffff)
[  293.077804] panic_notifier_lkm:mypanic_handler():
[  293.077804] ************ Panic : SOUNDING ALARM ************
[  293.077804] val = 0
[  293.077804] data(str) = "sysrq triggered crash"
[  293.077849] panic_notifier_lkm:dev_ring_alarm(): !!! ALARM !!!
[  293.078217] ---[ end Kernel panic - not syncing: sysrq triggered crash ]---
```

圖 10.5　部分螢幕截圖：netcat 的主機接收來自 guest VM 的訊息，並將訊息使用 kernel printk 輸出，請注意輸出來自我們自訂的 panic handler！

顯然，從圖 10.5 可以看到這一次使用 Magic SysRq 的 crash 觸發功能時，kernel panic 訊息和 kernel 的 stack backtrace 就反應了。有趣的是，圖 10.5 的底部，自訂的 panic handler 輸出清晰可見！後面接著來自 kernel 的結尾訊息：`--- [end Kernel panic - ... ]` —。

再提醒一下，多注意你在 panic 處理常式裡所做的事情，盡量少做事情與測試。這個 kernel 註解強調了這點：

```
// kernel/panic.c:panic()
* Note: since some panic_notifiers can make crashed kernel
* more unstable, it can increase risks of the kdump failure too.
```

Kernel 樹有幾個採用 notifier chain 的實例，大多數都是驅動程式與看門狗在用。用一個快速的實驗，我使用 cscope 在 5.10.60 kernel source tree 裡面搜尋 `atomic_notifier_chain_register(&panic_notifier_list` 這個字串。可見這個部分螢幕截圖顯，它取得 29 個相符的項目，左欄顯示來源檔名：

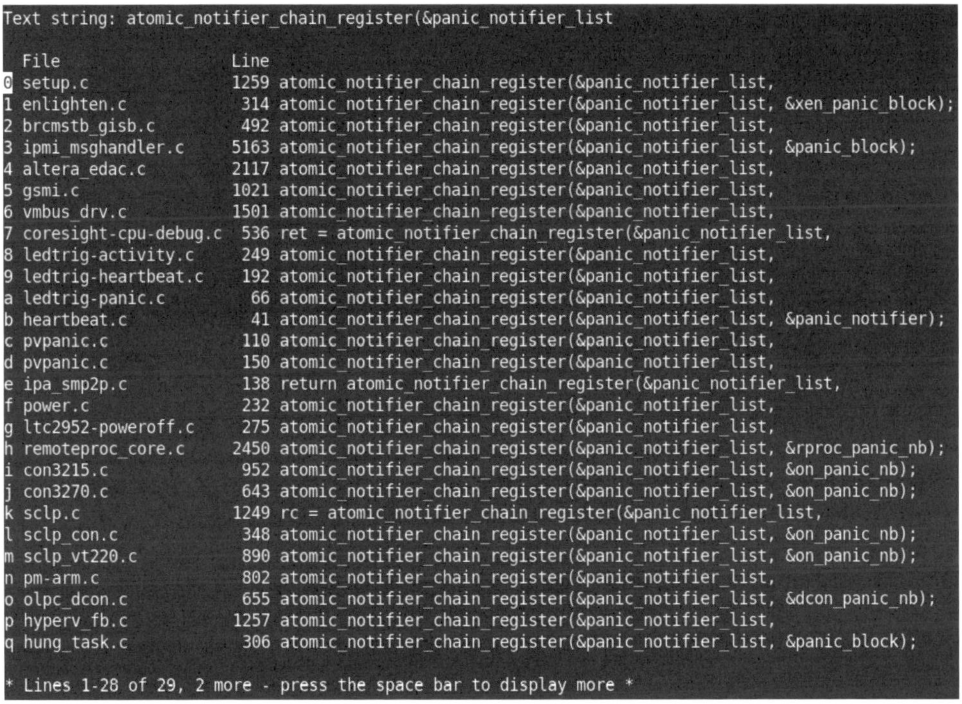

```
Text string: atomic_notifier_chain_register(&panic_notifier_list

  File                    Line
0 setup.c                 1259 atomic_notifier_chain_register(&panic_notifier_list,
1 enlighten.c              314 atomic_notifier_chain_register(&panic_notifier_list, &xen_panic_block);
2 brcmstb_gisb.c           492 atomic_notifier_chain_register(&panic_notifier_list,
3 ipmi_msghandler.c       5163 atomic_notifier_chain_register(&panic_notifier_list, &panic_block);
4 altera_edac.c           2117 atomic_notifier_chain_register(&panic_notifier_list,
5 gsmi.c                  1021 atomic_notifier_chain_register(&panic_notifier_list,
6 vmbus_drv.c             1501 atomic_notifier_chain_register(&panic_notifier_list,
7 coresight-cpu-debug.c    536 ret = atomic_notifier_chain_register(&panic_notifier_list,
8 ledtrig-activity.c       249 atomic_notifier_chain_register(&panic_notifier_list,
9 ledtrig-heartbeat.c      192 atomic_notifier_chain_register(&panic_notifier_list,
a ledtrig-panic.c           66 atomic_notifier_chain_register(&panic_notifier_list,
b heartbeat.c               41 atomic_notifier_chain_register(&panic_notifier_list, &panic_notifier);
c pvpanic.c                110 atomic_notifier_chain_register(&panic_notifier_list,
d pvpanic.c                150 atomic_notifier_chain_register(&panic_notifier_list,
e ipa_smp2p.c              138 return atomic_notifier_chain_register(&panic_notifier_list,
f power.c                  232 atomic_notifier_chain_register(&panic_notifier_list,
g ltc2952-poweroff.c       275 atomic_notifier_chain_register(&panic_notifier_list,
h remoteproc_core.c       2450 atomic_notifier_chain_register(&panic_notifier_list, &rproc_panic_nb);
i con3215.c                952 atomic_notifier_chain_register(&panic_notifier_list, &on_panic_nb);
j con3270.c                643 atomic_notifier_chain_register(&panic_notifier_list, &on_panic_nb);
k sclp.c                  1249 rc = atomic_notifier_chain_register(&panic_notifier_list,
l sclp_con.c               348 atomic_notifier_chain_register(&panic_notifier_list, &on_panic_nb);
m sclp_vt220.c             890 atomic_notifier_chain_register(&panic_notifier_list, &on_panic_nb);
n pm-arm.c                 802 atomic_notifier_chain_register(&panic_notifier_list,
o olpc_dcon.c              655 atomic_notifier_chain_register(&panic_notifier_list, &dcon_panic_nb);
p hyperv_fb.c             1257 atomic_notifier_chain_register(&panic_notifier_list,
q hung_task.c              306 atomic_notifier_chain_register(&panic_notifier_list, &panic_block);

* Lines 1-28 of 29, 2 more - press the space bar to display more *
```

圖 10.6 顯示 kernel 內 panic notifier chain 不同用途的螢幕截圖

現在，使用你自訂的 kernel panic 處理常式，來解決偵測 kernel 內的鎖住（lockup）問題！

10.4 偵測 kernel 中的 lockup 和 CPU 停止

Lockup 的意義顯而易見，即系統，與一個或多個 CPU cores 在相當長的一段時間內一直都沒有反應的狀態。本節會先簡單了解看門狗，並進而了解如何利用 kernel 來檢測 hard lockup 和 soft lockup。

關於看門狗的簡單說明

看門狗或稱看門狗計時器（watchdog timer, WDT）本質上是一個監視系統健康狀況的程式，一旦發現它在某方面的資源缺乏時，就能夠重開作業系統。硬體的看門狗會串接主機板電路，因此能夠在需要時重置系統。它們的驅動程式往往會隨著主機板而異。

Linux kernel 提供一個通用的看門狗驅動程式框架，允許驅動程式的作者可以輕鬆地為特定硬體看門狗晶片組實作看門狗驅動程式，可在以下官方 kernel 說明文件中找到更詳細的框架：〈The Linux WatchDog Timer Driver Core kernel API〉[3]。由於本書主題不是設計 Linux 裝置驅動程式，因此不再進行更深入的討論。

還有一種使用 userspace watchdog 常駐行程（daemon process）的工具。至少在 Ubuntu 上，套件和公用程式都簡單地命名為 watchdog。你必須設定並執行它。它的工作是監視各種系統參數，執行 heartbeat ping 功能，通常是至少每分鐘寫入某些內容到 kernel 看門狗驅動程式的 `/dev/watchdog` 裝置檔案，並使用各種預先定義的 ioctl 與它通訊。此處的 kernel 文件如下：〈The Linux Watchdog driver API〉[4]。

你可以設定幾個系統參數，將其調整為適合你系統的值。有關使用者模式的看門狗 daemon 詳細資訊，請參閱下列線上手冊：`watchdog(8)` 和 `watchdog.`

---

3 *https://www.kernel.org/doc/html/latest/watchdog/watchdog-kernel-api.html#linux-watchdog-timer-driver-core-kernel-api*

4 *https://www.kernel.org/doc/html/latest/watchdog/watchdog-api.html#the-linux-watchdog-driver-api*

conf(5)。這些說明有助於將看門狗設定為，基於各種系統參數條件產生觸發系統的重新開機，例如，參數可以指定最少的可用記憶體分頁數量、在兩次寫入驅動程式檔案之間的最大心跳間隔、透過 PID 檔案指定的一個行程必須一直存活著、系統可接受的最大附載、系統溫度的門檻值等。仔細閱讀 man page 會非常有趣；所有可以監視的參數都會顯示出來。基於看門狗的監視對於許多類型的產品來說確實非常有用，尤其是對於不是人機互動類型的產品，如遠端伺服器、深度的嵌入式系統、許多種物聯網的邊緣裝置等。

我們在自訂的 production kernel 中啟用軟體看門狗，可在 make menuconfig kernel UI 中的 Device Drivers | Watchdog Timer support 尋找 CONFIG_SOFT_WATCHDOG=m，以及許多可用的硬體看門狗。將它選擇為模組時，就會自動編譯，再幫它取一個很貼切的名字：softdog。請注意，作為純軟體看門狗，在某些情況下它可能無法對系統重新開機。如有興趣，請查閱官方 kernel 文件[5]，了解可以使用 softdog 軟體看門狗指定的各種模組控制參數，以及下列 kernel 中已知的硬體機制：WatchDog Module Parameters。

執行 softdog watchdog 和它的使用者看門狗常駐程式

透過實驗，在我的 x86_64 Ubuntu VM 上載入 softdog 軟體看門狗驅動程式，全部都用預設值，然後手動以詳細模式運行 watchdog 服務的常駐程式，我在它的組態檔 /etc/watchdog.conf 中調整了一些參數：

```
$ sudo modprobe softdog
$ sudo watchdog --verbose &
[...]
watchdog: String 'watchdog-device' found as '/dev/watchdog'
watchdog: Variable 'realtime' found as 'yes' = 1
watchdog: Integer 'priority' found = 1
[1]+  Done                    watchdog --verbose
```

5 *https://www.kernel.org/doc/html/latest/watchdog/watchdog-parameters.html#watchdog-module-parameters*

好，確認它是否正在執行：

```
# ps -e | grep watch
    111 ?        00:00:00 watchdogd
  10106 ?        00:00:00 watchdog
```

在 ps 輸出的第一行實際上是 watchdogd kernel 執行緒，第二個是剛才執行的軟體：「在使用者空間的看門狗常駐程式這個行程」（soft ware userspace watchdog daemon process），以下是部分初始輸出：

```
Integer 'retry-timeout' found = 60
Integer 'repair-maximum' found = 2
String 'watchdog-device' found as '/dev/watchdog'
Variable 'realtime' found as 'yes' = 1
Integer 'priority' found = 1
starting daemon (5.15)
int=1s realtime=yes sync=no load=0,0,0 soft=no
memory not checked
ping
file
pidfile
interface
temperature
no test binary files
no repair binary files
error retry time-out = 60 seconds
repair attempts = 2
alive=/dev/watchdog heartbeat=[none] to=root no_act=no force=no
watchdog now set to 60 seconds
hardware watchdog identity
still alive after 1 interval(s)
still alive after 2 interval(s)
still alive after 3 interval(s)
```

圖 10.7　以詳細資訊模式（verbose mode）執行時，
看門狗常駐程式行程的初始輸出部分螢幕截圖

以類似方式，基於 systemd 的系統還可以執行看門狗監視，請參閱 /etc/systemd/system.conf 中的看門狗相關條目。另外值得注意的是，即使看門狗在生產過程很有用，但在 debug 期間可能需要關閉它，例如，在執行互動式 kernel debug 程式時；否則，看門狗可能會觸發而導致系統重新啟動。好吧，留給你繼續研究，我們先來繼續學習看門狗的一個有趣應用：kernel 鎖死（lockup）偵測器！

採用 kernel 的硬式和軟式 lockup 偵測器

軟體並不完美，硬體也是，我賭你有系統莫名掛點的體驗。這個系統可能並沒有完全死掉，也沒有發生 panic，它只是當機卡在那邊沒有反應。這通常就稱為**鎖死**（*lockup*）。Linux kernel 具有偵測鎖死的能力，目標就是檢測這個。

我之所以在上一節提到看門狗，是因為 Linux kernel 利用 NMI 看門狗工具以及 perf 子系統，來偵測硬式鎖死和軟式鎖死，等下就會看到它們的含義。Kernel 可配置為可偵測硬式鎖死和軟式鎖死，一般的 `make menuconfig` UI 相關選單如下：**Kernel hacking | Debug Oops, Lockups and Hangs**。以下為相同的螢幕截圖，自訂的 5.10.60 Production Kernel：

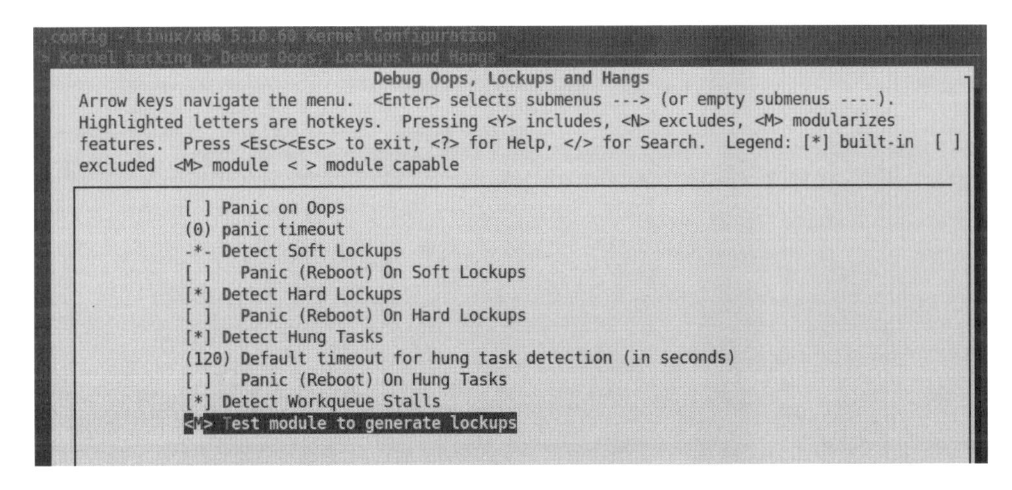

圖 10.8　顯示用於 debug Oops、鎖死和 hang 住的 kernel config UI 部分螢幕截圖

看一下圖 10.8 中的 kernel config，你可能會感到奇怪，為什麼在所謂的 production kernel 中，沒有啟用 oops 時 panic、以及軟式鎖死、硬式鎖死時 panic 呢？問得好！我把 panic 選項保持 off，儘管我們宣稱這是一個 production kernel，但實際上，我們並沒有在整本書都使用它來展示範例。對於實際的專案或產品，毫無疑問需要好好考慮是否要啟用它們。系統是否需要在鎖死、hang 住、Oops 或 panic 時自動重新開機？如果需要，則啟用 panic-on 的配置並傳遞 `panic=n` kernel 參數，以使系統在 panic 後 `n` 秒內重新開機。

偵測硬式鎖死與軟式鎖死，以及 hang 住 task 與工作佇列暫停的 kernel config 確實已經啟用。表 *10.3* 中摘錄相關的 kernel config 選項、boot 參數、和 kernel sysctl 旋鈕，當你想參考更多內容時，可以來看這張表：

表 10.3：影響 kernel 硬式 / 軟式鎖死偵測的看門狗設定摘要

Kernel 開機參數	等效的 kernel sysctl 旋鈕	目的
`nmi_watchdog`	`kernel.nmi_watchdog`	[X86、SMP]: • 傳遞 / 設定為 0：關閉 NMI 看門狗和硬式鎖死偵測（預設值）。 • 傳遞 / 設定為 1：開啟 NMI 看門狗和硬式鎖死偵測。 請注意，NMI 中斷可能經常發生，並導致相當大的成本負擔。
`<none>`	`kernel.soft_watchdog`	• 設定為 0：開啟軟式鎖死偵測。 • 設定為 1：開啟軟式鎖死偵測。預設通常為 `CONFIG_SOFTLOCKUP_DETECTOR=y`。
`<none>`	`kernel.watchdog`	啟用 / 停用硬式鎖死與軟式鎖死偵測： • 設定為 0 可以將兩者停用。 • 設定為 1 可以將兩者啟用。 請注意，讀取時的值是 `nmi_watchdog OR soft_watchdog` 的位元運算結果（因此，如果其中一個啟用，則顯示為 1）。
`<none>`	`kernel.watchdog_cpumask`	運行看門狗的 CPU cores，預設為全部的 active cores。它們受到 `nohz_full=` kernel 參數的影響，請參考 `https://www.kernel.org/doc/html/latest/admin-guide/sysctl/kernel.html#watchdog-cpumask` 了解詳情。
`watchdog_thresh`	`kernel.watchdog_thresh`	此處傳遞 / 寫入一個整數 `n`，將看門狗的門檻值設定為該秒數，預設值為 `10`；實際上是硬式鎖死 timeout 時。Soft lockup 為 2*n 秒。傳遞 / 寫入 `0` 將停用硬式鎖死與軟式鎖死偵測。

Kernel 開機參數	等效的 kernel sysctl 旋鈕	目的
nowatchdog / nosoftlockup	Equivalent to writing 0 to kernel.watchdog and kernel.soft_watchdog	有時，看門狗可能會與你對抗（尤其是在開發 / debug 期間）。傳遞此參數將停用硬式鎖死（NMI 看門狗）和軟式鎖死偵測。此外，傳遞 nosoftlockup 開機參數會停用軟式鎖死偵測。

你可以使用 sysctl 公用程式來驗證機器上與看門狗相關的設定。請注意，nmi_watchdog 指的是硬式鎖死偵測；而 soft_watchdog 指的是軟式鎖死偵測，不是 softdog 模組）：

```
$ sudo sysctl -a | grep watchdog
kernel.nmi_watchdog = 0
kernel.soft_watchdog = 1
kernel.watchdog = 1
kernel.watchdog_cpumask = 0-5
kernel.watchdog_thresh = 10
$
```

nmi_watchdog 值顯示為 0，是因為沒有硬體看門狗晶片可用。soft_watchdog 始終可用，kernel 的內建看門狗支援也是如此。來談談這這到底是什麼意思！

什麼是軟式鎖死 bug？

軟式鎖死（soft lockup）是一種 bug，指以 kernel 模式運行的任務，會保持在緊密循環中，或以某種方式卡在處理器上，長時間不允許在該 CPU core 上排班執行其他任務。硬式鎖死的預設超時可調整 kernel.watchdog_thresh sysctl 的值，目前預設值是 10 秒；軟式鎖死的預設超時則為其兩倍，即 20 秒。當然，這可使用 root 身分調整。先來查一下我 Ubuntu 20.04 LTS VM 的值：

```
$ cat /proc/sys/kernel/watchdog_thresh
10
```

因此，實際的軟式鎖死逾時值為 2*10：20 秒。將整數寫入 watchdog_thresh kernel sysctl，會將門檻值修改為這個值（以秒為單位）。寫入 0 會停用檢查。

偵測到軟式鎖死時，會發生什麼事？

Panic：如果 `softlockup_panic` kernel（boot-time）參數設定為 `1`、`kernel.softlockup_panic` sysctl 為 `1`，或者 kernel config `BOOTPARAM_SOFTLOCKUP_PANIC=1`，則發生 kernel panic！一般預設值為 `0`。

如果上述情況不屬實，即 kernel 不會在軟式鎖死時發生 panic，它會發出警告訊息到 kernel log，顯示 hang 住任務的詳細資訊。Kernel 堆疊追蹤也會傾印，來看看它是如何做到這點的！

值得注意的是，在後一種情況下，也就是不會出現 panic，有 bug 的任務會繼續使受影響的 CPU core 掛點。

❖ 觸發 x86_64 的軟式鎖死

能觸發一個軟式鎖死嗎？當然可以，只要做一些事情就能破壞可憐的 CPU core，讓它在 kernel 模式中長時間旋轉！我曾在一個 kernel 執行緒示範模組中新增幾行程式碼，可見我的前一本書《Linux Kernel Programming Part 2》，原始程式碼如下：`https://github.com/PacktPublishing/Linux-Kernel-Programming-Part-2/tree/main/ch5/kthread_simple`。

為了節省空間，我們只用稍微修改的程式碼執行模組。你可以看到已新增有 bug 的程式碼[6]及其可見效果。超過 20 秒後，kernel 看門狗偵測到軟式鎖死並跳進去，發出 `BUG()` 訊息！在未指定模組參數的情況下執行時，它會使用預設值：軟式鎖死測試，等下就會測試硬式鎖死：

6　完整程式碼可見：*ch10/kthread_stacked*。

```
    while(!kthread_should_stop()) {
        //-----------------------------------
        pr_info("DELIBERATELY spinning on CPU core now...\n");

        if (likely(lockup_type == DO_SOFT_LOCKUP))
            spin_lock(&spinlock);
        else
            spin_lock_irq(&spinlock);

        while (i < 10000000000) { // adjust these arbit #s for your system if reqd..
            i ++;
            if (!(i%50000000))
                PRINT_CTX();
        }

        if (likely(lockup_type == DO_SOFT_LOCKUP))
            spin_unlock(&spinlock);
        else
            spin_unlock_irq(&spinlock);
        //-----------------------------------

        pr_info("FYI, I, kernel thread PID %d, am going to sleep now...\n",
            current->pid);
        set_current_state(TASK_INTERRUPTIBLE);
        schedule(); // yield the processor, go to sleep...
Message from syslogd@dbg-LKD at Mar 25 19:56:09 ...y due to either the
 kernel:[ 1528.659809] watchdog: BUG: soft lockup - CPU#2 stuck for 22s! [lkd/kt_stuck:3530]
        */
```

圖 10.9 部分螢幕截圖，其中顯示故意置入 bug 的 CPU 密集程式碼，造成軟式鎖死 bug；請參閱底部 KERN_EMERG 層級的 BUG() 訊息覆寫 console

除了 kernel 看門狗以 KERN_EMERG 層級的 BUG: soft lock-up …訊息，看門狗還透過呼叫 dump_stack() 和相關常式來發出一般的診斷。你將看到 kernel 記憶體中的模組、context、kernel 狀態資訊、硬體資訊、CPU 暫存器傾印、CPU core 上運行的電腦程式碼、以及 kernel 模式堆疊追蹤中的關鍵部分，即呼叫堆疊。實用的 convenient.h:PRINT_CTX() 巨集有助於揭示系統狀態，以下是軟式鎖死期間範例輸出：

```
002) [lkd/kt_stuck]:3530   |  .N.1   /* simple_kthread() */
```

.N.1 ftrace 延遲格式樣字串顯示，由於這 4 欄中的第 1 欄是句點，因此運行時會啟用硬體中斷。這是因為在測試軟式鎖死時，我們呼叫 spin_lock()，而不是關閉 IRQ 的 spin_lock_irq() 常式，當然還有它們的解鎖對應常式。好極了！

別忘了 Spinlock！

要記住的關鍵點是，我們在循環中執行 CPU 密集型程式碼路徑，圍繞循環執行一個自旋鎖（spinlock）。為什麼？請記住 spinlock，特別是 spin_lock_irq[save]() 變體，除了 loser context spin，當鎖的擁有者執行臨界區間的程式碼時，如這裡的 while 迴圈主體，也會關閉硬體中斷。關閉中斷會關閉核心搶占；因此，程式碼運行幾乎可以保證沒有任何形式的搶占，甚至沒有透過硬體中斷！換句話說，就是自動的。

對模擬一個硬式鎖死而言，這正是我們想要的。但是，想想看，kernel 看門狗將如何偵測到它呢？啊，那是因為它陷進了 NMI，檢查了 NMI 處理程式的鎖死！當然，NMI 確實會搶先並中斷程式碼，因為根據定義，這是一個不可遮罩的中斷。

（再次強調，在此進行的實驗與建議的完全相反：盡可能縮短 spinlock 中的臨界區間，如第 8 章〈鎖的除錯〉「從各種部落格識別一些上鎖缺陷」的章節內容。這裡這樣做，是要練習故意製造軟式或硬式鎖死。）

如果感興趣，可以在此處找到軟式鎖死偵測的 kernel 程式碼實作：kernel/watchdog.c:watchdog_timer_fn()。

有趣的是，試圖 rmmod 大約 2 分鐘，就可以將 rmmod 行程偵測為掛住的任務（hung task）！無需先將 SIGINT 或 SIGQUIT 訊號傳送到 kthread 以讓它停用，因為已經用這種方法設計了。本章下一個章節就將討論掛住任務的偵測，現在，先繼續下一個鎖死的種類……

什麼是硬式鎖死 bug？

硬式鎖死（hard lockup）也是一種 bug，指以 kernel 模式運行的 CPU core 在很長一段時間內保持緊密循環，或以某種方式停滯不前，不允許在該 CPU core 上運行其他硬體中斷。如前所述，硬式鎖死的預設逾時是 kernel.watchdog_thresh kernel sysctl 的值：10 秒，當然，這也可以用 root 身分調整。

偵測到硬式鎖死時，會發生什麼事？

Panic：如果 `nmi_watchdog=1` kernel boot 參數並且系統支援硬體看門狗，`kernel.hardlockup_panic` sysctl 設定為 `1`，或者 kernel config 為 `BOOTPARAM_HARDLOCKUP_PANIC=y`，則核心將發生 panic！通常預設情況下會關閉 panic。

如果上述條件不成立，即 kernel 不會因硬式鎖死而發生 panic（預設值），它會向 kernel log 發出警告訊息，顯示系統狀態的詳細資訊。Kernel 堆疊追蹤也會被傾印，讓我們能夠看到它如何做到這點。如果傳遞 `hardlockup_all_cpu_backtrace=1` kernel boot 參數，則 kernel 將在所有的 CPU 上生成一個 kernel stack backtrace。

值得注意的是，在後一種情況下，也就是不會 panic，有 bug 的程式碼繼續（硬式）掛在受影響的 CPU core。

還有更多可能，kernel RCU lock-free 功能也會導致 CPU 停止。

RCU 和 RCU CPU 停止

Linux kernel 的 **Read-Copy-Update**（**RCU**）基礎結構是在 kernel 中執行 lock-free 工作的強大方式。要知道，與硬式鎖死類似，也可能因 RCU CPU 停止而發出警告。`RCU_CPU_STALL_TIMEOUT` kernel config 決定 RCU 的寬限期。在 5.10 中，預設為 60 秒，範圍為 3 到 300，如果 RCU 寬限期超過此配置指定的秒數，則會發出 CPU RCU 停止的警告；如果問題持續發生，可能會發生更多事件。接下來是對 RCU 非常簡單的概念介紹，所以請務必檢視一下。

❖ 簡單理解 RCU 的概念

RCU 實作上的工作原理是讓讀者不使用上鎖、原子式運算元（atomic operatior）、增加變數值、甚至不用記憶體屏障（memory barrier，Alpha 處理器除外），同時處理共用資料！因此，在大多數都是讀取的情況下，效能仍然可以很高，這是使用 RCU 的主要優點，那它如何運作呢？

想像一下，有幾個讀取者，例如執行緒 R1、R2 和 R3 進入程式碼的一個區段，在那裡並行處理共用資料：一個 RCU 讀取端的臨界區間（critical section）。

當寫入者執行緒出現時，寫入者意識到這是一個 RCU 臨界區間，就會產生參考的資料項副本，並修改副本。現有讀取者會繼續處理原本的資料項。然後，寫入者會以原子式（atomic）的方式更新原本的指標，讓指標指向新的，也就是剛修改過的資料項，而 R1、R2 和 R3 繼續在原本舊有的資料項上工作。然後，寫入者必須釋放 / 銷毀原始資料項。當然，要等到所有目前存取它的讀者都讀取完畢之後，才能完成這項工作。

那它怎麼知道？ RCU 實作讓寫入者等待全部目前的讀取者，方式是透過檢查它們何時釋放處理器來循環關閉 CPU，即呼叫排班器（scheduler）然後離開 CPU core！現在，寫入者允許長達 1 分鐘的寬限期（！）讓任何遲鈍的讀者可以完成，然後銷毀 / 釋放原始的資料項，一切順利。請注意，有個不常見的情況，就是並行 RCU 寫入者，它們可以使用某種上鎖工具來避免踩到彼此的腳趾，通常為 spinlock。

官方 kernel 文件〈Using RCU's CPU Stall Detector〉[7]，指出可能導致 RCU CPU 停止警告的幾種原因。其中之一是在 CPU 上的迴圈循環很長的時間，並且關閉了中斷、搶占或 bottom halves；還有其他許多原因，請查閱 kernel 文件。這就是要進入 RCU CPU stall 的原因，造成這些情況的其中之一就是我們所面對的：長時間關閉中斷！

觸發原生 x86_64 上的硬式鎖死 / RCU CPU stall

能觸發硬式鎖死和（或）RCU CPU stall 嗎？事實上是可以的，但即使在 x86_64 上，至少也有一些前提條件：

- 只有原生 x86_64 上的 NMI 能偵測到硬式鎖死，因此應該在這樣的系統上執行 Linux；guest VM 無法。
- 必須將 `nmi_watchdog=1` 字串新增到 kernel boot 參數清單，以啟用 NMI 和 NMI 看門狗。

7 *https://www.kernel.org/doc/html/latest/RCU/stallwarn.html#using-rcu-s-cpu-stall-detector*

- 透過將 1 寫入 kernel.nmi_watchdog sysctl，以啟用 kernel 裡的 NMI 看門狗。
- CONFIG_RCU_CPU_STALL_TIMEOUT kernel config 應該有一個介於 3 到 300 之間的值，這是之後發生 RCP CPU stall 的秒數。

一旦這些條件得到滿足，sysctl 應該反映出來：

```
# sysctl -a | grep watchdog
kernel.nmi_watchdog = 1
kernel.soft_watchdog = 1
kernel.watchdog = 1
kernel.watchdog_cpumask = 0-11
kernel.watchdog_thresh = 10
```

此外，在我的系統上，有設定 CONFIG_RCU_STALL_COMMON=y 與 CONFIG_RCU_CPU_STALL_TIMEOUT=60。

若要測試硬式鎖定 / RCU CPU stall，請啟動示範模組：ch10/kthread_stacked，這次傳遞 lockup_type=2 模組參數。此參數值可以在持有一個 spinlock 並關閉 IRQ 與搶占時（使用 spin_lock_irq 的變體），讓我們的 kthread 在 CPU 上以緊密的迴圈自旋（spin）。一段時間後，kernel 日誌應該會揭示出由於模組導致的硬式鎖死，或 RCU CPU stall bug 而觸發的 NMI 中斷；實際上是 NMI backtrace。

實際警告完全可能是由於測試時，偵測到 *RCU CPU stall* 而造成的！這是因為 kernel 的 RCU stall 偵測程式碼認為，當程式碼在 CPU core 上自旋很長時間，而且關閉中斷、搶占或 bottom halves 時，RCU CPU stall 已經發生；當然還有一些其他原因。我們的程式碼確實會在很長時間內自旋，並且關閉中斷和搶占（使用關閉 IRQ / 搶占版本的 spinlock）。Kernel 日誌顯示偵測到的 RCU stall：

```
rcu:  INFO: rcu_sched detected stalls on CPUs/tasks:
rcu:         3-...0: (1 GPs behind) idle=462/1/0x4000000000000000 softirq=60126/60127
fqs=6463
(detected by 2, t=15003 jiffies, g=127897, q=1345272)
```

```
Sending NMI from CPU 2 to CPUs 3:
NMI backtrace for cpu 3
CPU: 3 PID: 16351 Comm: lkd/kt_stuck Tainted: P        W  OEL     5.13.0-37-generic
#42~20.04.1-Ubuntu
[...]
```

關於解釋 kernel 的 RCU stall 警告更多資訊，請參閱前面提到的 RCU CPU stall 偵測的官方 kernel 文件。此外，`kernel.panic_on_rcu_stall` kernel sysctl 可設為 1 以啟用 RCU stall 的 panic，預設為關閉。從 5.11 版本以後，`kernel.panic_on_rcu_stall` sysctl 允許配置 RCU stall 必須在 kernel 發生 panic 之前的次數。

若要總結這個主題，請注意下列事項：

- Kernel 提供更為複雜的模組，以幫助測試看門狗、鎖死、掛起、RCU CPU stall 等。透過設定 `CONFIG_TEST_LOCKUP=m` 或 `y` 來啟用它。該模組將會命名為 `test_lockup`，程式碼為：`lib/test_lockup.c`。
- 想特別針對深度 RCU 測試，kernel 還具有 *RCU torture* 設施。官方 kernel 文件如下：`https://www.kernel.org/doc/html/latest/RCU/torture.html#rcu-torture-test-operation`。
- 官方 kernel 文件詳細介紹硬式 / 軟式鎖死偵測的實作：〈Softlockup detector and hardlockup detector (aka nmi_watchdog)〉[8]；此外，實作的 kernel 程式碼位於：`kernel/watchdog.c`。

請看下表，其中摘要列出與硬式 / 軟式鎖死相關的各種開機參數、kernel sysctl 旋鈕和 kernel config：

8 *https://www.kernel.org/doc/html/v5.10/admin-guide/lockup-watchdogs.html#implementation*

表 10.4：與硬式 / 軟式鎖死相關的開機參數引數、kernel sysctl 旋鈕和 kernel config 摘要

Kernel 開機參數	等效的 kernel sysctl 旋鈕	等效的 kernel config 巨集（CONFIG_<FOO>）	目的
softlockup_panic=[0|1]	kernel.softlockup_panic	BOOTPARAM_SOFTLOCKUP_PANIC	如果設定為 1 而非預設的 0，當有 bug 的程式碼在 kernel mode 下迴圈執行超過 20 秒時，會導致 kernel panic，可透過 /proc/sys/kernel/watchdog_thresh 設定，不允許其他 task 執行 [1]。
softlockup_all_cpu_backtrace=[0|1]	kernel.softlockup_all_cpu_backtrace	<none>	如果傳遞或設定為 1，sysctl 預設為 0，則當偵測到 soft lockup 發生時，全部 active CPU cores 的 kernel 堆疊追蹤將傳送到 kernel 日誌。
nosoftlockup	kernel.soft_watchdog	SOFTLOCKUP_DETECTOR	傳遞此參數或將 sysctl 設為 0，將停用 kernel soft-lockup 偵測器。
nmi_watchdog=[0|1]	kernel.hardlockup_panic	BOOTPARAM_HARDLOCKUP_PANIC=[y|n]	如果設定為 1 而非預設的 0，當有 bug 的程式碼在 kernel mode 下迴圈執行超過 10 秒時，會導致 kernel panic，可透過 /proc/sys/kernel/watchdog_thresh 設定，不允許其他硬體中斷運作 [1]。
hardlockup_all_cpu_backtrace=[0|1]	kernel.hardlockup_all_cpu_backtrace	<none>	如果設定為 1，則 kernel 會在全部的 CPU 有發生 hard lockup 時，產生一個 kernel stack backtrace。
hung_task_panic=[0|1]	kernel.hung_task_panic	BOOTPARAM_HUNG_TASK_PANIC=[y|n]	如果傳遞或設定為 1 而非預設的 0，則當 task_struct state 成員保留為 TASK_UNINTERRUPTIBLE 時，會產生 kernel panic：D，如 ps -le [L] 所示，在第二行 [2]。

請注意下列關於表格的解釋：

- [1]：對於軟式鎖死和掛起的任務案例，kernel 的 config 會指定下列：

```
// lib/Kconfig.debug
[...]
The panic can be used in combination with panic_timeout to cause the
system to reboot automatically after a hung task has been detected. This feature
is useful for high-availability systems that have uptime guarantees and where
hung tasks must be resolved ASAP.
```

- [2]：簡單的 bash 魔術可以幫助我們檢視狀態為 D，不可中斷睡眠（TASK_UNINTERRUPTIBLE）的全部執行緒：

```
ps -leL | awk '{printf("%s %s\n", $2, $14)}' | grep "^D"
```

當然，看門狗在有需要時能 reboot 系統的副作用是，debug 期間，你在 reboot 時沒有機會可以取得關鍵的資訊。為此，在 debug 期間關閉看門狗甚至是 RCU CPU stall 偵測，可能是一個好主意。某些基於 x86/ARM 的系統，甚至提供預先的逾時通知，讓你在重新開機之前先儲存關鍵的狀態資訊！

實務上來看，有一些東西是可以檢查的。nowatchdog kernel 參數在開機時關閉硬體 NMI 看門狗和軟式鎖死功能。有關看門狗參數的 kernel 文件[9]讓你能夠深入了解各種選項，以便在實際的硬體看門狗驅動程式中使用。

在處理裝置驅動程式時，請牢記另一件可能很有用的事情，kernel 通常提供用於電源管理事件，如休眠和關機的 callback 機制，利用它們可能在偵測到某種異常情況時儲存狀態資訊，並執行必要的任務，如中止 DMA 的傳輸等。

好極了！現在來學習如何利用 kernel 的掛起任務和工作佇列 stall 偵測器，以完成本章。

9 *https://www.kernel.org/doc/Documentation/watchdog/watchdog-parameters.rst*

10.5 採用 kernel 的掛起任務和工作佇列停止偵測器

懸而未決的任務會變得沒有反應。同樣地，kernel 有時也會遇到某些類型的停頓，即工作佇列和 RCU。本節將解開如何檢測這些功能，進而偵測以及採取相關措施的方式，例如觸發 panic 或是發出 stack backtrace 的警告。顯而易見，在日誌中的警告可以幫助你，也就是開發人員了解所發生的情況，並設法加以修正。

利用 kernel hang task 偵測器

透過一般的 `make menuconfig` UI 來配置 kernel，在 **Kernel hacking | Debug Oops, Lockups and Hands** 選單中會找到下列項目，請參考圖 10.8：

```
[*] Detect Hung Tasks
(120) Default timeout for hung task detection (in seconds)
[ ]   Panic (Reboot) On Hung Tasks
```

這是這裡要討論的。啟用時，概念就是讓 kernel 能夠偵測那些長時間沒有反應，並且陷入不可中斷睡眠的任務、行程或執行緒。任務狀態，在其 task 結構的 `state` 成員命名為 `TASK_UNINTERRUPTIBLE`，這表示它不會受到來自使用者空間的任何訊號干擾。如所見，將其視為掛起的預設逾時是 120 秒。當然，這可以透過下列任一項來調整：

- 變更 CONFIG_DEFAULT_HUNG_TASK_TIMEOUT 的值；對應於前面顯示的選單第 2 行。
- 修改 `kernel.hung_task_timeout_secs` sysctl 中的值，設定為 `0` 會停用檢查。

Debug kernel 預設會開啟 `CONFIG_DETECT_HUNG_TASK` kernel config 選項，即使在生產系統上，它也可以非常有用地檢測沒有反應的掛起任務，因為開銷被認為是最小的。

先前看到的選單第 3 行對應到偵測到 hung task 時，kernel 是否應該觸發 panic。它是 CONFIG_BOOTPARAM_HUNG_TASK_PANIC 組態且預設設定為 off，也可以透過 kernel.hung_task_panic sysctl 設定。

請注意，hang task 的偵測是透過 kernel 執行緒 khungtaskd 的持續掃描。

最後，以下呈現各種 kernel sysctl 偵測 hang task 的可調參數，全部都相依於 CONFIG_DETECT_HUNG_TASK：

- hung_task_all_cpu_backtrace：預設值為 0，若設定為 1，則 kernel 會將 NMI 中斷傳送至所有的 CPU cores，並在偵測到 hang task 時觸發 stack backtrace。這需要啟用 CONFIG_DETECT_HUNG_TASK 和 CONFIG_SMP。
- hung_task_check_count：已檢查的工作數目上限。在資源受限，如嵌入式系統上減少這個值非常有用。有趣的是，這個數值確實取決於處理器架構特有的，例如在 ARM-32 編譯的樹莓派上，這個值為 32,768；而在 x86_64 上，這個值為 4,194,304。
- hung_task_check_interval_secs：通常為 0，表示 hang task 的超時值為 kernel.hung_task_timeout_secs sysctl。如果為正，則會覆寫，並檢查在此間隔（秒）內是否有 hang task，合法範圍是 {0:LONG_MAX/HZ}。
- hung_task_timeout_secs：基本的 hang task 工具，當任務處於不可中斷的 sleep，即 D 狀態，如 ps -l 所示，其時間超過這個數值時（秒），會觸發 kernel 警告，並可能會出現 panic，請參閱以下內容。合法範圍是 {0:LONG_MAX/HZ}。
- hung_task_panic：預設值為 0，若設定為 1，當偵測到 hang task 時，kernel 會觸發 panic；如果為 0，則任務仍處於 hang：D 狀態。
- hung_task_warnings：要報告的警告數量上限，預設為 10。一旦偵測到 hung task，就會遞減 1，值為 -1 表示可能發生無限警告。

下面是相同的範例，在我的 x86_64 guest VM 上查到的這些預設值為：

```
$ sudo sysctl -a|grep hung_task
kernel.hung_task_all_cpu_backtrace = 0
kernel.hung_task_check_count = 4194304
kernel.hung_task_check_interval_secs = 0
kernel.hung_task_panic = 0
kernel.hung_task_timeout_secs = 120
kernel.hung_task_warnings = 10
$
```

好了，現在來談談這個主題的最後部分！

偵測工作佇列停止

Kernel 工作佇列基礎結構對驅動程式和其他作者有很大的幫助，允許他們在會發生阻塞的行程 context 中，非常容易地消耗工作；它內部管理 kernel 工作執行緒池以實現這一點。但是，使用這些工具的問題之一是，有時工作可能會停滯，或延遲到無法接受的程度，從而嚴重影響業績。因此，kernel 提供了一種偵測工作佇列停止的方法。

可透過選取 `CONFIG_WQ_WATCHDOG=y` kernel config 來啟用，請參考圖 10.8，可以在 `make menuconfig` UI 中的 **Kernel hacking | Debug Oops, Lockups and Hangs | Detect Workqueue Stalls** 找到它。設定為 `y` 後，如果工作註解的工作者池無法處理工作項目，則在 `KERN_WARN` 層級的警告訊息，會隨工作佇列內部狀態資訊一起傳送到 kernel 日誌。

偵測工作佇列停止發生的時間，是由 `workqueue.watchdog_thresh` kernel 開機參數以及對應的 sysfs 檔案所控制，預設是 30 秒。在此處寫入或設定為 `0`，會停用偵測工作佇列停止。

觸發工作佇列停止

測試工作佇列鎖死的一個簡單實驗，是在 kernel 預設工作佇列的工作函式中插入幾行 CPU 密集型的程式碼；原始程式碼可見我之前的書《Linux Kernel

Programming Part 2》[10]，請記得在 multicore 系統上測試類似程式！圖 10.10 中清楚地顯示了增加有 bug 的程式碼，從行號 96 到行號 101 的少數行，來源為 ch10/workq_stall，因為確切行號可能會有所不同：

```
 78 {
 79     struct st_ctx *priv = container_of(work, struct st_ctx, work);
 80     u64 i = 0;
 81
 82     t2 = ktime_get_real_ns();
 83     pr_info("In our workq function: data=%d\n", priv->data);
 84     PRINT_CTX();
 85     SHOW_DELTA(t2, t1);
 86
 87     /* Deliberately spin for a loooong while... causing the kernel softlockup
 88      * detector to swing into action!
 89      */
 90      pr_info("Deliberately locking up the cpu now!\n");
 91      //mdelay(1000*30);
 92      while (1)
 93          i += 3;
 94 }
 95
Message from syslogd@dbg-LKD at Mar 24 18:49:39 ...
 kernel:[29612.080043] BUG: workqueue lockup - pool cpus=2 node=0 flags=0x0 nice=0 stuck for
 166s!  ctx.data = INITIAL_VALUE;
 99
Message from syslogd@dbg-LKD at Mar 24 18:50:10 ...
 kernel:[29642.797043] BUG: workqueue lockup - pool cpus=2 node=0 flags=0x0 nice=0 stuck for
 197s!
103     /* Initialize our kernel timer */
Message from syslogd@dbg-LKD at Mar 24 18:50:40 ...s(exp_ms);
 kernel:[29673.522018] BUG: workqueue lockup - pool cpus=2 node=0 flags=0x0 nice=0 stuck for
 228s!                                                                    95,0-1        73%

Message from syslogd@dbg-LKD at Mar 24 18:51:11 ...
 kernel:[29704.249864] BUG: workqueue lockup - pool cpus=2 node=0 flags=0x0 nice=0 stuck for
 258s!
█
```

圖 10.10　部分螢幕截圖，顯示有 bug 的程式碼「故意鎖死 CPU」如何造成錯誤：工作佇列鎖死，覆寫 console 顯示

顯然，kernel 的工作佇列 stall 偵測程式碼會檢測到問題，並發出緊急層級的輸出；偵測到此情況的程式碼：https://elixir.bootlin.com/linux/v5.10.60/source/kernel/workqueue.c#L5806。此外，當這種情況發生時，運行諸如 top -i

10 *https://github.com/PacktPublishing/Linux-Kernel-Programming-Part-2/tree/main/ch5/workq_simple*

的公用程式將會顯示 kernel 工作執行緒，通常屬於 kernel 預設工作池占用了多少 100% 的 CPU。

結論

恭喜你讀完本章！現在，你應該有自己的自訂 panic 處理常式可以閱讀並準備開始！

來個快速總結，本章講述何謂 kernel panic，解釋其日誌輸出，並且很重要的一點是，學會如何利用 kernel 的強大 notifier chain 基礎結構，來開發自己的自訂 kernel panic 處理程式。

然後我們繼續討論 kernel 鎖死的含義：硬式、軟式和 RCU CPU stall，以及如何配置 kernel 以偵測它，並使用小範例顯示鎖死時的樣子！最後一部分說明如何偵測 hung task，即長時間處於 `D` 狀態的無回應工作，和工作佇列 stall。

一旦偵測到類似問題，kernel 日誌會提供有價值的線索，因為通常會在其中顯示 kernel 警告和 CPU backtrace，讓你知道問題在何處，進而協助解決問題。

下一章還要繼續努力，我們將學習如何利用 kernel GDB 工具來互動 debug kernel 程式碼。

深入閱讀

- 官方的 kernel 文件，介紹透過 kernel ramoops 與 pstore 工具來蒐集 kernel 日誌：
  - Ramoops oops/panic logger: `https://www.kernel.org/doc/html/latest/admin-guide/ramoops.html#ramoops-oops-panic-logger`
  - pstore block oops/panic logger: `https://www.kernel.org/doc/html/latest/admin-guide/pstore-blk.html?highlight=pstore#pstore-block-oops-panic-logger`

 - Persistent storage for a kernel's "dying breath"，Jake Edge，LWN，2011 年 3 月：https://lwn.net/Articles/434821/

- Use ramoops for logging under Linux, embear blog: https://embear.ch/blog/using-ramoops
- XDA Basics: How to take logs on Android, July 2021, G. Shukla: https://www.xda-developers.com/how-to-take-logs-android/
- Official kernel docs: Linux Magic System Request Key Hacks: https://www.kernel.org/doc/html/latest/admin-guide/sysrq.html
- Notifier chains：
  - Notification Chains in Linux Kernel：https://0xax.gitbooks.io/linux-insides/content/Concepts/linux-cpu-4.html
  - The Crux of Linux Notifier Chains, R. Raghupathy，2009 年 1 月：https://www.opensourceforu.com/2009/01/the-crux-of-linux-notifier-chains/
- 看門狗與鎖死：
  - Linux Kernel Watchdog Explained，2018 年，Zak H：https://linuxhint.com/linux-kernel-watchdog-explained/
  - IT log book: Linux – what are "CPU lockups"?，2018 年 1 月：https://blog.seibert-media.com/2018/01/04/log-book-linux-cpu-lockups/
  - Official kernel documentation: Using RCU's CPU Stall Detector：https://www.kernel.org/doc/html/latest/RCU/stallwarn.html#using-rcu-s-cpu-stall-detector
  - RUNNING FOREVER WITH THE RASPBERRY PI HARDWARE WATCHDOG, D. Letz，2020 年 7 月：https://diode.io/raspberry%20pi/running-forever-with-the-raspberry-pi-hardware-watchdog-20202/

使用 Kernel GDB（KGDB）

如果可以在 kernel（核心）或模組的程式碼上設定斷點（breakpoint），或甚至是硬體斷點 / 監看點，單步執行，檢視變數並檢測記憶體，就像使用真正著名的 debug 程式 GNU Debugger（GDB）輕鬆地執行應用層空間的行程（application-space process），會怎樣呢？嗯，這正是 Kernel GDB（KGDB）的用處，它是用於 Linux kernel 和模組的原始碼層級 debug 工具！

本章將重點討論並涵蓋以下主題：

- 從概念上理解 KGDB 的運作
- 為 KGDB 設定一個 ARM target 系統和 kernel
- 使用 KGDB debug kernel
- 使用 KGDB debug kernel 模組
- [K]GDB：一些提示和技巧

11.1 技術需求

技術要求和工作區跟第 1 章內容一樣，也可以在本書的 GitHub repository[1] 找到程式碼範例。

除了一般套件之外，你還需要安裝幾個套件軟體，以及壓縮過的 root 檔案系統映像檔，將在本章稍後使用：

1. QEMU ARM 和 x86 模擬器應用程式，以及一些其他套件軟體，整包大概占用將近 400 MB 的磁碟空間：

```
sudo apt install qemu-system-arm qemu-system-x86 lzop libncursesw5 libncursesw5-
dev p7zip-full
```

- 瀏覽本書的 GitHub repo. 的 ch11/ 目錄，並下載稍後將在「使用 KGDB debug kernel 模組」章節使用的壓縮過 root 檔案系統映像檔：

```
cd <book_src>/ch11
wget https://github.com/PacktPublishing/Linux-Kernel-Debugging/raw/main/ch11/
rootfs_deb.img.7z
```

下載時要注意，這個特定檔案的容量相當大，約 178 MB。然而，由於 `rootfs_deb.img.7z` 檔案的中繼版本（meta-version）已經存在，實際下載的檔案將自動命名為 `rootfs_deb.img.7z.1`。因此，在下載之後，需要刪除原本的那個多餘檔案，並將實際檔案重新命名為適合的名字：

```
rm rootfs_deb.img.7z
mv rootfs_deb.img.7z.1 rootfs_deb.img.7z
```

（僅供參考，圖 11.8 顯示了 ch11/ 目錄最後的樣子；稍後解開這個映像檔時會符合。）

本章假設你已經熟悉基本的 GDB 指令，以及能在使用者空間中執行 GDB；快速提示：請 Google `GDB cheat sheet`。好，開始吧！

1 *https://github.com/PacktPublishing/Linux-Kernel-Debugging*

11.2 從概念上理解 KGDB 的運作

KGDB 是原始碼層級的 debug 工具，可讓你在 C 的原始碼層級 debug kernel 與模組的程式碼！

但請稍等一下。為了讓 GDB 之類的應用程式行程可以 debug kernel，它會需要在 kernel 遇到斷點時暫停執行 kernel，並在 kernel 內單步執行程式碼路徑（code path）。這怎麼可能？那誰來執行 GDB 行程以及系統的其他功能？

現實情況是，GDB 會支援客戶端 - 伺服端（client-server）的架構，用兩台電腦執行：一台是執行 client GDB 程式的主機系統，就是我們習慣使用的那台；另一台是目標系統，其中 GDB 伺服器元件會嵌入 kernel 裡面！不像一般的 client / server 應用程式，GDB 伺服器元件是兩者中較小的一個，而 GDB 客戶端是相對較大的那一個，也就是你習慣使用的正規 GDB 程式。

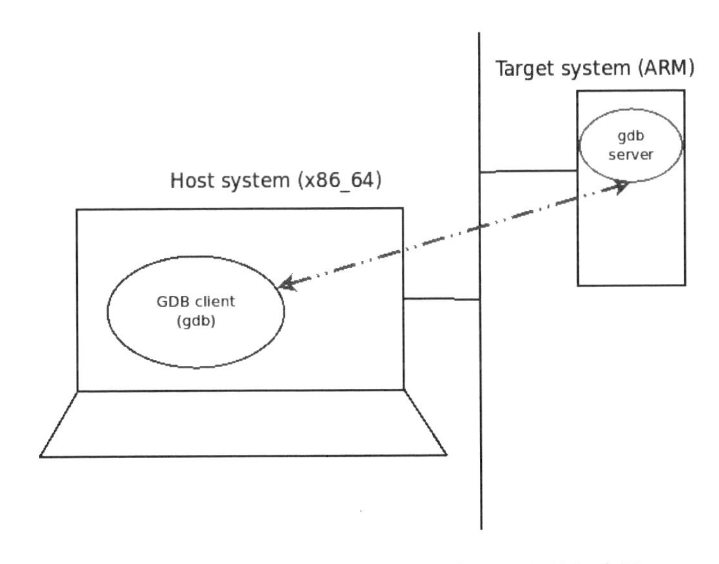

圖 11.1　GDB 透過 client / server 架構運作的概念圖

GDB 客戶端和伺服器通常透過 TCP / IP 通訊，預設情況下使用埠 1234，但支援通透過序列埠（serial port）和其他機制通訊。客戶端將使用者輸入的 GDB 指令傳送給伺服器；伺服器會在目標系統上執行此動作，並將結果傳回給客戶端，然後顯示出來。最終結果：可以遠端 debug 目標系統的 kernel 和模組，就像使用 GDB debug 使用者模式的應用程式一樣！當然，需要在 kernel 中啟用對 GDB 伺服器元件的這種支援，實際上是透過啟用 KGDB 支援來實現的。

參考資訊：JTAG 偵錯工具

JTAG 偵錯工具，如受歡迎的 BDI2000 / 3000 也使用 `gdb-server` 元件。嵌入式 GDB 伺服器搭配 JTAG 除錯器（debugger），通常可以更簡單、更穩定地 debug kernel。另一個優點是避免了 kernel debug 工作階段（session）與 Linux console 之間複合共用序列埠（serial port）。

太棒了，接著在 target 系統上設定 KGDB。

11.3 為 KGDB 建立 ARM target 系統和 kernel

建立 Linux kernel 時，會生成一些架構特有的（arch-specific）kernel 映像檔案：未經壓縮的 kernel 映像檔 vmlinux 以及壓縮過的 kernel 映像檔，它們位於 `arch/<your-arch>/boot` 目錄內，並命名為 `bzImage` 或 `zImage` 等，後者總是 Linux 作業系統啟動時的映像檔。這兩個 kernel 映像檔都以一般的**執行檔和連結器格式（Execute and Linker Format, ELF）**呈現，所以適用於 Linux 上的各種工具，包括 GDB。因此，如果使用 GDB 來解譯 kernel 的未壓縮 vmlinux 檔案，它應該可以運作，不過實際上，如果不在這個檔案中嵌入 debug 符號資訊，它的用處就會大打折扣。使用 KGDB 進行 debug kernel 時，真正需要的是 target 未經壓縮的 vmlinux kernel 映像檔，以及其中的 debug 符號資訊和 kernel 符號，可以藉由啟用 `CONFIG_DEBUG_INFO` kernel config 選項來達成。

使用 SEAL 構建最小的客製化 ARM Linux target 系統

要試試 KGDB 需要兩台機器。不過，它們不必是實體的電腦，只要使用 Linux VM 作為 target 或作為 host，就可以輕鬆嘗試！先以常見的 x86_64 Ubuntu guest（VM）作為 host，以 QEMU 模擬 ARM32 Linux 系統作為 target 針對 KGDB 配置，來增加趣味性！

你一定能發現，這將需要客製化編譯 target 系統。任何能正常運作的 Linux 系統至少都需要 3 或 4 個元件，取決於 CPU 而定：

- 一個 bootloader。這裡的 QEMU 充當 bootloader，因此不需要其他任何東西；Das U-Boot 是許多典型（ARM / PPC）嵌入式 Linux 系統的常見 bootloader，在 x86 上首選的 bootloader 是 GRUB。
- 在 ARM32 / AArch64 / PPC 系統中，一個 **Device Tree Blob（DTB）**二進位的映像檔。在開機時傳遞到 kernel；用於解譯硬體平台和載入適當的驅動程式。
- Kernel 映像檔，這裡指的是壓縮過的 kernel image；很快就會配置並編譯。
- 一個 root 檔案系統。

當然需要設定並建置自訂的 kernel，因為需要為 KGDB 設定 kernel 以及 debug 符號。但建立 **root 檔案系統**或 **rootfs** 並不簡單。因此，為了更容易地構建一個客製化的 ARM Linux 系統，我提議利用我的 **Simple Embedded ARM Linux System（SEAL）**專案[2]，它生成一個非常簡單的嵌入式 Linux 系統。簡單來說，這個專案可讓你設定平台與 kernel，為 QEMU 支援的 ARM 平台建立 kernel、DTB 以及（骨架、最小值）基於 BusyBox 的 root 檔案系統映像檔。這裡預設 SEAL 使用 ARM Versatile Express（VExpress）平台，基於 ARMv7 Cortex A9 多核心，512 MB RAM。QEMU 將執行一個當作 guest VM 的系統。你可以在 Windows / Linux / macOS host 上，於 VirtualBox 上執行的 x86_64 Ubuntu guest 中，執行這個 QEMU 模擬的 ARM target VM；巢狀虛擬化好用！

---

2 GitHub repo.：*https://github.com/kaiwan/seals*

當然，有許多方法可以自己構建一個嵌入式 Linux 系統：Yocto 和 Buildroot 專案往往是真實、強大和完整的方案。此外，你隨時可以使用現有的硬體 / 軟體平台，如頗受歡迎的 Raspberry Pi 和 BeagleBone。為了達到目的，且能夠在不使用特定硬體的情況下試用它，我選擇使用更簡單的 SEAL 專案來保持簡易性。

使用 SEALS 專案需要一些先決條件。最重要的是，你需要安裝適用於 ARM 的 QEMU 模擬器、完整的 x86_64 到 ARM32 toolchain，以及一些其他軟體套件。這裡的篇幅不足以了解配置 SEALS 專案的細節，所以只會將重點擺在有趣的主題上：為 KGDB 配置和構建 kernel。想更了解配置和使用 SEALS 專案，請參考其 wiki 頁面：

- *Welcome to the SEALS wiki*：`https://github.com/kaiwan/seals/wiki`
- *HOWTO Install required packages on the Host for SEALS*：`https://github.com/kaiwan/seal/wiki/HOWTO-Install-required-packages-on-the-Host-for-SEAL`
- **Detalied step-by-step instructions to use SEALS**：*SEALs HOWTO*：`https://github.com/kaiwan/seals/wiki/SEALs-HOWTO`

要了解執行起來的樣子，可以參考圖 11.4 和圖 11.5，但要記得回到這裡唷！

設定有 KGDB 功能的 kernel

設定 kernel 時，通常會將它設定為 *debug kernel*，第 1 章就講述相關內容以及要使用的典型 kernel debug 選項！需要的話請回去參考。

KGDB 支援的必要設定

至少，透過一般的 `ARCH=arm CROSS_COMPILE=<...>` make menuconfig UI，你將需要啟用這些 kernel config；這裡省略 `CONFIG_` prefix：

- DEBUG_KERNEL=y：選取 Kernel Hacking | Kernel debugging boolean 選單選項，預設可自動選取。
- DEBUG_INFO=y：Kernel Hacking | Compile-time checks and compiler options | Compile the kernel with debug info。這允許嵌入 kernel 符號和 debug 符號資訊到未壓縮的 kernel 映像檔 vmlinux，可透過使用 -g 編譯器參數來編譯 kernel 和模組。從技術上來看，這個配置選項不是強制性的；但是從實務操作上來看，如果沒有 debug 符號，GDB 在幫助 debug 方面的成效不大。
- MAGIC_SYSRQ=y：Kernel Hacking | Generic Kernel Debugging Instruments | Magic SysRq key。並非在所有情況下都嚴格強制，但通常在 KGDB / kdb context 中使用，正在運行的系統透過將 g 寫入 /proc/sysrq-trigger，而發起 break info debugger 指令。建議將 1 寫入 /proc/sys/kernel/sysrq 以啟用所有 Magic SysRq 功能。

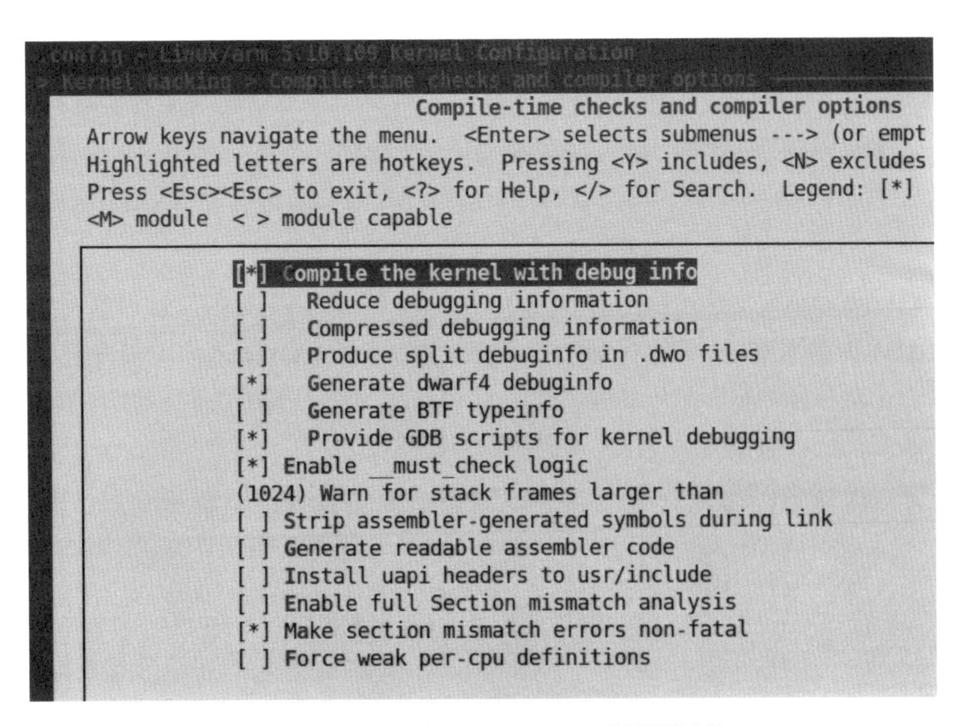

圖 11.2　部分螢幕截圖顯示 kernel 組態選單的
Kernel Hacking | Compile-time checks and compiler options

- 此外，開啟與 KGDB 相關的 kernel config 選項，選單位於：`Kernel hacking | Generic Kernel Debugging Instruments | KGDB: kernel debugger`：

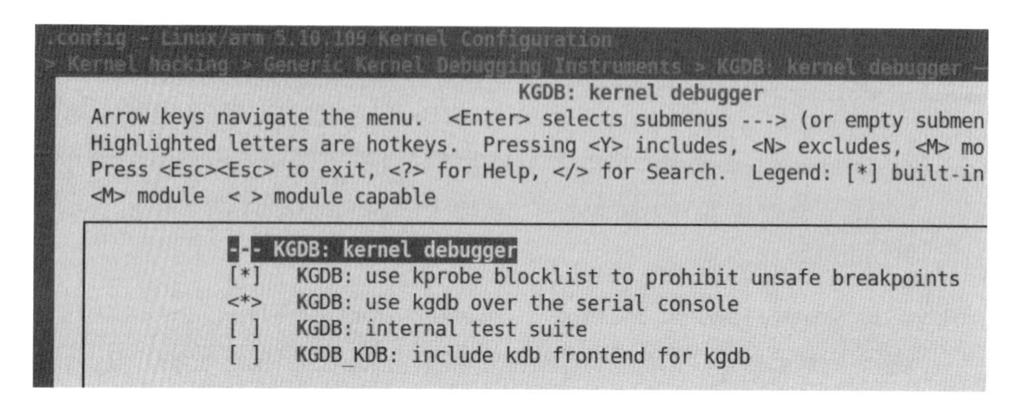

圖 11.3　顯示 KGDB：kernel debugger 子選單的部分螢幕截圖

在剛剛討論的 kernel config 中，還有幾點需要明確提及：

- `CONFIG_KGDB=y`：啟用支援使用 GDB 來 debug kernel。在內部，kernel 現在將包含 GDB 的伺服器端，也稱為 gdbserver 的程式碼，允許一個 GDB 客戶端在遠端連線過來，通常是透過乙太網路，但支援序列和其他模式，並向它傳送 GDB 指令，它將執行這些操作，並將資料傳送回客戶端，客戶端顯示資料，遠端 debug 實際上就是這樣做的！

- `KGDB_SERIAL_CONSOLE=y`：啟用與 KGDB 共用 serial console。實際上，這是你從遠端 GDB 的客戶端連線到伺服器（target kernel）的一種方式。要了解各種連線方式，請閱讀此處的 kernel 文件，重點介紹 kgdboc kernel 參數：〈kernel parameter: kgdboc〉。[3]

- `KGDB_HONOR_BLOCKLIST=y`：建議保持此組態為開啟。它會將某些不能被 kprobe 的常式列為黑名單，以避免被設定為斷點，以防止遞迴陷阱。

3　*https://www.kernel.org/doc/html/v5.10/dev-tools/kgdb.html#kernel-parameter-kgdboc*

何謂 Kdb ？

Kdb 是一個簡單的、基於命令列的 debugger（除錯器），可以在序列控制台（serial console）使用，用以停住（break）執行中的 kernel，並在受限的條件對 kernel 進行 debug。你可以檢查記憶體、CPU 暫存器、變數、kernel 日誌內容等……，但你不能對它進行原始碼層級的 debug。優點是不需要兩台機器 debug，但也無法在原始碼層級 debug，官方 kernel 文件可見〈Using kdb〉[4]。

還有什麼？關閉 `General architecture-dependent options` 選單的下列 kernel config 會很有幫助：

- `CONFIG_STRICT_KERNEL_RWX`
- `CONFIG_STRICT_MODULE_RWX`

關閉這些功能，可以使 GDB 設定 kernel 和模組函式的軟體斷點，這些 configs 只會在 kernel 以某種方式配置時，才出現在選單系統中，因此如果它們根本沒有出現在選單上，請忽略；詳細資訊可參閱 `arch/Kconfig` 中的條目。此外，使用硬體斷點可降低設定這些組態的需求，建議使用。

KGDB 的 kernel config 選項

除了剛才討論的必要 kernel config 選項之外，還可以選擇性的設定下列選項：

- `FRAME_POINTER=y: Kernel hacking | Compile-time checks and compiler options | Compile the kernel with frame pointers:`。雖然標示為選配，但它其實非常好用，如果你的平台有提供，請選起來。有趣的是，在 SEALS 生成的 ARM VExpress 平台上，它並沒有選用，而這個平台是選擇 `Kernel hacking | arm Debugging | ARM EABI stack unwinder`（`CONFIG_UNWINDER_ARM=y`）作為預設的 config。

4 *https://www.kernel.org/doc/html/v5.10/dev-tools/kgdb.html#using-kdb*

- DEBUG_INFO_SPLIT=y：透過分割和重複使用 .dwo debug info 檔案，以大幅度減少大小。
- DEBUG_INFO_BTF=y：這會產生去重的（de-duped）**BPF 型別資訊（BPF Type Information, BTF）**，對於將來執行 eBPF 很有幫助，但需要安裝 pahole v1.16 或更新版本。
- GDB_SCRIPT=y：將 vmlinux 載入 GDB 時，設定指向基於 Python 的 GDB helper script（lx-<foo>）連結，這在 debug kernel 或模組時有很大幫助。更多細節請參考官方的 kernel 文件：〈Debugging kernel and modules via gdb〉[5]，後面的「使用 CONFIG_GDB_SCRIPTS 設定和使用 GDB scripts 」章節也會簡單介紹使用方式。
- DEBUG_FS=y：讓 debugfs pseudo 檔案系統持續存在通常會很有用。
- 其他的「一般」kernel debug 基礎結構，其中大部分已經涵蓋在內，與 KGDB 或 kdb 沒有直接關係。
- 一個快速但還滿很有用的提示：使用 KGDB debug kernel 或模組時，真的不會想看到硬體或軟體看門狗干擾，讓人心煩意亂！所以請確定已在 kernel debug 的工作階段期間停用這些程式。

現在，請為你具有 KGDB 的 debug kernel 打開適當 kernel config 並編譯。如果你使用 SEALS，它會提供選單允許你配置所選的 kernel，它會編譯甚至運行，當然是在 QEMU 下。作為額外獎勵，你也可以在 SEAL 專案版面的 build.config 檔案中開啟 KGDB 模式選項，預設是關閉的。請注意，SEALS 的原始碼檔案並不在本書的 GitHub repo.；請從前面提到的 GitHub repo clone SEALS：

```
$ grep KGDB build.config
KGDB_MODE=0 # make '1' to have qemu run with the '-s -S'
            # switch (waits for client GDB to 'connect')
```

5 *https://docs.kernel.org/dev-tools/gdb-kernel-debugging.html#debugging-kernel-and-modules-via-gdb*

提示

基於我們的用途，在 build kernel 時，如果要求啟用外掛 *GCC plugins*，最好回答「no」。

好的，來測試一下它有沒有用。請記住：注重經驗，不要做任何假設！

測試目標系統

我會使用 SEALS 專案生成的 ARM32 虛擬 Linux 平台，它使用 QEMU 模擬器（`qemu-system-arm`）。SEALS 專案的 script 會產生執行與測試嵌入式 Linux 系統所需的全部元件，皆位於 SEALS VExpress board 的 staging 區域裡面，也就是使用者在 board config 檔案中設定的資料夾：

- Kernel image，位於 staging 資料夾 kernel source tree 底下，我在這使用 5.10.109 版的 kernel：
  - 壓縮過的 `zImage` 檔案，用於開機，位置：`<staging>/linux-5.10.109/arch/arm/boot/zImage`。
  - 未經過壓縮的 `vmlinux` 映像檔具有 kernel 和 debug 符號；位置：`<staging>/linux-5.10.109/vmlinux`。這是用於 debug kernel 的用途，會盡快使用！
- DTB 映像，開機時需要，檔案在此：`<staging>/linux-5.10.109/arch/arm/boot/dts/vexpress-v2p-ca9.dtb`。現代的 ARM、ARM64 和 PPC 主機板通常需要 DTB image 才能正常啟動。
- 很小（骨架）的 root 檔案系統映像，位置：`<staging>/images/rfs.img`。實際上，為了便利，壓縮過的 kernel image 和 DTB 也儲存在相同的 `images` 資料夾。
- 如前所述，bootloader 呢？難道不需要嗎？當然需要！在這裡，QEMU 模擬器也會扮演 bootloader 的角色；而在典型的嵌入式 Linux 專案中，通常 bootloader 是用 *Das U-Boot*。

功能強大的 QEMU 模擬器將所有部件連線在一起，這裡有一個快速示範，展示如何在 QEMU 下運行 ARM32 VExpress board。成功完成 SEALS build 過程之後，這是我用來執行的 QEMU 指令：

```
qemu-system-arm \
  -m 512 \
  -M vexpress-a9 -smp 4,sockets=2 \
  -kernel <…>/seals_staging_vexpress/images/zImage  \
  -drive  file=/<…>/seals_staging_vexpress/images/rfs.img,if=sd,format=raw \
  -append "console=ttyAMA0 rootfstype=ext4 root=/dev/mmcblk0 init=/sbin/init" \
  -nographic -no-reboot -audiodev id=none,driver=none \
  -dtb /<...>/seals_staging_vexpress/images/vexpress-v2p-ca9.dtb
```

簡單來說，以下是解譯 qemu-system-arm 參數的方式：

- -m <MB>：設定模擬機器可用的 RAM 容量。
- -M <machine-name>：選取要模擬的機器或平台。執行指令 qemu-system-arm -M help，以檢視 QEMU 可以模擬的所有可用機器 / 平台選項。
- -kernel <path/to/kernel-img>：使用指定的映像檔作為壓縮過的 boot-time kernel。
- -drive file=<path/to/rootfs-img>：使用指定的映像檔作為磁碟裝置映像，if=sd 選項進一步將介面指定為 SD 卡。
- -append "<kernel command-line parameters>"：將指定的字串作為開機參數傳遞到 Linux kernel；開機之後，執行 cat /proc/cmdline 可以揭露它們。
- -dtb <path/to/DTB-file>：使用指定的檔案做為 DTB，它在開機時由 kernel 解譯或「flattened」。

當然，這裡講的只是皮毛而已，QEMU 是一種功能強大的產品，提供更多可用選項。

僅供參考，SEALS 的程式碼庫（code base）具有一個名為 `run-qemu.sh` 的 bash script，它會幫你執行 QEMU，允許你指定正規或 `kgdb-mode` 執行。要了解它的外觀，請檢視以下螢幕截圖，雖不連續，但我在 x86_64 主機用 QEMU 模擬的 VExpress Cortex-A9 board 作為 guest VM 開機；x86_64 主機這台本身也是一個 guest VM，位於我實體主機上。第一行是基於 QEMU 模擬的 ARM Linux 系統開機。

```
$ qemu-system-arm -m 512 -M vexpress-a9 -smp 4,sockets=2 -kernel /home/letsdebug/seals_staging/seals_stagi
ng_vexpress/images/zImage -drive file=/home/letsdebug/seals_staging/seals_staging_vexpress/images/rfs.img,
if=sd,format=raw -append "console=ttyAMA0 rootfstype=ext4 root=/dev/mmcblk0 init=/sbin/init " -nographic -
no-reboot -audiodev id=none,driver=none -dtb /home/letsdebug/seals_staging/seals_staging_vexpress/images/v
express-v2p-ca9.dtb
audio: Device lm4549: audiodev default parameter is deprecated, please specify audiodev=none
Booting Linux on physical CPU 0x0
Linux version 5.10.109 (letsdebug@dbg-LKD) (arm-none-linux-gnueabihf-gcc (GNU Toolchain for the A-profile
Architecture 10.3-2021.07 (arm-10.29)) 10.3.1 20210621, GNU ld (GNU Toolchain for the A-profile Architectu
re 10.3-2021.07 (arm-10.29)) 2.36.1.20210621) #1 SMP Wed Apr 6 18:58:58 IST 2022
CPU: ARMv7 Processor [410fc090] revision 0 (ARMv7), cr=10c5387d
CPU: PIPT / VIPT nonaliasing data cache, VIPT nonaliasing instruction cache
OF: fdt: Machine model: V2P-CA9
Memory policy: Data cache writealloc
Reserved memory: created DMA memory pool at 0x4c000000, size 8 MiB
OF: reserved mem: initialized node vram@4c000000, compatible id shared-dma-pool
cma: Reserved 16 MiB at 0x7f000000
Zone ranges:
  Normal   [mem 0x0000000060000000-0x000000007fffffff]
Movable zone start for each node
Early memory node ranges
  node   0: [mem 0x0000000060000000-0x000000007fffffff]
```

圖 11.4　部分的螢幕截圖顯示反白的 QEMU 命令列，
以及模擬 ARM32 kernel 開機時的 printk 輸出畫面

接著，螢幕截圖顯示目標系統開機已完成，而我們仍在 shell 中：

```
VFS: Mounted root (ext4 filesystem) readonly on device 179:0.
Freeing unused kernel memory: 1024K
Checked W+X mappings: passed, no W+X pages found
Run /sbin/init as init process
random: crng init done
SEALS: /etc/init.d/rcS running now ...
mount: mounting none on /sys/kernel/debug failed: No such file or directory
EXT4-fs (mmcblk0): re-mounted. Opts: (null)
Generic PHY 4e000000.ethernet-ffffffff:01: attached PHY driver [Generic PHY] (mii_bus:phy_addr=4e000000.et
hernet-ffffffff:01, irq=POLL)
smsc911x 4e000000.ethernet eth0: SMSC911x/921x identified at 0xa08b0000, IRQ: 30
/bin/sh: can't access tty; job control turned off
ARM / $
ARM / $ cat /proc/version
Linux version 5.10.109 (letsdebug@dbg-LKD) (arm-none-linux-gnueabihf-gcc (GNU Toolchain for the A-profile
Architecture 10.3-2021.07 (arm-10.29)) 10.3.1 20210621, GNU ld (GNU Toolchain for the A-profile Architectu
re 10.3-2021.07 (arm-10.29)) 2.36.1.20210621) #1 SMP Wed Apr 6 18:58:58 IST 2022
ARM / $
ARM / $ nproc
4
ARM / $ cat /proc/cpuinfo
processor       : 0
model name      : ARMv7 Processor rev 0 (v7l)
BogoMIPS        : 454.65
Features        : half thumb fastmult vfp edsp neon vfpv3 tls vfpd32
CPU implementer : 0x41
CPU architecture: 7
CPU variant     : 0x0
CPU part        : 0xc09
CPU revision    : 0

processor       : 1
model name      : ARMv7 Processor rev 0 (v7l)
BogoMIPS        : 735.23
Features        : half thumb fastmult vfp edsp neon vfpv3 tls vfpd32
CPU implementer : 0x41
CPU architecture: 7
CPU variant     : 0x0
CPU part        : 0xc09
CPU revision    : 0
```

圖 11.5　部分的螢幕截圖，顯示繼續和完成開機，然後顯示（BusyBox）Shell 提示；顯示 kernel 版本和部分 CPU 資訊

酷！它會動。現在你已了解如何針對 KGDB 配置、編譯和測試基於 ARM 的 QEMU 模擬的 Linux 系統，接下來來看一下其中更有趣的 KGDB 部分：實際試用一下！

11.4 使用 KGDB debug kernel

現在，如上一節的詳細介紹，我假設你已配置和構建適用於 KGDB 的 Linux 目標系統，它可以用於任何機器，包括 guest 系統等等；在此，我們將繼續使用剛才設定為目標的 SEALS 生成的 ARM32 VExpress 平台。

本文的目的是為了示範開機過程早期使用 KGDB 來 debug kernel；為此，目標 kernel 內的 GDB 伺服器元件必須使其在開機過程就開始等候，這樣，遠端 GDB 客戶端就可以連線過來。Linux 提供開機參數來完成這個任務，命名為 kgdbwait，要使用，就必須將 KGDB I/O 驅動程式內建到 kernel 映像檔，並透過 kgdboc 開機參數指定哪一個，例如 `kgdboc=/dev/ttyS0`。你也可以在稍後於 console 上將裝置名稱回傳到 pseudofile `/sys/module/kgdboc/parameters/kgdboc`，再來設定。

在此不詳述這些詳細資訊，因為官方 kernel 文件〈Kernel Debugger Boot Arguments〉[6] 已有詳細紀錄，來開始追蹤目標吧！

執行目標：模擬的 ARM32 系統

QEMU 讓一切變得更容易。它提供一些參數，從 `--help` 選項到 `qemu-system-arm`，來處理讓 kernel 在早期開機時等待 GDB 客戶端連線的問題，有效地淘汰使用 kgdboc 開機參數的需求：

```
-S    freeze CPU at startup (use 'c' to start execution)
-s    shorthand for -gdb tcp::1234
```

因此，我們運行提供這些參數的 QEMU 目標實例（instance），然後，guest 目標系統會在開機初期，等待遠端 GDB 客戶端連線過來。開始吧，在一個終端機視窗中運行目標：

```
qemu-system-arm -m 512 \
  -M vexpress-a9 -smp 4,sockets=2 \
  -kernel <...>/seals_staging_vexpress/images/zImage \
  -drive file=<...>/seals_staging_vexpress/images/rfs.img,if=sd,format=raw \
  -append "console=ttyAMA0 rootfstype=ext4 root=/dev/mmcblk0 init=/sbin/init nokaslr" \
  -nographic -no-reboot -audiodev id=none,driver=none \
  -dtb <...>/seals_staging_vexpress/images/vexpress-v2p-ca9.dtb -S -s
< ... >
```

6 *https://www.kernel.org/doc/html/v5.10/dev-tools/kgdb.html#kernel-debugger-boot-arguments*

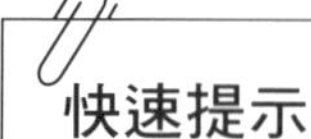

快速提示

在 seals 目錄中，`show_curr_config.sh` script 將顯示有關當前生成的詳細資訊，包括 staging 目錄路徑、toolchain、kernel 和 BusyBox 版本等。

由於 `-S -s` 選項的影響，QEMU 讓模擬目標系統耐心等待。在「測試目標系統」章節中可見，它與我們測試目標系統時使用的 QEMU 命令列非常相似，只不過現在 kernel 命令列中新增了 `-S -s` QEMU 選項和 `nokaslr` 開機參數：**核心位址空間布局隨機（kernel address space layout randomization, KASLR）**。記憶體中的 kernel 基址的隨機偏移量是一個新增的 kernel 強化措施，它可能會進一步干擾 kernel 函式的識別，所以最好透過 kernel 命令列的 `nokaslr` 來關閉它。另外要提及的是：如果另一個 QEMU 例項已在執行中，而且使用相同的 Hypervisor，通常為 KVM，則 QEMU 可能無法正常運作。在 x86_64 上執行 QEMU 模擬的 ARM 應該不會造成任何問題，因為它執行的是純軟體模擬。

在主機系統上執行和使用遠端 GDB 客戶端

請記住，這裡的主機系統其實就是 x86_64 Ubuntu guest！沒有問題。在新的終端機視窗中，運行下列動作讓 GDB，即「遠端」客戶端執行：

```
$ arm-none-linux-gnueabihf-gdb -q <...>/seals_staging_vexpress/linux-5.10.109/vmlinux
Reading symbols from <...>/seals_staging_vexpress/linux-5.10.109/vmlinux...
```

請注意以下事項：

- 這裡使用 GDB 的 cross-compile toolchain 版本，而非原生版本！
- 我們將未經壓縮的 kernel vmlinux 映像，即具有 debug 和符號資訊的映像作為參數。GDB 會讀入所有符號！

接下來，連線到目標系統；嘿，我們正在進行遠端 debug ！

```
(gdb) target remote :1234
Remote debugging using :1234
0x60000000 in ?? ()
(gdb)
```

這是程式中的關鍵點：一旦此指令成功，就會開始以正常方式 debug kernel，就像 debug 應用程式一樣。先設定幾個斷點，稍微測試驅動程式 kernel debug：

```
(gdb) b panic
Breakpoint 1 at 0x80859840: file kernel/panic.c, line 178.
(gdb) b register_netdev
Breakpoint 2 at 0x80754bc8: file net/core/dev.c, line 10238.
```

提示

在開機期間很早執行的函式，例如 start_kernel() 上使用 break 指令設定斷點可能會造成問題；反之，請嘗試使用 GDB 的 hbreak 指令來設定硬體協助的斷點。從現在開始，會主要使用 GDB 的 hbreak 指令，這是硬體斷點（*hardware-breakpoint*）的簡稱，不是心碎（*heartbreak*）。

現在，發出 GDB 的 continue 指令兩次：在提示時輸入 continue 一次或兩次，或只輸入 c。假設追蹤模擬的 VExpress ARM kernel，很快地，應該就會觸發 SMSC911x 網路驅動程式的 register_netdev() 函式，第二次 c 指令生效後的情況可以在此截圖中看到：

```
(gdb) c
Continuing.

Breakpoint 2, register_netdev (dev=dev@entry=0x81014800) at net/core/dev.c:10238
10238           if (rtnl_lock_killable())
(gdb) bt
#0  register_netdev (dev=dev@entry=0x81014800) at net/core/dev.c:10238
#1  0x8065dc70 in smsc911x_drv_probe (pdev=0x81186410) at drivers/net/ethernet/smsc/smsc911x.c:2504
#2  0x805c4d88 in platform_drv_probe (_dev=0x81186410) at drivers/base/platform.c:761
#3  0x805c29c8 in really_probe (dev=dev@entry=0x81186410, drv=drv@entry=0x80c66498 <smsc911x_driver+20>) at drivers/base/dd.c:564
#4  0x805c306c in driver_probe_device (drv=drv@entry=0x80c66498 <smsc911x_driver+20>, dev=dev@entry=0x81186410)
    at drivers/base/dd.c:752
#5  0x805c3350 in device_driver_attach (drv=drv@entry=0x80c66498 <smsc911x_driver+20>, dev=dev@entry=0x81186410)
    at drivers/base/dd.c:1027
#6  0x805c33d8 in __driver_attach (data=0x80c66498 <smsc911x_driver+20>, dev=0x81186410) at drivers/base/dd.c:1104
#7  __driver_attach (dev=0x81186410, data=0x80c66498 <smsc911x_driver+20>) at drivers/base/dd.c:1058
#8  0x805c0a88 in bus_for_each_dev (bus=<optimized out>, start=start@entry=0x0, data=data@entry=0x80c66498 <smsc911x_driver+20>,
    fn=fn@entry=0x805c3358 <__driver_attach>) at drivers/base/bus.c:305
#9  0x805c2330 in driver_attach (drv=drv@entry=0x80c66498 <smsc911x_driver+20>) at drivers/base/dd.c:1120
#10 0x805c1de8 in bus_add_driver (drv=drv@entry=0x80c66498 <smsc911x_driver+20>) at drivers/base/bus.c:622
#11 0x805c3f04 in driver_register (drv=0x80c66498 <smsc911x_driver+20>) at drivers/base/driver.c:171
#12 0x80102064 in do_one_initcall (fn=0x80b23760 <smsc911x_init_module>) at init/main.c:1214
#13 0x80b012b8 in do_initcall_level (command_line=0x81118200 "console", level=6) at init/main.c:1287
#14 do_initcalls () at init/main.c:1303
#15 do_basic_setup () at init/main.c:1323
#16 kernel_init_freeable () at init/main.c:1525
#17 0x80862328 in kernel_init (unused=<optimized out>) at init/main.c:1412
#18 0x80100148 in ret_from_fork () at arch/arm/kernel/entry-common.S:155
Backtrace stopped: previous frame identical to this frame (corrupt stack?)
(gdb) l
10233    */
10234   int register_netdev(struct net_device *dev)
10235   {
10236           int err;
10237
10238           if (rtnl_lock_killable())
10239                   return -EINTR;
10240           err = register_netdevice(dev);
10241           rtnl_unlock();
10242           return err;
```

圖 11.6　螢幕截圖：stack backtrace，顯示已經使用 SMSC911x 網路驅動程式的 register_netdev() 函式

當然，你會發現這個 demo：輸入特定網路驅動程式是此目標板所特有的。檢視 kernel stack 上相當長的 call frames，可透過 GDB 真正有用的 `backtrace` 或（`bt`）指令檢視！指令 `list`（簡寫：`l`）顯示 `register_netdev()` 函式的幾行原始碼。你知道嗎？現在只要執行 `next` 或 `step` 指令到單步執行的 kernel 程式碼即可！試試看！

作為簡短的範例，現在來檢查 `register_netdev()` 的參數：

```
(gdb) p dev
$1 = (struct net_device *) 0x818a0800
```

傾印這個大型結構 struct net_device 的內容：

```
(gdb) p *dev
$2 = {name = "eth%d\000\000\000\000\000\000\000\000\000\000", name_node = 0x0,
ifalias = 0x0, mem_end = 0, mem_start = 0, base_addr = 0, irq = 30, state = 4,
  dev_list = {next = 0x0, prev = 0x0}, napi_list = {next = 0x818a0e50, prev =
0x818a0e50}, unreg_list = {next = 0x818a083c, prev = 0x818a083c},
[...]
```

它能動，但由於體積龐大所以很難閱讀。使用下列方式改善狀況：

```
(gdb) set print pretty
(gdb) p *dev
$3 = {
  name = "eth%d\000\000\000\000\000\000\000\000\000\000",
  name_node = 0x0,
  ifalias = 0x0,
  mem_end = 0,
  mem_start = 0,
  base_addr = 0,
  irq = 30,
  [...]
```

現在，再次執行 continue 指令，可以使 ARM 系統運行並完成開機；當然前提是它沒有遇到任何斷點或觀察點。若要 break 回到遠端系統，只要輸入 ^C，即 *Ctrl + C* 在 GDB 內發出 SIGINT 訊號，就會取得（gdb）提示，並且可以繼續，如果遠端系統處於閒置狀態，則通常處於 CPU 閒置狀態。使用 backtrace(bt) 指令檢視 kernel-mode 堆疊，以下為快速示範：

```
(gdb) c
Continuing.
^C
Program received signal SIGINT, Interrupt.
cpu_v7_do_idle () at arch/arm/mm/proc-v7.S:78
78      ret     lr
(gdb)
```

太棒了！你可以看到透過 KGDB 檢視原始碼層級遠端偵錯的強大威力。

提示

使用 ARM QEMU VM 時，不要只是 kill QEMU 行程，或是只按 `Ctrl + A` 後，就按 `X` 讓其退出；最好是能正確地對 Linux 系統關機，可使用 `[sudo] poweroff` 或等效指令來執行此操作。

好東西！現在來到本章下一個主要章節：說明如何 debug 有 bug 的 kernel 模組。

11.5 使用 KGDB debug kernel 模組

在 KGDB 下 debug kernel 模組，幾乎一切都與在 GDB 下 debug 樹狀的 kernel 程式碼相同。主要區別在於：GDB 無法自動看到 target kernel 模組的 ELF 程式碼，和資料區段在虛擬記憶體中的位置，因為模組可以根據需求載入與卸載，所以需要告訴它，來看看到底要怎麼辦到。

通知 GDB 客戶端 target 模組在記憶體中的位置

Kernel 使每個 kernel 模組的 ELF 區段資訊在 sysfs 下都可用：`/sys/module/<module-name>/sections/.*`。在此目錄上執行 `ls -a` 以檢視所謂的隱藏檔。例如，我們可以執行 lsmod 檢查 `usbhid` kernel 模組是否已經載入，假設已載入模組，就可以看到如下的區段（section），其輸出已經部分省略。如下所示：

```
ls -a /sys/module/usbhid/sections/
./        [...] .rodata     .symtab  [...] .bss        .init.text [...] .text
[...]    .data [...] .text.exit [...] .exit.text   [...]
```

以 root 權限看一下以英文句點「.」開頭的檔案內容時，你將看到 kernel 虛擬位址，此模組中的該區段將載入到 kernel virtual 記憶體中。例如，`usbhid` 模組的幾個區段可見下方。這是我的 x86_64 Ubuntu 20.04 guest，為了增加可讀性已重新將輸出排版。

```
cd /sys/module/usbhid/sections
cat .text .rodata .data .bss
0xffffffffc033b000   0xffffffffc0348060 0xffffffffc034e000   0xffffffffc0354f00
```

現在，可以透過 GDB 的 add-symbol-file 指令將這些資訊餵給 GDB 了！先指定模組的明文區段位址，即 .text pseudofile 的內容，然後接著以 -s <section-name> <address> 格式指定個別區段，例如，對於 usbhid 模組範例會執行下列操作：

```
(gdb) add-symbol-file </path/to/>usbhid.ko 0xffffffffc033b000  \
    -s .rodata 0xffffffffc0348060 \
    -s .data 0xffffffffc034e000 \ [...]
```

為了多少實現一些自動化，畢竟手動輸入這一切有點繁瑣，對吧？我使用了一個很酷、有些改過的 script，來自經典的 LDD3 書籍！副本放在這裡：ch11/gdbline.sh。它基本上是藉由循環 /sys/module/<module>/section 中的大部分「.」檔案、輸出 GDB 指令字串，而我們只需簡單地複製貼上到 GDB 中即可！

```
add-symbol-file <module-name> <text-addr> \
 -s <section> <section-addr> \
 -s <section> <section-addr> \ [...]
```

一起來看看吧！我們會盡快用範例來介紹使用方式，請跟上！

逐步執行：使用 KGDB debug 有 bug 的模組

我們 demo 的方式，是透過 KGDB 來 debug 小改之前那個很簡單的 ch7/oops_tryv2 模組，稱之為 ch11/kgdb_try。它使用延遲的工作佇列，即工作執行緒只在指定延遲過去之後才開始執行的工作佇列。在工作函式中，我們非常故意、真的很故意的，透過執行越界寫入溢位到堆疊記憶體緩衝區來導致 kernel panic。以下是相關的程式碼路徑，首先，init 函式其中已延遲的工作佇列已初始化並排程執行：

```
// ch11/kgdb_try/kgdb_try.c
static int __init kgdb_try_init(void)
{
    pr_info("Generating Oops via kernel bug in a delayed workqueue function\n");
    INIT_DELAYED_WORK(&my_work, do_the_work);
    schedule_delayed_work(&my_work, msecs_to_jiffies(2500));
    return 0;        /* success */
}
```

為什麼要使用延遲的工作佇列，並且如你所見，將延遲時間設定為 2.5 秒？這樣做只是為了讓你有足夠的時間在 kernel 發生 Oops 之前，將模組的符號新增到 GDB，等下就會示範給你看！真正而且非常狡猾的 bug 就在眼前，出現在 worker routine 之中：

```
static void do_the_work(struct work_struct *work)
{
    u8 buf[10];
    int i;
    pr_info("In our workq function\n");
    for (i=0; i <=10; i++)
        buf[i] = (u8)i;
    print_hex_dump_bytes("", DUMP_PREFIX_OFFSET, buf, 10);
    [...]
```

Bug：當 i 的值到達 10 時，將發生的本地緩衝區溢位；當然，陣列只有 10 個元素，0 到 9，我們正嘗試存取不存在的第 11 個元素 `buf[10]`。即使看起來微不足道，但導致我的整個 target 系統在沒有 KGDB 的情況下運行時停住了！這是因為內部已經發生 kernel panic！請試試，你會看到……。當然，請想想 kernel 記憶體檢查器，別忘了還有 KASAN！肯定能抓住這樣的 bug。

這次，為了嘗試與上次略有不同的功能，如在早期開機期間 debug kernel，我們將使用 x86_64 QEMU guest 系統作為 target kernel，而不是以前使用的 ARM kernel。為此，我們將為 KGDB 設定一個 vanilla 5.10.109 kernel，如「設定有 KGDB 功能的 kernel」章節所述，並從此處重新使用開源的程式碼來設定 root 檔案系統，即 Debian Stretch：〈[Linux Kernel Explosion 0x0]

Debugging the Kernel with QEMU〉[7]（K Makan，2020 年 11 月），這篇部落格文章本身就使用 Google 的 syzkaller 專案產生 rootfs！請好好閱讀。

下面是需執行的詳細步驟，請閱讀並試用。

步驟 1：準備 target 系統的 kernel、root 檔案系統和主機上的測試模組

這個步驟需要做的工作為：

1. 設定並建置 target 系統的（debug、啟用 KGDB）kernel；QEMU 模擬的 x86_64
2. 為 target 建立工作用的 root 檔案系統映像檔，這樣就可以儲存模組、登入等
3. 針對 target kernel 建立測試模組

繼續往下看！

❖ 步驟 1.1：設定和建立 target kernel

以下會盡量簡短：

1. 下載並擷取適當 kernel 的 kernel source tree，這裡使用 5.10.109 kernel，因為它在 5.10 LTS 系列中，並且符合我們用於 ARM target 的 kernel。請將 source tree 放在系統中任何方便的位置，並記下它，以這個 demo 而言，假設你已在此安裝 kernel source tree：`~/linux-5.10.109`。
2. 以一般的方式，即透過 make menuconfig UI 配置 kernel，同時考慮到必須啟用 KGDB 和相關專案的支援，「設定有 KGDB 功能的 kernel」章節

7 *http://blog.k3170makan.com/2020/11/linux-kernel-exploitation-0x0-debugging.html*

中已詳細介紹這一點。我將 kernel config 保留在這裡：ch11/kconfig_x86-64_target 供你參考。

提示

使用最新的 5.10 以後 kernel 版本，編譯可能會失敗，錯誤如下：

```
make[1]: *** No rule to make target 'debian/canonical-revoked-certs.
pem' , needed by certs/x509_revocation_list'
```

可快速修復如下：

```
scripts/config --disable SYSTEM_REVOCATION_KEYS
scripts/config --disable SYSTEM_TRUSTED_KEYS
```

然後，再重新編譯 kernel。

- 透過 make -j [n] all 編譯 kernel。產生壓縮過的 kernel image：arch/x86/boot/bzImage，以及具有符號的未經壓縮過的 kernel image：vmlinux。由於這是本 demo 所需的全部內容，因此略過模組與 kernel / bootloader 剩下的一般安裝步驟。

以下是我的自訂啟用 KGDB 的 kernel image：

```
$ ls -lh arch/x86/boot/bzImage vmlinux
-rw-rw-r-- 1 osboxes osboxes 7.9M May  3 13:29 arch/x86/boot/bzImage
-rwxrwxr-x 1 osboxes osboxes 240M May  3 13:29 vmlinux*
```

繼續往下看……

❖ 步驟 1.2：取得 target 的工作 root 檔案系統映像

我們當然需要 target root 檔案系統，或稱 rootfs。此外，還需要測試 kernel 模組，如使用相同 target kernel 編譯，加上 gdbline.sh 和 doit 包裝 script，等下就會解釋最後一個測試 kernel 的目的。在這裡從頭開始打造 rootfs 並不是件容易的事，因此，為了減輕工作量，會提供基於 Debian Stretch distro 的完整功能 root 檔案系統映像。

技術要求部分已介紹如何下載壓縮的 rootfs image 檔案；如果你尚未下載，請下載，之後解壓縮：

```
7z x rootfs_deb.img.7z
```

它將解壓縮到一個名為 `images/` 的目錄中，可以在此取得未經壓縮且現成的 target rootfs 二進位映像：`ch11/images/rootfs_deb.img`，大小為 512 MB。

僅供參考，你隨時可以在主機上以 loop 方式 mount rootfs image，只要 rootfs 沒有使用時！編輯內容，然後將其 umount，可參閱圖 11.7。此處不需要自己動手，一切都已完成，target rootfs 已經給你了。

我們已將 target rootfs 上模組 debug demo 所需的全部檔案都儲存在 `/myprj` 目錄。作為快速健康檢查，讓我們以 loop 方式 mount target root 檔案系統映像檔，並檢視它的內容，請確定你有建立掛載點目錄：`/mnt/tmp`：

```
$ pwd
/home/osboxes/Linux-Kernel-Debugging/ch11
$ ls
gdbline.sh*  images/  kgdb_try/  rootfs_deb.img.7z  run_target.sh*
$ ls -l images/
total 524292
-rw-r--r-- 1 osboxes osboxes 536870912 May  3 17:20 rootfs_deb.img
$
$ sudo mount -o loop images/rootfs_deb.img /mnt/tmp
[sudo] password for osboxes:
$ ls /mnt/tmp/
bin/   dev/  home/  lib64/       media/  myprj/  proc/  run/   srv/  tmp/  var/
boot/  etc/  lib/   lost+found/  mnt/    opt/    root/  sbin/  sys/  usr/
$
$ ls /mnt/tmp/myprj/
doit*  gdbline.sh*  kgdb_try.ko
$
$ sudo umount /mnt/tmp
$
```

圖 11.7　以 loop 方式 mount 和檢視 target root 檔案系統的內容

不要忘記：只有在 QEMU 或其他 Hypervisor 未使用 target rootfs 時，才能 loop mount 並編輯 target rootfs。完成時請記得 umount！

在我們的主機系統上，`ch11/` 下的目錄樹狀結構現在應該是像這樣：

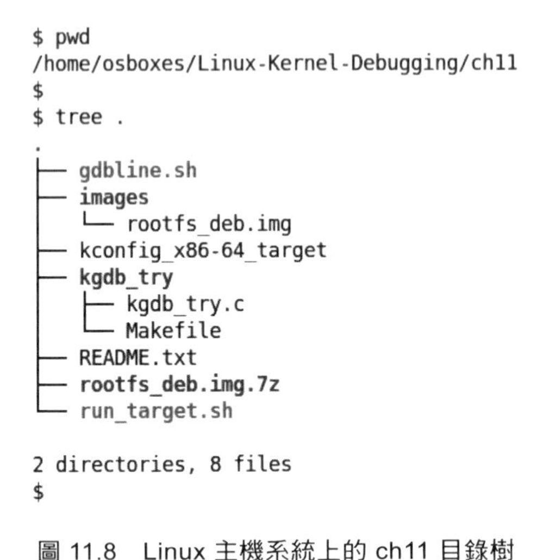

$ pwd
/home/osboxes/Linux-Kernel-Debugging/ch11
$
$ tree .
.
├── gdbline.sh
├── images
│   └── rootfs_deb.img
├── kconfig_x86-64_target
├── kgdb_try
│   ├── kgdb_try.c
│   └── Makefile
├── README.txt
├── rootfs_deb.img.7z
└── run_target.sh
2 directories, 8 files
$

圖 11.8　Linux 主機系統上的 ch11 目錄樹

好，繼續往下。

❖ 步驟 1.3：建立 target kernel 的模組

此處還需要一個步驟：位於 `ch11/kgdb_try` 下的測試模組，需要 build 並部署到 target 系統和主機系統上。實際上，它已經部署在 target rootfs，只是需要在主機上 build 它。因此，請 `cd` 切換到 `ch11/kgdb_try` 目錄，使用 make 指令來 build 它。

重要的是，`Makefile` 必須考慮到以下事實：此模組是針對 target 5.10.109 kernel 而 build 的，非原生 kernel！因此要變更 Makefile 中的 KDIR 變數，以反映此位置：

```
// ch11/kgdb_try/Makefile
#@@@@@@@@@@@@ NOTE! SPECIAL CASE @@@@@@@@@@@@@@@@@@@
  # We specify the build dir as the linux-5.10.109 kernel src tree; this is as
  # we're using this as the target x86_64 kernel and debugging this module over KGDB
  KDIR ?= ~/linux-5.10.109
```

如果 kernel 位於系統上的不同位置，請先更新 Makefile 的 KDIR 變數，然後生成模組。

注意

如果修改 kgdb_try.c 程式碼並重新 build，則還會需要更新 target rootfs 中的模組，方法是以 loop mount rootfs 映像檔，將新的 kgdb_try.ko 模組複製到其 /myprj 目錄中，然後執行 umount。

做得好！繼續下一步……

步驟 2：將 target 啟動並等待 early boot

透過 QEMU 啟動 x86_64 target。這裡假設你已根據「技術需求」章節中的建議，安裝 qemu-system-x86_64：

```
cd <book_src>/ch11
qemu-system-x86_64 \
  -kernel ~/linux-5.10.109/arch/x86/boot/bzImage \
  -append "console=ttyS0 root=/dev/sda earlyprintk=serial rootfstype=ext4 rootwait
nokaslr" \
  -hda images/rootfs_deb.img \
  -nographic -m 1G -smp 2 \
  -S -s
```

為方便起見，這裡的包裝 script 提供相同指令：ch11/run_target.sh，只要執行即可，將 kernel 和 rootfs image 以參數方式傳遞。

提示

使用 `-enable-kvm` 選項執行 QEMU 可加快 guest 的執行速度，真的會非常快！這當然需要硬體層級的虛擬化支援，表示在韌體 / BIOS 層級啟用 CPU 虛擬化。在 x86 上，你可以使用 `egrep "^flags.*(vmx|svm)" /proc/cpuinfo` 檢查，如果沒有輸出，則它不會啟用且無法運作。此外，如果任何其他虛擬機器管理程式正在運行且正在使用 KVM，如可能是 VirtualBox 上的 Ubuntu guest，則此操作有可能失敗；實際上，如果 KVM 不支援巢狀虛擬化的話。

對，由於 QEMU 的 `-S` 選項影響，guest kernel 將啟動並幾乎立即進入等待，請參見圖 11.9。

步驟 3：主機系統遠端 GDB 啟動

在主機上，如本例中的 Ubuntu x86_64 guest，設定 GDB client 來 debug target 系統。cd 進入 target kernel source tree，這裡把它當成 `~/linux-5.10.109`。執行 GDB，將未經壓縮的 5.10.109 kernel image（`vmlinux`）作為參數傳遞，可參見圖 11.10，使 GDB 能夠讀取所有符號。此外，使用 GDB 初始化 / 啟動檔案 `~/.gdbinit` 來定義一個簡單的 macro，更詳細的介紹可見「在 GDB 啟動檔案中的自訂 macros」章節。以下是 `connect_qemu` 的 macro 定義：

```
cat ~/.gdbinit
[...]
set auto-load safe-path /
define connect_qemu
  target remote :1234
  hbreak start_kernel
  hbreak panic
  #hbreak do_init_module
end
```

啟動時，GDB 將解析（parse）其內容，進而允許我們執行自訂的 connect_qemu macro，及透過 GDB 的 hbreak 指令，連線到 target 並設定幾個硬體斷點。以下是 GDB 啟動檔內容的幾個重點：

- set auto-load safe-path / directive 可以讓 GDB 解析和使用各種基於 Python 的 GDB helper script，可見「使用 CONFIG_GDB_SCRIPTS 設定和使用 GDB scripts」章節的介紹。
- 提示，有時很有用：將 kernel 函式 do_fsync() 做為斷點很方便，可以讓你在 target 的命令列上輸入 sync 來 break 到 GDB。
- 我們將 start_kernel() 硬體斷點加到這裡只是為了示範，沒有其他原因……，這差不多是 kernel 啟動時第一個觸到的 C 函式！
- 函式 do_init_module() 上有改成註解的硬體斷點。這非常有用，允許你立即 debug 任何模組的 init 程式碼路徑，「Debug 模組的 init 函式」章節會詳細介紹。

> **提示**
>
> 請確定你是透過 GDB 的 hbreak 指令，使用**硬體斷點**作為關鍵中的斷點，而不是軟體監看點（watchpoint）！可以在 info breakpoints 指令取得全部目前已定義的斷點與監看點，縮寫為 i b。

有幾張螢幕截圖可以幫助澄清一些事情。首先，target kernel 在開機後的狀態：

```
$ pwd
/home/osboxes/Linux-Kernel-Debugging/ch11
$ ls
gdbline.sh*  kconfig_x86-64_target  README.txt          run_target.sh*
images/      kgdb_try/              rootfs_deb.img.7z
$ ls -lh images/
total 513M
-rw-r--r-- 1 osboxes osboxes 512M May  4 07:36 rootfs_deb.img
$
$
$ ./run_target.sh ~/linux-5.10.109/arch/x86/boot/bzImage images/rootfs_deb.img
Note:
1. First shut down any other hypervisor instance that may be running
2. Once run, this guest qemu system will *wait* for GDB to connect from the host:
On the host, do:

$ gdb -q <linux-src-tree>/vmlinux
(gdb) target remote :1234

qemu-system-x86_64  -kernel /home/osboxes/linux-5.10.109/arch/x86/boot/bzImage
 -append console=ttyS0 root=/dev/sda earlyprintk=serial rootfstype=ext4 rootwait nokaslr
-hda images/rootfs_deb.img  -nographic -m 1G -smp 2  -S -s
WARNING: Image format was not specified for 'images/rootfs_deb.img' and probing guessed ra
w.
         Automatically detecting the format is dangerous for raw images, write operations
on block 0 will be restricted.
         Specify the 'raw' format explicitly to remove the restrictions.
█
```

圖 11.9 等待遠端 GDB client 連線的 target kernel

這張螢幕截圖是在主機上執行 GDB client，從 kernel source tree 的目錄位置，並執行我們的 connect_qemu macro：

```
$ cd ~/linux-5.10.109/
$ ls
arch/           fs/       LICENSES/               modules.order    System.map
block/          include/  lsmod.now               Module.symvers   tools/
certs/          init/     MAINTAINERS             net/             usr/
COPYING         ipc/      Makefile                README           virt/
CREDITS         Kbuild    mm/                     samples/         vmlinux*
crypto/         Kconfig   modules.builtin         scripts/         vmlinux-gdb.py@
Documentation/  kernel/   modules.builtin.modinfo security/        vmlinux.o
drivers/        lib/      modules-only.symvers    sound/           vmlinux.symvers
$
$ gdb -q ./vmlinux
Reading symbols from ./vmlinux...
(gdb) connect_qemu
0x000000000000fff0 in exception_stacks ()
Hardware assisted breakpoint 1 at 0xffffffff8299df54: file init/main.c, line 850.
Hardware assisted breakpoint 2 at 0xffffffff81ad87f7: file kernel/panic.c, line 178.
(gdb) i b
Num     Type           Disp Enb Address            What
1       hw breakpoint  keep y   0xffffffff8299df54 in start_kernel at init/main.c:850
2       hw breakpoint  keep y   0xffffffff81ad87f7 in panic at kernel/panic.c:178
(gdb) █
```

圖 11.10 主機：在 kernel source tree 中，遠端 GDB client 連線到 target 並設定 breakpoint

讀吧，讓我們繼續看下去……

步驟 4：target 系統，安裝模組並將符號加入 GDB

使用 KGDB debug 時，需要 insmod 可能有 bug 的模組，並新增其符號，如「通知 GDB 客戶端 target 模組在記憶體中的位置」章節所述。但是，得盡快在它真的發生 crash 之前完成這些事情，至少在這個 demo 裡！因此，在 target rootfs 上，有一個簡單的包裝 script（`/myprj/doit`）來執行下列操作：

1. 將（target）kernel 設定為 Oops 時觸發 panic。

2. `insmod` target 系統上的模組。使用 GDB server 元件執行的模組，當然要啟用 KGDB。

3. 執行 `gdbline.sh` script，它會產生關鍵的 `add-symbol-file` GDB 指令！請加快腳步……

4. 動作要快一點，在 kernel Oops 與 panic 之前要趕快切換到主機系統的 GDB，並按下 `^C`，中斷和停止 target kernel。呼，現在安全了！然後複製、貼上在 target 上生成的 GDB `add-symbol-file` 指令，以通知 GDB 關於模組的符號。

5. 為感興趣的常式新增硬體斷點。在此，於工作佇列函式 `do_the_work()` 上執行 `hbreak`。

這裡是 target rootfs 的程式碼 `/myprj/doit` script，本身已嵌入 target rootfs 映像中：

```
echo 1 > /proc/sys/kernel/panic_on_oops
sudo insmod ./kgdb_try.ko
sudo ./gdbline.sh kgdb_try ./kgdb_try.ko
```

所以，開始吧。首先，輸入 `c` 讓 target continue 開機、或視需求登入，然後執行這個 helper script 來設定內容。當然，target 會先遇到 `start_kernel()` 硬體斷點。很好，你可以四處看看，然後輸入 c 以讓 GDB 繼續運作 target。它會完全啟動……，這需要點時間，有點耐心。target kernel 現在會要求你登入，按下 Enter 鍵就可以了，因為我們只需進入 Debian 維護模式並在那裡工作，可以這樣做：

```
         Starting Create Volatile Fil
[  OK  ] Started Create Volatile File
         Starting Network Time Synchr
         Starting Update UTMP about S
[  OK  ] Started udev Coldplug all De
[  OK  ] Started Update UTMP about Sy
         Starting Update UTMP about S
[  OK  ] Started Network Time Synchro
[  OK  ] Reached target System Time S
[  OK  ] Started Update UTMP about Sy
[  OK  ] Found device /dev/ttyS0.
[  OK  ] Listening on Load/Save RF Ki
[    5.867839] random: crng init done
[    5.868259] random: 7 urandom warn
[FAILED] Failed to start Raise networ
See 'systemctl status networking.serv
[  OK  ] Reached target Network.
You are in emergency mode. After logg
system logs, "systemctl reboot" to re
try again to boot into default mode.
Press Enter for maintenance
(or press Control-D to continue):
root@syzkaller:~#
root@syzkaller:~#
```

```
(gdb) connect_qemu
0x000000000000fff0 in exception_stacks ()
Hardware assisted breakpoint 1 at 0xffffffff8299df54: file init/main.c, line 850.
Hardware assisted breakpoint 2 at 0xffffffff81ad87f7: file kernel/panic.c, line 178.
(gdb) i b
Num     Type           Disp Enb Address            What
1       hw breakpoint  keep y   0xffffffff8299df54 in start_kernel at init/main.c:850
2       hw breakpoint  keep y   0xffffffff81ad87f7 in panic at kernel/panic.c:178
(gdb) c
Continuing.

Thread 1 hit Breakpoint 1, start_kernel () at init/main.c:850
850     {
(gdb) c
Continuing.
```

圖 11.11　左邊是 target；右邊視窗是主機上執行的 GDB client 行程，按下 Enter 來登入 target kernel

現在是這個練習的關鍵：在 target root 檔案系統上，cd 到 `/myprj` 目錄，然後運行包裝 `doit` script。它運行，生成輸出，必須在 GDB 內執行 `add-symbol-file` 指令！當然，你會意識到有 bug 的 `kgdb_try.ko` 模組目前正在執行其程式碼路徑。由於我們使用會延遲的工作佇列，因此在 `do_the_work()` 程式碼執行之前，已經用了一些時間，約 2.5 秒。

快唷！切換至執行 client GDB 行程的主機視窗，然後按 ^C（Ctrl + C）。這會讓停止 GDB break-target 的執行，現在已凍結了。哇！這很重要，否則在有 bug 的模組上設定斷點之前，可能就會觸發 bug。在圖 11.12 中，你可以在右側主機視窗中看到我們輸入 `^C`，下列的螢幕截圖會顯示動作：

```
root@syzkaller:~# cd /myprj/
root@syzkaller:/myprj# ;s
bash: syntax error near unexpected token `;'
root@syzkaller:/myprj# ls
doit  gdbline.sh  kgdb_try.ko
root@syzkaller:/myprj# cat doit
#!/bin/sh
# setup to panic on Oops
echo 1 > /proc/sys/kernel/panic_on_oops
sudo insmod ./kgdb_try.ko
sudo ./gdbline.sh kgdb_try ./kgdb_try.ko
root@syzkaller:/myprj#
root@syzkaller:/myprj#
root@syzkaller:/myprj# ./doit                    1
sudo: unable to resolve host syzkaller: Connection refused
[  127.819717] kgdb_try: loading out-of-tree module taints ke
[  127.823922] kgdb_try: module verification failed: signatur
[  127.838223] kgdb_try:kgdb_try_init():66: Generating Oops v
sudo: unable to resolve host syzkaller: Connection refused
Copy-paste the following lines into GDB
---snip---
add-symbol-file ./kgdb_try.ko 0xffffffffc004a000 \
        -s .bss 0xffffffffc004d4c0 \
        -s .data 0xffffffffc004d000 \
        -s .exit.text 0xffffffffc004a127 \
        -s .gnu.linkonce.this_module 0xffffffffc004d0c0 \
        -s .init.text 0xffffffffc0050000 \
        -s .note.Linux 0xffffffffc004b024 \
        -s .note.gnu.build-id 0xffffffffc004b000 \
        -s .rodata 0xffffffffc004b148 \
        -s .rodata.str1.1 0xffffffffc004b03c \
        -s .rodata.str1.8 0xffffffffc004b078
---snip---

root@syzkaller:/myprj# 
```

```
$ ls
arch/
block/
certs/
COPYING
CREDITS
crypto/
Documentati
$
$ gdb -q ./
Reading sym
(gdb) conne
0x000000000
Hardware as
Hardware as
(gdb) i b
Num     Typ
1       hw
2       hw
(gdb) c
Continuing.

Thread 1 hi
850     {
(gdb) c
Continuing.
^C     2
Thread 1 re
0xffffffff8
60
(gdb) 
```

圖 11.12　部分螢幕截圖：1. 對 target 執行 doit script，在左視窗；
2. 快速切換至右主視窗，並使用 ^C 中斷 / 停止 target

太棒啦！現在執行下列動作：

1. 見圖 11.12 的左側視窗，從 target 視窗將 `gdbline.sh` script 複製到剪貼簿中，也就是 GDB `add-symbol-file` 指令和以下面內容：實際上是 `---snip---` 分隔符號之間的輸出。

2. 切換回執行 client GDB 的主機視窗，見圖 11.12 的右側視窗。

3. **很重要！cd** 到 kernel 模組程式碼所在的目錄，GDB 必須能夠看到它。

4. 貼上剪貼簿內容：完整的 `add-symbol-file <...>` 指令到 GDB。它會詢問是否接受？回答 yes（y）。GDB 讀取模組符號！可見以下螢幕截圖：

```
Press Enter for maintenance
(or press Control-D to continue):
root@syzkaller:~#
root@syzkaller:~#
root@syzkaller:~# cd /myprj/
root@syzkaller:/myprj# ls
doit  gdbline.sh  kgdb_try.ko
root@syzkaller:/myprj#
root@syzkaller:/myprj#
root@syzkaller:/myprj# ./doit
sudo: unable to resolve host syzkaller: Connection refuse
[   15.441432] kgdb_try: loading out-of-tree module taint
[   15.442594] kgdb_try: module verification failed: sigr
[   15.449505] kgdb_try:kgdb_try_init():66: Generating Oc
sudo: unable to resolve host syzkaller: Connection refuse
Copy-paste the following lines into GDB
---snip---
add-symbol-file ./kgdb_try.ko 0xffffffffc004a000 \
        -s .bss 0xffffffffc004d4c0 \
        -s .data 0xffffffffc004d000 \
        -s .exit.text 0xffffffffc004a127 \
        -s .gnu.linkonce.this_module 0xffffffffc004d0c0 \
        -s .init.text 0xffffffffc0050000 \
        -s .note.Linux 0xffffffffc004b024 \
        -s .note.gnu.build-id 0xffffffffc004b000 \
        -s .rodata 0xffffffffc004b148 \
        -s .rodata.str1.1 0xffffffffc004b03c \
        -s .rodata.str1.8 0xffffffffc004b078
---snip---

root@syzkaller:/myprj# 
```

```
60              asm volatile("sti; hlt": : :"memory");
(gdb) pwd
Working directory /home/osboxes/lkd_kernels/linux-5.10.109.
(gdb) cd ~/Linux-Kernel-Debugging/ch11/kgdb_try/
Working directory /home/osboxes/Linux-Kernel-Debugging/ch11/kgdb_try.
(gdb) add-symbol-file ./kgdb_try.ko 0xffffffffc004a000 \
        -s .bss 0xffffffffc004d4c0 \
        -s .data 0xffffffffc004d000 \
        -s .exit.text 0xffffffffc004a127 \
        -s .gnu.linkonce.this_module 0xffffffffc004d0c0 \
        -s .init.text 0xffffffffc0050000 \
        -s .note.Linux 0xffffffffc004b024 \
        -s .note.gnu.build-id 0xffffffffc004b000 \
        -s .rodata 0xffffffffc004b148 \
        -s .rodata.str1.1 0xffffffffc004b03c \
        -s .rodata.str1.8 0xffffffffc004b078
add symbol table from file "./kgdb_try.ko" at
        .text_addr = 0xffffffffc004a000
        .bss_addr = 0xffffffffc004d4c0
        .data_addr = 0xffffffffc004d000
        .exit.text_addr = 0xffffffffc004a127
        .gnu.linkonce.this_module_addr = 0xffffffffc004d0c0
        .init.text_addr = 0xffffffffc0050000
        .note.Linux_addr = 0xffffffffc004b024
        .note.gnu.build-id_addr = 0xffffffffc004b000
        .rodata_addr = 0xffffffffc004b148
        .rodata.str1.1_addr = 0xffffffffc004b03c
        .rodata.str1.8_addr = 0xffffffffc004b078
(y or n) y
Reading symbols from ./kgdb_try.ko...
(gdb) 
```

圖 11.13 部分螢幕截圖顯示，如何將 cd 以及複製、貼上 add-symbol-file 指令到 GDB 行程

超級棒！現在 GDB 知道模組記憶體的布局並取得它的符號，只需視需求新增硬體斷點即可！這裡只新增相關的功能，工作佇列的函式：

```
(gdb) hbreak do_the_work
Hardware assisted breakpoint 3 at 0xffffffffc004a000: file /home/osboxes/Linux-Kernel-Debugging/ch11/kgdb_try/kgdb_try.c, line 43.
(gdb)
```

順帶一提，你應該還記得之前啟用 kernel config `GDB_SCRIPT`，在 GDB session 的 kernel debug session 期間，有幾個基於 Python 的有用 helper script 可用，「使用 CONFIG_GDB_SCRIPTS 設定和使用 GDB scripts」章節會更詳細介紹這個主題。以此為範例，在 target kernel 的記憶體上執行 `lx-lsmod` helper，來顯示當前載入的所有模組：

```
(gdb) lx-lsmod
Address            Module                    Size  Used by
0xffffffffc004a000 kgdb_try                 20480  0
(gdb)
```

酷！得到與預期相符的輸出。請注意 kernel 的虛擬位址，即模組載入記憶體的地方「0xffffffffc004a000」，與 add-symbol-file 指令的第一個參數完全匹配，它是模組的 .text（code）區段的位址！

步驟 5：使用 [K]GDB debug 模組

最後，一切就緒，現在可以繼續以一般方式 debug target 模組，設定斷點，檢查資料，並逐步執行其程式碼！

在主機的（client）GDB 行程中輸入 c 以繼續，target 系統會繼續執行……。很快，必須執行工作佇列函式，在 do_the_work()- 之前要等待指定的延遲，約 2.5 秒。函式將開始執行，並立即透過 GDB 被截獲。別忘了，前一個步驟中，在它上面設定了一個硬體斷點！

```
(gdb) c
Continuing.

Thread 1 hit Breakpoint 3, do_the_work (work=0xffffffffc004d000 <my_work>)
    at /home/osboxes/Linux-Kernel-Debugging/ch11/kgdb_try/kgdb_try.c:43
43      {
(gdb) bt
#0  do_the_work (work=0xffffffffc004d000 <my_work>)
    at /home/osboxes/Linux-Kernel-Debugging/ch11/kgdb_try/kgdb_try.c:43
#1  0xffffffff811138bf in process_one_work (worker=worker@entry=0xffff8880035cc6c0,
    work=0xffffffffc004d000 <my_work>) at kernel/workqueue.c:2279
#2  0xffffffff81113aad in worker_thread (__worker=__worker@entry=0xffff8880035cc6c0)
    at kernel/workqueue.c:2425
#3  0xffffffff81119d34 in kthread (_create=0xffff8880035cbb00) at kernel/kthread.c:313
#4  0xffffffff81004562 in ret_from_fork () at arch/x86/entry/entry_64.S:296
#5  0x0000000000000000 in ?? ()
(gdb) l
38
39      /*
40       * Our delayed workqueue callback function
41       */
42      static void do_the_work(struct work_struct *work)
43      {
44              u8 buf[10];
45              int i;
46
47              pr_info("In our workq function\n");
(gdb)
48              for (i=0; i <=10; i++)
49                      buf[i] = (u8)i;
50              print_hex_dump_bytes("", DUMP_PREFIX_OFFSET, buf, 10);
```

圖 11.14 繼續：硬體斷點已經命中，正在執行 do_the_work() 函式，單步執行它的程式碼，已反白顯示有 bug 的第 49 行

請看圖 11.14，使用 bt（backtrace）GDB 指令檢查（kernel）堆疊：符合預期。接下來執行一些有意思的事情：當區域變數 i 達到 10 時，就會知道該 bug 在迴圈中；不用說也知道，在 C 的陣列，索引是從 0 開始，而不是 1。現在，可以設定一個條件斷點（*conditional breakpoint*），讓 GDB 在 i 值為 8 時停止執行，而不是單步執行 10 次迴圈，使用 GDB 指令很容易做到這一點：

```
(gdb) b 49 if i==8
```

僅供參考，我們會在「條件斷點」章節更詳細介紹。現在，繼續往下：

```
(gdb) b 49 if i==8
Breakpoint 5 at 0xffffffffc004a04c: file /home/osboxes/Linux-Kernel-Debugging/ch11/kgdb_try/kgd
b_try.c, line 49.
(gdb) c
Continuing.

Thread 2 hit Breakpoint 5, do_the_work (work=<optimized out>)
    at /home/osboxes/Linux-Kernel-Debugging/ch11/kgdb_try/kgdb_try.c:49
49                      buf[i] = (u8)i;
(gdb) p i
$8 = 8
(gdb) p/x buf
$9 = {0x0, 0x1, 0x2, 0x3, 0x4, 0x5, 0x6, 0x7, 0xff, 0xff}
(gdb) n
48              for (i=0; i <=10; i++)
(gdb) display i
1: i = 8
(gdb) n
49                      buf[i] = (u8)i;
1: i = 9
(gdb)
48              for (i=0; i <=10; i++)
1: i = 9
(gdb) p/x buf
$10 = {0x0, 0x1, 0x2, 0x3, 0x4, 0x5, 0x6, 0x7, 0x8, 0x9}
(gdb) n
49                      buf[i] = (u8)i;
1: i = 10
```

圖 11.15 螢幕截圖顯示，如何在第 49 行設定條件斷點，以及單步執行模組的程式碼

讓 GDB continue。命中條件斷點……。這樣是有效的：i 的值是 8，這是起始點。請注意看我使用 display i GDB 指令，讓 GDB 始終顯示變數 i 的值的方法，在每個 setp(s) 或 next(n) GDB 指令之後。仔細看圖 11.15 可發現，儘管已經打中 bug，也就是 i 達到值 10，但執行似乎仍在繼續。是的，就一會兒。Kernel 內建的堆疊溢位檢測程式碼路徑確實很快生效，你猜怎麼著：kernel panic！panic() 的參數是一個字串，這就是造成 panic 的原因。很顯然是由於 kernel 堆疊損壞！下圖清楚地顯示這一切：

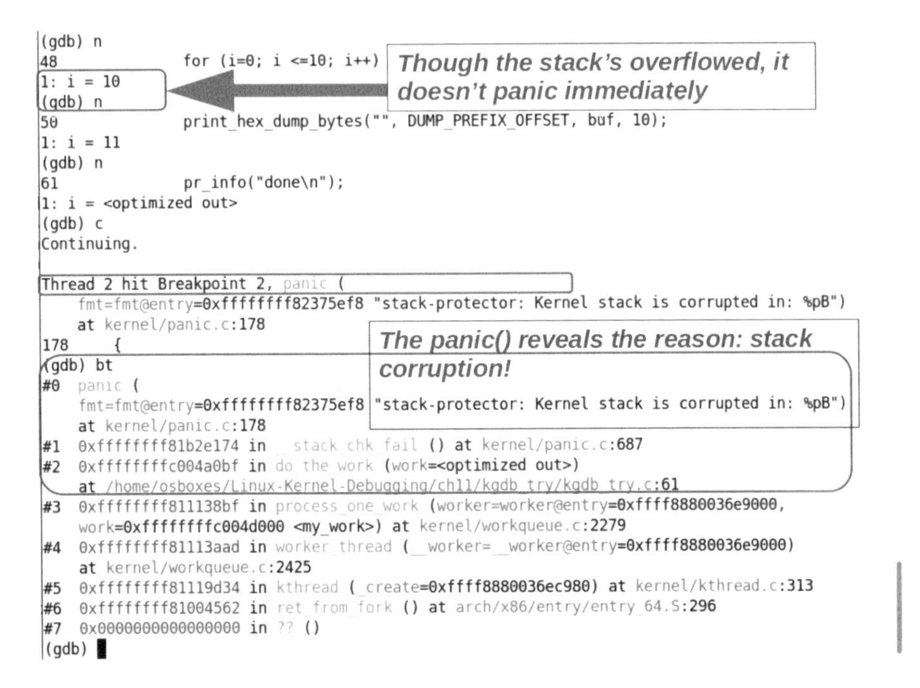

圖 11.16　顯示實際的 bug 和隨後 kernel panic 的螢幕截圖；
panic 訊息顯示其 kernel 堆疊損壞

當 GDB 繼續執行 target（輸入 c），panic 的訊息詳細資訊會顯示在 target 系統的 console 視窗中：

```
root@syzkaller:/myprj# [   21.428961] kgdb_try:do_the_work():47: In our workq function
[   21.484495] kgdb_try:do_the_work():61: done
[   21.495971] Kernel panic - not syncing: stack-protector: Kernel stack is corrupted in: do_the_work+0xbf/0xc5 [kgdb_try]
[   21.496133] CPU: 0 PID: 253 Comm: kworker/0:4 Tainted: G           OE     5.10.109-kgdb2 #1
[   21.496133] Hardware name: QEMU Standard PC (i440FX + PIIX, 1996), BIOS 1.13.0-1ubuntu1.1 04/01/2014
[   21.496133] Workqueue: events do_the_work [kgdb_try]
[   21.496133] Call Trace:
[   21.496133]  dump_stack+0x74/0x92
[   21.496133]  panic+0x101/0x2e3
[   21.496133]  ? do_the_work+0xbf/0xc5 [kgdb_try]
[   21.496133]  __stack_chk_fail+0x14/0x20
[   21.496133]  do_the_work+0xbf/0xc5 [kgdb_try]
[   21.496133]  process_one_work+0x1ef/0x390
[   21.496133]  worker_thread+0x4d/0x3f0
[   21.496133]  kthread+0x114/0x150
[   21.496133]  ? process_one_work+0x390/0x390
[   21.496133]  ? kthread_park+0x90/0x90
[   21.496133]  ret_from_fork+0x22/0x30
[   21.496133] Kernel Offset: disabled
[   21.496133] ---[ end Kernel panic - not syncing: stack-protector: Kernel stack is corrupted in: do_the_work+0xbf/0xc5 [kgdb_try] ]---
```

圖 11.17　target 系統：console 上的 kernel panic 訊息

太棒了！

但這裡有一個令人煩惱的問題：如何在 KGDB 中 debug 模組的早期初始化程式碼？接下來就要探討這個！

❖ Debug 模組的 init 函式

這裡為了見證簡單而有趣的 demo，會使用一個有所延遲的工作佇列。一旦延遲結束，如這裡為 2.5 秒，有問題的工作佇列功能就會執行並產生 Oops 和後續 panic，就可以用 KGDB debug！但是，請想一想：在專案中，如果模組的 init 函式不使用會延遲的工作佇列，而只是一般的工作佇列，那該如何是好？而且，在能對工作佇列設定斷點之前，工作佇列函式幾乎會立即運行！又要如何 debug 這些情況？

關鍵在於，能夠 debug 早期的模組初始化程式碼本身，然後允許你一步到底。這可以透過在模組的 init 函式本身上設定斷點來實現。要撐住，這可能行不通。請考慮一下：斷點的設定必須發生在 `insmod` 指令發出之後，但當你鍵入 `hbreak kgdb_try_init` 或無論什麼內容時，都可能觸發 bug！

因此，以下提供一個可行解決方案：在 *kernel* 基礎架構程式碼上設定一個硬體斷點，該斷點在呼叫模組的 *init* 函式 - `do_init_module(struct module *mod)` 函式時，執行實際工作。這可以在任何時候完成，即使是設定的 `connect_qemu` 或等效 macro 的一部分！然後，在斷點打中之後，開始對程式碼 debug。你甚至還可以檢查載入的是哪一個模組，只要透過查詢指向模組結構的指標，它是傳遞給 `do_init_module()` 函式的單一參數，然後運行 `set print pretty` 這個 gdb 指令，再接著 `p *mod`。然後，尋找名為 name 的結構成員。真是太驚人了，它會顯示模組名稱！我也可以透過這種方式找到模組名稱：

```
(gdb) x/s mod.mkobj.kobj.name
0xffff8880036eb770:    "kgdb_try"
```

好極了。

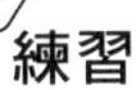

練習

使用剛才描述的方法，debug kernel 模組的 init 函式。

在專案中，整個利用 KGDB debug 模組的過程可以非常強大：你看到我們如何一步一步地看過模組的程式碼，使用 `backtrace` 指令詳細檢視（kernel）堆疊，使用 GDB 的 `x` 指令檢查記憶體和變數值，甚至使用 GDB 的 `set variable` 指令來更改變數！在之後的「使用 GDB TUI 模式」章節，甚至會展示如何一步步檢視組合語言程式碼！所有這些都可以讓你深入了解程式碼的行為，最終幫助你找到這個煩惱 bug 的根本原因，請祈求吧！

非常棒 — 讓我們用一些有用的技巧來結束這個章節。

11.6 [K]GDB：一些提示和技巧

GDB 是一個龐大、功能強大的程式，這裡描述一些在使用 GDB 和 KGDB 時非常有用的最高精神提示和技巧。

使用 CONFIG_GDB_SCRIPTS 設定和使用 GDB scripts

Linux 可以追溯到 4.0 kernel，它提供一些基於 Python 的 helper script 來幫助 debug kernel 和 kernel 模組，可視為額外的 GDB 指令。它們的程式碼在 script/gdb 的 kernel 原始碼裡面。

透過設定 `CONFIG_GDB_SCRIPT=y` 來啟用，建議在 GDB 的起始檔案 `~/.gdbinit` 中放置下列這行：

```
add-auto-load-safe-path <...>/scripts/gdb/vmlinux-gdb.py
```

或者，更簡單但也可行的方法是 `add-auto-load-safe-path /`。這讓 GDB 在 kernel source tree（`scripts/gdb/vmlinux-gdb.py`）中剖析這個 Python script，並

識別基於 Python 的 GDB helper script，非常好用！所有的 helper script 都以 `lx-` 為字首，而 helper 函式則以 `lx_` 為字首。設定好之後，就可以使用 `apropos lx` 指令，*apropos* 這個詞表示參考或相關，它是 GDB 的關鍵字。來看看，並用一行解釋它們的用途：

```
(gdb) apropos lx
function lx_clk_core_lookup -- Find struct clk_core by name
function lx_current -- Return current task.
function lx_device_find_by_bus_name -- Find struct device by bus and name (both strings)
function lx_device_find_by_class_name -- Find struct device by class and name (both strings)
function lx_module -- Find module by name and return the module variable.
function lx_per_cpu -- Return per-cpu variable.
function lx_rb_first -- Lookup and return a node from an RBTree
function lx_rb_last -- Lookup and return a node from an RBTree.
function lx_rb_next -- Lookup and return a node from an RBTree.
function lx_rb_prev -- Lookup and return a node from an RBTree.
function lx_task_by_pid -- Find Linux task by PID and return the task_struct variable.
function lx_thread_info -- Calculate Linux thread_info from task variable.
function lx_thread_info_by_pid -- Calculate Linux thread_info from task variable found by pid
lx-clk-summary -- Print clk tree summary
lx-cmdline --  Report the Linux Commandline used in the current kernel.
lx-configdump -- Output kernel config to the filename specified as the command
lx-cpus -- List CPU status arrays
lx-device-list-bus -- Print devices on a bus (or all buses if not specified)
lx-device-list-class -- Print devices in a class (or all classes if not specified)
lx-device-list-tree -- Print a device and its children recursively
lx-dmesg -- Print Linux kernel log buffer.
lx-fdtdump -- Output Flattened Device Tree header and dump FDT blob to the filename
lx-genpd-summary -- Print genpd summary
lx-iomem -- Identify the IO memory resource locations defined by the kernel
lx-ioports -- Identify the IO port resource locations defined by the kernel
lx-list-check -- Verify a list consistency
lx-lsmod -- List currently loaded modules.
lx-mounts -- Report the VFS mounts of the current process namespace.
lx-ps -- Dump Linux tasks.
lx-symbols -- (Re-)load symbols of Linux kernel and currently loaded modules.
lx-timerlist -- Print /proc/timer_list
lx-version --  Report the Linux Version of the current kernel.
```

圖 11.18　顯示 GDB apropos lx 指令的輸出之螢幕截圖，
當 CONFIG_GDB_SCRIPT=y 時，可提供基於 Python 的 kernel Helper script

這些 helper script 確實使普通的 debug 任務變得簡單許多，例如查詢 kernel 日誌（`lx-dmesg`）、查詢 kernel 命令列（`lx-cmdline`）或當前載入的模組（`lx-lsmod`）、定義過的 I/O 記憶體位置（`lx-iomem`）等，這裡只能明確提到其中一些，圖 11.18 有顯示安裝過程的完整清單。若要取得 helper script 的簡短說明，請在 GDB 中輸入 `help lx-<scriptname>`。

請注意，此工具需要 GDB 7.2 或更新版本。官方 kernel 文件提供了一些使用它們的 help 和範例，請參考以下網站：https://docs.kernel.org/dev-tools/gdb-kernel-debugging.html#examples-of-using-the-linux-provided-gdb-helpers，請去看看並親手嘗試。

KGDB target remote：1234 指令無法在實體系統上運作

這有可能發生，target remote: 1234 GDB 指令無法讓 GDB client 連線到 target 系統。在實體硬體之間設定 KGDB 有時會令人沮喪！***檢查並重新確認 host 和 target 之間的連線！***首先，不必擔心建立 KGDB 的底層細節，確保你可以傳送和接收主機到 target 系統的封包，簡單訊息即可；反之亦然。例如，你可以執行下列動作，以 root 身分，假設 serial 連線位於 /dev/ttyUSB0：

```
[Host] echo "hello, target" > /dev/ttyUSB0
[Target] cat /dev/ttyUSB0
```

你應該看到 target 上的 hello, target 訊息，反過來測試一下，兩者都必須有效。如果連線不正確，target remote: <port#> 指令將會失敗或傳回異常錯誤 / 警告訊息，例如 warning: unrecognized item "timeout" in qSupported response。

此外，如這裡所述：https://stackoverflow.com/a/36861909/779269，host 系統採用 USB-to-serial type，但不一定在 target 系統採用。Target 系統必須具有直接 serial（COM）連線埠介面，或乙太網路 / 無線網路介面。請參閱「深入閱讀」章節，以了解有關此主題的更多資訊。

使用 sysroot 設定系統 root

在執行遠端 debug 或使用 KGDB 時，可能會需要 debug 外部的二進位檔案或 kernel，請注意下列幾點：

- 使用 toolchain 特有的 GDB，而不要使用原生的 GDB；例如，運行 arm-none-linux-gnueabihf-gdb -q <...>/vmlinux 而不是 gdb -q vmlinux。

- 設定 GDB 的 `sysroot` 變數，以及（或）`solib-search-path` 變數，以正確指向 target 二進位檔和函式庫所在的檔案系統之 root 目錄。當你位於執行遠端 debug 的 host 系統上，並且需要正確參照主機上的 target root 檔案系統時，這一點很重要。

除了透過 KGDB 提供的 kernel 支援外，GDB 本身提供了幾個有用的功能，以下會討論其中一些問題。

使用 GDB TUI 模式

GDB 具有 **TUI**（**Text User Interface**）模式，其中終端機視窗不是普通的命令列介面，而是拆分為兩個或三個水準的平鋪窗格，它在內部使用基於 curses 的函式庫和 API 來實現其類似圖形的功能，請檢視圖 11.19。

這裡的重點是，在 TUI 模式下使用 GDB 對於開發人員 / debug 作業階段而言非常實用！為了了解為什麼要執行快速的 GDB TUI 工作階段，此處將以「使用 KGDB debug kernel」章節中大致相同的方式 debug kernel，差別在於這裡使用 `-tui` 選項參數執行 GDB；另外，僅供參考，我們在具有自訂 5.10.53 debug kernel 的 x86_64 Ubuntu guest 上運行：

```
gdb -tui -q linux-5.10.53/vmlinux
[...]
```

一開始只會顯示兩個水準分割的視窗。若要啟用第三個，以及在每個分割視窗之間循環切換，請按 `Ctrl-x-2`；也就是按 *Ctrl* + *X* 後再接著按 2！支援的視窗顯示為 CPU 暫存器檢視，改變暫存器會反白顯示，以及 source / assmble 程式碼視窗和 GDB 命令提示字元視窗，自己試試吧！

```
─Register group: general─────────────────────────────────────────────
rax            0xdffffc0000000000   -2305847407260205056
rbx            0xffff888006cefdb0   -131391525290576
rcx            0xffffffff8136db2d   -2127111379
rdx            0x1ffff11000d1b469   2305826585272497257
rsi            0x246                582
rdi            0xffff8880068da348   -131391529573560
rbp            0xffff888006cefcc0   0xffff888006cefcc0
rsp            0xffff888006cefca0   0xffff888006cefca0
r8             0x1                  1
r9             0xffffed100bd2495f   -20821803120289
r10            0xffff88805e924af7   -131390052873481
r11            0xffffed100bd2495e   -20821803120290
r12            0xffff8880068d9780   -131391529576576
r13            0xffff8880068d97a4   -131391529576540
r14            0x0                  0
r15            0xffff888006cefd40   -131391525290688
─kernel/sched/core.c─────────────────────────────────────────────────
   4601                    struct task_struct *tsk = current;
   4602
   4603                    sched_submit_work(tsk);
   4604                    do {
   4605                            preempt_disable();
   4606                            __schedule(false);
   4607                            sched_preempt_enable_no_resched();
  >4608                    } while (need_resched());
   4609                    sched_update_worker(tsk);
   4610            }
   4611            EXPORT_SYMBOL(schedule);
   4612
   4613            /*
   4614             * synchronize_rcu_tasks() makes sure that no task is stuck in preempted
   4615             * state (have scheduled out non-voluntarily) by making sure that all
   4616             * tasks have either left the run queue or have gone into user space.
remote Thread 1.2 In: schedule                                  L4608 PC: 0xffffffff833c9821
(gdb) hbreak schedule
Hardware assisted breakpoint 3 at 0xffffffff833c9770: file kernel/sched/core.c, line 4600.
(gdb) hbreak panic
Hardware assisted breakpoint 4 at 0xffffffff832ebe6e: file kernel/panic.c, line 178.
(gdb) i b
Num     Type           Disp Enb Address            What
3       hw breakpoint  keep y   0xffffffff833c9770 in schedule at kernel/sched/core.c:4600
4       hw breakpoint  keep y   0xffffffff832ebe6e in panic at kernel/panic.c:178
(gdb) c
Continuing.
[Switching to Thread 1.2]

Thread 2 hit Breakpoint 3, schedule () at kernel/sched/core.c:4600
(gdb) n
(gdb) p tsk
$1 = (struct task_struct *) 0xffff8880068d9780
(gdb) 
```

圖 11.19　顯示 GDB 在 TUI 模式下運行的螢幕截圖；請注意此例中的水準分割窗格：CPU 暫存器、原始程式碼和 GDB 指令視窗窗格

在 debug 工作階段中，同時檢視原始碼、對應的組合語言碼以及 CPU 暫存器，功能非常強大！ GDB 的 TUI 模式使得它幾乎像 IDE 一樣，通常是大多數開發人員熟悉的 GUI 驅動模式……

提示：在 assembly、disassembling 程式碼層級單步執行

有時，在深入 debug 某些東西時，可能需要求助於在機器碼層級的工作，單步通過組合語言程式碼。要怎麼做？GDB 提供 `stepi(si)` 指令，單步剛好是一個機器指令！還可以指定 `si N` 以告知 GDB 以 `N` 步執行組合語言層級的指令。

此外，GDB 功能強大，它還有單獨的 disassembly(`disas`) 指令，甚至允許混合組合語言原始碼的輸出，可透過 `/m` 或 `/s` 修飾符；請注意，建議使用 `-s` 選項。可參考：`https://sourceware.org/gdb/onlinedocs/gdb/Machine-Code.html`。

以下是 GDB TUI 模式快速參考表，供你方便使用：

表 11.1：各種 GDB TUI 指令和快捷方式的摘要

鍵盤快速鍵或指令	TUI 模式的動作
`Ctrl-x 2`	在 CPU 暫存器檢視、原始碼 / 組譯程式碼檢視和 GDB 指令提示字元之間，循環顯示水平平鋪視窗的內容。
`Ctrl-p`	重新呼叫前一個指令（ip 箭頭捲動當前視窗中的內容）。
`Ctrl-n`	呼叫下一個命令（向下箭頭滾動當前視窗中的內容）。
`fs next`	將鍵盤焦點切換到下一個視窗窗格（可用於透過窗格中的箭頭鍵捲動內容）。
`tui <cmd>`	`<cmd>` 是 `enable`、`disable` 或 `reg` 其中之一。`enable` 和 `disable` 的意思很明確；`reg` 等一下會解釋。
`tui reg <tab><tab>`	顯示全部可能的 CPU 暫存器顯示模式；輸出取決於架構而定。在 x86_64 上落得到 `all float general mmx next prev restore save sse system vector`。
`winheight`	調整指定視窗的高度；格式：`winheight WINDOW-NAME [+|-] NUM-LINES`。

請務必在強大的 TUI 模式中嘗試 GDB，你不會後悔的！

發生 <value optimized out> GDB 回應時怎麼辦

當你想嘗試印出變數的值，例如 `(gdb) p i` 時，要怎麼做？GDB 的回應是一個難以理解的 `<value optimized out>` 訊息？這通常發生在區域變數和函式參數，往往受到編譯器最佳化的影響，編譯器避免使用堆疊記憶體來儲存 local 和（或）參數，而是使用適當的 CPU **通用暫存器（General Purpose Register, GPR）**。

所以，如果你對 CPU ABI 有足夠了解，你就可以知道變數值的儲存位置！要怎麼知道？透過研究處理器的 CPU ABI！第 4 章〈透過 Kprobes 儀器進行 debug〉的「了解 ABI 的基本概念」章節已詳細介紹過，可以再複習一下。

提示

此外，啟用 `CONFIG_DEBUG_INFO_DWARF4` kernel config 也會產生正面影響。Kernel 有文件說明這個事實，也就是使用該選項明顯提高在最佳化程式碼上解析 gdb 中的變數的成功率。

此外，如剛才所述，以 TUI 模式執行 GDB 可協助你更清楚地看到內容，進而協助解析變數 / 參數值。

好用的 GDB routine

GDB 提供一些內建的 routines，其中一些要求 GDB 必須搭配 Python 支援：

- `$_memeq()`：檢查指定長度的兩個緩衝區是否相同。
- `$_regex()`：基於 Python，一個正規表示式匹配函式。
- `$_strlen(str)`：傳回字串 `str` 的長度。

其他可至以下網址檢視：`https://sourceware.org/gdb/current/onlinedocs/gdb/Convenience-Funs.html#Convenience-Funs`。

在 GDB 啟動檔案中的自訂 macros

當你深入 debug 作業階段時，在外部的生命就不再重要了（笑臉！）通常，我們反複地輸入相同的指令，一天要輸入幾十次，很簡單。但沒有捷徑嗎？有的，就在這：有效地說明你自訂的 GDB 指令或捷徑 *GDB macro* 在此非常有用！也很容易設定：只要在 `define <macro-name> [...] end` 之間放置任何你想要執行的 GDB 指令即可。只要在 GDB 啟動檔案 `~/.gdbinit` 中定義它們即可。這可確保它們在 GDB 啟動時自動分析並可供你使用。有幾個範例：

```
// ~/.gdbinit
# connect and set up breakpoints
define connect_qemu
  target remote :1234
  hbreak start_kernel
  hb panic
  hb do_init_module
  b do_fsync
end
# xs - examine stack
define xs
  printf "x/8x $sp\n"
  x/8x $sp
  printf "x/8x $sp-12\n"
  x/8x $sp-12
end
```

因此，舉例來說，在 GDB 中，只要在提示處輸入先前提過的 `connect_qemu`，GDB 就會執行此 macros 下的全部指令，有點類似於在批次模式下運行 GDB，這是另一個你可以查詢的實用功能！此外，更複雜的 GDB（範例）macros 可以在此處找到：`https://www.kernel.org/doc/Documentation/admin-guide/kdump/gdbmacros.txt`

花哨的斷點和硬體觀察點

除了「一般」的硬體 / 軟體斷點之外，GDB 支援**條件斷點**、**暫時斷點（temporary breakpoint）和硬體監視點**。這些真的都很好用！

條件斷點

這有個範例，假設你正在 debug 一個迴圈裡的程式碼，迴圈會重複執行 10 萬次。你懷疑這個 bug 位於最後一個或倒數第二個迴圈的執行期間，也就是你通常會遇到的 off-by-one bug！你可以做什麼？單步走過幾千次的迴圈並不會有效率，對吧？設定條件斷點！ GDB 的 condition 指令是一個方法：

```
(gdb) help condition
Specify breakpoint number N to break only if COND is true.
Usage is 'condition N COND', where N is an integer and COND is an expression to be
evaluated whenever breakpoint N is reached.
```

或者，你可以使用下列語法：

```
[h]break <loc> if COND
```

如上一個章節展示的在 `kgdb_try` 模組中使用條件斷點的範例。

暫時斷點（temporary breakpoint）

有時你只想暫時設定斷點。tbreak 指令會設定只能使用一次的斷點。之後，它就會自動清理乾淨，你不必記得使用 `disable N` 或 `delete N` GDB 指令，這在匆忙時非常有用。

硬體監看點

硬體監看點是讓 GDB 在你指定的變數或運算式發生問題時，停止執行 target 的方法，它在內部使用特殊的 CPU debug 暫存器，因此比傳統軟體（條件）斷點快得多。能夠或應該發生什麼情況來觸發硬體監看點？改變（寫入）一個指定的變數，甚至讀取一個指定的變數，實際上，任何有效記憶體的讀 / 寫都可以觸發它們！硬體監看點確實需要處理器的支援；一般而言，所有現代處理器都有提供支援。請透過下列方式了解：

```
(gdb) show can-use-hw-watchpoints
Debugger's willingness to use watchpoint hardware is 1.
```

啊，有支援。基本上 GDB 有三種硬體監看點的指令：

- watch <var/expression>：設定當變數 / 運算式變更（寫入）時觸發的硬體監看點。
- rwatch <var/expression>：設定在讀取變數 / 運算式時觸發的硬體監看點。
- watch <var/expression>：設定當變數 / 運算式有讀取或寫入時觸發的硬體監看點。

觸發時，GDB 將立即停止執行並顯示詳細資訊：哪個執行緒觸發了監看點，硬體監看點編號、名稱，如果值已更改，則顯示正在監看的變數 / 表達式的舊值和新值；或者，如果它是讀取監看點，則顯示當前值。

例如，對 kernel 變數 `jiffies_64` 設定一個硬體監看點：一個無號的 64 位元數量，在每次 timer 中斷時增加，在程式碼中，通常使用 `jiffies` macro 來安全地查詢它。來試試看：

```
(gdb) help watch
Set a watchpoint for an expression.
Usage: watch [-l|-location] EXPRESSION
A watchpoint stops execution of your program whenever the value of
an expression changes.
If -l or -location is given, this evaluates EXPRESSION and watches
the memory to which it refers.
(gdb) watch jiffies_64
Hardware watchpoint 3: jiffies_64
(gdb) i b
Num     Type           Disp Enb Address            What
1       hw breakpoint  keep y   0xffffffff8299df54 in start_kernel at init/main.c:850
        breakpoint already hit 1 time
2       hw breakpoint  keep y   0xffffffff81ad87f7 in panic at kernel/panic.c:178
3       hw watchpoint  keep y                      jiffies_64
(gdb) c
Continuing.

Thread 1 hit Hardware watchpoint 3: jiffies_64

Old value = 4294892296
New value = 4294892297
do_timer (ticks=ticks@entry=1) at kernel/time/timekeeping.c:2269
2269            calc_global_load();
(gdb) bt
#0  do_timer (ticks=ticks@entry=1) at kernel/time/timekeeping.c:2269
#1  0xffffffff8119dd32 in tick_periodic (cpu=cpu@entry=0) at kernel/time/tick-common.c:93
#2  0xffffffff8119dd75 in tick_handle_periodic (dev=0xffff888003451400)
    at kernel/time/tick-common.c:111
#3  0xffffffff8108e808 in timer_interrupt (irq=<optimized out>, dev_id=<optimized out>)
    at arch/x86/kernel/time.c:57
#4  0xffffffff8116b465 in __handle_irq_event_percpu (desc=desc@entry=0xffff88800352c800,
    flags=flags@entry=0xffffc90000003f84) at kernel/irq/handle.c:156
#5  0xffffffff8116b5c3 in handle_irq_event_percpu (desc=desc@entry=0xffff88800352c800)
    at kernel/irq/handle.c:196
#6  0xffffffff8116b64b in handle_irq_event (desc=desc@entry=0xffff88800352c800)
    at kernel/irq/handle.c:213
```

圖 11.20　在 kernel jiffies_64 變數上設定硬體監看點的範例

看一下之前這張圖：顯示 `help watch` 的輸出、在 `jiffies_64` 變數上新增硬體監看點，然後顯示目前斷點，包括這個硬體監看點。接著，繼續執行 kernel。監看點很快觸發，顯示 `jiffies_64` 的新舊值；當觸發計時器中斷時，它會增加 `1`！我們在程式碼中變數發生變化的位置，可以透過使用 `backtrace`（`bt`）指令檢視 kernel 堆疊，來輕易檢查如何達到此目的，只是它在螢幕截圖中被截斷。

想想這些 [K]GDB debug 功能，它們可能非常珍貴！常見的預感是，特定變數遭竄改是導致 bug 的原因。硬體監看點可以協助你驗證這個預感。

其他 GDB 提示

以下是一些更快速的小提示：

- 在 GDB 的提示字元，你可以輸入關鍵字的前幾個字母，甚至指定變數或函式名稱時也是，接著按兩次 Tab 鍵，GDB 會嘗試自動完成；如果有多個匹配項目，將全部顯示，並且可以重複輸入幾個字元。不過請注意，這會讓 GDB 變慢。
- 回想一下第 7 章〈Oops！解讀 kernel 的 bug 診斷〉「使用 GDB 協助偵錯 Oops」章節：給定函式名稱和函式中的偏移量，如 Oops 觸發時報告，可以使用 GDB 的 `list` 指令來顯示特定行的原始碼，語法為：`list *<function>+<offset>`。
- 你可以從 GDB 內執行 shell 指令；例如，若要在其中執行 `ls -l`，請在 GDB 提示字元處發出指令 `shell ls -l`。
- 還有許多內容可供你閱讀並試用：GDB 的 `record/reverse*` 指令集、漂亮的輸出、在機器碼上設定斷點（`b *<addr>`）等……

到這裡可說是完成了！

結論

很高興能完成這篇講求實作的章節，我真的希望你能親自邊讀邊做！

我們首先對 KGDB 的工作原理有個簡單的概念理解；這歸納於 GDB 採用客戶端 / 伺服器架構：target kernel 匯入 GDB 伺服器元件，遠端 GDB 客戶端在主機系統上運行。接下來，透過 SEALS 專案和 QEMU 專案打造與測試一個完整的 ARM32 target，在 demo 如何使用 KGDB 來 debug 樹狀的 kernel 程式碼時，我們把它作為 target 系統，從早期開機開始。

接著進一步了解如何使用 KGDB 來 debug kernel 模組，通常驅動程式的開發者等角色必須在專案和產品上執行的操作，這一次用 QEMU 模擬的 x86_64 作為 target 系統來 demo。

本章最後總結一些有用的 [K]GDB 提示與技巧！

誠然，將 KGDB 設定為在實際的硬體上遠端 debug 可能比較麻煩！確保 serial 連線，通常透過主機的 USB 轉 RS232 TTL UART 介面卡，在兩個方向上的工作非常關鍵……有關幫助解決這些相當煩人的問題連結，以及此主題的更多內容，請參考「深入閱讀」章節。

請投入一些時間親自玩玩 KGDB……你猜怎麼著？我們快到終點了，最後一章還在等著呢！在那裡，我們將透過閱讀更多 kernel debug 方法和技術來總結本書，下一章見！

深入閱讀

- （幽默！）The GDB Song：`https://www.gnu.org/music/gdb-song.en.html`
- 官方 kernel 文件：Using kgdb, kdb and the kernel debugger internals：`https://www.kernel.org/doc/html/v5.10/dev-tools/kgdb.html`
- How to use KGDB，Timesys：`https://linuxlink.timesys.com/docs/how_to_use_kgdb`

- 介紹將 serial port 複合用在 GDB 與 console 的絕佳教材：Using Serial kdb / kgdb to Debug the Linux Kernel - Douglas Anderson，Google，2019 年 10 月，YouTube：https://www.youtube.com/watch?v=HBOwoSyRmys
- Linux Kernel Exploitation 0x0] Debugging the Kernel with QEMU，K Makan，2020 年 11 月：http://blog.k3170makan.com/2020/11/linux-kernel-exploitation-0x0-debugging.html
- KGDB/KDB over serial with Raspberry Pi，B Kannan，2018 年 5 月；Yocto-biased: https://eastrivervillage.com/KGDB-KDB-over-serial-with-RaspberryPi/
- 部落格文章：也有設定給 libvirt 與 Vagrant 的 KGDB：USING 'GDB' TO DEBUG THE LINUX KERNEL, D Robertson, Nov 2019: https://www.starlab.io/blog/using-gdb-to-debug-the-linux-kernel
- 部落格文章：A KDB / KGDB SESSION ON THE POPULAR RASPBERRY PI EMBEDDED LINUX BOARD, kaiwanTECH，2013 年 7 月：https://kaiwantech.wordpress.com/2013/07/04/a-kdb-kgdb-session-on-the-popular-raspberry-pi-embedded-linux-board/
- 5 Easy Ways to Reduce Your Debugging Hours，Dr G Law，2021 年 12 月：https://undo.io/resources/gdb-watchpoint/5-ways-reduce-debugging-hours/
- Man page on kdb(8) Built-in Kernel Debugger for Linux: https://manpages.org/kdb/8
- Merging kdb and kgdb, Jake Edge, LWN, Feb 2010: https://lwn.net/Articles/374633/
- Debugging KGDB-serial connection and other issues：
  - KGDB remote debugging connection issue via USB and Serial connection: https://stackoverflow.com/a/36861909/779269
  - Breakpoints not being hit in remote Linux kernel debugging using GDB: https://stackoverflow.com/questions/28165812/breakpoints-not-being-hit-in-remote-linux-kernel-debugging-using-gdb

  - Breakpoints not working for GDB while debugging remote arm target on qemu: `https://stackoverflow.com/questions/70874764/breakpoints-not-working-for-gdb-while-debugging-remote-arm-target-on-qemu`
  - Debugging ARM kernels using fast interrupts, Daniel Thompson, LWN, 2014 年 5 月：`https://lwn.net/Articles/600359/`
- Red Hat Developer series on GDB：
  - The GDB developer's GNU Debugger tutorial, Part 1: Getting started with the debugger, Seitz, RedHat Developer, 2021 年 4 月：`https://developers.redhat.com/blog/2021/04/30/the-gdb-developers-gnu-debugger-tutorial-part-1-getting-started-with-the-debugger`
  - The GDB developer's GNU Debugger tutorial, Part 2: All about debuginfo, Seitz, RedHat Developer，2022 年 1 月：`https://developers.redhat.com/articles/2022/01/10/gdb-developers-gnu-debugger-tutorial-part-2-all-about-debuginfo`
  - Printf-style debugging using GDB, Part 3, Beutnner, RedHat Developer，2021 年 12 月：`https://developers.redhat.com/articles/2021/12/09/printf-style-debugging-using-gdb-part-3`
- 在 TUI mode 使用 GDB：
  - 來自 GDB 使用手冊：GDB Text User Interface: `https://sourceware.org/gdb/onlinedocs/gdb/TUI.html`
  - Debug faster with gdb layouts (TUI), YouTube video：`https://www.youtube.com/watch?v=mm0b_H0KIRw`
- 供你參考，有趣的：A kernel debugger in Python: drgn, Jake Edge, LWN, 2019 年 5 月：`https://lwn.net/Articles/789641/`

CHAPTER 12

再談談一些 kernel debug 方法

首先，第 2 章〈Debug Kernel 的方法〉介紹了 kernel debug 的各種方法，表 2.5 也提供 kernel debug 工具和技術，與各種 kernel debug 缺陷類型的快速比較表。本書在前幾章涵蓋了許多提到的工具和技術，但肯定還不完整。

在此，我們僅介紹目前尚未提及或僅略述的想法與框架，你在作業系統 / 驅動程式層級 debug Linux 時，可能會發現這些想法和框架非常有用。我們既不打算深入了解這些主題，也沒有深入了解的篇幅，但是請隨意自行參考「深入閱讀」章節中的連結，更仔細了解！即使如此，本章還是涵蓋一些重要主題。

本章將重點討論並涵蓋以下主題：

- Kdump / crash 架構簡介
- 淺談 kernel 程式碼的靜態分析

- Kernel code coverage 工具和測試框架簡介
- 其他：使用 `journalctl`、斷言（assertion）和警告

12.1 Kdump / crash 架構簡介

當使用者空間的應用程式，也就是一個行程 crash 時，通常可以啟用 kernel **core dump** 功能；這允許 kernel 擷取行程**虛擬位址空間（virtual address space, VAS）**的相關區段或映射（mapping），並將它們寫入傳統上稱為 `core` 的檔案。在 Linux 上，其名稱現在是可設定的，實際上還有各種功能，請檢視 `core(5)` 上的 man page 了解詳細資訊。這有什麼幫助？你可以稍後使用 **GNU debug 工具（GDB）**檢查並分析 core dump，語法為 `gdb -c core-dump-file original-binary-executable`，它可以幫助找到問題的根本原因！這叫做驗屍分析（post-mortem analysis），因為在行程的**遺骸（dead body）**上完成，也就是 kernel core dump 映像檔案。

這樣很好，但是直接對 kernel 做一樣的事不是更有用嗎？這正是 **kernel dump（kdump）**基礎結構提供的，在 kernel crash 時蒐集和捕獲整個 kernel 的記憶體區段（kernel VAS）的能力！此外，強大的使用者空間開源應用程式 / 工具「crash」，可讓你對 kdump 映像檔執行驗屍分析，協助找出問題的根本原因！

為什麼使用 kdump / crash？

知道如何分析 **Oops** 和 **kernel panic** 後，為什麼要使用 kdump / crash，以及使用 KGDB、KASAN、KCSAN 等？有幾個理由：

- 如 debug 工具（printk）、KASAN、UBSAN、KCSAN 和 KGDB 等工具通常效果非常好，並會在 debug kernel 上打開。當你的軟體在生產環境中執行時，如果因為 kernel 層級的問題而失敗，通常就會停用，因此不會有太大幫助。
- 即使進行 Oops / panic 診斷，如發生 Oops 時的完整 kernel 日誌，可能也不足以找出 kernel bug 的根本原因。例如，你可能需要有問題的 kernel-

mode 堆疊的所有訊框（frame），而不只是發生 crash 時的訊框，而且還需要 kernel 記憶體的內容，也就是所有 kernel 資料的狀態（state）。

- 只有 kdump 才能在生產環境中全部捕獲。而 crash 能讓你分析。

使用 kdump 有一個缺點：這意味著保留相當多的系統 RAM，甚至可能保留快閃記憶體 / 磁碟記憶體空間；而這可能是不切實際的，特別是在某些類型的嵌入式系統中。

了解 kdump / crash 基本架構

還有興趣嗎？使用 kdump / crash 主要有兩部分：

1. 將 kernel 設定為發生 crash / Oops / 或 panic 時擷取 kernel 記憶體的映像；這包括配置主 kernel 以啟用 kdump，以及如果發生 crash / Oops / panic，設定透過特殊的 kexec 機制啟動所謂的 **dump-capture kernel**。
2. 在 dev/debug/host 系統上安裝 crash 公用程式；它會將 kdump 映像作為其參數之一。了解如何使用該程式來協助 debug kernel / 模組問題。

設定及使用 kdump，以在當機時擷取 kernel image

這裡不打算詳述，因為沒有足夠的篇幅，可參閱正式的 kernel 文件 Kdump 文件：〈The kexec-based Crash Dumping Solution〉[1]，要設定 kdump 的話，強烈建議詳細檢視此檔案。不過請注意，許多 Linux 發行版，特別是 Red Hat、CentOS、SUSE 和 Ubuntu 等企業級發行版，在設定 kdump，例如，特殊配置組態檔案、軟體套件和模式時，都有自己的包裝工具（wrapper）；請根據需要查詢發行版的文件。

1 *https://www.kernel.org/doc/html/latest/admin-guide/kdump/kdump.html#documentation-for-kdump-the-kexec-based-crash-dumping-solution*

Kdump 的建立過程如下：

- 安裝 `kexec-tools`，透過原始碼或 distribution package。
- 設定一個或兩個 kernels：
  - 主要的 kernel，設定為支援 kdump，以一般方式執行
  - 一個 dump-capture kernel

在支援可重新定位核心，如 `i386`、`x86_64`、`arm`、`arm64`、`ppc64` 和 `ia64` 的架構中，截至本文撰寫，主要的 kernel 也可以運作為 dump-capture kernel（耶！）可查閱 kernel config 詳細資訊[2]。

請依照下列步驟繼續執行 kdump 行程：

- 在開機時，將 `crashkernel=size@offset` kernel 命令列參數適當地傳遞到主要的 kernel；這保留了一部分的 RAM，詳細資料可在 kernel 文件[3]中找到。
- 作為啟動的一部分，主要的 kernel 採用特定於架構的方法，透過 `kexec` 公用程式，將 dump-capture kernel 載入到保留的記憶體區域；詳細資訊位於 `https://www.kernel.org/doc/html/latest/admin-guide/kdump/kdump.html#load-the-dump-capture-kernel`。

就是這樣！當碰到觸發點（trigger point）時，主要的 kernel 將完全**暖開機**，並保留 RAM 內容到 dump-capture kernel；截至編寫時，這些內容包括：

- `panic()`：將 `kernel.panic_on_ops` sysctl 設定為 1 可確保當 kernel 發生 Oops 時，會用 dump-capture kernel 開機，建議在生產中執行。
- `die()` 和 `die_nmi()`
- Magic SysRq 的 c 指令，當然是在啟用時：允許你透過強制 dereference 一個 NULL 指標，以測試 kdump 的功能，因此，透過這樣做來產生 kernel Oops：`echo c > /proc/sysrq-trigger`；需要 root 身分。

2 *https://www.kernel.org/doc/html/latest/admin-guide/kdump/kdump.html#system-kernel-config-options*

3 *https://www.kernel.org/doc/html/latest/admin-guide/kdump/kdump.html#crashkernel-syntax*

不過請注意，或許是因為硬體問題，如果無法重新開機到 dump-capture kernel，則 kdump 基本上是沒有用的。

很好，Kdump 已經設定好了。但是，這有什麼幫助呢？發生 kernel crash 或 panic 時，你如何擷取 kernel 記憶體映像？如下所示：kernel 通過 /proc/vmcore pseudofile 使 dump image 可用；因此，如果 dump-capture kernel 將你丟到 shell，只需使用 cp 指令將其寫出到磁碟即可，例如 [sudo] cp /proc/vmcore </path/to/dump-file>。或者，你也可以將其 scp 到遠端伺服器，或使用名為 makedumpfile 的公用程式，將內容寫出到磁碟 / 快閃記憶體。當然，你可以讓 script 自動做這件事……

（這可能很有用：Linux Kernel Crashdump 簡報的第 14 張投影片有一個簡單的示意圖，其中顯示了前面的圖表；可以在 https://www.slideshare.net/azilian/linux-kernel-crashdump 中找到。）

太好了。因此，假設啟用了 kdump 的 kernel 發生 crash，現在有 kernel dump 映像檔。要怎麼辦？開發人員現學現賣，學會使用功能強大的 crash 公用程式來解譯 dump 檔案，協助找出實際問題的根本原因！（我已經在「深入閱讀」章節提供幾個有關使用 crash 的教學連結；請參考。）

kdump/crash 在工業用途經常使用；這是因為，說到底，kernel debug 是一項困難而艱苦的工作。我們肯定非常喜歡在 crash 時提供的完整 kernel 記憶體映像，以及分析工具！

12.2 淺談 kernel 程式碼的靜態分析

廣義上，有兩種分析工具：靜態和動態。**動態分析**工具是那些在程式碼執行時使用的工具，前幾章已經談到絕大部分，其中包括 kernel 記憶體檢查器：KASAN、SLUB debug、kmemleak 和 KFENCE、未定義的行為檢查器：UBSAN，以及跟 lock 有關的動態分析工具：lockdep 和 KCSAN。

靜態分析工具是對原始碼本身操作的工具。適用於 C 的靜態分析器會發現一些常見錯誤，如**未初始化的記憶體讀取（UMR）**、**使用後返回（UAR）**，也稱為 **use-after-scope**、錯誤的陣列存取和簡單的程式碼壞味道。

對於 Linux kernel 而言，靜態分析工具包括 **Coccinelle**、`checkpatch.pl`、**sparse** 和 **smatch**，也有其他更一般但仍然有用的靜態分析儀；其中包括 `cppcheck`、`flawfinder` 甚至編譯器 GCC 和 **clang**；供你參考，GCC 10 之後有新的 `-fanalyzer` 選項開關。靜態分析器的數量較多，有些是需要授權的高品質商業工具，如 Coverity、Klocwork、SonarQube 等。

除了發現潛在的 bug 之外，靜態分析器還經常拿來揭露資安漏洞。如果你仔細想想，大多數與程式碼有關的安全漏洞無非就是 bug 本身。

Sparse 分析器和 smatch 靜態分析器是 Linux 特有的產品。Coccinelle 就是法語的 ladybug，它曾經也是 Linux 特有產品，但現在已經相當普及，不只適用於 Linux kernel，而是一個非常強大的框架，用於程式碼轉換和靜態分析，帶有一點學習曲線。Coccinelle 有 4 種模式可供你執行；其中兩種模式，report 當然是報告潛在的程式碼問題，而 patch 程式可用於建議修正，方法是透過它以一般統一的差異格式產生 patch。官方的 Linux kernel 文件提供了 Coccinelle 和 sparse 的詳細資訊，請仔細閱讀並試用，可檢視如下：

- Coccinelle: `https://www.kernel.org/doc/html/latest/dev-tools/coccinelle.html#coccinelle`
- Sparse：`https://www.kernel.org/doc/html/latest/dev-tools/sparse.html#sparse`
- Smatch: pluggable static analysis for C，Neil Brown，LWN，2016 年 6 月：`https://lwn.net/Articles/691882/`

使用 cppcheck 和 checkpatch.pl 靜態分析的範例

由於篇幅限制，我無法在這裡提供很多靜態分析範例，只會有以下幾個例子。首先，我想提醒大家回到第 5 章〈Kernel 記憶體除錯問題初探〉，「捕捉

kernel 中的記憶體缺陷：比較與注意事項（Part 1）」章節，就能很清楚發現，使用 Linux kernel 強大的記憶體檢查程式尋找錯誤時：

> 「KASAN 和 UBSAN 都不會捕獲前 3 個測試案例：UMR、UAR 和記憶體洩漏 bug，但編譯器會產生警告，靜態分析器（cppcheck）能夠捕獲其中一些。」

這個問題的原始碼在此：ch5/kmembugs_test/kmembugs_test.c，前 3 個測試用例是 UMR、UAR 和記憶體洩漏 bug！現在來透過所謂比較好的 Makefile sa_cppcheck target 執行 cppcheck。請查閱 ch5/kmembugs_test/Makefile 以檢視實際執行 cppcheck 的方式：

```
cd <lkd_src>/ch5/kmembugs_test
make sa_cppcheck
[...]
kmembugs_test.c:113:9: error: Returning pointer to local variable 'name' that will be
invalid when returning. [returnDanglingLifetime]
return (void *)name;
       ^
kmembugs_test.c:113:17: note: Array decayed to pointer here.
return (void *)name;
               ^
kmembugs_test.c:105:16: note: Variable created here.
volatile char name[NUM_ALLOC];
[...]
```

擊中目標！請自行重新閱讀程式碼。

使用靜態分析器協助的另一個範例，kernel 的 checkpatch.pl Perl script 在很多方面非常取決於 Linux kernel 而定，並試圖強制遵循 Linux kernel 程式碼風格的準則，這在提交 patch（補丁）時非常重要；準則位於：https://www.kernel.org/doc/html/latest/process/coding-style.html。透過幾個範例快速為展示在模組的原始碼上運行 checkpatch.pl 的價值；我在 ch5/kmembugs_test/kmembugs_test.c 原始檔上運行它，利用我們的 Makefile，透過 make 呼叫相對應的 target：

```
make checkpatch
[...]
WARNING: Using vsprintf specifier '%px' potentially exposes the kernel memory layout,
if you don't really need the address please consider using '%p'.
#134: FILE: kmembugs_test.c:134:
+#ifndef CONFIG_MODULES
+    pr_info("kmem_cache_alloc(task_struct) = 0x%px\n",
+        kmem_cache_alloc(task_struct, GFP_KERNEL));
[...]
WARNING: unnecessary cast may hide bugs, see http://c-faq.com/malloc/mallocnocast.html
#312: FILE: kmembugs_test.c:312:
+    kptr = (char *)kmalloc(sz, GFP_KERNEL);
```

這些警告很有價值，第一個警告來自資訊安全方面，第二個來自一般型別；請特別注意這些警告！

許多靜態分析工具的一個顯著問題是誤報（false positive），即偽陽性問題，工具引發的問題對開發者來說不是真正要解決的事，而是心頭之患。但是，將靜態分析作為開發工作流程的一部分非常重要，並且必須由團隊加以整合。

12.3 Kernel code coverage 工具和測試框架簡介

程式碼覆蓋（Code coverage）是一種工具，可識別哪幾行程式碼會在執行期間執行，而哪幾行程式碼不會。如 GNU coverage(gcov)、kcov 和一些前端工具，如 lcov 等，在蒐集這些關鍵資訊方面可能非常有價值。

為什麼 code coverage 很重要？

以下是你應該，或者可以說「必須」執行 code coverage 的幾個典型原因：

- **Debug**：協助識別從未執行的 code path，因 error path 相當典型，因此清楚表示你需要測試案例，以捕捉潛伏在這些區域的那些 bug。
- **測試 / QA**：識別有效的測試案例，以及更明確的、需要撰寫的測試案例，以涵蓋永不執行的那幾行程式碼，因為目標是 100% 的 code coverage！

- 它們可以協助（最小的）kernel 組態。看到從未採用某些程式碼路徑，可能意味著不需要使用這些路徑的組態。這可能是不正確的；在關閉它們之前，請注意確保這些路徑確實非必需。

可以更深入了解一下感興趣的領域，第一點是 debug。為了說明這一點，這裡採用簡單的 pseudo code 範例，一個內含正規程式碼的一個 error path：

```
p = kzalloc(n, GFP_KERNEL);
if (unlikely(!p)) {  [...] } // let's assume this alloc is fine
foo();  // assume it all goes well here
q = kzalloc(m, GFP_KERNEL);
if (unlikely(!q)) {  // if this allocation fails ...
   ret = do_cleanup_one();
   if (!ret) /* ... and if this is true, then we end up with a memory leak!!! */
      return -ENOSPC;
   kfree(p);
   return -ENOMEM;
}
```

如果你沒有（負面的）測試案例，其中 ret 的值為 NULL，則該程式碼路徑永遠不會執行，因為傳回的是錯誤值，但無法先釋放先前配置的記憶體緩衝區；因此，永遠無法測試。即使是功能強大的動態分析工具，如 KASAN、SLUB debug、kmemleak 等，也無法捕捉到 leakage bug，因為它們永遠無法執行程式碼路徑！這說明了為什麼 100% 的 code coverage 是成功產品或專案的關鍵。

提示：錯誤注入

所以，要如何準確地建立「負面」案例來測試錯誤路徑，如前述的簡單範例？此外，透過 slab cache，如 kmalloc()、kzalloc() 和類似的 kernel 層級 allocation 幾乎從來不會失敗，但是我們學會了總是要撰寫程式碼來檢查失敗案例，這裡有一些可能會失敗的角落案例「corner cases」；請務必檢查！但是如何測試該程式碼呢？Kernel 有**錯誤注入框架（fault-injection framework）**來協助解決此問題！這很重要，因為只有在執行程式碼時才能捕捉潛在的 bug；靜態分析器除外。官方 kernel 文件詳細介紹了 kernel 錯

> 誤注入框架〈Fault injection capabilities infrastructure〉[4]，請自行閱讀，並檢視「深入閱讀」章節以了解這個主題的詳細資訊。

雖然 gcov 是一個使用者空間的工具，但它也可以用於 Linux kernel 和模組的覆蓋分析。當在 Linux kernel 的 context 中使用時，gcov 覆蓋資料會從 debugfs pseudo file 中讀取（在 /sys/kernel/debug/gcov 下）。使用 gcov 執行 kernel 層級的 code coverage 機制在官方 kernel 文件[5]中有明確說明。lcov 等工具是 gcov 的前端，提供有用的功能，如生成基於 HTML 的 code coverage 報告；它們以一般方式工作，無論是用於 user space 還是 kernel space 的報告。

正如業內經驗豐富的人士所知，許多客戶的**服務級別協定（service level agreement, SLA）**或合約，將會記錄與簽署要求 100% 或至少接近的 code coverage。

關於 kernel 測試的簡要注意事項

測試 / QA 是軟體開發過程的關鍵部分。有句話說「測試揭露的是 bug 的存在，而非它們的不存在」，不幸的是，這是真的。因為使用最先進的 Linux kernel 測試工具和框架來測試其正當性，你確實可以根除絕大多數作業系統層級和驅動程式層級的 bug，進而在隨後修復。這是關鍵的一件事，忽視測試會讓你付出代價！

如官方的 kernel 文件[6]所述，Linux kernel 中有兩種主要類型的測試基礎架構，它們的使用方式不同。除此之外，一種叫做 fuzzing 的技術已證明是個關鍵又強大的手段，可以用來捕捉那些難於梳理的 bug，讓我們繼續看下去！

---

4 *https://www.kernel.org/doc/html/latest/fault-injection/fault-injection.html#fault-injection-capabilities-infrastructure*

5 *https://www.kernel.org/doc/html/latest/dev-tools/gcov.html#using-gcov-with-the-linux-kernel*

6 〈Kernel Testing Guide〉：*https://www.kernel.org/doc/html/latest/dev-tools/testing-overview.html#kernel-testing-guide*

Linux kernel 自我測試（kselftest）

這是 user-mode script 和程式的集合，也加入了一些模組；你可以在 `tools/testing/selftests` 底下的 kernel source tree 找到它們。這裡更多的是黑箱方法；**kselftest** 適用於測試或驗證 kernel 較大的特性，使用定義良好的 user-to-kernel 介面，如系統呼叫、裝置節點、pseudo file 等。若要了解如何使用 kselftest 並執行，可參考官方 kernel 文件[7]。

Linux kernel 單元測試（KUnit）

它們往往是 kernel 程式碼一部分的小型 self-contained 測試案例，以及了解內部的 kernel 資料結構和函式，因此更符合單元測試。前文已經講述使用 **KUnit** 測試案例來測試功能強大的 KASAN 記憶體檢查器；請參考第 5 章〈Kernel 記憶體除錯問題初探〉，「使用 kernel 的 KUnit 測試基礎結構運行 KASAN 測試案例」章節，KUnit 在官方的 kernel 文件[8]也有深入介紹，包括如何編寫自己的測試案例。

測試結果通常以眾所周知的形式產生：**測試任何通訊協定（Testing Anything Protocol, TAP）**格式由應用程式與 kernel 使用，但是也會有原始通訊協定與 kernel 要求不一致的情況；因此，kernel 社群演化用於報告的 **kernel TAP** 格式，官方 kernel 文件[9]中有詳細資訊。

何謂 Fuzzing？

也可以透過一個叫做 **fuzzing（模糊）**的強大工具，來測試 app 和 kernel 程式碼，非常有效！從本質上說，模糊測試是一種測試技術、框架，**受測試程式（program under test, PUT）**，會以餵送的半隨機輸入（monkey-on-the-keyboard）技術！這往往能導致它以微妙的方式失敗和（或）觸發錯誤，這是

---

7 *https://www.kernel.org/doc/html/latest/dev-tools/kselftest.html#linux-kernel-selftests*

8 *https://www.kernel.org/doc/html/latest/dev-tools/kunit/index.html#kunit-linux-kernel-unit-testing*

9 *https://docs.kernel.org/dev-tools/ktap.html#the-kernel-test-anything-protocol-ktap-version-1*

傳統測試技術所沒有的。Fuzzing 特別有助於發現安全漏洞，且這些漏洞常常就是典型的記憶體漏洞，第 5 章與第 6 章也已經詳述過這些內容。

有許多著名的**模糊器**（**fuzzer**），其中包括**美國模糊邏輯語言**（**American Fuzzy Lop, AFL**）、**Trinity** 和 **syzkaller**。Syzkaller 也稱為 **syzbot** 或 **syzkaller robot**，對於 Linux kernel 來說，它可能是最著名的實際連續運行無監督 fuzzer kernel codebase，已經發現並報告數百個 bug[10]。Syzkaller web 儀表板顯示上游 kernel 已報告的 bug 和其他有趣統計資料，可從此處獲得：`https://syzkaller.appspot.com/upstream`。去看看吧。

Kcov 適合用在哪？

Fuzzer 內部會將有趣的測試案例變化為更多的測試案例。為了做好工作，需要良好的 code coverage 工具，這樣就可以優先選擇哪些變異測試案例可能產生最有趣的結果。對 Linux kernel 來說，這就是 kcov 的用處：它是一個 code coverage 工具，「以適合於覆蓋引導的模糊化，即隨機測試形式，揭露 kernel code coverage 資訊」。

你想要了解更多資訊，甚至嘗試一些動手操作的 kernel fuzzing 嗎？請看以下頗為重要的練習題。

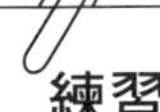

練習

嘗試使用 AFL 模糊部分的 Linux kernel！為此，請閱讀這個很棒的教學文件〈A gentle introduction to Linux Kernel fuzzing〉，並遵循進行：

`https://blog.cloudflare.com/a-gentle-introduction-to-linux-kernel-fuzzing/`；以及 `https://github.com/cloudflare/cloudflare-blog/blob/master/2019-07-kernel-fuzzing/README.md`。

好了！現在來用一些不分類的工具結束這個章節。

10 *https://github.com/google/syzkaller#documentation*

12.4 其他：使用 journalctl、斷言（assertions）和警告

在 Linux 上用於系統初始化的現代框架公認是 **systemd**，雖然目前在 Linux 上已經使用了十多年，這是一個非常強大的框架，儘管也有不少批評者。關於 systemd，你會注意到這是一個相當具有侵略性的系統！在絕大多數 Linux 發行版中，除了提供強大的初始化框架，如透過服務單元、target 等之外，systemd 還接管許多活動，取代它們的原始對應項，例如系統紀錄、udevd userspace daemon 服務、網路服務的啟動 / 關閉、core dump 管理、看門狗等。此外，在 systemd 中，應用程式可以透過強大的 kernel 控制群組（cgroups）框架，在指定的系統資源限制內精心調整。

使用 journalctl 查詢系統日誌

由於本書中心主旨是 debug，因此這裡只會簡要介紹 systemd 的日誌方面。日誌通常是一種直接的方式，可以了解系統在 bug 之前到底發生什麼事；如果幸運的話，發生故障期間和之後也可知曉。

systemd 日誌的一個功能，是它維護兩個 userspace app 的日誌和系統常駐程式行程，以及 kernel 日誌檔。透過使用其前端來檢視和過濾日誌訊息 - `journalctl` -，可以非常直觀地了解任何時刻的動態。這在很大程度上是因為 `journalctl` 自動顯示，並且預設情況下按時間順序顯示所有日誌，包括使用者模式行程以及所有 kernel 元件，如 core kernel 本身和驅動程式 / 模組的日誌，簡而言之，就是所有 printk 類型的訊息。

一個簡單快速的使用 `journalctl` 範例可見圖 12.1；這是在 BeagleBone Black 執行自訂的 Yocto(Poky)Linux：

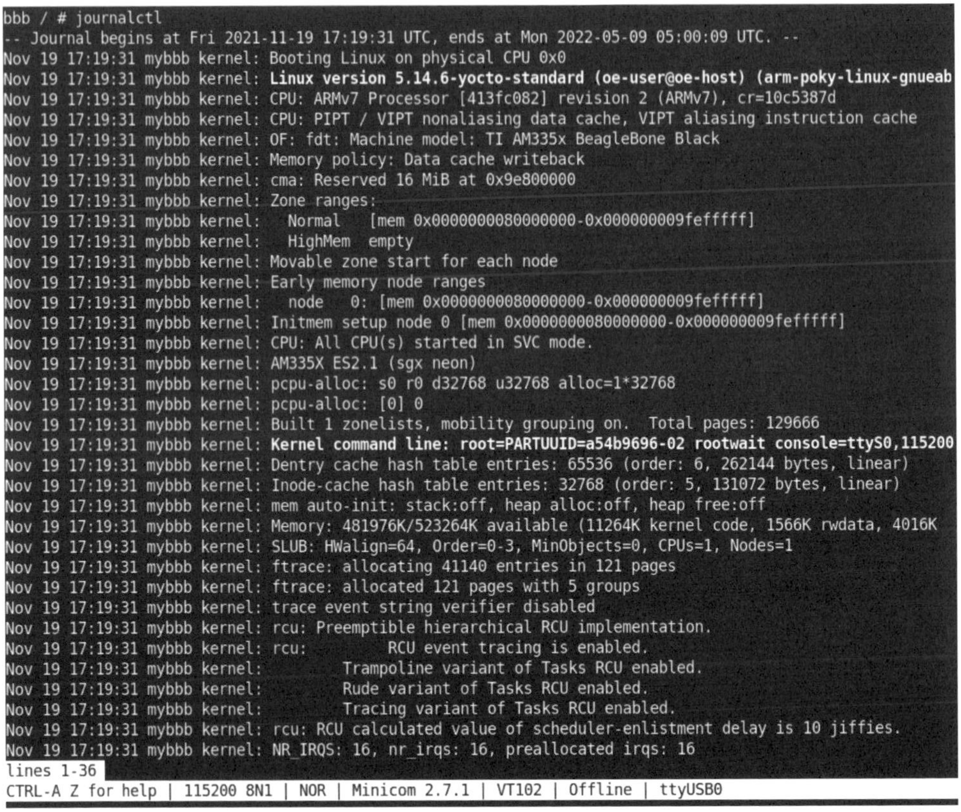

```
bbb / # journalctl
-- Journal begins at Fri 2021-11-19 17:19:31 UTC, ends at Mon 2022-05-09 05:00:09 UTC. --
Nov 19 17:19:31 mybbb kernel: Booting Linux on physical CPU 0x0
Nov 19 17:19:31 mybbb kernel: Linux version 5.14.6-yocto-standard (oe-user@oe-host) (arm-poky-linux-gnueab
Nov 19 17:19:31 mybbb kernel: CPU: ARMv7 Processor [413fc082] revision 2 (ARMv7), cr=10c5387d
Nov 19 17:19:31 mybbb kernel: CPU: PIPT / VIPT nonaliasing data cache, VIPT aliasing instruction cache
Nov 19 17:19:31 mybbb kernel: OF: fdt: Machine model: TI AM335x BeagleBone Black
Nov 19 17:19:31 mybbb kernel: Memory policy: Data cache writeback
Nov 19 17:19:31 mybbb kernel: cma: Reserved 16 MiB at 0x9e800000
Nov 19 17:19:31 mybbb kernel: Zone ranges:
Nov 19 17:19:31 mybbb kernel:   Normal   [mem 0x0000000080000000-0x000000009fefffff]
Nov 19 17:19:31 mybbb kernel:   HighMem  empty
Nov 19 17:19:31 mybbb kernel: Movable zone start for each node
Nov 19 17:19:31 mybbb kernel: Early memory node ranges
Nov 19 17:19:31 mybbb kernel:   node   0: [mem 0x0000000080000000-0x000000009fefffff]
Nov 19 17:19:31 mybbb kernel: Initmem setup node 0 [mem 0x0000000080000000-0x000000009fefffff]
Nov 19 17:19:31 mybbb kernel: CPU: All CPU(s) started in SVC mode.
Nov 19 17:19:31 mybbb kernel: AM335X ES2.1 (sgx neon)
Nov 19 17:19:31 mybbb kernel: pcpu-alloc: s0 r0 d32768 u32768 alloc=1*32768
Nov 19 17:19:31 mybbb kernel: pcpu-alloc: [0] 0
Nov 19 17:19:31 mybbb kernel: Built 1 zonelists, mobility grouping on.  Total pages: 129666
Nov 19 17:19:31 mybbb kernel: Kernel command line: root=PARTUUID=a54b9696-02 rootwait console=ttyS0,115200
Nov 19 17:19:31 mybbb kernel: Dentry cache hash table entries: 65536 (order: 6, 262144 bytes, linear)
Nov 19 17:19:31 mybbb kernel: Inode-cache hash table entries: 32768 (order: 5, 131072 bytes, linear)
Nov 19 17:19:31 mybbb kernel: mem auto-init: stack:off, heap alloc:off, heap free:off
Nov 19 17:19:31 mybbb kernel: Memory: 481976K/523264K available (11264K kernel code, 1566K rwdata, 4016K
Nov 19 17:19:31 mybbb kernel: SLUB: HWalign=64, Order=0-3, MinObjects=0, CPUs=1, Nodes=1
Nov 19 17:19:31 mybbb kernel: ftrace: allocating 41140 entries in 121 pages
Nov 19 17:19:31 mybbb kernel: ftrace: allocated 121 pages with 5 groups
Nov 19 17:19:31 mybbb kernel: trace event string verifier disabled
Nov 19 17:19:31 mybbb kernel: rcu: Preemptible hierarchical RCU implementation.
Nov 19 17:19:31 mybbb kernel: rcu:         RCU event tracing is enabled.
Nov 19 17:19:31 mybbb kernel:         Trampoline variant of Tasks RCU enabled.
Nov 19 17:19:31 mybbb kernel:         Rude variant of Tasks RCU enabled.
Nov 19 17:19:31 mybbb kernel:         Tracing variant of Tasks RCU enabled.
Nov 19 17:19:31 mybbb kernel: rcu: RCU calculated value of scheduler-enlistment delay is 10 jiffies.
Nov 19 17:19:31 mybbb kernel: NR_IRQS: 16, nr_irqs: 16, preallocated irqs: 16
lines 1-36
CTRL-A Z for help | 115200 8N1 | NOR | Minicom 2.7.1 | VT102 | Offline | ttyUSB0
```

圖 12.1　部分螢幕截圖，顯示 journalctl 在 BeagleBone Black 嵌入式 Linux 系統執行，於 minicom 終端機視窗中

預設情況下，`journalctl` 顯示它到目前為止已儲存的整個日誌，kernel 從安裝時起到目前的訊息。在這個特定的系統上，可以從圖 12.1 的第一行看到該日誌日期為 2021 年 11 月 19 日。

好的，要如何看待這個訊息目前的 boot？很簡單：

```
$ journalctl -b
[...]
-- Journal begins at Fri 2021-11-19 17:19:31 UTC, ends at Mon 2022-05-09 05:00:09 UTC. --
Nov 19 17:19:31 mybbb kernel: Booting Linux on physical CPU 0x0
Nov 19 17:19:31 mybbb kernel: Linux version 5.14.6-yocto-standard (oe-user@oe-host)
(arm-poky-linux-gnueabi-gcc (GCC) 11.2.0, GNU >
Nov 19 17:19:31 mybbb kernel: CPU: ARMv7 Processor [413fc082] revision 2 (ARMv7),
```

```
cr=10c5387d
[...]
```

此範例中日期碰巧相同；請在你的 *x86_64* Linux 系統上嘗試此方法；它可能會有所不同！日誌訊息格式很直觀：

```
<timestamp> <hostname> <logger_id>:  <... log message ...>
```

這是另一個經過截斷的部分螢幕截圖。`journalctl` 的訊息，顯示開機期間從 kernel 至使用者空間的轉換：

```
Nov 19 17:19:31 mybbb kernel: VFS: Mounted root (ext4 filesystem) readonly on device 179:2.
Nov 19 17:19:31 mybbb kernel: devtmpfs: mounted
Nov 19 17:19:31 mybbb kernel: Freeing unused kernel image (initmem) memory: 1024K
Nov 19 17:19:31 mybbb kernel: Run /sbin/init as init process
Nov 19 17:19:31 mybbb kernel:   with arguments:
Nov 19 17:19:31 mybbb kernel:     /sbin/init
Nov 19 17:19:31 mybbb kernel:   with environment:
Nov 19 17:19:31 mybbb kernel:     HOME=/
Nov 19 17:19:31 mybbb kernel:     TERM=linux
Nov 19 17:19:31 mybbb systemd[1]: System time before build time, advancing clock.
Nov 19 17:19:31 mybbb systemd[1]: systemd 249.7+ running in system mode (-PAM -AUDIT -SELINUX
Nov 19 17:19:31 mybbb systemd[1]: Detected architecture arm.
Nov 19 17:19:31 mybbb systemd[1]: Hostname set to <mybbb>.
Nov 19 17:19:31 mybbb systemd[1]: Queued start job for default target Multi-User System.
Nov 19 17:19:31 mybbb systemd[1]: Created slice Slice /system/getty.
```

圖 12.2　顯示從 kernel 切換至 systemd 行程 PID 1 的部分螢幕截圖

由於篇幅限制，我們將略過細節；我推薦你查閱 `journalctl` 的 man page 尋找所有可能選項，甚至有一些範例，很有用：`https://man7.org/linux/man-pages/man1/journalctl.1.html`。

作為更有趣的範例，我們如何知道此系統重新啟動，或關機 / 重新啟動的頻率？`journalctl` 前端使用 `--list-boot` 選項讓你輕鬆做到；下面是 *x86_64* Ubuntu **虛擬機器（VM）**的一些範例截斷輸出：

```
$ journalctl --list-boots |head -n2
-82 cd5<...>37a Tue [...] IST—Tue 2022-01-25 ... IST
-81 6ea<...>0a1 Tue [...] IST—Tue 2022-01-25 ... IST
$ journalctl --list-boots |tail -n2
-1 093<...>cb3 Fri [...] IST—Fri 2022-05-06 ... IST
 0 d72<...>a8b Fri [...] IST—Mon 2022-05-09 ... IST
```

根據此輸出的通知，這個特定系統已幾開機 83 次。最左邊欄中的整數值是之前的開機次數，因此最後一次開機，即目前作業階段是左邊的欄位值 0，負數表示按時間順序較早的開機；因此，-1 表示在此之前開機。讚啦！

journalctl：幾個有用的別名（alias）

journalctl 有太多選項可以在此討論，為了讓它簡短但仍有用，下面是它的幾個別名，也許能提供你一些幫助。我通常會將這些資訊放入一個 startup script，由登入時提供：

```
# jlog: current boot only, everything
alias jlog='journalctl -b --all --catalog --no-pager'
# jlogr: current boot only, everything, *reverse* chronological order
alias jlogr='journalctl -b --all --catalog --no-pager --reverse'
# jlogall: *everything*, all time; --merge => _all_ logs merged
alias jlogall='journalctl --all --catalog --merge --no-pager'
# jlogf: *watch* log, 'tail -f' mode
alias jlogf='journalctl -f'
# jlogk: only kernel messages, this boot
alias jlogk='journalctl -b -k --no-pager'
```

使用 journalctl -f 變體可以特別有助於觀察日誌的即時顯示。此外，只需使用 -k 選項參數，即可顯示 kernel printk。

你可以利用 journalctl；根據彈性宣告的 since 和（或）until- 類型關鍵字來過濾日誌。例如，假設你想要檢視從今天上午 11 點開始的所有日誌，但只檢視現在之前的 1 個小時，假設現在是下午 1 點的午飯時間，你可以這樣做：

```
journalctl -b --since 11:00 --until "1 hour ago"
```

也有好幾種變體，確實很強大！

斷言（assertion）、警告和 BUG() 巨集

斷言（assertion）是檢驗假設的一個方法。在使用者空間中，assert() 巨集用於此目的。assert() 的參數是要測試的布林運算式，如果為 true，會照常在

呼叫的行程或執行緒內執行；如果為 false，則斷言會失敗。這會導致它叫用 abort() 函式造成行程死亡，並伴隨一個雜亂的 printf 訊息，顯示檔名和行號以及失敗的斷言表達式，來傳遞斷言失敗的事實。

斷言實際上是一種程式碼級別的 debug 工具，能幫忙實現一些非常重要的事情，我在整本書中一直強調這一點：不要假設，而是要依靠經驗；斷言就能允許我們檢驗這些假設。以一個愚蠢的範例來說明，行程中的訊號處理常式（signal handler）會將整數 x 設定為 3；在另一個函式 foo() 中，我們假設它設為 3。嘿，那很危險！反之，用斷言來測試假設，就能繼續快樂地前進：

```
static int foo(void) {
     assert(x == 3);
     bar(); [...]
}
```

現在，你可以發現斷言是一種表達期望的方式；如果期望實際上在運行時沒有發生，你將收到通知！那很有用。

所以，為什麼不在 kernel 上使用相同的想法呢？那樣有用嗎？因為問題在於：如果斷言失敗，實際上就無法中止 kernel，對吧？但實際上是可以的：這就是巨集（macros），例如 BUG_ON() 和它的族人的功能。因此，一些 kernel / 驅動程式作者撰寫自己的版本，實際上就是自訂判斷式巨集；這裡有一個範例，來自名為 sx8 的區塊驅動程式：

```
// drivers/block/sx8.c
#define assert(expr) \
       if(unlikely(!(expr))) {                              \
       printk(KERN_ERR "Assertion failed! %s,%s,%s,line=%d\n", \
   #expr, __FILE__, __func__, __LINE__);           \
       }
```

好用、簡單，是檢查假設的有效方法！這個驅動程式會多次呼叫其自訂的 assert macro，如以下範例：

```
assert(host->state == HST_PORT_SCAN);
```

練習

查詢 BUG_ON() 在 kernel 程式碼的定義。你會看到這個 macro 在條件為真時呼叫 BUG() macro。你猜怎麼了？架構特有的（arch-specific）BUG() macro 通常會呼叫一個 printk 指出程式碼的位置，然後呼叫 panic("BUG！")。

不要輕率地叫用任何 BUG*() macro；只有在發生無法復原的情況、無路可走或必須 panic 時，再叫用它們。更好的替代方法，可能是使用在 kernel 中找到的許多 WARN*() 類型的其中一個 macro；當條件（作為參數傳遞）為真時，它們會導致向 kernel 日誌發出警告層級的 printk！因此，WARN*() macro 或許是 kernel 內建最接近 user-mode assert() macro。不過，請務必了解，即使 WARN*() macro 也說明 kernel 內部存在著顯著的情況；一樣，非不得已時，請不要使用它們！

結論

真是太棒了！恭喜你終於讀到本書最後一章！

在此，你了解一些最後的 kernel debug 方法，也就是那些前面可能有提過，但在其他地方尚未涉及的內容。我們首先提到強大的 kdump/crash 框架。Kdump 允許擷取完整的 kernel image，觸發程式通常是 kernel crash / Oops / panic，crash userspace 公用程式可協助你在驗屍後分析它。

靜態分析器在發現潛在的 bug 和資安漏洞方面可以達到非常好的效果。別忽視，要學會利用它們！

這章也研究了一下 code coverage 的重要性，同時簡單提到 kernel 的故障注入框架如何幫助建立負面的測試案例，以控制實際上流向那些麻煩並且可能產生故障的 error code path。這章也簡要分析 kernel 測試框架的整體情況；你發現 kernel 從自我測試和 KUnit 框架是用於涵蓋許多領域的典型框架。但是不要忘了強大的模糊技術：Google 的 syzbot（syzkaller robot），利用它主動和持續地在 Linux kernel 進行 fuzzing，找出許多 bug！

本章最後快速介紹使用強大的 journalctl 前端來檢查和過濾系統及應用程式日誌的方法，也使用自訂的 kernel-space assert macro 來測試假設，並提及使用 WARN*() 和 BUG*() macro，以完成相關討論。

讀完這本書後，我想再次強調的一個關鍵點是 Fred Brook 那句名言：「沒有銀彈！」實際上，這意味著任一個工具或 debug 技術、分析類型，都無法也不可能捕捉到全部可能出現的 bug；總是要多管齊下。其中包括編譯器警告（-Wall 和 -Wextra）、靜態和動態分析器（KASAN 及其他）、動態 debug printk、kprobes、lockdep、KCSAN、ftrace 和 trace-cmd、KGDB/kdb 以及自訂的 panic handler。還有所謂更好的 Makefile[11]，試圖透過幾個 target 來實施這個規則。麻煩你拿來用看看！

所以，你在終點了？不，這其實更像是開始，但我們真誠期盼，你已經擁有寶貴、好用、實戰工具、技巧與知識；繼續邁向康莊大道吧，我的摯友！

深入閱讀

- Kdump：
  - Documentation for Kdump - The kexec-based Crash Dumping Solution: https://www.kernel.org/doc/html/latest/admin-guide/kdump/kdump.html
  - Marian Marinov - Analyzing Linux kernel crash dumps, YouTube presentation，2016 年 12 月：https://www.youtube.com/watch?v=wcId2Y9bM-M
  - （基於 Fedora 發行版）Using Kdump for examining Linux Kernel crashes，Pratyush Anand，2017 年 6 月：https://opensource.com/article/17/6/kdump-usage-and-internals

11 例如，*https://github.com/PacktPublishing/Linux-Kernel-Debugging/blob/main/ch3/printk_loglevels/Makefile*。

- Linux Kernel Debugging, Kdump, Crash Tool Basics Part-1, Linux Kernel Foundation, YouTube video tutorial：https://www.youtube.com/watch?v=610ulgv10J4
- How to use kdump to debug kernel crashes，2022 年 1 月：https://fedoraproject.org/wiki/How_to_use_kdump_to_debug_kernel_crashes

• 使用 crash app 來解譯與 debug kdump image：

- Probably the best, a white paper on crash by its lead developer and maintainer, David Anderson: https://crash-utility.github.io/crash_whitepaper.html; 這裡甚至包含了一個相當有深度的研究案例：https://crash-utility.github.io/crash_whitepaper.html#EXAMPLES
- Introduction to Linux Kernel Crash Analysis – Alex Juncu，YouTube video，2016 年 2 月：https://www.youtube.com/watch?v=w8XnnG68rqE
- Analysing Linux kernel crash dumps with crash - The one tutorial that has it all, Dedoimedo, 2010 年 6 月：https://www.dedoimedo.com/computers/crash-analyze.html

• 靜態分析工具：

- Checking the Linux Kernel with Static Analysis Tools, Steven J. Vaughan-Nichols, The New Stack, 2021 年 6 月：https://thenewstack.io/checking-linuxs-code-with-static-analysis-tools/
- Static analysis in GCC 10, Red Hat Developer, 2020 年 3 月：https://developers.redhat.com/blog/2020/03/26/static-analysis-in-gcc-10
- List of tools for static code analysis: https://en.wikipedia.org/wiki/List_of_tools_for_static_code_analysis
- Smatch Static Analysis Tool Overview, Dan Carpenter, Oracle blog, December 2015: https://blogs.oracle.com/linux/post/smatch-static-analysis-tool-overview-by-dan-carpenter

- Fuzzing：
  - A gentle introduction to Linux Kernel fuzzing, Marek Majkowski, Cloudflare blog, 2019 年 10 月：https://blog.cloudflare.com/a-gentle-introduction-to-linux-kernel-fuzzing/
  - 並請參考：https://github.com/cloudflare/cloudflare-blog/blob/master/2019-07-kernel-fuzzing/README.md
  - Fuzzing Linux Kernel, Andrey Konovalov, Senior Software Engineer, Google; video presentation, 2021 年 3 月：https://www.linuxfoundation.org/webinars/fuzzing-linux-kernel/
  - *Fuzzing Applications with American Fuzzy Lop (AFL)*, A Priya, medium, 2020 年 6 月：https://medium.com/@ayushpriya10/fuzzing-applications-with-american-fuzzy-lop-afl-54facc65d102
- Fault injection（錯誤注入）：
  - Fault injection capabilities infrastructure: https://www.kernel.org/doc/html/latest/fault-injection/fault-injection.html#fault-injection-capabilities-infrastructure
  - 這篇介雖然很久了，但仍然實用：Injecting faults into the kernel, Jon Corbet, LWN, 2006 年 11 月：https://lwn.net/Articles/209257/
  - 一個現代化的 BPF 方法：BPF-based error injection for the kernel, Jon Corbet, 2017 年 11 月：https://lwn.net/Articles/740146/
  - FIFA: A Kernel-Level Fault Injection Framework for ARM-Based Embedded Linux System, Eunjin Jeong, 等人, IEEE, 2017 年 3 月：https://ieeexplore.ieee.org/abstract/document/7927960
- 使用 systemd 的 journalctl 日誌：
  - journalctl(1) — Linux manual page: https://man7.org/linux/man-pages/man1/journalctl.1.html

    - How to Check Logs Using journalctl, F Civaner, 2021 年 3 月：`https://www.baeldung.com/linux/journalctl-check-logs`

- 最後，the LWN Kernel Index（非常珍貴！一定要加到你的網頁瀏覽器書籤）：`https://lwn.net/Kernel/Index/`

索引

※ 提醒您： 由於翻譯書排版的關係，部分索引名詞的對應頁碼會和實際頁碼有一頁之差。

Symbols（符號）

A

B

C

D

E

F

G

H

I

J

K

L

M

N

Q

R

S

T

U

V

W

X

Y

Linux 核心除錯實務

作　　者：Kaiwan N Billimoria
譯　　者：廖明沂
企劃編輯：江佳慧
文字編輯：王雅雯
特約編輯：袁若喬
設計裝幀：張寶莉
發 行 人：廖文良

發 行 所：碁峰資訊股份有限公司
地　　址：台北市南港區三重路 66 號 7 樓之 6
電　　話：(02)2788-2408
傳　　真：(02)8192-4433
網　　站：www.gotop.com.tw
書　　號：ACL068800
版　　次：2024 年 07 月初版
建議售價：NT$800

國家圖書館出版品預行編目資料

Linux 核心除錯實務 / Kaiwan N Billimoria 原著；廖明沂譯. -- 初版. -- 臺北市：碁峰資訊, 2024.07
面；　公分
譯自: Linux kernel debugging.
ISBN 978-626-324-846-5(平裝)
1.CST：作業系統
312.54　　113009219